図解・九州の植物

完結編

平田 浩

南方新社

『図解 九州の植物』上・下巻の完結編の発刊に当たって

2017年（平成29）『図解 九州の植物』上・下巻を南方新社から出版して頂きました。

そこには1500種類余が記載されています。その後7年の間に、新たに385種類を調べましたので前著の完結編として出版することにしました。前著と同様に文字による説明はできるだけ短くし、植物の用語を知らなくても容易に理解できる図解による本にしました。

本著の特徴は、前著で描いていない植物を補完するとともに下の内容にも留意しました。

類似種と比較しやすいように、前著同様、それらの植物全体、または重要な部分だけを同じ頁に併記して、違いを理解しやすくしました。タカノハウラボシと類似種、コウヤコケシノブと類似種、フタリシズカと類似種、ダキバアレチハナガサと類似種等、計23頁を描きました。

特に分布上注目すべき種として、鹿児島を北限とする植物、鹿児島にだけ局地的にある植物を収録しました。ヒリュウシダ、ヘツカリンドウ、イソマツ、クロミノオキナワスズメウリ、ヒノタニシダ（局地的）等です。

鹿児島で新記録の種としては、ホザキキカシグサを描きました。

なお学名は、前著と同じく大場秀章（植物分類表2刷）にしたがいました。

謝辞

前著でも多くの人から資料提供を頂きましたが、今回はさらに多く、385種類中125種類（約33％）を頂きました。それらは大切な鉢植えの植物、生の植物、乾燥標本等です。私はそれらの植物を感謝しながら双眼顕微鏡で観察し、ノギスで計測し、そして植物画としました。

また、シダ植物については川原勝征氏からいろいろ教えて頂き、さらに本の出版についても多くの御助力を頂きました。シダ植物については、『九州のシダ植物検索図鑑』（川原勝征著、南方新社）を最終的な参考文献といたしました。

前著を通じて慶田周平、山﨑重喜、川原勝征、立久井昭雄、濱田英明、初島

住彦、西紘平、乙益正隆、瀬川裕美、下薗哲也、竹迫賢一、川邉恭右、吉永ゆき、細山田三郎、堀民子、以上の諸氏から多くの資料提供を頂きました。

　皆さまに深く感謝します。また、いろいろと下支えをしてくれた妻三千子に心から感謝します。

2024年5月

著者

目次

凡例

1）分類はＡＰＧⅡ体系に従い、科名・学名の属名・和名は大場秀章著（植物分類表）に従いました。

2）種間雑種には×印を使い、命名者名は略しました。

3）図の中に、生育していた場所及び期日（西暦）が示してあるので、樹木の場合は今でもその場所に行けば、その植物を確認できます。

4）和名が似た種、近似種については、例えばオカルカヤ、メカルカヤ、メリケンカルカヤ等、また、ヤナギイノコズチ、ヒナタイノコズチ、イノコズチ、ハチジョウイノコズチ等その相違点がよく分かるように、全体または部分を同じ頁に描いてあります。図を比較しながら同定してください。

5）小さい部分を㎜単位で示しています。これは専門的に詳しく知りたい人へのためで、初心者は小さい構造体であるという程度の理解でよいと思います。

6）タイトル種については全種左下の同じ場所に分布を表記しています。同じページに登場するタイトル種以外の種については、左下以外の場所に適宜分布を表記しています。

7）分布の「九・目」は「九州植物目録」（初島住彦、2004）の略、「鹿・目」は「鹿児島県植物目録」（初島住彦、1986）の略です。

8）外国名では欧（ヨーロッパ）、阿（アフリカ）、亜（アジア）、米（主としてアメリカ合衆国）、南米等の略称を用いました。

　　　九州の産地名では以下の略称を用いました。福（福岡）、大（大分）、長（長崎）、佐（佐賀）、熊（熊本）、宮（宮崎）、鹿（鹿児島）。

　　　鹿児島の薩南諸島・南西諸島では、竹（竹島）、黒（黒島）、硫（硫黄島）、種（種子島）、屋（屋久島）、口之（口之島）、中（中之島）、平（平島）、諏（諏訪之瀬島）、悪（悪石島）、小（小宝島）、宝（宝島）、奄大（奄美大島）、喜（喜界島）、加（加計呂麻島）、徳（徳之島）、口永（口永良部島）、沖永（沖永良部島）、与（与論島）、向島（宇治群島の向島）、奄群（奄美群島）。その他、甑（甑島）、県森（鹿児島県民の森）、フラワーパーク（かごしまフラワーパーク）、あまり知られてない所は省略していません。

9）植物の用途で食物・薬草については「野草を食べる」「食べる野草と薬草」から転記させて頂きました。詳しくは、同書をご覧ください。

10）九州には自生していない植物でも、描く機会を得たものは参考までに記載しました。

植物各部の用語解説

A 全体

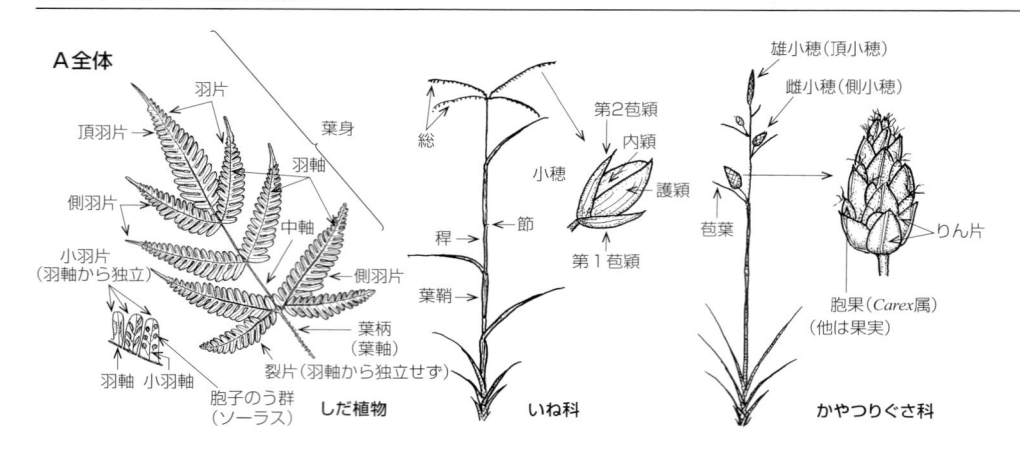

しだ植物：羽片、頂羽片、側羽片、小羽片（羽軸から独立）、羽軸、小羽軸、胞子のう群（ソーラス）、裂片（羽軸から独立せず）、葉柄（葉軸）、側羽片、中軸、羽軸、葉身

いね科：総、稈、節、葉鞘、小穂、第2苞穎、内穎、護穎、第1苞穎

かやつりぐさ科：雄小穂（頂小穂）、雌小穂（側小穂）、苞葉、りん片、胞果（Carex属）（他は果実）

B 部分

●花のつくり

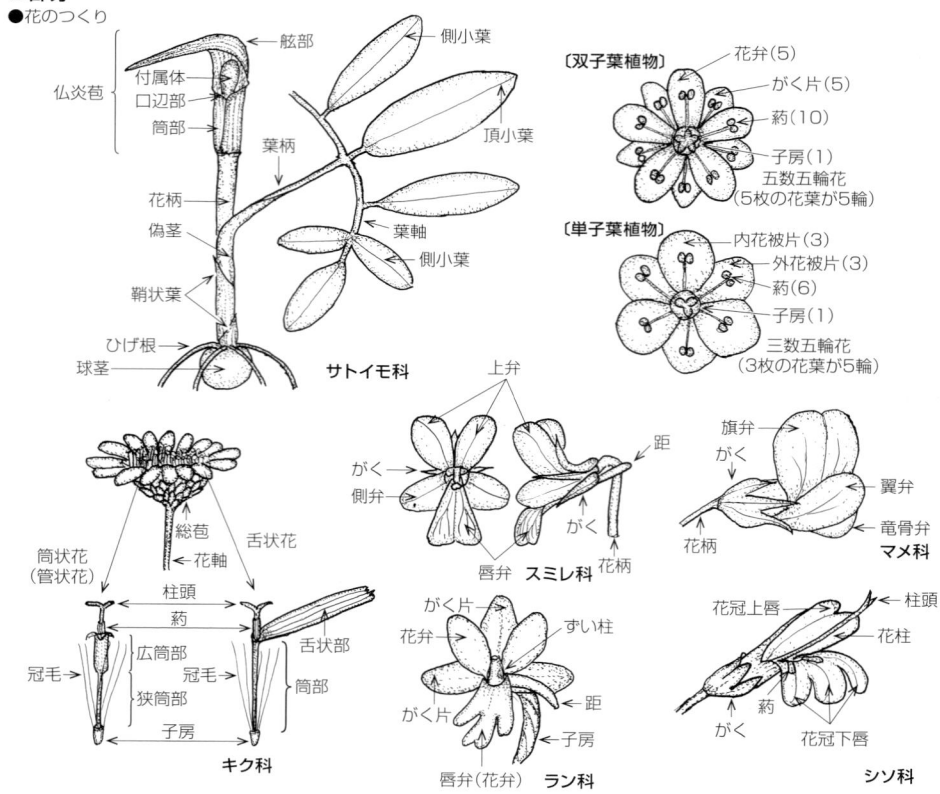

サトイモ科：舷部、側小葉、付属体、口辺部、筒部、仏炎苞、葉柄、頂小葉、花柄、偽茎、葉軸、側小葉、鞘状葉、ひげ根、球茎

〔双子葉植物〕：花弁（5）、がく片（5）、葯（10）、子房（1）、五数五輪花（5枚の花葉が5輪）

〔単子葉植物〕：内花被片（3）、外花被片（3）、葯（6）、子房（1）、三数五輪花（3枚の花葉が5輪）

キク科：総苞、舌状花、筒状花（管状花）、花軸、柱頭、葯、広筒部、狭筒部、子房、冠毛、舌状部、筒部

スミレ科：上弁、がく、側弁、距、がく、唇弁、花柄

マメ科：旗弁、がく、翼弁、竜骨弁、花柄

ラン科：がく片、花弁、ずい柱、がく片、距、子房、唇弁（花弁）

シソ科：花冠上唇、柱頭、花柱、葯、がく、花冠下唇

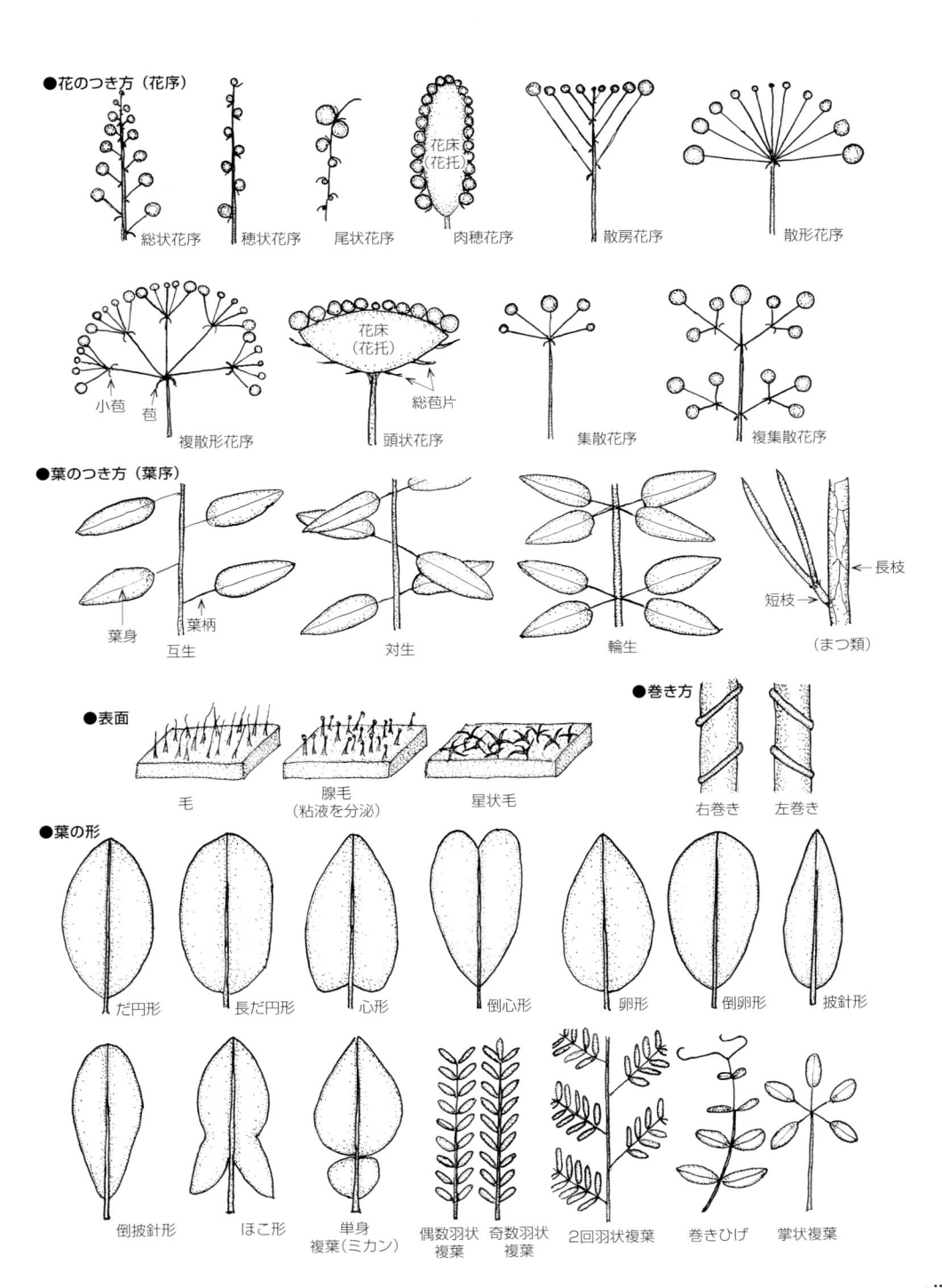

●花のつき方（花序）

総状花序　穂状花序　尾状花序　肉穂花序　散房花序　散形花序

花床（花托）

複散形花序　頭状花序　集散花序　複集散花序

花床（花托）　総苞片

小苞　苞

●葉のつき方（葉序）

葉身　葉柄　互生　対生　輪生　（まつ類）

長枝　短枝

●表面

毛　腺毛（粘液を分泌）　星状毛

●巻き方

右巻き　左巻き

●葉の形

だ円形　長だ円形　心形　倒心形　卵形　倒卵形　披針形

倒披針形　ほこ形　単身複葉（ミカン）　偶数羽状複葉　奇数羽状複葉　2回羽状複葉　巻きひげ　掌状複葉

図解・九州の植物　完結編

トウゲシバ　[ヒカゲノカズラ科　ヒカゲノカズラ属]　*Lycopodium serratum*

オニトウゲシバ型

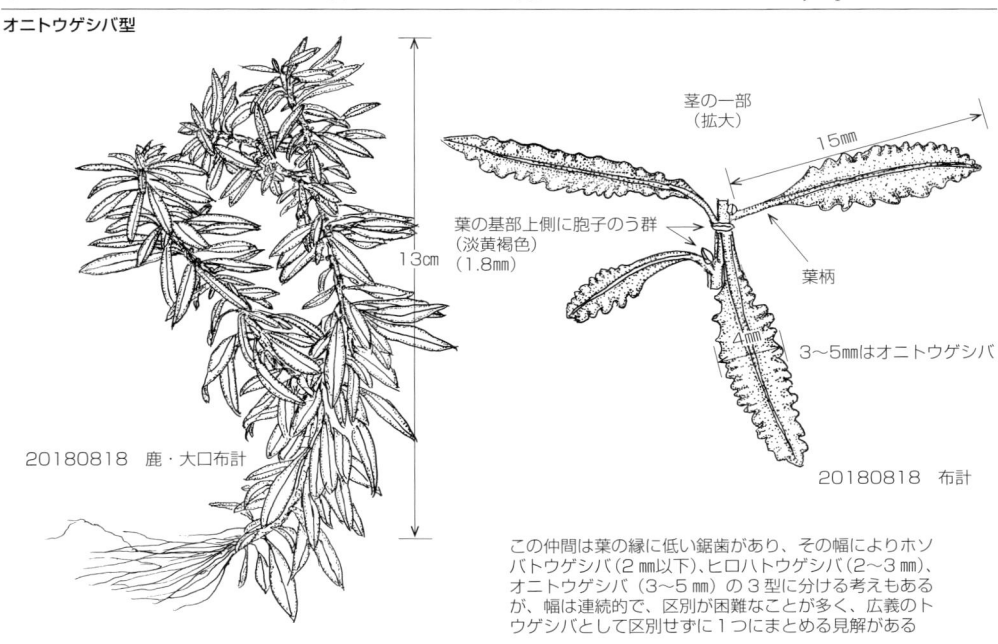

茎の一部
（拡大）

15㎜

13㎝

葉の基部上側に胞子のう群
（淡黄褐色）
（1.8㎜）

葉柄

4㎜

3〜5㎜はオニトウゲシバ

20180818　鹿・大口布計

20180818　布計

この仲間は葉の縁に低い鋸歯があり、その幅によりホソバトウゲシバ（2㎜以下）、ヒロハトウゲシバ（2〜3㎜）、オニトウゲシバ（3〜5㎜）の3型に分ける考えもあるが、幅は連続的で、区別が困難なことが多く、広義のトウゲシバとして区別せずに1つにまとめる見解がある

トウゲシバ型

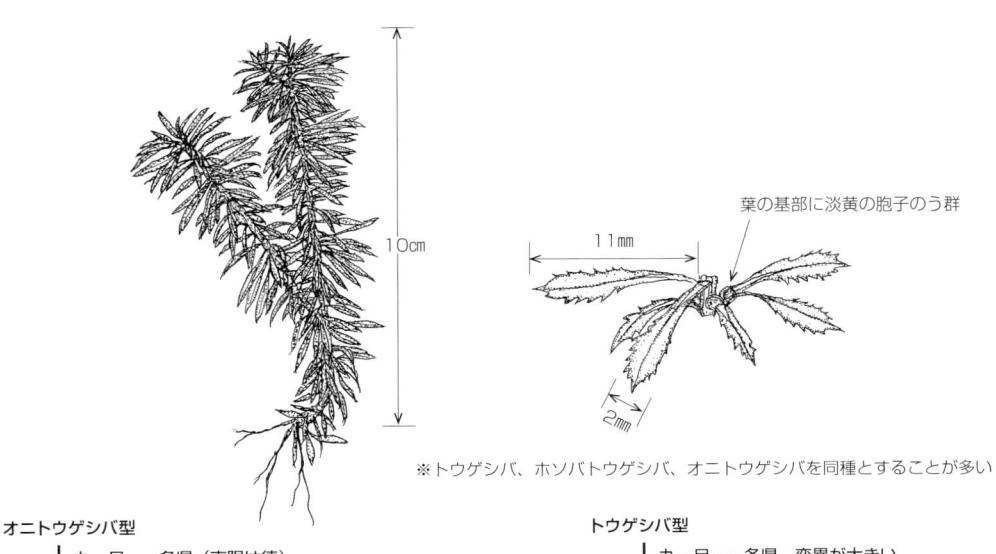

10㎝

葉の基部に淡黄の胞子のう群

11㎜

2㎜

※トウゲシバ、ホソバトウゲシバ、オニトウゲシバを同種とすることが多い

オニトウゲシバ型

| 分布 | 九・目……各県（南限は徳）
鹿・目……甑　県本土中部以南　種　屋　口之　中　奄大　徳 |

トウゲシバ型

| 分布 | 九・目……各県　変異が大きい
鹿・目……甑　県本土　屋　中　奄大　徳 |

ナンカクラン　[ヒカゲノカズラ科　ヒカゲノカズラ属]　*Lycopodium hamiltonii*

ヒモラン
Lycopodium sieboldii

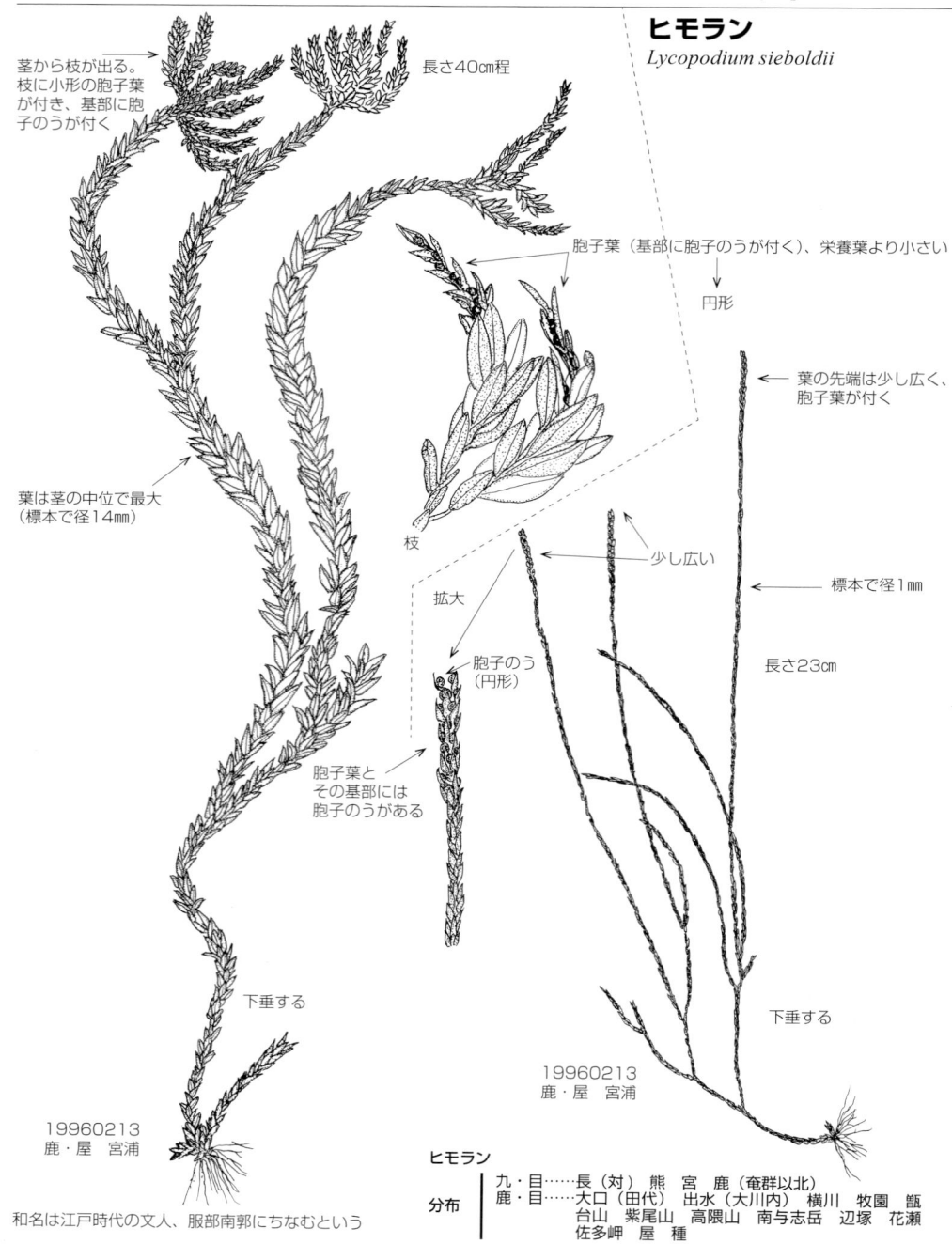

茎から枝が出る。枝に小形の胞子葉が付き、基部に胞子のうが付く

長さ40cm程

胞子葉（基部に胞子のうが付く）、栄養葉より小さい

円形

葉の先端は少し広く、胞子葉が付く

葉は茎の中位で最大（標本で径14mm）

枝

拡大

少し広い

標本で径1mm

胞子のう（円形）

長さ23cm

胞子葉とその基部には胞子のうがある

下垂する

下垂する

19960213
鹿・屋　宮浦

19960213
鹿・屋　宮浦

和名は江戸時代の文人、服部南郭にちなむという

ヒモラン

分布
| 九・目……長（対）　熊　宮　鹿（奄群以北）
| 鹿・目……大口（田代）　出水（大川内）　横川　牧園　甑
　　　　　台山　紫尾山　高隈山　南与志岳　辺塚　花瀬
　　　　　佐多岬　屋　種

分布
| 九・目……熊（芦北　球磨―渡）　宮（南部）　鹿（徳以北）
| 鹿・目……大浪池　冠岳　重富（白浜）　高隈以南の大隅半島　長尾（大浦）　甑　黒　屋　種　中　奄大　徳

ヒカゲノカズラ　[ヒカゲノカズラ科　ヒカゲノカズラ属]　*Lycopodium clavatum* var.*nipponicum*

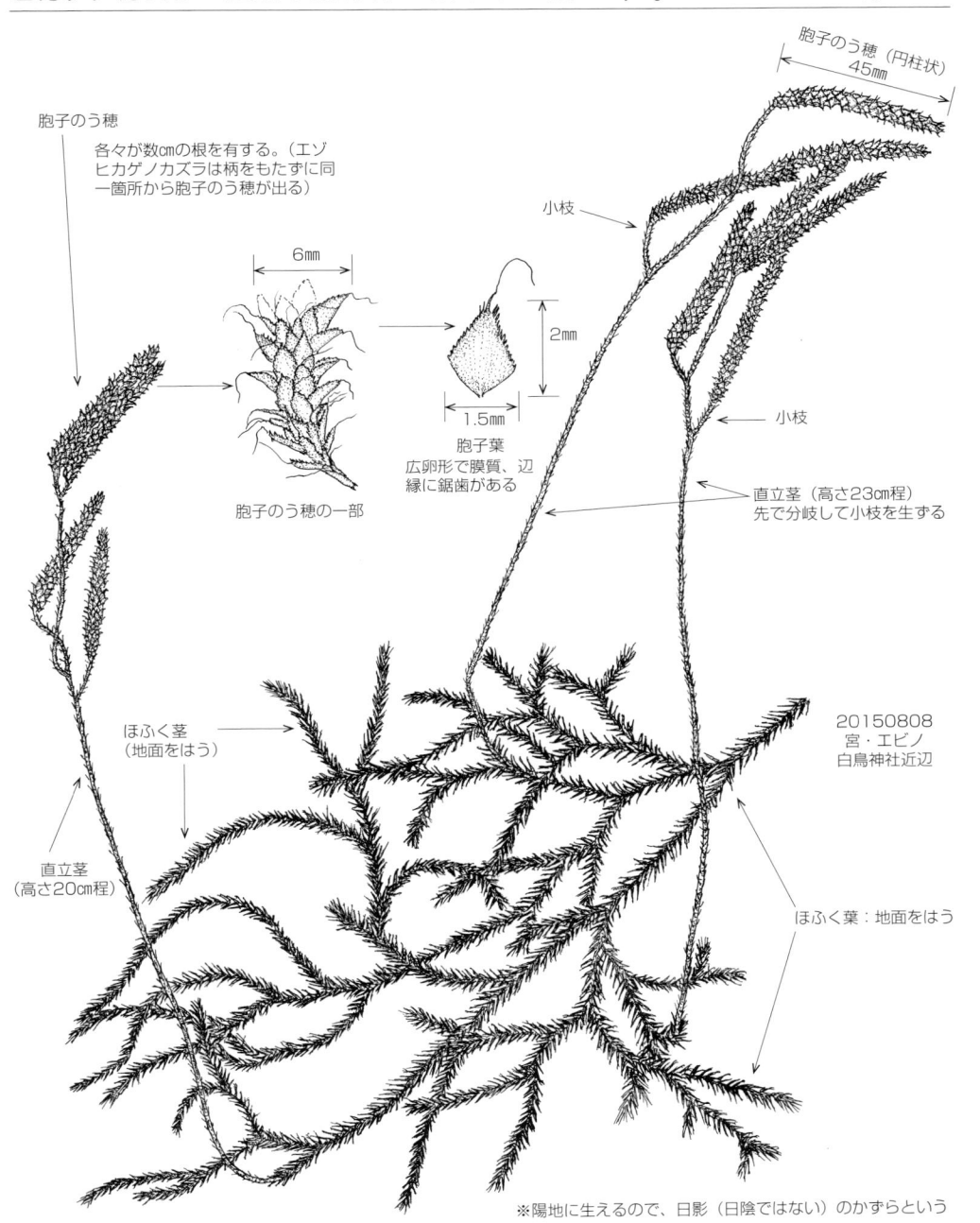

胞子のう穂

各々が数cmの根を有する。（エゾ
ヒカゲノカズラは柄をもたずに同
一箇所から胞子のう穂が出る）

6mm

胞子のう穂の一部

2mm

1.5mm

胞子葉
広卵形で膜質、辺
縁に鋸歯がある

胞子のう穂（円柱状）
45mm

小枝

小枝

直立茎（高さ23cm程）
先で分岐して小枝を生ずる

ほふく茎
（地面をはう）

20150808
宮・エビノ
白鳥神社近辺

直立茎
（高さ20cm程）

ほふく葉：地面をはう

※陽地に生えるので、日影（日陰ではない）のかずらという

分布　│　九・目……各県（南限は鹿の奄大湯湾岳）
　　　│　鹿・目……甑　県本土各地　屋　黒　口永　奄大（湯湾岳）

マンネンスギ　[ヒカゲノカズラ科　ヒカゲノカズラ属]　*Lycopodium obscurum*

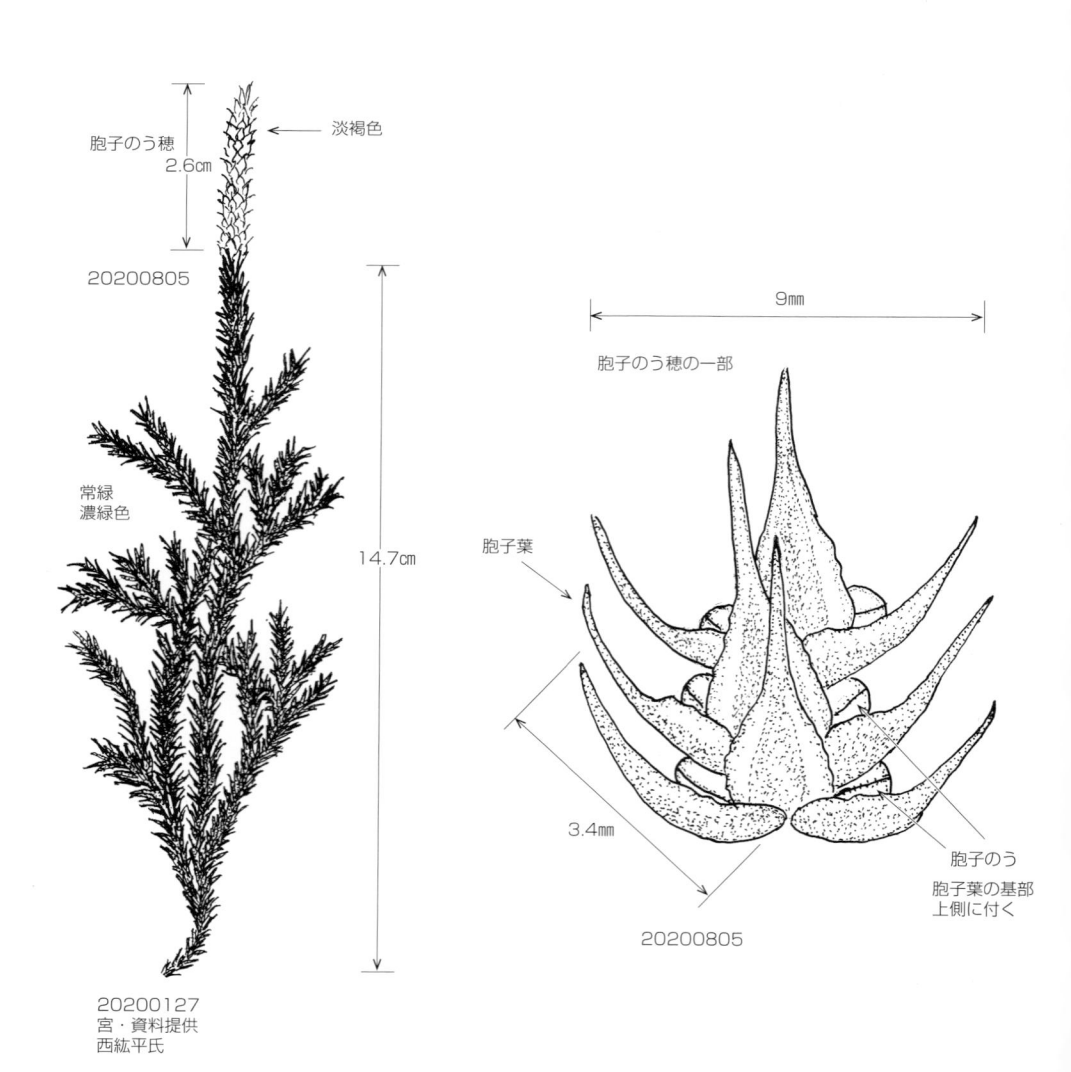

胞子のう穂
2.6㎝

← 淡褐色

20200805

常緑
濃緑色

14.7㎝

20200127
宮・資料提供
西紘平氏

9㎜

胞子のう穂の一部

胞子葉

3.4㎜

胞子のう

胞子葉の基部
上側に付く

20200805

分布　｜　九・目……佐を除く各県（南は霧島山　屋…南限）
　　　　｜　鹿・目……霧島山　栗野岳　屋　奄大

ミズスギ　[ヒカゲノカズラ科　ヒカゲノカズラ属]　*Lycopodium cernuum*

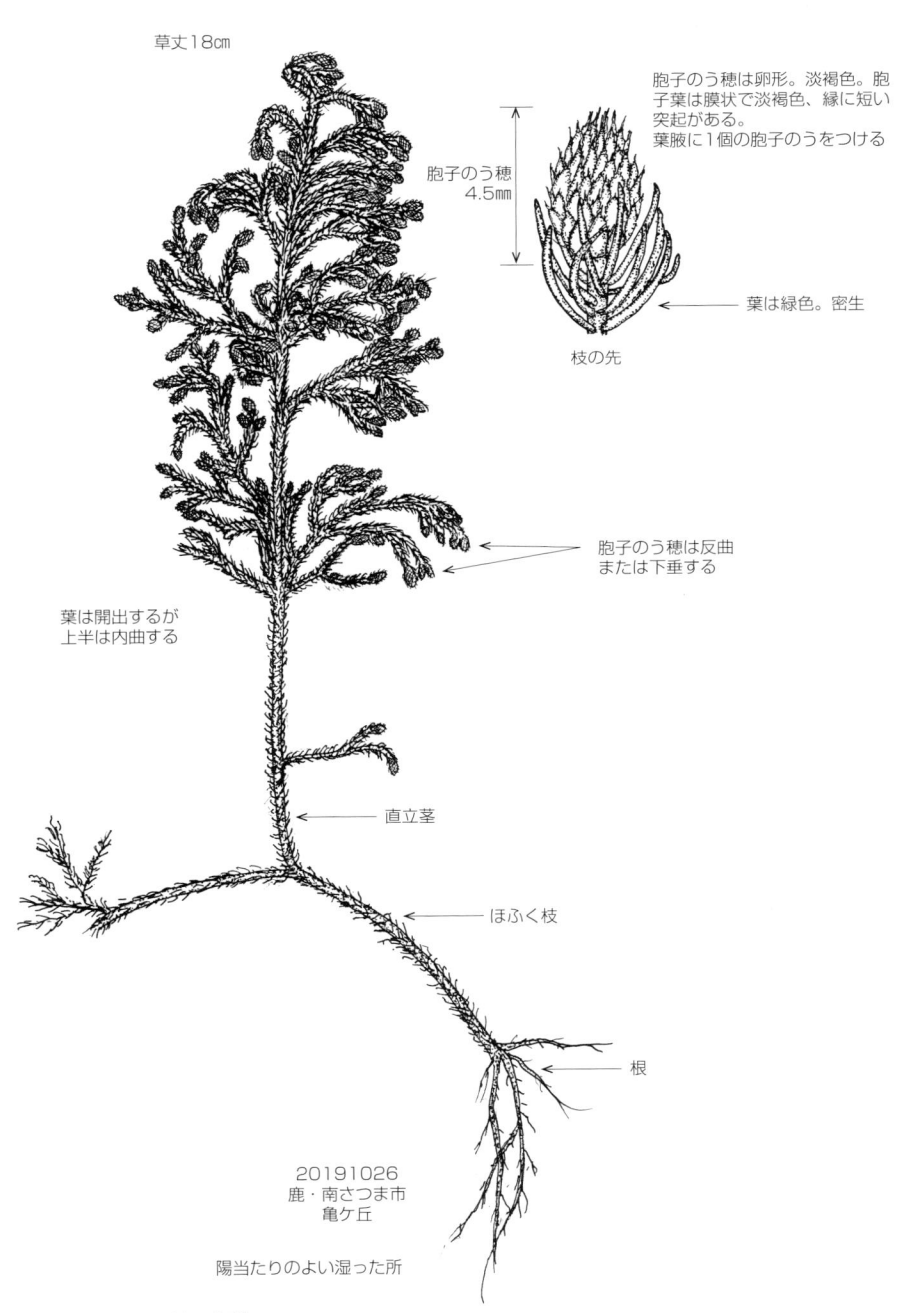

草丈18cm

胞子のう穂は卵形。淡褐色。胞子葉は膜状で淡褐色、縁に短い突起がある。
葉腋に1個の胞子のうをつける

胞子のう穂
4.5mm

葉は緑色。密生

枝の先

胞子のう穂は反曲
または下垂する

葉は開出するが
上半は内曲する

直立茎

ほふく枝

根

20191026
鹿・南さつま市
亀ケ丘

陽当たりのよい湿った所

分布 | 九・目……各県　壱岐（南は奄群）
鹿・目……県北部を除く各地

5

シナミズニラ　[ミズニラ科　ミズニラ属]　*Iisoetes sinens* var.*sinensis*

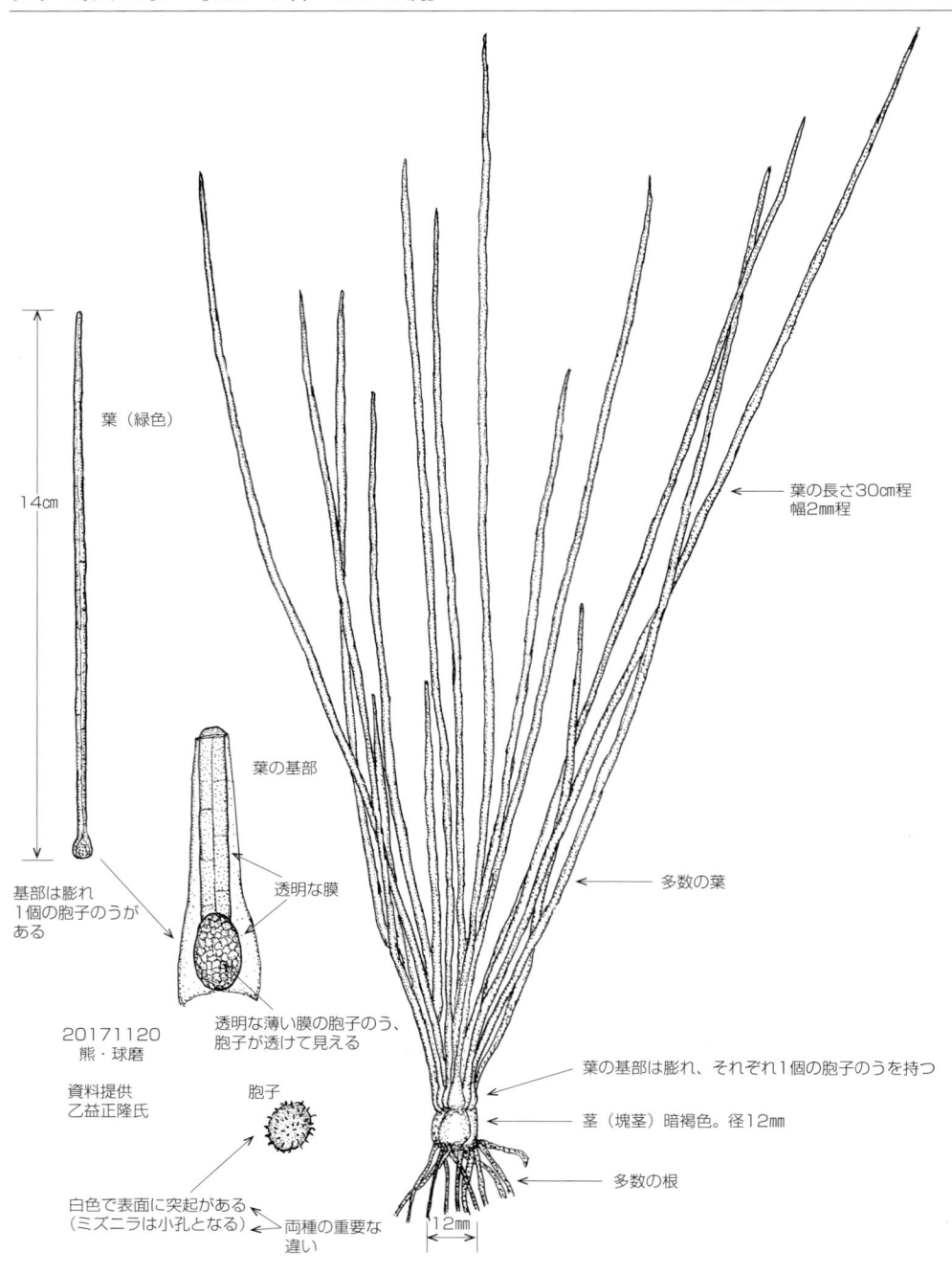

葉（緑色）

14cm

葉の長さ30cm程
幅2mm程

葉の基部

透明な膜

基部は膨れ
1個の胞子のうが
ある

多数の葉

透明な薄い膜の胞子のう、
胞子が透けて見える

20171120
熊・球磨

資料提供
乙益正隆氏

胞子

葉の基部は膨れ、それぞれ1個の胞子のうを持つ

茎（塊茎）暗褐色。径12mm

多数の根

白色で表面に突起がある
（ミズニラは小孔となる）

両種の重要な
違い

12mm

分布　　九・目……熊（山奈）宮（日南　宮崎　佐土原）鹿
　　　　鹿・目……記載がない

6

カタヒバ　[イワヒバ科　イワヒバ属]　*Selaginella involvens*

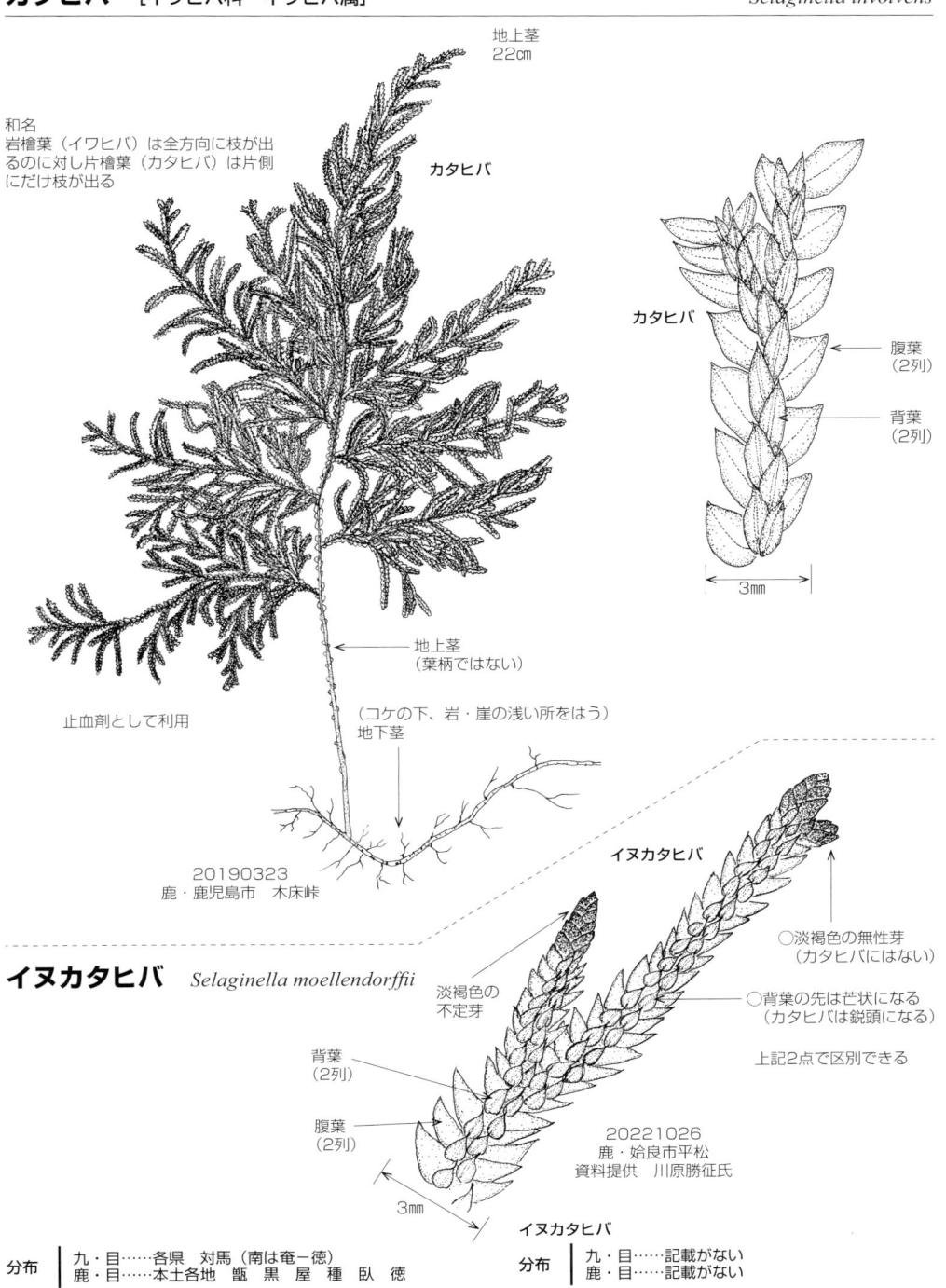

地上茎
22cm

カタヒバ

和名
岩檜葉（イワヒバ）は全方向に枝が出
るのに対し片檜葉（カタヒバ）は片側
にだけ枝が出る

カタヒバ

腹葉
（2列）

背葉
（2列）

3mm

地上茎
（葉柄ではない）

止血剤として利用

（コケの下、岩・崖の浅い所をはう）
地下茎

20190323
鹿・鹿児島市　木床峠

イヌカタヒバ　*Selaginella moellendorffii*

淡褐色の
不定芽

背葉
（2列）

腹葉
（2列）

3mm

イヌカタヒバ

イヌカタヒバ

○淡褐色の無性芽
（カタヒバにはない）

○背葉の先は芒状になる
（カタヒバは鋭頭になる）

上記2点で区別できる

20221026
鹿・姶良市平松
資料提供　川原勝征氏

分布	九・目……各県　対馬（南は奄一徳） 鹿・目……本土各地 甑 黒 屋 種 臥 徳

分布	九・目……記載がない 鹿・目……記載がない

タチクラマゴケ　[イワヒバ科　イワヒバ属]　*Selaginella nipponica*

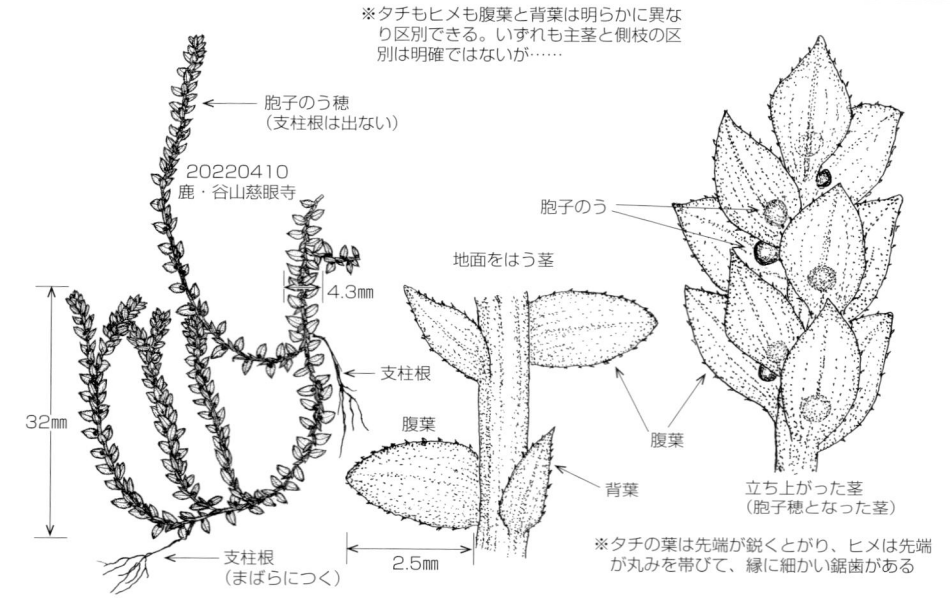

※タチもヒメも腹葉と背葉は明らかに異なり区別できる。いずれも主茎と側枝の区別は明確ではないが……

胞子のう穂
（支柱根は出ない）

20220410
鹿・谷山慈眼寺

4.3㎜

32㎜

支柱根

支柱根
（まばらにつく）

2.5㎜

地面をはう茎

胞子のう

腹葉

背葉

腹葉

立ち上がった茎
（胞子穂となった茎）

※タチの葉は先端が鋭くとがり、ヒメは先端が丸みを帯びて、縁に細かい鋸歯がある

コンテリクラマゴケ　*Selaginella uncinata*

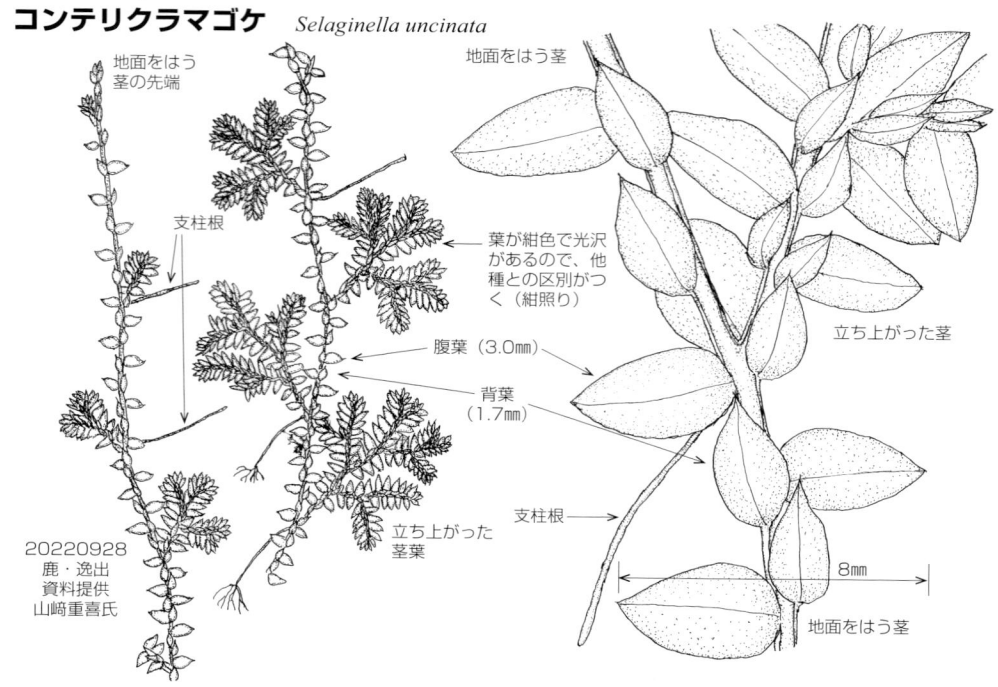

地面をはう茎の先端

支柱根

葉が紺色で光沢があるので、他種との区別がつく（紺照り）

腹葉（3.0㎜）

背葉（1.7㎜）

立ち上がった茎葉

20220928
鹿・逸出
資料提供
山﨑重喜氏

地面をはう茎

立ち上がった茎

支柱根

8㎜

地面をはう茎

分布	九・目……各県（九州では吐－口以北） 鹿・目……県本土各地　甑　屋　種　黒　口之　中

コンテリクラマゴケ

分布	九・目……各県　中国原産 鹿・目……栽培または逸出

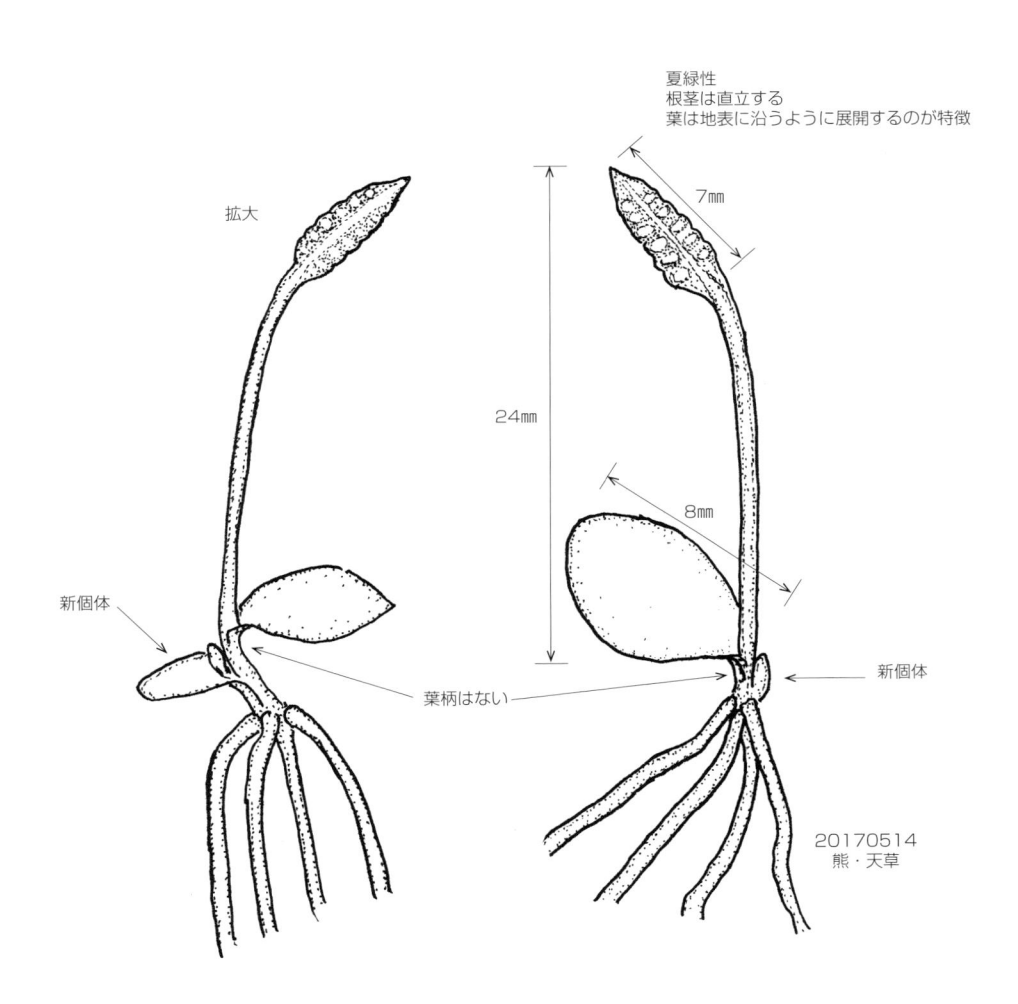

夏緑性
根茎は直立する
葉は地表に沿うように展開するのが特徴

7㎜

拡大

24㎜

8㎜

新個体

新個体

葉柄はない

20170514
熊・天草

分布 ｜ 九・目……記載がない
　　　｜ 鹿・目……記載がない

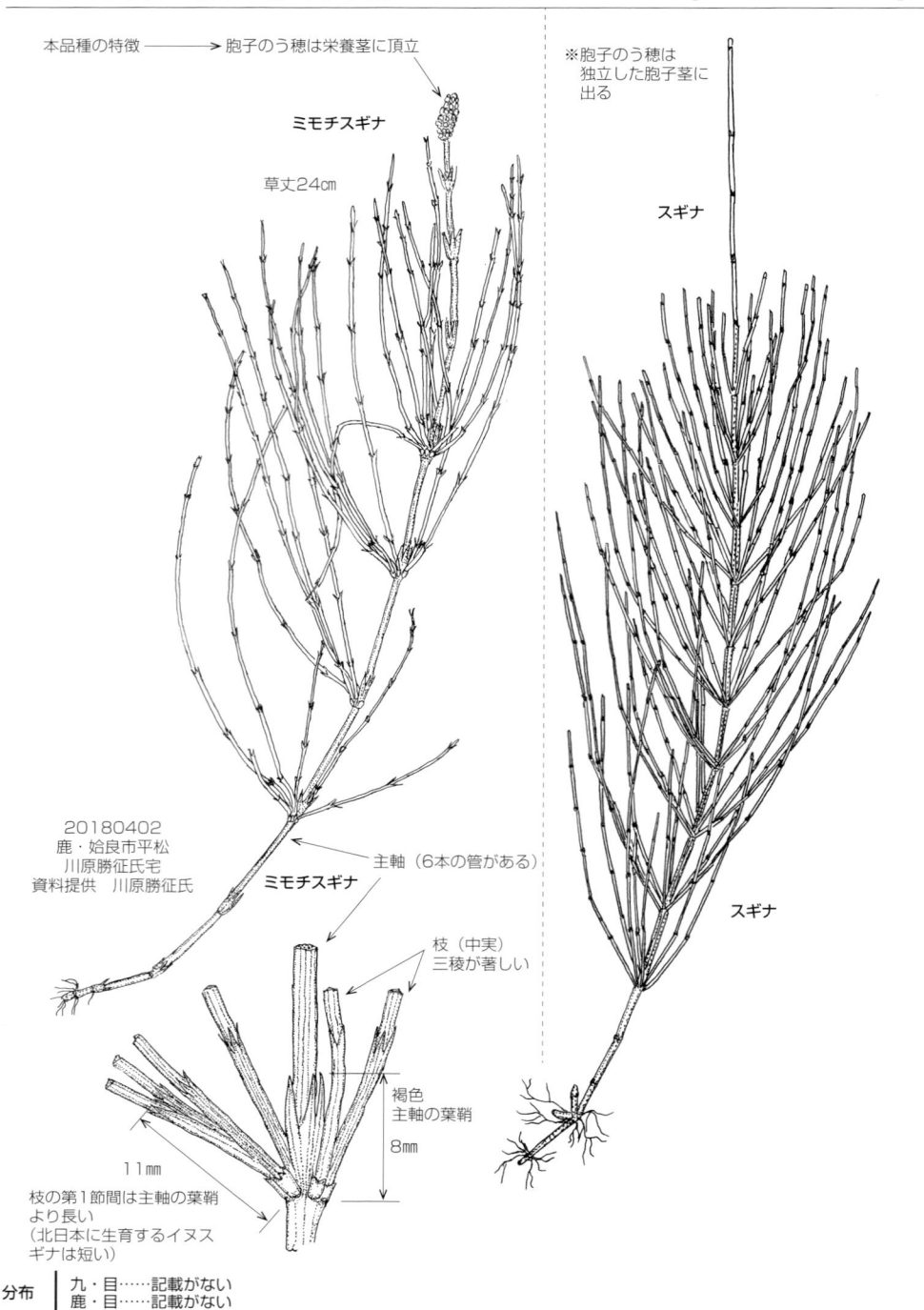

本品種の特徴 ──────▶ 胞子のう穂は栄養茎に頂立

※胞子のう穂は
　独立した胞子茎に
　出る

ミモチスギナ

スギナ

草丈24㎝

20180402
鹿・姶良市平松
川原勝征氏宅
資料提供　川原勝征氏

ミモチスギナ

主軸（6本の管がある）

枝（中実）
三稜が著しい

褐色
主軸の葉鞘

8㎜

11㎜

枝の第1節間は主軸の葉鞘
より長い
（北日本に生育するイヌス
ギナは短い）

スギナ

分布｜九・目……記載がない
　　｜鹿・目……記載がない

ヤマドリゼンマイ　[ゼンマイ科　ゼンマイ属]　*Osmundastrum cinnamomeum* var.*fokiense*

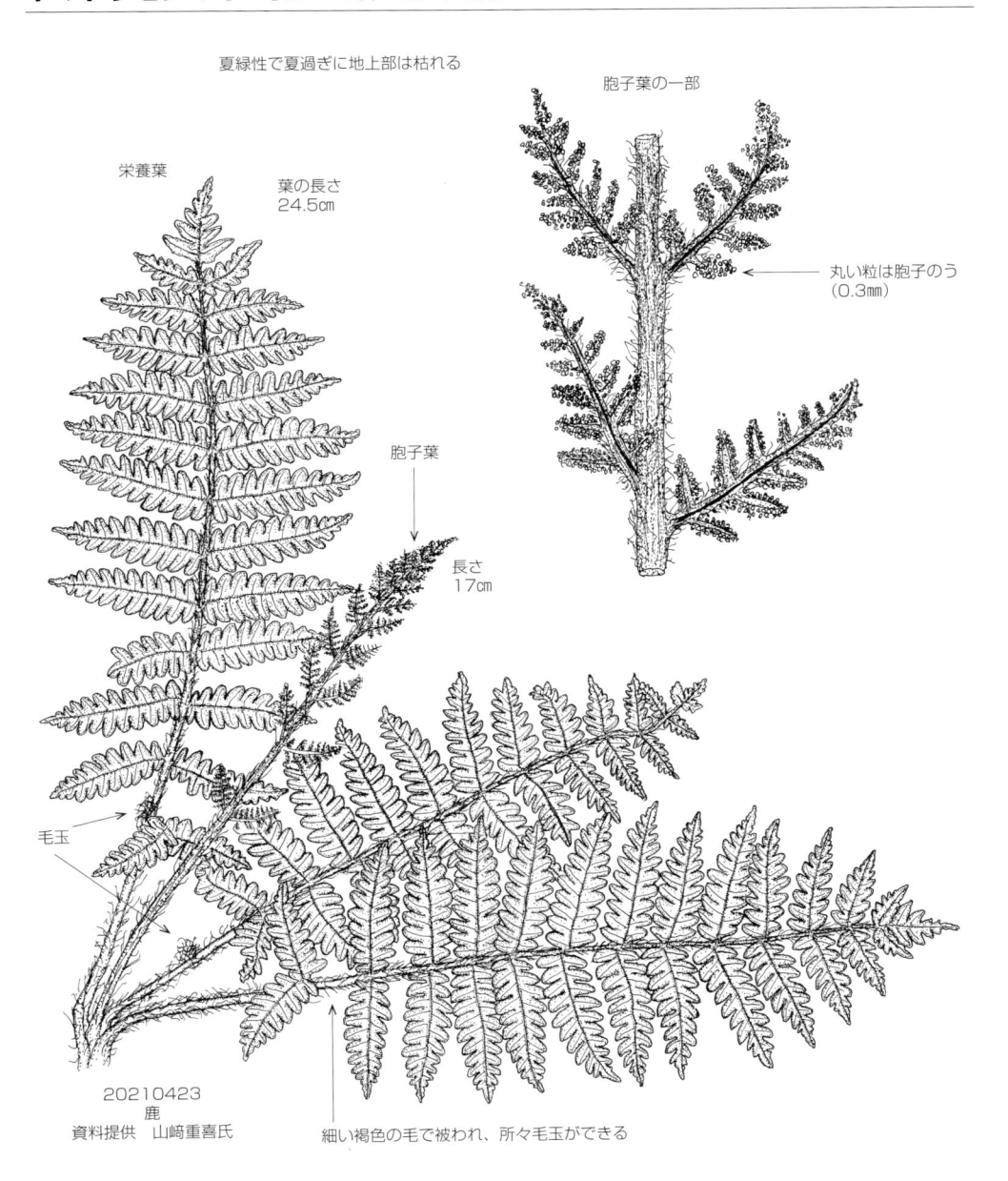

夏緑性で夏過ぎに地上部は枯れる

胞子葉の一部

栄養葉

葉の長さ
24.5㎝

丸い粒は胞子のう
（0.3㎜）

胞子葉

長さ
17㎝

毛玉

20210423
鹿
資料提供　山﨑重喜氏

細い褐色の毛で被われ、所々毛玉ができる

分布 ｜ 九・目……各県　対馬（南は霧島山　屋―南限であるが現今は絶滅）
　　　｜ 鹿・目……霧島山（丸尾・手洗）栗野岳　大口（ケヤキ平・布計）屋（安房）

オオハイホラゴケ 　[コケシノブ科　アオホラゴケ属]　*Crepidomanes radicans* var.*naseanum*

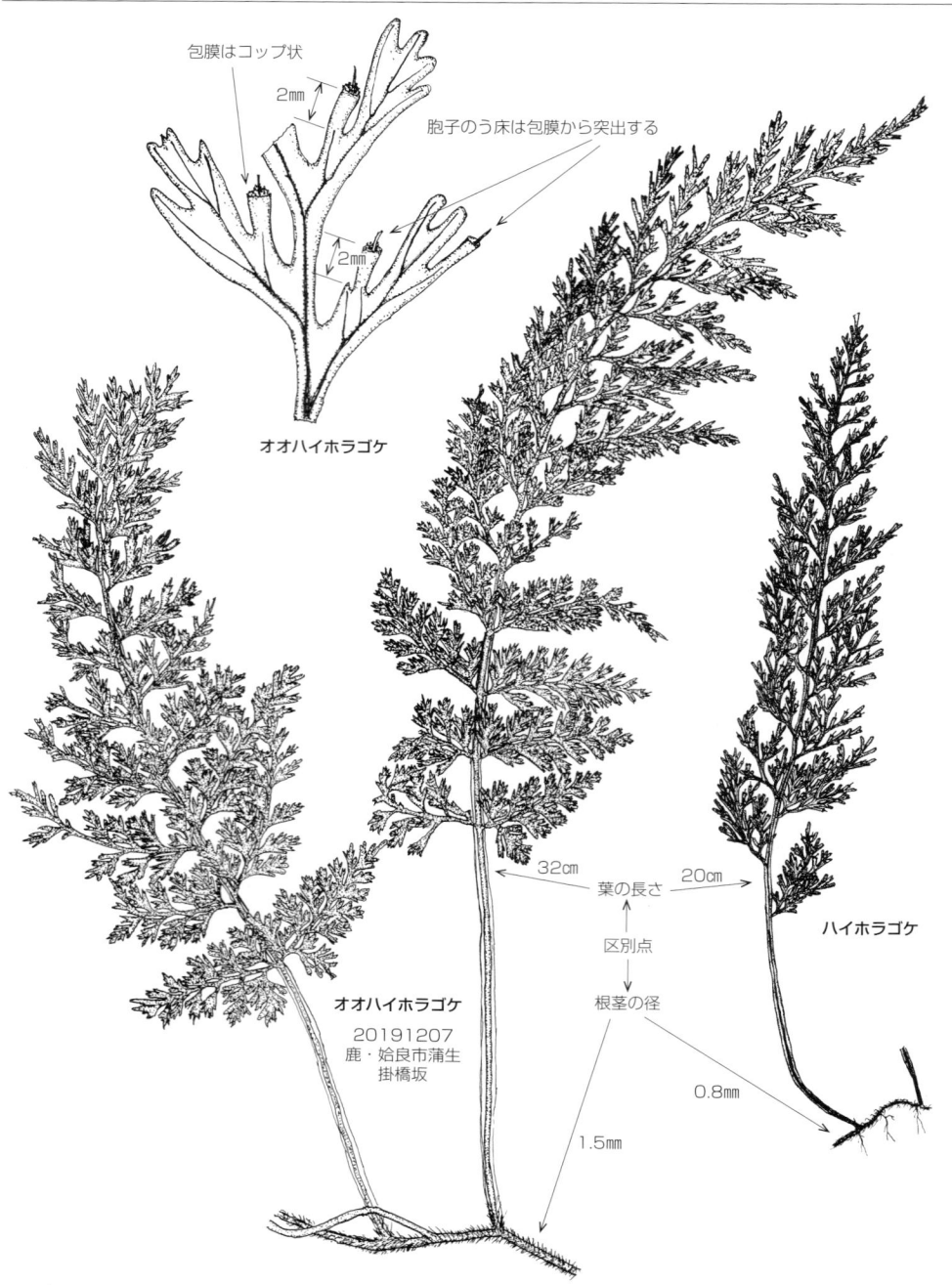

包膜はコップ状

2mm

胞子のう床は包膜から突出する

2mm

オオハイホラゴケ

オオハイホラゴケ
20191207
鹿・姶良市蒲生
掛橋坂

32㎝　葉の長さ　20㎝

区別点

根茎の径

1.5mm

0.8mm

ハイホラゴケ

12

ツルホラゴケ　[コケシノブ科　アオホラゴケ属]

Crepidomanes auriculat

胞子のう群を付ける葉
（切れ込みが深い）

葉

胞子のう群
（胞子のうが多数
入っている）

胞子のう群を付ける

14mm

中肋（羽軸）に
翼がある

11.5㎝

葉
（胞子のう群を付けない
葉は切れ込みが浅い）

短い柄

根茎は長く這って、地上高さ1mを超えることが多い

19650714
鹿・屋　宮之浦

分布　九・目……各県（南は奄群）
　　　鹿・目……県本土中・南部　甑　種　屋　トカラ列島　奄大　徳　沖永

13

ハイホラゴケ　[コケシノブ科　アオホラゴケ属]　*Crepidomanes birmanicum*

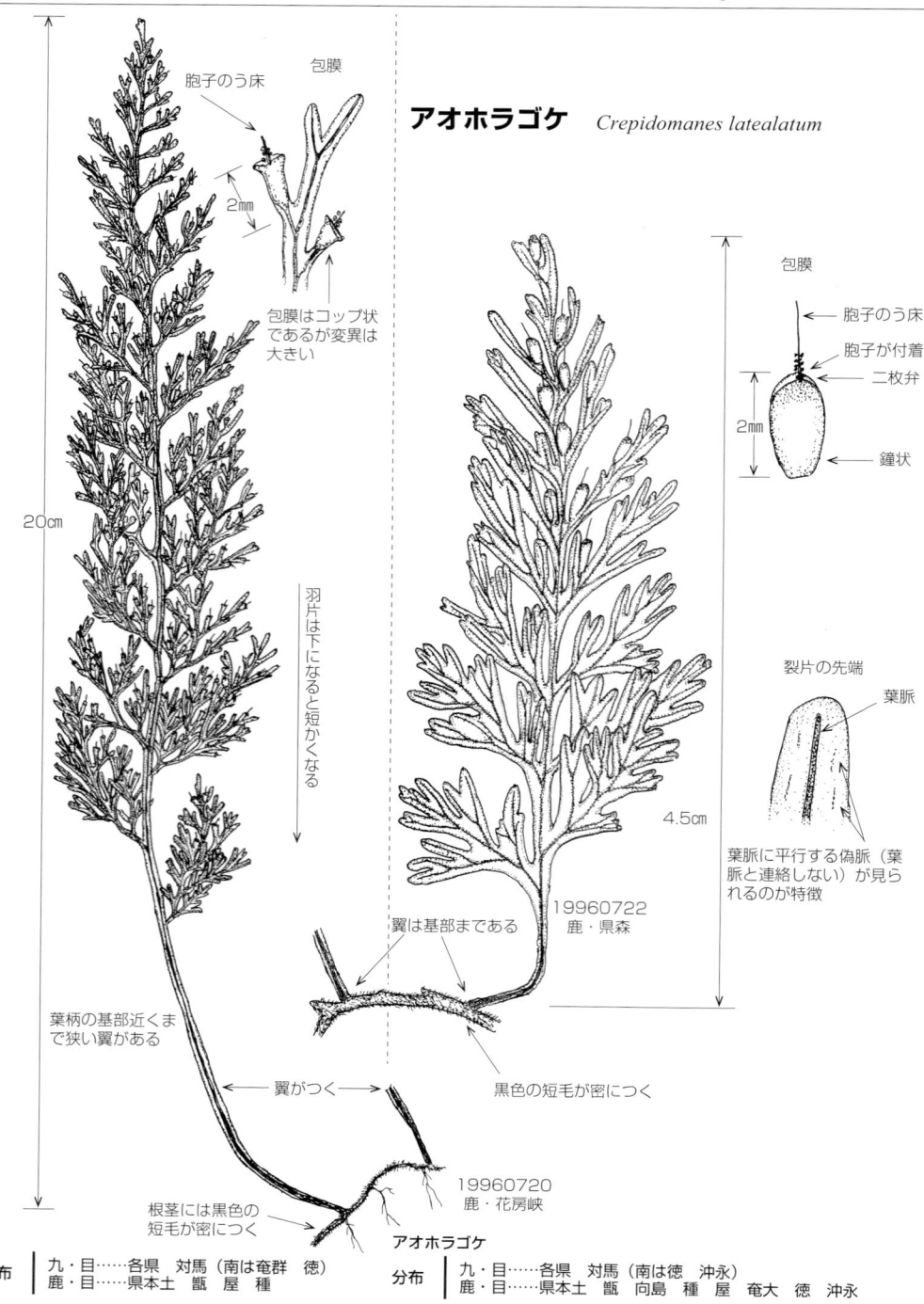

胞子のう床

包膜

アオホラゴケ　*Crepidomanes latealatum*

2mm

包膜はコップ状であるが変異は大きい

20cm

羽片は下になると短くなる

包膜

胞子のう床

胞子が付着

二枚弁

2mm

鐘状

裂片の先端

葉脈

4.5cm

葉脈に平行する偽脈（葉脈と連絡しない）が見られるのが特徴

翼は基部まである

19960722
鹿・県森

葉柄の基部近くまで狭い翼がある

翼がつく

黒色の短毛が密につく

根茎には黒色の短毛が密につく

19960720
鹿・花房峡

アオホラゴケ

分布 | 九・目……各県　対馬（南は奄群　徳）
鹿・目……県本土　甑　屋　種

分布 | 九・目……各県　対馬（南は徳　沖永）
鹿・目……県本土　甑　向島　種屋　奄大　徳　沖永

リュウキュウホラゴケ　[コケシノブ科　アオホラゴケ属]　*Crepidomanes liukiuense*

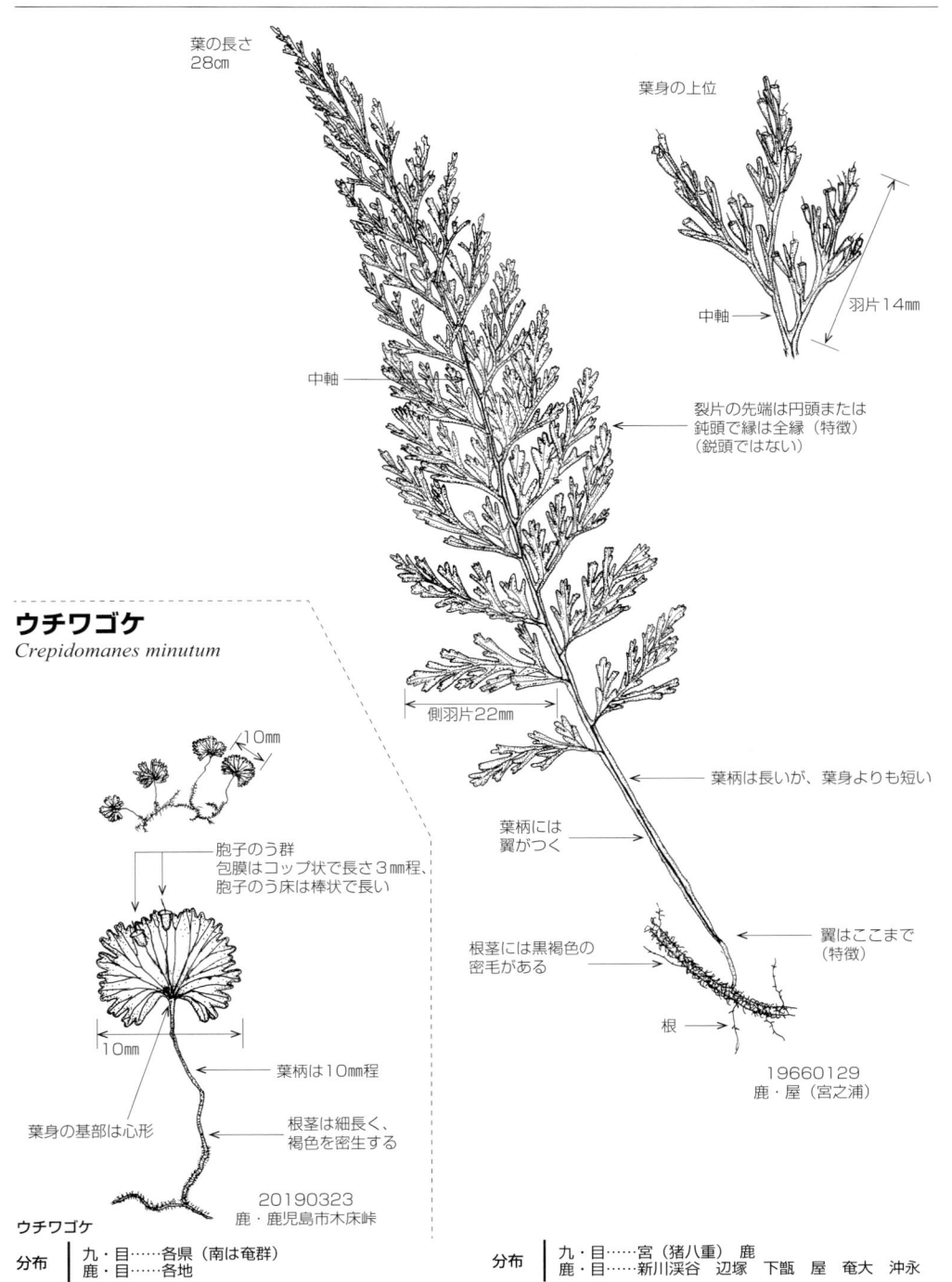

葉の長さ
28cm

葉身の上位

中軸

羽片14mm

中軸

中軸

裂片の先端は円頭または
鈍頭で縁は全縁（特徴）
（鋭頭ではない）

ウチワゴケ
Crepidomanes minutum

10mm

胞子のう群
包膜はコップ状で長さ3mm程、
胞子のう床は棒状で長い

10mm

葉柄は10mm程

葉身の基部は心形

根茎は細長く、
褐色を密生する

側羽片22mm

葉柄は長いが、葉身よりも短い

葉柄には
翼がつく

翼はここまで
（特徴）

根茎には黒褐色の
密毛がある

根

19660129
鹿・屋（宮之浦）

20190323
鹿・鹿児島市木床峠

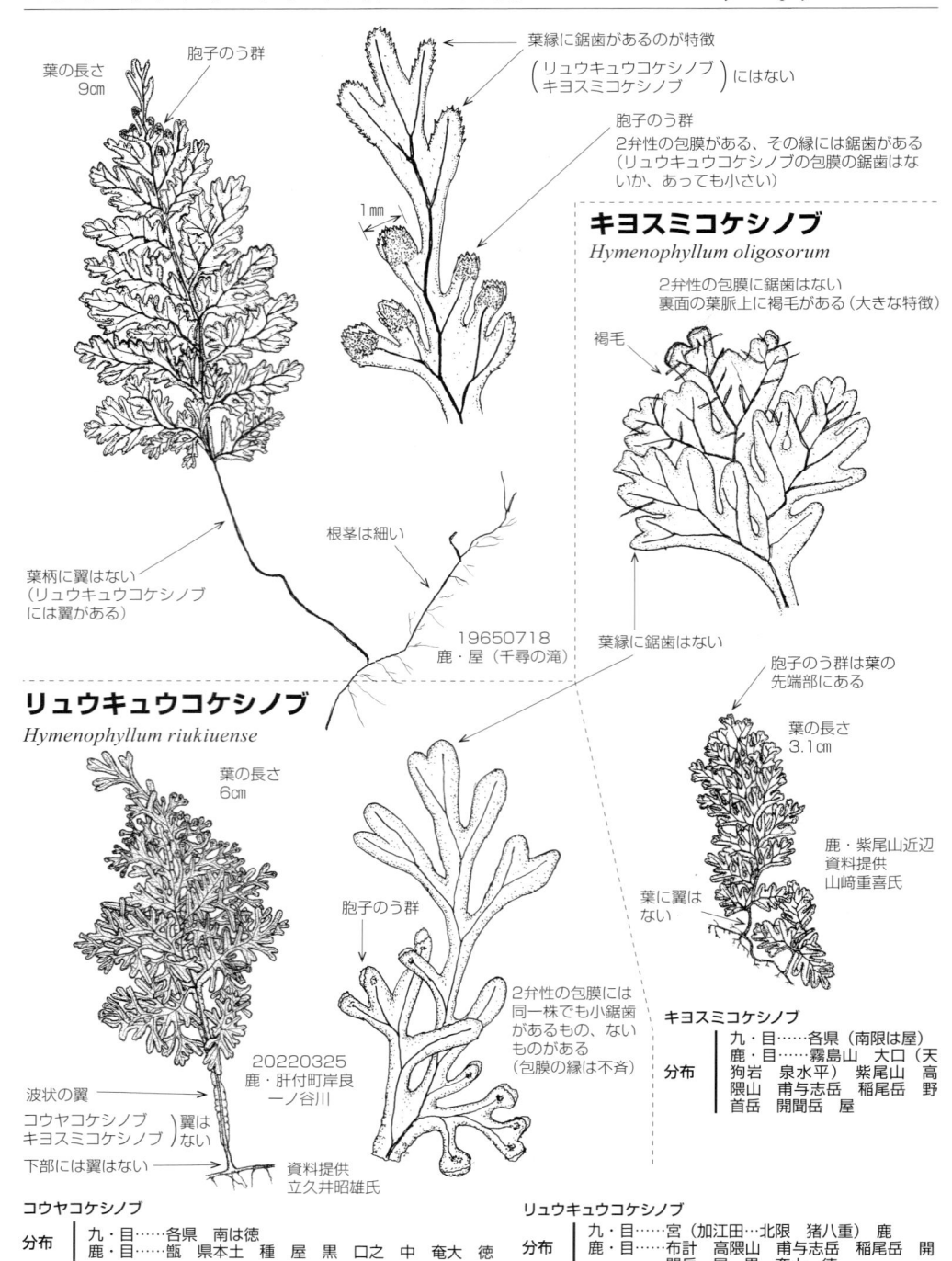

コウヤコケシノブ　[コケシノブ科　コケシノブ属]　*Hymenophyllum barbatum*

葉の長さ
9㎝

胞子のう群

葉縁に鋸歯があるのが特徴
（リュウキュウコケシノブ）にはない
（キヨスミコケシノブ）

胞子のう群
2弁性の包膜がある、その縁には鋸歯がある
（リュウキュウコケシノブの包膜の鋸歯はな
いか、あっても小さい）

1mm

キヨスミコケシノブ
Hymenophyllum oligosorum

2弁性の包膜に鋸歯はない
裏面の葉脈上に褐毛がある（大きな特徴）

褐毛

葉柄に翼はない
（リュウキュウコケシノブ
には翼がある）

根茎は細い

19650718
鹿・屋（千尋の滝）

葉縁に鋸歯はない

胞子のう群は葉の
先端部にある

葉の長さ
3.1㎝

鹿・紫尾山近辺
資料提供
山﨑重喜氏

葉に翼は
ない

リュウキュウコケシノブ
Hymenophyllum riukiuense

葉の長さ
6㎝

胞子のう群

20220325
鹿・肝付町岸良
一ノ谷川

資料提供
立久井昭雄氏

波状の翼
コウヤコケシノブ ）翼は
キヨスミコケシノブ ）ない

下部には翼はない

2弁性の包膜には
同一株でも小鋸歯
があるもの、ない
ものがある
（包膜の縁は不斉）

キヨスミコケシノブ

分布
九・目……各県（南限は屋）
鹿・目……霧島山　大口（天
狗岩　泉水平）　紫尾山　高
隈山　甫与志岳　稲尾岳　野
首岳　開聞岳　屋

コウヤコケシノブ

分布
九・目……各県　南は徳
鹿・目……甑　県本土　種　屋　黒　口之　中　奄大　徳

リュウキュウコケシノブ

分布
九・目……宮（加江田…北限　猪八重）　鹿
鹿・目……布計　高隈山　甫与志岳　稲尾岳　開
聞岳　屋　黒　奄大　徳

16

ホソバコケシノブ　[コケシノブ科　コケシノブ属]

Hymenophyllum polyanthos

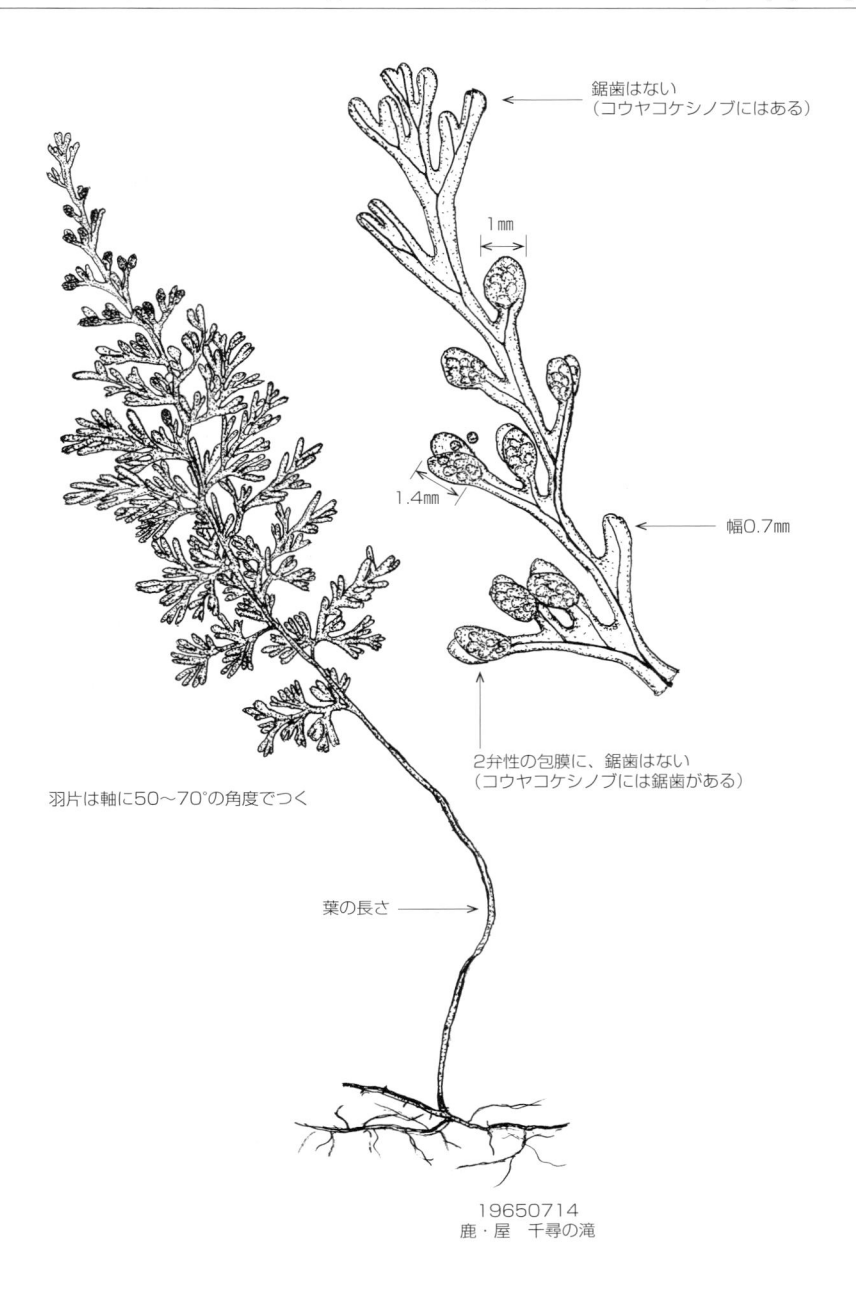

鋸歯はない
（コウヤコケシノブにはある）

1 mm

1.4㎜

幅0.7㎜

2弁性の包膜に、鋸歯はない
（コウヤコケシノブには鋸歯がある）

羽片は軸に50～70°の角度でつく

葉の長さ

19650714
鹿・屋　千尋の滝

分布　｜　九・目……各県（南は奄　徳）
　　　　｜　鹿・目……県本土（南は開聞岳　花瀬）甑　屋　黒　奄大　徳

アカウキクサ　[サンショウモ科　アカウキクサ属]　*Azolla pinnata*

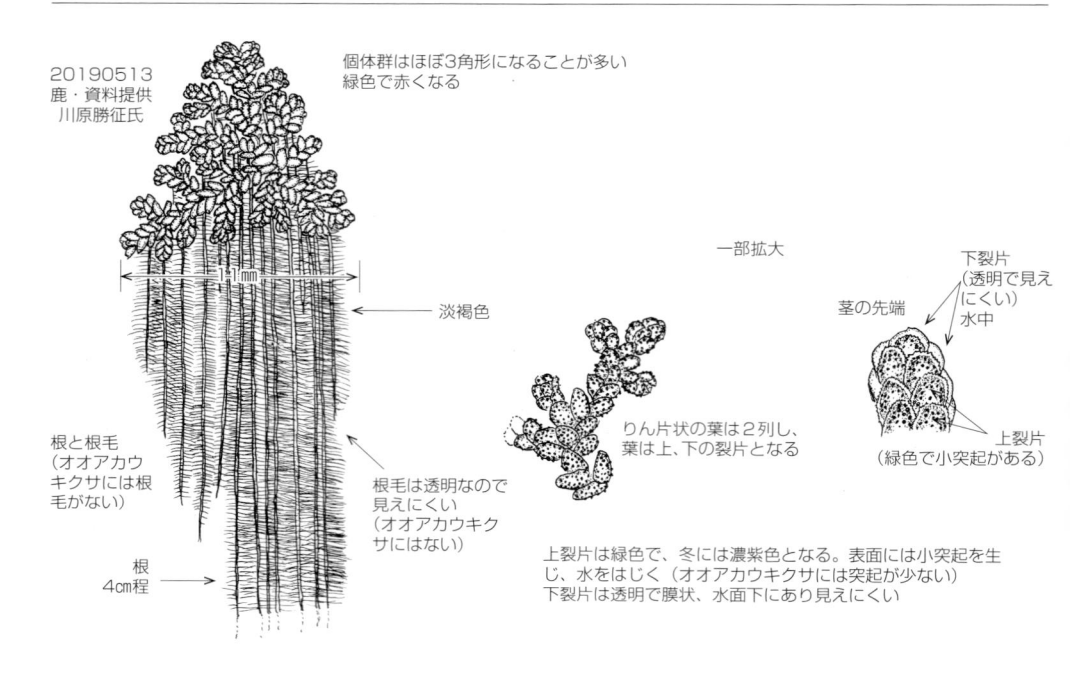

20190513
鹿・資料提供
川原勝征氏

個体群はほぼ3角形になることが多い
緑色で赤くなる

一部拡大

淡褐色

根と根毛
（オオアカウ
キクサには根
毛がない）

根毛は透明なので
見えにくい
（オオアカウキク
サにはない）

根
4cm程

りん片状の葉は2列し、
葉は上、下の裂片となる

下裂片
（透明で見え
にくい）
水中

茎の先端

上裂片
（緑色で小突起がある）

上裂片は緑色で、冬には濃紫色となる。表面には小突起を生
じ、水をはじく（オオアカウキクサには突起が少ない）
下裂片は透明で膜状、水面下にあり見えにくい

オオアカウキクサ　*Azolla japonica*

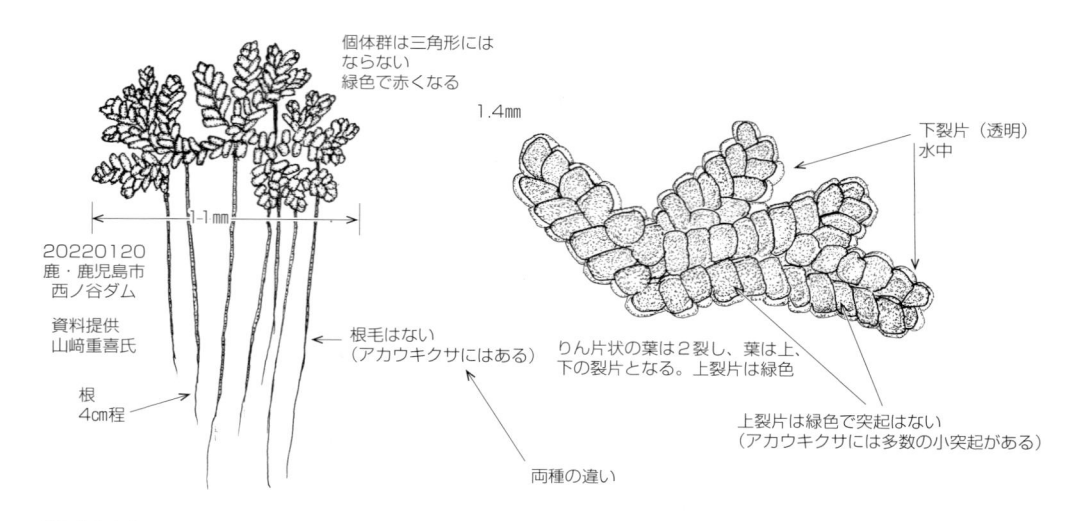

個体群は三角形には
ならない
緑色で赤くなる

1.4mm

20220120
鹿・鹿児島市
西ノ谷ダム

資料提供
山﨑重喜氏

根
4cm程

根毛はない
（アカウキクサにはある）

両種の違い

りん片状の葉は2裂し、葉は上、
下の裂片となる。上裂片は緑色

下裂片（透明）
水中

上裂片は緑色で突起はない
（アカウキクサには多数の小突起がある）

アカウキクサ

分布　九・目……各県（普通　南は奄群）
　　　鹿・目……県本土　甑　種

オオアカウキクサ

分布　九・目……佐（白石）　熊（熊本　天草　人吉）　宮（富田─
　　　　　　　　日置　小林─三ノ宮峡）　鹿
　　　鹿・目……種

ヤマソテツ　[キジノオシダ科　キジノオシダ属]　*Plagiogyria matsumurana*

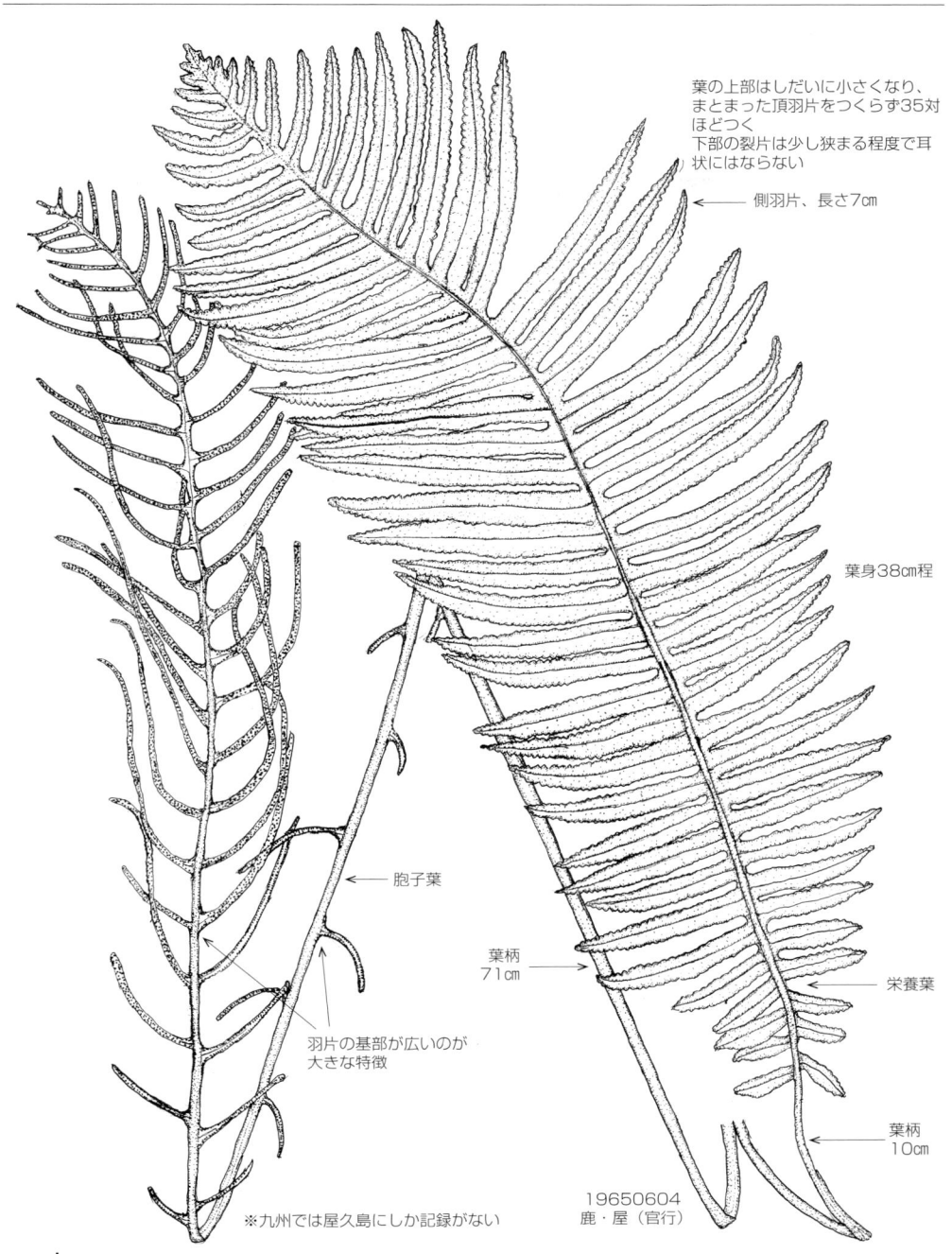

葉の上部はしだいに小さくなり、まとまった頂羽片をつくらず35対ほどつく
下部の裂片は少し狭まる程度で耳状にはならない

← 側羽片、長さ7cm

葉身38cm程

胞子葉

葉柄
71cm

羽片の基部が広いのが大きな特徴

栄養葉

葉柄
10cm

※九州では屋久島にしか記録がない

19650604
鹿・屋（官行）

分布｜九・目……鹿（屋）
　　　鹿・目……屋

サンカクホングウシダ　[ホングウシダ科　ホングウシダ属]　*Lindsaea javanensis*

葉身の先端部は長三角形

葉の長さ
36㎝

羽片の先端部は長三角形

葉柄は光沢、茶褐色
四角柱

10㎝

包膜は切れている
（連続しない）

1.8㎜

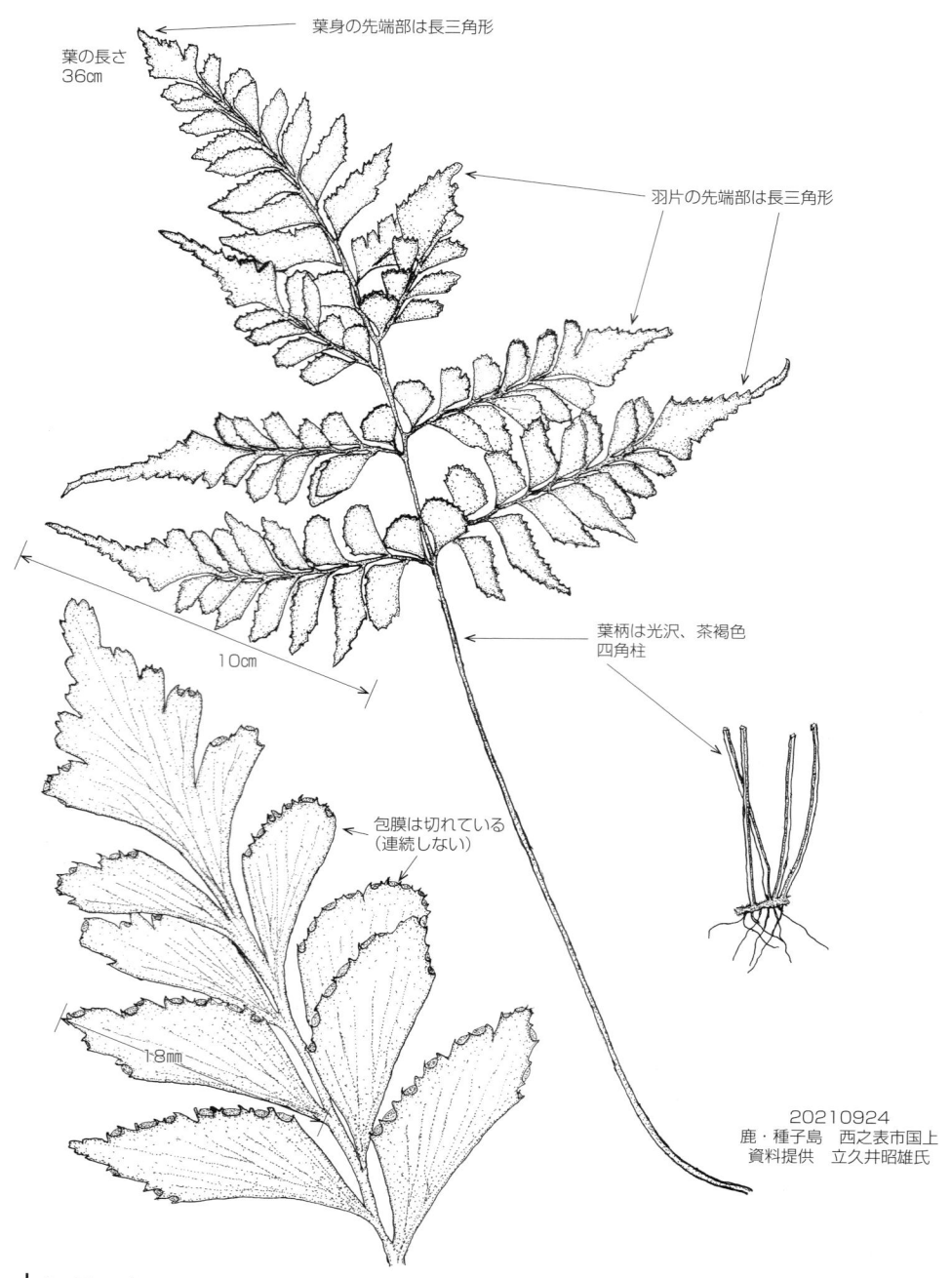

20210924
鹿・種子島　西之表市国上
資料提供　立久井昭雄氏

分布　九・目……鹿
　　　鹿・目……下甑　種　屋　中　悪　奄大　徳　沖永

ユノミネシダ　[コバノイシカグマ科　ユノミネシダ属]　*Histiopteris incisa*

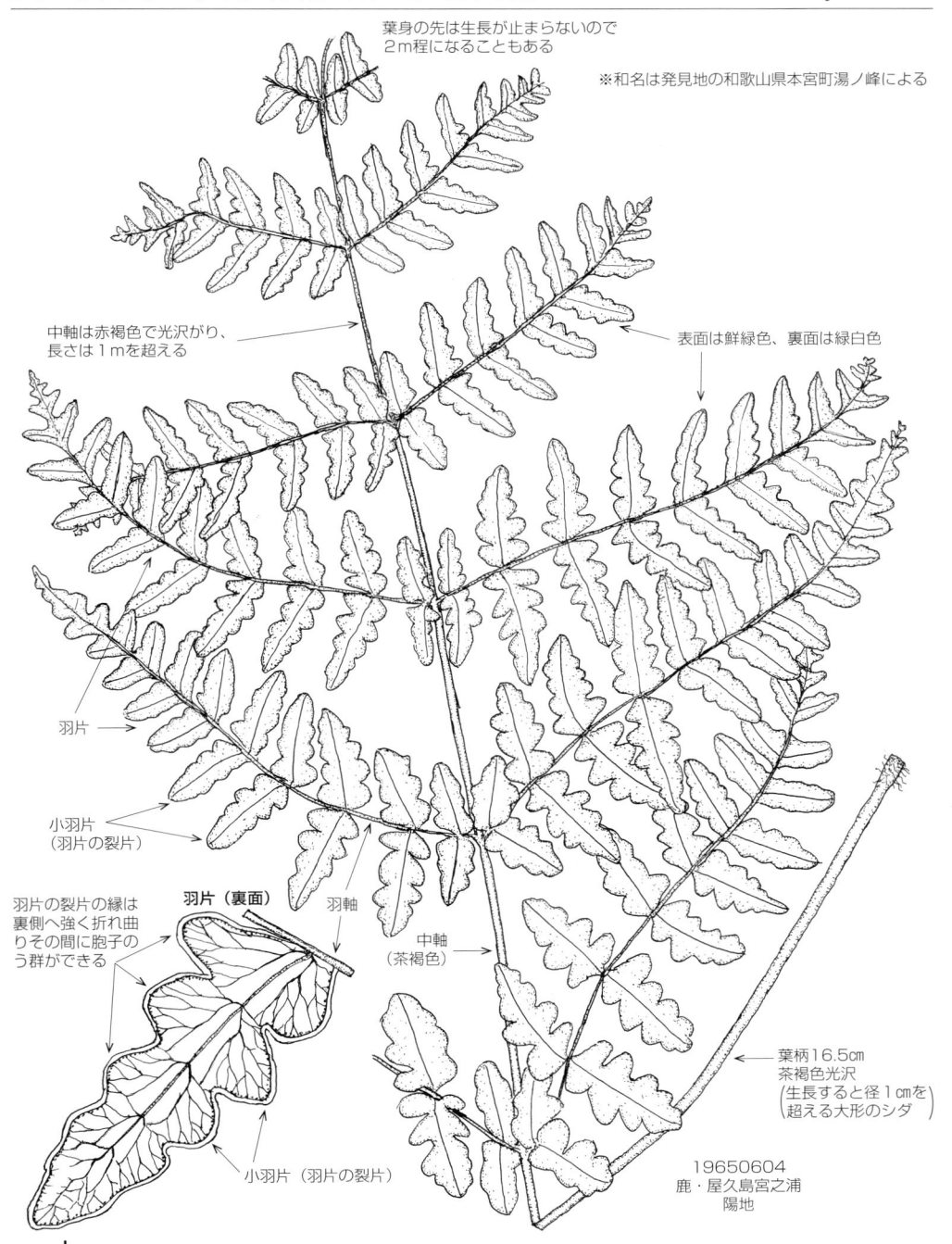

葉身の先は生長が止まらないので
2ｍ程になることもある

※和名は発見地の和歌山県本宮町湯ノ峰による

中軸は赤褐色で光沢がり、
長さは1ｍを超える

表面は鮮緑色、裏面は緑白色

羽片

小羽片
（羽片の裂片）

羽片の裂片の縁は
裏側へ強く折れ曲
りその間に胞子の
う群ができる

羽片（裏面）

羽軸

中軸
（茶褐色）

小羽片（羽片の裂片）

葉柄16.5㎝
茶褐色光沢
（生長すると径1㎝を
　超える大形のシダ）

19650604
鹿・屋久島宮之浦
陽地

分布｜九・目……宮（北方　城）鹿
　　｜鹿・目……霧島山　布計（天狗岩）　桜島　湯之元　赤水（枕崎）　屋　種　硫黄島　口永　中之　諏　奄大　徳

21

イワヒメワラビ ［コバノイシカグマ科　イワヒメワラビ属］ *Hypolepis punctata*

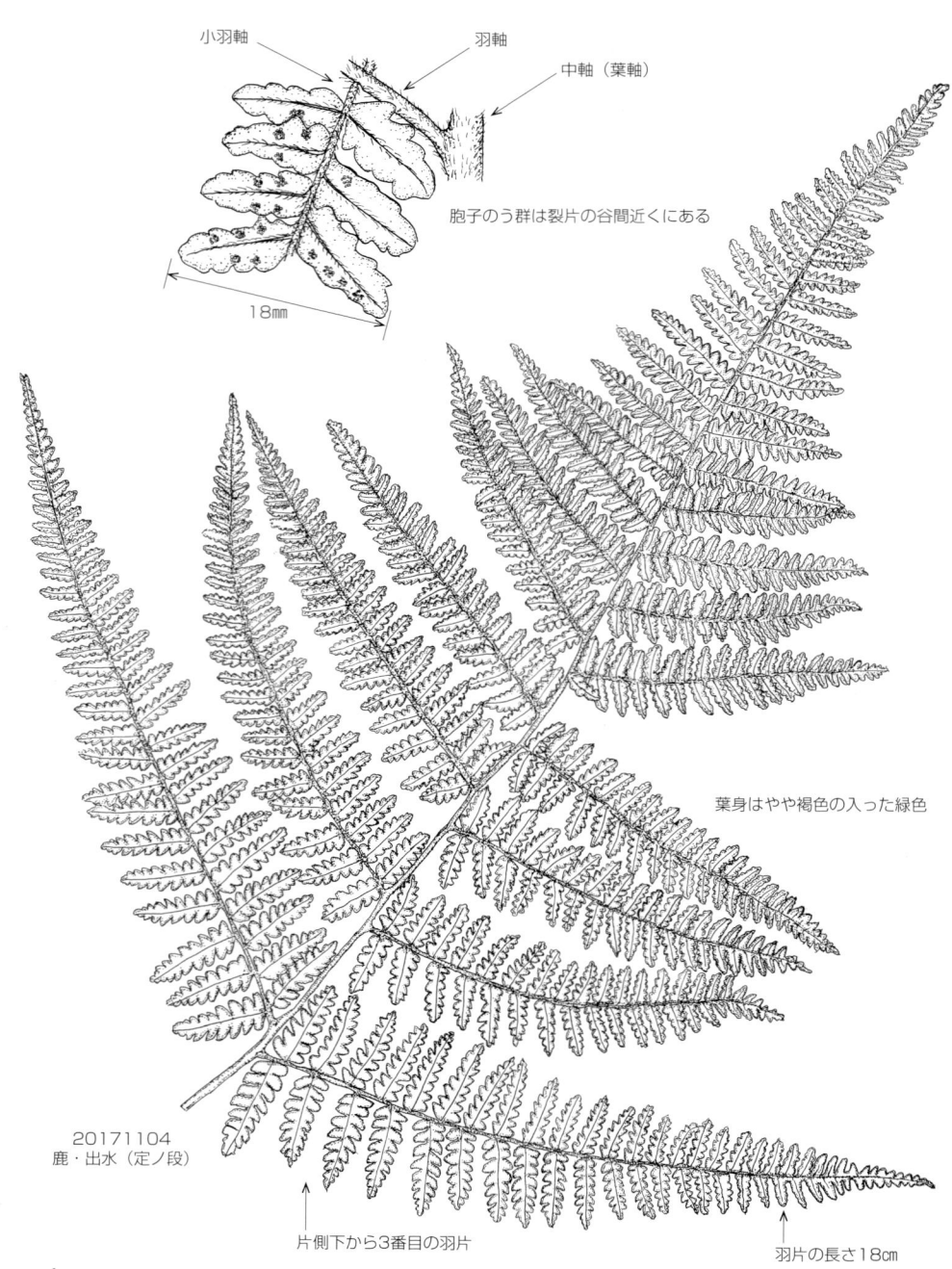

小羽軸

羽軸

中軸（葉軸）

胞子のう群は裂片の谷間近くにある

18mm

葉身はやや褐色の入った緑色

20171104
鹿・出水（定ノ段）

片側下から3番目の羽片

羽片の長さ18㎝

22

セイタカイワヒメワラビ　[コバノイシカグマ科　イワヒメワラビ属]　*Hypolepis alpina*

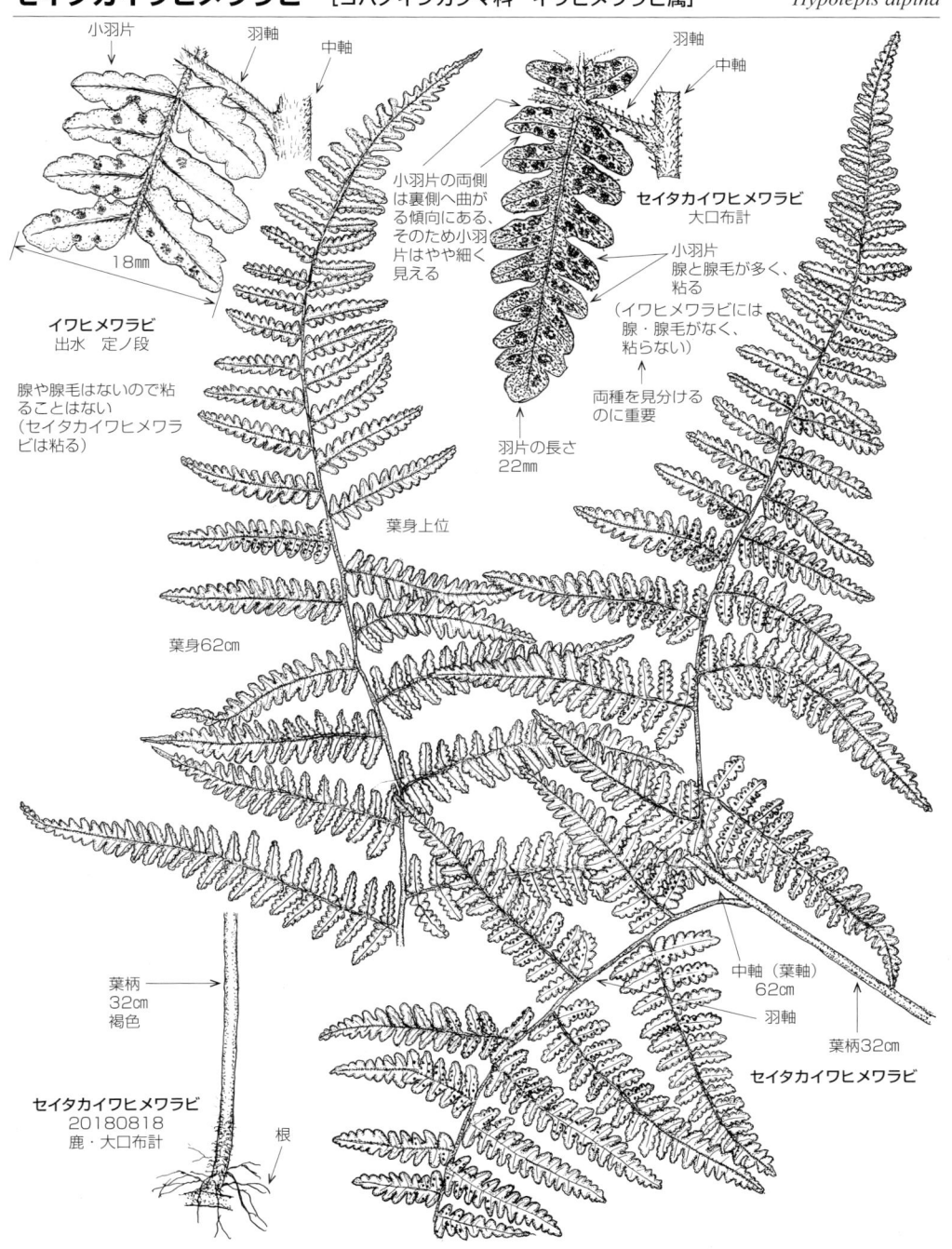

小羽片　羽軸　中軸

イワヒメワラビ
出水　定ノ段

18mm

腺や腺毛はないので粘ることはない
（セイタカイワヒメワラビは粘る）

小羽片の両側は裏側へ曲がる傾向にある、そのため小羽片はやや細く見える

羽軸　中軸

セイタカイワヒメワラビ
大口布計

小羽片
腺と腺毛が多く、粘る
（イワヒメワラビには腺・腺毛がなく、粘らない）

両種を見分けるのに重要

羽片の長さ22mm

葉身上位

葉身62cm

中軸（葉軸）62cm

羽軸

葉柄32cm

セイタカイワヒメワラビ

葉柄32cm褐色

セイタカイワヒメワラビ
20180818
鹿・大口布計

根

分布
九・目……大口　辺塚　屋　種　口之　中　奄大
鹿・目……上記に同じ

23

ウスバイシカグマ　［コバノイシカグマ科　フモトシダ属］　*Microlepia substrigosa*

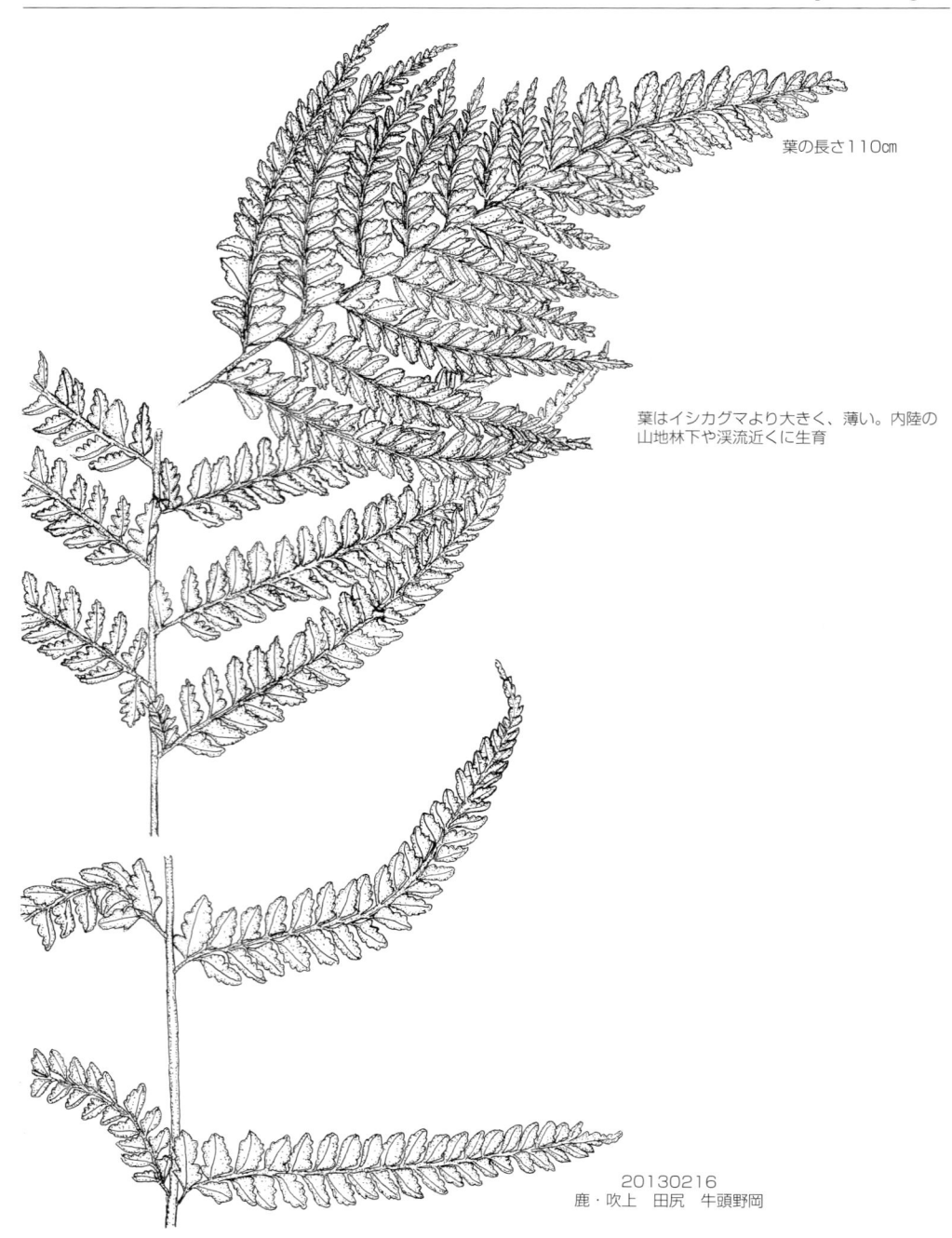

葉の長さ110㎝

葉はイシカグマより大きく、薄い。内陸の
山地林下や渓流近くに生育

20130216
鹿・吹上　田尻　牛頭野岡

分布　｜　九・目……宮（大丸川　猪八重）　鹿
　　　　｜　鹿・目……鶴田（大俣）　蔵多山　吾平（木場）　内ノ浦　田代（内之牧）　屋　種　奄大（赤土山）　沖永

クジャクフモトシダ　[コバノイシカグマ科　フモトシダ属]　*Microlepia bipinnata*

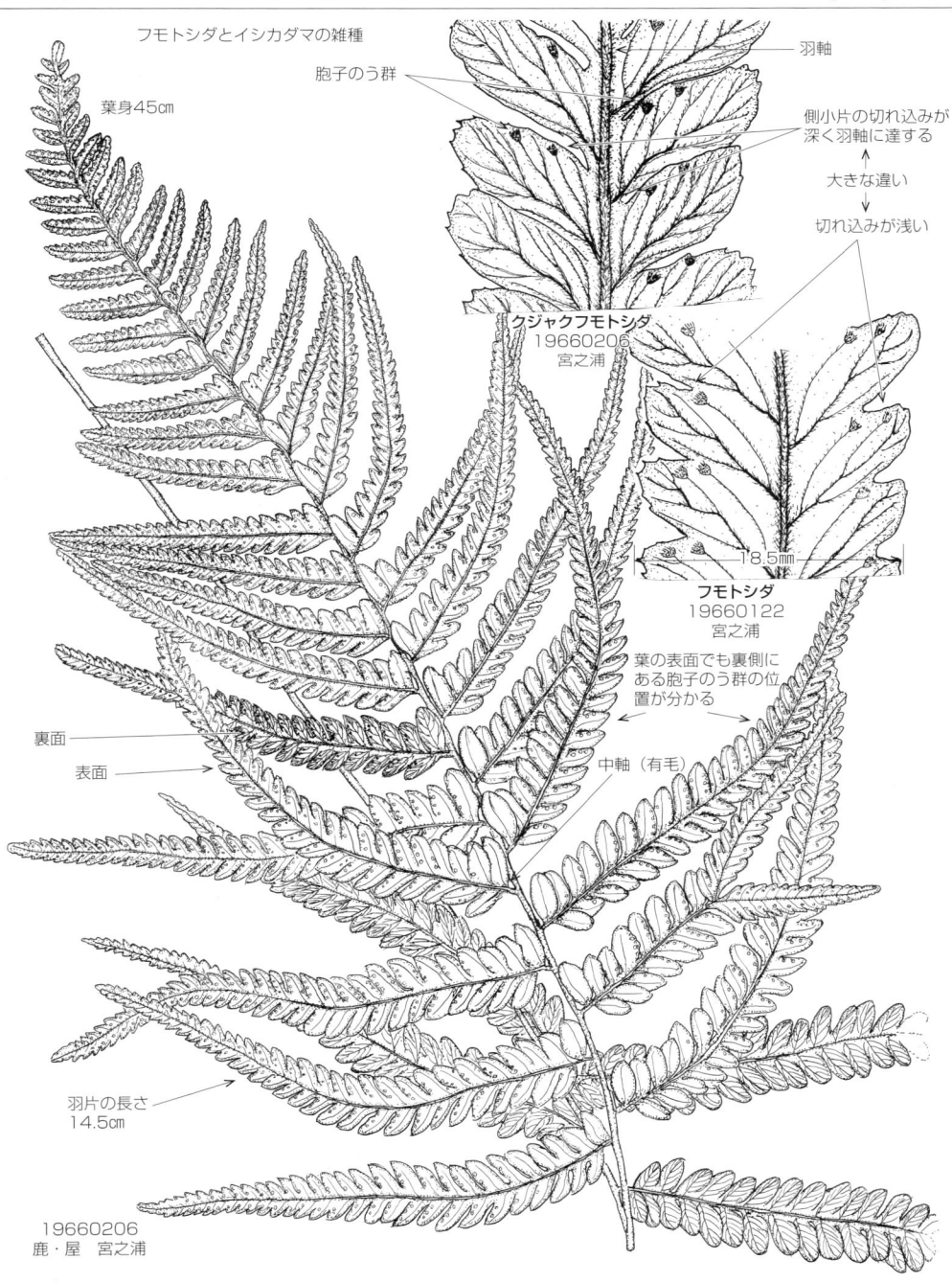

フモトシダとイシカグマの雑種

葉身45㎝

胞子のう群

羽軸

側小片の切れ込みが
深く羽軸に達する

大きな違い

切れ込みが浅い

クジャクフモトシダ
19660206
宮之浦

18.5mm

フモトシダ
19660122
宮之浦

葉の表面でも裏側に
ある胞子のう群の位
置が分かる

裏面

表面

中軸（有毛）

羽片の長さ
14.5㎝

19660206
鹿・屋　宮之浦

分布　｜　九・目……各県（南は屋　種　奄）
　　　｜　鹿・目……甑　県本土各地　屋　種　奄大

25

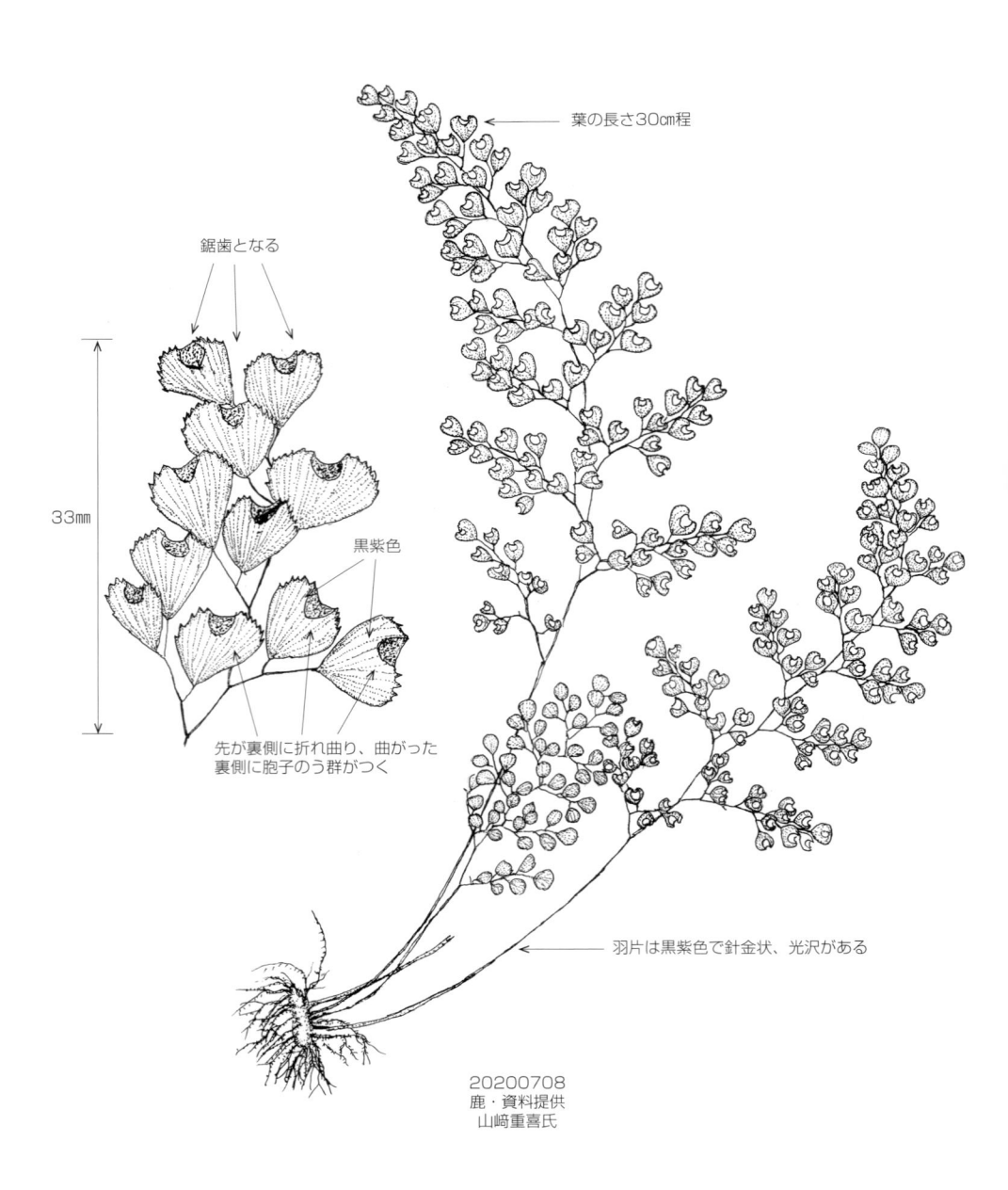

鋸歯となる

葉の長さ30㎝程

33㎜

黒紫色

先が裏側に折れ曲り、曲がった
裏側に胞子のう群がつく

羽片は黒紫色で針金状、光沢がある

20200708
鹿・資料提供
山﨑重喜氏

分布　｜　九・目……各県　対馬
　　　｜　鹿・目……大口（笹野、奥十曽）　霧島山（千里ケ滝）　国分（台明治）

ヒメミズワラビ　[イノモトソウ科　ミズワラビ属]　*Ceratopteris gaudichaudii* var.*vulgaris*

日本ではこれまでミズワラビと称されてきたが日本には起源の異なる2系統が存在することが明らかとなり、北方系の本種をヒメミズワラビ、南方系の種をミズワラビと区別することとなった

栄養葉
（胞子をつけない）

葉身
14.5㎝

胞子葉（胞子をつける）
の一部

← 葉柄

軟らかく、折れ易い

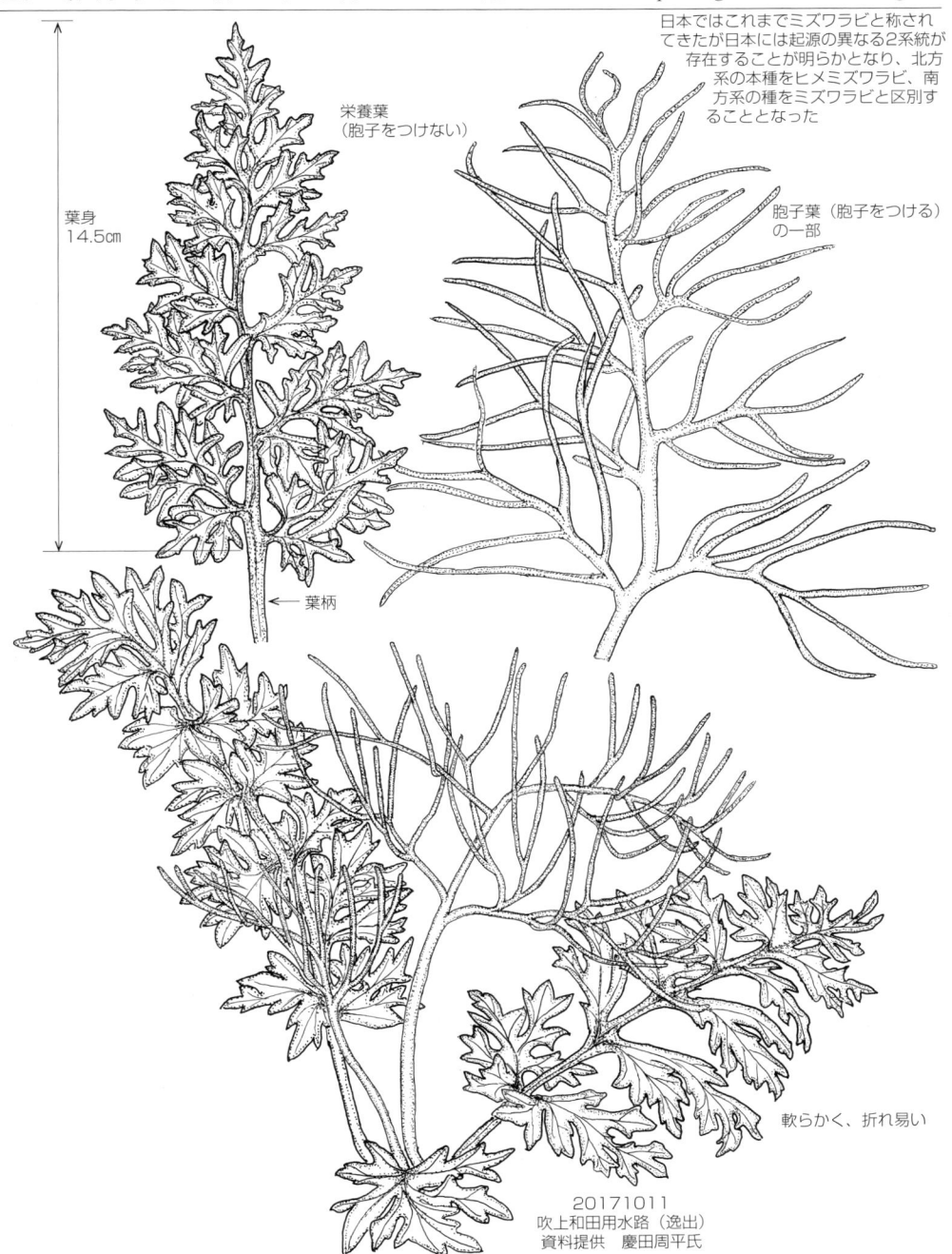

20171011
吹上和田用水路（逸出）
資料提供　慶田周平氏

分布 ｜ 九・目……各県（北部は稀。南は奄群）
　　　　　 鹿・目……県本土中・南部（田布施　加治木以南）　種　奄群

27

エビガラシダ　[イノモトソウ科　エビガラシダ属]　*Cheilanthes chusana*

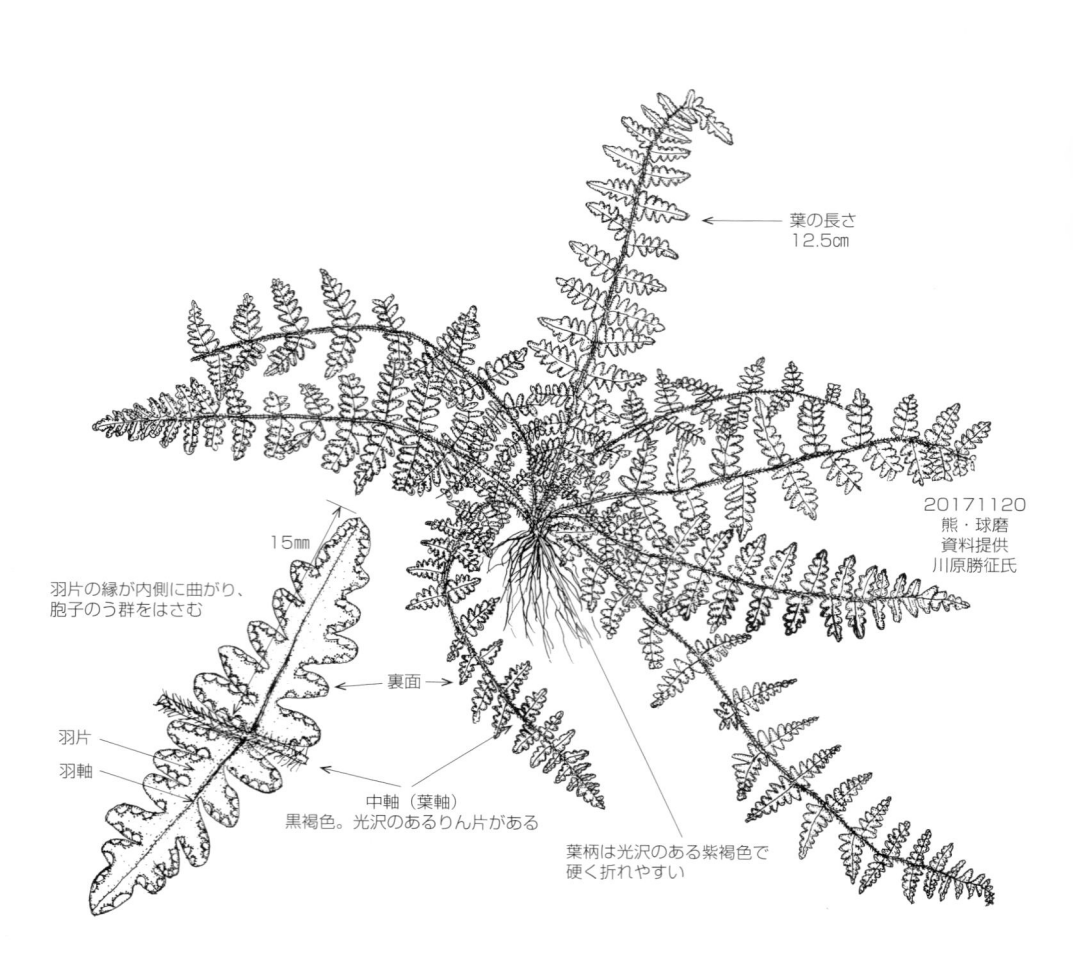

葉の長さ
12.5㎝

15㎜

羽片の縁が内側に曲がり、
胞子のう群をはさむ

裏面

羽片
羽軸

中軸（葉軸）
黒褐色。光沢のあるりん片がある

葉柄は光沢のある紫褐色で
硬く折れやすい

20171120
熊・球磨
資料提供
川原勝征氏

分布　九・目……各県（南限は鹿の長島　宮の綾北）
　　　鹿・目……長島

アイコハチジョウシダ　[イノモトソウ科　イノモトソウ属] *Pteris laurisilvicola*

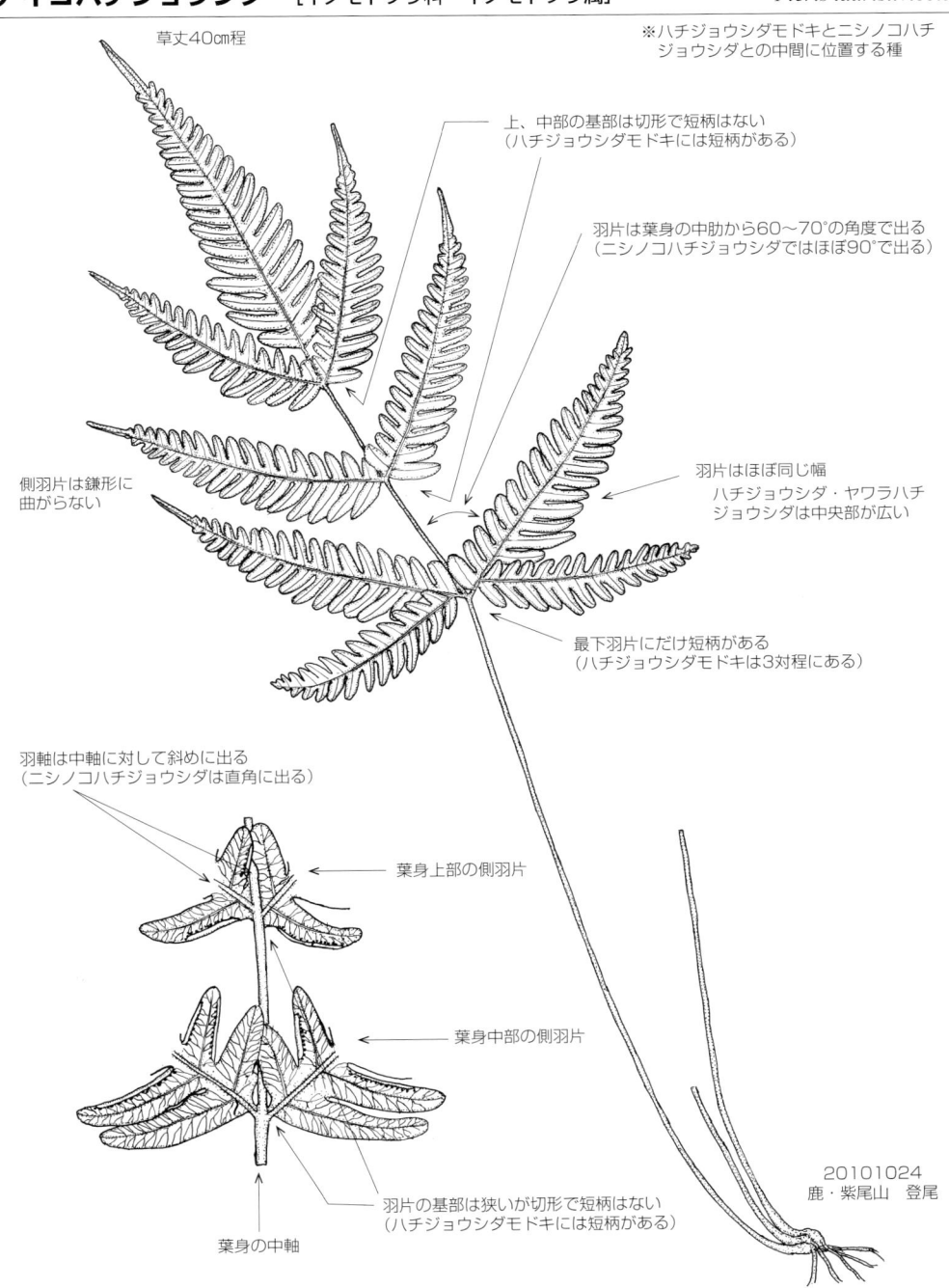

草丈40cm程

※ハチジョウシダモドキとニシノコハチ
ジョウシダとの中間に位置する種

上、中部の基部は切形で短柄はない
（ハチジョウシダモドキには短柄がある）

羽片は葉身の中肋から60〜70°の角度で出る
（ニシノコハチジョウシダではほぼ90°で出る）

側羽片は鎌形に
曲がらない

羽片はほぼ同じ幅
　ハチジョウシダ・ヤワラハチ
ジョウシダは中央部が広い

最下羽片にだけ短柄がある
（ハチジョウシダモドキは3対程にある）

羽軸は中軸に対して斜めに出る
（ニシノコハチジョウシダは直角に出る）

葉身上部の側羽片

葉身中部の側羽片

羽片の基部は狭いが切形で短柄はない
（ハチジョウシダモドキには短柄がある）

葉身の中軸

20101024
鹿・紫尾山　登尾

分布 ｜ 九・目……福（久留米　背振山）　佐（岸岳）　大（柿坂　弥生）　熊（水俣）　宮（双石）　鹿
　　　｜ 鹿・目……知覧（荒岳）　長尾山　磯間山　冠岳　紫尾山　大口　白鹿岳　高隈山

29

オオバノハチジョウシダ　[イノモトソウ科　イノモトソウ属]　*Pteris terminalis* var.*terminalis*

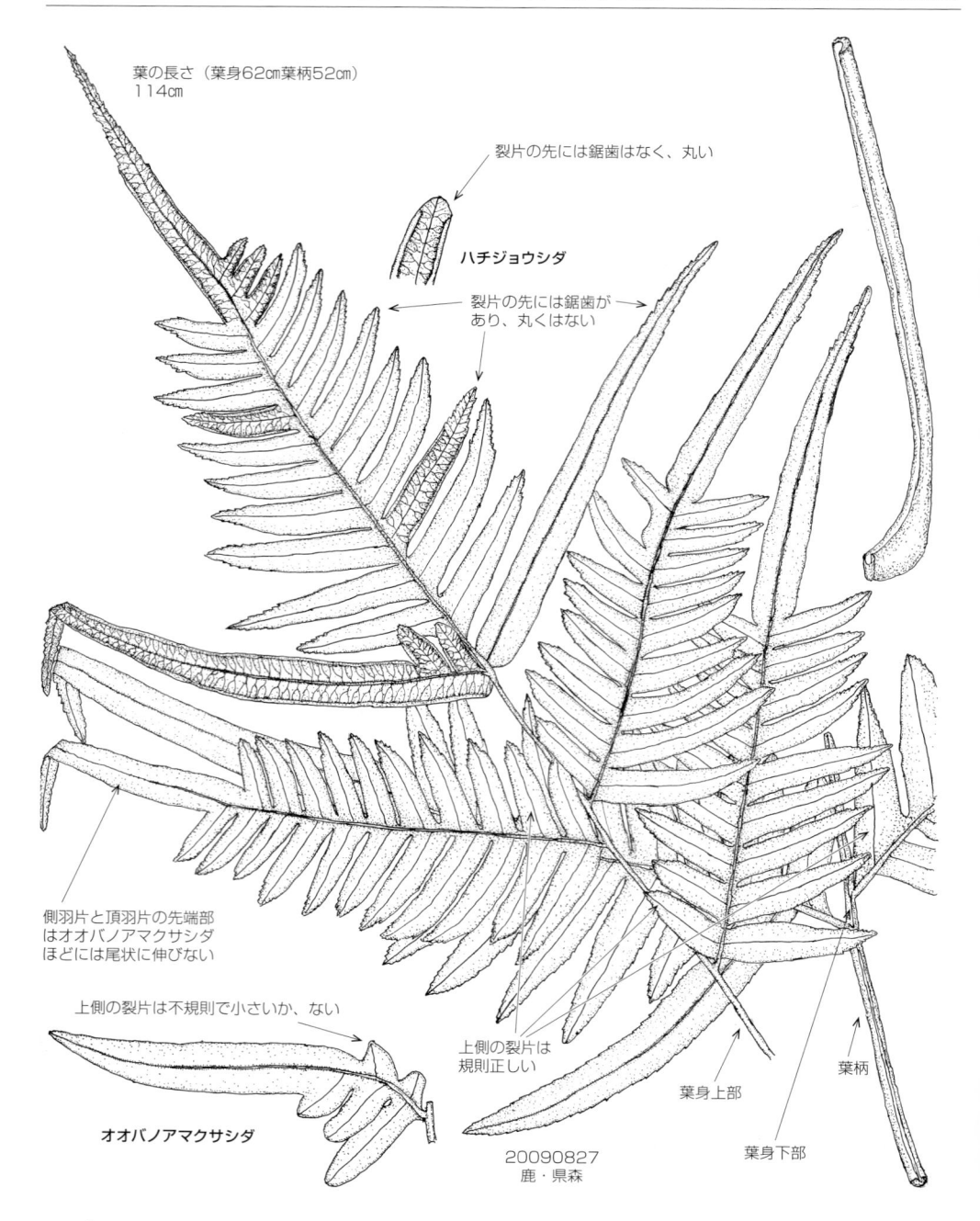

葉の長さ（葉身62㎝葉柄52㎝）
114㎝

裂片の先には鋸歯はなく、丸い

ハチジョウシダ

裂片の先には鋸歯が
あり、丸くはない

側羽片と頂羽片の先端部
はオオバノアマクサシダ
ほどには尾状に伸びない

上側の裂片は不規則で小さいか、ない

オオバノアマクサシダ

上側の裂片は
規則正しい

葉身上部

葉柄

20090827
鹿・県森

葉身下部

分布　┃　九・目……各県　対馬（南限は屋　種）
　　　┃　鹿・目……県本土各地　甑　屋　種

30

キドイノモトソウ　[イノモトソウ科　イノモトソウ属]　*Pteris kidoi*

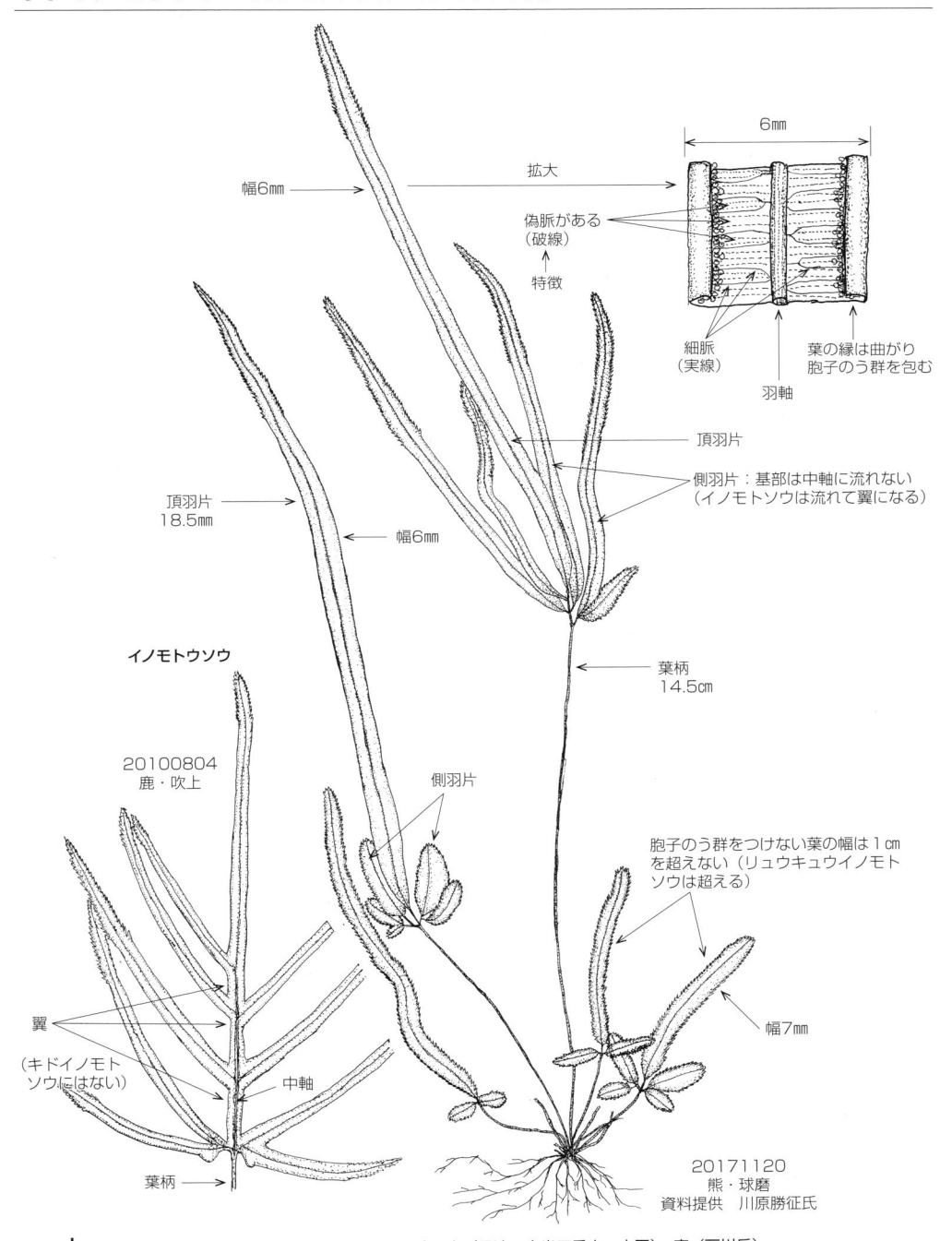

幅6mm

拡大

6mm

偽脈がある
（破線）

特徴

細脈
（実線）

羽軸

葉の縁は曲がり
胞子のう群を包む

頂羽片

側羽片：基部は中軸に流れない
（イノモトソウは流れて翼になる）

頂羽片
18.5mm

幅6mm

イノモトウソウ

20100804
鹿・吹上

側羽片

葉柄
14.5cm

胞子のう群をつけない葉の幅は1cm
を超えない（リュウキュウイノモト
ソウは超える）

翼

（キドイノモト
ソウにはない）

中軸

幅7mm

葉柄

20171120
熊・球磨
資料提供　川原勝征氏

分布｜九・目……福（香春岳）　熊（球磨　甲佐　五木）　大（風連　小半三重山　内平）　宮（戸川岳）
　　　　鹿・目……記載がない

31

サツマハチジョウシダ　［イノモトソウ科　イノモトソウ属］　*Pteris satsumana*

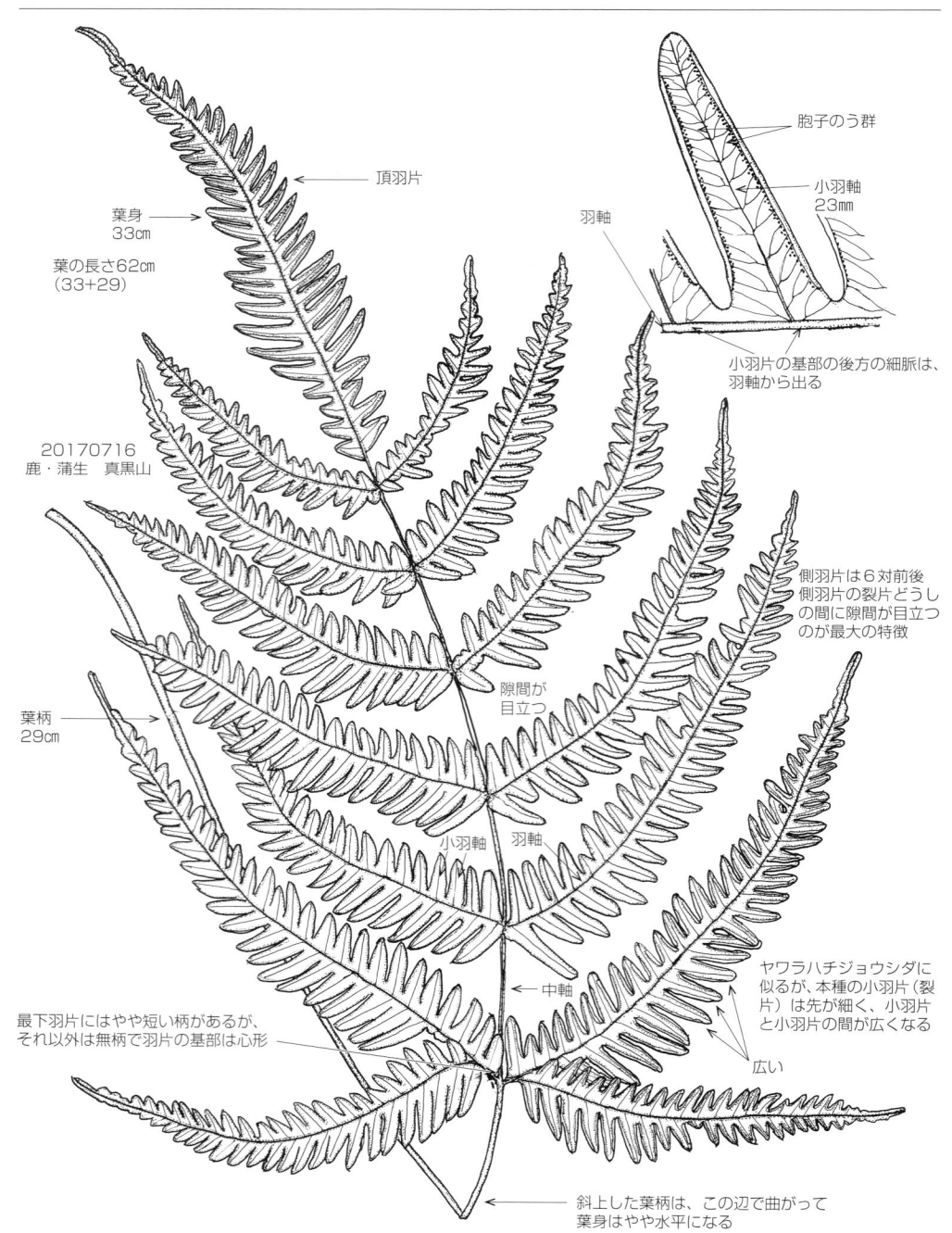

胞子のう群

小羽軸
23mm

羽軸

小羽片の基部の後方の細脈は、
羽軸から出る

頂羽片

葉身
33cm

葉の長さ62cm
（33+29）

20170716
鹿・蒲生　真黒山

葉柄
29cm

隙間が
目立つ

小羽軸　羽軸

側羽片は6対前後
側羽片の裂片どうし
の間に隙間が目立つ
のが最大の特徴

中軸

最下羽片にはやや短い柄があるが、
それ以外は無柄で羽片の基部は心形

ヤワラハチジョウシダに
似るが、本種の小羽片（裂
片）は先が細く、小羽片
と小羽片の間が広くなる

広い

斜上した葉柄は、この辺で曲がって
葉身はやや水平になる

分布｜九・目……長（西彼―雪浦　山手）宮（三股）鹿
　　　鹿・目……重富　北薩（遠矢岳　矢筈岳）吉田（水流池）冠岳　伊作峠　知覧　川辺　内之浦　田代

ニシノコハチジョウシダ　［イノモトソウ科　イノモトソウ属］　*Pteris kiuschiuensis*

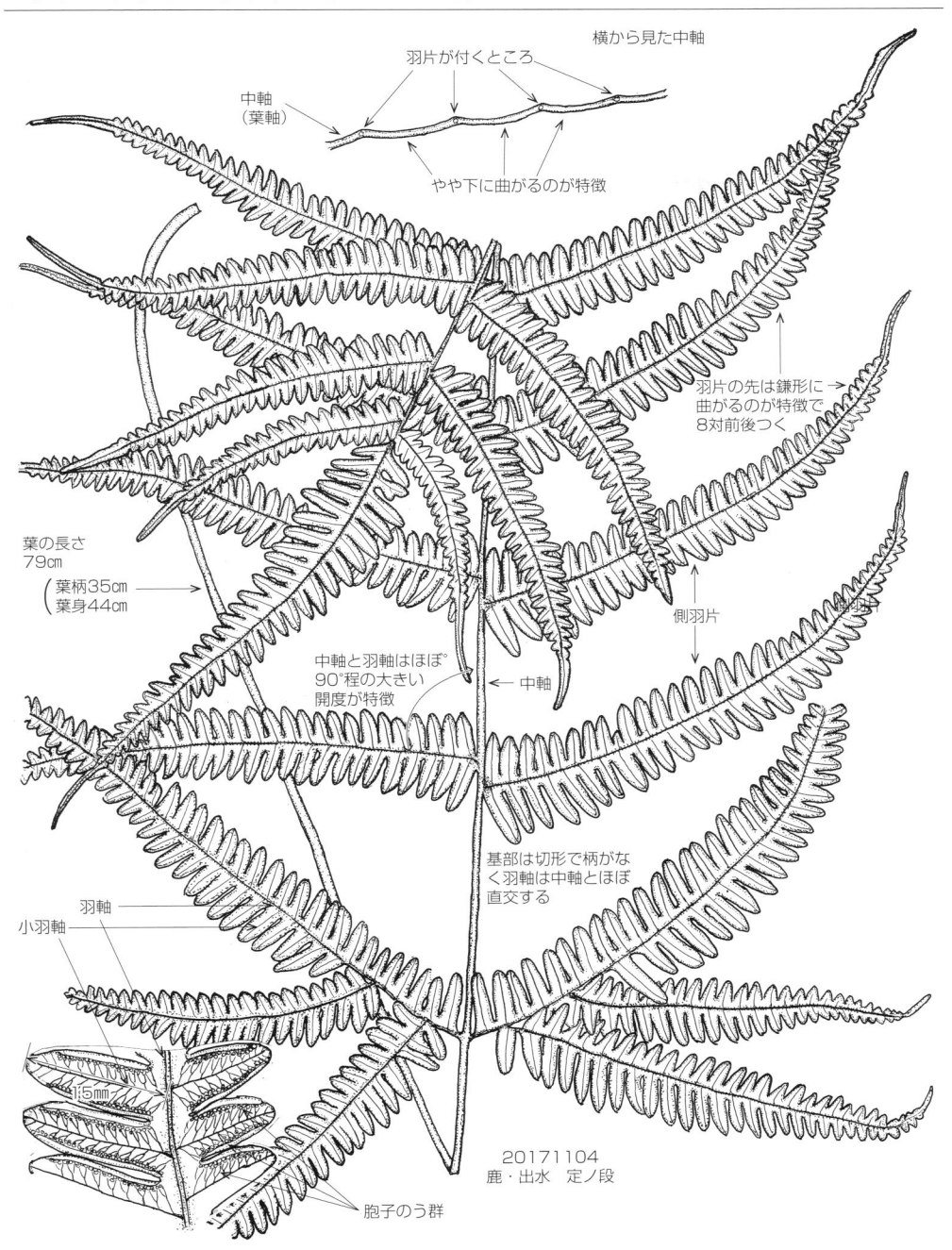

横から見た中軸

羽片が付くところ

中軸
（葉軸）

やや下に曲がるのが特徴

羽片の先は鎌形に
曲がるのが特徴で
8対前後つく

葉の長さ
79㎝
（葉柄35㎝
葉身44㎝）

側羽片

中軸と羽軸はほぼ°
90°程の大きい
開度が特徴

←中軸

基部は切形で柄がな
く羽軸は中軸とほぼ
直交する

羽軸

小羽軸

1.5㎜

胞子のう群

20171104
鹿・出水　定ノ段

分布　｜　九・目……長（福江島）　宮（各地）　熊（熊本市）　鹿
　　　　｜　鹿・目……樋ノ谷　大口（田代　道川内）　柊野　大俣　高隈山　甑

ハチジョウシダ　[イノモトソウ科　イノモトソウ属]　*Pteris fauriei*

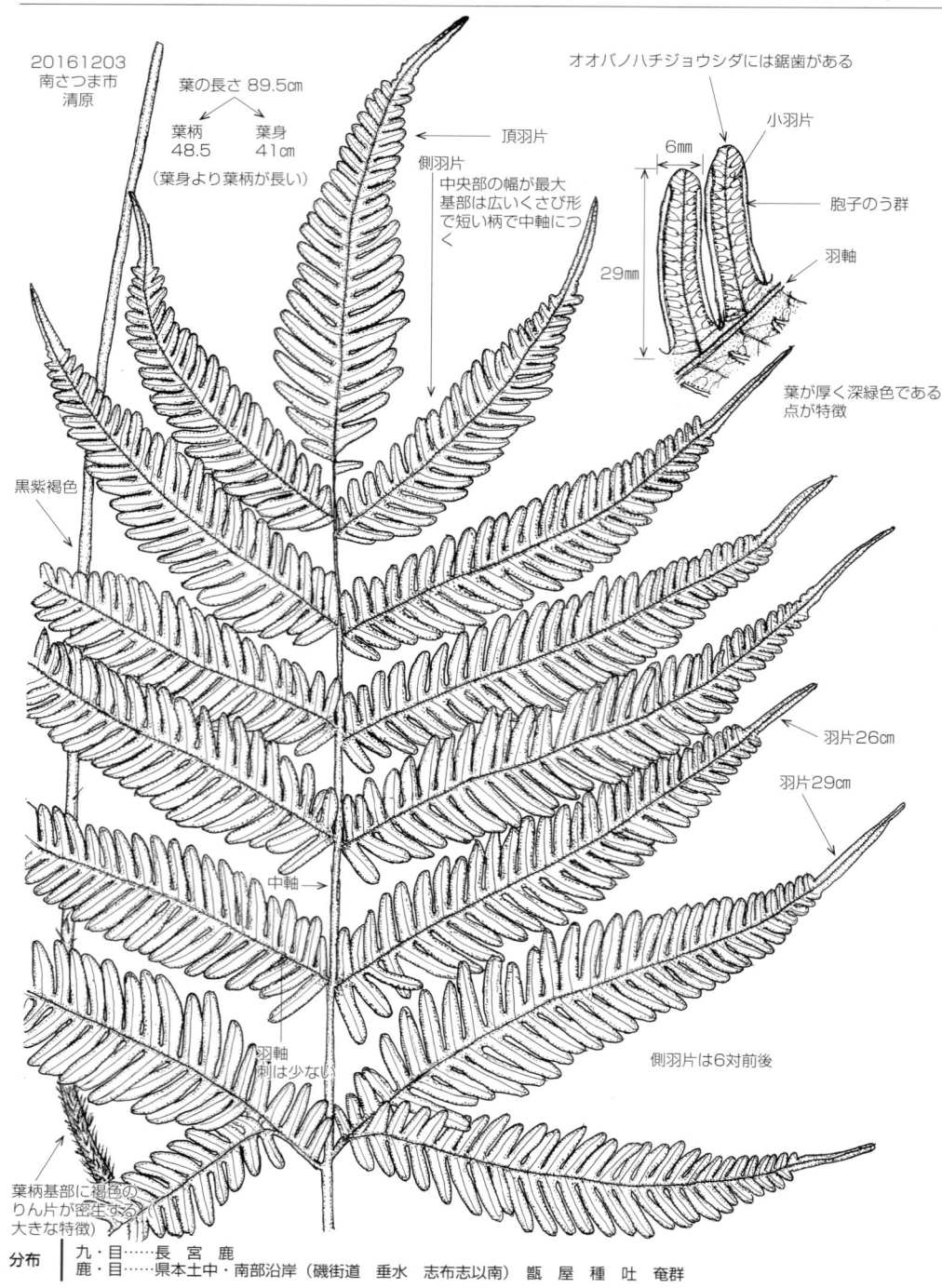

20161203
南さつま市
清原

葉の長さ 89.5㎝

葉柄　　　葉身
48.5　　　41㎝

（葉身より葉柄が長い）

頂羽片

側羽片
中央部の幅が最大
基部は広いくさび形
で短い柄で中軸につ
く

オオバノハチジョウシダには鋸歯がある

小羽片

6mm

胞子のう群

29mm

羽軸

葉が厚く深緑色である
点が特徴

黒紫褐色

羽片26㎝

羽片29㎝

中軸

羽軸
刺は少ない

側羽片は6対前後

葉柄基部に褐色の
りん片が密生する
大きな特徴

分布　｜　九・目……長　宮　鹿
　　　　｜　鹿・目……県本土中・南部沿岸（磯街道　垂水　志布志以南）甑　屋　種　吐　奄群

ヒカゲアマクサシダ　[イノモトソウ科　イノモトソウ属]　*Pteris tokioi*

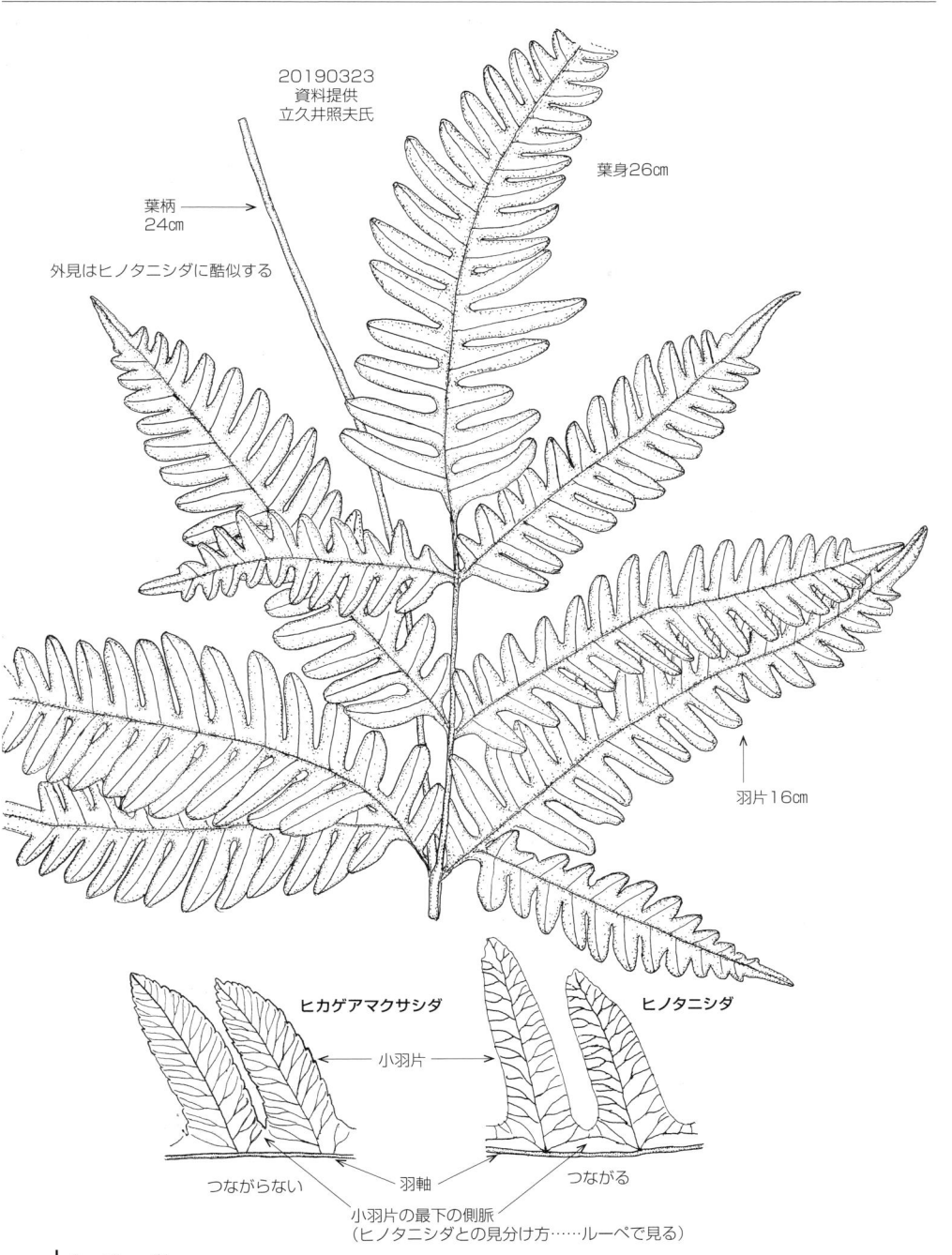

20190323
資料提供
立久井照夫氏

葉身26㎝

葉柄
24㎝

外見はヒノタニシダに酷似する

羽片16㎝

ヒカゲアマクサシダ

ヒノタニシダ

小羽片

つながらない

羽軸

つながる

小羽片の最下の側脈
（ヒノタニシダとの見分け方……ルーペで見る）

分布　九・目……鹿
　　　鹿・目……下甑　川辺（八瀬尾の滝）　屋　種

35

ヒノタニシダ　[イノモトソウ科　イノモトソウ属]　　*Pteris maclurei*

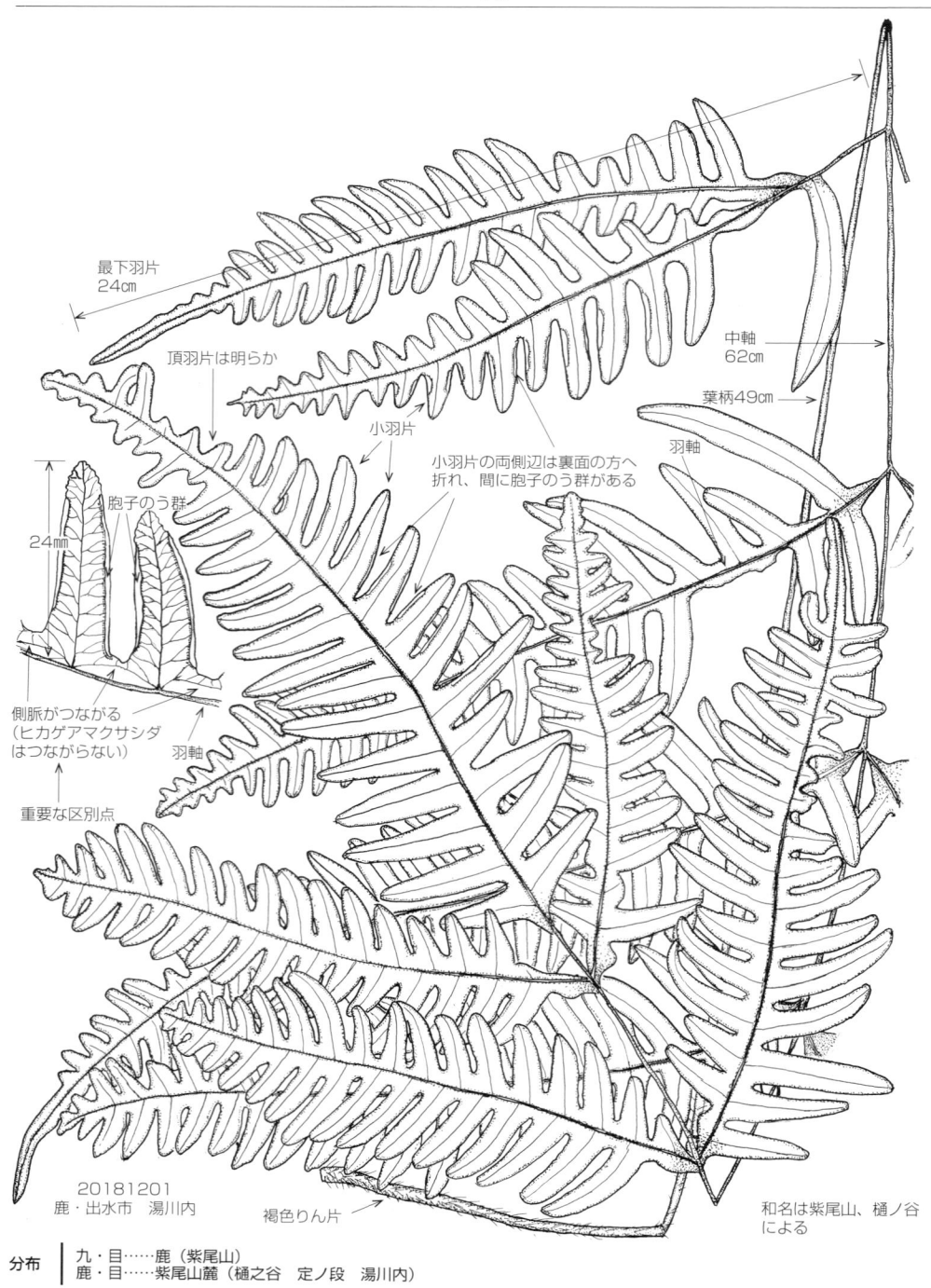

最下羽片
24cm

頂羽片は明らか

中軸
62cm

葉柄49cm

小羽片

小羽片の両側辺は裏面の方へ
折れ、間に胞子のう群がある

羽軸

胞子のう群

24mm

側脈がつながる
（ヒカゲアマクサシダ
はつながらない）

羽軸

重要な区別点

20181201
鹿・出水市　湯川内

褐色りん片

和名は紫尾山、樋ノ谷
による

分布 | 九・目……鹿（紫尾山）
　　　 鹿・目……紫尾山麓（樋之谷　定ノ段　湯川内）

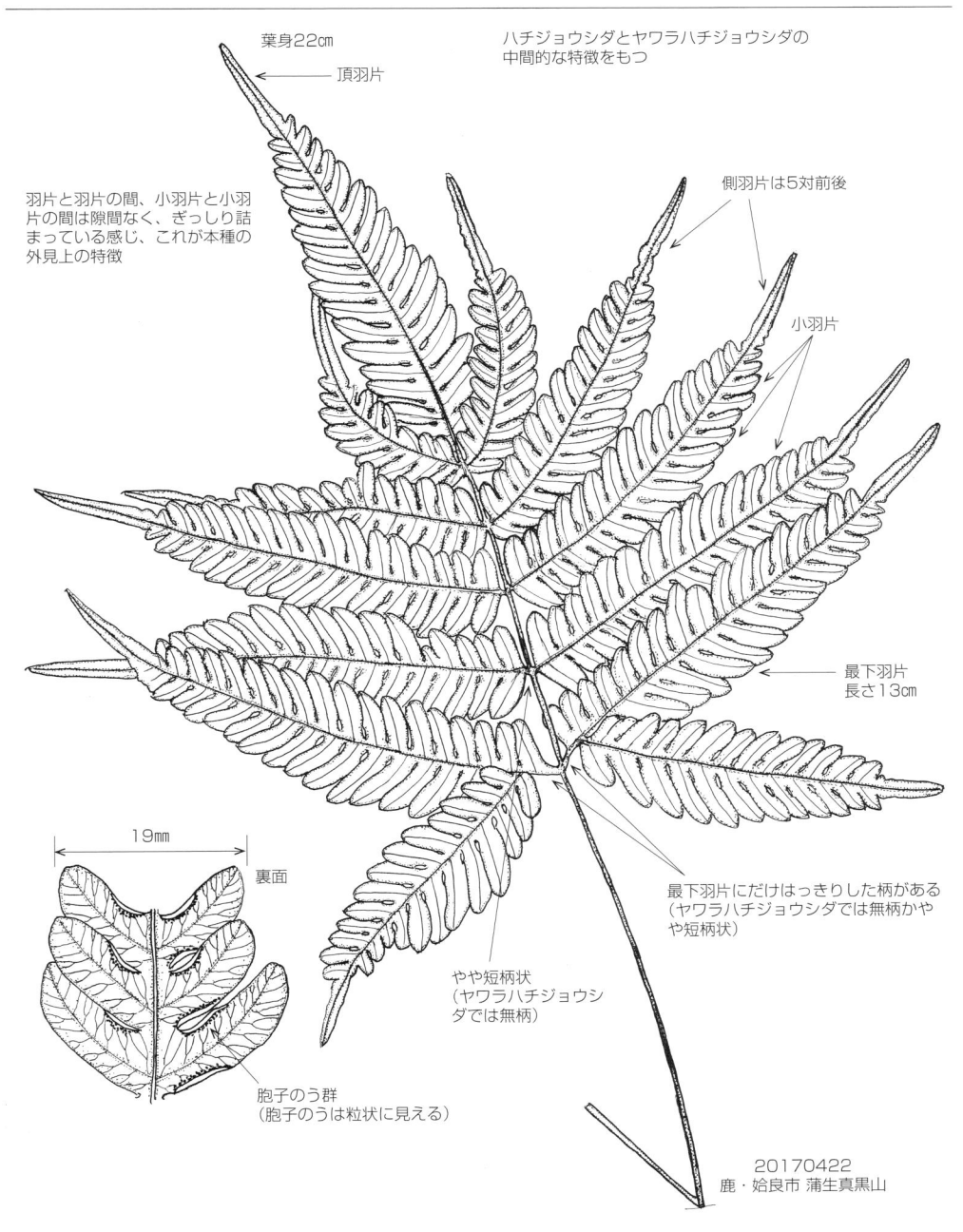

葉身22cm

頂羽片

ハチジョウシダとヤワラハチジョウシダの
中間的な特徴をもつ

側羽片は5対前後

羽片と羽片の間、小羽片と小羽
片の間は隙間なく、ぎっしり詰
まっている感じ、これが本種の
外見上の特徴

小羽片

最下羽片
長さ13cm

19mm

裏面

最下羽片にだけはっきりした柄がある
（ヤワラハチジョウシダでは無柄かや
や短柄状）

やや短柄状
（ヤワラハチジョウシ
ダでは無柄）

胞子のう群
（胞子のうは粒状に見える）

20170422
鹿・姶良市 蒲生真黒山

分布　｜九・目……佐（岸岳）　熊（牛深　水俣）　宮（双石）　鹿
　　　　｜鹿・目……鶴田（大俣）　矢筈岳　冠岳　錫山　鹿児島市　下甑　西佐多浦　長島　屋　口永　口之

ヤワラハチジョウシダ　[イノモトソウ科　イノモトソウ属]　*Pteris natiensis*

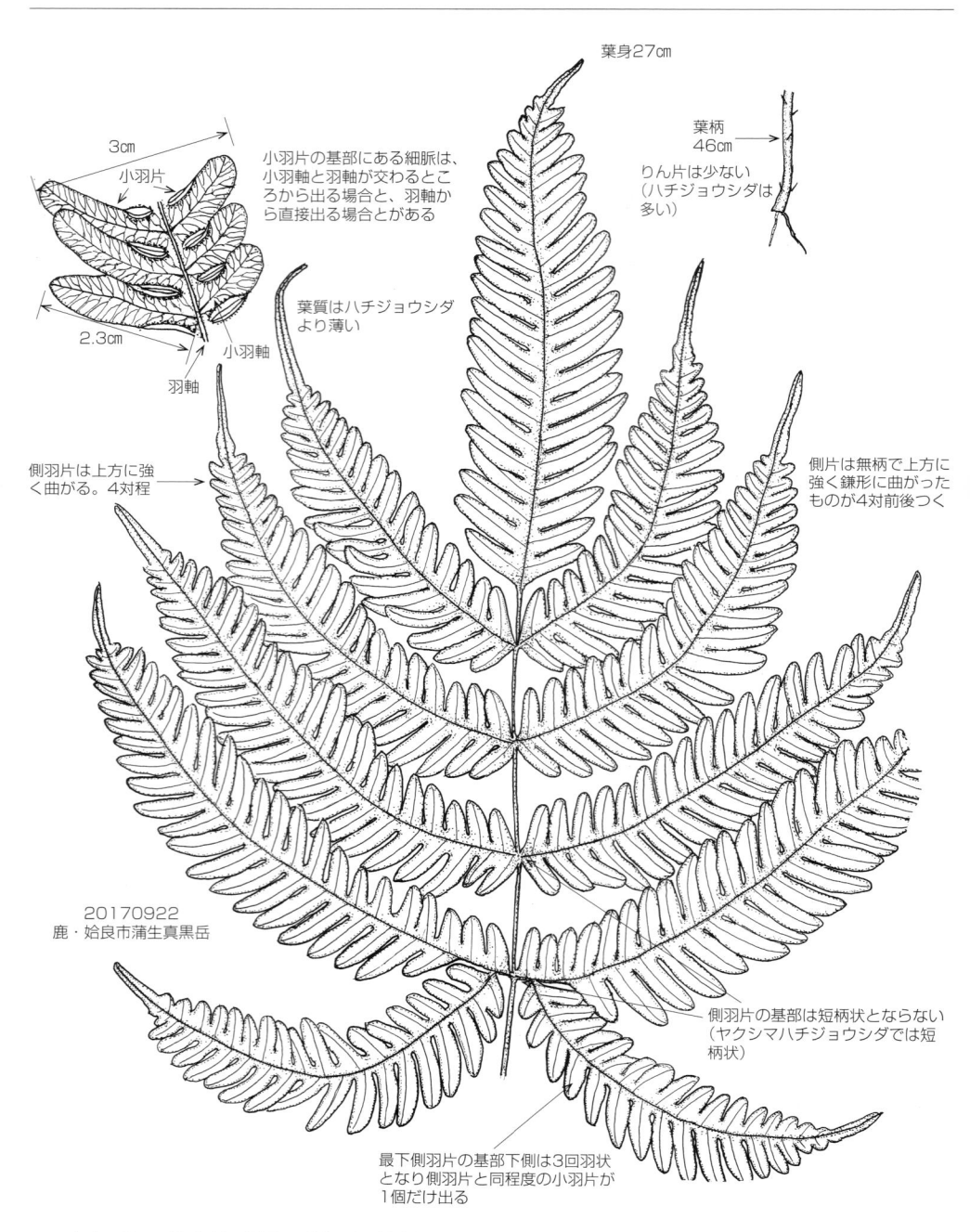

葉身27㎝

小羽片

3㎝

小羽片の基部にある細脈は、小羽軸と羽軸が交わるところから出る場合と、羽軸から直接出る場合とがある

葉柄46㎝

りん片は少ない（ハチジョウシダは多い）

葉質はハチジョウシダより薄い

2.3㎝

小羽軸

羽軸

側羽片は上方に強く曲がる。4対程

側片は無柄で上方に強く鎌形に曲がったものが4対前後つく

20170922
鹿・姶良市蒲生真黒岳

側羽片の基部は短柄状とならない（ヤクシマハチジョウシダでは短柄状）

最下側羽片の基部下側は3回羽状となり側羽片と同程度の小羽片が1個だけ出る

分布
九・目	長（五島　平戸　長崎）　宮（点在）　鹿
鹿・目	大口　紫尾山　八重山　冠岳　伊作峠　能ケ岳　亀ケ丘　鹿児島市　重富　高隈山　内之浦　田代　甑　屋久種

ナカミシシラン　[イノモトソウ科　シシラン属]　*Vittaria fudzinoi*

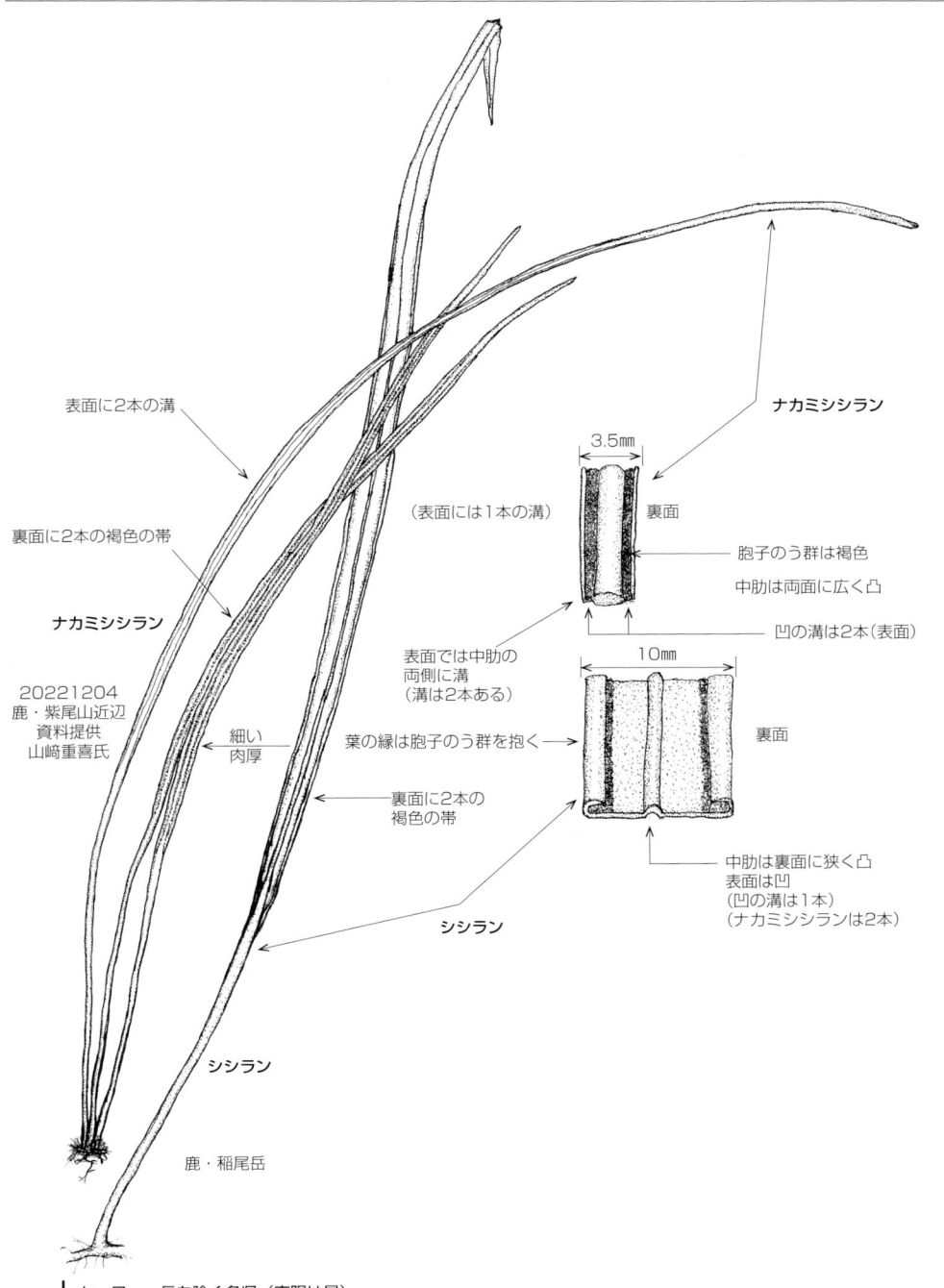

表面に2本の溝

裏面に2本の褐色の帯

ナカミシシラン

20221204
鹿・紫尾山近辺
資料提供
山﨑重喜氏

細い
肉厚

裏面に2本の
褐色の帯

シシラン

シシラン

鹿・稲尾岳

ナカミシシラン

（表面には1本の溝）

3.5㎜

裏面

胞子のう群は褐色

中肋は両面に広く凸

凹の溝は2本（表面）

表面では中肋の
両側に溝
（溝は2本ある）

葉の縁は胞子のう群を抱く→

10㎜

裏面

中肋は裏面に狭く凸
表面は凹
（凹の溝は1本）
（ナカミシシランは2本）

分布 | 九・目……長を除く各県（南限は屋）
鹿・目……霧島山　栗野岳　大口（間根ケ平　奥十曽）　紫尾山　屋

39

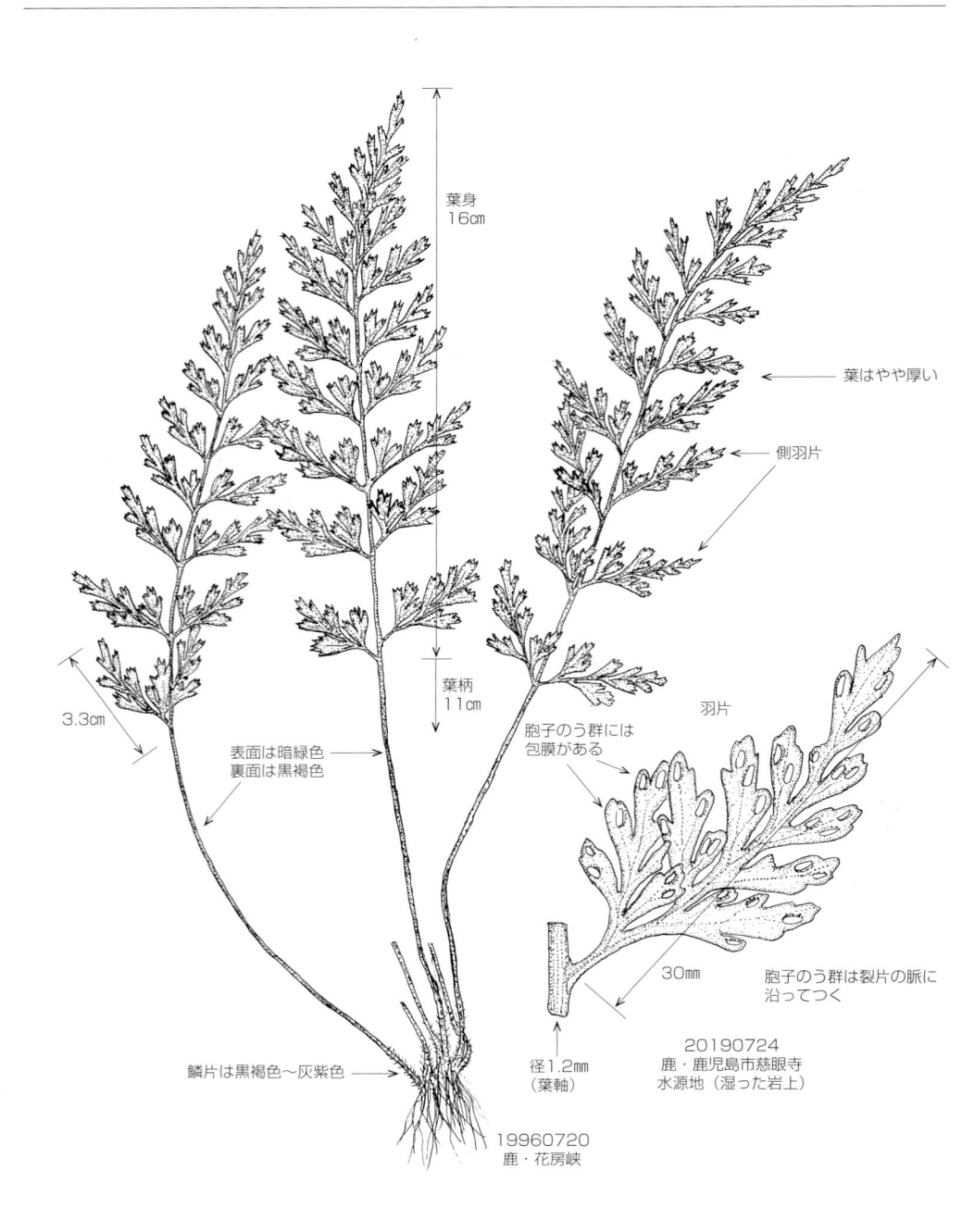

葉身
16cm

葉はやや厚い

側羽片

葉柄
11cm

3.3cm

表面は暗緑色
裏面は黒褐色

胞子のう群には
包膜がある

羽片

鱗片は黒褐色〜灰紫色

径1.2mm
（葉軸）

30mm

胞子のう群は裂片の脈に
沿ってつく

19960720
鹿・花房峡

20190724
鹿・鹿児島市慈眼寺
水源地（湿った岩上）

分布 ｜ 九・目……各県　対馬（南は奄群）
　　　｜ 鹿・目……県本土各地　甑　種　屋　奄大　徳　沖永

イヌチャセンシダ　[チャセンシダ科　チャセンシダ属]　*Asplenium tripteropus*

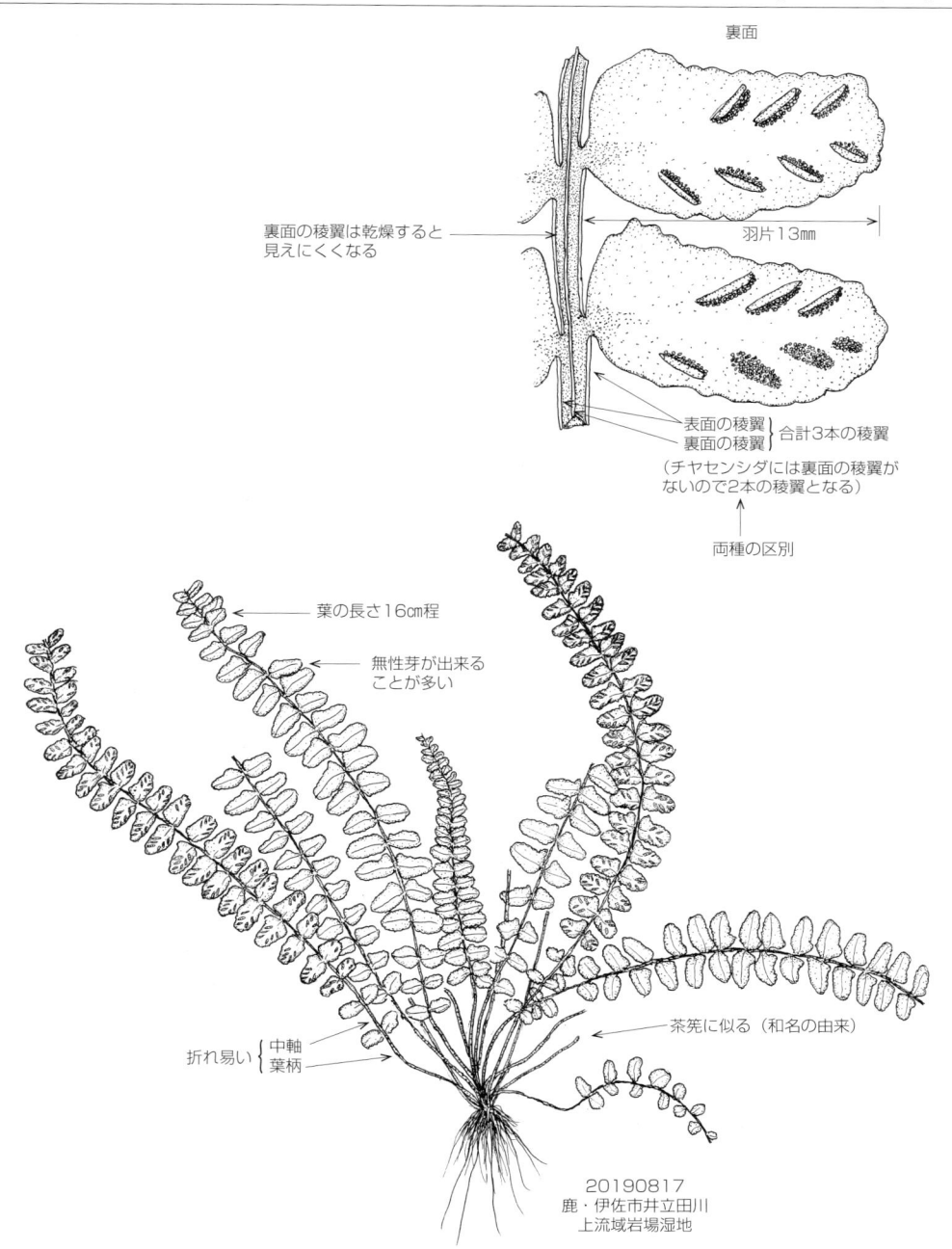

裏面

裏面の稜翼は乾燥すると
見えにくくなる

羽片13mm

表面の稜翼
裏面の稜翼　} 合計3本の稜翼

（チャセンシダには裏面の稜翼が
ないので2本の稜翼となる）

両種の区別

葉の長さ16cm程

無性芽が出来る
ことが多い

茶筅に似る（和名の由来）

折れ易い { 中軸
　　　　　葉柄

20190817
鹿・伊佐市井立田川
上流域岩場湿地

分布 | 九・目……各県　対馬　壱岐
　　　　| 鹿・目……白鹿岳　重富　重平山

クモノスシダ　[チャセンシダ科　チャセンシダ属] *Asplenium ruprechtii*

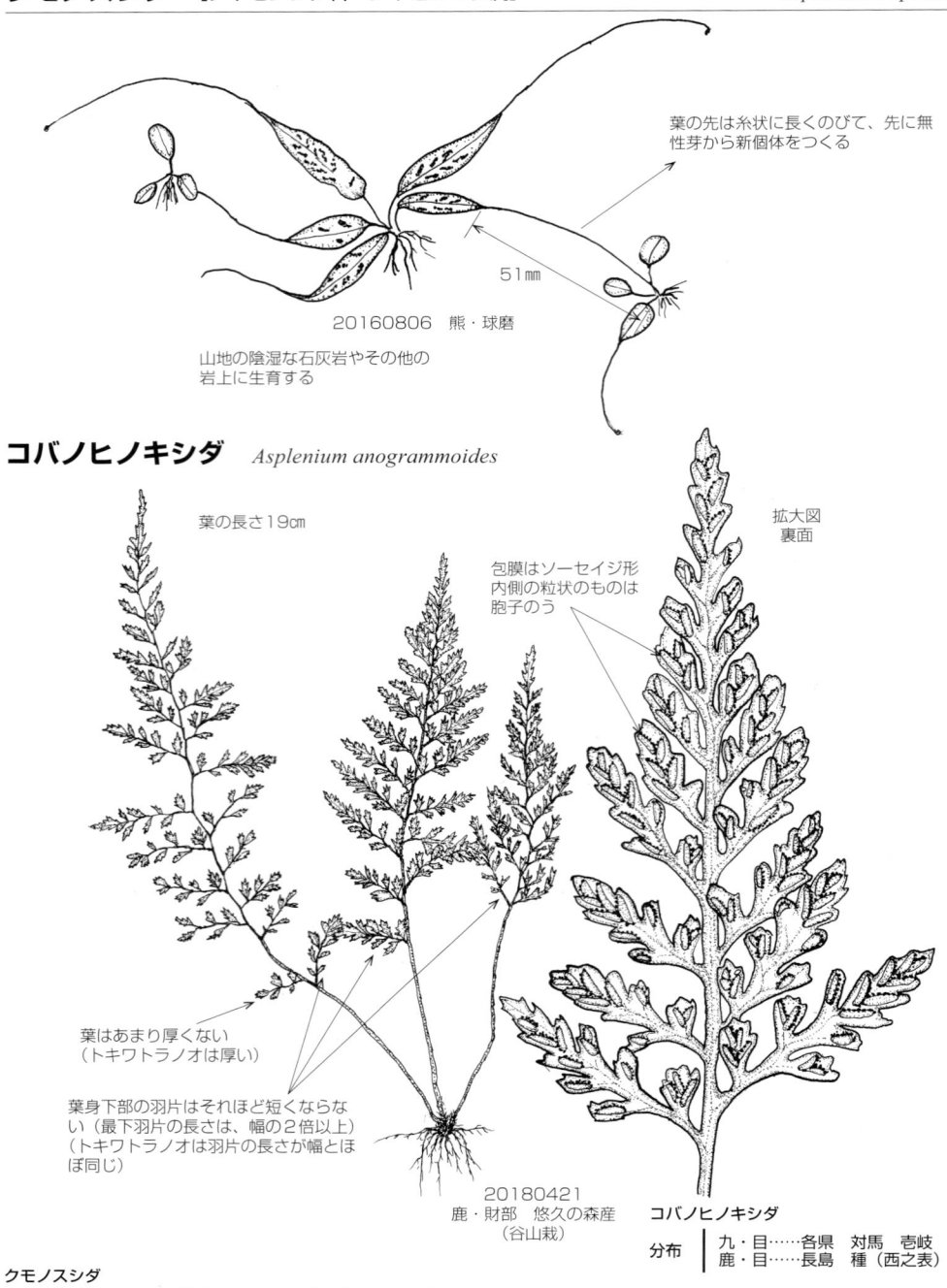

葉の先は糸状に長くのびて、先に無性芽から新個体をつくる

51㎜

20160806　熊・球磨

山地の陰湿な石灰岩やその他の岩上に生育する

コバノヒノキシダ　*Asplenium anogrammoides*

葉の長さ19㎝

拡大図
裏面

包膜はソーセイジ形
内側の粒状のものは
胞子のう

葉はあまり厚くない
（トキワトラノオは厚い）

葉身下部の羽片はそれほど短くならない（最下羽片の長さは、幅の２倍以上）
（トキワトラノオは羽片の長さが幅とほぼ同じ）

20180421
鹿・財部　悠久の森産
（谷山栽）

コバノヒノキシダ

分布 | 九・目……各県　対馬　壱岐
鹿・目……長島　種（西之表）

クモノスシダ

分布 | 九・目……福（点在）　大（大白谷　藤河内　大浦）　佐（伊万里）　長（対馬　瑞穂）　熊（天王山　甲佐岳　南肥）　宮（南郷－上滝川以北）
鹿・目……記載がない

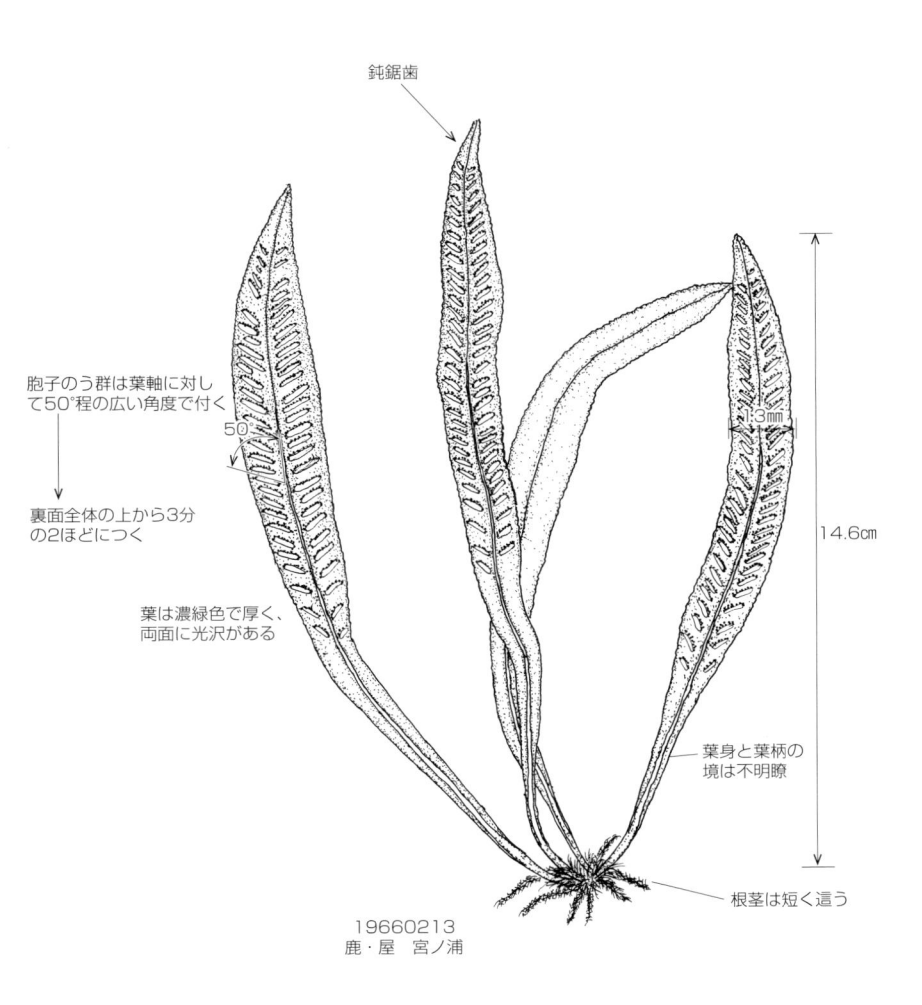

鈍鋸歯

胞子のう群は葉軸に対して50°程の広い角度で付く

裏面全体の上から3分の2ほどにつく

葉は濃緑色で厚く、両面に光沢がある

50°

1.3mm

14.6cm

葉身と葉柄の境は不明瞭

根茎は短く這う

19660213
鹿・屋　宮ノ浦

分布　九・目……鹿（屋）
　　　　鹿・目……屋

ホウビシダ　[チャセンシダ科　チャセンシダ属]　*Asplenium hondoense*

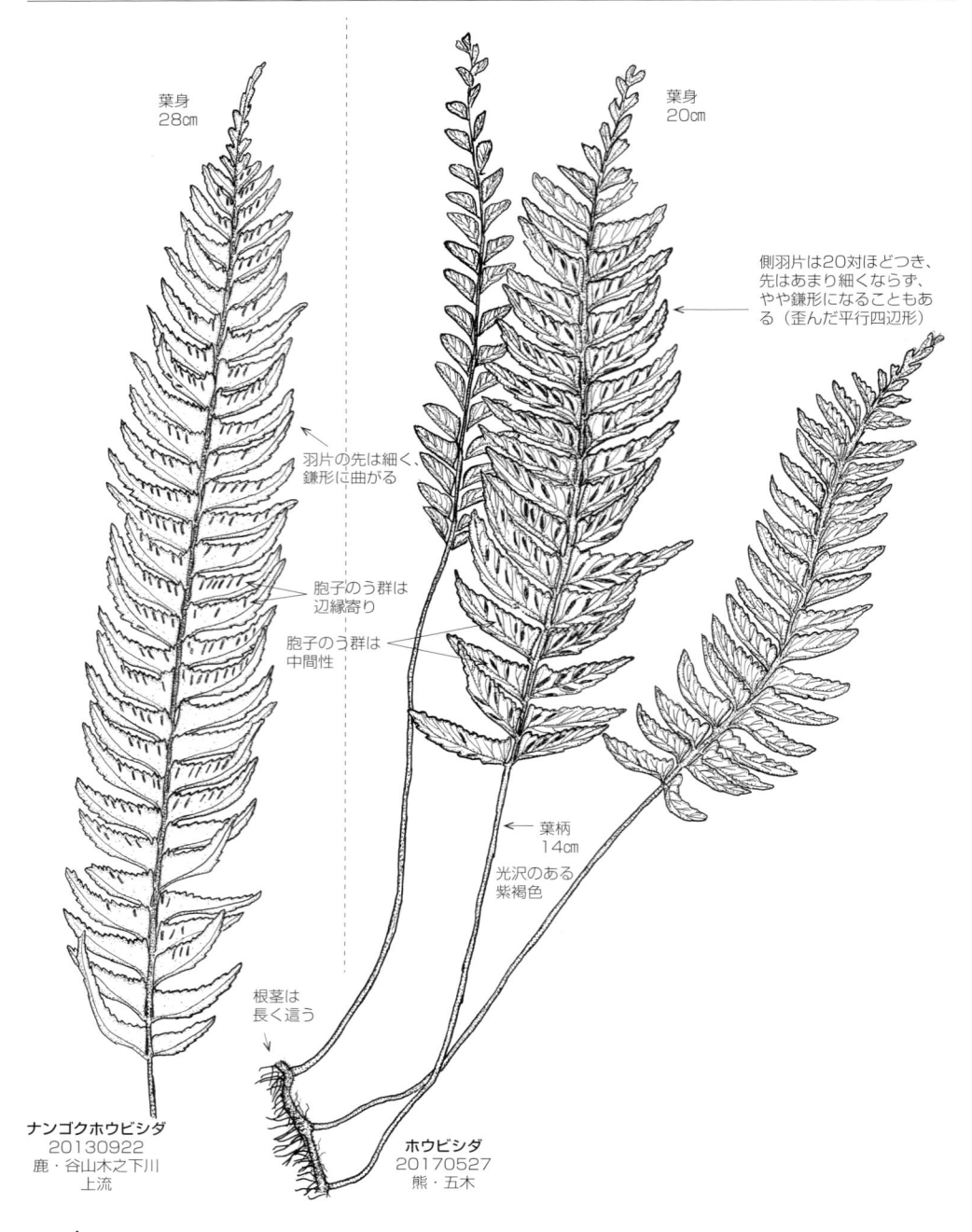

葉身
28cm

葉身
20cm

側羽片は20対ほどつき、
先はあまり細くならず、
やや鎌形になることもあ
る（歪んだ平行四辺形）

羽片の先は細く、
鎌形に曲がる

胞子のう群は
辺縁寄り

胞子のう群は
中間性

葉柄
14cm

光沢のある
紫褐色

根茎は
長く這う

ナンゴクホウビシダ
20130922
鹿・谷山木之下川
上流

ホウビシダ
20170527
熊・五木

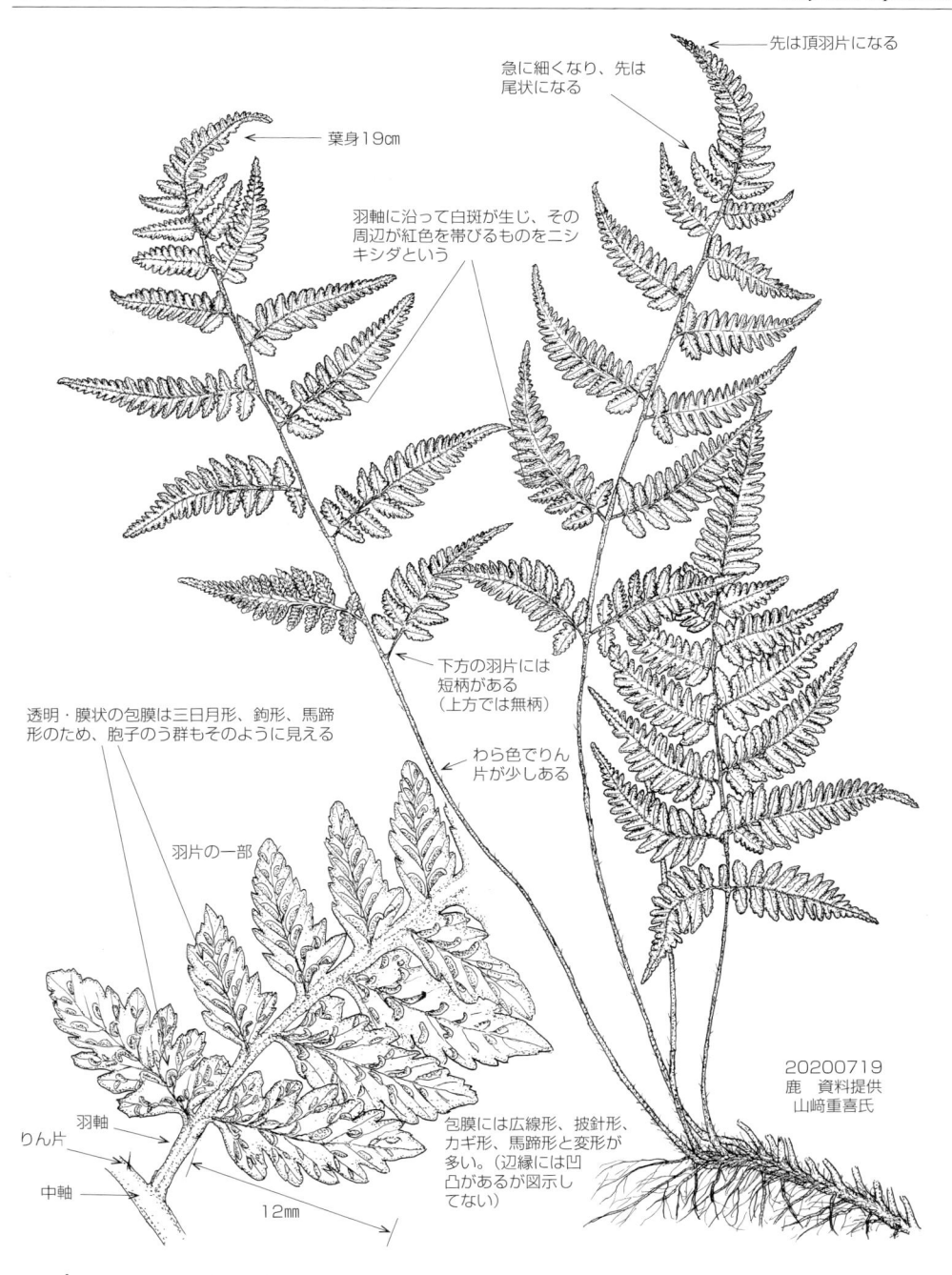

先は頂羽片になる

急に細くなり、先は
尾状になる

葉身19cm

羽軸に沿って白斑が生じ、その
周辺が紅色を帯びるものをニシ
キシダという

下方の羽片には
短柄がある
（上方では無柄）

透明・膜状の包膜は三日月形、鉤形、馬蹄
形のため、胞子のう群もそのように見える

わら色でりん
片が少しある

羽片の一部

20200719
鹿　資料提供
山﨑重喜氏

羽軸

りん片

中軸

12mm

包膜には広線形、披針形、
カギ形、馬蹄形と変形が
多い。（辺縁には凹
凸があるが図示し
てない）

分布

九・目……各県　対馬　南限は屋

鹿・目……大口（布計）　霧島山　蘭牟田池　鹿児島市（小野）　高隈山　屋久島

ウラボシノコギリシダ　[イワデンダ科　メシダ属]　*Athyrium sheareri*

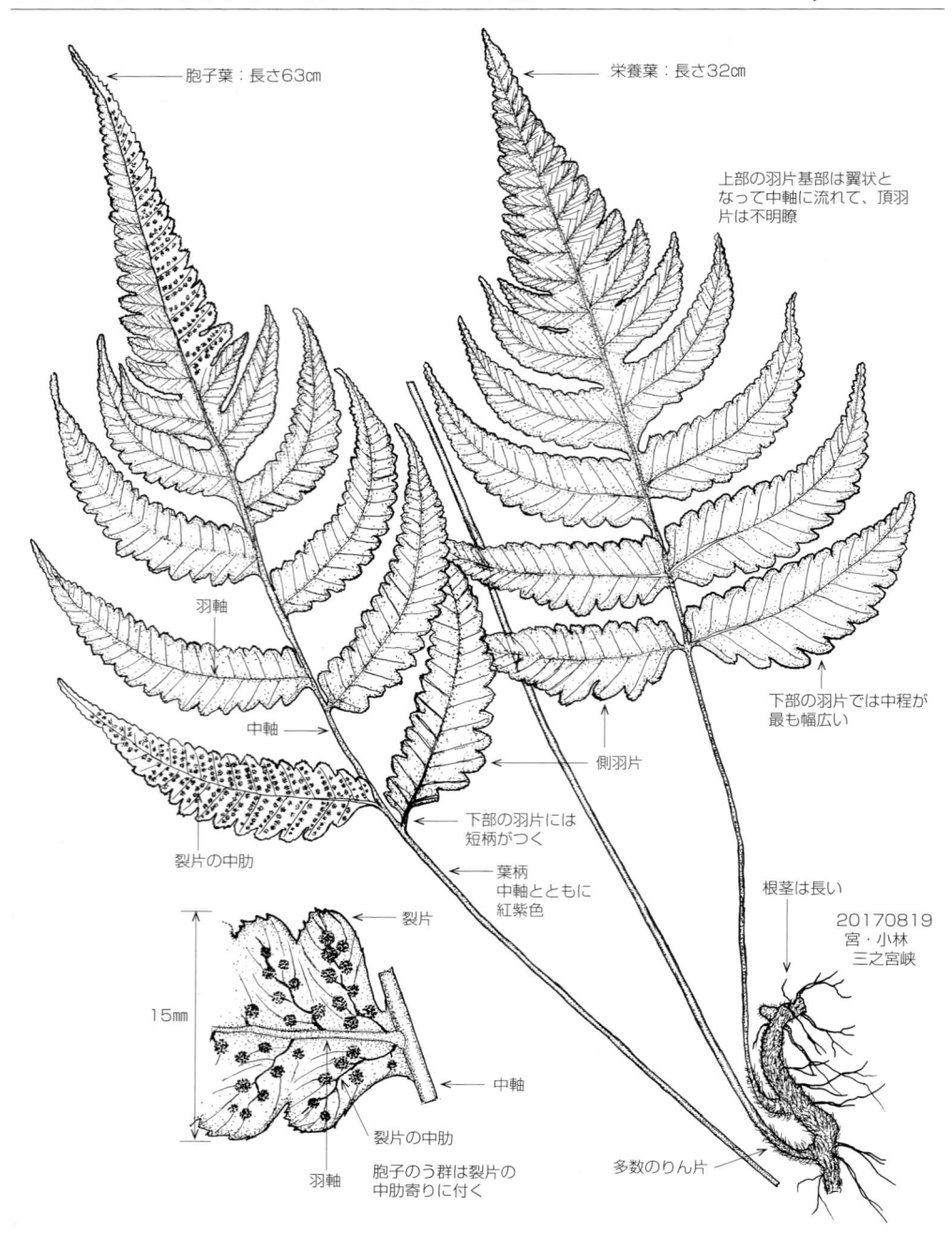

胞子葉：長さ63cm

栄養葉：長さ32cm

上部の羽片基部は翼状となって中軸に流れて、頂羽片は不明瞭

羽軸

中軸

裂片の中肋

側羽片

下部の羽片では中程が最も幅広い

下部の羽片には短柄がつく

葉柄
中軸とともに
紅紫色

根茎は長い

20170819
宮・小林
三之宮峡

15mm

裂片

中軸

裂片の中肋

羽軸

胞子のう群は裂片の中肋寄りに付く

多数のりん片

ツクシイヌワラビ　[イワデンダ科　メシダ属]

Athyrium kuratae

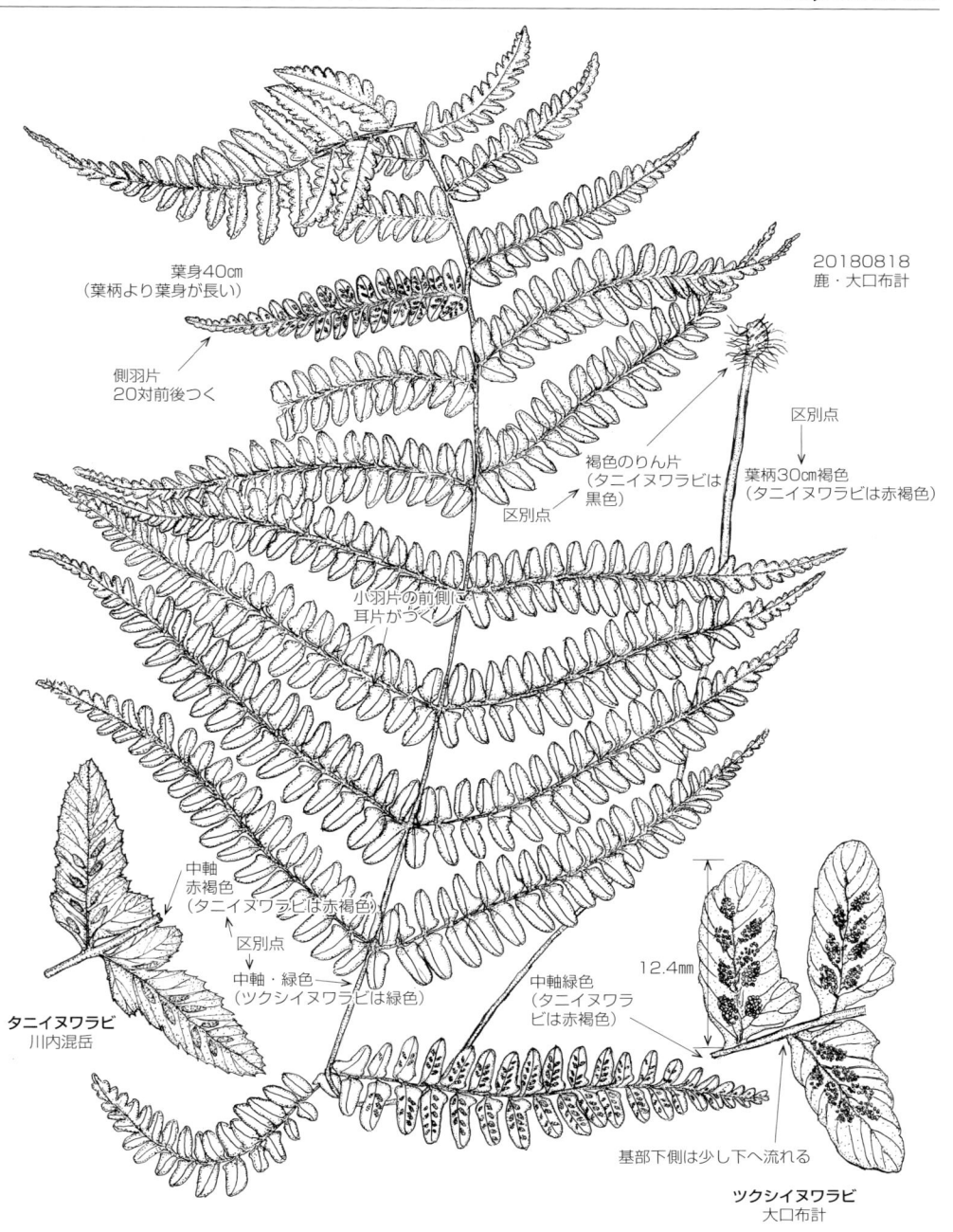

20180818
鹿・大口布計

葉身40㎝
（葉柄より葉身が長い）

側羽片
20対前後つく

区別点

褐色のりん片
（タニイヌワラビは
黒色）

区別点

葉柄30㎝褐色
（タニイヌワラビは赤褐色）

小羽片の前側に
耳片がつく

中軸
赤褐色
（タニイヌワラビは赤褐色）

区別点

中軸・緑色
（ツクシイヌワラビは緑色）

タニイヌワラビ
川内混岳

中軸緑色
（タニイヌワラ
ビは赤褐色）

12.4㎜

基部下側は少し下へ流れる

ツクシイヌワラビ
大口布計

分布　｜　九・目……各県（南限は屋）
　　　｜　鹿・目……北薩山地　紫尾山　烏帽子岳　稲尾岳　屋

ホソバイヌワラビ　[イワデンダ科　メシダ属]　*Athyrium iseanum* var.*iseanum*

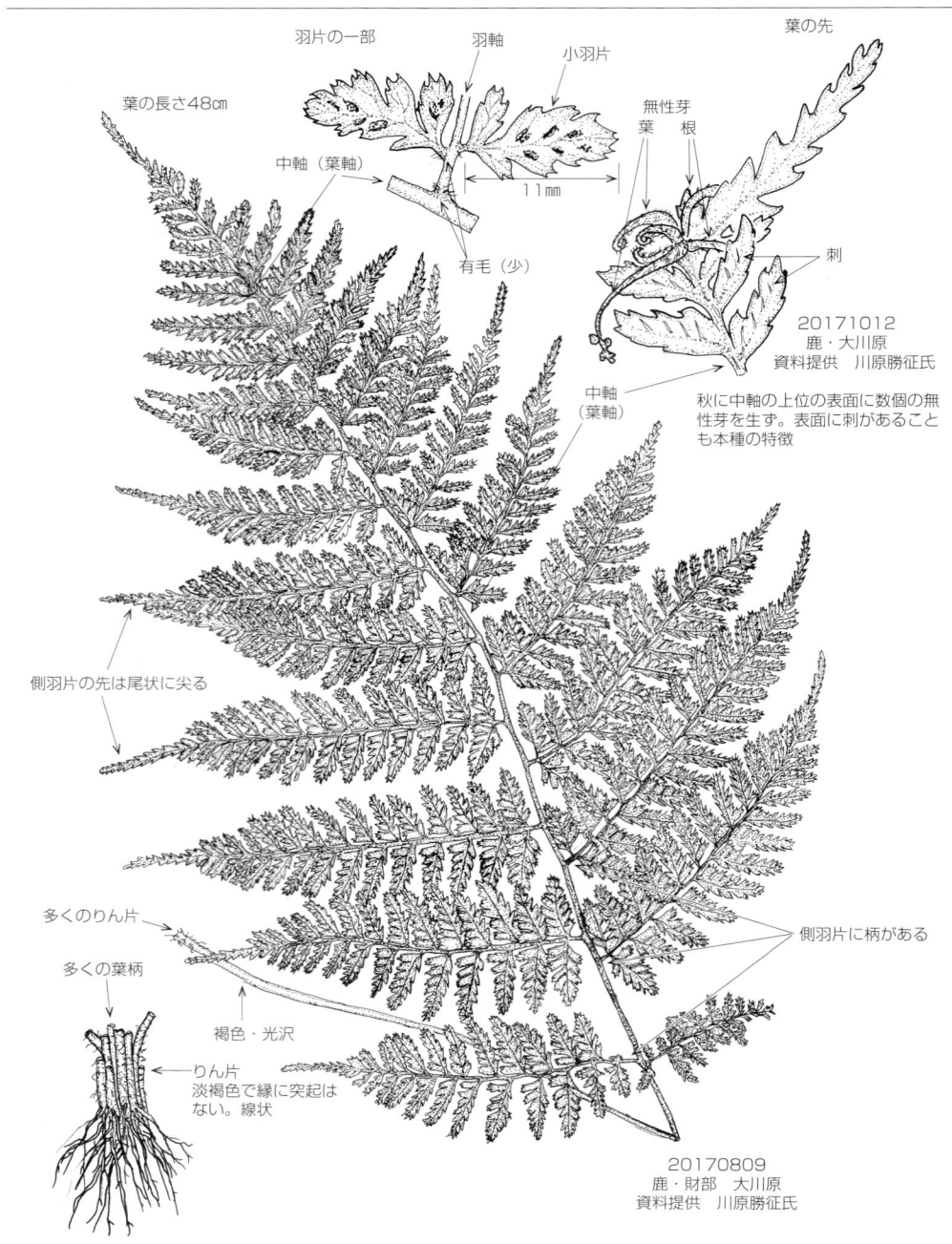

葉の長さ48㎝

羽片の一部

羽軸

小羽片

葉の先

中軸（葉軸）

11mm

有毛（少）

無性芽

葉　根

刺

中軸（葉軸）

20171012
鹿・大川原
資料提供　川原勝征氏

秋に中軸の上位の表面に数個の無性芽を生ず。表面に刺があることも本種の特徴

側羽片の先は尾状に尖る

側羽片に柄がある

多くのりん片

多くの葉柄

褐色・光沢

りん片
淡褐色で縁に突起はない。線状

20170809
鹿・財部　大川原
資料提供　川原勝征氏

分布｜九・目……各県（普通）　南限は屋
　　｜鹿・目……県本土北・中部　高隈山　稲尾岳　金峰山　紫尾山　屋

48

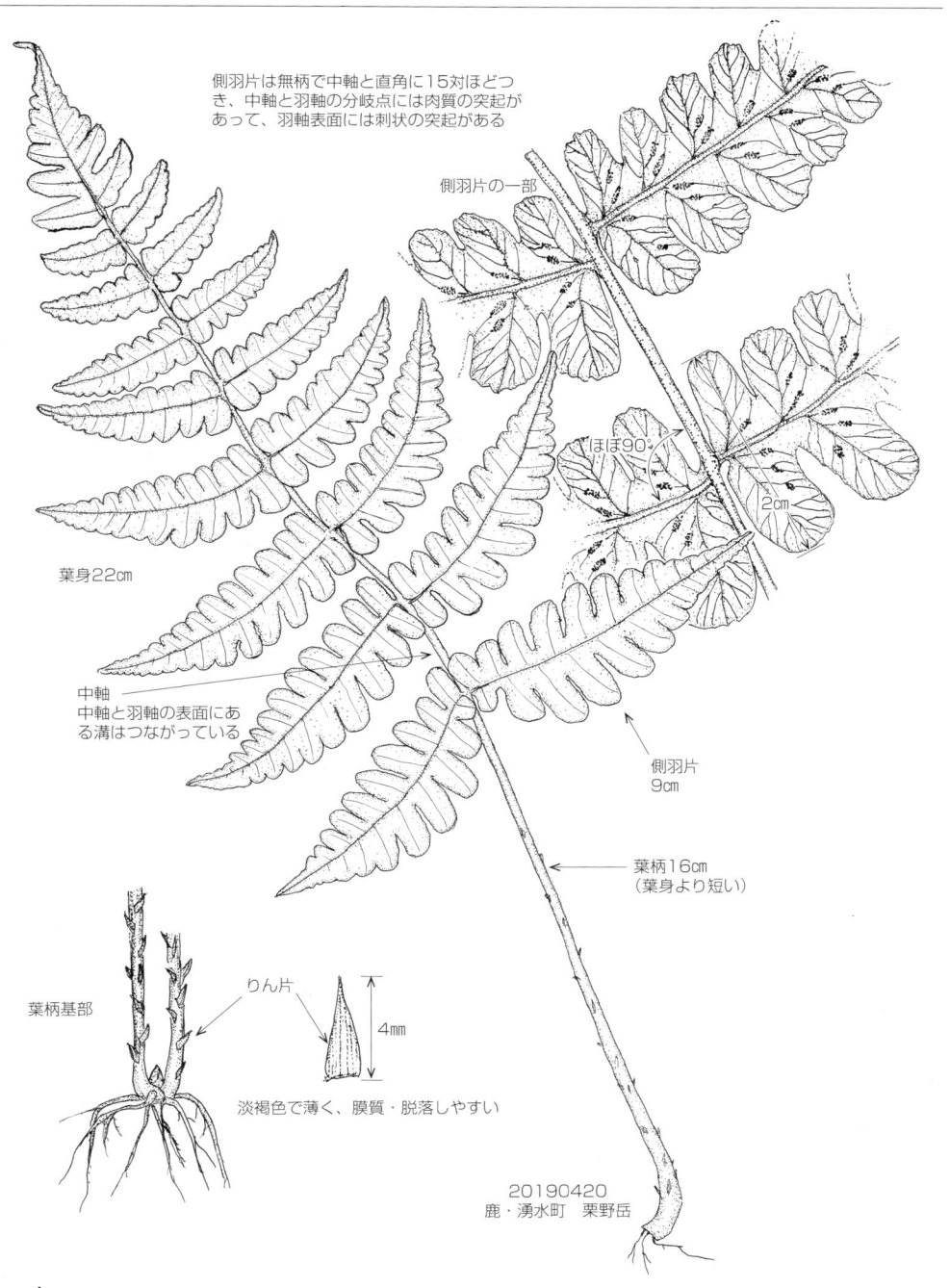

側羽片は無柄で中軸と直角に15対ほどつき、中軸と羽軸の分岐点には肉質の突起があって、羽軸表面には刺状の突起がある

側羽片の一部

ほぼ90°

2cm

葉身22cm

中軸
中軸と羽軸の表面にある溝はつながっている

側羽片
9cm

葉柄16cm
（葉身より短い）

葉柄基部

りん片

4mm

淡褐色で薄く、膜質・脱落しやすい

20190420
鹿・湧水町　栗野岳

分布　｜　九・目……各県（南限は屋）
　　　　　｜　鹿・目……県本土各地　甑　屋

ハクモウイノデ（ミヤマシケシダ） 　［イワデンダ科　オオシケシダ属］ *Deparia pycnosora* var.*albosquamat*

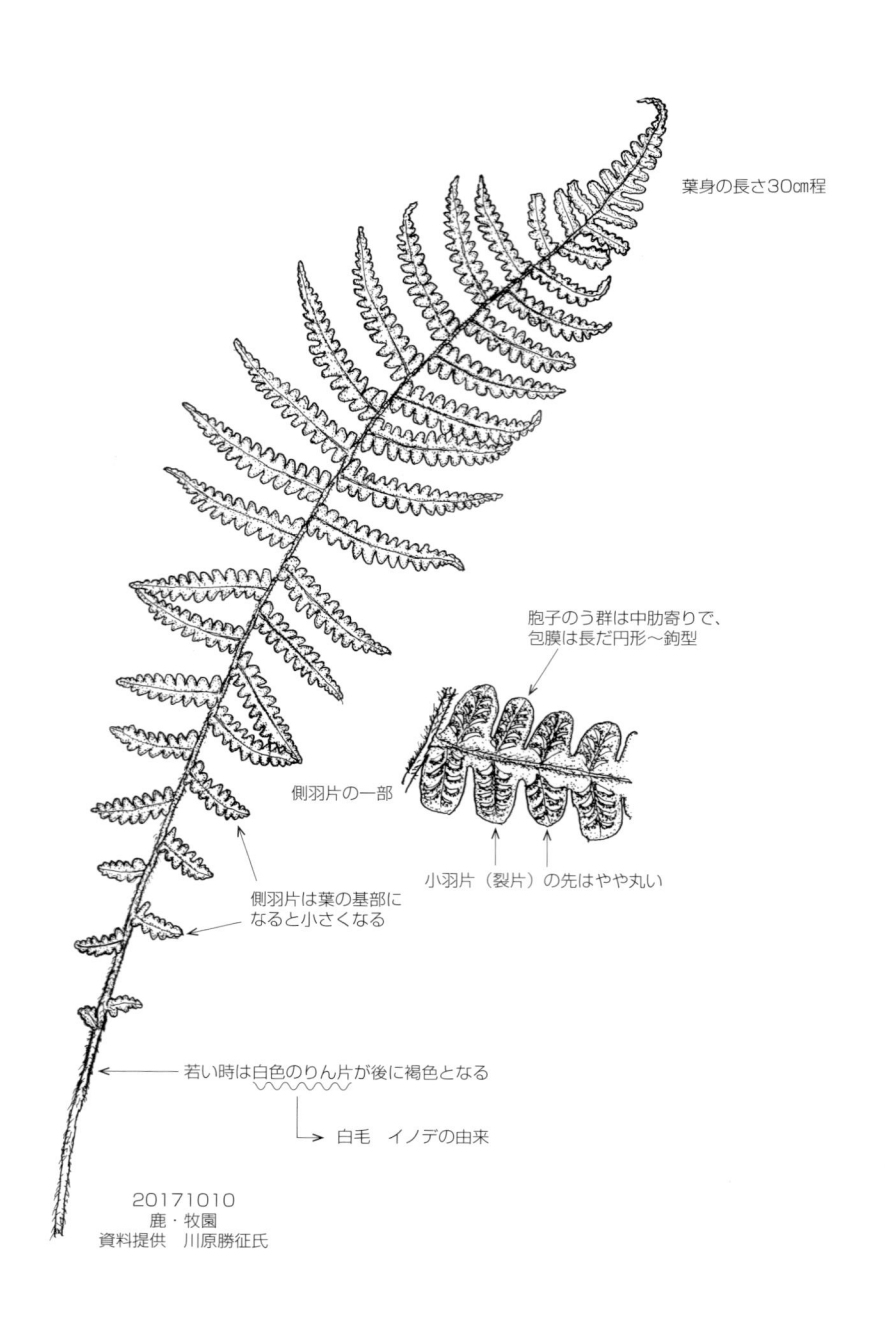

葉身の長さ30㎝程

胞子のう群は中肋寄りで、
包膜は長だ円形〜鈎型

側羽片の一部

小羽片（裂片）の先はやや丸い

側羽片は葉の基部に
なると小さくなる

若い時は白色のりん片が後に褐色となる

白毛　イノデの由来

20171010
鹿・牧園
資料提供　川原勝征氏

分布　｜　九・目……各県
　　　　　鹿・目……北薩山地　霧島山　紫尾山　ビシャゴ岳（垂水）　高隈山

50

ムサシシケシダ　[イワデンダ科　オオシケシダ属]　*Deparia ×musashiensis*

セイタカシケシダとシケシダの雑種

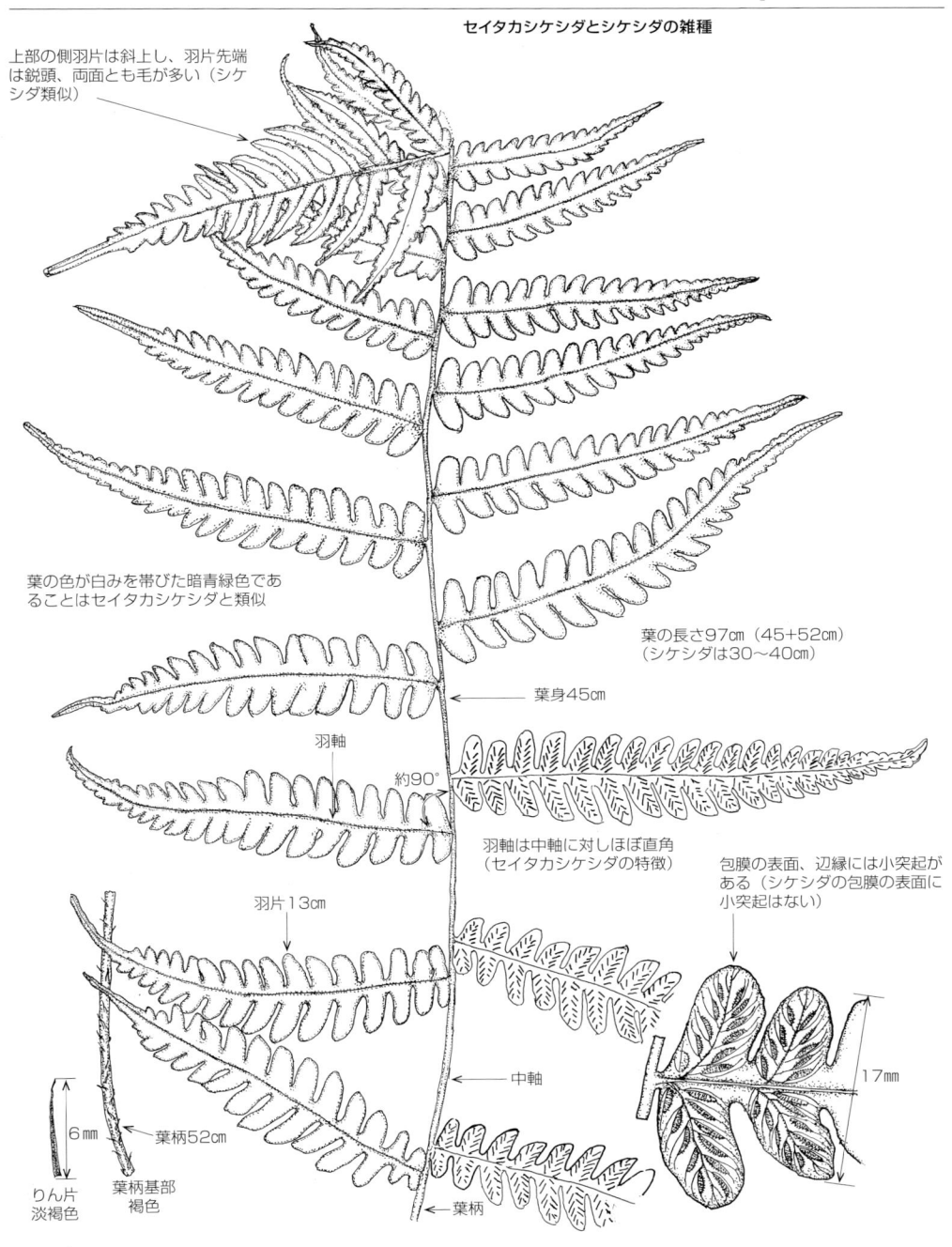

上部の側羽片は斜上し、羽片先端は鋭頭、両面とも毛が多い（シケシダ類似）

葉の色が白みを帯びた暗青緑色であることはセイタカシケシダと類似

葉の長さ97㎝（45+52㎝）
（シケシダは30〜40㎝）

葉身45㎝

羽軸

約90°

羽軸は中軸に対しほぼ直角
（セイタカシケシダの特徴）

包膜の表面、辺縁には小突起がある（シケシダの包膜の表面に小突起はない）

羽片13㎝

中軸

17㎜

6㎜

葉柄52㎝

りん片
淡褐色

葉柄基部
褐色

葉柄

分布　九・目……福　大　熊　宮（加江田）
　　　　鹿・目……記録がない

ムクゲシケシダ　[イワデンダ科　オオシケシダ属]　*Deparia kiusiana*

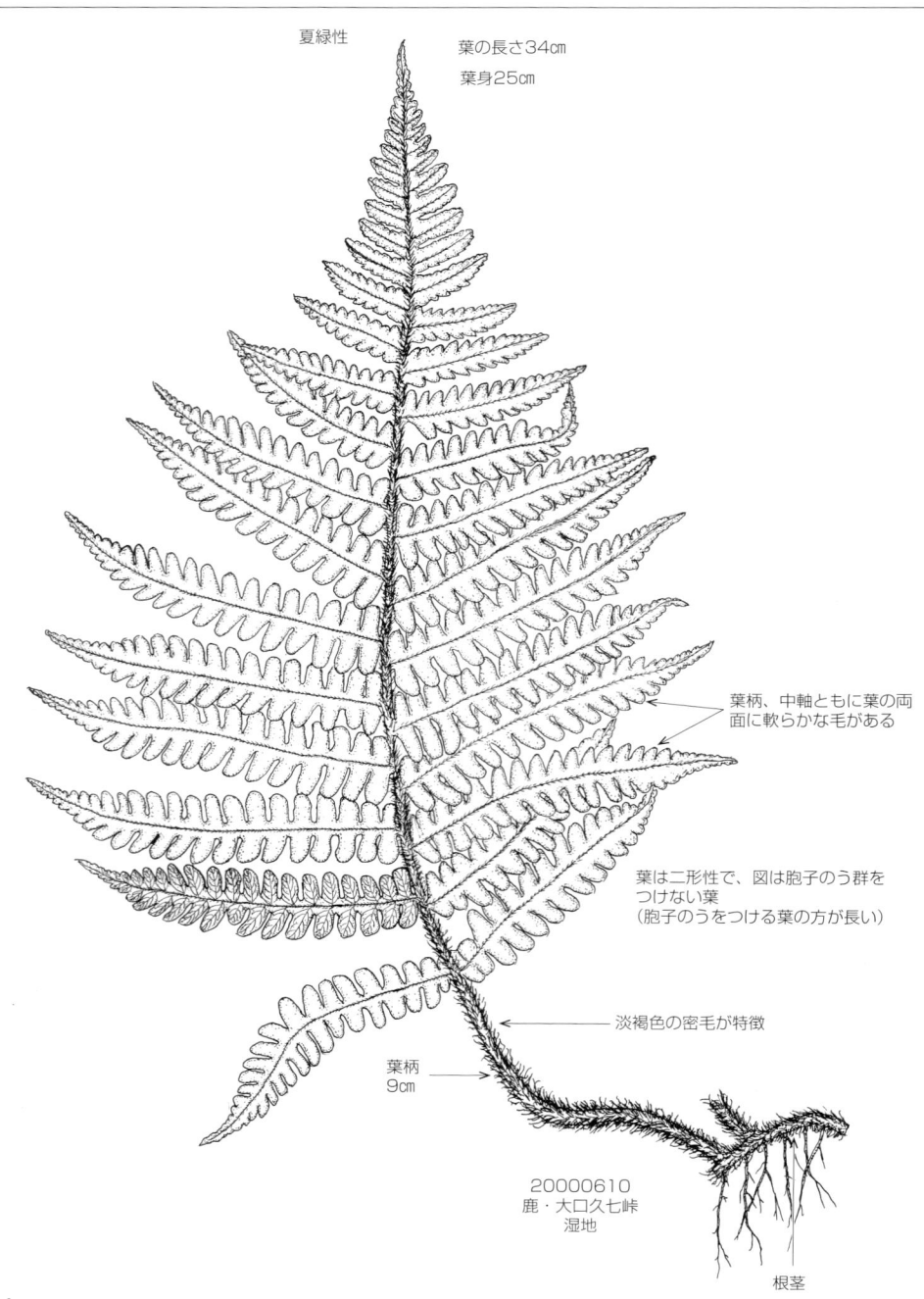

夏緑性

葉の長さ34㎝
葉身25㎝

葉柄、中軸ともに葉の両
面に軟らかな毛がある

葉は二形性で、図は胞子のう群を
つけない葉
（胞子のうをつける葉の方が長い）

淡褐色の密毛が特徴

葉柄
9㎝

20000610
鹿・大口久七峠
湿地

根茎

分布　┃　九・目……各県（南限は鹿—福山の白髪岳）
　　　┃　鹿・目……布計　霧島山　栗野岳　吉松　白鹿岳

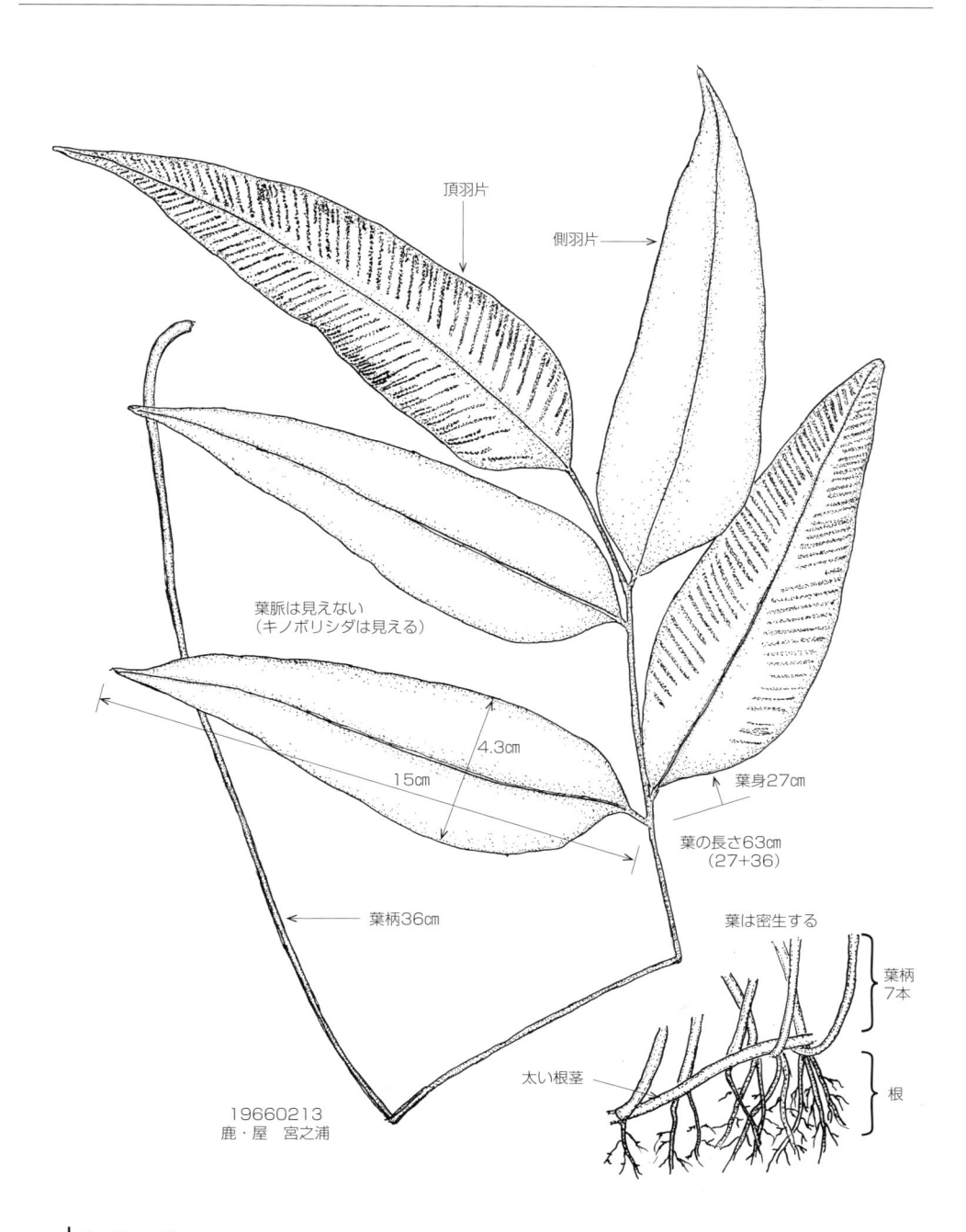

頂羽片

側羽片

葉脈は見えない
（キノボリシダは見える）

4.3㎝

15㎝

葉身27㎝

葉の長さ63㎝
（27+36）

葉柄36㎝

葉は密生する

葉柄
7本

太い根茎

根

19660213
鹿・屋　宮之浦

分布　｜九・目……鹿
　　　　｜鹿・目……種 屋 奄大 徳

イワヤシダ　[イワデンダ科　ヘラシダ属]　*Diplazium cavalerianum*

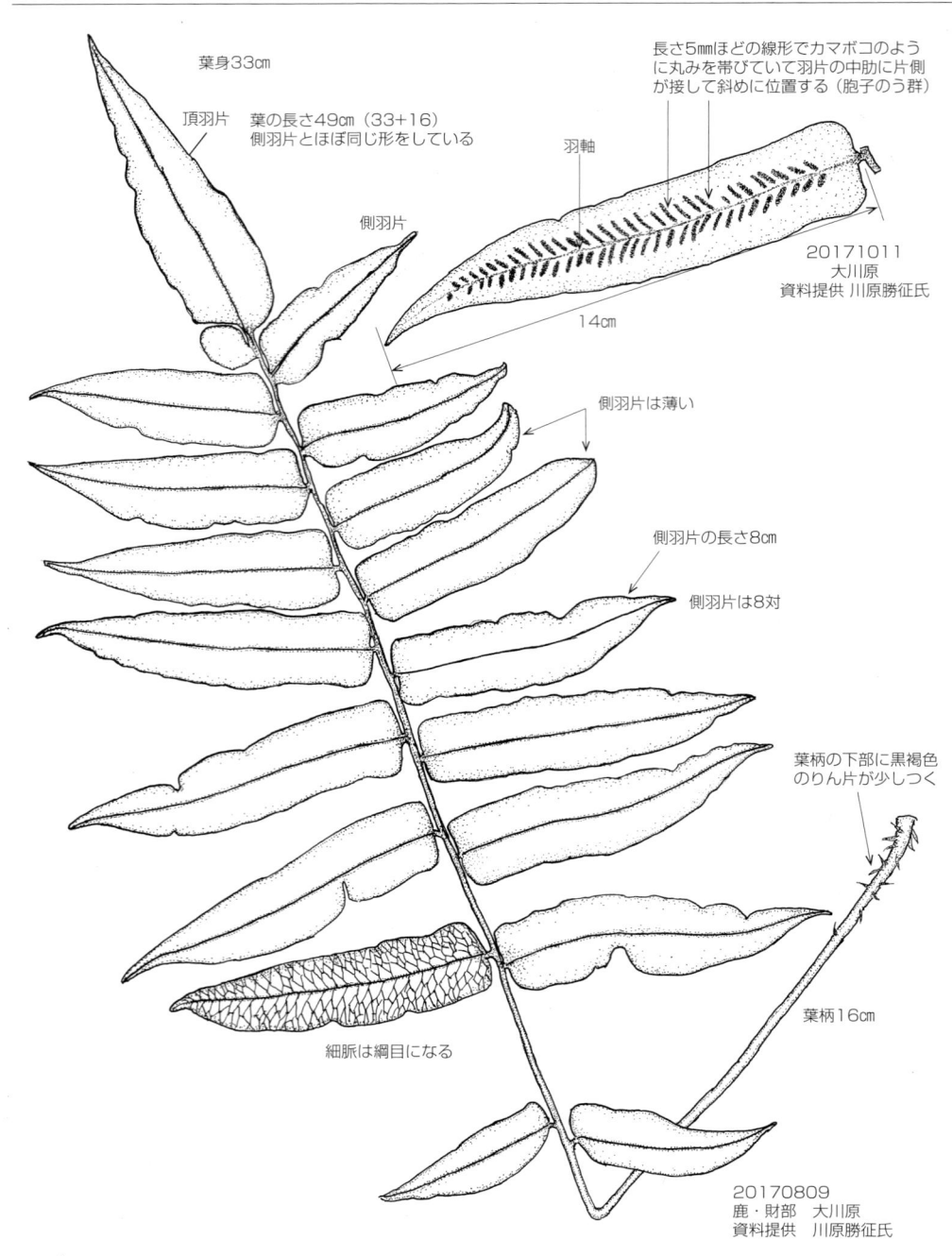

葉身33㎝

頂羽片

葉の長さ49㎝（33+16）
側羽片とほぼ同じ形をしている

側羽片

長さ5mmほどの線形でカマボコのよう
に丸みを帯びていて羽片の中肋に片側
が接して斜めに位置する（胞子のう群）

羽軸

20171011
大川原
資料提供　川原勝征氏

14㎝

側羽片は薄い

側羽片の長さ8㎝

側羽片は8対

葉柄の下部に黒褐色
のりん片が少しつく

葉柄16㎝

細脈は網目になる

20170809
鹿・財部　大川原
資料提供　川原勝征氏

分布
九・目……各県（稀、南限は屋）
鹿・目……県本土中・南部　末吉（下唐岡桜谷、花房）　高隈山　屋

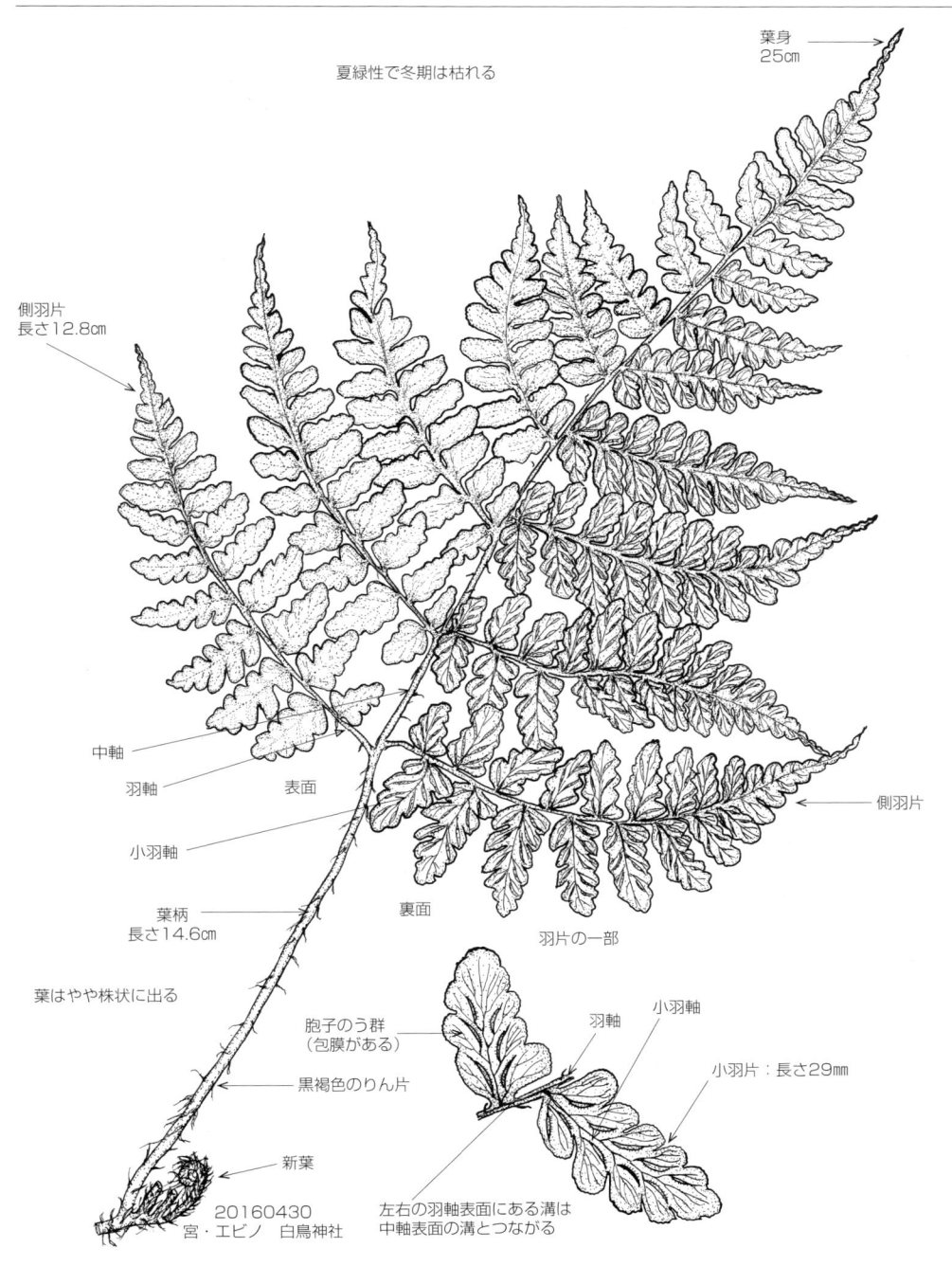

夏緑性で冬期は枯れる

葉身
25㎝

側羽片
長さ12.8㎝

中軸

羽軸　　　　　表面

小羽軸

側羽片

葉柄
長さ14.6㎝

裏面

羽片の一部

葉はやや株状に出る

胞子のう群
（包膜がある）

羽軸　　　小羽軸

小羽片：長さ29㎜

黒褐色のりん片

新葉

20160430
宮・エビノ　白鳥神社

左右の羽軸表面にある溝は
中軸表面の溝とつながる

分布 ┃ 九・目……各県
　　　┃ 鹿・目……北薩地方　紫尾山　霧島山　稲尾岳　屋

セイタカミヤマノコギリシダ　[イワデンダ科　ヘラシダ属]*Diplazium fauriei* × *D. nipponicum*

ホソバノコギリシダとオニヒカゲワラビの雑種

葉の長さ122㎝
（葉身69㎝　葉柄53㎝）

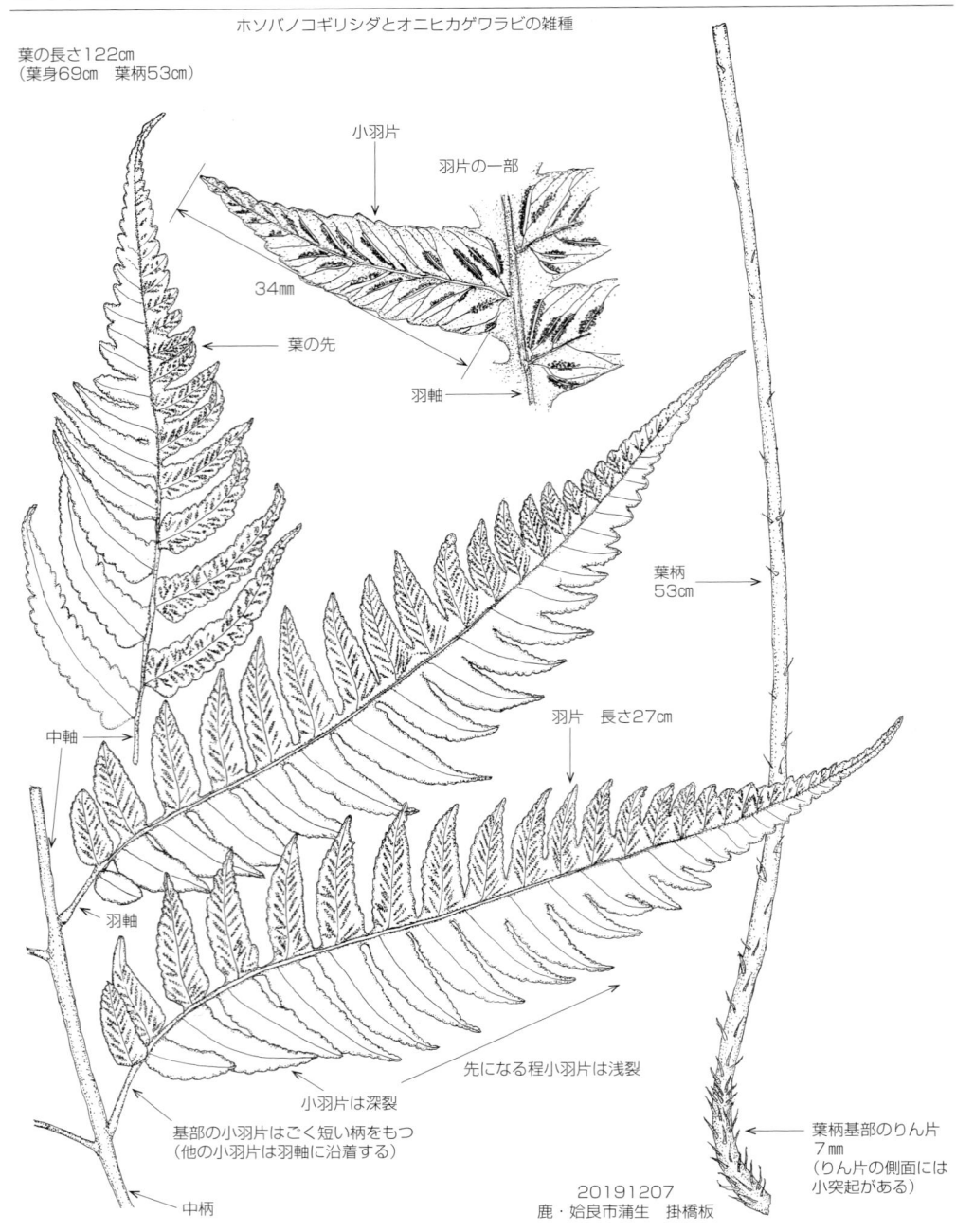

小羽片

羽片の一部

34㎜

葉の先

羽軸

中軸

羽軸

葉柄
53㎝

羽片　長さ27㎝

先になる程小羽片は浅裂

小羽片は深裂

基部の小羽片はごく短い柄をもつ
（他の小羽片は羽軸に沿着する）

中柄

葉柄基部のりん片
7㎜
（りん片の側面には
小突起がある）

20191207
鹿・姶良市蒲生　掛橋板

分布　｜　九・目……記載がない
　　　｜　鹿・目……記載がない

56

ニセヒロハノコギリシダ　[イワデンダ科　ヘラシダ属]　*Diplazium dilatatum* var.*heterolepis*

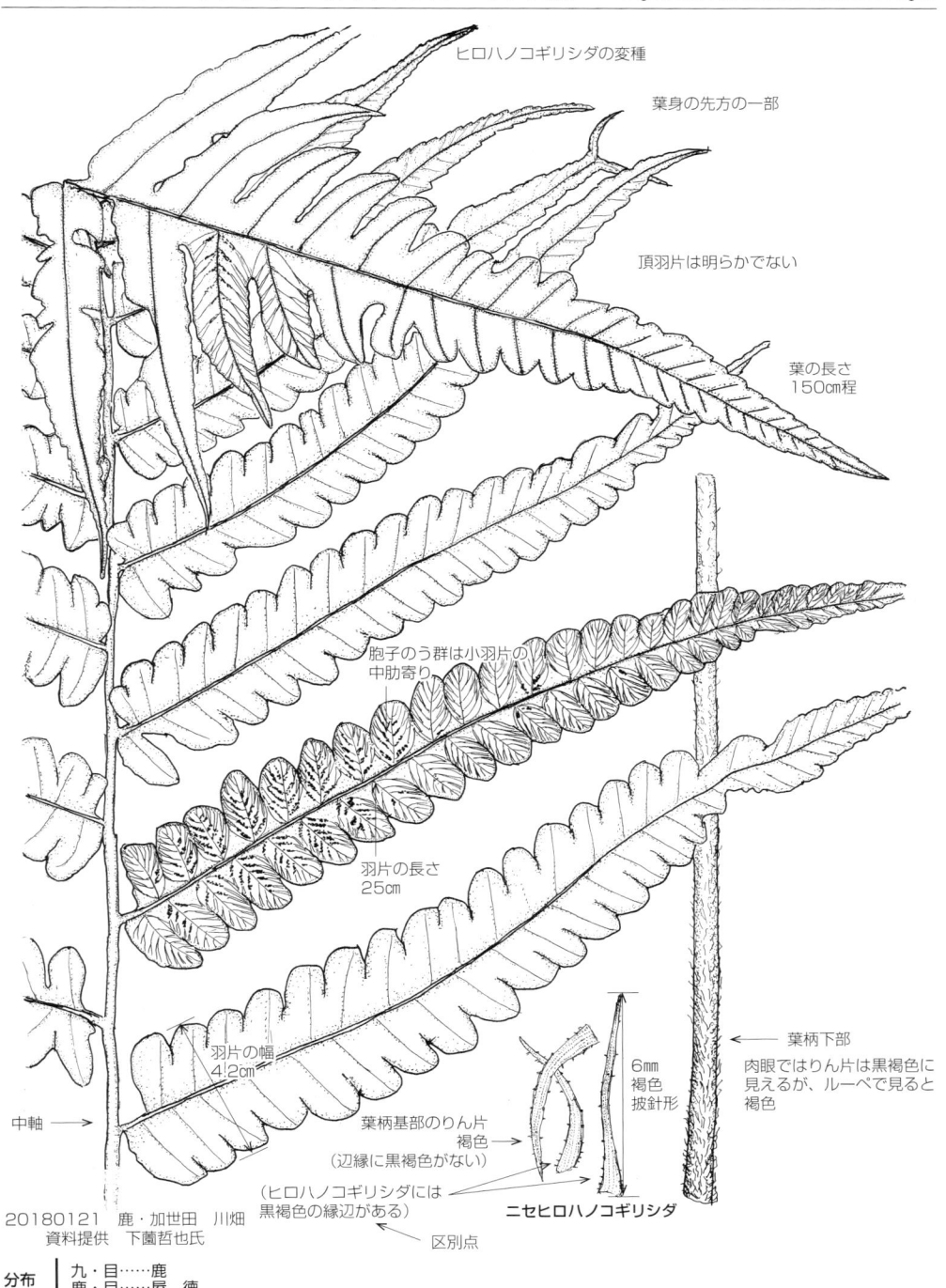

ヒロハノコギリシダの変種

葉身の先方の一部

頂羽片は明らかでない

葉の長さ
150cm程

胞子のう群は小羽片の
中肋寄り

羽片の長さ
25cm

羽片の幅
4.2cm

中軸 →

6mm
褐色
披針形

葉柄下部
肉眼ではりん片は黒褐色に
見えるが、ルーペで見ると
褐色

葉柄基部のりん片
褐色
（辺縁に黒褐色がない）

（ヒロハノコギリシダには
黒褐色の縁辺がある）

ニセヒロハノコギリシダ

区別点

20180121　鹿・加世田　川畑
資料提供　下薗哲也氏

分布　｜九・目……鹿
　　　　　｜鹿・目……屋　徳

57

ヒカゲワラビ　[イワデンダ科　ヘラシダ属]　*Diplazium chinense*
オニヒカゲワラビ　*Diplazium nipponicum*

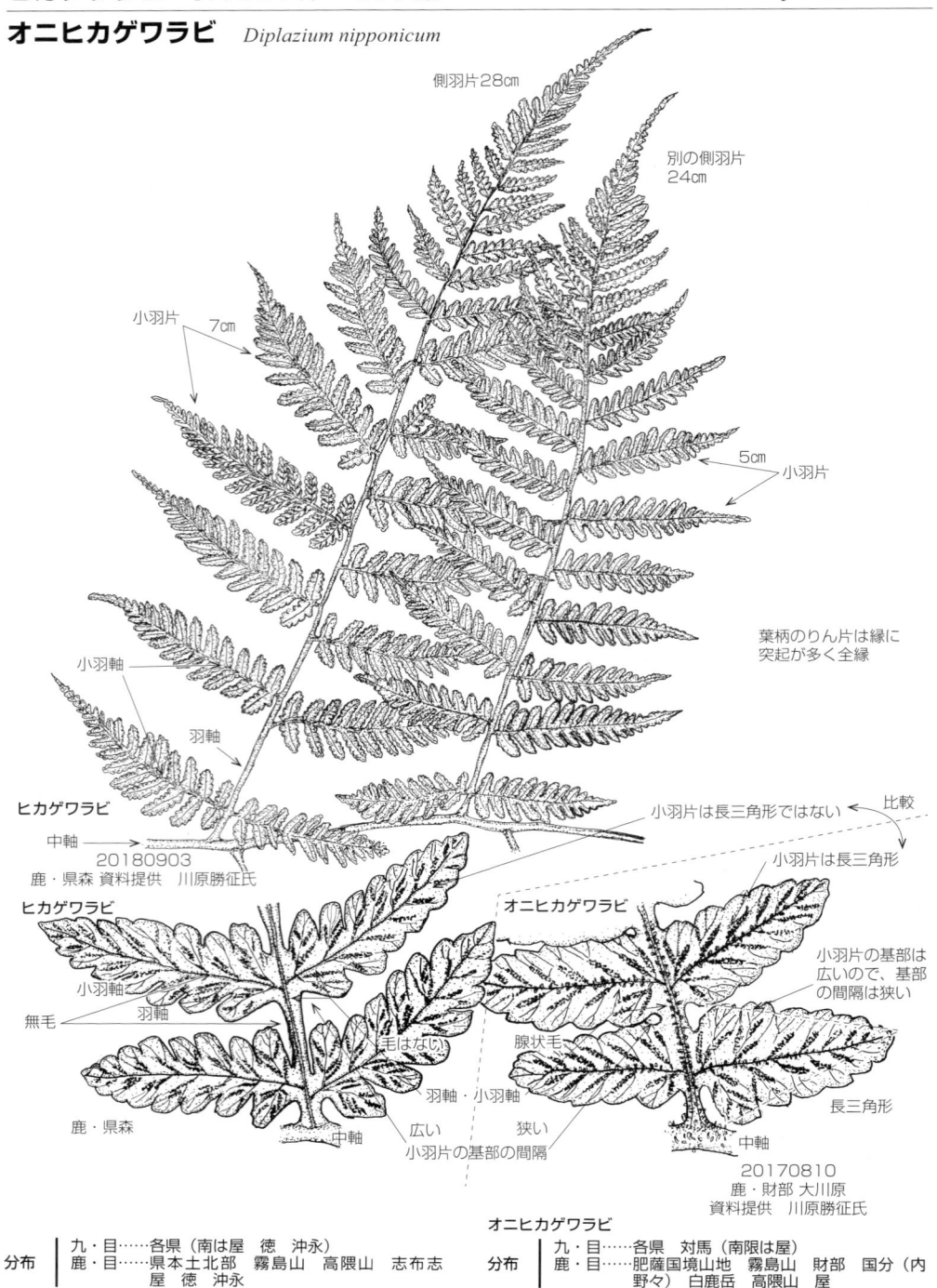

側羽片28㎝

別の側羽片24㎝

小羽片　7㎝

5㎝　小羽片

葉柄のりん片は縁に突起が多く全縁

ヒカゲワラビ
中軸
20180903
鹿・県森 資料提供　川原勝征氏

小羽片は長三角形ではない　比較

小羽片は長三角形

ヒカゲワラビ
小羽軸
無毛
羽軸
毛はない
羽軸・小羽軸
広い
小羽片の基部の間隔
鹿・県森
中軸

オニヒカゲワラビ
腺状毛
狭い
小羽片の基部は広いので、基部の間隔は狭い
長三角形
中軸
20170810
鹿・財部 大川原
資料提供　川原勝征氏

ヒロハノコギリシダ　[イワデンダ科　ヘラシダ属]　*Diplazium dilatatum* var. *dilatatum*

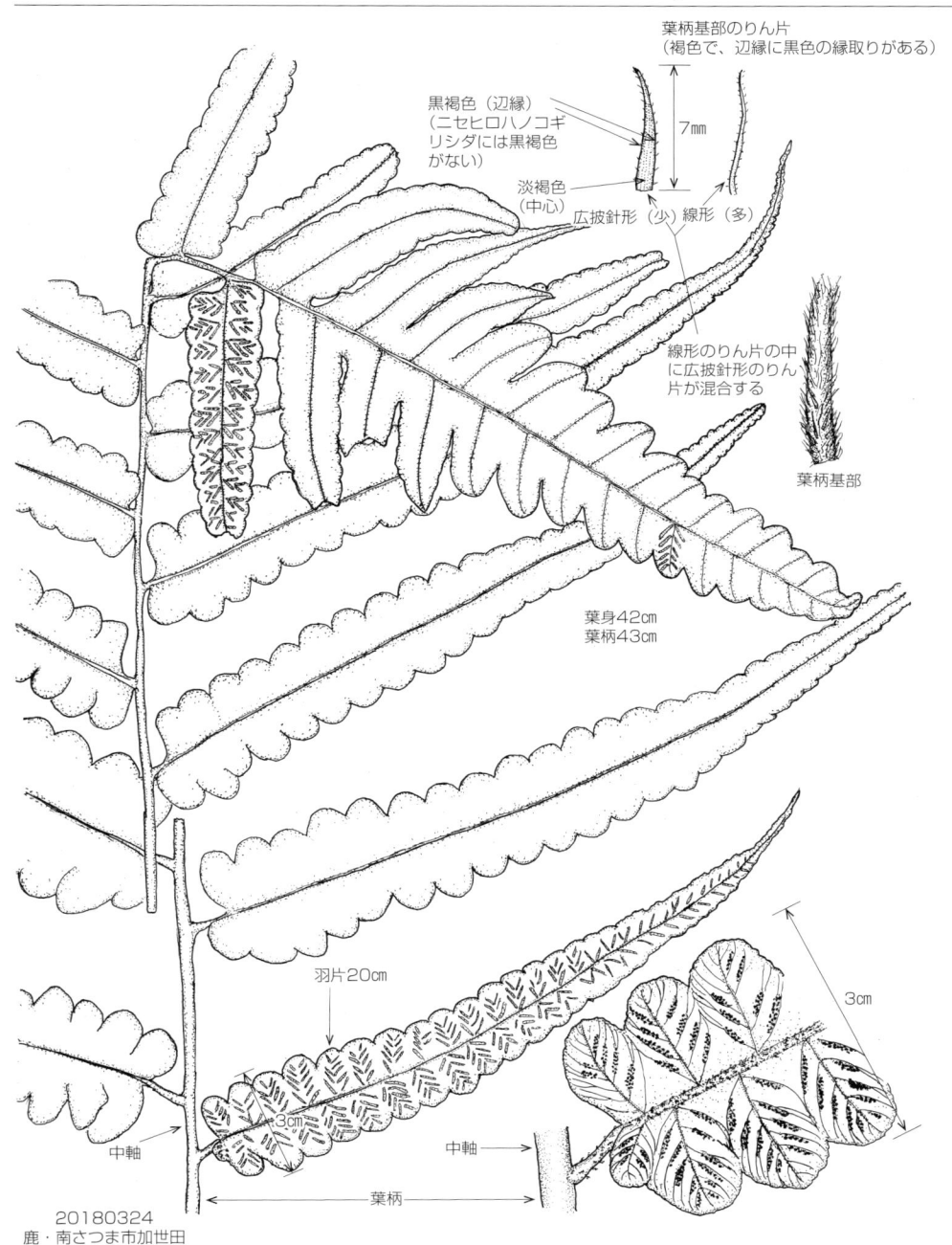

葉柄基部のりん片
（褐色で、辺縁に黒色の縁取りがある）

黒褐色（辺縁）
（ニセヒロハノコギ
リシダには黒褐色
がない）

7mm

淡褐色
（中心）

広披針形（少）線形（多）

線形のりん片の中
に広披針形のりん
片が混合する

葉柄基部

葉身42cm
葉柄43cm

羽片20cm

3cm

3cm

中軸

中軸

葉柄

20180324
鹿・南さつま市加世田

ヒロハミヤマノコギリシダ　[イワデンダ科　ヘラシダ属]　*Diplazium griffithii*

葉の長さ87.5（52.5＋35）

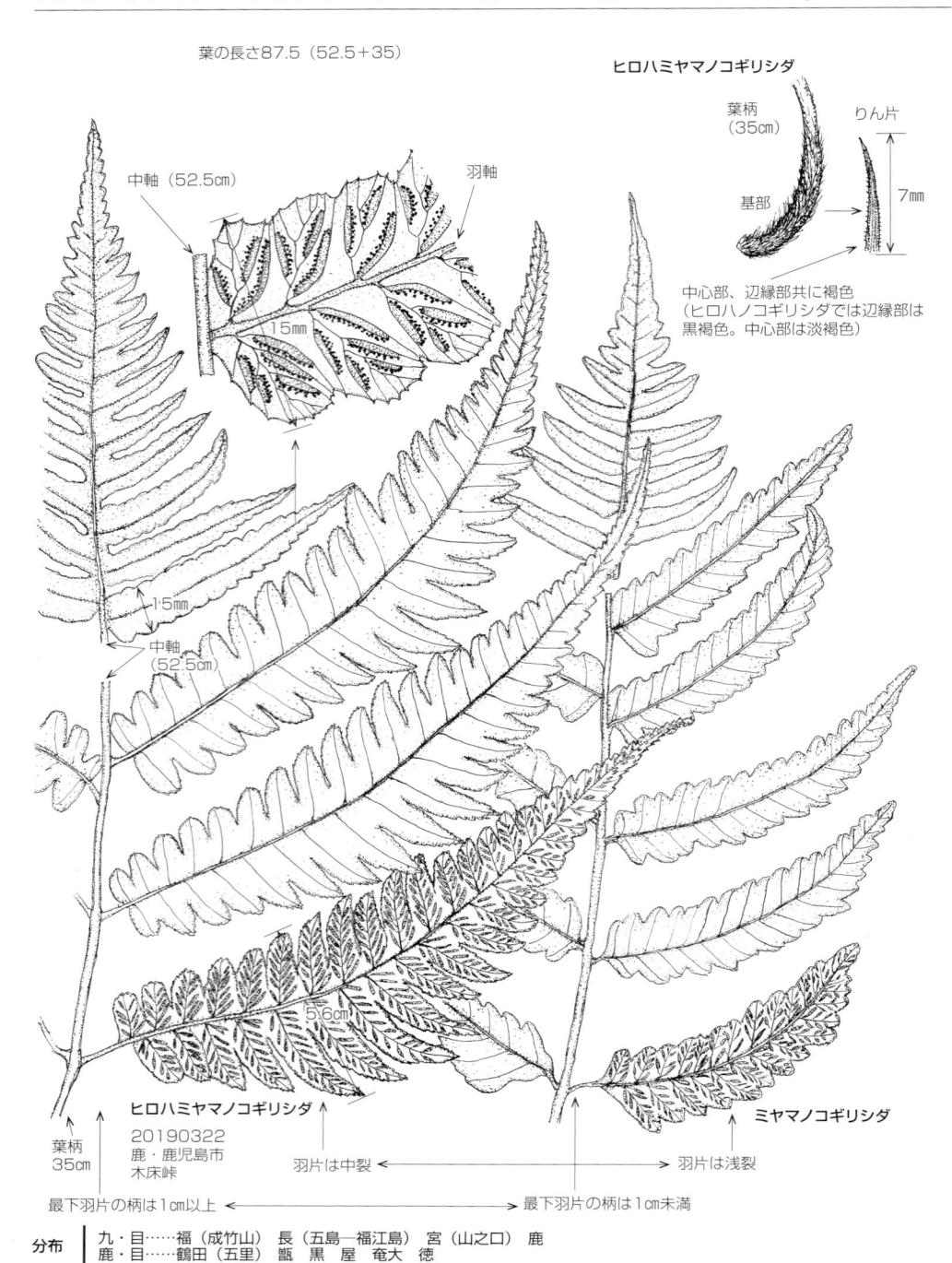

ヒロハミヤマノコギリシダ

葉柄（35cm）

基部

りん片

7mm

中軸（52.5cm）

羽軸

15mm

1.5mm

中軸（52.5cm）

5.6cm

中心部、辺縁部共に褐色
（ヒロハノコギリシダでは辺縁部は
黒褐色。中心部は淡褐色）

ヒロハミヤマノコギリシダ
20190322
鹿・鹿児島市
木床峠

羽片は中裂 ←　　　　　　　　　→ 羽片は浅裂

ミヤマノコギリシダ

葉柄
35cm

最下羽片の柄は1cm以上 ←　　　　　　　　→ 最下羽片の柄は1cm未満

分布 ｜ 九・目……福（成竹山）　長（五島―福江島）　宮（山之口）　鹿
　　　｜ 鹿・目……鶴田（五里）　甑　黒　屋　奄大　徳

60

フクレギシダ　[イワデンダ科　ヘラシダ属]　*Diplazium pinfaense*

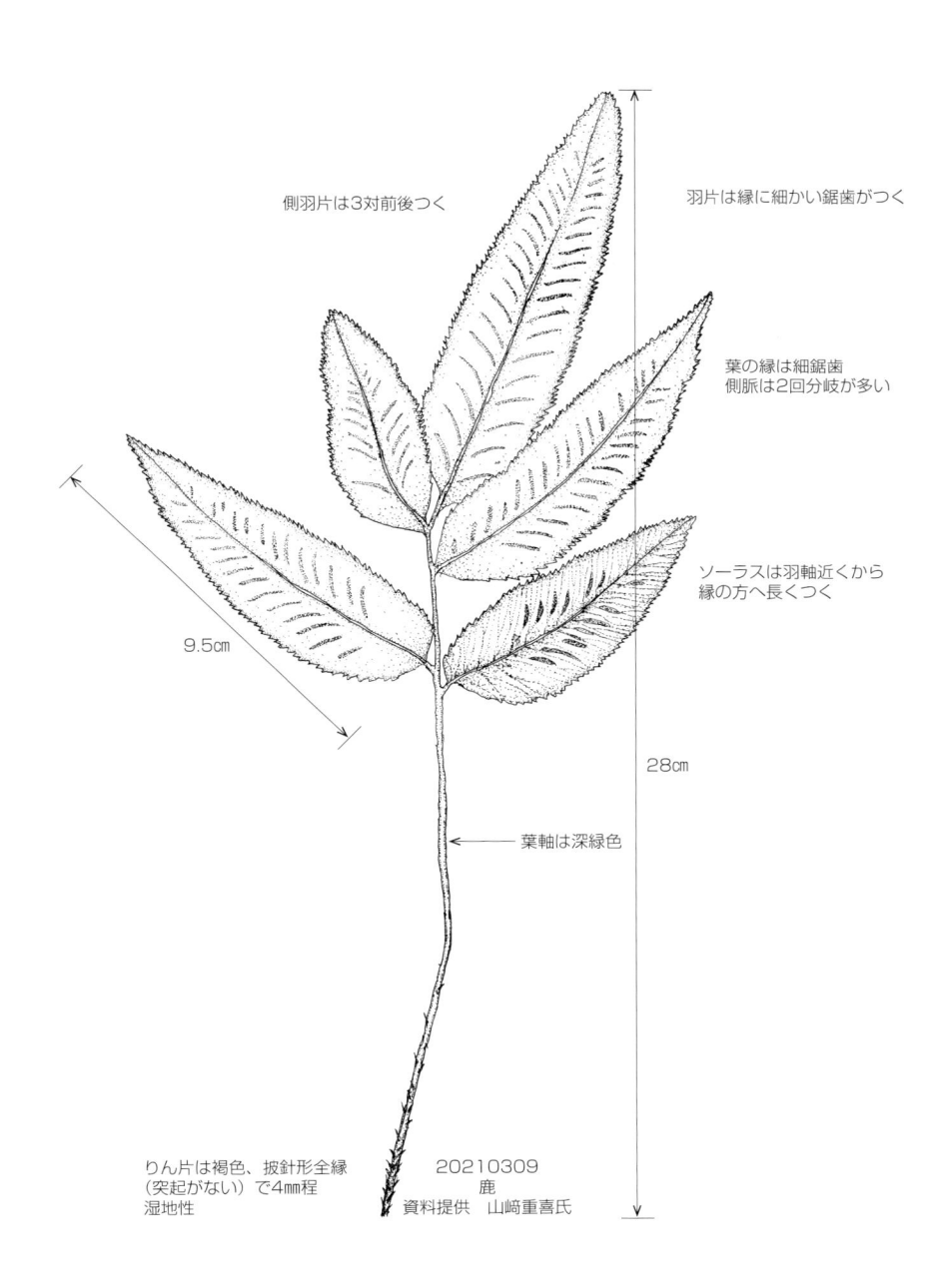

側羽片は3対前後つく

羽片は縁に細かい鋸歯がつく

葉の縁は細鋸歯
側脈は2回分岐が多い

ソーラスは羽軸近くから
縁の方へ長くつく

9.5㎝

28㎝

葉軸は深緑色

りん片は褐色、披針形全縁
（突起がない）で4㎜程
湿地性

20210309
鹿
資料提供　山﨑重喜氏

分布｜九・目……熊（天草）鹿
　　　｜鹿・目……冠岳　八重山　重平山　鶴田（五里）　甑

ホソバノコギリシダ [イワデンダ科　ヘラシダ属]　*Diplazium fauriei*

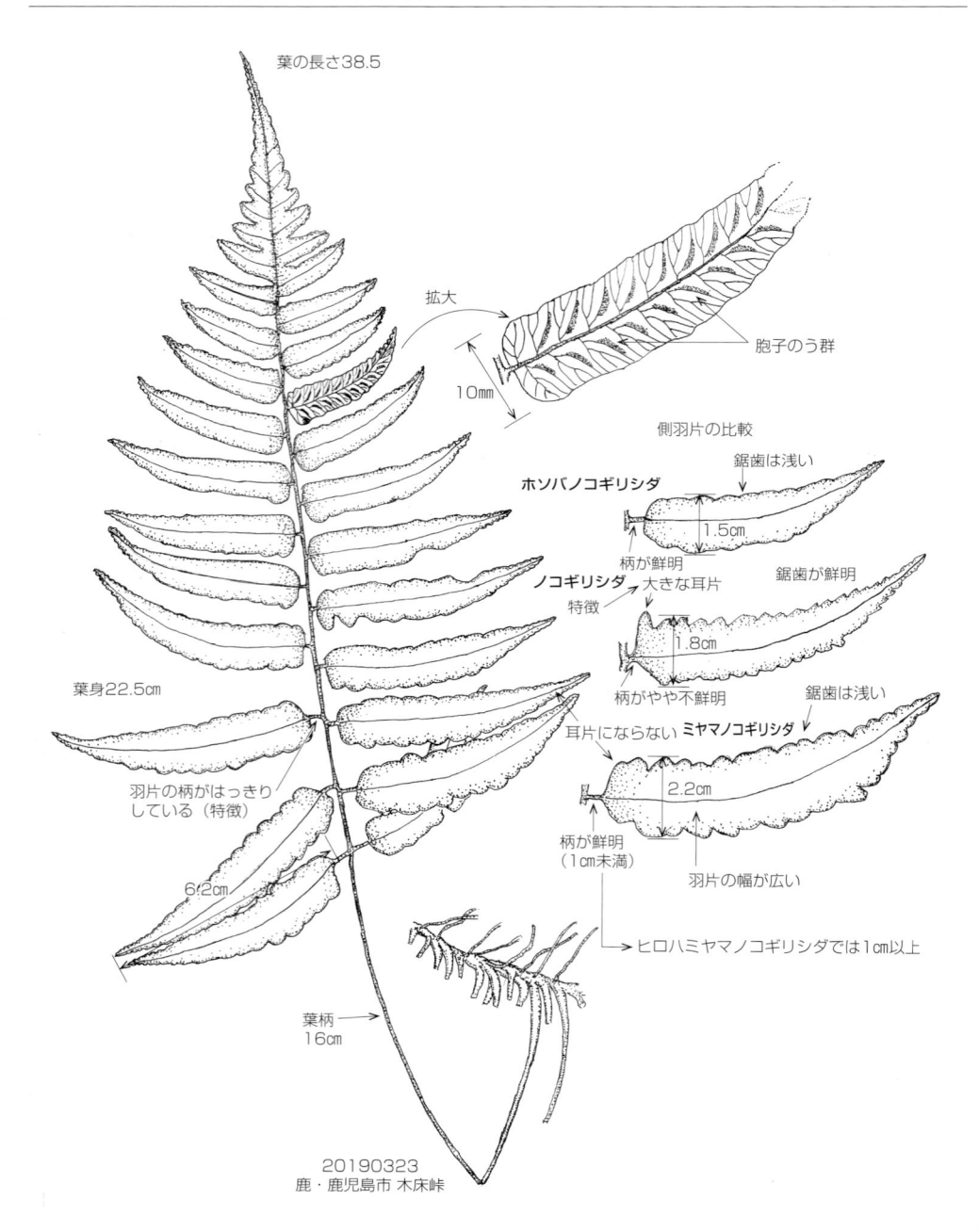

葉の長さ38.5

拡大

10mm

胞子のう群

側羽片の比較

鋸歯は浅い

ホソバノコギリシダ

1.5cm

柄が鮮明

鋸歯が鮮明

ノコギリシダ
特徴

大きな耳片

1.8cm

柄がやや不鮮明

鋸歯は浅い

耳片にならない　**ミヤマノコギリシダ**

2.2cm

柄が鮮明
（1cm未満）

羽片の幅が広い

└→ ヒロハミヤマノコギリシダでは1cm以上

葉身22.5cm

羽片の柄がはっきり
している（特徴）

6.2cm

葉柄
16cm

20190323
鹿・鹿児島市 木床峠

分布｜九・目……記載がない
　　｜鹿・目……県本土各地　屋　中　奄大　徳

ミヤマノコギリシダ　[イワデンダ科　ヘラシダ属]　*Diplazium mettenianum*

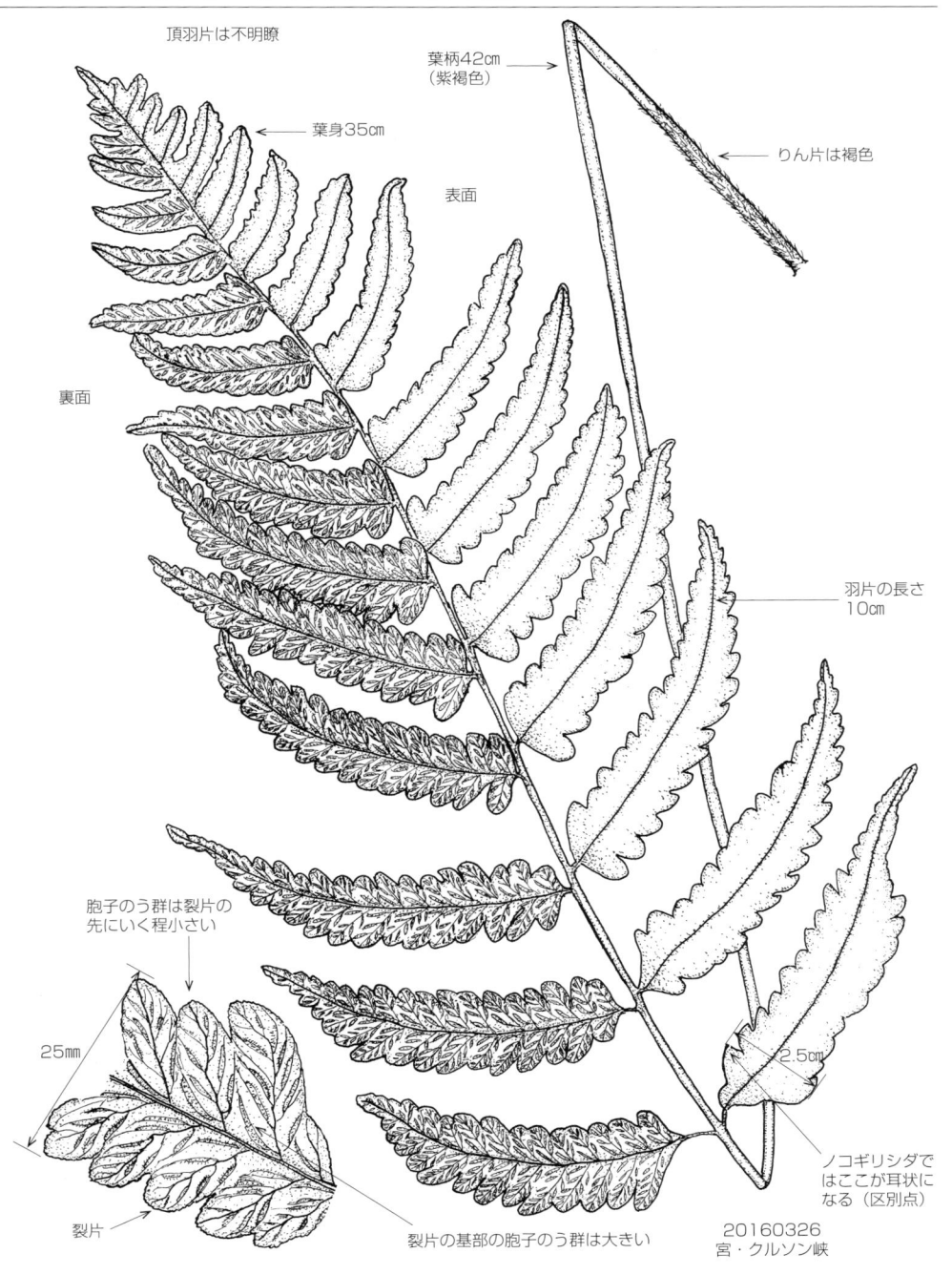

頂羽片は不明瞭

葉柄42㎝
（紫褐色）

りん片は褐色

葉身35㎝

表面

裏面

羽片の長さ
10㎝

胞子のう群は裂片の
先にいく程小さい

25㎜

2.5㎝

ノコギリシダで
はここが耳状に
なる（区別点）

裂片

裂片の基部の胞子のう群は大きい

20160326
宮・クルソン峡

分布　九・目……各県
　　　鹿・目……甑　本土各地　種　屋　黒　中　奄大　徳

ノコギリシダとイヨクジャクの雑種

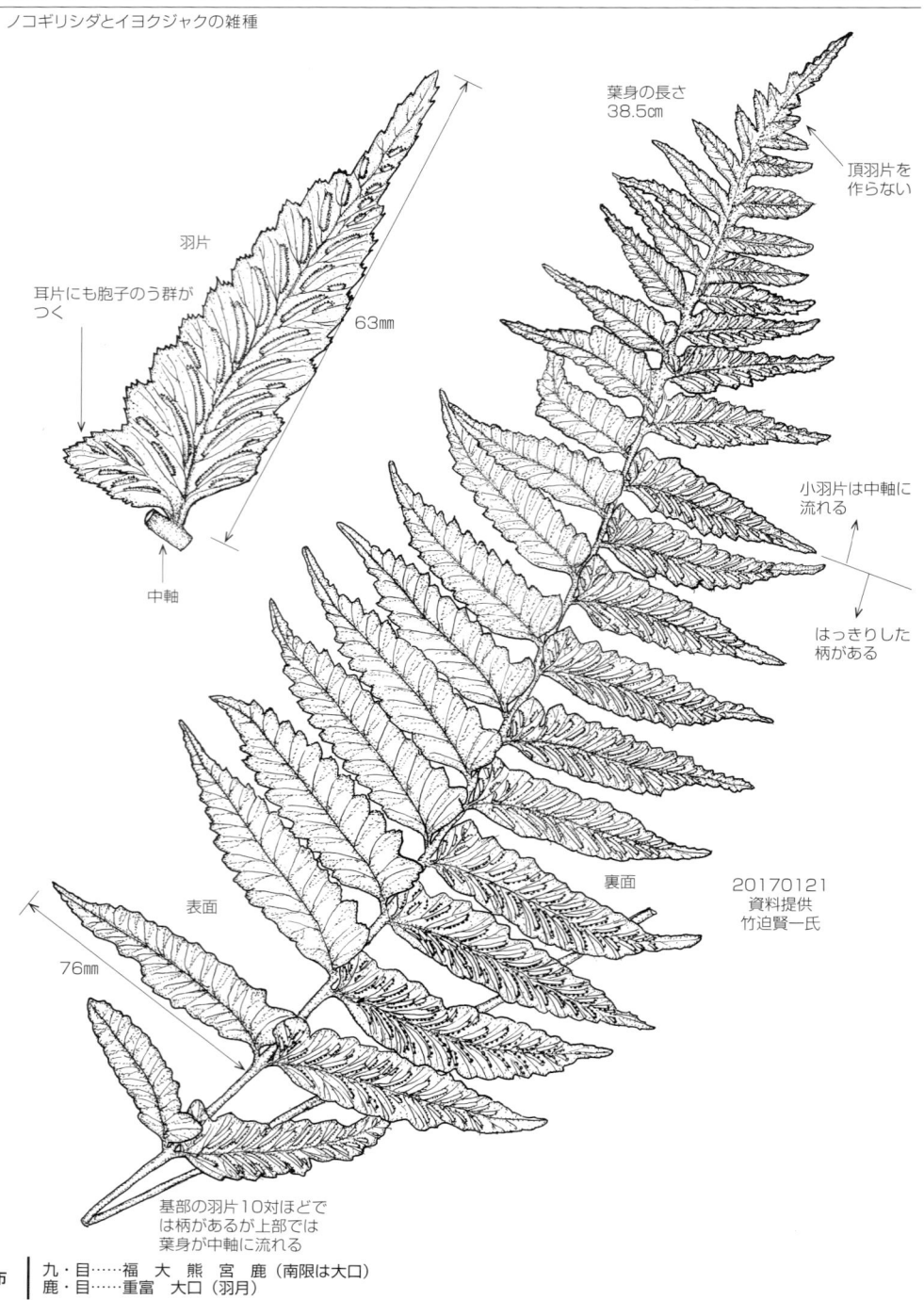

葉身の長さ
38.5㎝

頂羽片を
作らない

羽片

耳片にも胞子のう群が
つく

63㎜

小羽片は中軸に
流れる

はっきりした
柄がある

中軸

裏面

表面

20170121
資料提供
竹迫賢一氏

76㎜

基部の羽片10対ほどで
は柄があるが上部では
葉身が中軸に流れる

分布 ｜ 九・目……福　大　熊　宮　鹿（南限は大口）
　　　｜ 鹿・目……重富　大口（羽月）

アラゲミゾシダ　[ヒメシダ科　ヒメシダ属]　*Thelypteris pozoi* ssp. *mollissima* f. *pilossima*

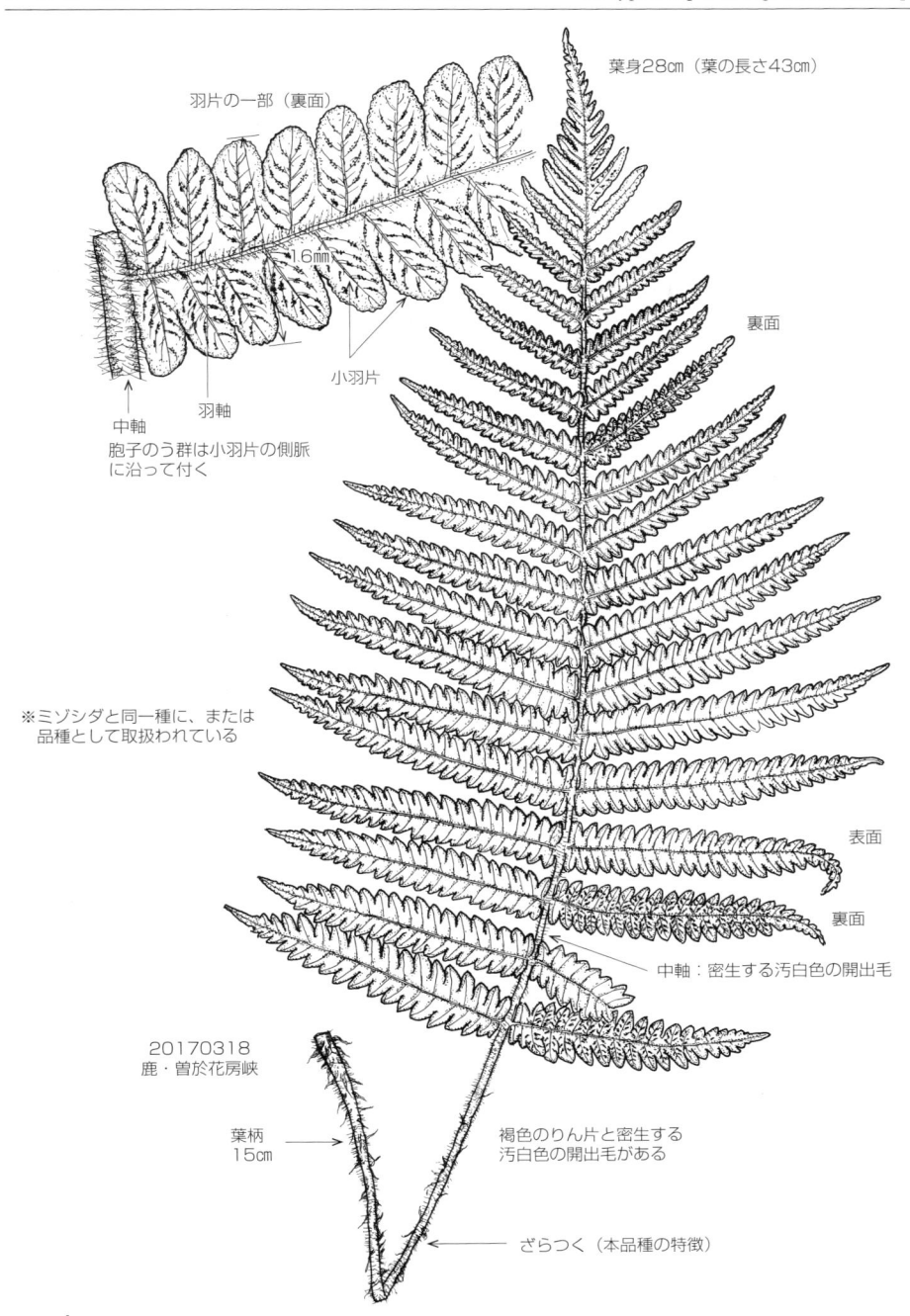

葉身28cm（葉の長さ43cm）

羽片の一部（裏面）

裏面

1.6mm

小羽片

羽軸

中軸

胞子のう群は小羽片の側脈に沿って付く

※ミゾシダと同一種に、または品種として取扱われている

表面

裏面

中軸：密生する汚白色の開出毛

20170318
鹿・曽於花房峡

葉柄
15cm

褐色のりん片と密生する
汚白色の開出毛がある

ざらつく（本品種の特徴）

分布
九・目……各県普通（南は奄群）
鹿・目……県本土各地　長　甑　屋　種　吐各島　奄大　沖永

65

イヌケホシダ　[ヒメシダ科　ヒメシダ属]　*Thelypteris dentata*

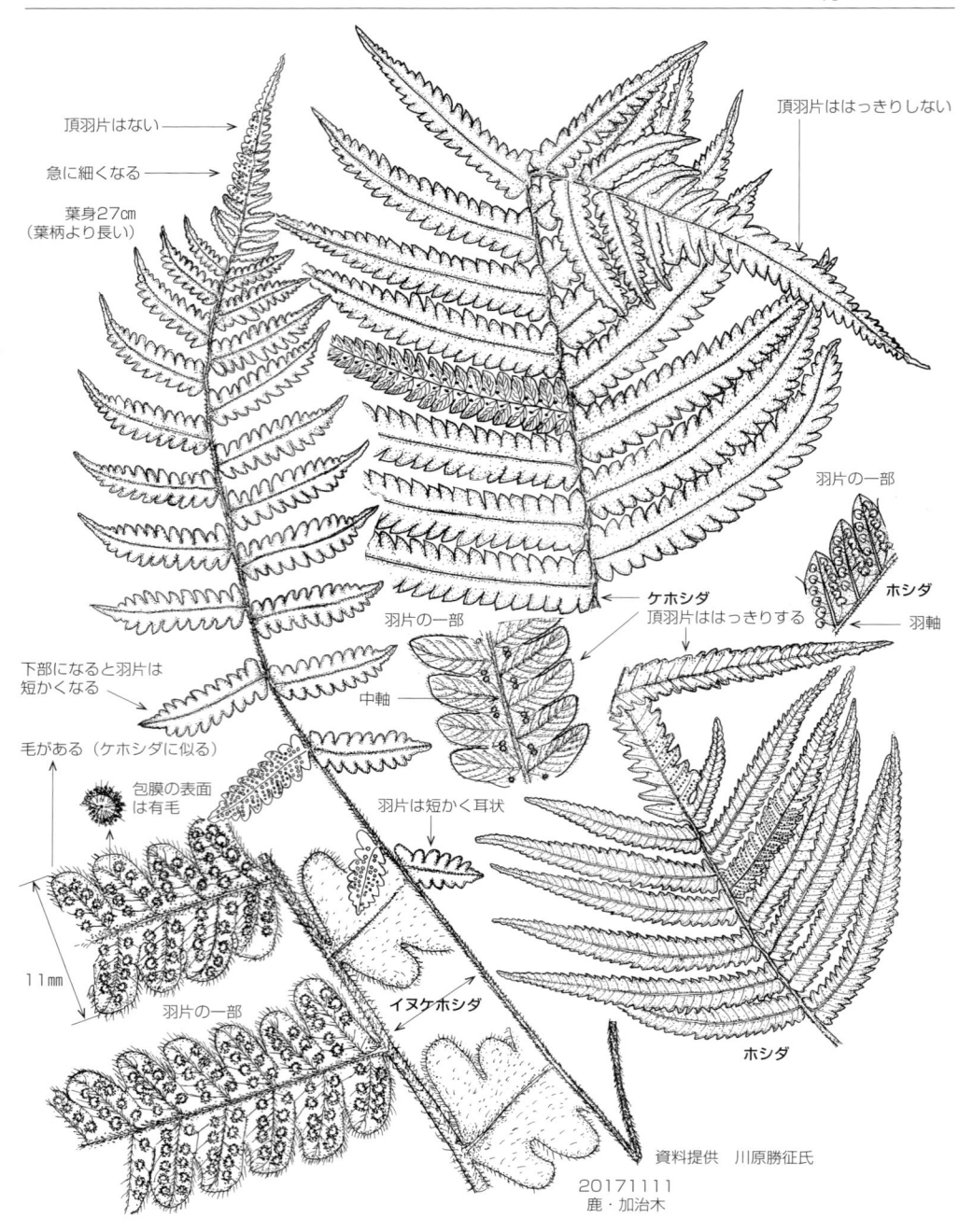

頂羽片はない

急に細くなる

葉身27㎝
（葉柄より長い）

頂羽片ははっきりしない

羽片の一部

ホシダ

羽軸

ケホシダ
頂羽片ははっきりする

羽片の一部

中軸

下部になると羽片は
短かくなる

毛がある（ケホシダに似る）

包膜の表面
は有毛

羽片は短かく耳状

11㎜

羽片の一部

イヌケホシダ

ホシダ

資料提供　川原勝征氏
20171111
鹿・加治木

分布 | 九・目……各県（稀）　北は熊（帰化？）　佐（点在）
鹿・目……出水　阿久根大島　長島　伊集院　指宿西方　加治木　蒲生　屋　中　奄大

イヌホシダ　[ヒメシダ科　ヒメシダ属]　*Thelypteris acuminata* var.*kuliangensis*

ホシダの奇形と考えられる

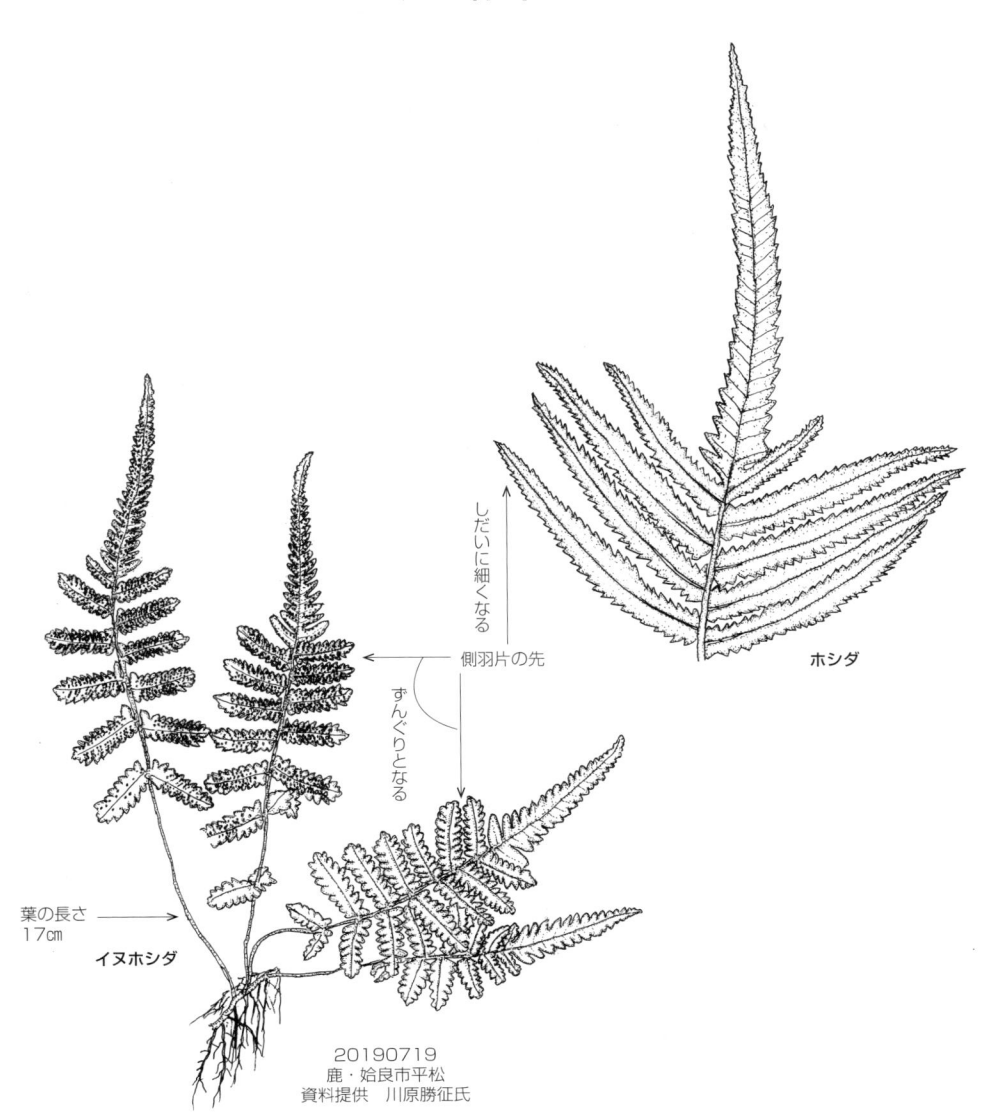

しだいに細くなる

側羽片の先

ずんぐりとなる

ホシダ

葉の長さ
17㎝

イヌホシダ

20190719
鹿・姶良市平松
資料提供　川原勝征氏

分布　九・目……各県？（南は屋）
　　　　　鹿・目……霧島山　指宿　開聞　辺塚　屋

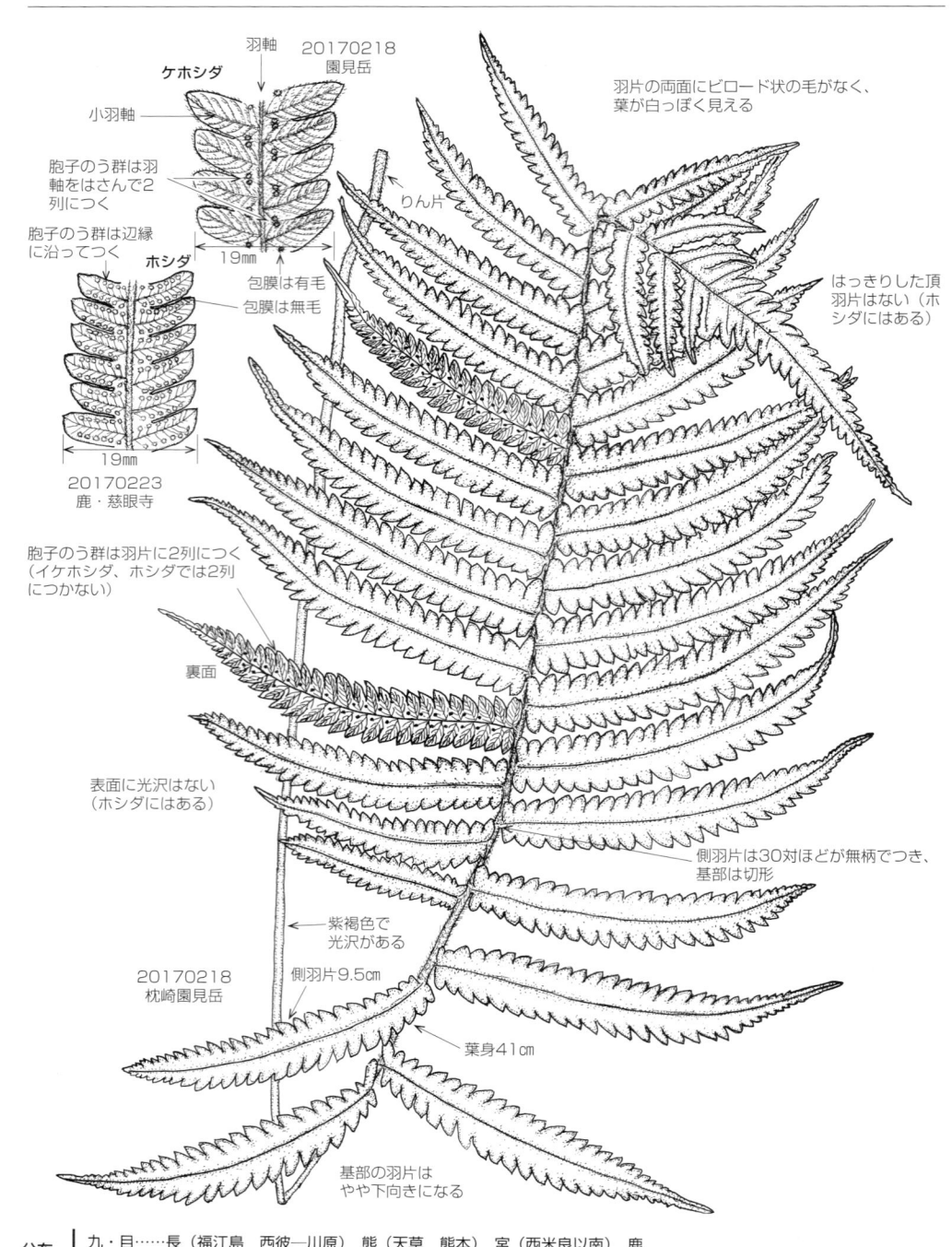

ケホシダ

羽軸

小羽軸

胞子のう群は羽軸をはさんで2列につく

20170218
園見岳

胞子のう群は辺縁に沿ってつく

ホシダ

19mm

包膜は有毛

包膜は無毛

20170223
鹿・慈眼寺

19mm

胞子のう群は羽片に2列につく（イケホシダ、ホシダでは2列につかない）

裏面

表面に光沢はない（ホシダにはある）

20170218
枕崎園見岳

紫褐色で光沢がある

側羽片9.5㎝

羽片の両面にビロード状の毛がなく、葉が白っぽく見える

りん片

はっきりした頂羽片はない（ホシダにはある）

側羽片は30対ほどが無柄でつき、基部は切形

葉身41㎝

基部の羽片はやや下向きになる

分布｜九・目……長（福江島　西彼―川原）　熊（天草　熊本）　宮（西米良以南）　鹿
　　　鹿・目……志布志（枇榔島）　串木野　山川　内之浦　佐多岬　甑　屋　種　吐　奄群

タイヨウシダ　[ヒメシダ科　ヒメシダ属]　*Thelypteris erubescens*

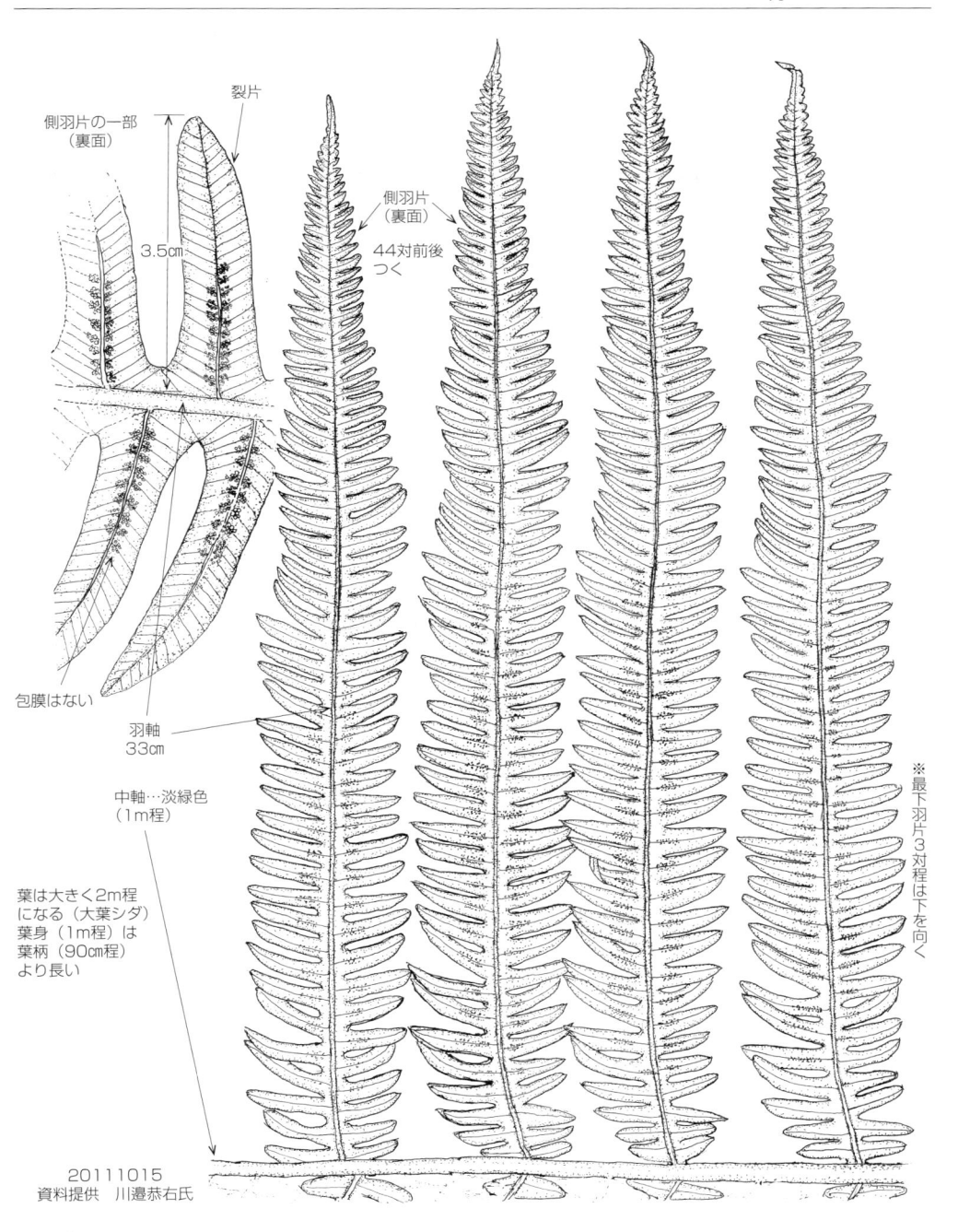

側羽片の一部
（裏面）

裂片

3.5㎝

包膜はない

羽軸
33㎝

中軸…淡緑色
（1m程）

側羽片
（裏面）

44対前後
つく

葉は大きく2m程
になる（大葉シダ）
葉身（1m程）は
葉柄（90㎝程）
より長い

※最下羽片3対程は下を向く

20111015
資料提供　川邉恭右氏

分布 | 九・目……鹿　屋（北限）
鹿・目……屋

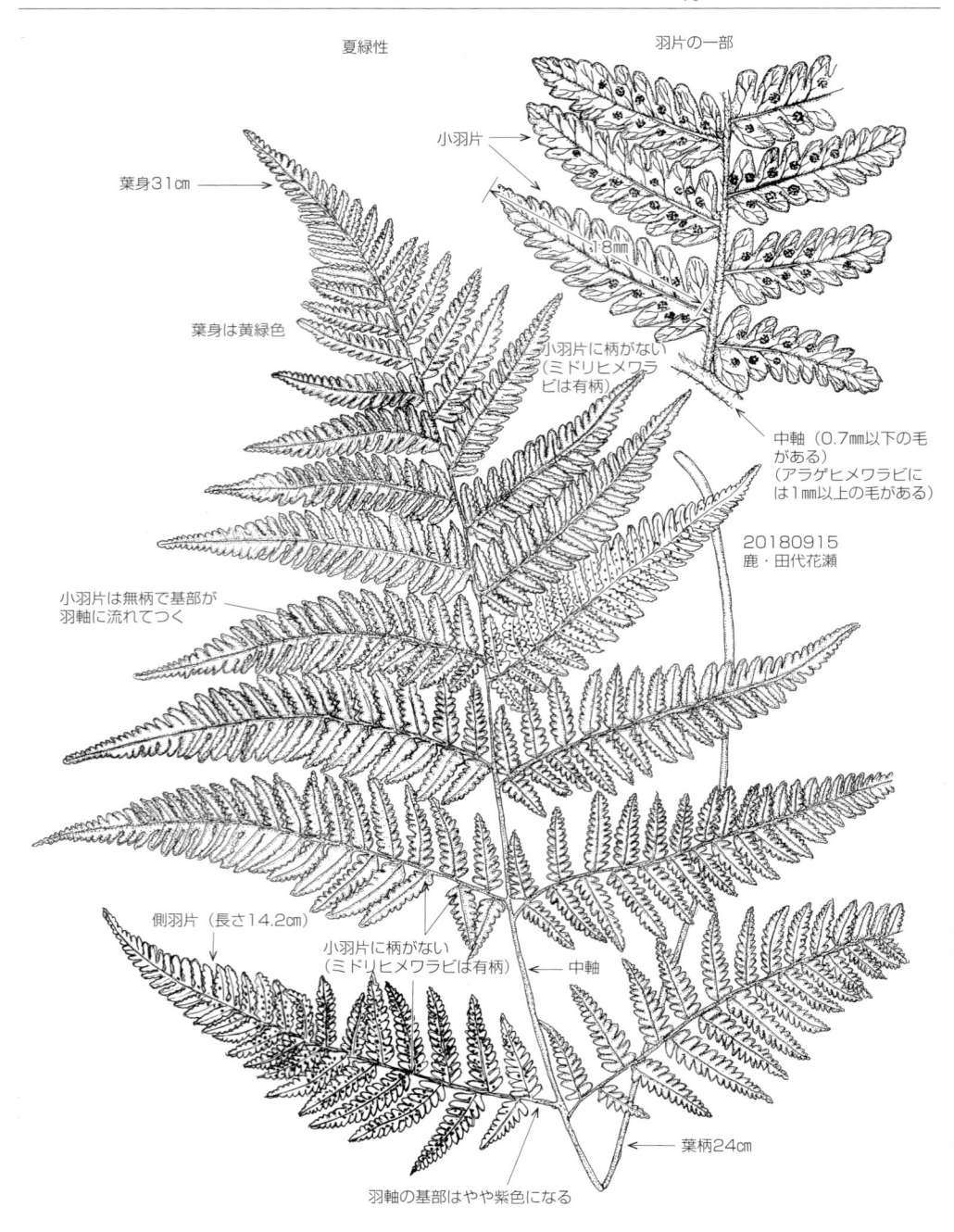

夏緑性

羽片の一部

小羽片

葉身31㎝

1·8㎜

葉身は黄緑色

小羽片に柄がない（ミドリヒメワラビは有柄）

中軸（0.7㎜以下の毛がある）（アラゲヒメワラビには1㎜以上の毛がある）

20180915
鹿・田代花瀬

小羽片は無柄で基部が羽軸に流れてつく

側羽片（長さ14.2㎝）

小羽片に柄がない（ミドリヒメワラビは有柄）

中軸

葉柄24㎝

羽軸の基部はやや紫色になる

分布　｜九・目……各県（南は鹿本土）
　　　｜鹿・目……県本土各地　甑

夏緑性だが暖地では常緑性

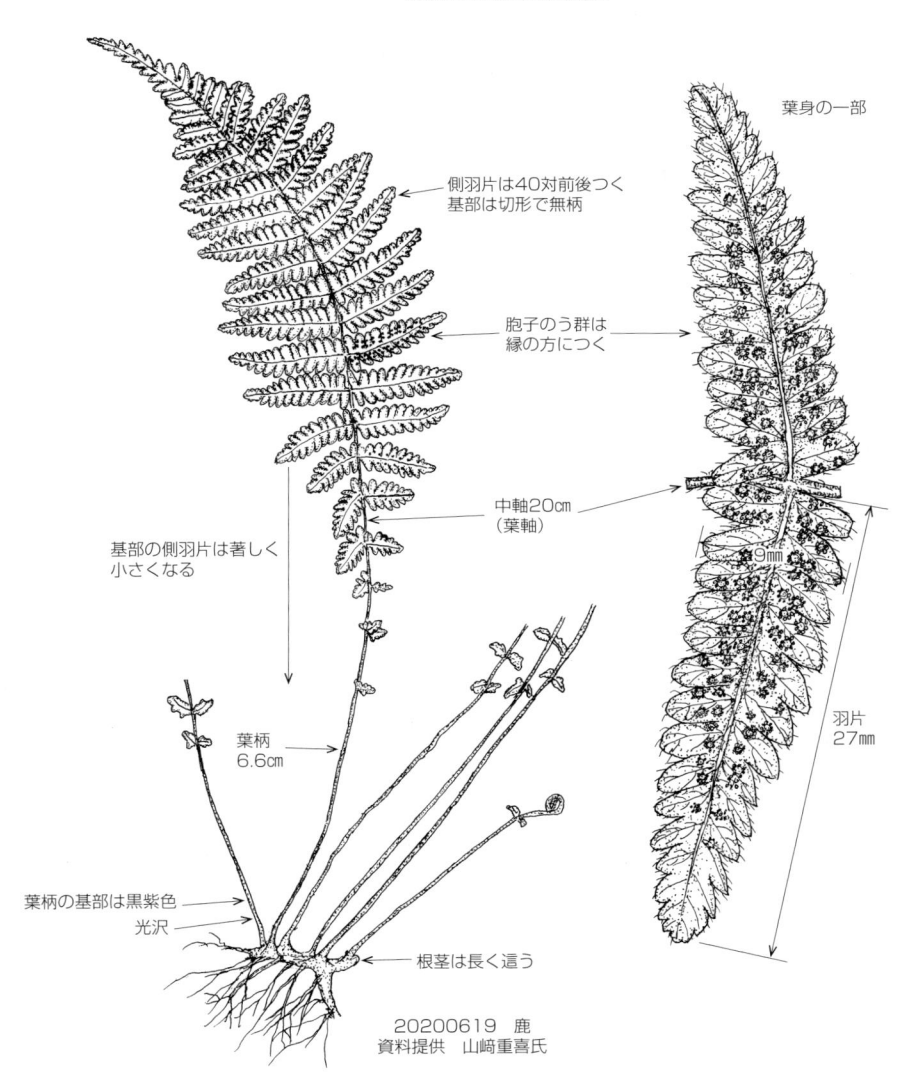

葉身の一部

側羽片は40対前後つく
基部は切形で無柄

胞子のう群は
縁の方につく

中軸20cm
（葉軸）

9mm

基部の側羽片は著しく
小さくなる

葉柄
6.6cm

羽片
27mm

葉柄の基部は黒紫色

光沢

根茎は長く這う

20200619　鹿
資料提供　山﨑重喜氏

ミドリヒメワラビ　[ヒメシダ科　ヒメシダ属]

Thelypteris viridifrons

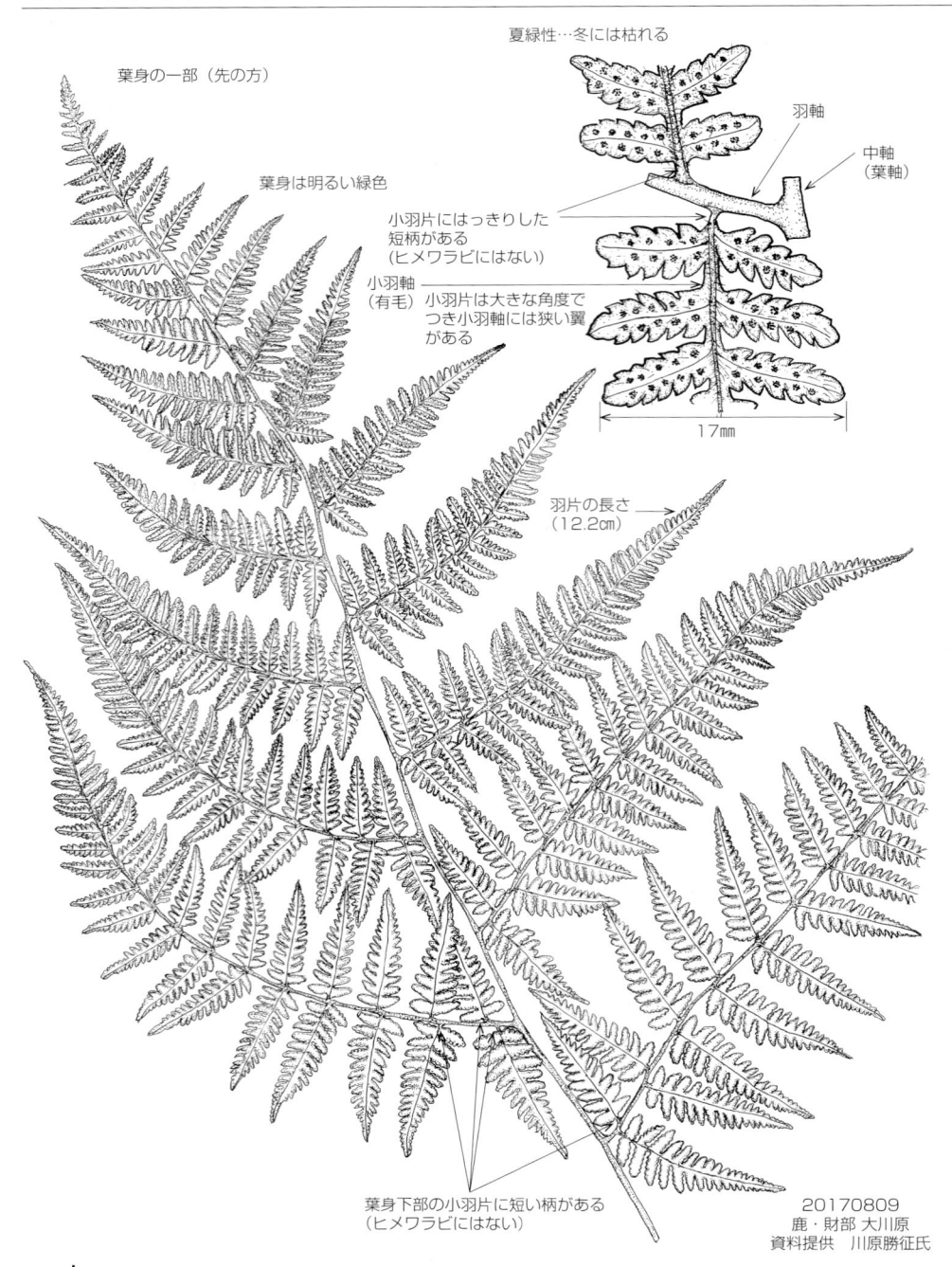

夏緑性…冬には枯れる

羽軸

中軸
（葉軸）

葉身の一部（先の方）

葉身は明るい緑色

小羽片にはっきりした
短柄がある
（ヒメワラビにはない）

小羽軸
（有毛）

小羽片は大きな角度で
つき小羽軸には狭い翼
がある

17mm

羽片の長さ
（12.2㎝）

葉身下部の小羽片に短い柄がある
（ヒメワラビにはない）

20170809
鹿・財部 大川原
資料提供　川原勝征氏

分布　九・目……各県（南は鹿本土）
　　　　鹿・目……大口　鹿児島市　さつま湖　川辺　頴娃　大崎

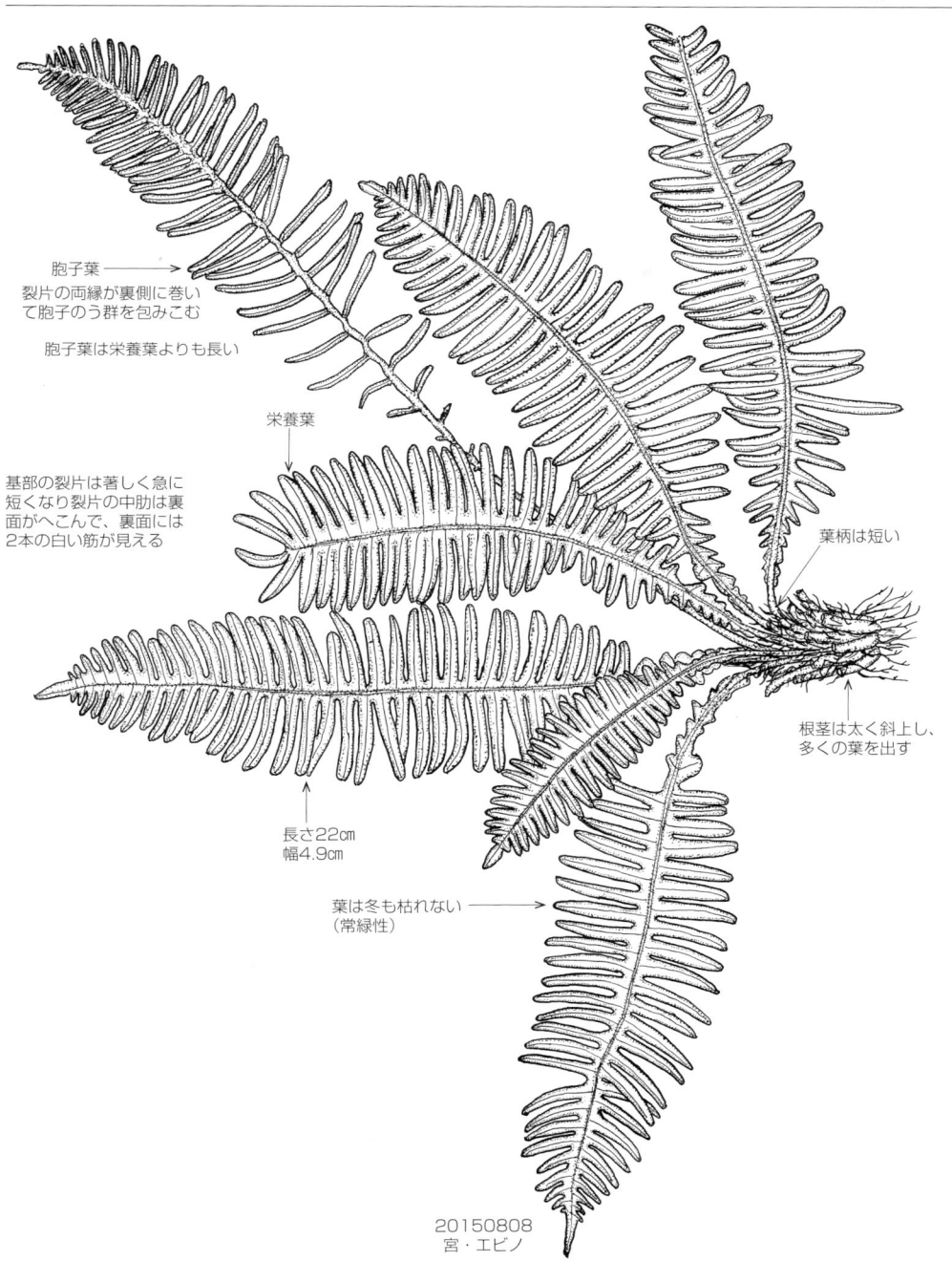

胞子葉 ——→
裂片の両縁が裏側に巻い
て胞子のう群を包みこむ

胞子葉は栄養葉よりも長い

栄養葉

基部の裂片は著しく急に
短くなり裂片の中肋は裏
面がへこんで、裏面には
2本の白い筋が見える

葉柄は短い

根茎は太く斜上し、
多くの葉を出す

長さ22cm
幅4.9cm

葉は冬も枯れない ——→
（常緑性）

20150808
宮・エビノ

分布｜九・目……各県
　　　鹿・目……本土各地　口永　屋

ヒリュウシダ　[シシガシラ科　ヒリュウシダ属]　*Blechnum orientale*

葉の長さ130㎝程　　新芽は赤みを帯びる

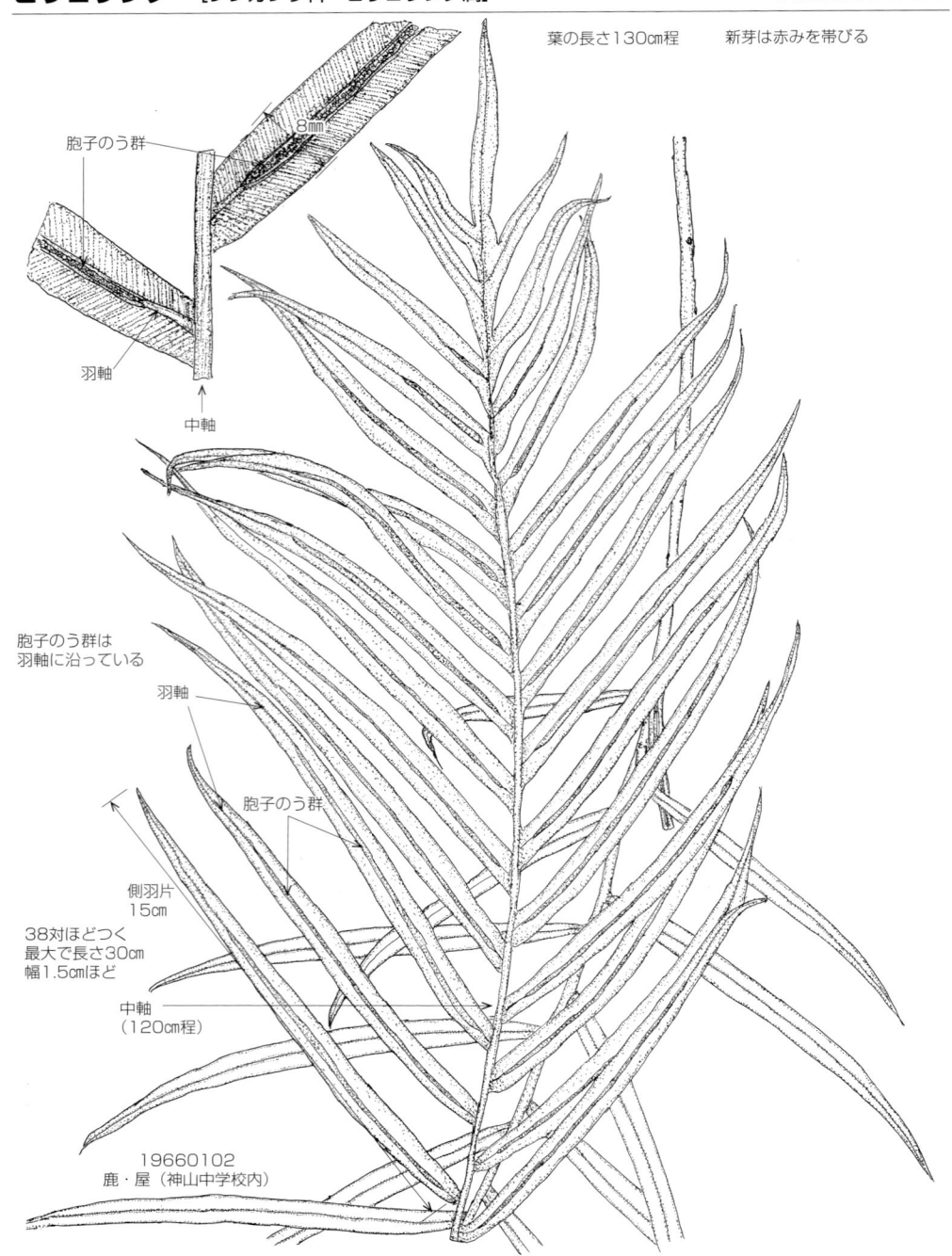

8㎜

胞子のう群

羽軸

中軸

胞子のう群は
羽軸に沿っている

羽軸

胞子のう群

側羽片
15㎝

38対ほどつく
最大で長さ30㎝
幅1.5㎝ほど

中軸
（120㎝程）

19660102
鹿・屋（神山中学校内）

分布　┃　九・目……鹿
　　　┃　鹿・目……屋　黒　中之　奄大　徳　沖永

74

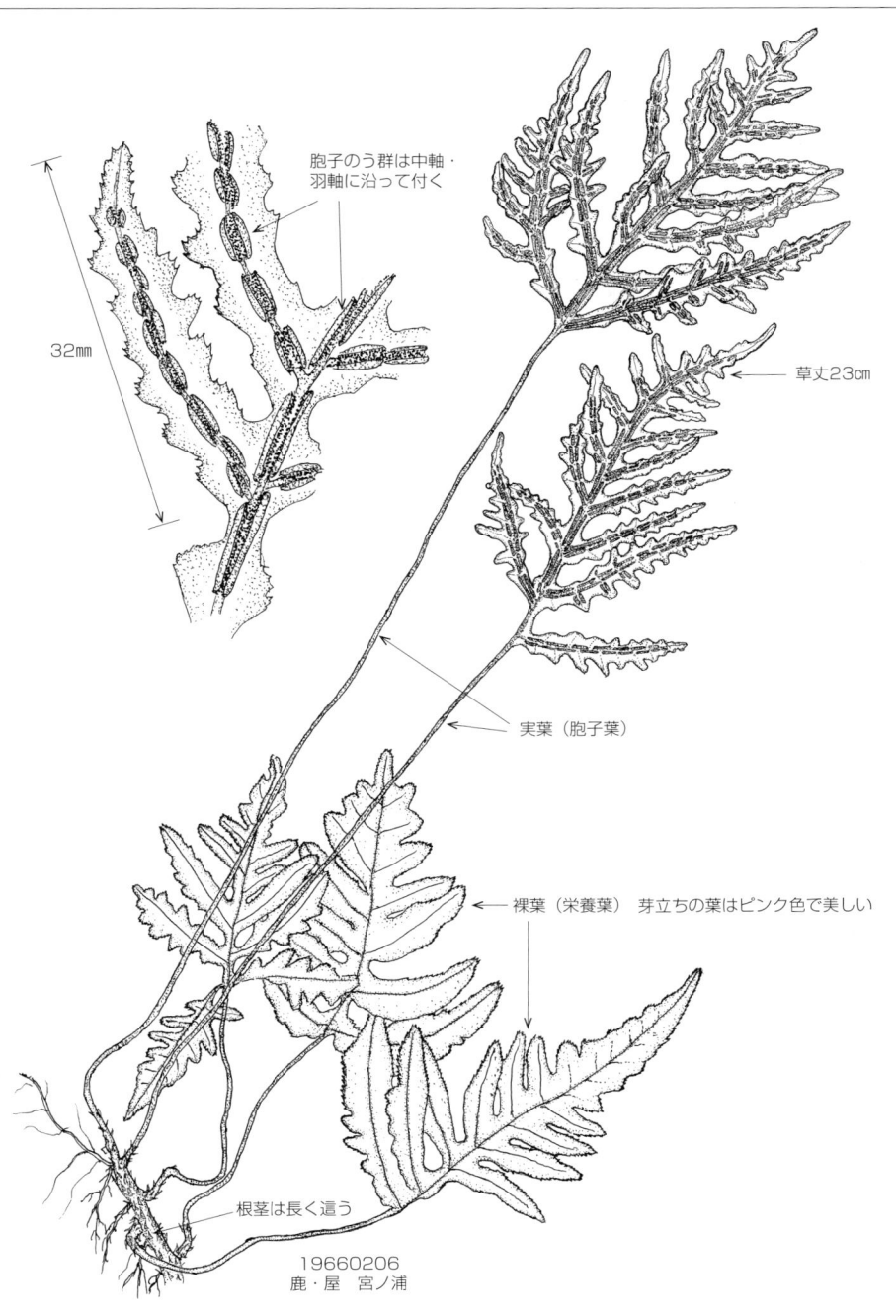

胞子のう群は中軸・羽軸に沿って付く

32mm

草丈23cm

実葉（胞子葉）

裸葉（栄養葉）　芽立ちの葉はピンク色で美しい

根茎は長く這う

19660206
鹿・屋　宮ノ浦

分布　｜九・目……鹿（黒・屋北限）
　　　　鹿・目……黒　屋

クサソテツ　[コウヤワラビ科　クサソテツ属]

Matteuccia struthiopteris

夏緑性で冬には枯れる
茎は直立し走出枝は長く這う

側羽片は50
対前後。中軸
の両側に分か
れて対称的に
つく

栄養葉
72cm

鮮緑色

胞子葉
33cm

20171014（栽）
資料提供
慶田周平氏

溝

りん片

葉身

葉柄

りん片

側羽片は50対ほど基部の
ものほど小さくなる

若い栄養葉は食用になる（コゴミ）

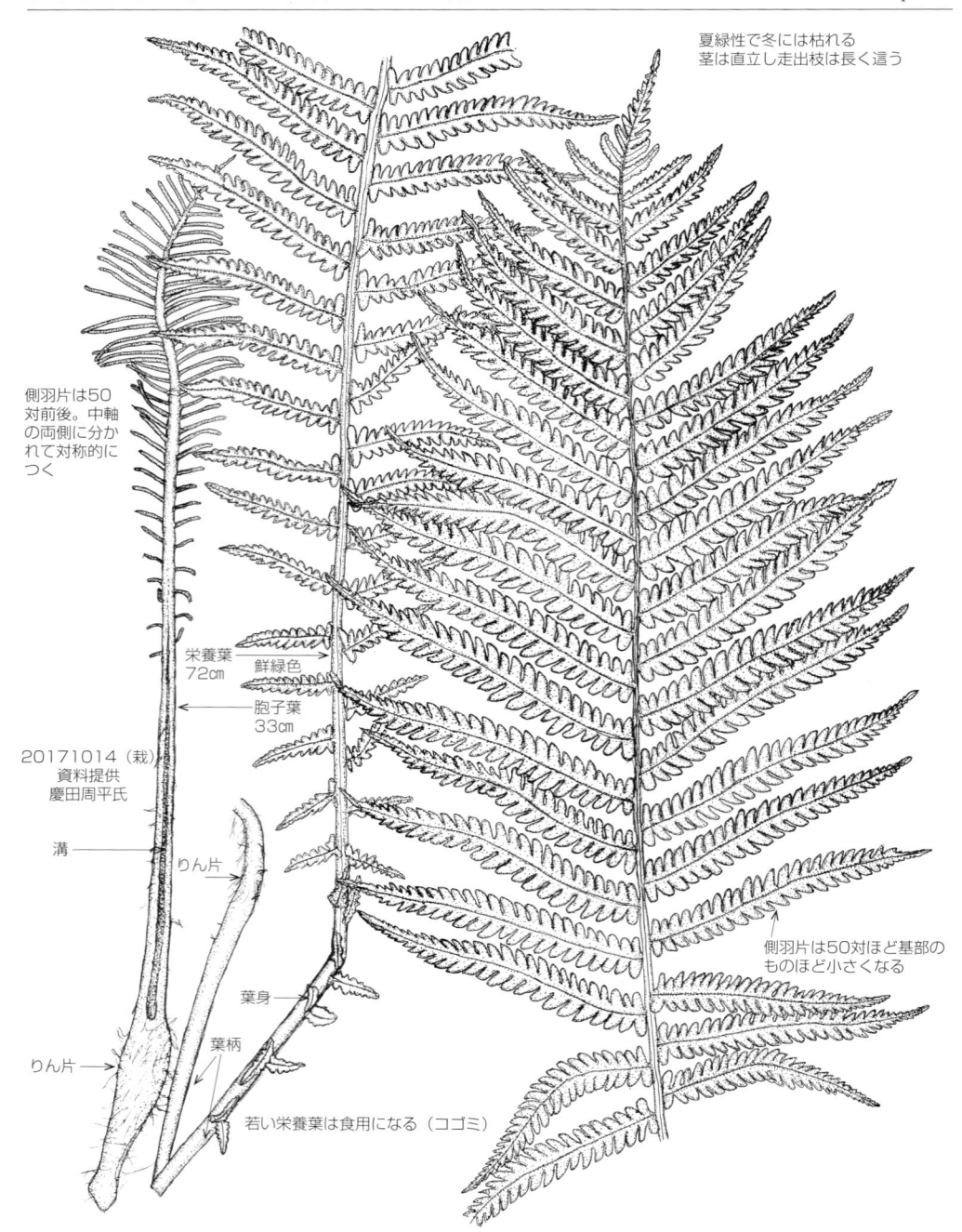

分布 ｜ 九・目……各県（南限は鹿の田代—花瀬）
　　　｜ 鹿・目……記載がない

イヌガンソク　[コウヤワラビ科　コウヤワラビ属]　*Onoclea orientalis*

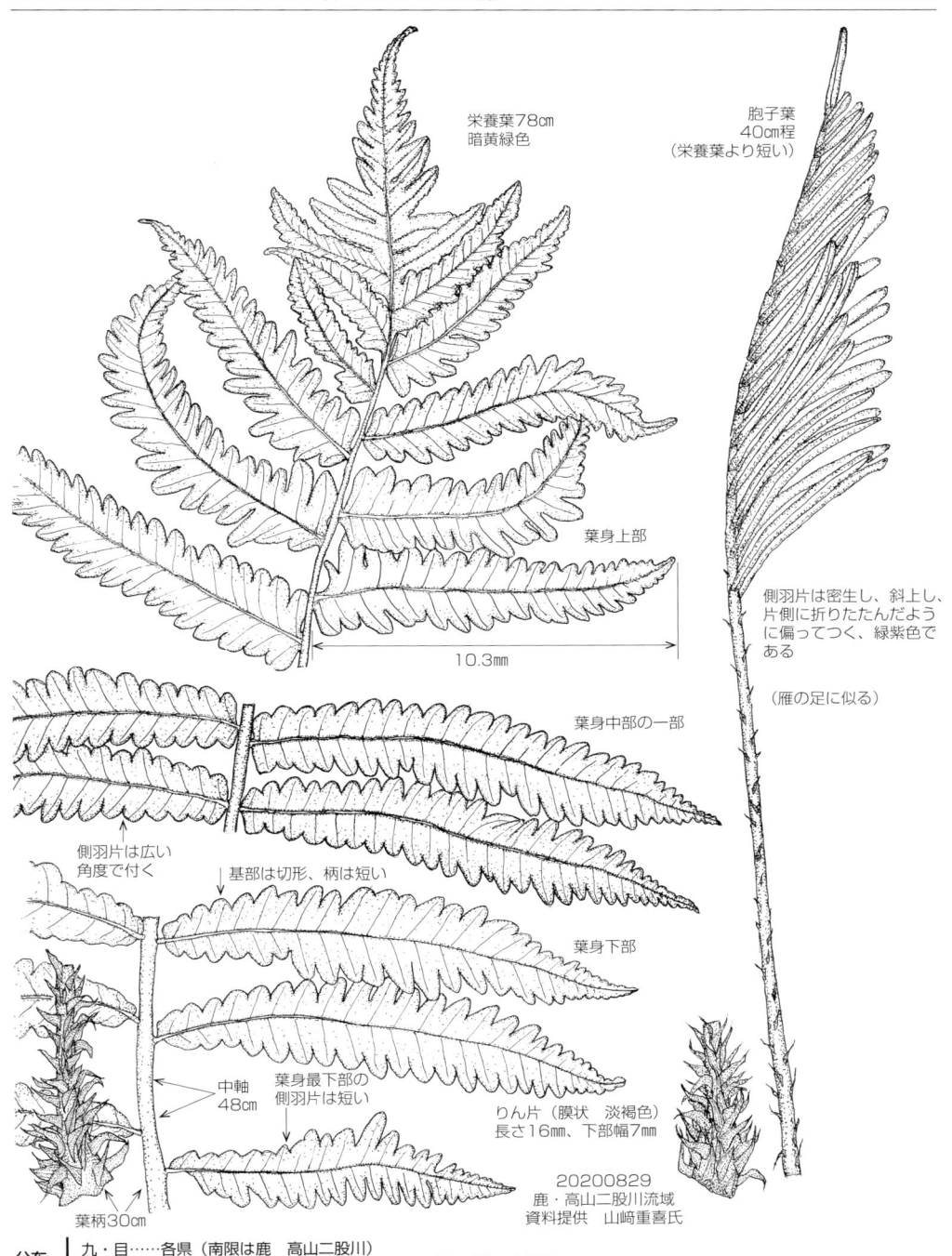

栄養葉78㎝
暗黄緑色

胞子葉
40㎝程
（栄養葉より短い）

葉身上部

10.3㎜

側羽片は密生し、斜上し、
片側に折りたたんだよう
に偏ってつく、緑紫色で
ある

（雁の足に似る）

葉身中部の一部

側羽片は広い
角度で付く

基部は切形、柄は短い

葉身下部

中軸
48㎝

葉身最下部の
側羽片は短い

りん片（膜状　淡褐色）
長さ16㎜、下部幅7㎜

20200829
鹿・高山二股川流域
資料提供　山﨑重喜氏

葉柄30㎝

分布｜
九・目……各県（南限は鹿　高山二股川）
鹿・目……大口（奥十曽）　霧島山　横川　末吉（新田山）　高隈山

コウヤワラビ　［コウヤワラビ科　コウヤワラビ属］　*Onoclea sensibilis* var.*interrupta*

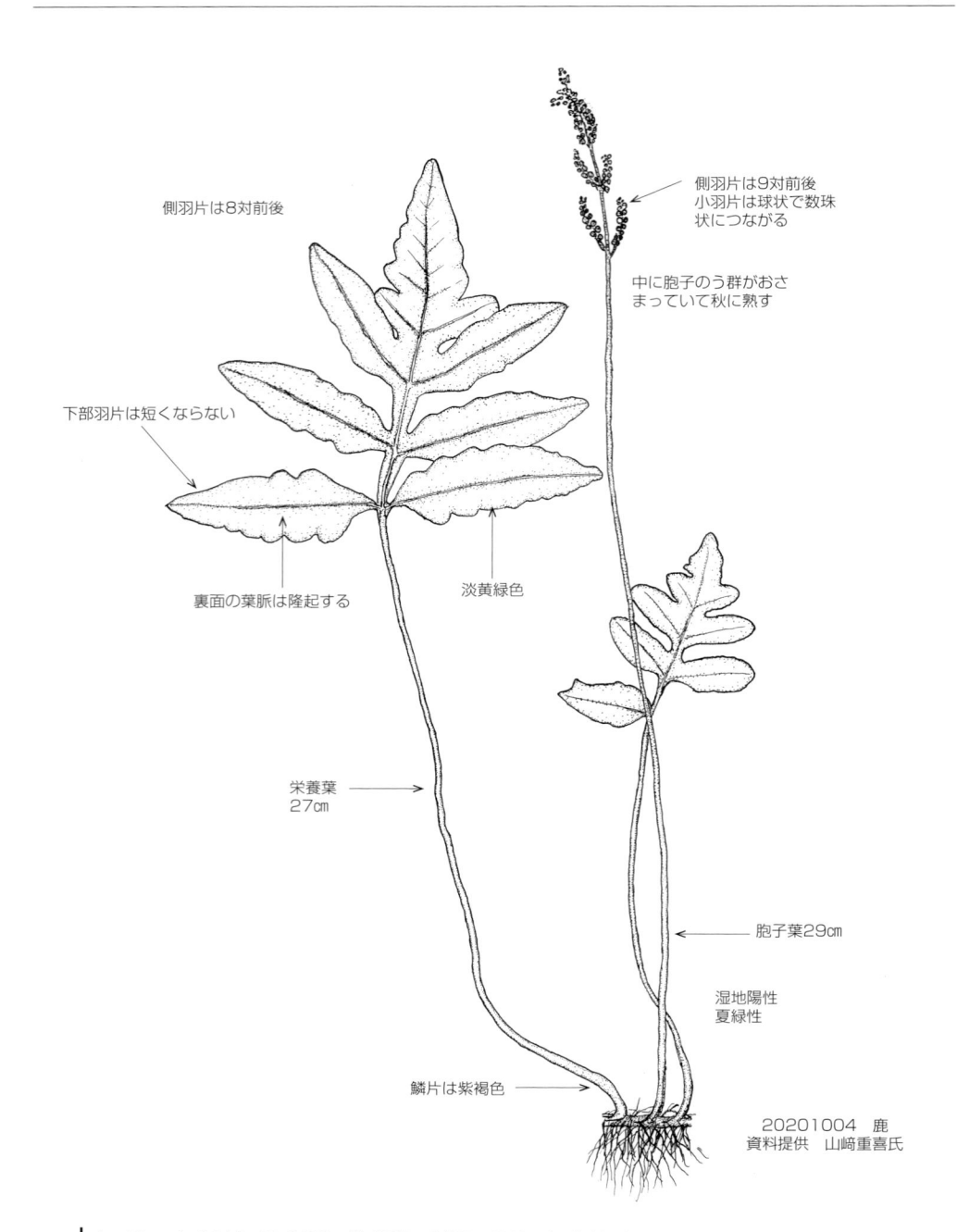

側羽片は8対前後

側羽片は9対前後
小羽片は球状で数珠
状につながる

下部羽片は短くならない

中に胞子のう群がおさ
まっていて秋に熟す

裏面の葉脈は隆起する

淡黄緑色

栄養葉
27㎝

胞子葉29㎝

湿地陽性
夏緑性

鱗片は紫褐色

20201004　鹿
資料提供　山﨑重喜氏

分布　｜　九・目……大（点在）　長（対馬）　熊（阿蘇　八代郡─種山）　宮（都城─御池開拓─南限）　鹿
　　　　　鹿・目……大口市（阿蘇の芝に由来）

イヌツルダカナワラビ [オシダ科 カナワラビ属]

Arachniodes ×repens

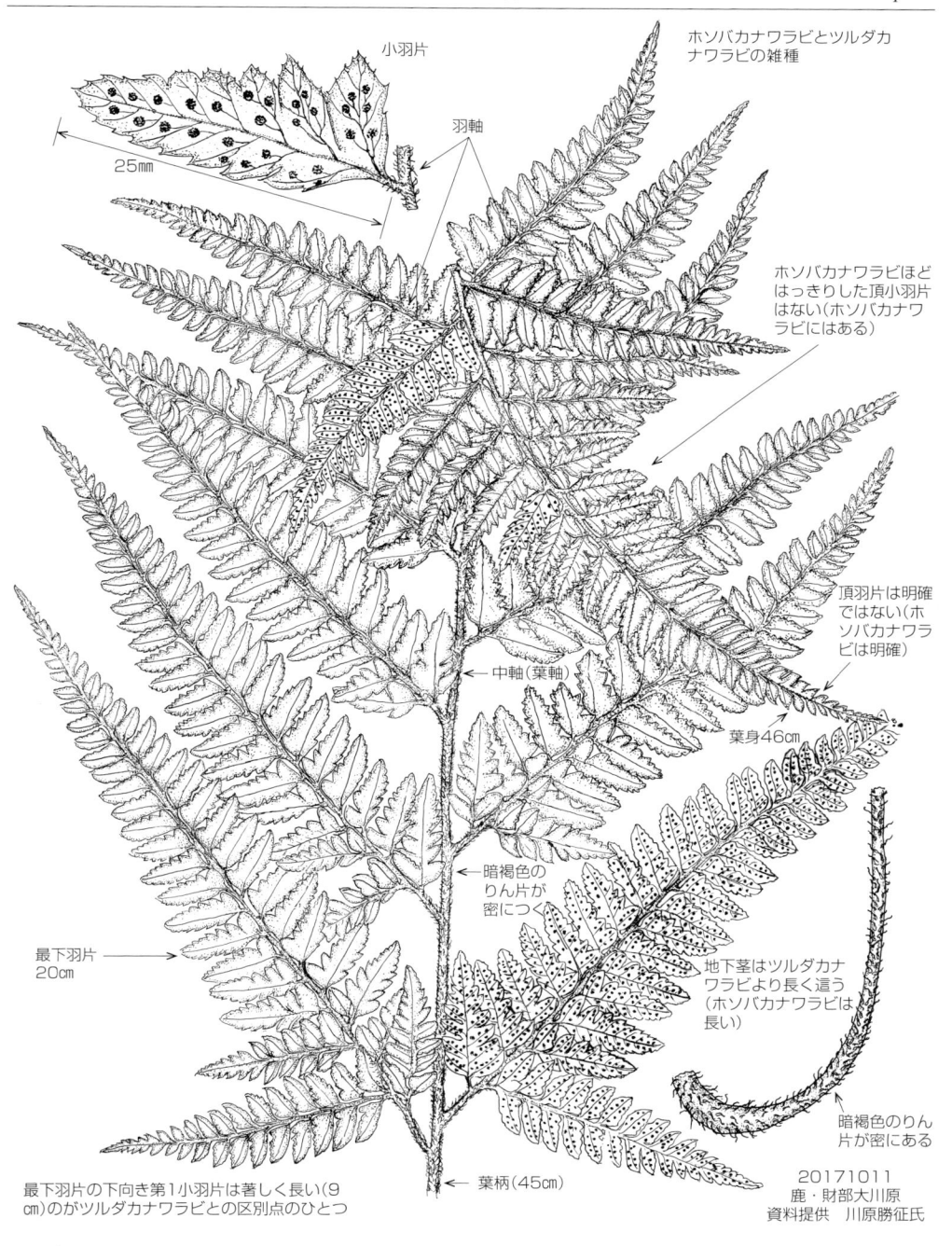

小羽片

25㎜

羽軸

ホソバカナワラビとツルダカ
ナワラビの雑種

ホソバカナワラビほど
はっきりした頂小羽片
はない(ホソバカナワ
ラビにはある)

頂羽片は明確
ではない(ホ
ソバカナワラ
ビは明確)

中軸(葉軸)

葉身46㎝

暗褐色の
りん片が
密につく

地下茎はツルダカナ
ワラビより長く這う
(ホソバカナワラビは
長い)

最下羽片
20㎝

暗褐色のりん
片が密にある

20171011
鹿・財部大川原
資料提供 川原勝征氏

葉柄(45㎝)

最下羽片の下向き第1小羽片は著しく長い(9
㎝)のがツルダカナワラビとの区別点のひとつ

分布 │ 九・目……熊(上松 球磨 坂本 芦北 天草)宮(双石山)鹿
　　　│ 鹿・目……鶴田(大俣)甑

79

オトコシダ [オシダ科 カナワラビ属] *Arachniodes yoshinagae*

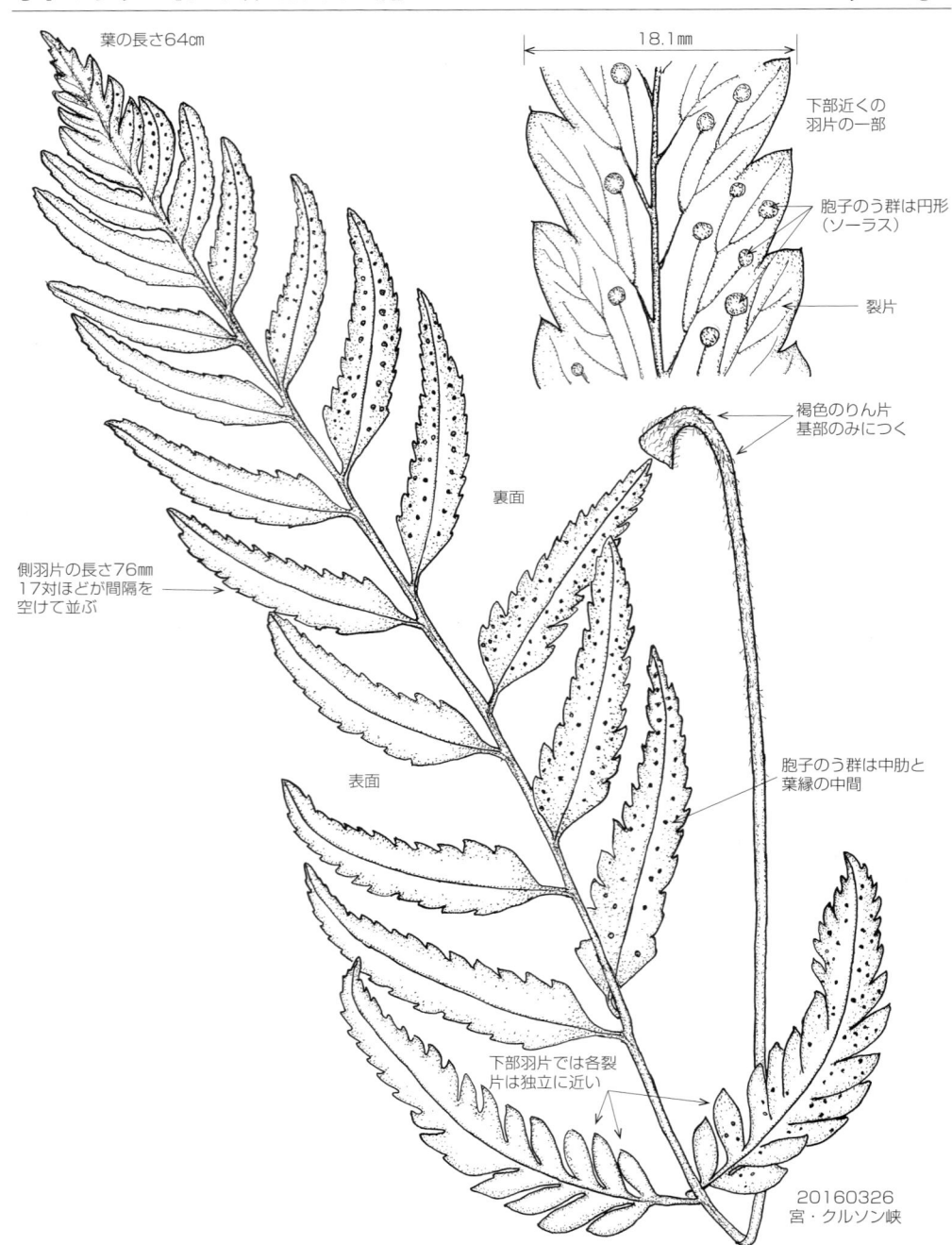

葉の長さ64㎝

18.1㎜

下部近くの
羽片の一部

胞子のう群は円形
（ソーラス）

裂片

裏面

褐色のりん片
基部のみにつく

側羽片の長さ76㎜
17対ほどが間隔を
空けて並ぶ

胞子のう群は中肋と
葉縁の中間

表面

下部羽片では各裂
片は独立に近い

20160326
宮・クルソン峡

分布 | 九・目……記載がない
　　　| 鹿・目……牧園　山野　大口　紫尾山　吉松　横川　末吉　烏帽岳　白鹿岳　知覧　甑

オニカナワラビ　[オシダ科　カナワラビ属]　*Arachniodes chinensis*

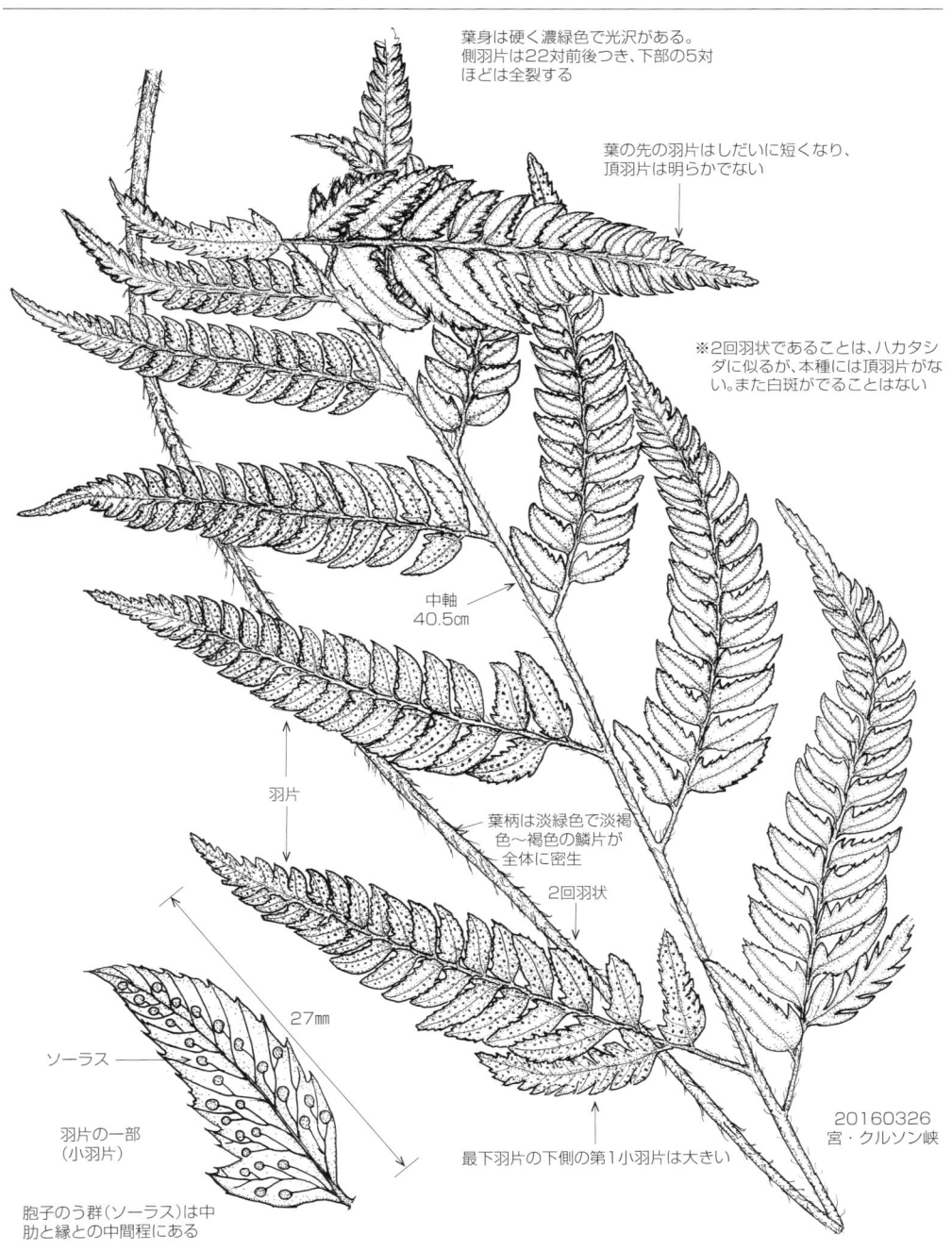

葉身は硬く濃緑色で光沢がある。
側羽片は22対前後つき、下部の5対
ほどは全裂する

葉の先の羽片はしだいに短くなり、
頂羽片は明らかでない

※2回羽状であることは、ハカタシ
ダに似るが、本種には頂羽片がな
い。また白斑がでることはない

中軸
40.5cm

羽片

葉柄は淡緑色で淡褐
色〜褐色の鱗片が
全体に密生

2回羽状

27mm

ソーラス

羽片の一部
（小羽片）

最下羽片の下側の第1小羽片は大きい

20160326
宮・クルソン峡

胞子のう群（ソーラス）は中
肋と縁との中間程にある

分布┃九・目……各県
　　┃鹿・目……本土中・北部　入来峠　金峰山　高隈山　佐多　甑

ゴリカナワラビ　[オシダ科　カナワラビ属]

Arachniodes ×pseudohekiana

オオカナワラビとシビカナワラビの雑種

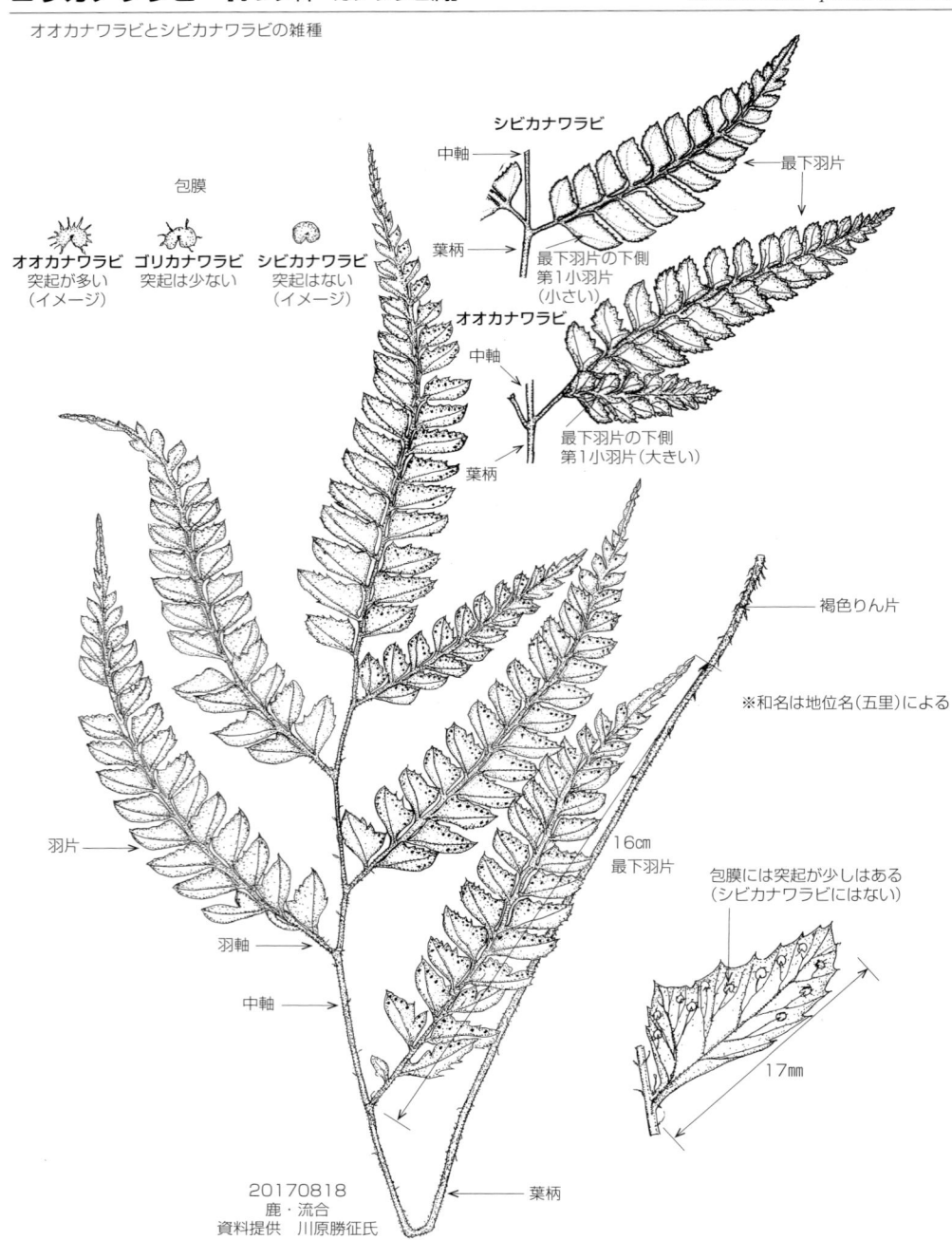

包膜

オオカナワラビ
突起が多い
（イメージ）

ゴリカナワラビ
突起は少ない

シビカナワラビ
突起はない
（イメージ）

シビカナワラビ

中軸 →

葉柄 →

最下羽片

最下羽片の下側
第1小羽片
（小さい）

オオカナワラビ

中軸 →

葉柄 →

最下羽片の下側
第1小羽片（大きい）

褐色りん片

※和名は地位名（五里）による

羽片 →

羽軸 →

中軸 →

16㎝
最下羽片

包膜には突起が少しはある
（シビカナワラビにはない）

17㎜

葉柄

20170818
鹿・流合
資料提供　川原勝征氏

分布 ｜ 九・目……鹿（北薩）
　　　｜ 鹿・目……鶴田（五里）　定之段（出水）

テンリュウカナワラビ　［オシダ科　カナワラビ属］

Arachniodes ×kurosawae

オオカナワラビとコバノカナワラビの雑種

コバノカナワラビ

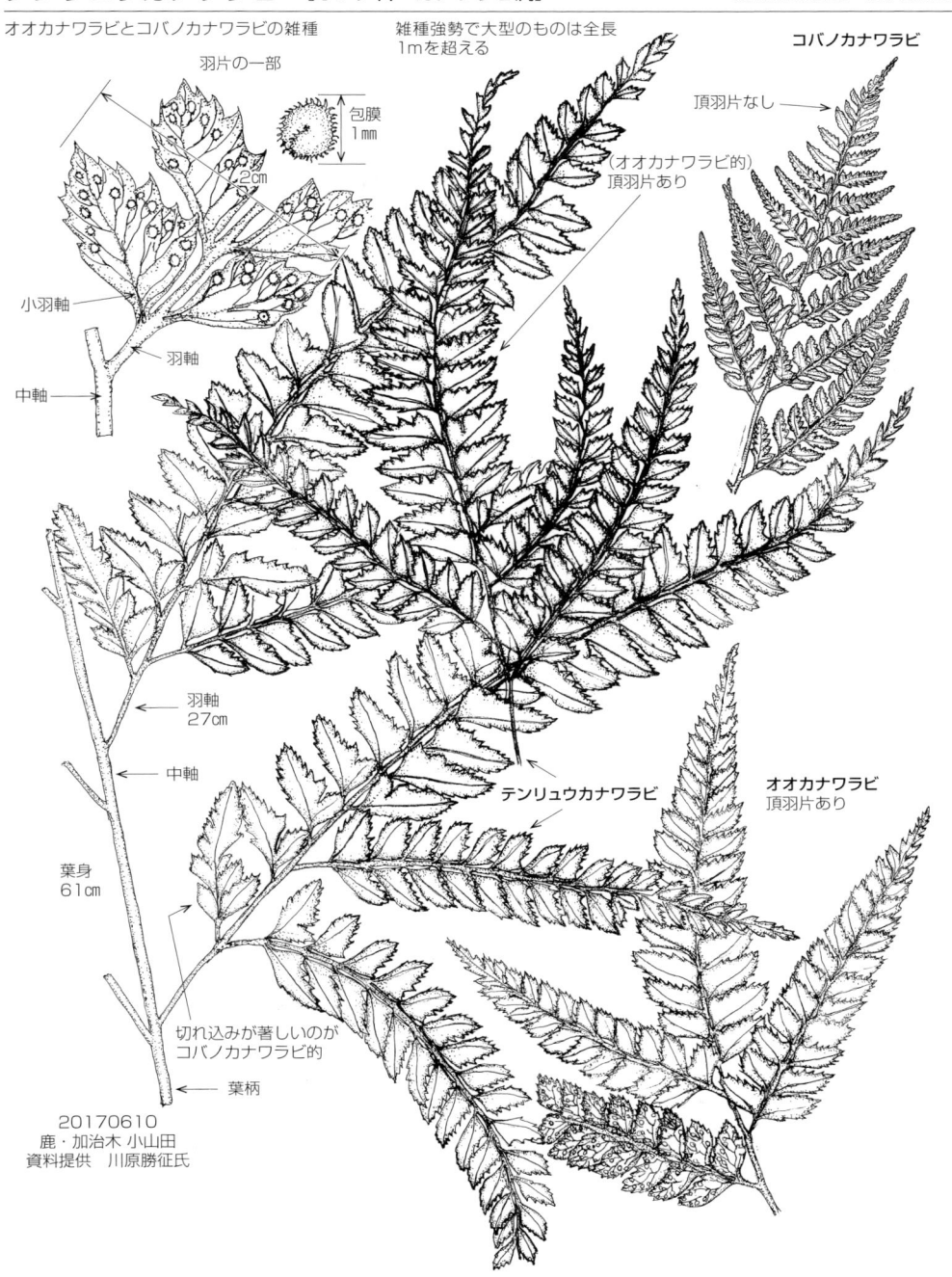

羽片の一部

雑種強勢で大型のものは全長
1mを超える

包膜
1mm

2cm

頂羽片なし

（オオカナワラビ的）
頂羽片あり

小羽軸

羽軸

中軸

羽軸
27cm

中軸

テンリュウカナワラビ

オオカナワラビ
頂羽片あり

葉身
61cm

切れ込みが著しいのが
コバノカナワラビ的

葉柄

20170610
鹿・加治木 小山田
資料提供　川原勝征氏

分布　九・目……各県（南は高隈山？）
　　　　鹿・目……県本土中・北部　金峰山　烏帽子岳　高隈山　高山

83

ハガクレカナワラビ　[オシダ科　カナワラビ属]　*Arachniodes yasu-inouei* var.*yasu-inoue*

オニカナワラビに似るが、葉がオニカナ
ワラビより薄いこと、小羽片の鋸歯の先
が芒状になることにより区別できる

特徴
裂片の先は1mm程の
刺状になる（芒状）

葉の長さ89㎝
（45+44）

葉柄44㎝

葉身45㎝

葉身先端部は頂
羽片状になる

小羽片
本種の特徴　　14mm

刺状
胞子のう群
は中間生

鋸歯の先は
芒状となる

ハガクレカナワラビ
鹿・大口布計

側羽片
22㎝

27mm

※谷山（烏帽子岳）のも
のは基部には褐色～
黒褐色の鱗片が密生
する

鋸歯の先は
芒状とならず

オニカナワラビ
宮・クルソン峡

19730817
鹿・大口（布計）

資料提供　下薗哲也氏

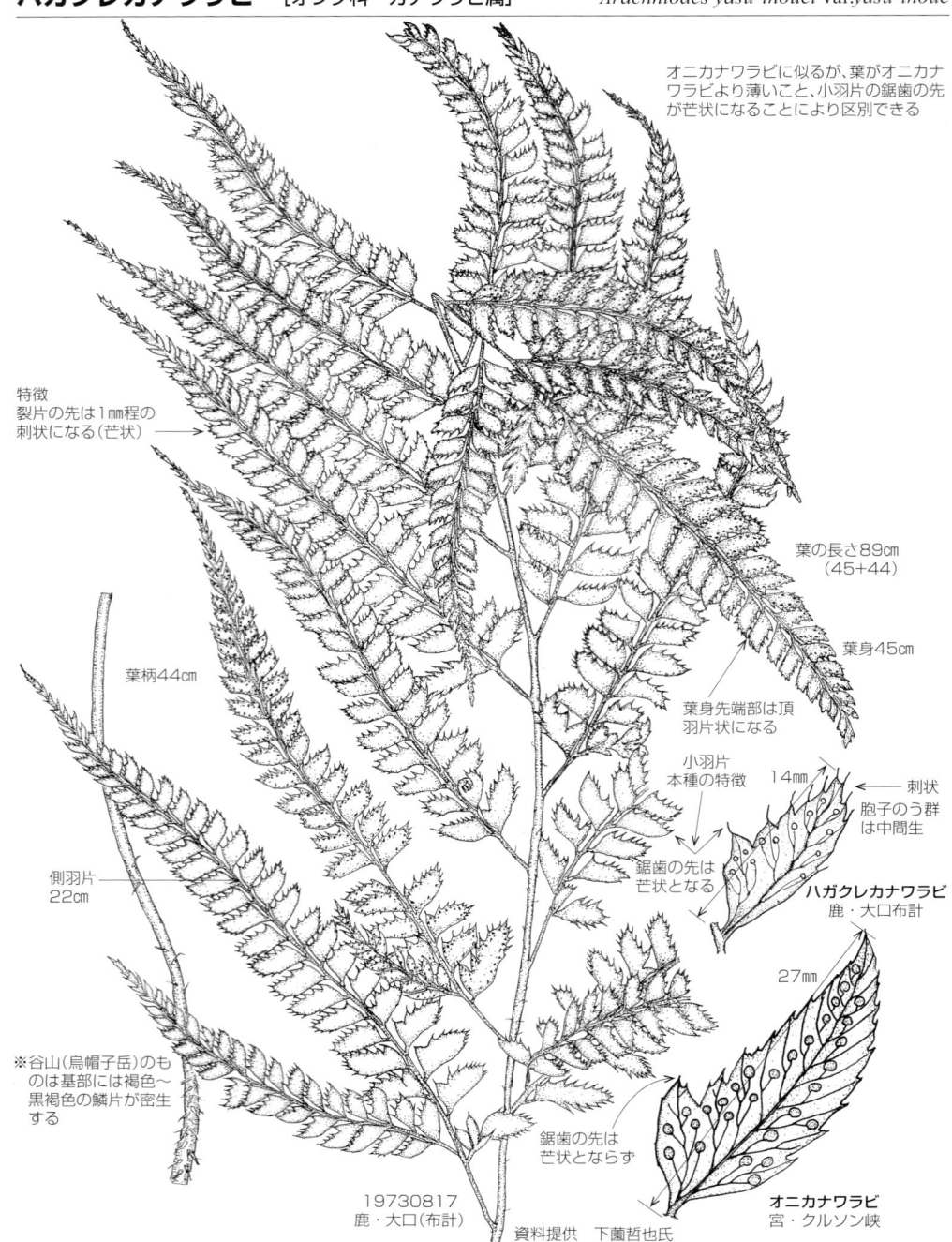

分布┃九・目……福（立花山）　大（耶馬渓）　佐（九千部山　小城　中原）　宮（点在）　鹿
　　　┃鹿・目……布計　谷山（烏帽子岳）　長尾山　八重山　霧桜岳　甑

ヤクカナワラビ　［オシダ科　カナワラビ属］　*Arachniodes amabilis* var.*amabilis*

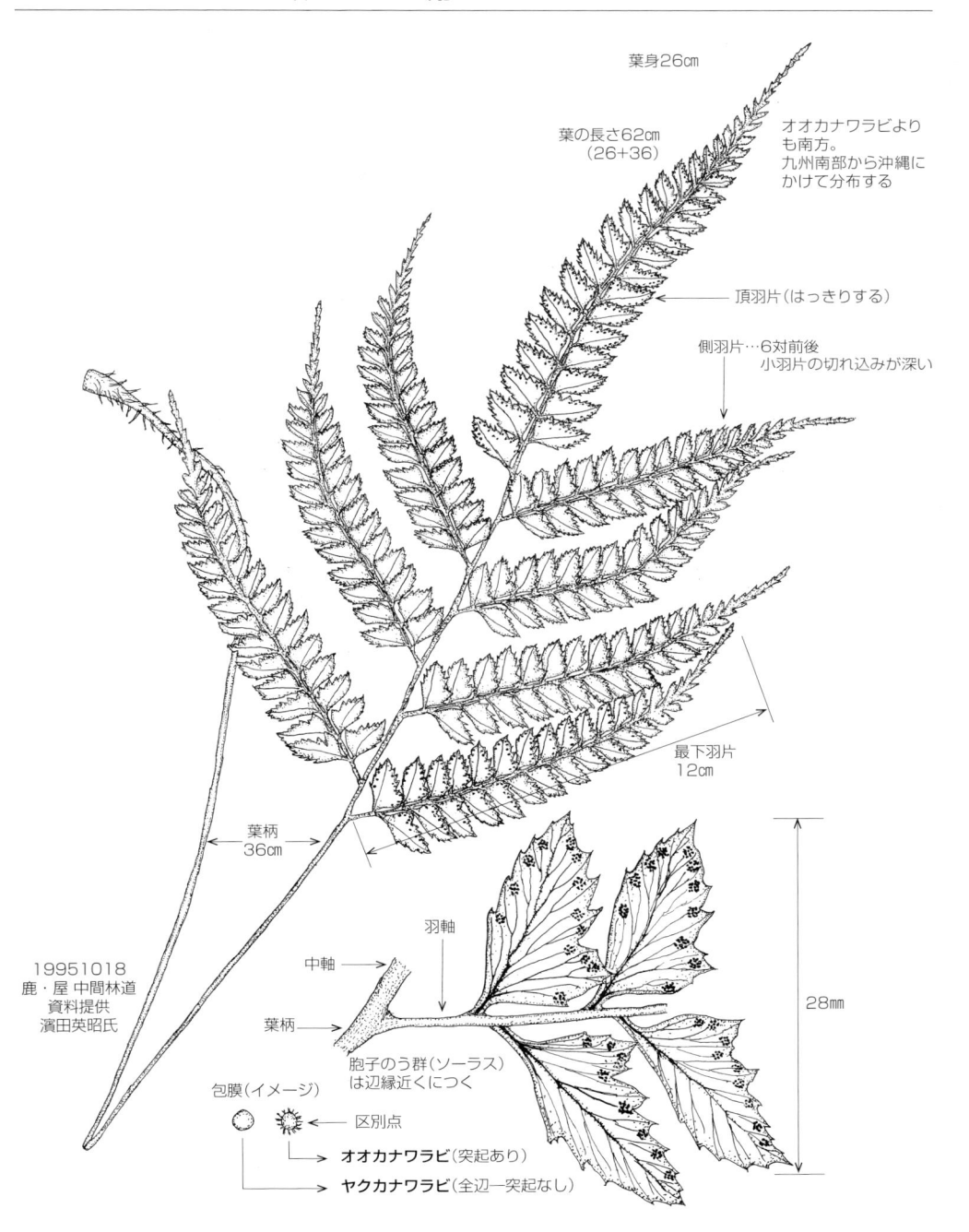

葉身26cm

葉の長さ62cm
（26＋36）

オオカナワラビより
も南方。
九州南部から沖縄に
かけて分布する

頂羽片（はっきりする）

側羽片…6対前後
小羽片の切れ込みが深い

最下羽片
12cm

葉柄
36cm

19951018
鹿・屋 中間林道
資料提供
濱田英昭氏

羽軸

中軸

葉柄

胞子のう群（ソーラス）
は辺縁近くにつく

28mm

包膜（イメージ）

区別点

オオカナワラビ（突起あり）

ヤクカナワラビ（全辺一突起なし）

分布　九・目……宮（双石　赤池　都城）　鹿（甑　大隅半島　屋　奄群）
　　　　　鹿・目……大口（布計　崎山南平）　荒西山　辺塚　稲尾岳　甑　黒　屋　奄大　徳

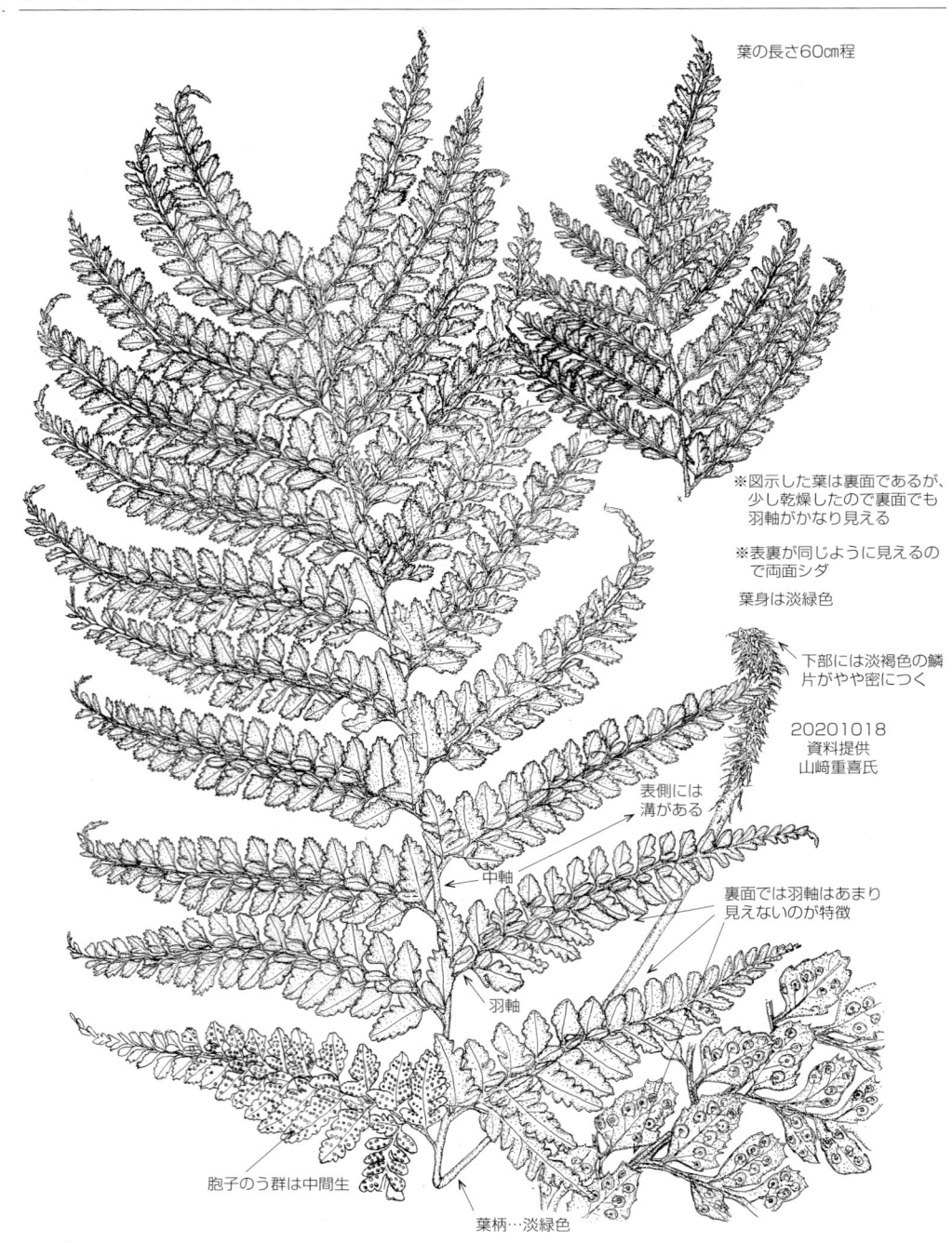

葉の長さ60㎝程

※図示した葉は裏面であるが、少し乾燥したので裏面でも羽軸がかなり見える

※表裏が同じように見えるので両面シダ

葉身は淡緑色

下部には淡褐色の鱗片がやや密につく

20201018
資料提供
山﨑重喜氏

表側には溝がある

中軸

裏面では羽軸はあまり見えないのが特徴

羽軸

胞子のう群は中間生

葉柄…淡緑色

分布 | 九・目……各県（南限は鹿の知覧―荒岳　高隈山）
鹿・目……霧島山　横川　大口（間根ケ平）　紫尾山　瓶台山　志布志（新田山）　錫山　知覧（荒岳）

カツモウイノデ　[オシダ科　カツモウイノデ属]　*Ctenitis subglandulosa*

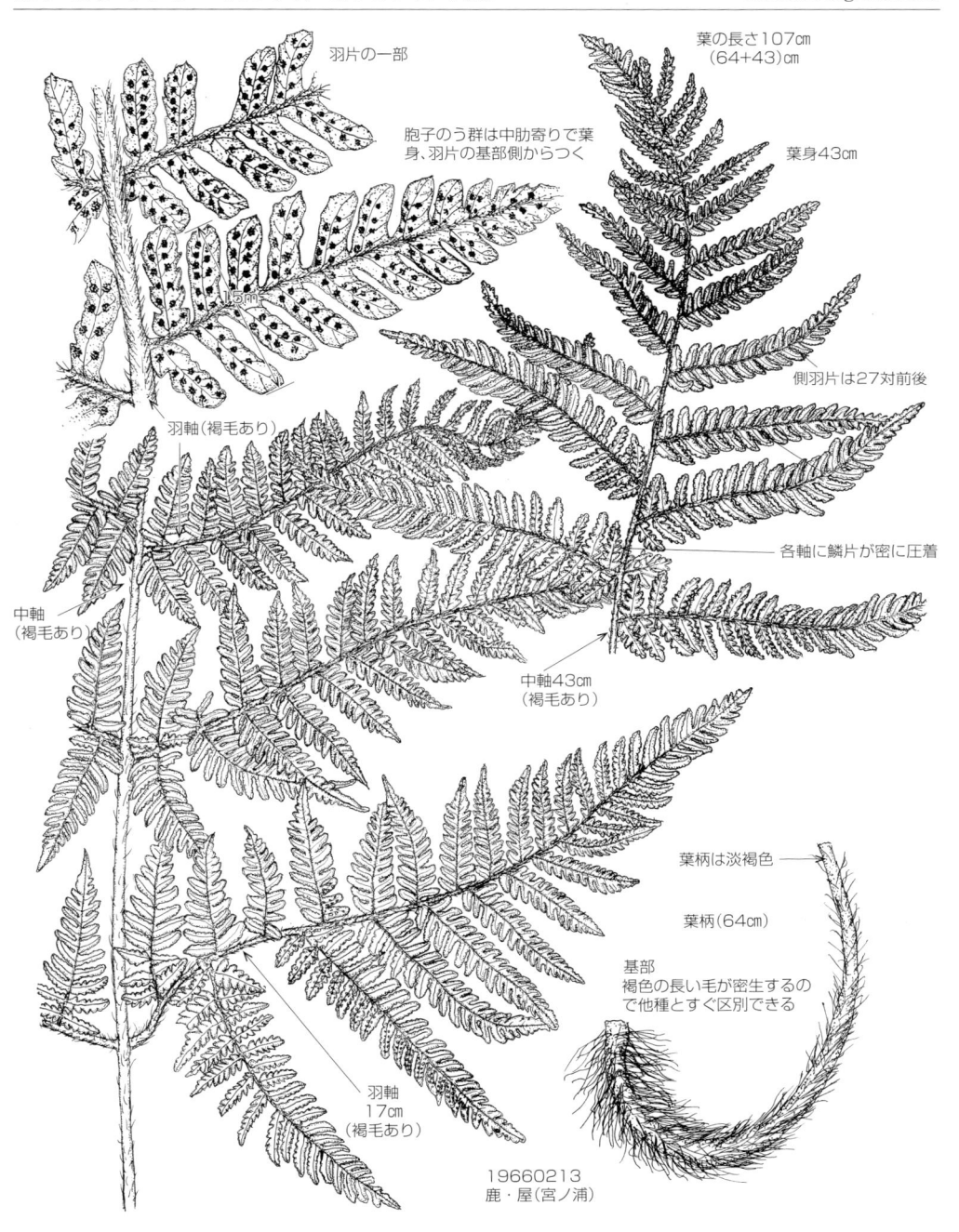

羽片の一部

葉の長さ107㎝
（64+43)㎝

胞子のう群は中肋寄りで葉
身、羽片の基部側からつく

葉身43㎝

側羽片は27対前後

羽軸（褐毛あり）

各軸に鱗片が密に圧着

中軸
（褐毛あり）

中軸43㎝
（褐毛あり）

葉柄は淡褐色

葉柄（64㎝）

基部
褐色の長い毛が密生するの
で他種とすぐ区別できる

羽軸
17㎝
（褐毛あり）

19660213
鹿・屋(宮ノ浦)

分布 | 九・目……福　大を除く各県
鹿・目……甑　向島　県本土中・南部　屋　種　トカラ各島　奄大　徳　沖永

ナガバヤブソテツモドキ　[オシダ科　ヤブソテツ属]　*Cyrtomium devexiscapulae* × *C. laetevirens*

ナガバヤブソテツとテリハヤブソテツの雑種で別名をクマモトヤブソテツと称す

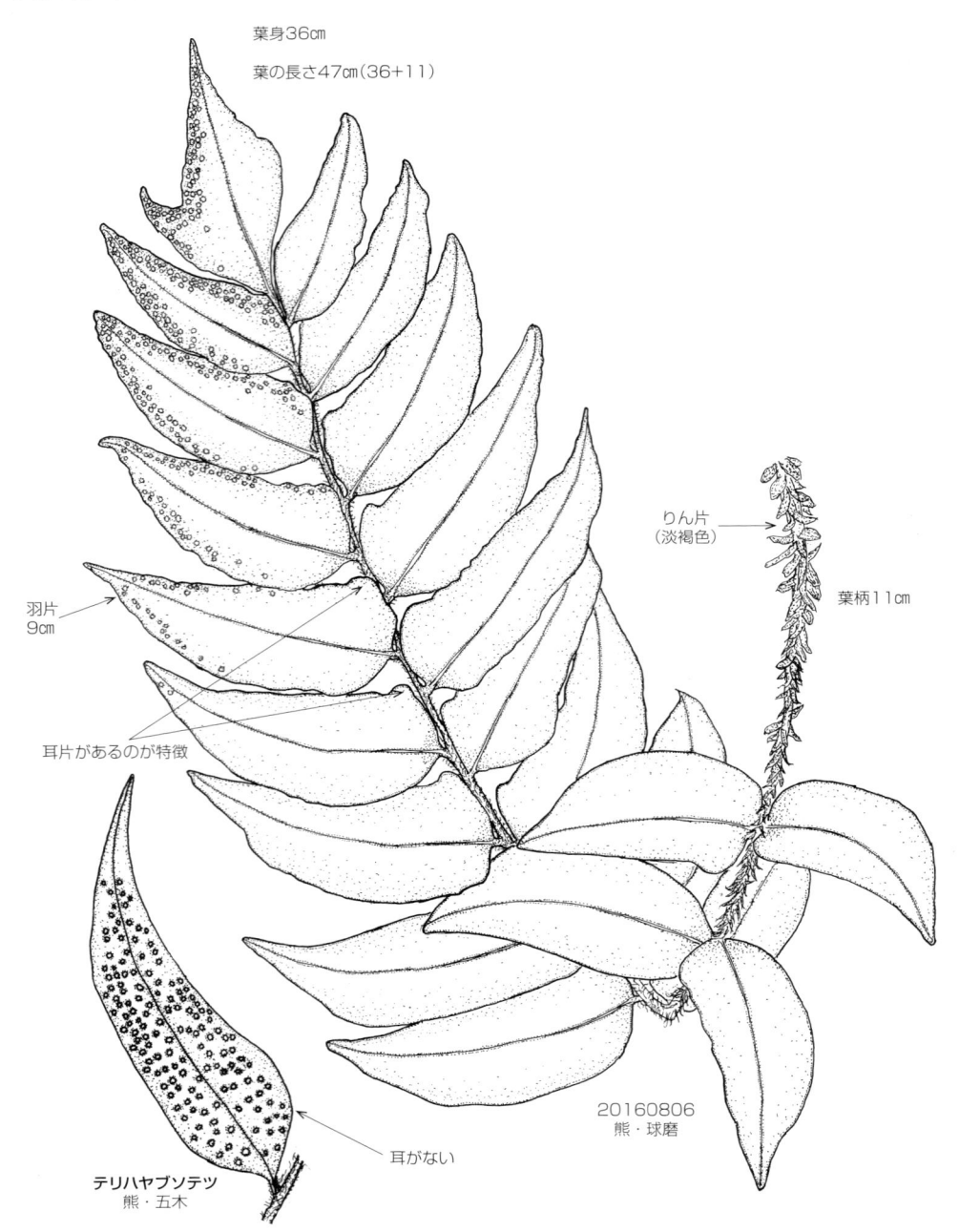

葉身36㎝

葉の長さ47㎝（36+11）

りん片
（淡褐色）

葉柄11㎝

羽片
9㎝

耳片があるのが特徴

テリハヤブソテツ
熊・五木

耳がない

20160806
熊・球磨

分布　｜九・目……記載がない
　　　｜鹿・目……記載がない

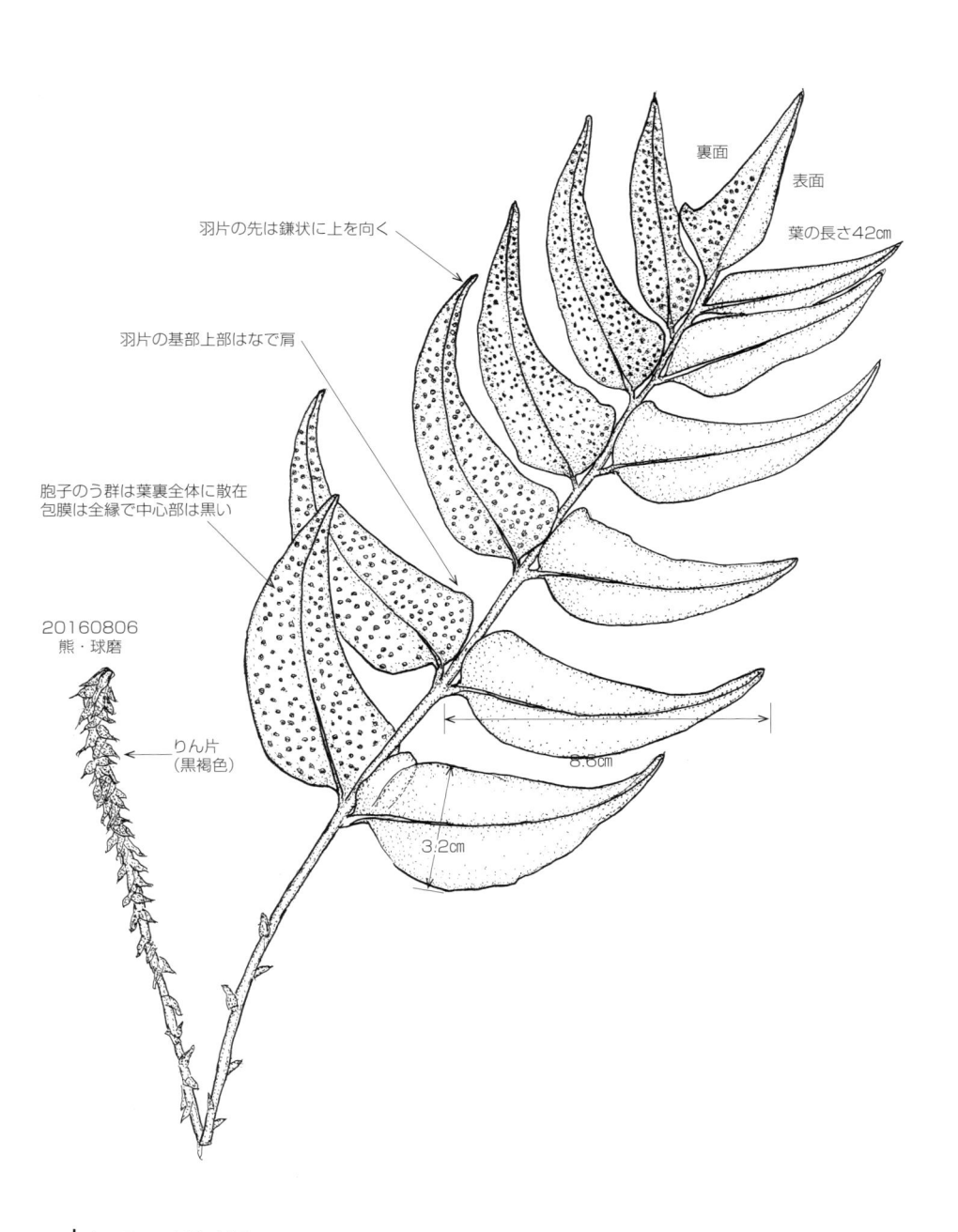

羽片の先は鎌状に上を向く

羽片の基部上部はなで肩

裏面
表面
葉の長さ42㎝

胞子のう群は葉裏全体に散在
包膜は全縁で中心部は黒い

20160806
熊・球磨

りん片
(黒褐色)

8.6㎝

3.2㎝

ホソバヤブソテツ　[オシダ科　ヤブソテツ属]　*Cyrtomium hookerianum*

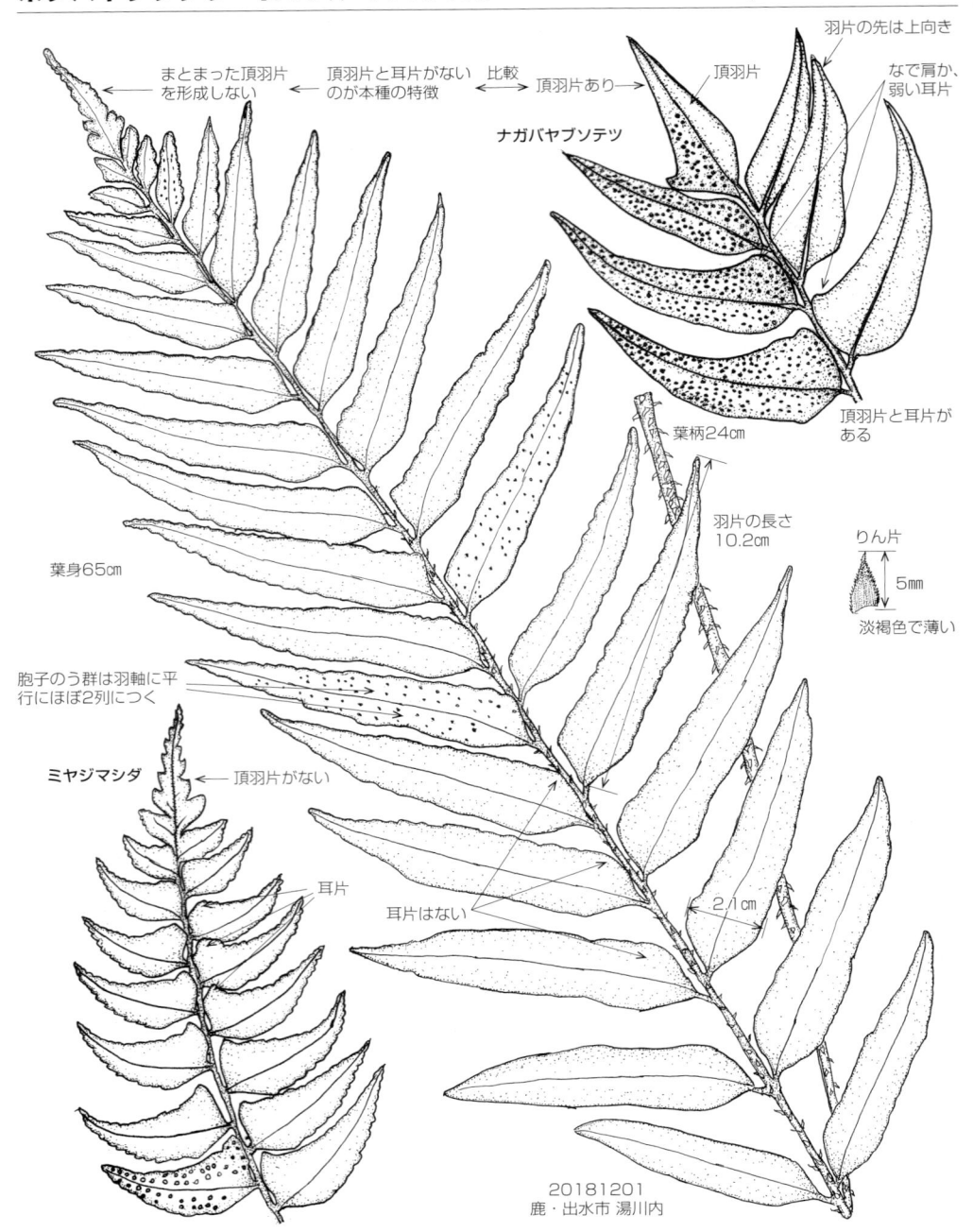

まとまった頂羽片を形成しない

頂羽片と耳片がないのが本種の特徴

比較

頂羽片あり

羽片の先は上向き

頂羽片

なで肩か、弱い耳片

ナガバヤブソテツ

頂羽片と耳片がある

葉柄24㎝

羽片の長さ10.2㎝

りん片

5mm

淡褐色で薄い

葉身65㎝

胞子のう群は羽軸に平行にほぼ2列につく

ミヤジマシダ

頂羽片がない

耳片

耳片はない

2.1㎝

20181201
鹿・出水市 湯川内

分布｜九・目……熊（南肥　天草）宮（綾北　内海川）鹿
鹿・目……北薩地方　重富　入来峠　烏帽子岳（平川）田代　屋

ミヤジマシダ　[オシダ科　ヤブソテツ属]　*Cyrtomium balansae*

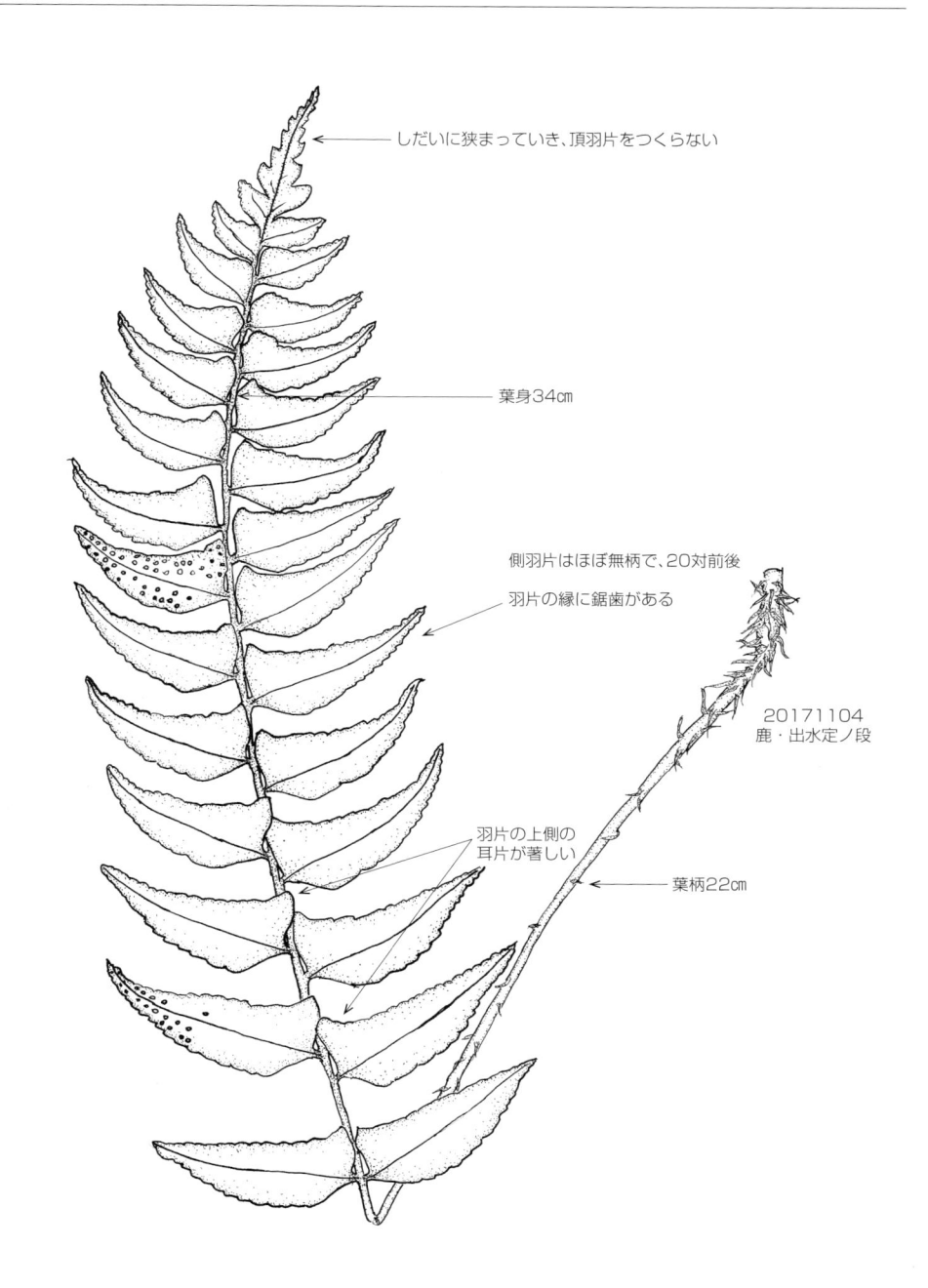

しだいに狭まっていき、頂羽片をつくらない

葉身34㎝

側羽片はほぼ無柄で、20対前後

羽片の縁に鋸歯がある

20171104
鹿・出水定ノ段

羽片の上側の
耳片が著しい

葉柄22㎝

分布　九・目……福（立花）佐（岸岳　御船山）熊（南肥）宮（中・南部）鹿
　　　鹿・目……北薩地方　紫尾山　重富　高隈山　屋

91

メヤブソテツ　[オシダ科　ヤブソテツ属]　*Cyrtomium caryotideum*

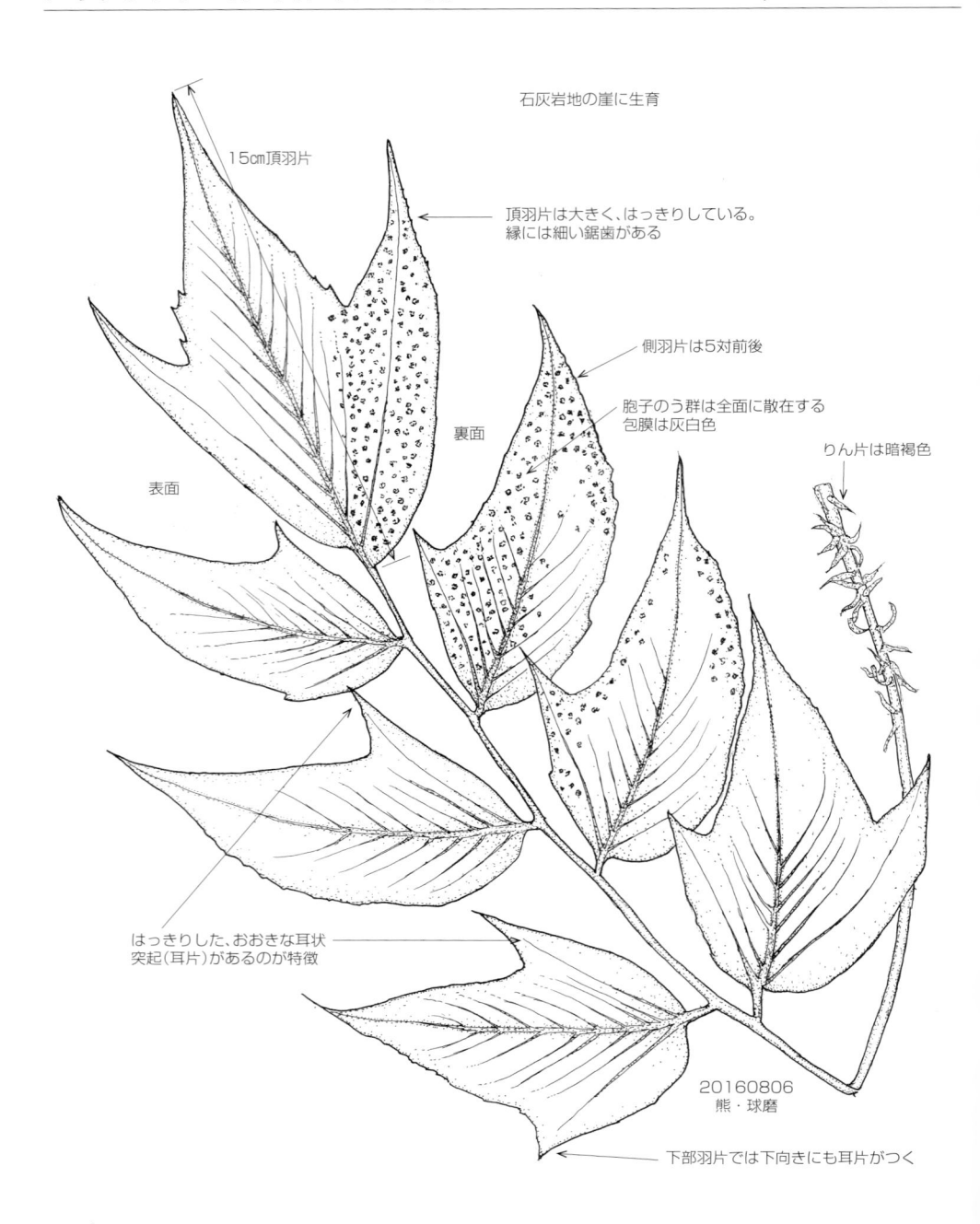

石灰岩地の崖に生育

15cm頂羽片

頂羽片は大きく、はっきりしている。
縁には細い鋸歯がある

側羽片は5対前後

胞子のう群は全面に散在する
包膜は灰白色

りん片は暗褐色

裏面

表面

はっきりした、おおきな耳状
突起（耳片）があるのが特徴

20160806
熊・球磨

下部羽片では下向きにも耳片がつく

分布 九・目……福（古処山）大　熊（水俣以北）宮（小林以北　南限）鹿　石灰岩地帯に見られる
鹿・目……布計（天狗山）

ヤブソテツ　[オシダ科　ヤブソテツ属]　*Cyrtomium fortunei*

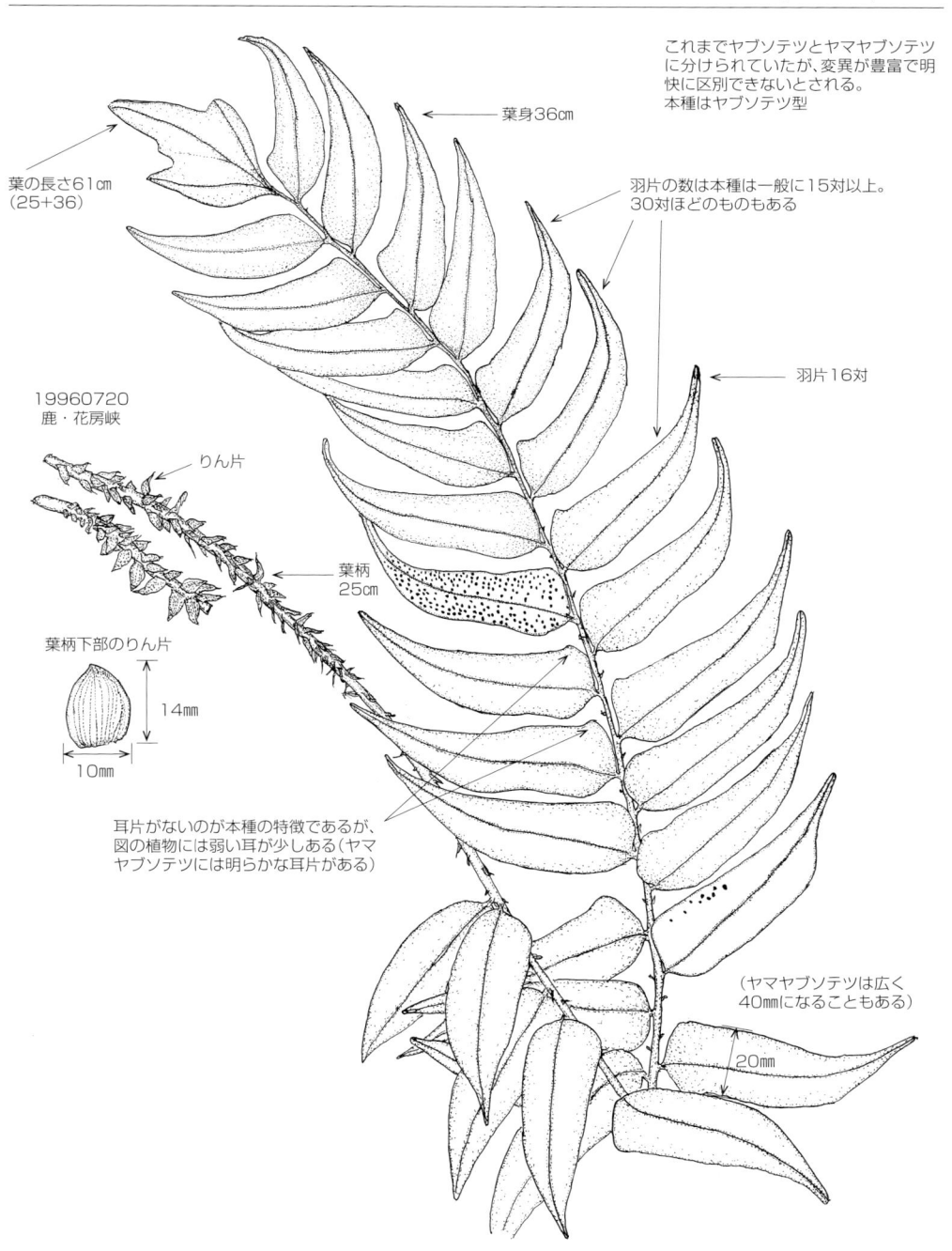

これまでヤブソテツとヤマヤブソテツに分けられていたが、変異が豊富で明快に区別できないとされる。
本種はヤブソテツ型

葉身36cm

羽片の数は本種は一般に15対以上。30対ほどのものもある

羽片16対

葉の長さ61cm
（25+36）

19960720
鹿・花房峡

りん片

葉柄下部のりん片

14mm

10mm

葉柄
25cm

耳片がないのが本種の特徴であるが、図の植物には弱い耳が少しある（ヤマヤブソテツには明らかな耳片がある）

（ヤマヤブソテツは広く40mmになることもある）

20mm

分布 ┃ 九・目……各県　対馬（南限は鹿の高隈山）
　　　┃ 鹿・目……県本土中・北部（高隈山？以北）

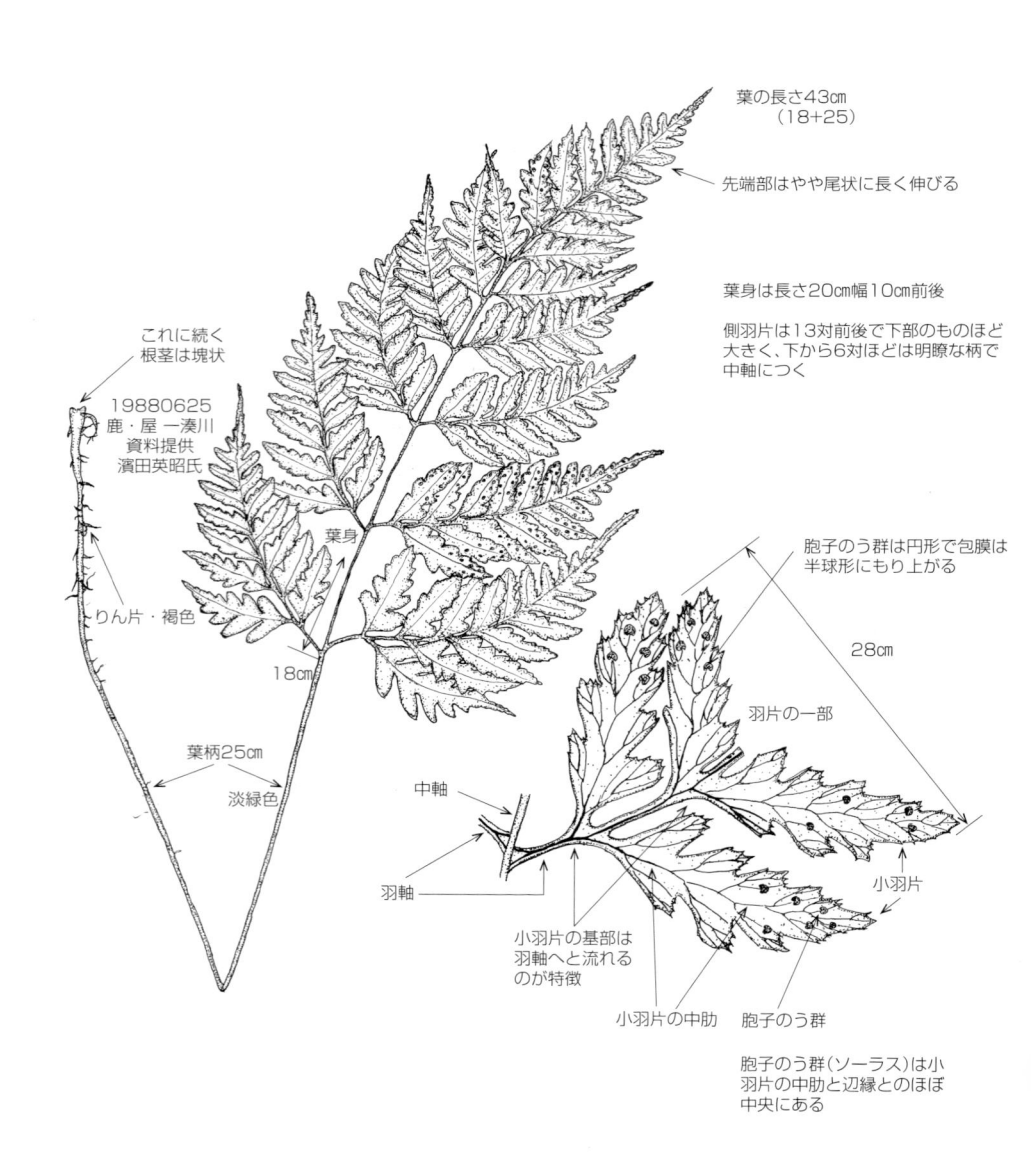

葉の長さ43㎝
（18＋25）

先端部はやや尾状に長く伸びる

葉身は長さ20㎝幅10㎝前後

側羽片は13対前後で下部のものほど
大きく、下から6対ほどは明瞭な柄で
中軸につく

これに続く
根茎は塊状

19880625
鹿・屋 一湊川
資料提供
濱田英昭氏

りん片・褐色

葉身

18㎝

葉柄25㎝

淡緑色

胞子のう群は円形で包膜は
半球形にもり上がる

28㎝

羽片の一部

中軸

羽軸

小羽片

小羽片の基部は
羽軸へと流れる
のが特徴

小羽片の中肋　胞子のう群

胞子のう群（ソーラス）は小
羽片の中肋と辺縁とのほぼ
中央にある

分布
九・目……記載がない
鹿・目……平川（烏帽子岳）　蒲生　新川渓谷　横川　垂水（鹿大演習林）　稲尾岳　屋　種　黒　中之　奄大　徳　沖永

イワイタチシダ　［オシダ科　オシダ属］　*Dryopteris saxifraga*

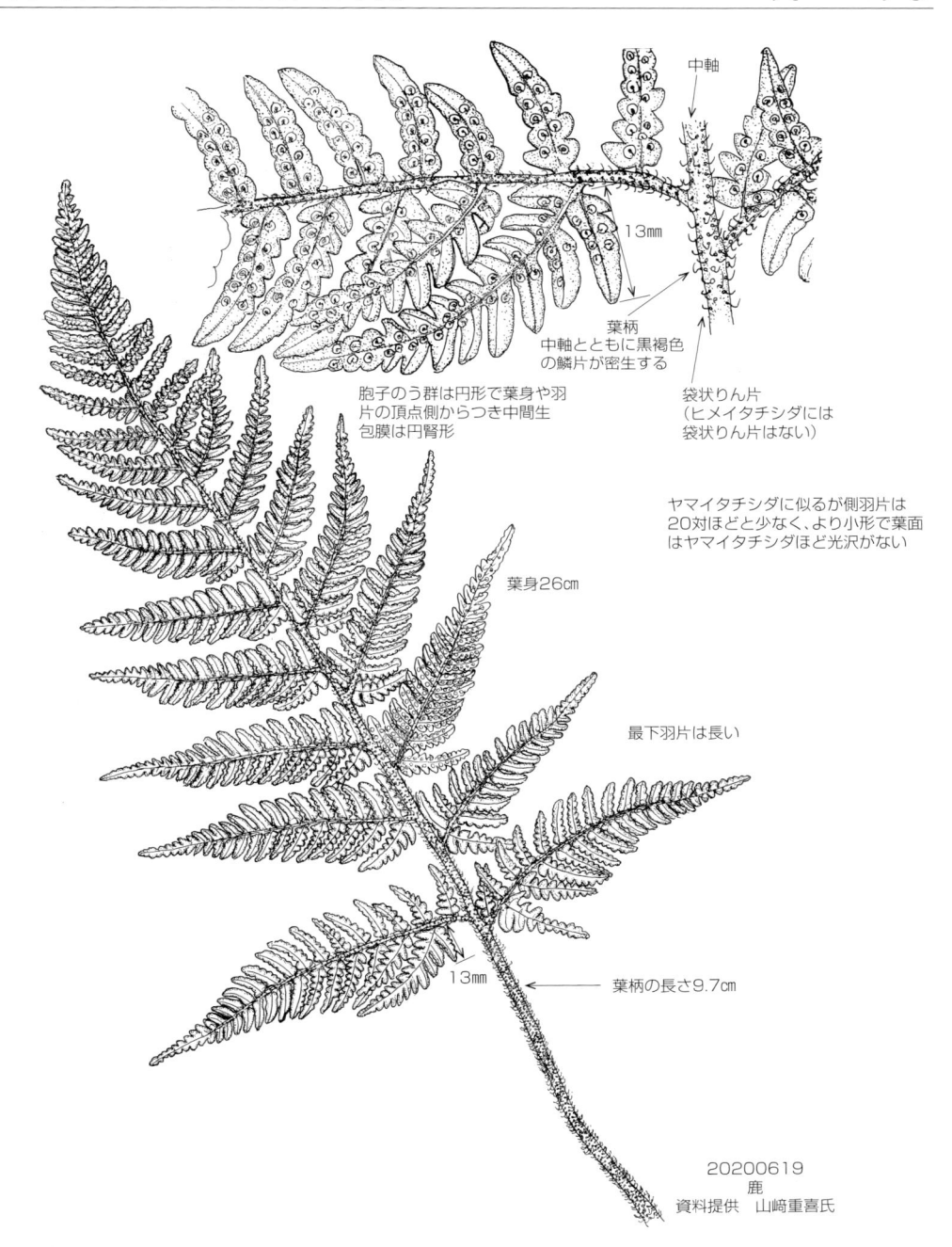

中軸

13mm

葉柄
中軸とともに黒褐色
の鱗片が密生する

胞子のう群は円形で葉身や羽
片の頂点側からつき中間生
包膜は円腎形

袋状りん片
（ヒメイタチシダには
袋状りん片はない）

ヤマイタチシダに似るが側羽片は
20対ほどと少なく、より小形で葉面
はヤマイタチシダほど光沢がない

葉身26㎝

最下羽片は長い

13mm

葉柄の長さ9.7㎝

20200619　鹿
資料提供　山﨑重喜氏

分布　九・目……各県　南限は宮―鰐塚山
　　　　鹿・目……霧島山（大浪池）　大口（奥十曽）

イワヘゴモドキ ［オシダ科　オシダ属］　*Dryopteris ×mayebarae*

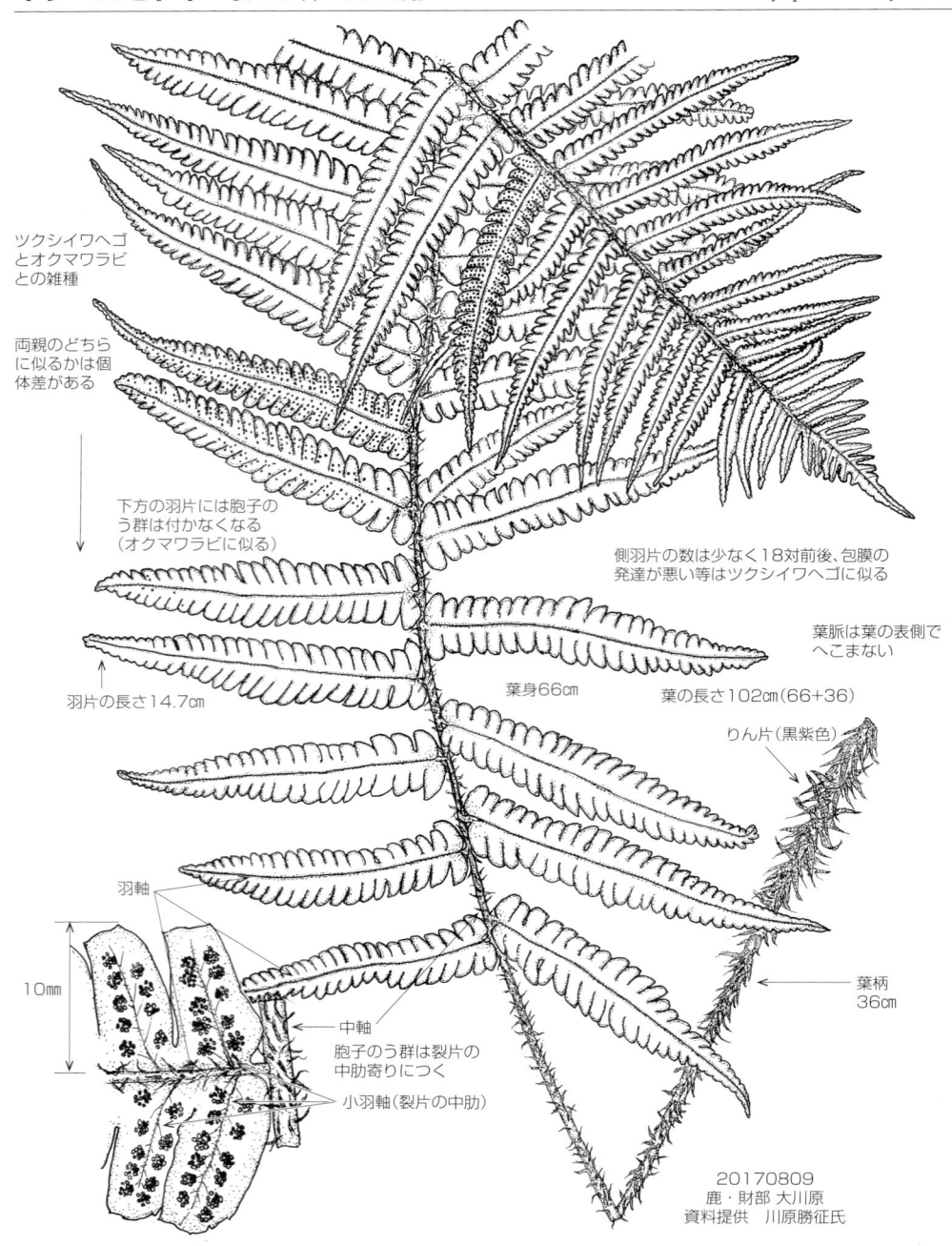

ツクシイワヘゴとオクマワラビとの雑種

両親のどちらに似るかは個体差がある

下方の羽片には胞子のう群は付かなくなる（オクマワラビに似る）

羽片の長さ14.7㎝

側羽片の数は少なく18対前後、包膜の発達が悪い等はツクシイワヘゴに似る

葉身66㎝

葉脈は葉の表側でへこまない

葉の長さ102㎝(66+36)

りん片(黒紫色)

羽軸

10mm

中軸

胞子のう群は裂片の中肋寄りにつく

小羽軸(裂片の中肋)

葉柄 36㎝

20170809
鹿・財部 大川原
資料提供　川原勝征氏

分布 ┃ 九・目……各県（南限は鹿の田代―花瀬）
　　　┃ 鹿・目……花瀬　高隈山　紫尾山以北点在

オオベニシダ　[オシダ科　オシダ属]　*Dryopteris purpurella*

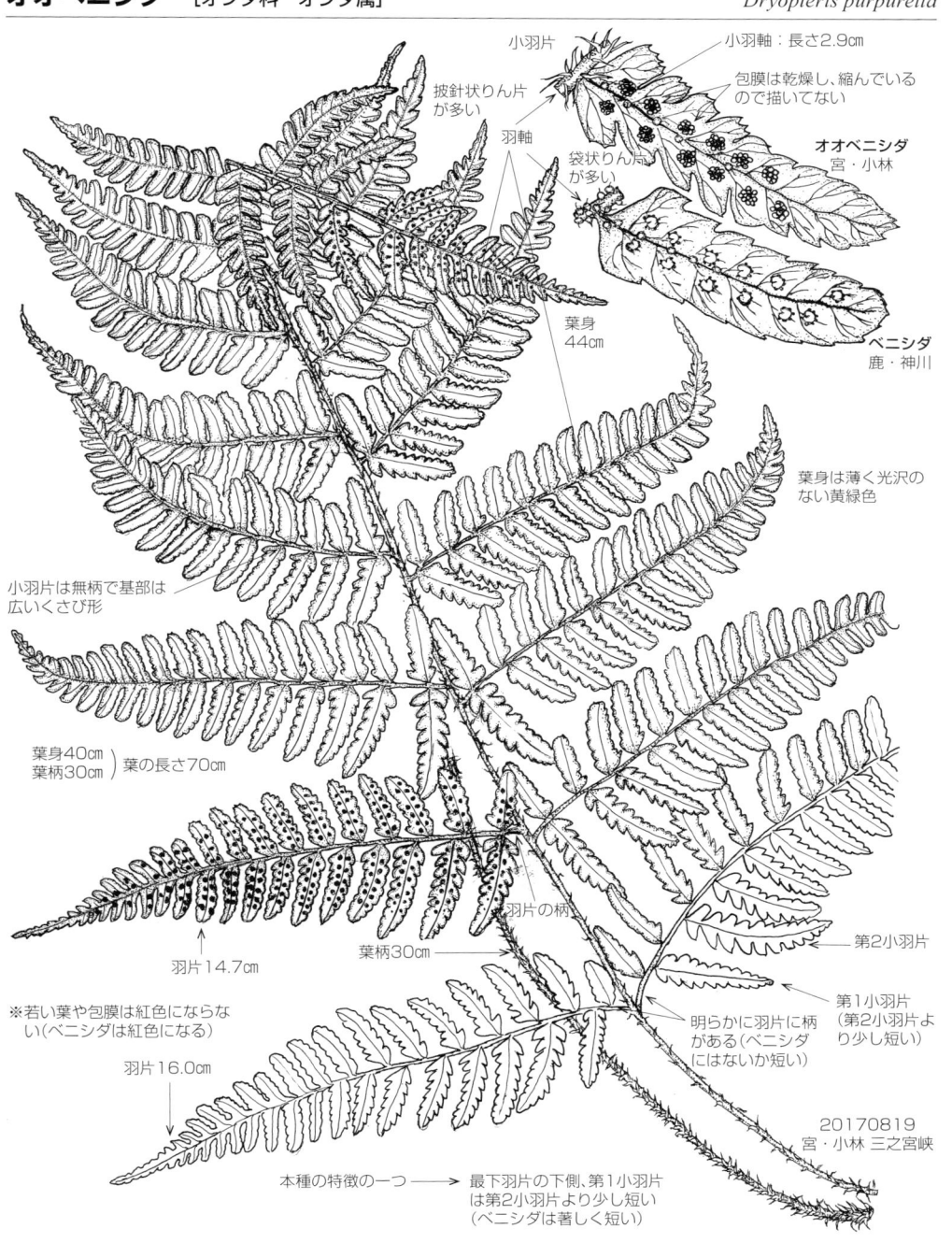

小羽片

披針状りん片が多い

羽軸

小羽軸：長さ2.9㎝

包膜は乾燥し、縮んでいるので描いてない

オオベニシダ
宮・小林

袋状りん片が多い

ベニシダ
鹿・神川

葉身44㎝

葉身は薄く光沢のない黄緑色

小羽片は無柄で基部は広いくさび形

葉身40㎝
葉柄30㎝ } 葉の長さ70㎝

羽片14.7㎝

※若い葉や包膜は紅色にならない（ベニシダは紅色になる）

羽片16.0㎝

羽片の柄

葉柄30㎝

第2小羽片

第1小羽片（第2小羽片より少し短い）

明らかに羽片に柄がある（ベニシダにはないか短い）

20170819
宮・小林 三之宮峡

本種の特徴の一つ ⟶ 最下羽片の下側、第1小羽片は第2小羽片より少し短い（ベニシダは著しく短い）

分布 | 九・目……各県　対馬　壱岐（南は鹿の高隈山）
鹿・目……紫尾山　布計　菱刈（下名）　霧島山　鹿児島市（烏帽子岳・吉野）　高隈山　阿久根（麦田）

オクマワラビ　[オシダ科　オシダ属]　*Dryopteris uniformis*

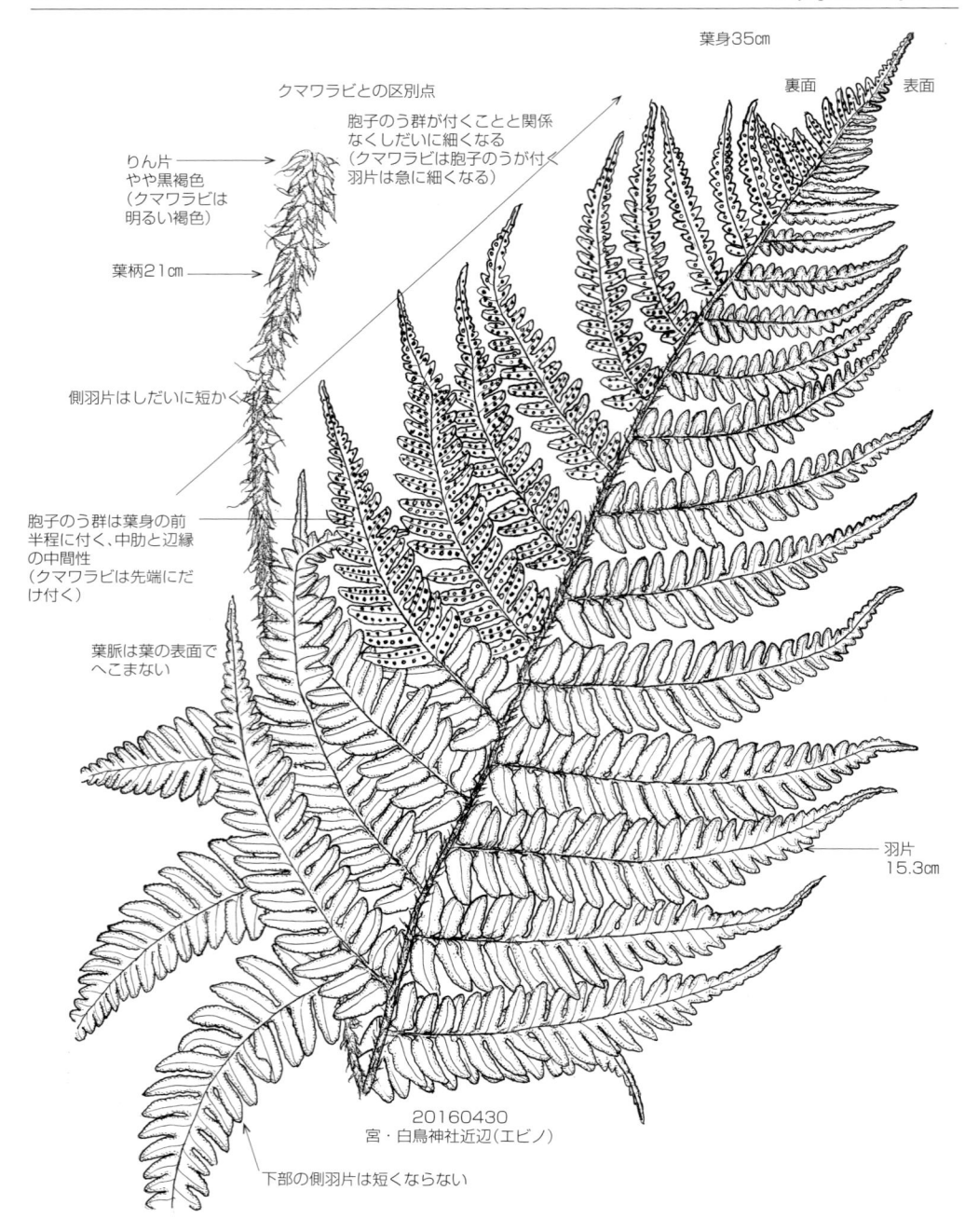

葉身35㎝

裏面　表面

クマワラビとの区別点

胞子のう群が付くことと関係
なくしだいに細くなる
（クマワラビは胞子のうが付く
羽片は急に細くなる）

りん片
やや黒褐色
（クマワラビは
明るい褐色）

葉柄21㎝

側羽片はしだいに短かくなる

胞子のう群は葉身の前
半程に付く、中肋と辺縁
の中間性
（クマワラビは先端にだ
け付く）

葉脈は葉の表面で
へこまない

羽片
15.3㎝

20160430
宮・白鳥神社近辺（エビノ）

下部の側羽片は短くならない

分布 ｜ 九・目……各県　対馬（南限は鹿の黒）
　　　｜ 鹿・目……県本土各地　稲尾岳　甑　黒

98

ナガサキシダとナガバノイタチシダの雑種と推定されている

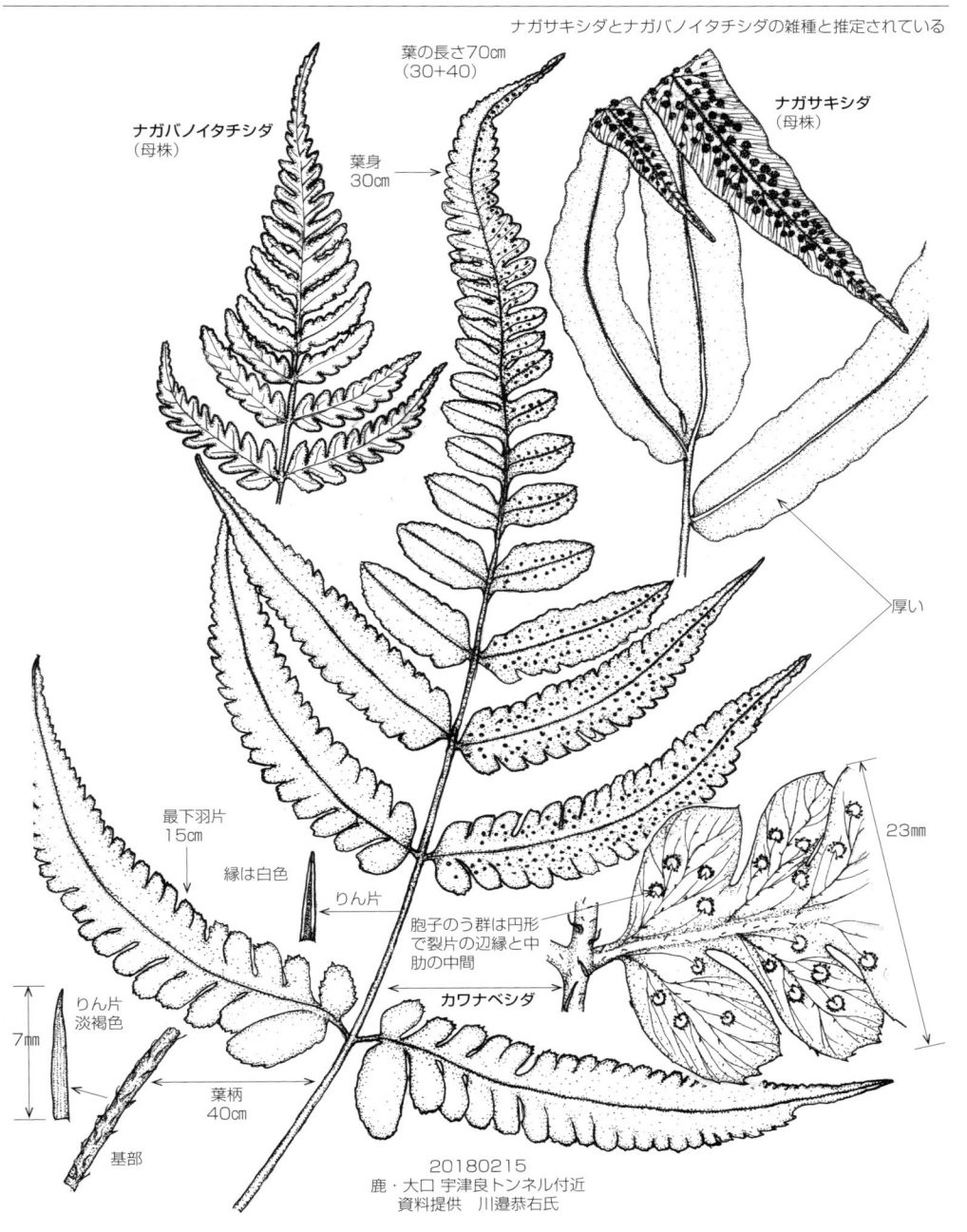

ナガバノイタチシダ
（母株）

葉の長さ70㎝
（30+40）

葉身
30㎝

ナガサキシダ
（母株）

厚い

23㎜

最下羽片
15㎝

縁は白色

りん片

胞子のう群は円形
で裂片の辺縁と中
肋の中間

カワナベシダ

りん片
淡褐色

7㎜

葉柄
40㎝

基部

20180215
鹿・大口 宇津良トンネル付近
資料提供　川邉恭右氏

分布 | 九・目……記載がない
　　　| 鹿・目……記載がない

ギフベニシダ　[オシダ科　オシダ属] *Dryopteris kinkiensis*

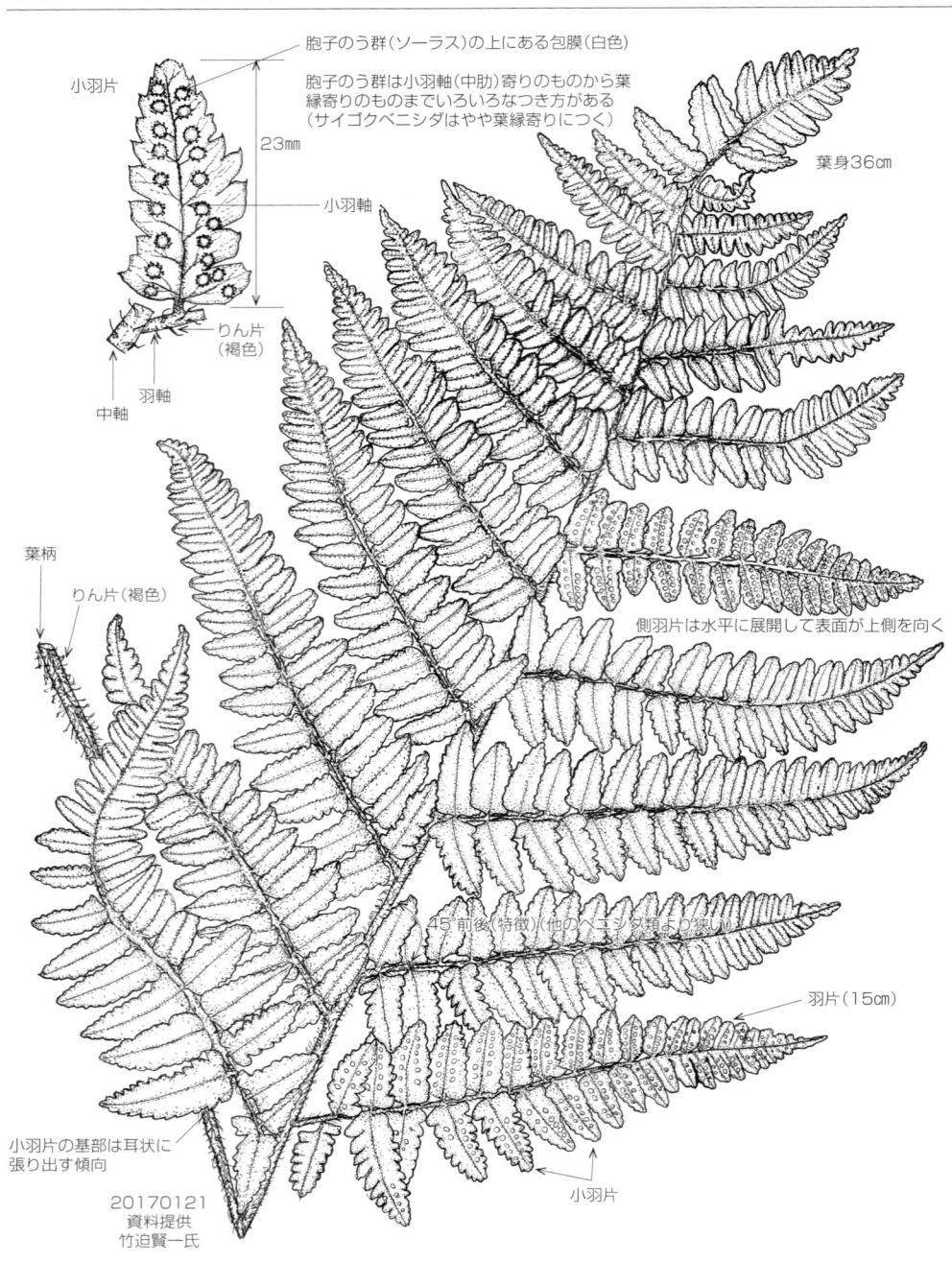

胞子のう群(ソーラス)の上にある包膜(白色)

胞子のう群は小羽軸(中肋)寄りのものから葉縁寄りのものまでいろいろなつき方がある
(サイゴクベニシダはやや葉縁寄りにつく)

小羽片

23mm

葉身36cm

小羽軸

りん片(褐色)

羽軸

中軸

葉柄

りん片(褐色)

側羽片は水平に展開して表面が上側を向く

45°前後(特徴)(他のベニシダ類より狭い)

羽片(15cm)

小羽片

小羽片の基部は耳状に張り出す傾向

20170121
資料提供
竹迫賢一氏

分布 | 九・目……各県
　　　鹿・目……北薩地方　紫尾山

100

クマワラビ　[オシダ科　オシダ属]

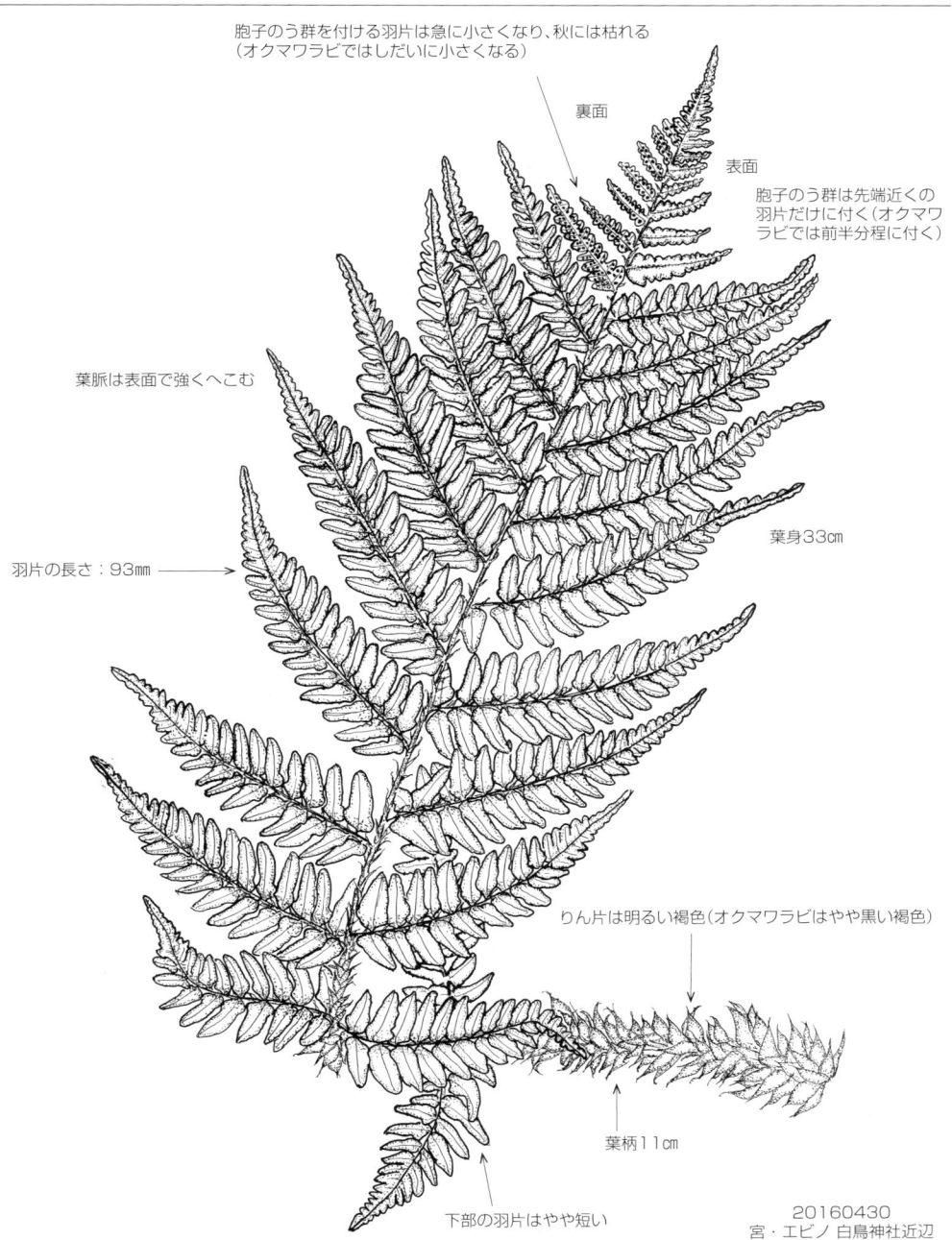

胞子のう群を付ける羽片は急に小さくなり、秋には枯れる
（オクマワラビではしだいに小さくなる）

裏面

表面

胞子のう群は先端近くの
羽片だけに付く（オクマワ
ラビでは前半分程に付く）

葉脈は表面で強くへこむ

葉身33㎝

羽片の長さ：93㎜

りん片は明るい褐色（オクマワラビはやや黒い褐色）

葉柄11㎝

20160430
宮・エビノ 白鳥神社近辺

下部の羽片はやや短い

分布 ｜ 九・目……各県　対馬
｜ 鹿・目……県本土中・北部　甑　屋　県本土南限は金峰山　稲尾岳

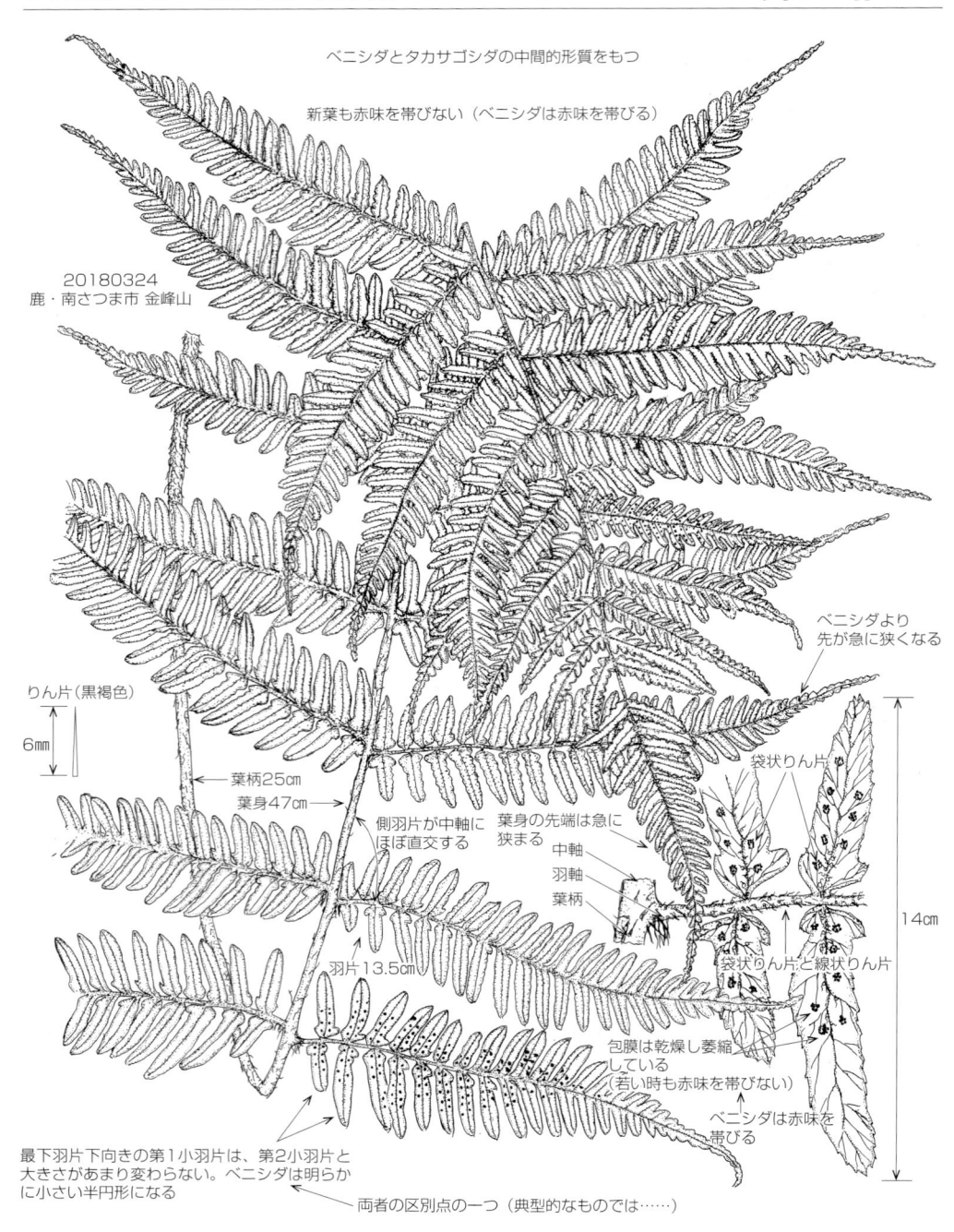

ベニシダとタカサゴシダの中間的形質をもつ

新葉も赤味を帯びない（ベニシダは赤味を帯びる）

20180324
鹿・南さつま市 金峰山

りん片（黒褐色）
6mm

葉柄25㎝
葉身47㎝

側羽片が中軸に
ほぼ直交する

羽片13.5㎝

ベニシダより
先が急に狭くなる

袋状りん片

葉身の先端は急に
狭まる
中軸
羽軸
葉柄

袋状りん片と線状りん片

包膜は乾燥し萎縮
している
（若い時も赤味を帯びない）

ベニシダは赤味を
帯びる

14㎝

最下羽片下向きの第1小羽片は、第2小羽片と
大きさがあまり変わらない。ベニシダは明らか
に小さい半円形になる

両者の区別点の一つ（典型的なものでは……）

分布　｜　九・目……各県　対馬（南限は屋）
　　　　　｜　鹿・目……県本土（南は甫与志岳　辺塚　辻岳　開聞岳）　向島　甑　屋　黒　口永　沖永

ナチクジャク [オシダ科 オシダ属] *Dryopteris decipiens*

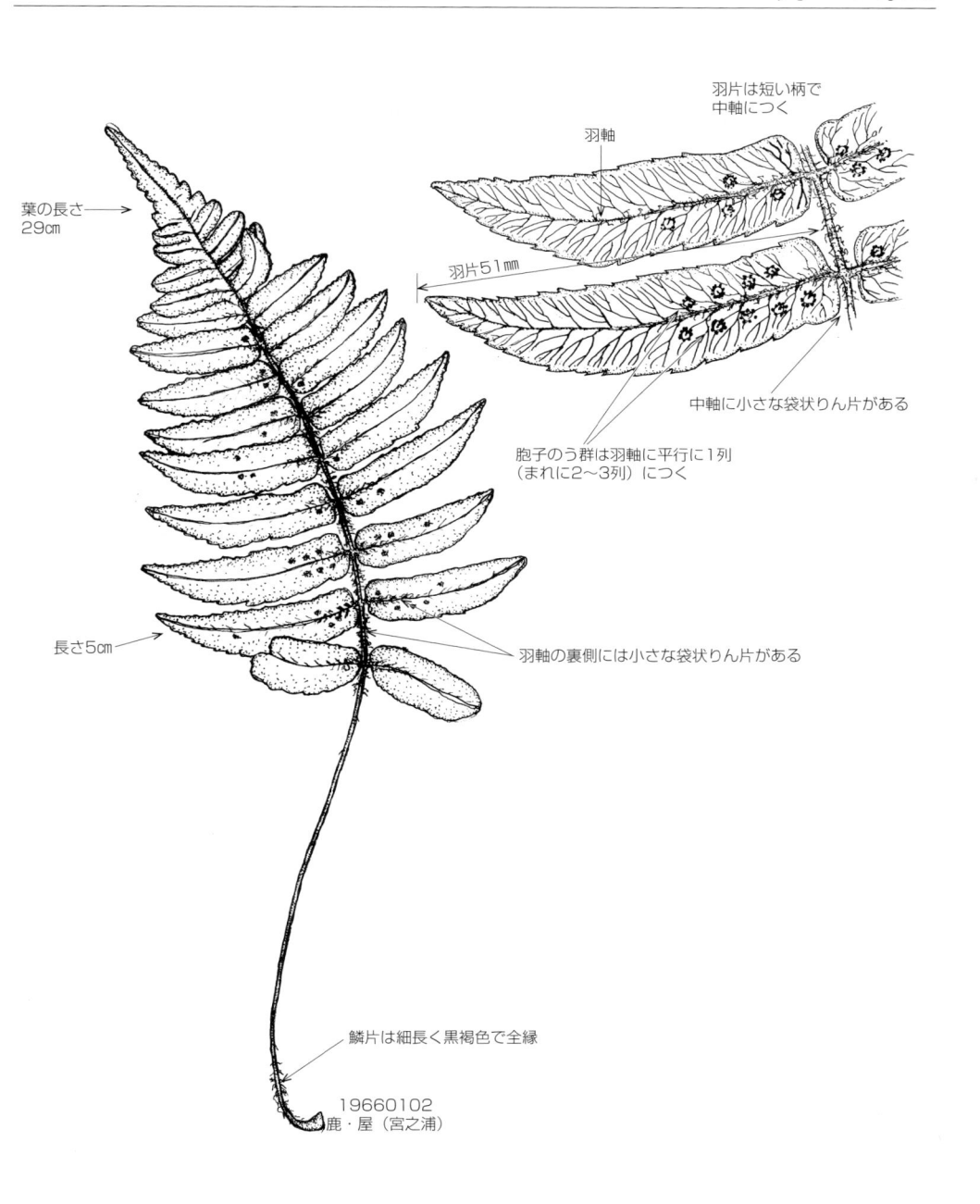

羽片は短い柄で中軸につく

羽軸

葉の長さ 29cm

羽片51mm

中軸に小さな袋状りん片がある

胞子のう群は羽軸に平行に1列 （まれに2〜3列）につく

長さ5cm

羽軸の裏側には小さな袋状りん片がある

鱗片は細長く黒褐色で全縁

19660102 鹿・屋（宮之浦）

分布 九・目……各県　対馬（南限は屋？） 鹿・目……県本土北・中部　高隈山　甫与志岳　開聞岳　甑　屋

ヌカイタチシダモドキ　[オシダ科　オシダ属]　*Dryopteris simasakii*

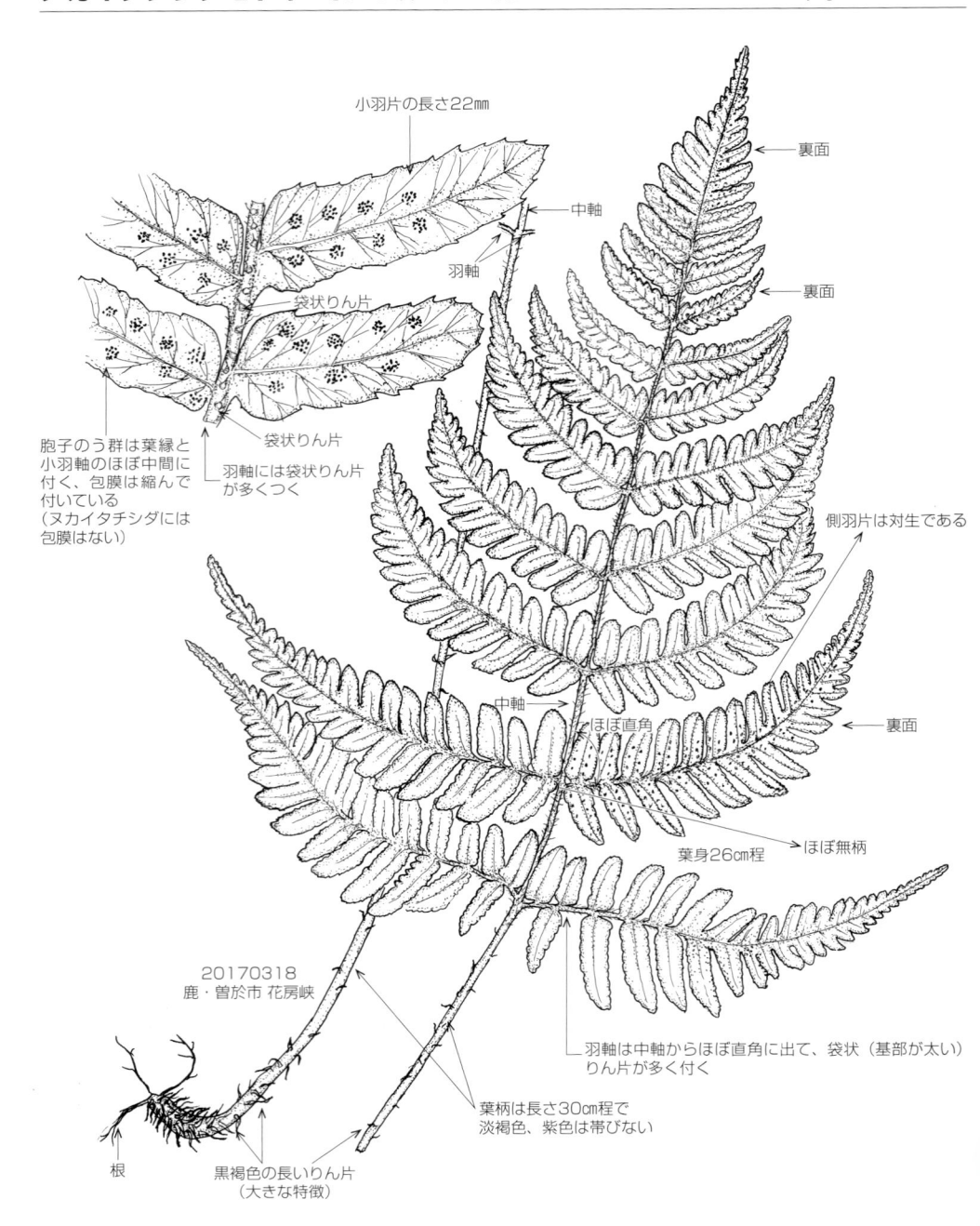

小羽片の長さ22㎜

裏面

中軸

羽軸

裏面

袋状りん片

側羽片は対生である

胞子のう群は葉縁と
小羽軸のほぼ中間に
付く、包膜は縮んで
付いている
（ヌカイタチシダには
包膜はない）

袋状りん片

羽軸には袋状りん片
が多くつく

中軸

ほぼ直角

裏面

葉身26㎝程

ほぼ無柄

20170318
鹿・曽於市 花房峡

羽軸は中軸からほぼ直角に出て、袋状（基部が太い）
りん片が多く付く

葉柄は長さ30㎝程で
淡褐色、紫色は帯びない

根

黒褐色の長いりん片
（大きな特徴）

ヒメイタチシダ　[オシダ科　オシダ属]

Dryopteris sacrosancta

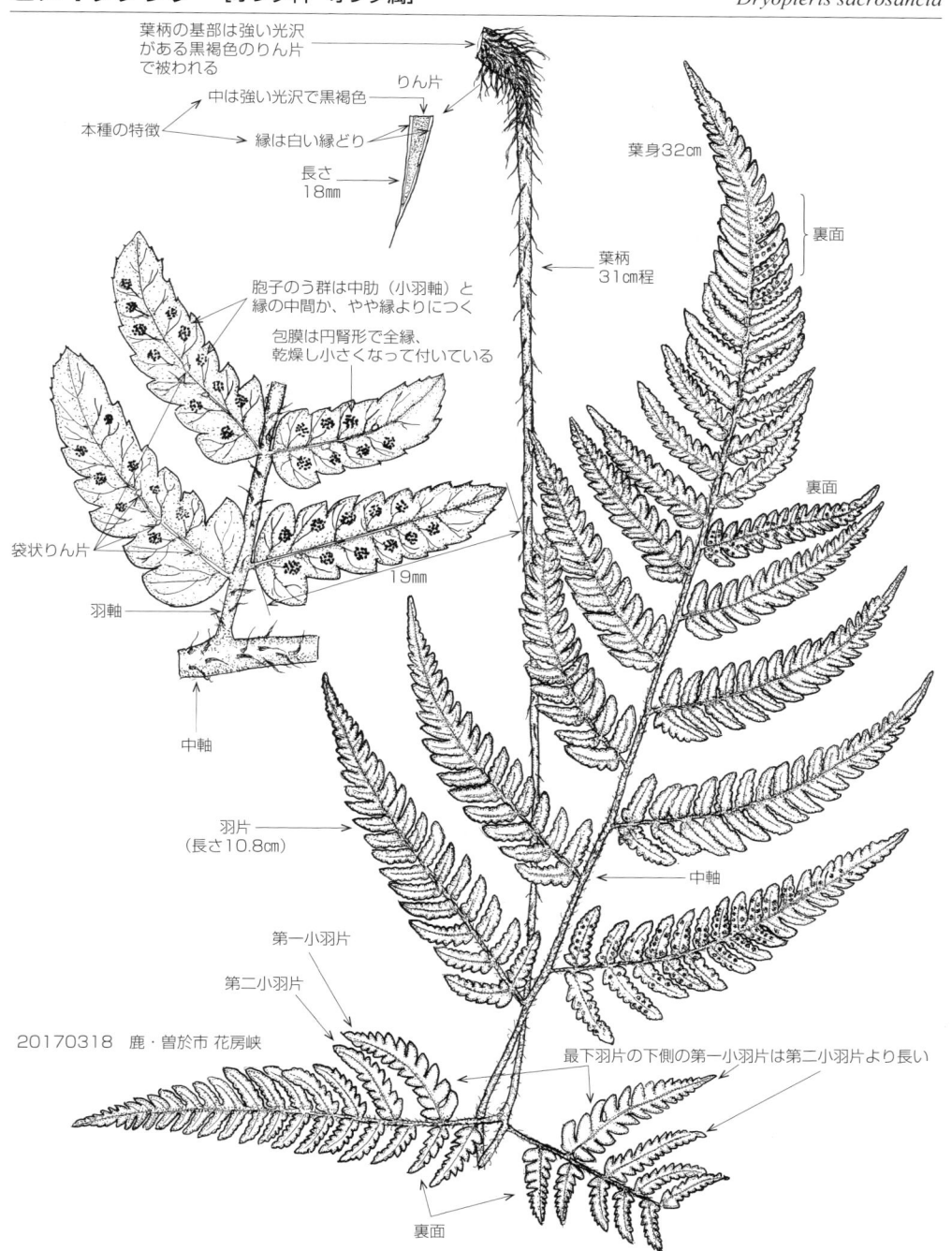

葉柄の基部は強い光沢がある黒褐色のりん片で被われる

りん片

中は強い光沢で黒褐色

本種の特徴

縁は白い縁どり

長さ18mm

葉身32cm

裏面

葉柄31cm程

胞子のう群は中肋（小羽軸）と縁の中間か、やや縁よりにつく

包膜は円腎形で全縁、乾燥し小さくなって付いている

裏面

袋状りん片

19mm

羽軸

中軸

羽片（長さ10.8cm）

中軸

第一小羽片

第二小羽片

20170318　鹿・曽於市 花房峡

最下羽片の下側の第一小羽片は第二小羽片より長い

裏面

分布　│ 九・目……各県（南限は屋　種）
　　　│ 鹿・目……県本土北・中部　池田湖畔　内之浦　岸良

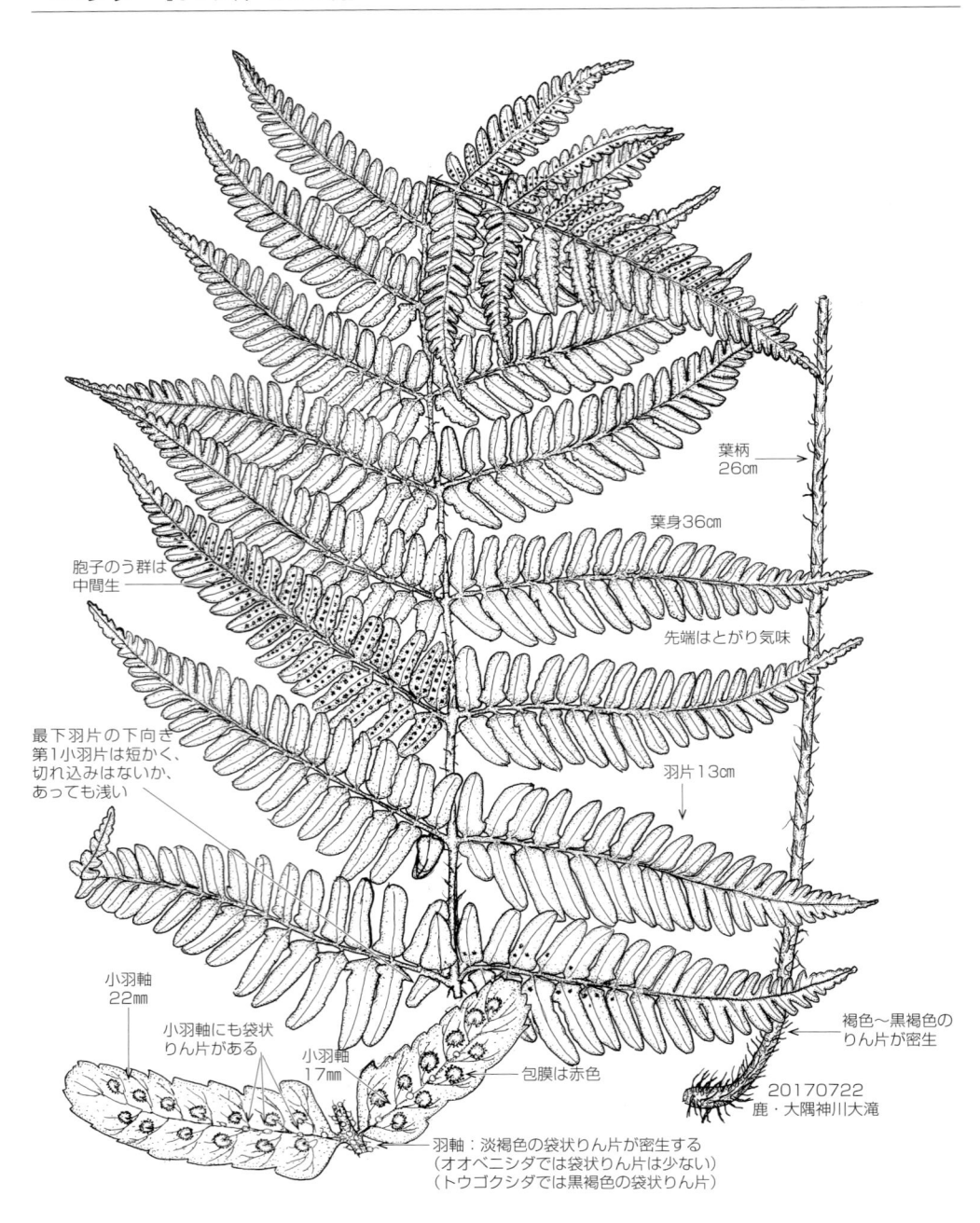

葉柄
26㎝

葉身36㎝

胞子のう群は
中間生

先端はとがり気味

最下羽片の下向き
第1小羽片は短かく、
切れ込みはないか、
あっても浅い

羽片13㎝

小羽軸
22㎜

小羽軸にも袋状
りん片がある

小羽軸
17㎜

包膜は赤色

褐色～黒褐色の
りん片が密生

20170722
鹿・大隅神川大滝

羽軸：淡褐色の袋状りん片が密生する
（オオベニシダでは袋状りん片は少ない）
（トウゴクシダでは黒褐色の袋状りん片）

分布｜九・目……各県　対
　　　｜鹿・目……長島　甑　向島　県本土各地　屋　種　トカラ

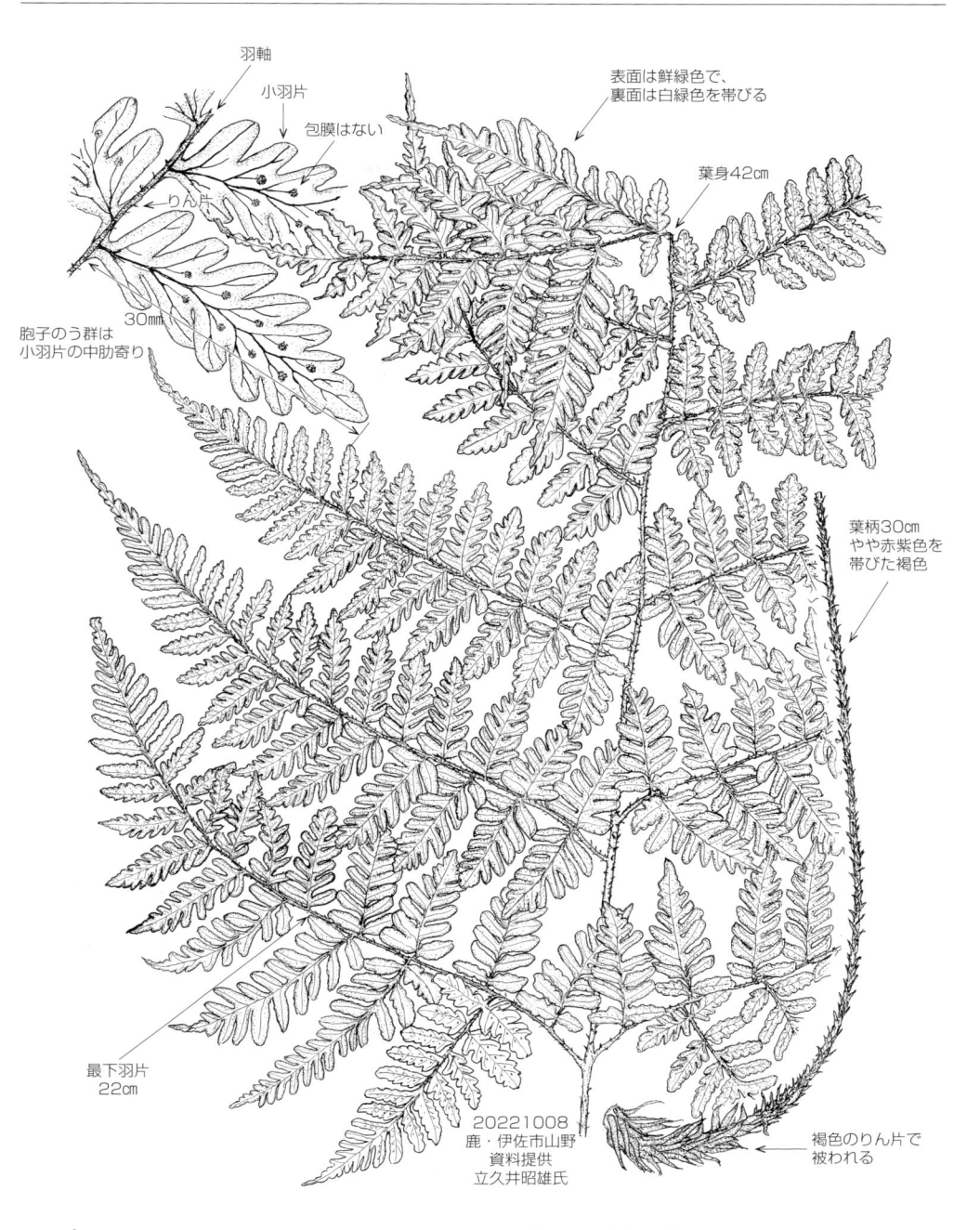

羽軸

小羽片

包膜はない

りん片

胞子のう群は
小羽片の中肋寄り

30mm

30㎜

表面は鮮緑色で、
裏面は白緑色を帯びる

葉身42㎝

葉柄30㎝
やや赤紫色を
帯びた褐色

最下羽片
22㎝

20221008
鹿・伊佐市山野
資料提供
立久井昭雄氏

褐色のりん片で
被われる

分布｜九・目……福（点在）　長（西彼―雪浦）　熊（南肥）　宮　鹿（南限は内之浦―尾尊岳）
｜鹿・目……北薩山地　紫尾山　入来峠　磯間山　尾尊岳（内之浦）

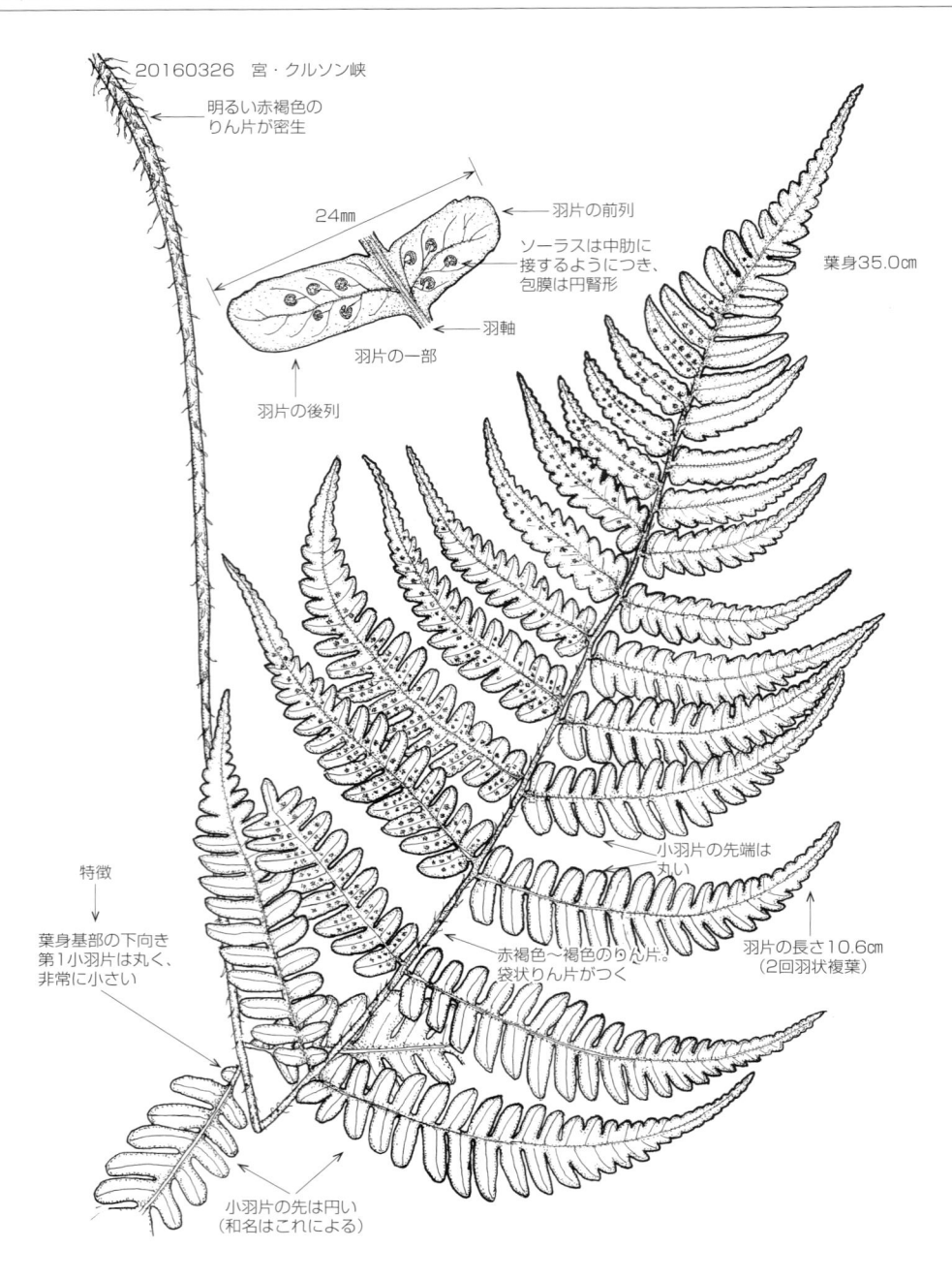

20160326　宮・クルソン峡

明るい赤褐色の
りん片が密生

24㎜

羽片の前列

ソーラスは中肋に
接するようにつき、
包膜は円腎形

葉身35.0㎝

羽軸

羽片の一部

羽片の後列

特徴

葉身基部の下向き
第1小羽片は丸く、
非常に小さい

小羽片の先端は
丸い

赤褐色～褐色のりん片。
袋状りん片がつく

羽片の長さ10.6㎝
（2回羽状複葉）

小羽片の先は円い
（和名はこれによる）

分布　｜　九・目……各県（南限は鹿の稲尾岳）
　　　　｜　鹿・目……県本土北・中部　甑　南限は田代　稲尾山　蔵多山

ムラサキベニシダ　[オシダ科　オシダ属]　*Dryopteris purpurella*

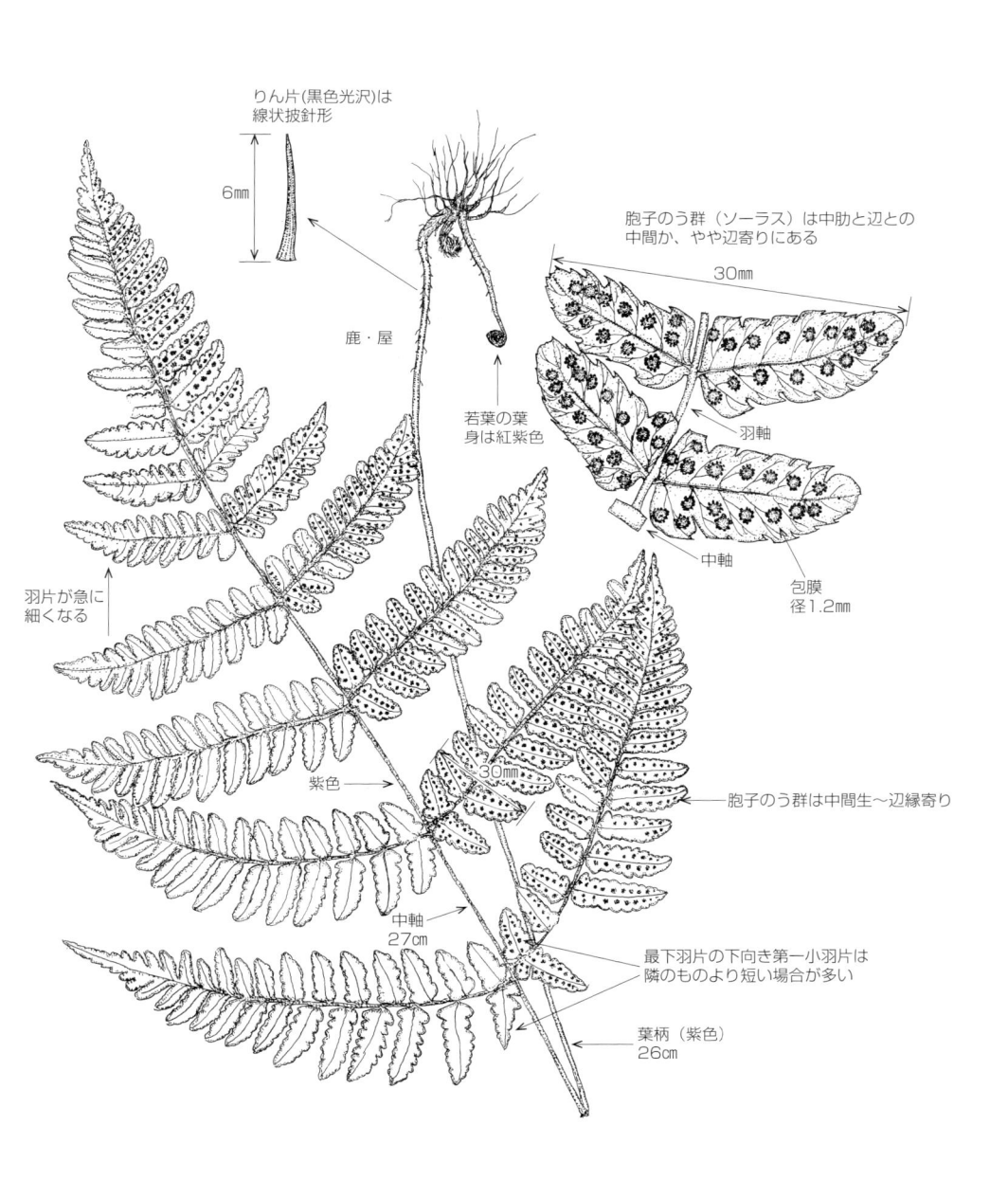

りん片（黒色光沢）は
線状披針形

6mm

鹿・屋

若葉の葉
身は紅紫色

胞子のう群（ソーラス）は中肋と辺との
中間か、やや辺寄りにある

30mm

羽軸

中軸

包膜
径1.2mm

羽片が急に
細くなる

紫色

30mm

胞子のう群は中間生〜辺縁寄り

中軸
27cm

最下羽片の下向き第一小羽片は
隣のものより短い場合が多い

葉柄（紫色）
26cm

分布　九・目……福（稀）熊　宮　鹿
　　　鹿・目……県本土中・北部　甑　高隈山　甫与志岳　稲尾岳　木場岳　野間岳　屋

メズラシクマワラビ　[オシダ科　オシダ属]　*Dryopteris rarissima*

ナガバノイタチシダとツクシイワヘゴの雑種

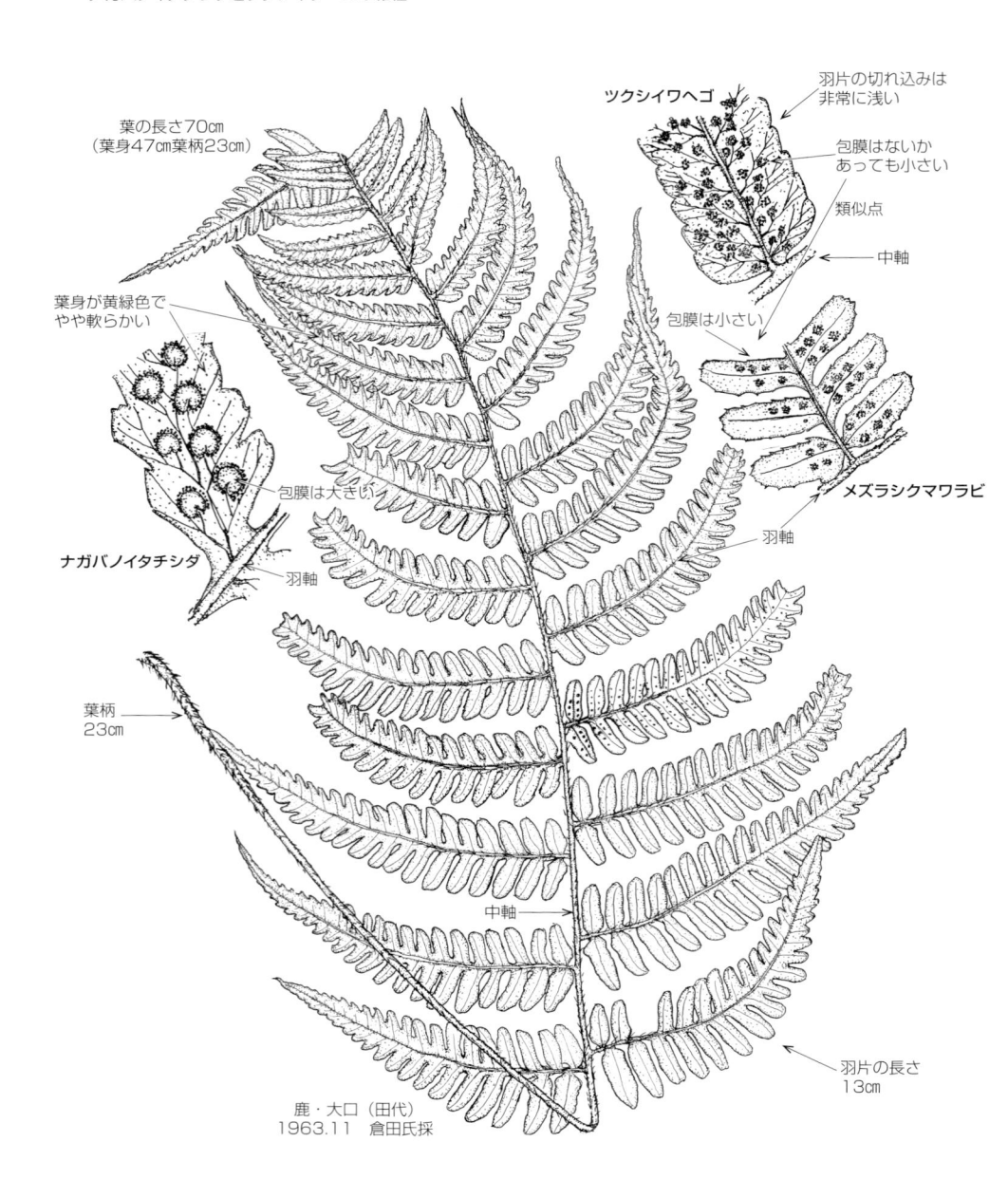

ツクシイワヘゴ

羽片の切れ込みは
非常に浅い

包膜はないか
あっても小さい

類似点

中軸

葉の長さ70cm
（葉身47cm葉柄23cm）

包膜は小さい

葉身が黄緑色で
やや軟らかい

メズラシクマワラビ

羽軸

包膜は大きい

ナガバノイタチシダ

羽軸

葉柄
23cm

中軸

羽片の長さ
13cm

鹿・大口（田代）
1963.11　倉田氏採

分布 ｜ 九・目……鹿
　　　 鹿・目……鶴田（五里）

ヤマナカシダ　[オシダ科　オシダ属]

Dryopteris ×tetsu-yamanakae

ナガサキシダとツクシイワヘゴの雑種

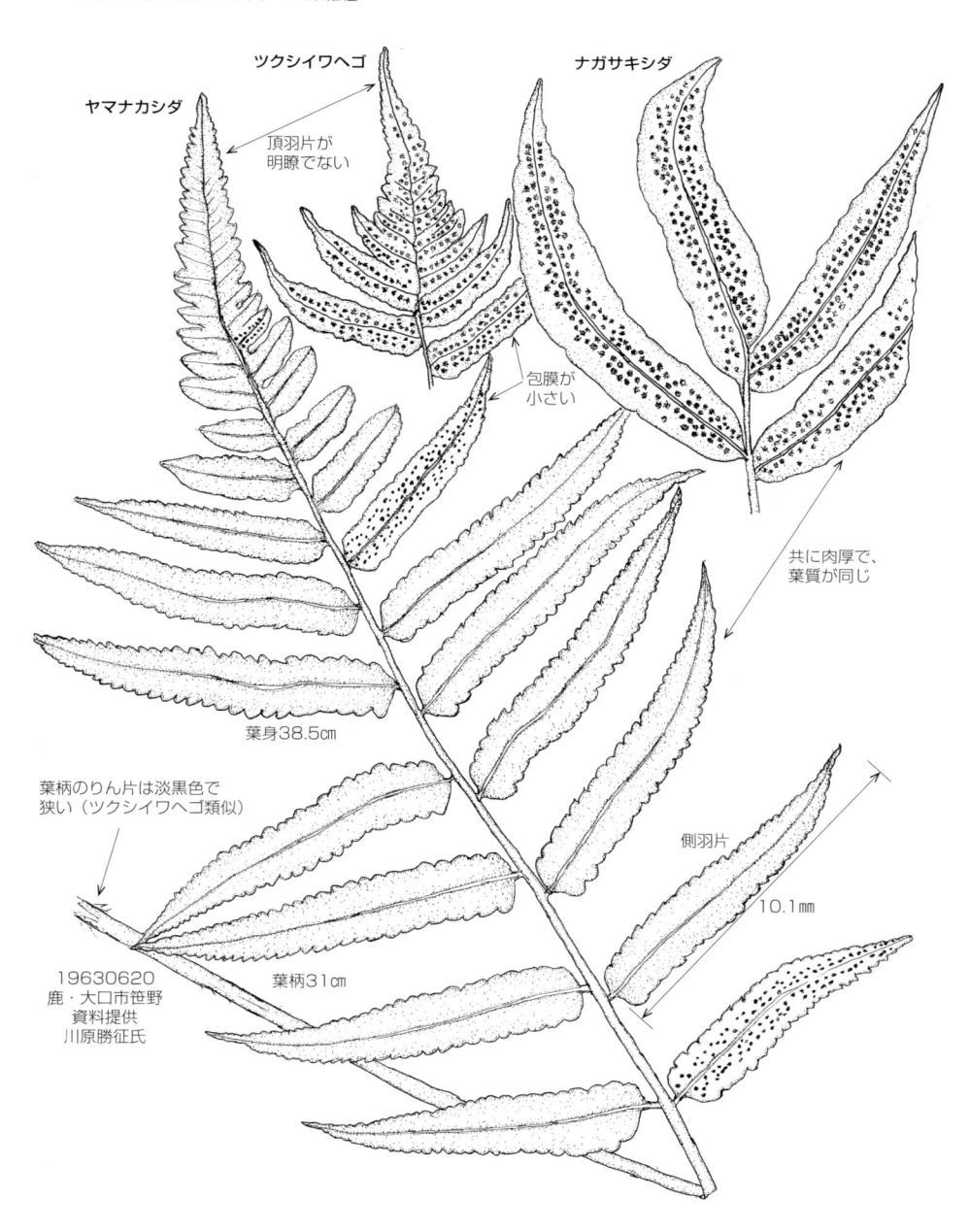

ツクシイワヘゴ

ナガサキシダ

ヤマナカシダ

頂羽片が
明瞭でない

包膜が
小さい

共に肉厚で、
葉質が同じ

葉身38.5㎝

葉柄のりん片は淡黒色で
狭い（ツクシイワヘゴ類似）

側羽片

10.1㎜

19630620
鹿・大口市笹野
資料提供
川原勝征氏

葉柄31㎝

分布 ｜ 九・目……鹿（大口─笹野）
　　　｜ 鹿・目……大口（笹野）

ヨゴレイタチシダ　[オシダ科　オシダ属]

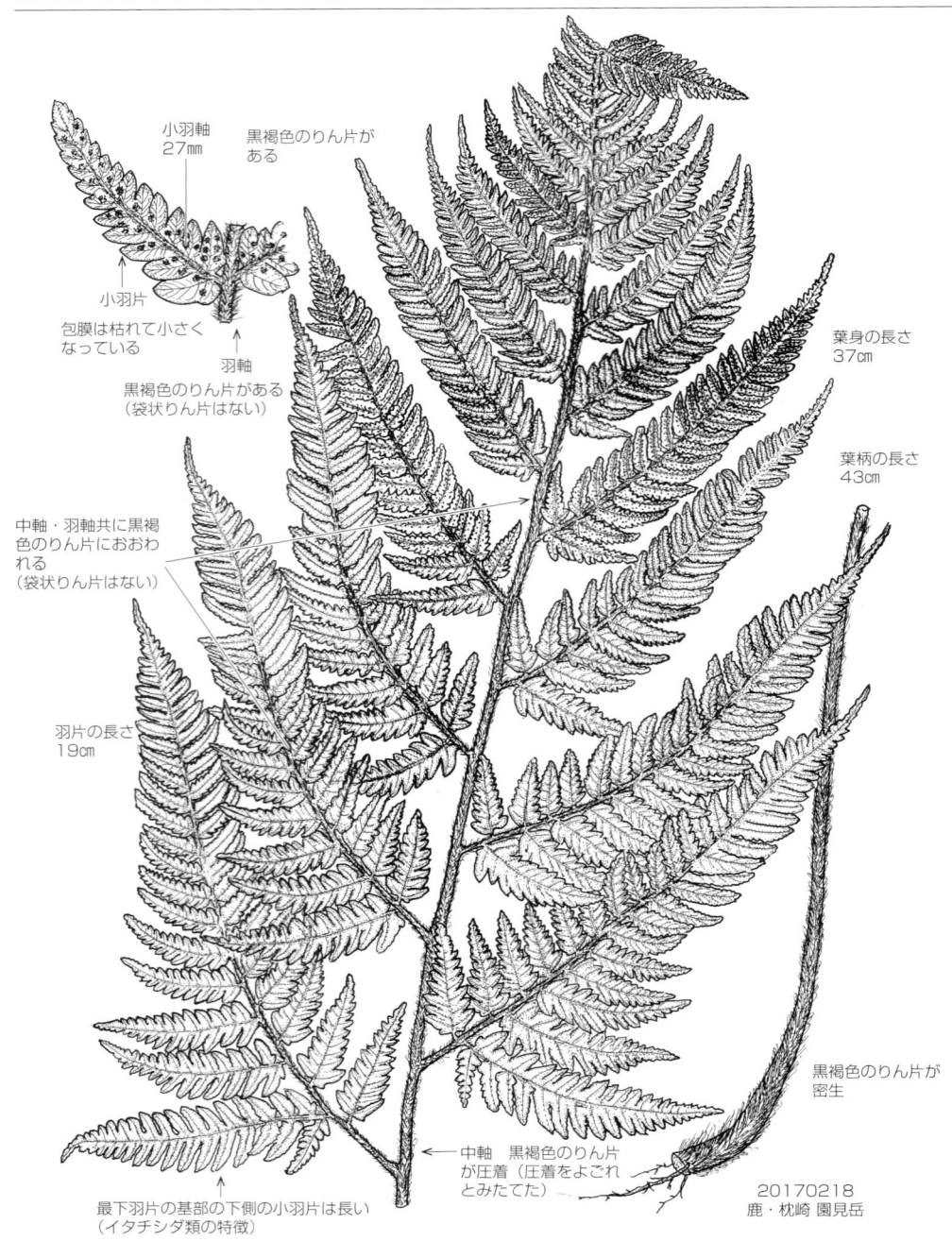

小羽軸
27㎜

黒褐色のりん片が
ある

小羽片

包膜は枯れて小さく
なっている

羽軸

黒褐色のりん片がある
（袋状りん片はない）

中軸・羽軸共に黒褐
色のりん片におおわ
れる
（袋状りん片はない）

羽片の長さ
19㎝

葉身の長さ
37㎝

葉柄の長さ
43㎝

黒褐色のりん片が
密生

中軸　黒褐色のりん片
が圧着（圧着をよごれ
とみたてた）

20170218
鹿・枕崎 園見岳

最下羽片の基部の下側の小羽片は長い
（イタチシダ類の特徴）

分布 ｜ 九・目……宮（幸島）　熊（天草）　鹿
　　　｜ 鹿・目……猿ケ城　吾平（木場）　佐多　磯間岳　蔵多山　屋　種　奄大　徳　沖永

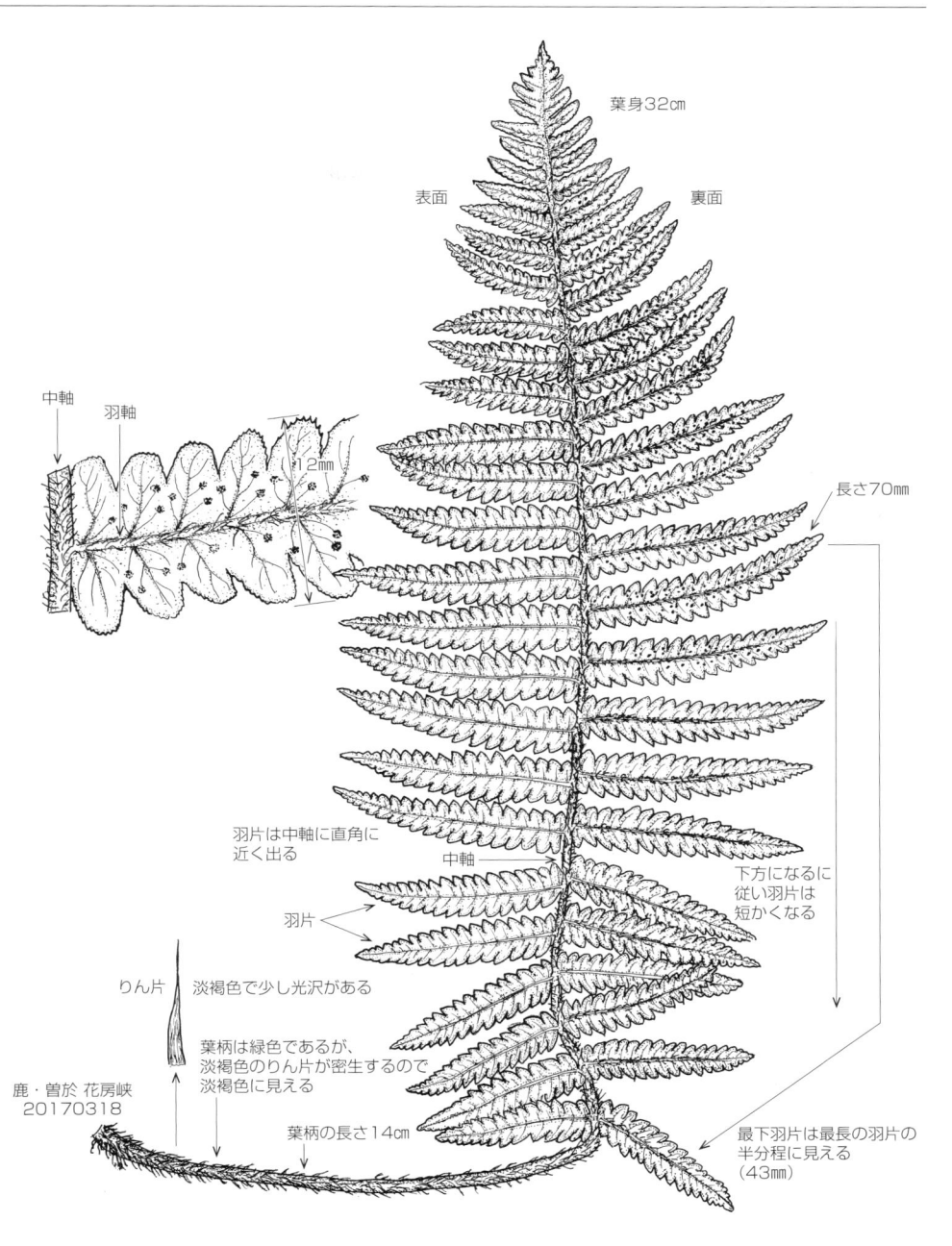

葉身32㎝

表面

裏面

中軸

羽軸

12㎜

長さ70㎜

羽片は中軸に直角に近く出る

中軸

羽片

下方になるに従い羽片は短かくなる

りん片　淡褐色で少し光沢がある

葉柄は緑色であるが、淡褐色のりん片が密生するので淡褐色に見える

鹿・曽於 花房峡
　20170318

葉柄の長さ14㎝

最下羽片は最長の羽片の半分程に見える（43㎜）

イヌワカナシダ　[オシダ科　オシダ属]

Dryopteris ×yuyamae

オクマワラビと
ワカナシダの雑種

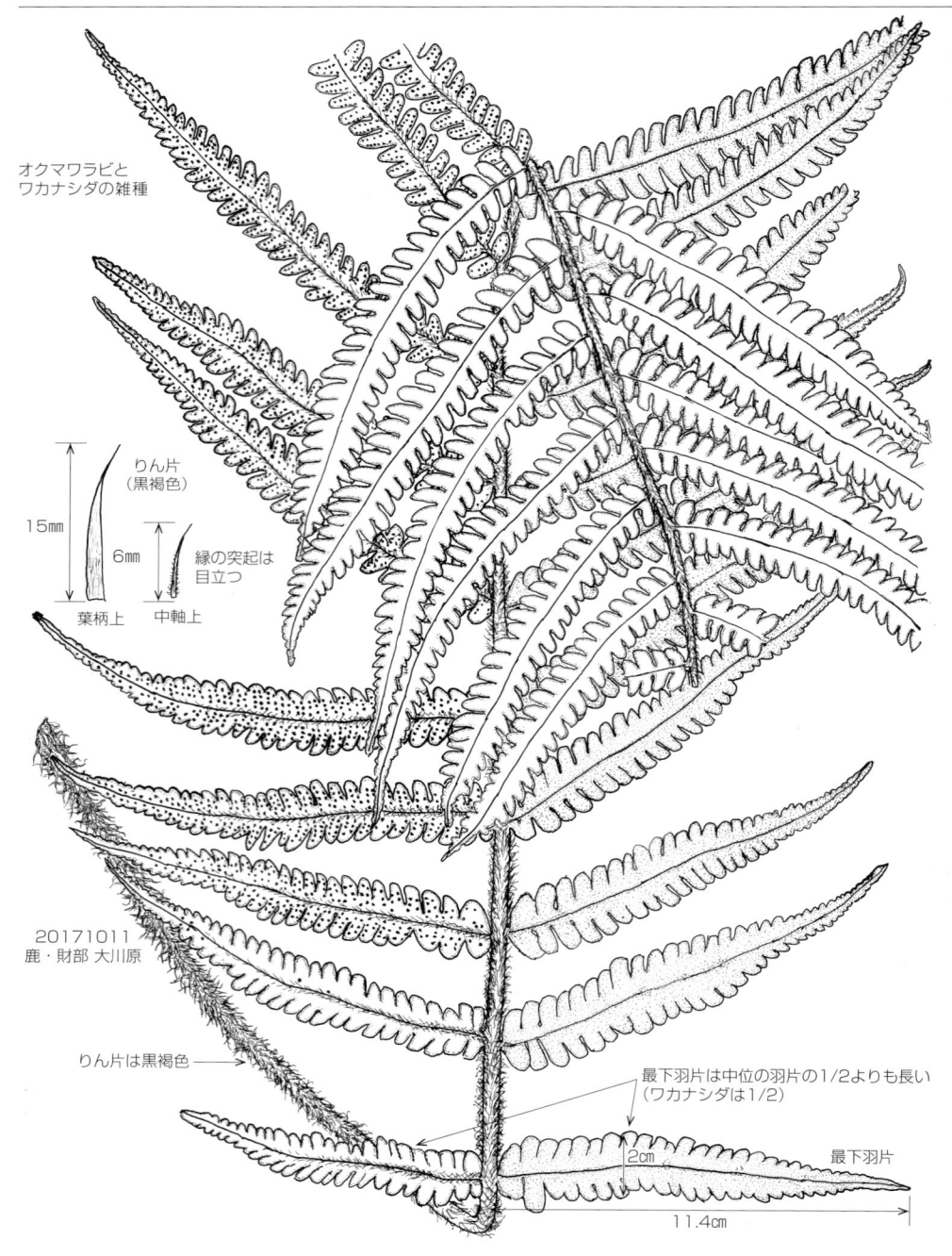

りん片
（黒褐色）

15mm

6mm

緑の突起は
目立つ

葉柄上　　中軸上

20171011
鹿・財部 大川原

りん片は黒褐色 ——

最下羽片は中位の羽片の1/2よりも長い
（ワカナシダは1/2）

2cm

最下羽片

11.4cm

カタイノデモドキ　[オシダ科　イノデ属]

カタイノデとイノデモドキとの雑種

葉の長さ84㎝（44+40）

葉面はイノデモドキに似て深緑色
（カタイノデは黒光り）

葉身中部より先の羽片には胞子のう群が
密につくが、基部の羽片には疎につく

大きなりん片が
密生

胞子のう群は密につく

りん片は黒色に
近い黒褐色

葉身
44㎝

20170527
熊・五木

葉柄
40㎝

小羽片

羽軸

中肋
（小羽軸）

11㎜

羽軸

中軸

胞子のう群は中肋（小羽
軸）と辺縁の中間よりや
や辺縁寄りにつく
（カタイノデはやや中肋
よりにつく）

胞子のう群は疎につく

葉身基部の羽片（2対）
は下を向く

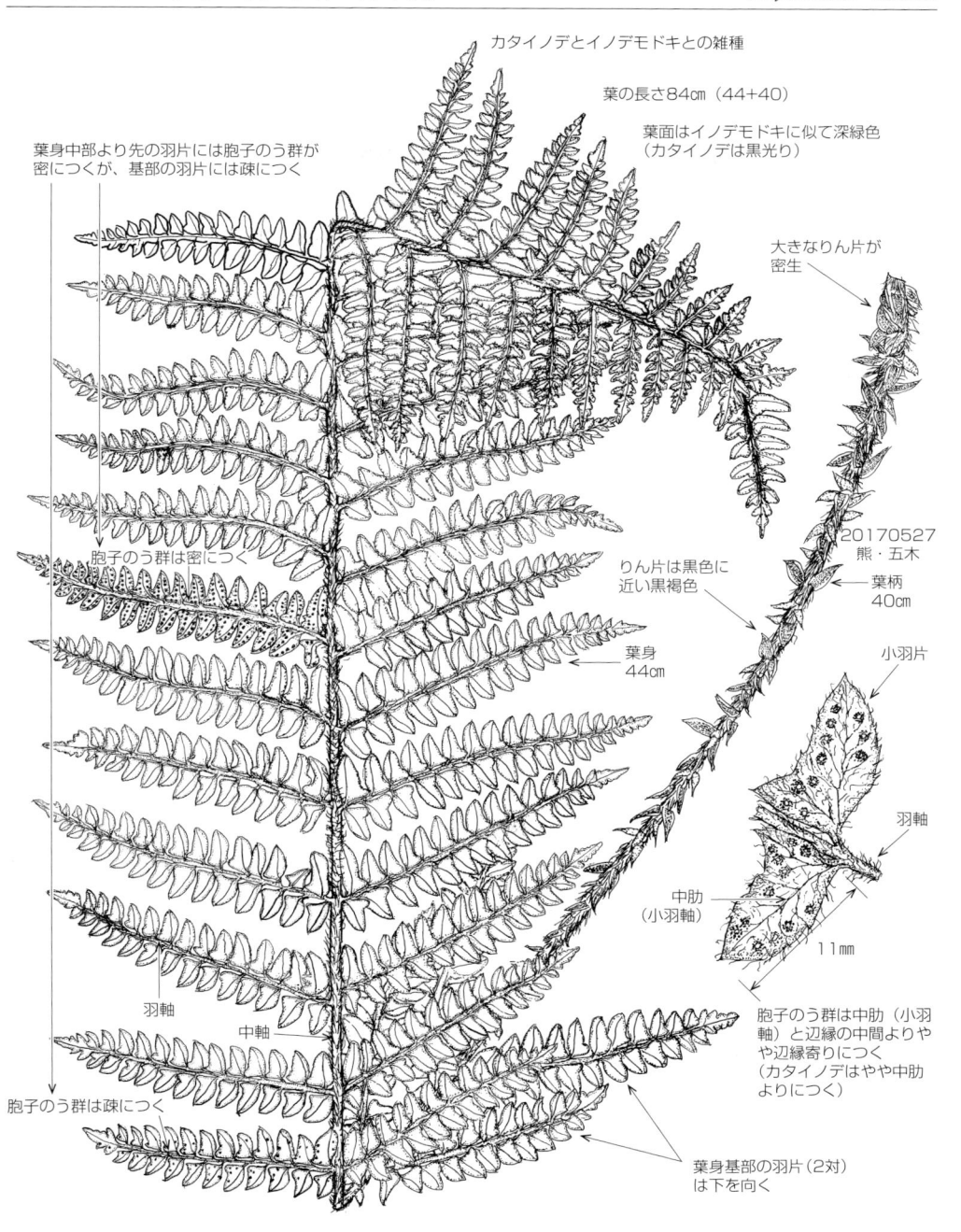

分布 ┃ 九・目……福（点在）　大（中津江　耶馬渓）　宮（点在）　鹿
　　　　┃ 鹿・目……記載がない

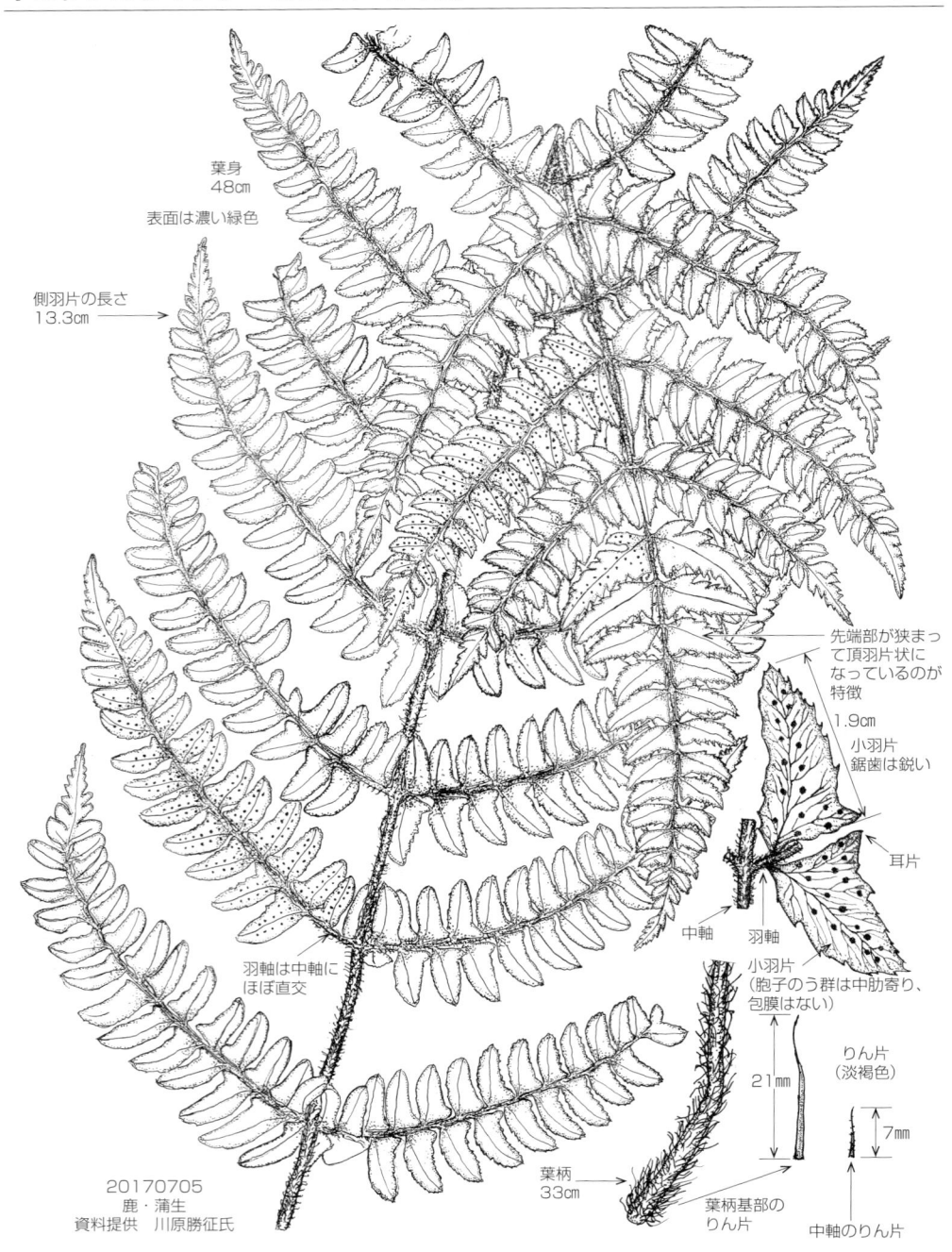

葉身
48㎝

表面は濃い緑色

側羽片の長さ
13.3㎝

先端部が狭まっ
て頂羽片状に
なっているのが
特徴

1.9㎝

小羽片
鋸歯は鋭い

耳片

中軸

羽軸

小羽片
（胞子のう群は中肋寄り、
包膜はない）

りん片
（淡褐色）

21mm

7mm

羽軸は中軸に
ほぼ直交

20170705
鹿・蒲生
資料提供　川原勝征氏

葉柄
33㎝

葉柄基部の
りん片

中軸のりん片

分布　｜　九・目……熊（天草　水俣）　鹿（南限は高隈山）
　　　　　鹿・目……鶴田（五里）　紫尾山　入来峠　祁答院（秋上）　蒲生（漆）　龍ケ水　重富　垂水（鹿大演習林）　知覧（荒岳）

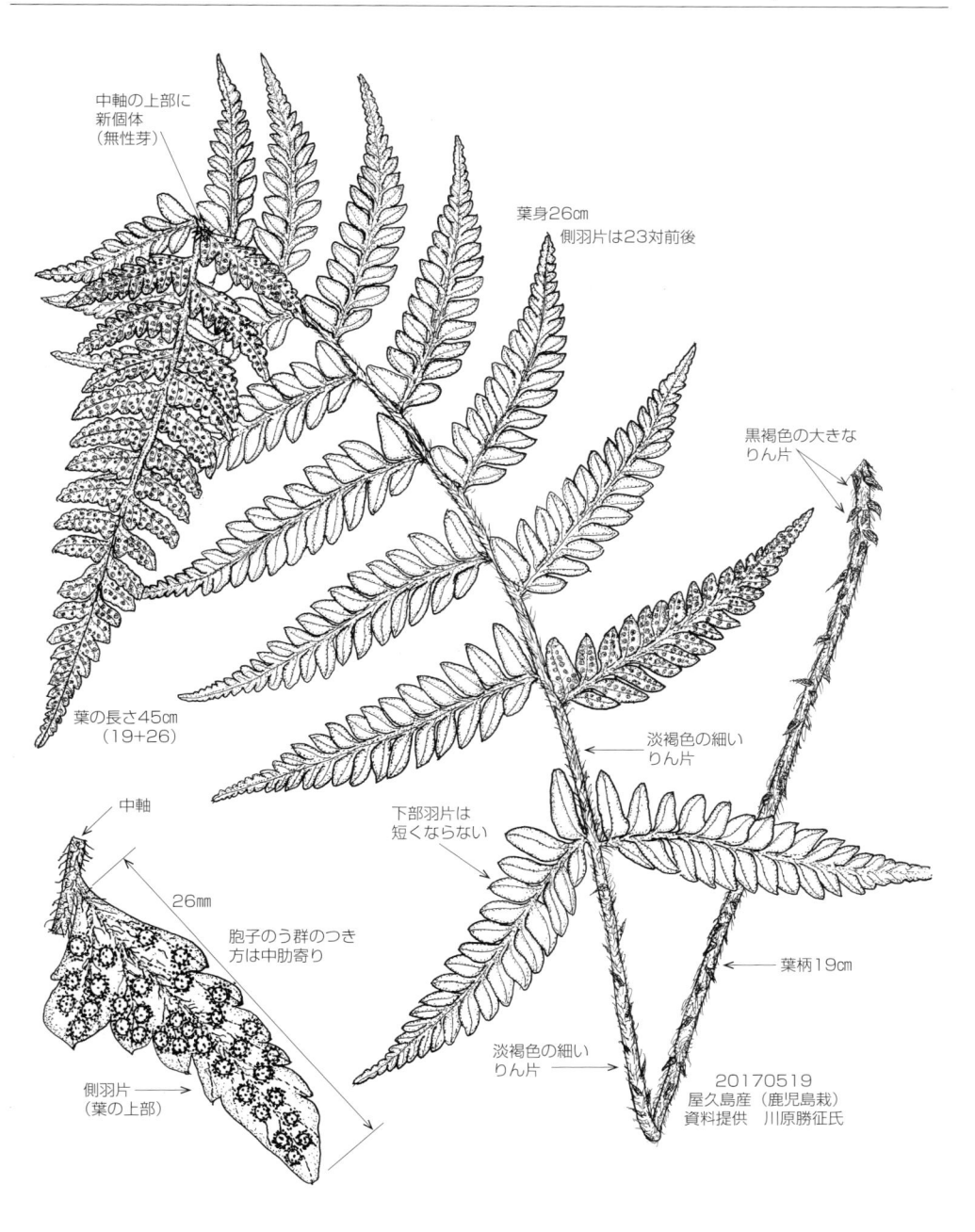

中軸の上部に
新個体
（無性芽）

葉身26cm
側羽片は23対前後

黒褐色の大きな
りん片

葉の長さ45cm
（19＋26）

中軸

26mm

胞子のう群のつき
方は中肋寄り

下部羽片は
短くならない

淡褐色の細い
りん片

葉柄19cm

側羽片
（葉の上部）

淡褐色の細い
りん片

20170519
屋久島産（鹿児島栽）
資料提供　川原勝征氏

分布 ｜ 九・目……鹿（屋―北限）
　　　｜ 鹿・目……屋

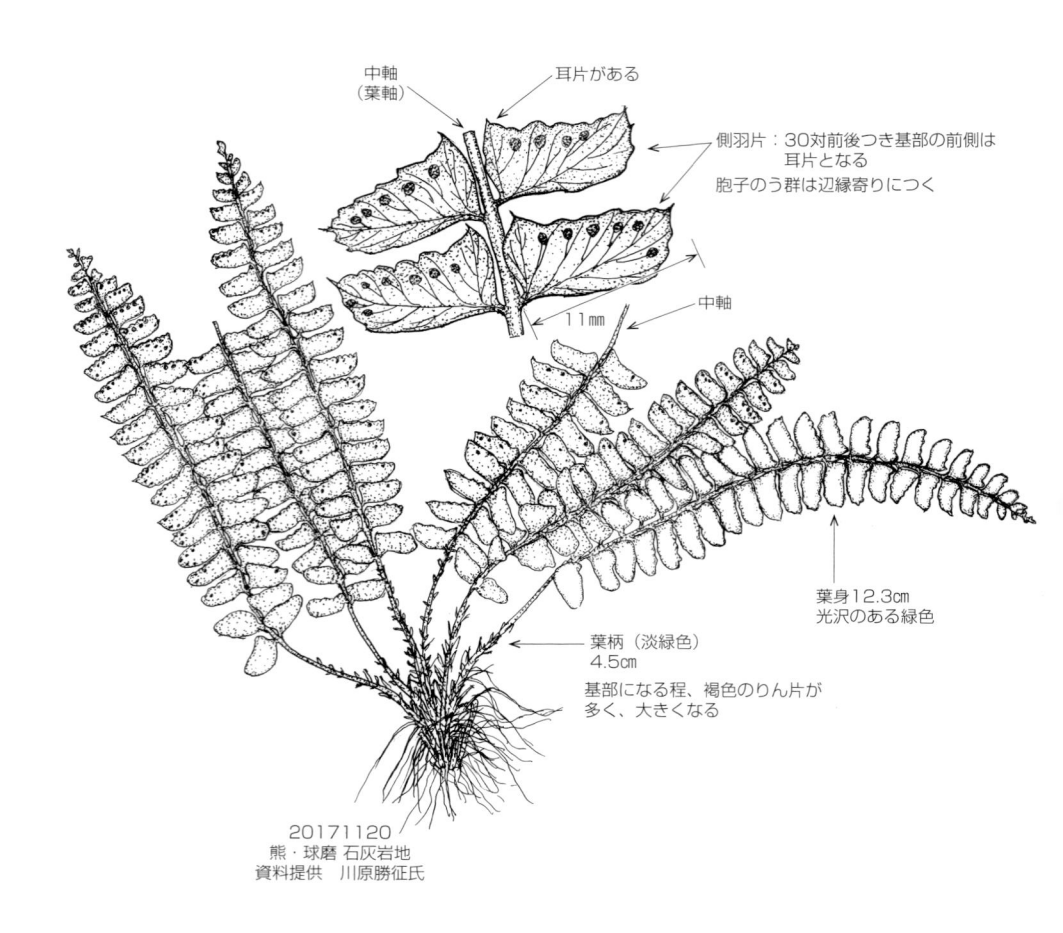

中軸
（葉軸）

耳片がある

側羽片：30対前後つき基部の前側は
耳片となる
胞子のう群は辺縁寄りにつく

11mm

中軸

葉身12.3cm
光沢のある緑色

葉柄（淡緑色）
4.5cm

基部になる程、褐色のりん片が
多く、大きくなる

20171120
熊・球磨 石灰岩地
資料提供　川原勝征氏

分布　｜　九・目……佐・鹿を除く各県（南限は熊の山江　神瀬）
　　　　　　鹿・目……記録がない

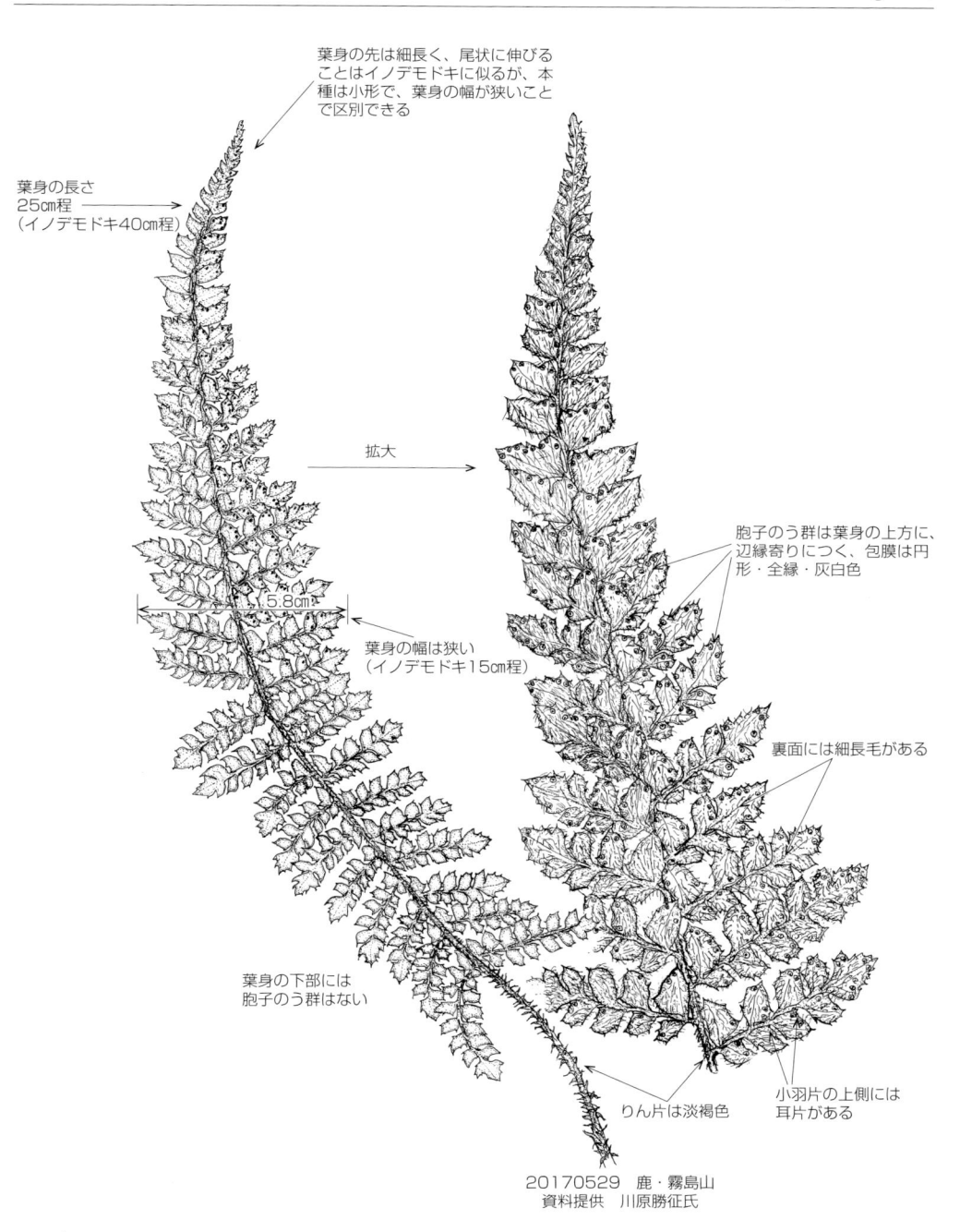

葉身の先は細長く、尾状に伸びる
ことはイノデモドキに似るが、本
種は小形で、葉身の幅が狭いこと
で区別できる

葉身の長さ
25㎝程
（イノデモドキ40㎝程）

拡大

胞子のう群は葉身の上方に、
辺縁寄りにつく、包膜は円
形・全縁・灰白色

5.8㎝

葉身の幅は狭い
（イノデモドキ15㎝程）

裏面には細長毛がある

葉身の下部には
胞子のう群はない

りん片は淡褐色

小羽片の上側には
耳片がある

20170529　鹿・霧島山
資料提供　川原勝征氏

分布　九・目……大（久住・鳴子川）　宮（御池　クルソン峡）　鹿
　　　　鹿・目……大口（ケヤキ平）　霧島山

ナンピイノデ　[オシダ科　イノデ属]

Polystichum otomasui

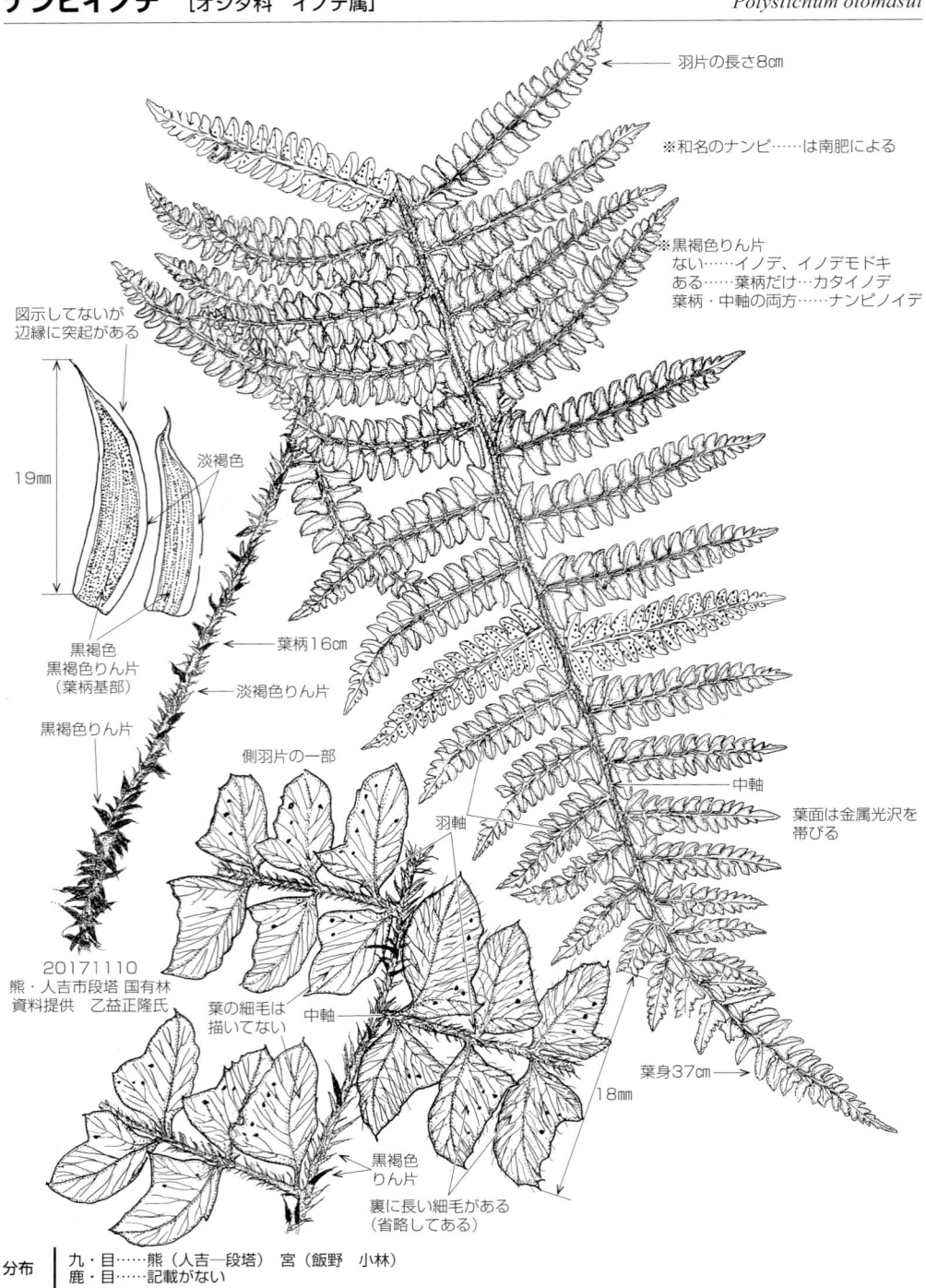

羽片の長さ8㎝

※和名のナンピ……は南肥による

※黒褐色りん片
ない……イノデ、イノデモドキ
ある……葉柄だけ…カタイノデ
葉柄・中軸の両方……ナンピノイデ

図示してないが
辺縁に突起がある

19mm

淡褐色

黒褐色
黒褐色りん片
（葉柄基部）

黒褐色りん片

葉柄16㎝

淡褐色りん片

側羽片の一部

中軸

葉面は金属光沢を
帯びる

羽軸

20171110
熊・人吉市段塔 国有林
資料提供　乙益正隆氏

葉の細毛は
描いてない

中軸

黒褐色
りん片

裏に長い細毛がある
（省略してある）

葉身37㎝

18mm

分布 ｜ 九・目……熊（人吉―段塔）　宮（飯野　小林）
　　　｜ 鹿・目……記載がない

120

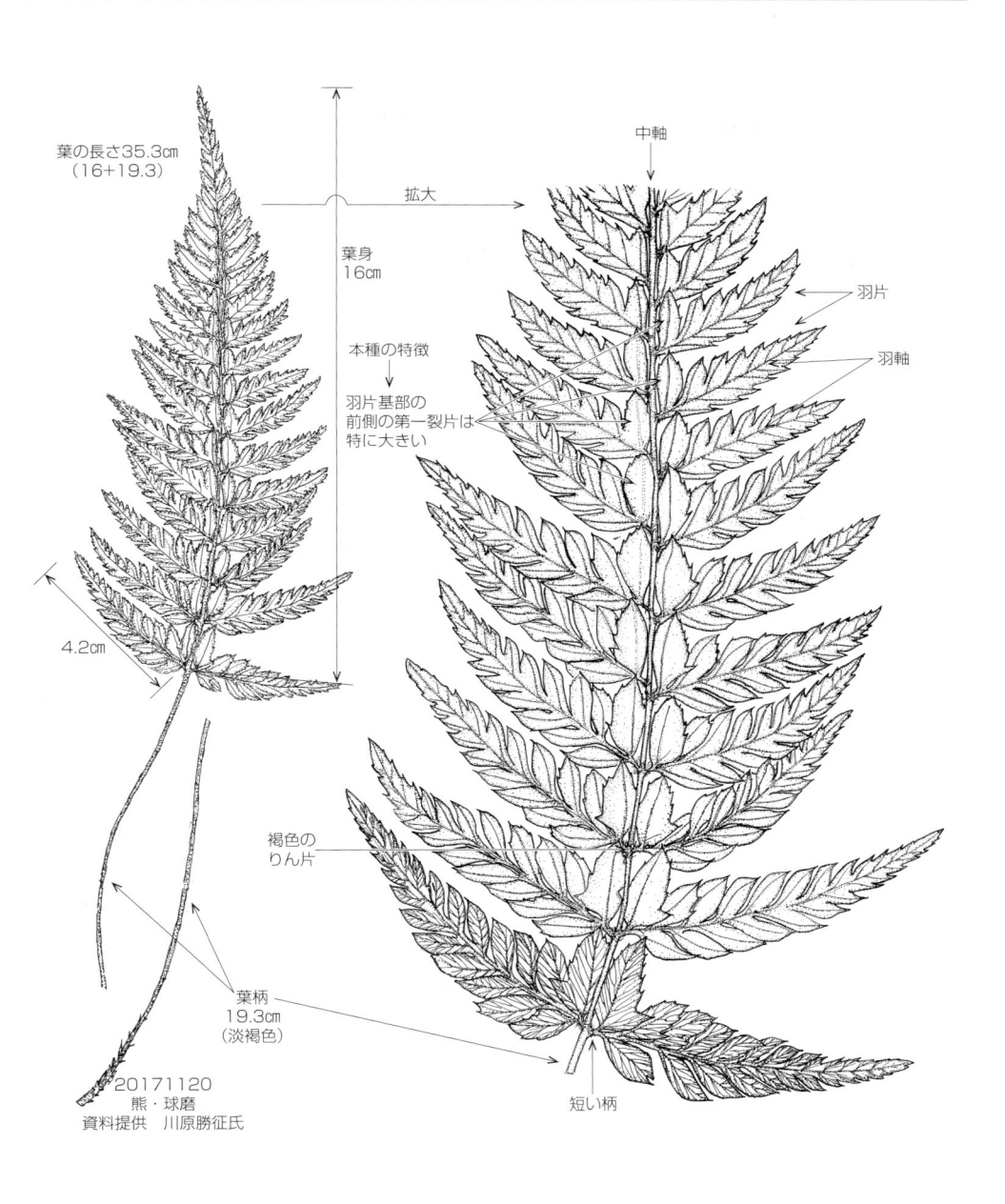

葉の長さ35.3㎝
（16+19.3）

拡大

葉身
16㎝

本種の特徴
↓
羽片基部の
前側の第一裂片は
特に大きい

4.2㎝

中軸

羽片

羽軸

褐色の
りん片

葉柄
19.3㎝
（淡褐色）

短い柄

'20171120
熊・球磨
資料提供　川原勝征氏

ヒトツバイワヒトデ　[ウラボシ科　イワヒトデ属]

Leptochilus ×simplicifrons

ヤリノホクリハランとイワヒトデの雑種

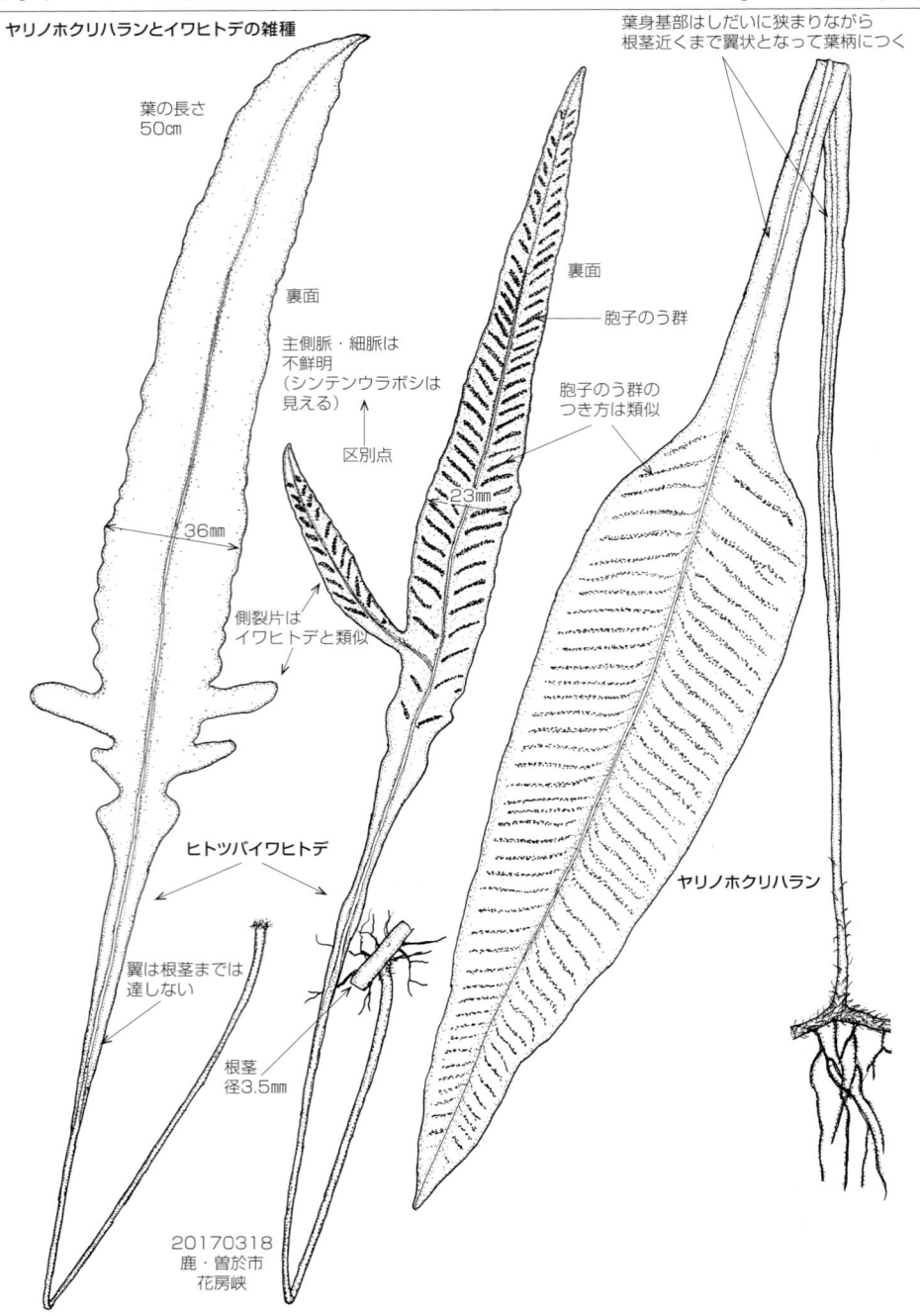

葉身基部はしだいに狭まりながら
根茎近くまで翼状となって葉柄につく

葉の長さ
50cm

裏面

主側脈・細脈は
不鮮明
（シンテンウラボシは
見える）

区別点

36mm

側裂片は
イワヒトデと類似

ヒトツバイワヒトデ

翼は根茎までは
達しない

根茎
径3.5mm

20170318
鹿・曽於市
花房峡

裏面

胞子のう群

胞子のう群の
つき方は類似

23mm

ヤリノホクリハラン

分布

分布｜九・目……福（宗太郎峠）　熊（南肥）　宮（都城　内海）　鹿
　　　鹿・目……県本土中・南部　甑　向島　屋

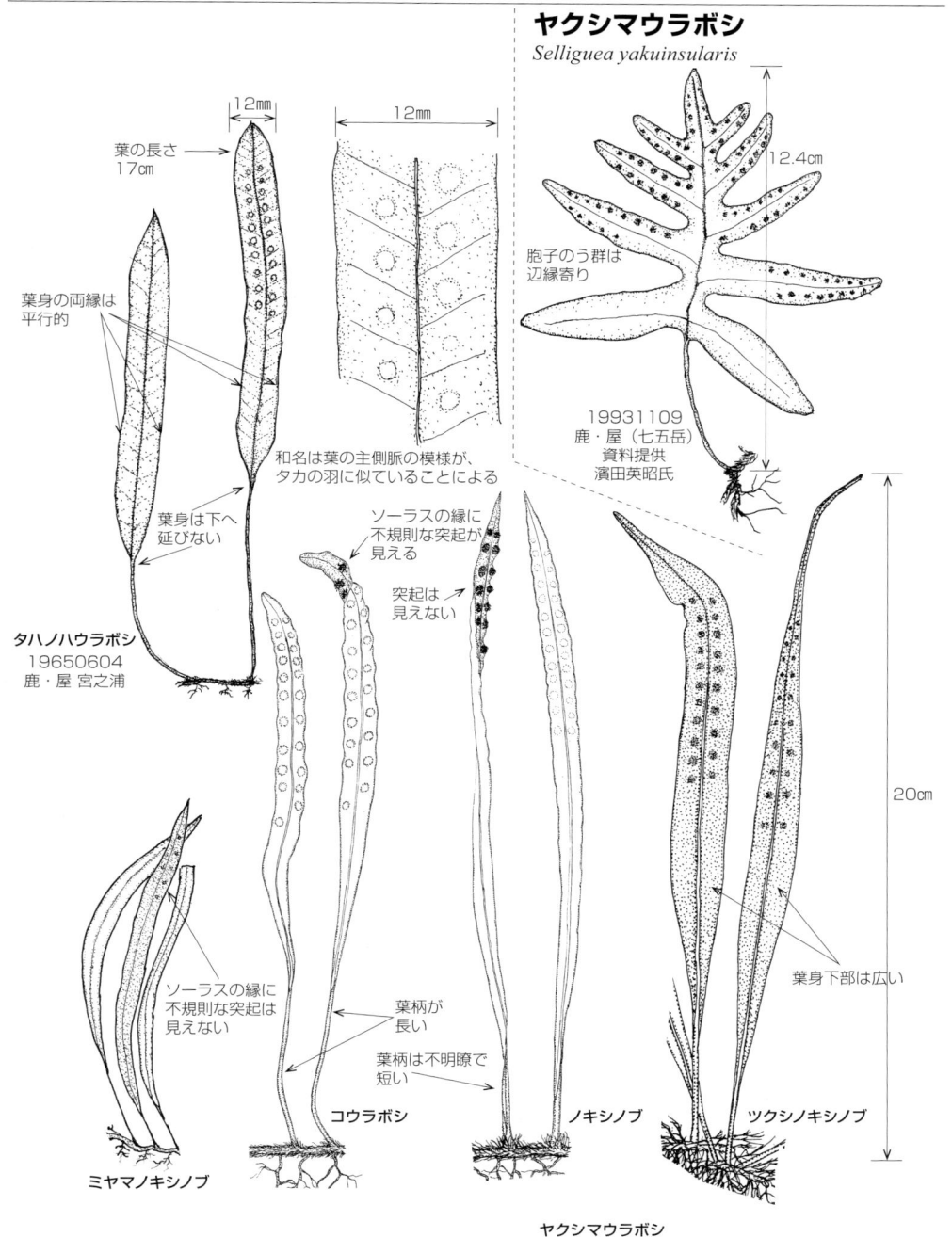

ヤクシマウラボシ
Selliguea yakuinsularis

12.4cm

胞子のう群は辺縁寄り

19931109
鹿・屋（七五岳）
資料提供
濱田英昭氏

12mm

12mm

葉の長さ17cm

葉身の両縁は平行的

和名は葉の主側脈の模様が、タカの羽に似ていることによる

葉身は下へ延びない

ソーラスの縁に不規則な突起が見える

突起は見えない

タハノハウラボシ
19650604
鹿・屋 宮之浦

ソーラスの縁に不規則な突起は見えない

葉柄が長い

葉柄は不明瞭で短い

葉身下部は広い

20cm

ミヤマノキシノブ　　コウラボシ　　ノキシノブ　　ツクシノキシノブ

ヤクシマウラボシ

分布 | 九・目……長（大村 対馬）熊（南肥）宮（各地）鹿
鹿・目……県本土各地 甑 黒 口永 屋

分布 | 九・目……鹿（屋）
鹿・目……屋

123

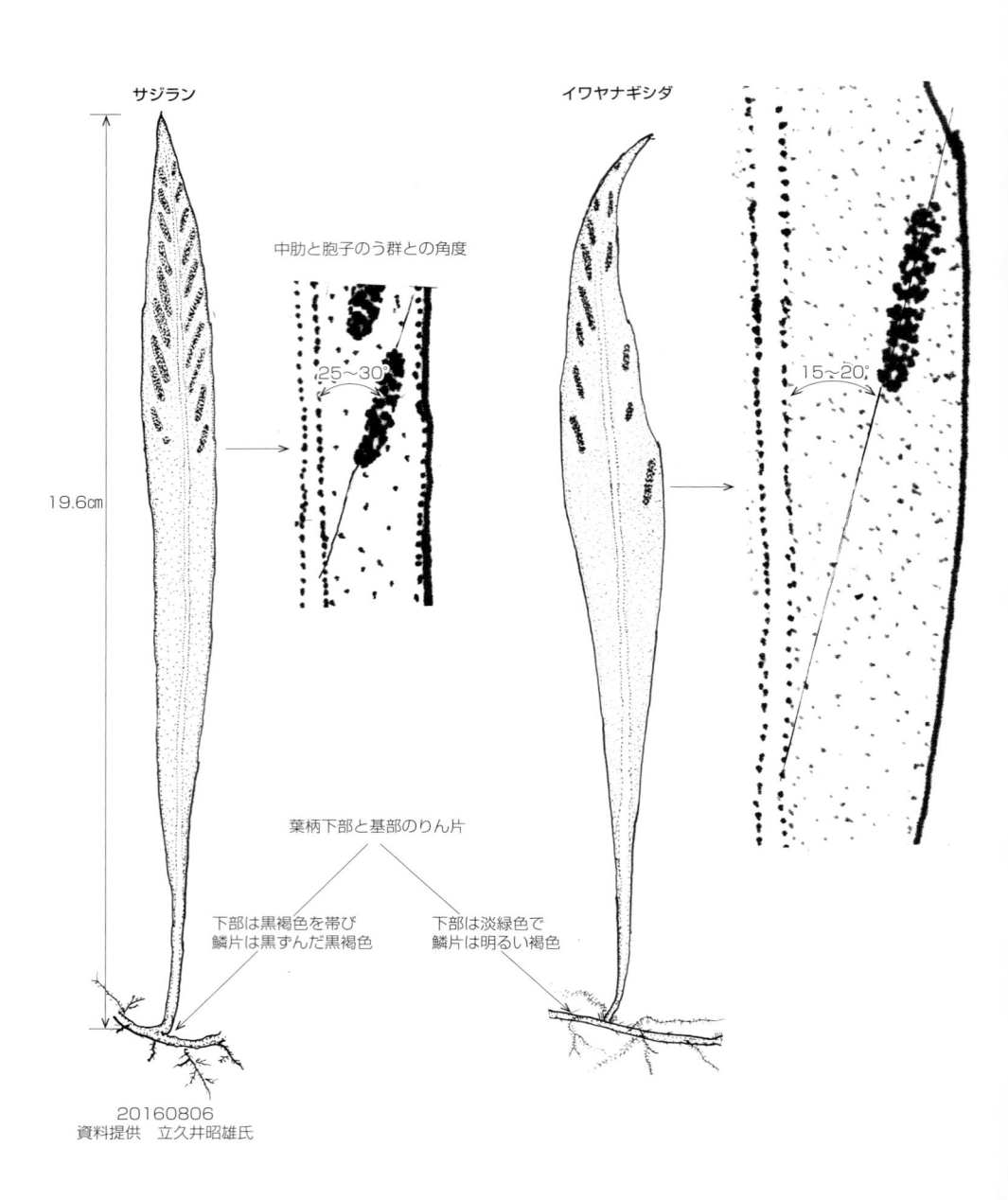

サジラン

イワヤナギシダ

中肋と胞子のう群との角度

25〜30°

15〜20°

19.6cm

葉柄下部と基部のりん片

下部は黒褐色を帯び
鱗片は黒ずんだ黒褐色

下部は淡緑色で
鱗片は明るい褐色

20160806
資料提供　立久井昭雄氏

分布 ｜ 九・目……福（稀）　大（少）　長（多良岳）　熊（稍稀）　鹿
　　　　鹿・目……霧島山　大口（田代）　垂水（鹿大演習林）

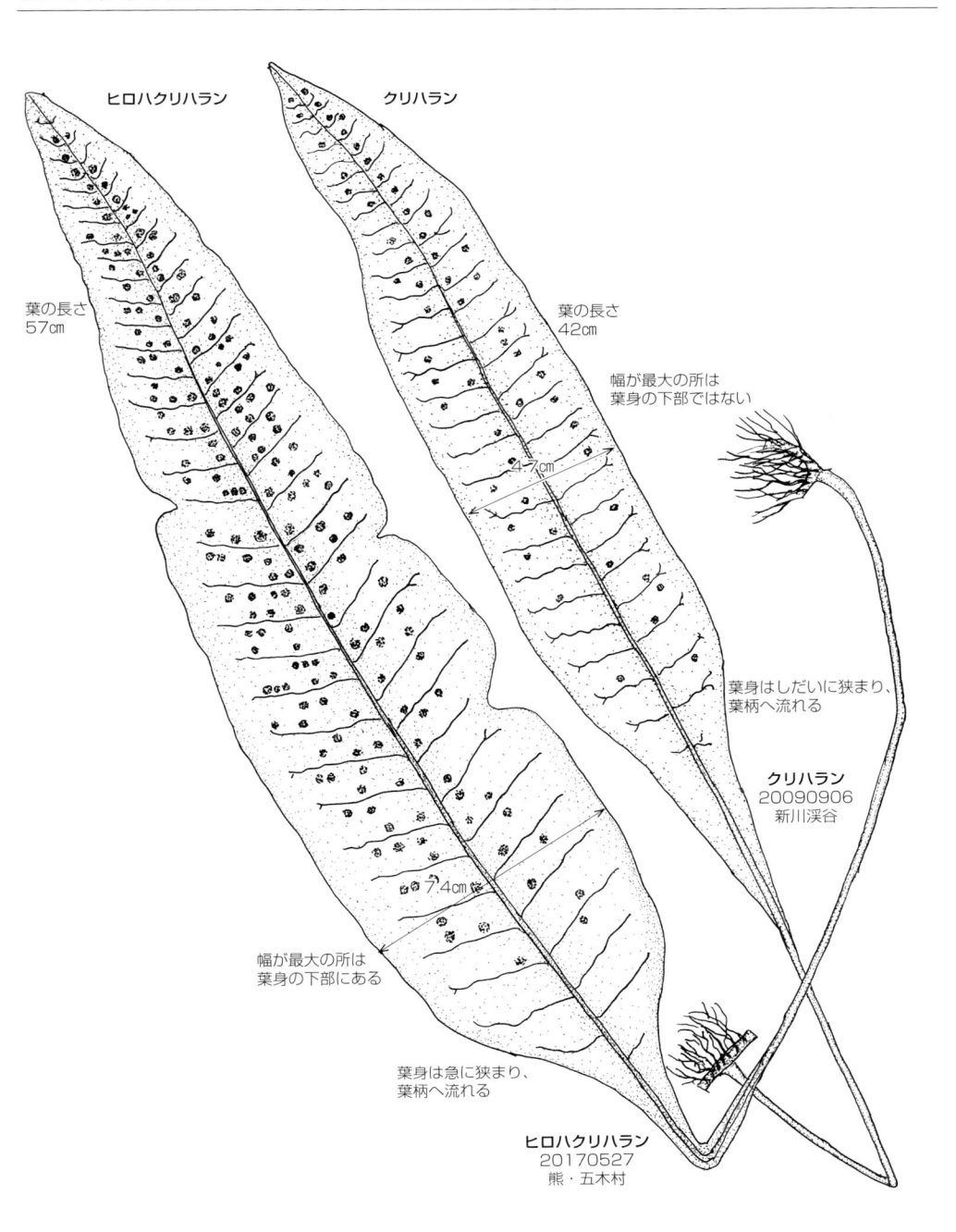

ヒロハクリハラン

クリハラン

葉の長さ
57cm

葉の長さ
42cm

幅が最大の所は
葉身の下部ではない

←1.7cm→

葉身はしだいに狭まり、
葉柄へ流れる

クリハラン
20090906
新川渓谷

←7.4cm→

幅が最大の所は
葉身の下部にある

葉身は急に狭まり、
葉柄へ流れる

ヒロハクリハラン
20170527
熊・五木村

分布 | 九・目……記載がない
　　 | 鹿・目……記載がない

ホコザキウラボシ　[ウラボシ科　ヌカボシクリハラン属]　*Microsorum insigne*

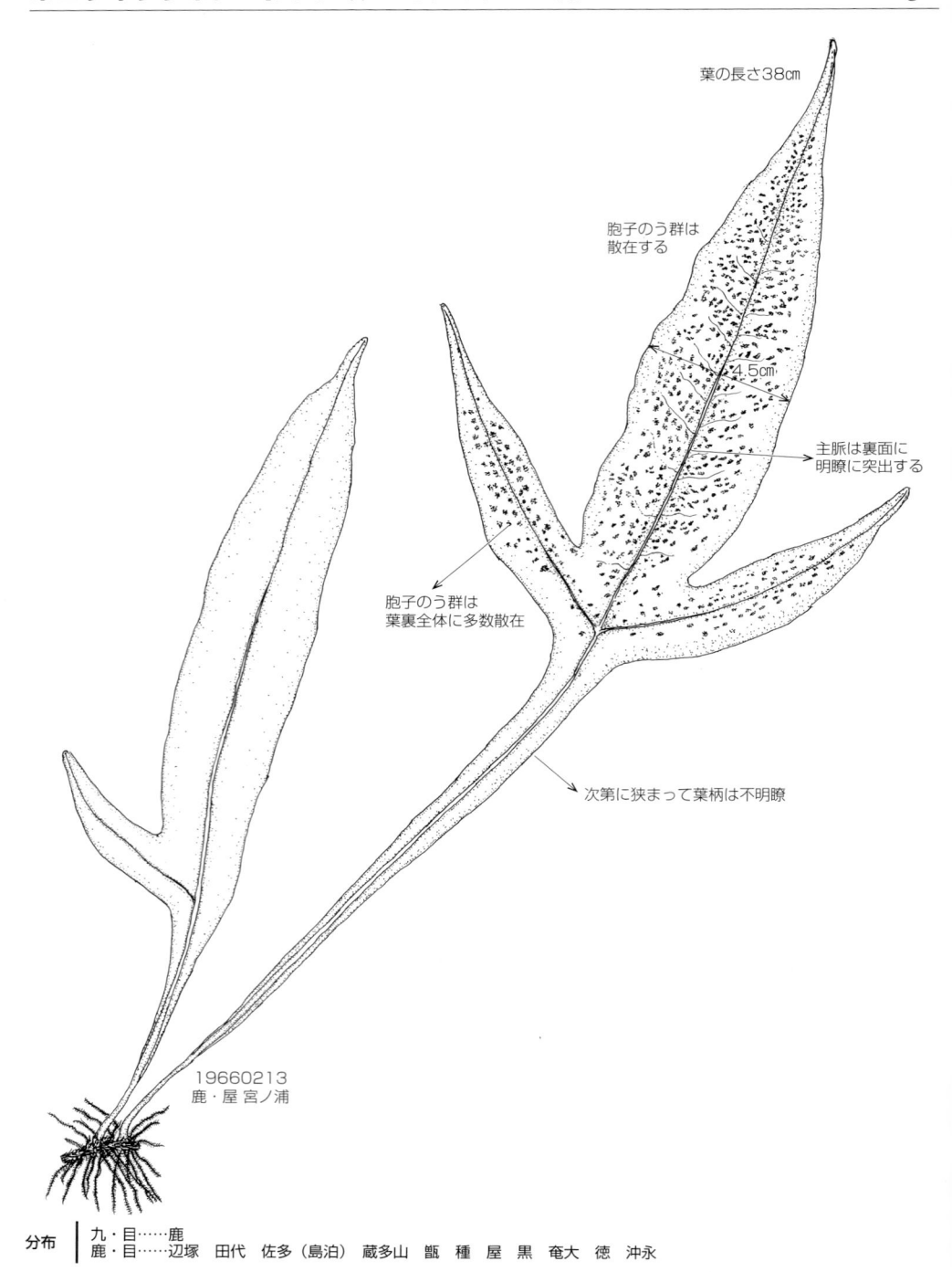

葉の長さ38cm

胞子のう群は
散在する

4.5cm

主脈は裏面に
明瞭に突出する

胞子のう群は
葉裏全体に多数散在

次第に狭まって葉柄は不明瞭

19660213
鹿・屋 宮ノ浦

分布 ┃ 九・目……鹿
　　　┃ 鹿・目……辺塚　田代　佐多（島泊）　蔵多山　甑　種　屋　黒　奄大　徳　沖永

アオネカズラ　[ウラボシ科　エゾデンダ属]　*Polypodium nipponicum*

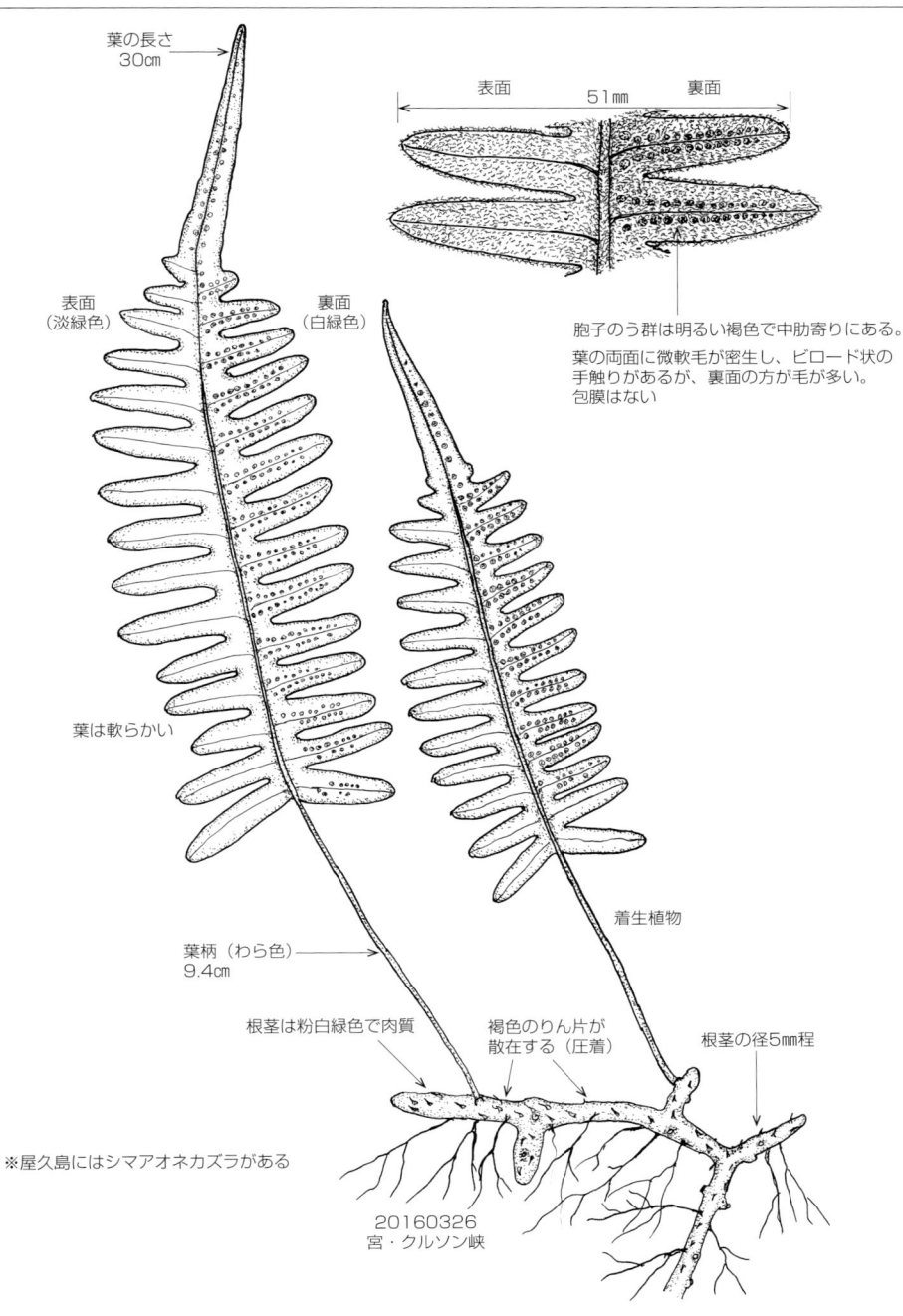

葉の長さ
30㎝

表面　51㎜　裏面

表面
（淡緑色）

裏面
（白緑色）

胞子のう群は明るい褐色で中肋寄りにある。
葉の両面に微軟毛が密生し、ビロード状の
手触りがあるが、裏面の方が毛が多い。
包膜はない

葉は軟らかい

着生植物

葉柄（わら色）
9.4㎝

根茎は粉白緑色で肉質

褐色のりん片が
散在する（圧着）

根茎の径5㎜程

※屋久島にはシマアオネカズラがある

20160326
宮・クルソン峡

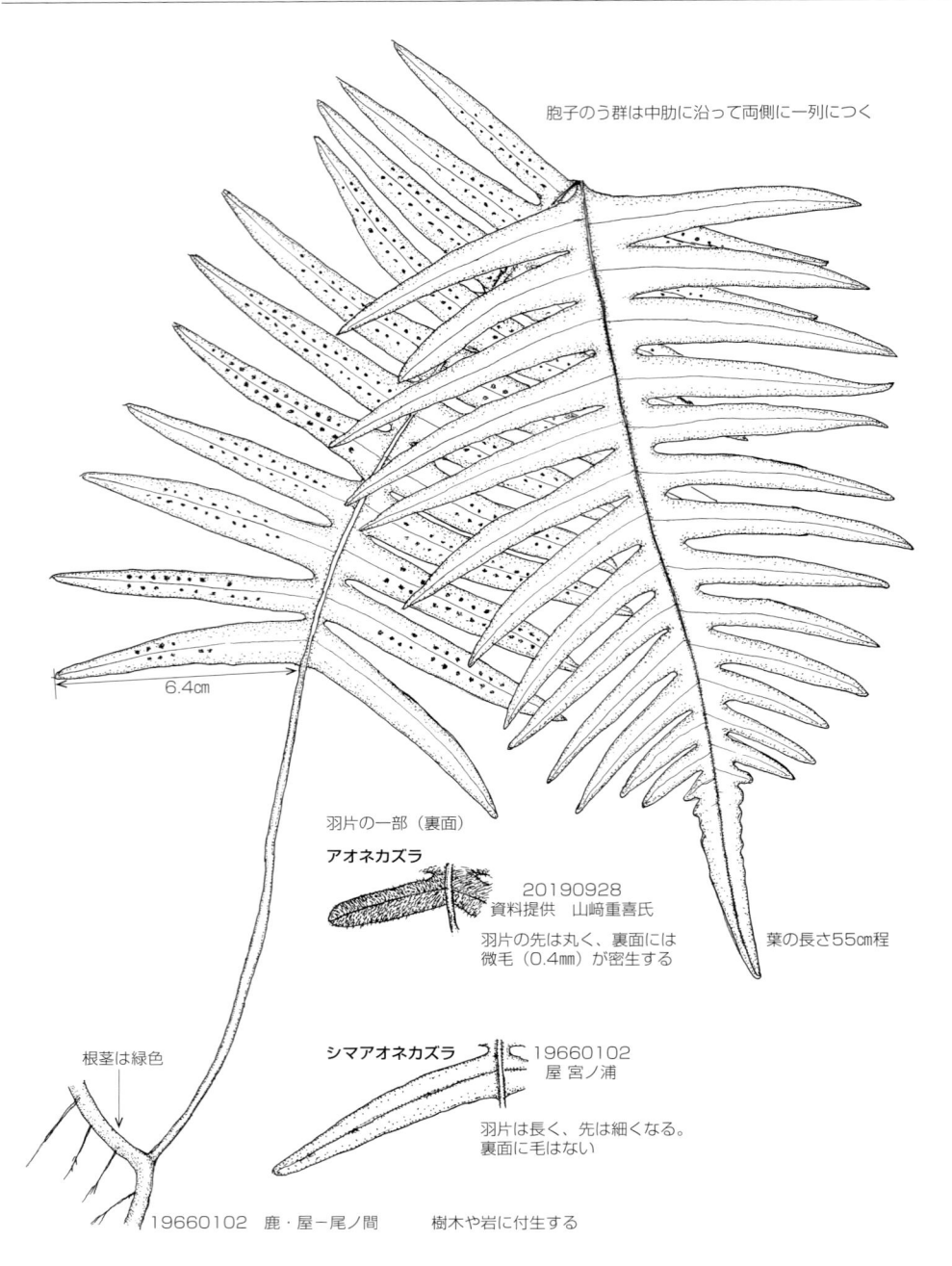

胞子のう群は中肋に沿って両側に一列につく

6.4cm

羽片の一部（裏面）

アオネカズラ

20190928
資料提供　山﨑重喜氏

羽片の先は丸く、裏面には
微毛（0.4㎜）が密生する

葉の長さ55㎝程

根茎は緑色

シマアオネカズラ　19660102
屋 宮ノ浦

羽片は長く、先は細くなる。
裏面に毛はない

19660102　鹿・屋−尾ノ間　　樹木や岩に付生する

分布 ┃ 九・目……記載がない
　　　┃ 鹿・目……屋

イワオモダカ　［ウラボシ科　ヒトツバ属］　*Pyrrosia hastata*

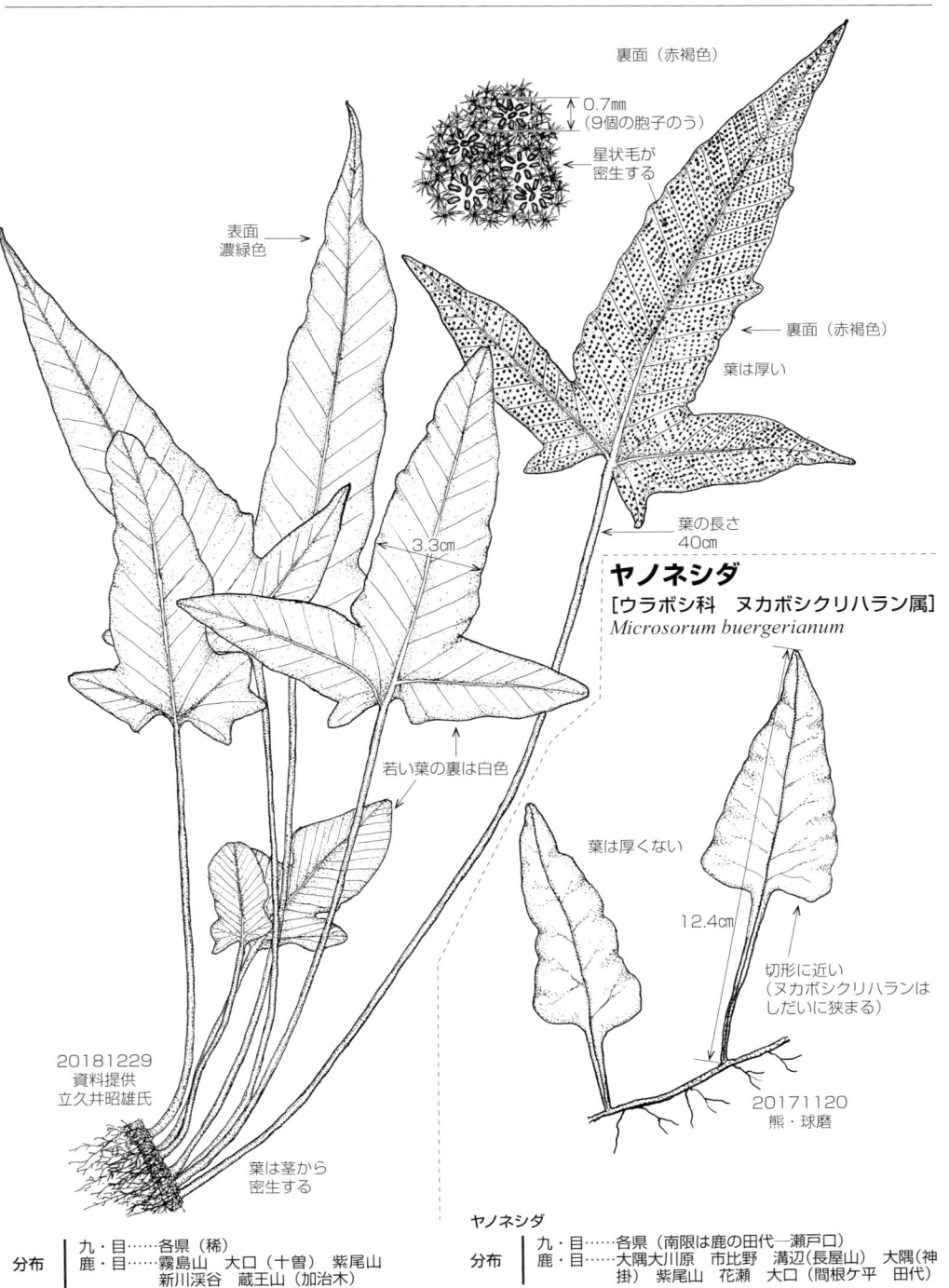

裏面（赤褐色）

0.7㎜
（9個の胞子のう）

星状毛が
密生する

表面
濃緑色

裏面（赤褐色）

葉は厚い

3.3cm

葉の長さ
40cm

若い葉の裏は白色

ヤノネシダ
［ウラボシ科　ヌカボシクリハラン属］
Microsorum buergerianum

葉は厚くない

12.4cm

切形に近い
（ヌカボシクリハランは
しだいに狭まる）

20181229
資料提供
立久井昭雄氏

葉は茎から
密生する

20171120
熊・球磨

分布　九・目……各県（稀）
　　　鹿・目……霧島山　大口（十曽）　紫尾山
　　　　　　　　新川渓谷　蔵王山（加治木）

ヤノネシダ
分布　九・目……各県（南限は鹿の田代―瀬戸口）
　　　鹿・目……大隅大川原　市比野　溝辺（長屋山）　大隅（神
　　　　　　　　掛）　紫尾山　花瀬　大口（間根ケ平　田代）

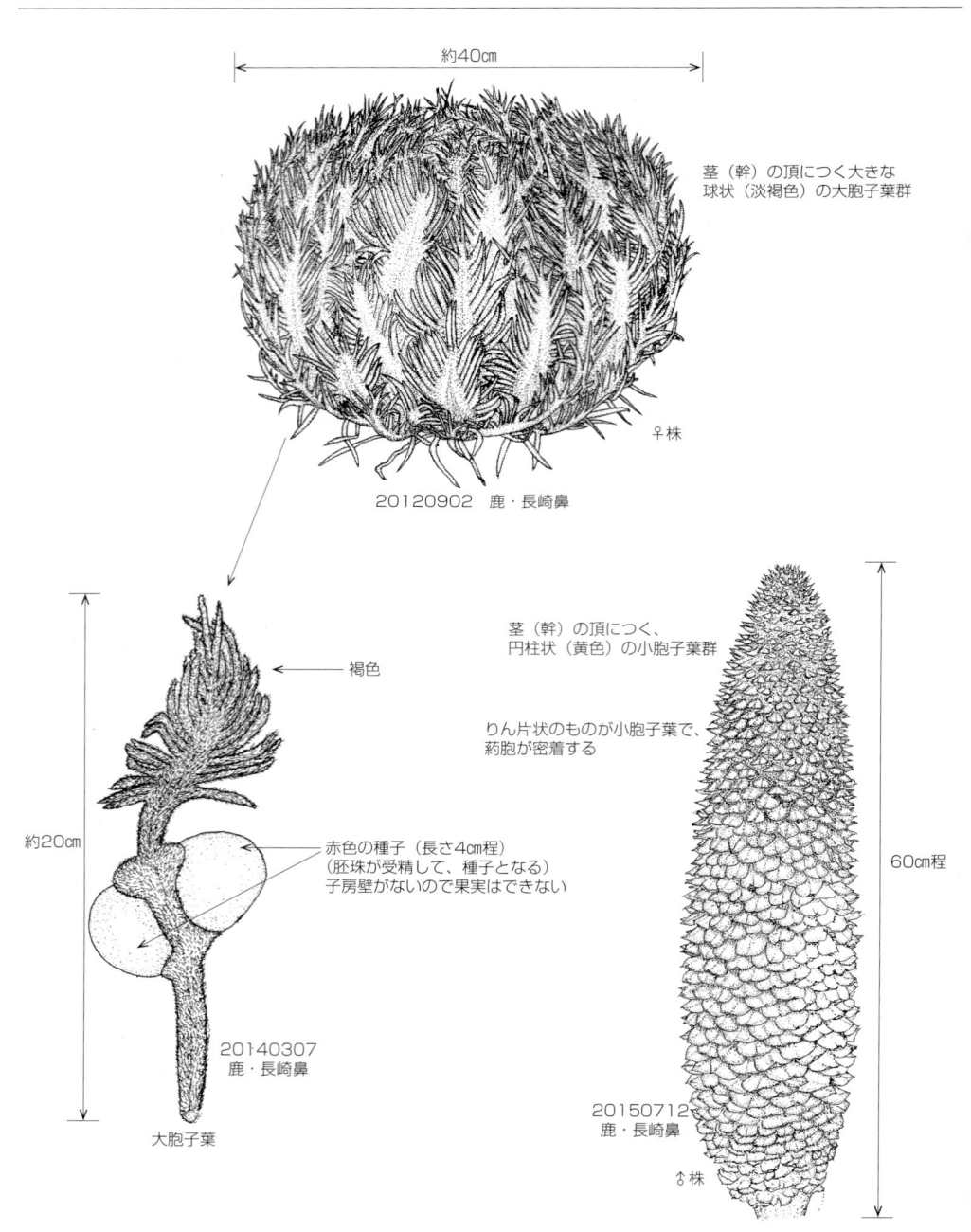

ソテツ　[ソテツ科　ソテツ属]　　　　　　　　　　　　*Cycas revoluta*

約40cm

茎（幹）の頂につく大きな
球状（淡褐色）の大胞子葉群

♀株

20120902　鹿・長崎鼻

褐色

茎（幹）の頂につく、
円柱状（黄色）の小胞子葉群

りん片状のものが小胞子葉で、
葯胞が密着する

約20cm

赤色の種子（長さ4cm程）
（胚珠が受精して、種子となる）
子房壁がないので果実はできない

60cm程

20140307
鹿・長崎鼻

大胞子葉

20150712
鹿・長崎鼻

♂株

分布　│　九・目……長（平戸―中の浦、逸出）　宮（都井岬―北限）　鹿
　　　│　鹿・目……奄群　種　馬毛島　佐多岬　火之岬　山川（竹山　長崎鼻）　秋目

オニバス　[スイレン科　オニバス属] *Euryale ferox*

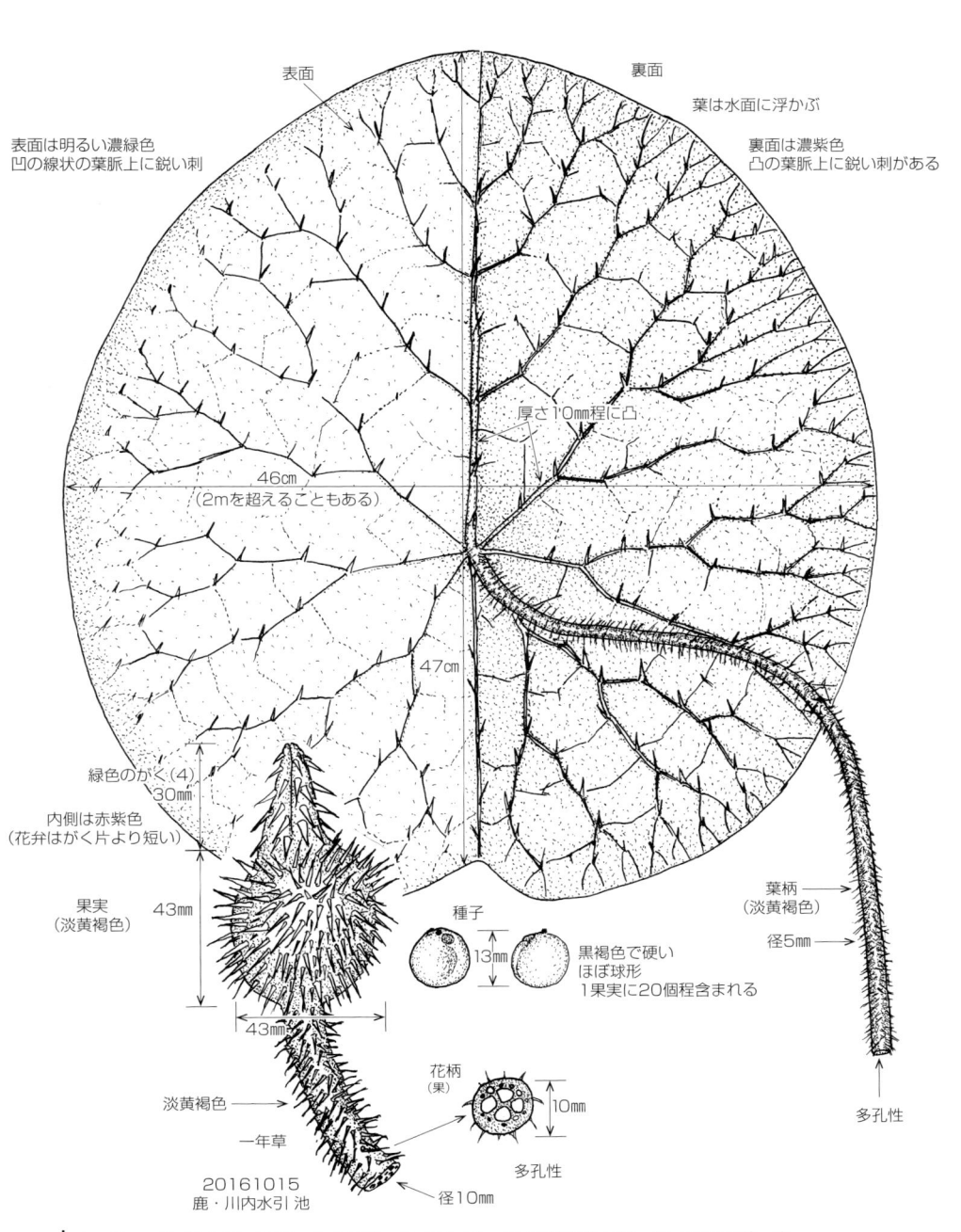

表面

裏面

表面は明るい濃緑色
凹の線状の葉脈上に鋭い刺

葉は水面に浮かぶ

裏面は濃紫色
凸の葉脈上に鋭い刺がある

厚さ10mm程に凸

46cm
（2mを超えることもある）

47cm

緑色のがく（4）
30mm

内側は赤紫色
（花弁はがく片より短い）

果実
（淡黄褐色）

43mm

種子

13mm

黒褐色で硬い
ほぼ球形
1果実に20個程含まれる

葉柄
（淡黄褐色）

径5mm

淡黄褐色

一年草

43mm

花柄
（果）

10mm

多孔性

多孔性

20161015
鹿・川内水引池

径10mm

多孔性

分布 ｜九・目……福（北九州　福岡）　大（点在）　佐（三ケ月）　熊（八代以北点在）　宮（宮崎本城）　鹿
　　　　　鹿・目……川内　種（宝満池）

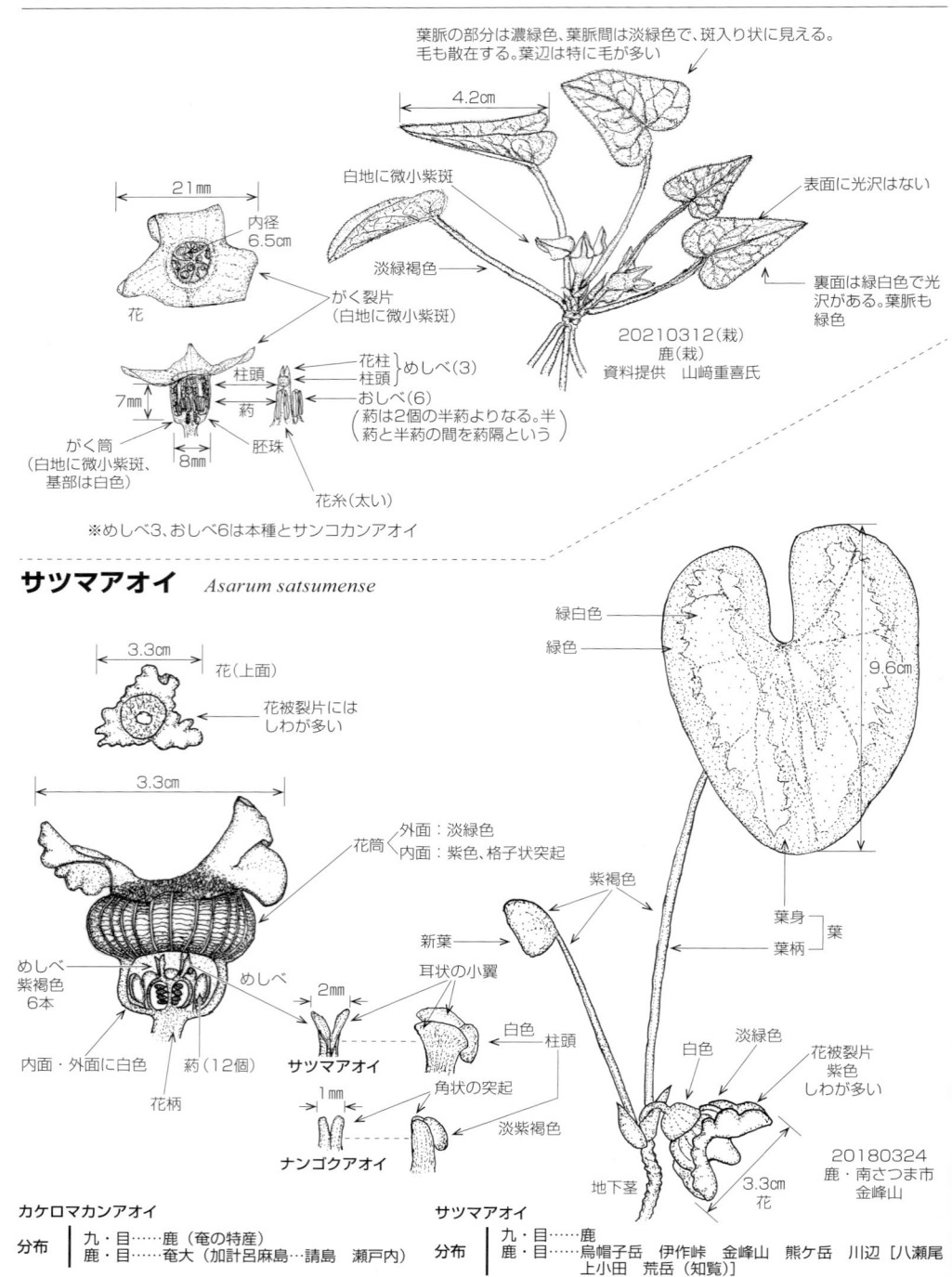

カケロマカンアオイ　［ウマノスズクサ科　カンアオイ属］　*Asarum trinacriforme*

葉脈の部分は濃緑色、葉脈間は淡緑色で、斑入り状に見える。
毛も散在する。葉辺は特に毛が多い

4.2cm

白地に微小紫斑

表面に光沢はない

淡緑褐色→

裏面は緑白色で光
沢がある。葉脈も
緑色

21mm

内径
6.5cm

花

がく裂片
（白地に微小紫斑）

20210312（栽）
鹿（栽）
資料提供　山﨑重喜氏

花柱
柱頭　｝めしべ（3）
柱頭

おしべ（6）
（葯は2個の半葯よりなる。半
葯と半葯の間を葯隔という）

7mm

柱頭

葯

がく筒
（白地に微小紫斑、
基部は白色）

8mm

胚珠

花糸（太い）

※めしべ3、おしべ6は本種とサンコカンアオイ

サツマアオイ　*Asarum satsumense*

3.3cm

花（上面）

花被裂片には
しわが多い

3.3cm

外面：淡緑色
花筒
内面：紫色、格子状突起

緑白色

緑色

9.6cm

めしべ
紫褐色
6本

めしべ

2mm

新葉

耳状の小翼

白色

柱頭

紫褐色

葉身　｝葉
葉柄

内面・外面に白色

葯（12個）

サツマアオイ

角状の突起

淡緑色

白色

淡緑色

花柄

1mm

花被裂片
紫色
しわが多い

ナンゴクアオイ

淡紫褐色

地下茎

3.3cm
花

20180324
鹿・南さつま市
金峰山

カケロマカンアオイ

分布	九・目……鹿（奄の特産） 鹿・目……奄大（加計呂麻島…請島　瀬戸内）

サツマアオイ

分布	九・目……鹿 鹿・目……烏帽子岳　伊作峠　金峰山　熊ケ岳　川辺［八瀬尾 上小田　荒岳（知覧）］

センカクアオイ　［ウマノスズクサ科　カンアオイ属］　*Asarum senkakuinsulare*

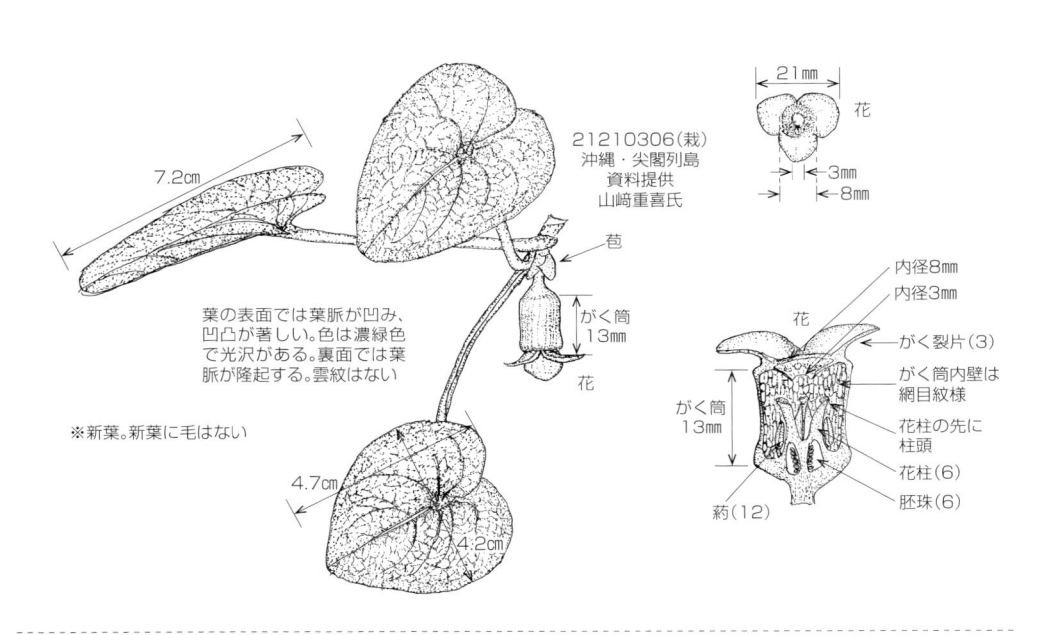

7.2㎝

21210306（栽）
沖縄・尖閣列島
資料提供
山崎重喜氏

葉の表面では葉脈が凹み、凹凸が著しい。色は濃緑色で光沢がある。裏面では葉脈が隆起する。雲紋はない

※新葉。新葉に毛はない

4.7㎝

4.2㎝

苞

がく筒
13mm

花

21mm

花

3mm

8mm

内径8mm

内径3mm

花

がく裂片（3）

がく筒内壁は網目紋様

花柱の先に柱頭

がく筒
13mm

花柱（6）

胚珠（6）

葯（12）

サンコカンアオイ　*Asarum trigynum*

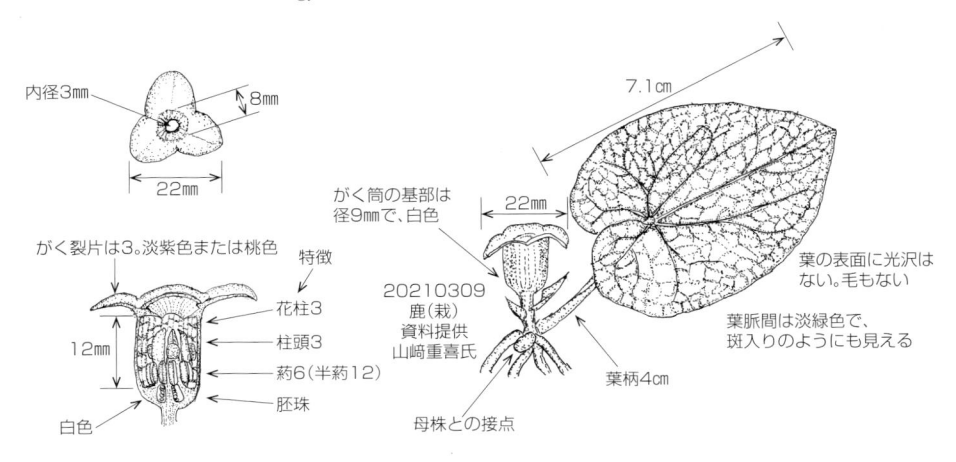

内径3mm

8mm

22mm

がく裂片は3。淡紫色または桃色

特徴

花柱3

柱頭3

12mm

葯6（半葯12）

胚珠

白色

和名は3本のめしべが仏具の三鈷に見たてられたことによる

7.1㎝

がく筒の基部は径9mmで、白色

22mm

20210309
鹿（栽）
資料提供
山崎重喜氏

葉の表面に光沢はない。毛もない

葉脈間は淡緑色で、斑入りのようにも見える

葉柄4㎝

母株との接点

センカクアオイ

分布　｜　九・目……記載がない
　　　｜　鹿・目……記載がない

サンコカンアオイ

分布　｜　九・目……鹿（下甑の特産）
　　　｜　鹿・目……甑（尾岳）

133

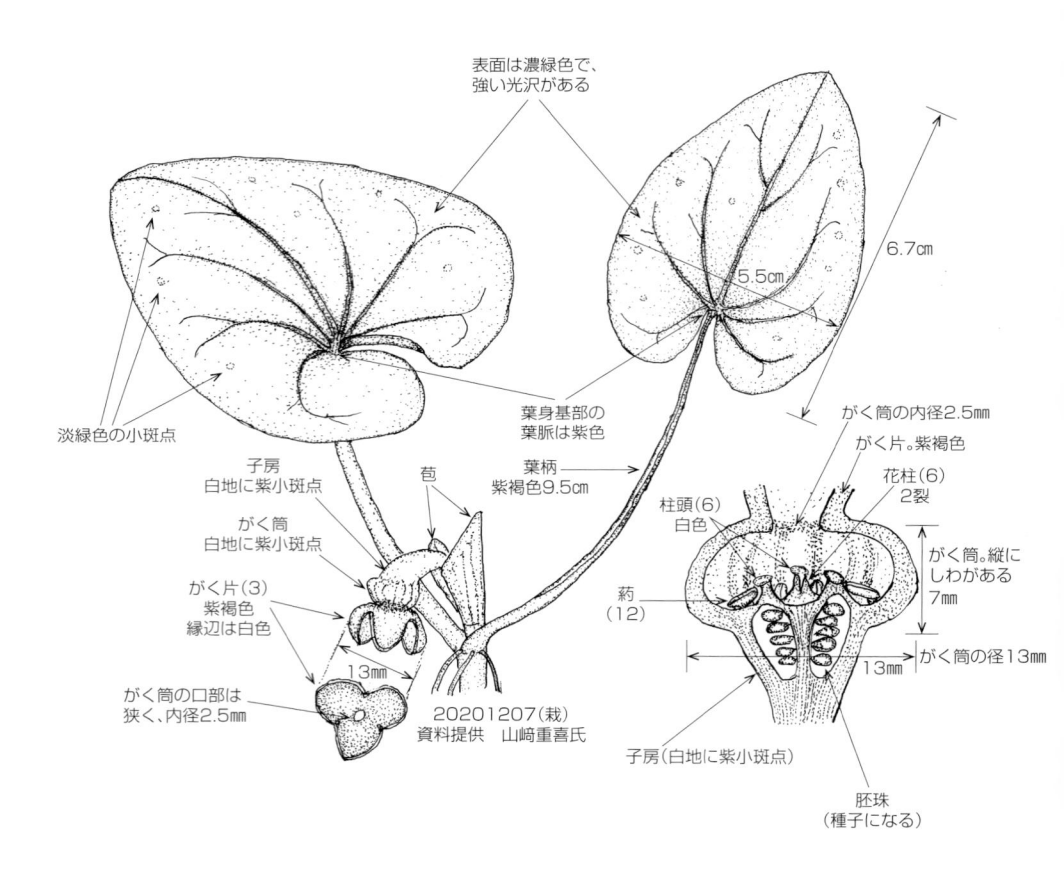

表面は濃緑色で、強い光沢がある

6.7㎝

5.5㎝

がく筒の内径2.5㎜

がく片。紫褐色

花柱(6)
2裂

柱頭(6)
白色

がく筒。縦に
しわがある
7㎜

葯
(12)

がく筒の径13㎜

13㎜

子房(白地に紫小斑点)

胚珠
(種子になる)

淡緑色の小斑点

子房
白地に紫小斑点

苞

葉柄
紫褐色9.5㎝

葉身基部の
葉脈は紫色

がく筒
白地に紫小斑点

がく片(3)
紫褐色
縁辺は白色

がく筒の口部は
狭く、内径2.5㎜

13㎜

20201207(栽)
資料提供　山﨑重喜氏

分布　九・目……鹿（宇治群島の特産）
　　　鹿・目……宇治群島（家島　向島）

ヤクシマアオイ（オニカンアオイ）　[ウマノスズクサ科　カンアオイ属] *Asarum yakusimense*

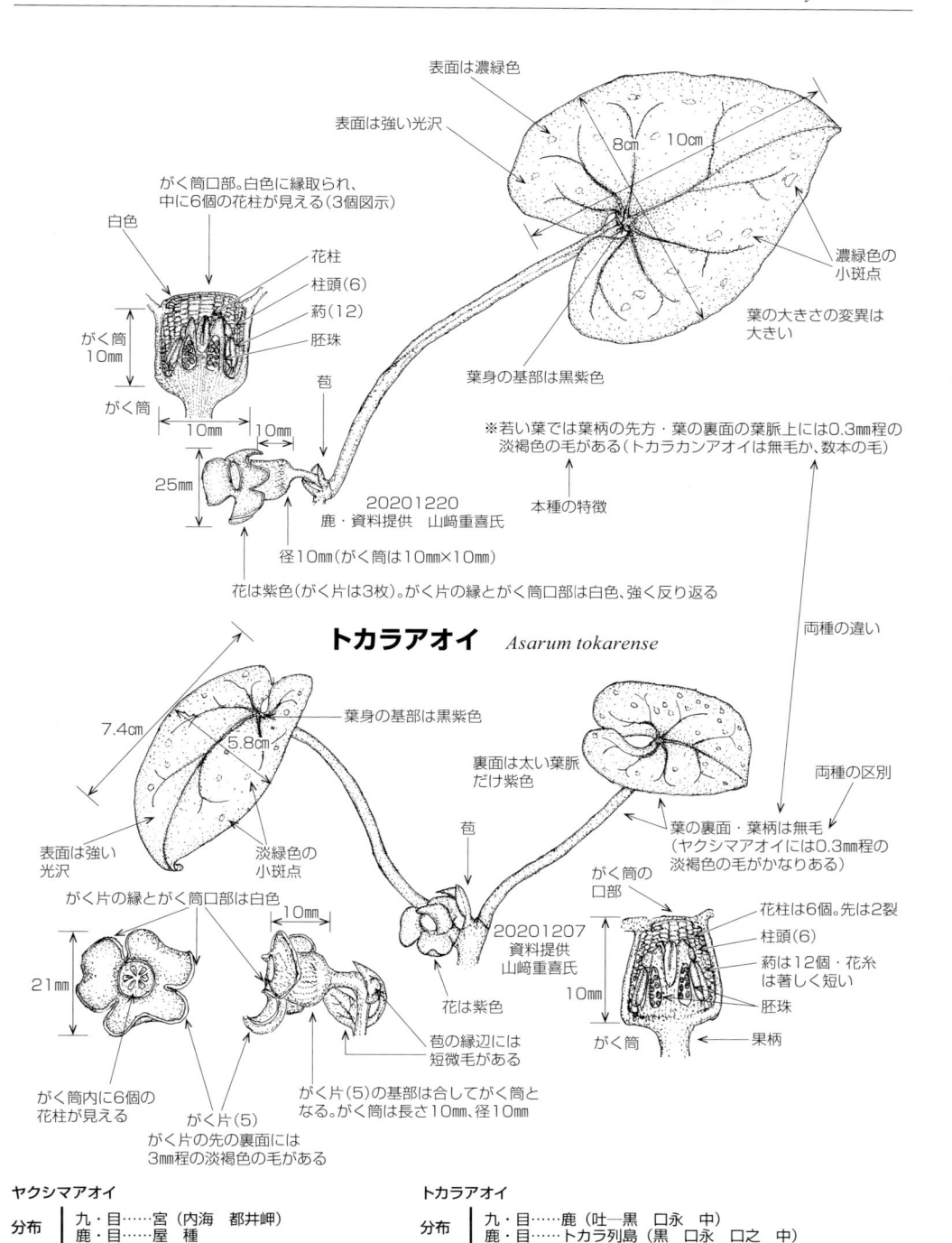

表面は濃緑色

表面は強い光沢

8cm　10cm

濃緑色の小斑点

葉の大きさの変異は大きい

葉身の基部は黒紫色

がく筒口部。白色に縁取られ、中に6個の花柱が見える（3個図示）

白色

花柱

柱頭(6)

葯(12)

胚珠

がく筒10mm

がく筒

苞

10mm　10mm

25mm

20201220
鹿・資料提供　山崎重喜氏

径10mm（がく筒は10mm×10mm）

花は紫色（がく片は3枚）。がく片の縁とがく筒口部は白色、強く反り返る

※若い葉では葉柄の先方・葉の裏面の葉脈上には0.3mm程の淡褐色の毛がある（トカラカンアオイは無毛か、数本の毛）

本種の特徴

両種の違い

トカラアオイ　*Asarum tokarense*

7.4cm

5.8cm

葉身の基部は黒紫色

裏面は太い葉脈だけ紫色

苞

表面は強い光沢

淡緑色の小斑点

20201207
資料提供
山崎重喜氏

花は紫色

苞の縁辺には短微毛がある

葉の裏面・葉柄は無毛（ヤクシマアオイには0.3mm程の淡褐色の毛がかなりある）

両種の区別

がく筒の口部

花柱は6個。先は2裂

柱頭(6)

葯は12個・花糸は著しく短い

胚珠

がく筒

果柄

10mm

がく片の縁とがく筒口部は白色

10mm

21mm

がく筒内に6個の花柱が見える

がく片(5)

がく片(5)の基部は合してがく筒となる。がく筒は長さ10mm、径10mm

がく片の先の裏面には3mm程の淡褐色の毛がある

ヤクシマアオイ

分布　九・目……宮（内海　都井岬）
　　　鹿・目……屋　種

トカラアオイ

分布　九・目……鹿（吐―黒　口永　中）
　　　鹿・目……トカラ列島（黒　口永　口之　中）

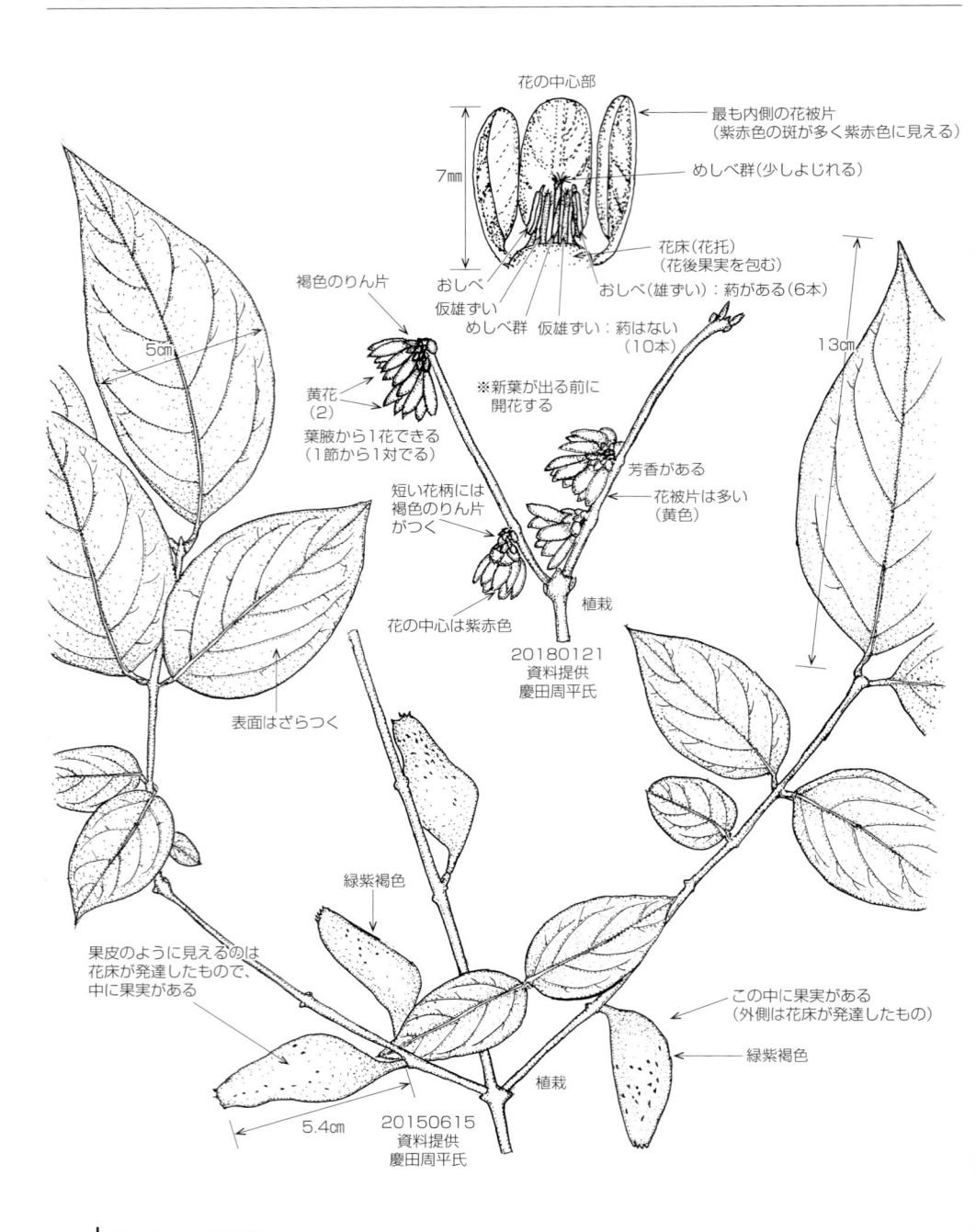

花の中心部

最も内側の花被片
（紫赤色の斑が多く紫赤色に見える）

めしべ群（少しよじれる）

7mm

花床（花托）
（花後果実を包む）

褐色のりん片

おしべ（雄ずい）：葯がある（6本）

おしべ
仮雄ずい
めしべ群　仮雄ずい：葯はない
（10本）

黄花
（2）

※新葉が出る前に
開花する

葉腋から1花できる
（1節から1対でる）

芳香がある

花被片は多い
（黄色）

短い花柄には
褐色のりん片
がつく

13cm

5cm

植栽

花の中心は紫赤色

20180121
資料提供
慶田周平氏

表面はざらつく

緑紫褐色

果皮のように見えるのは
花床が発達したもので、
中に果実がある

この中に果実がある
（外側は花床が発達したもの）

緑紫褐色

植栽

5.4cm

20150615
資料提供
慶田周平氏

分布　│　九・目……記載がない
　　　│　鹿・目……記載がない

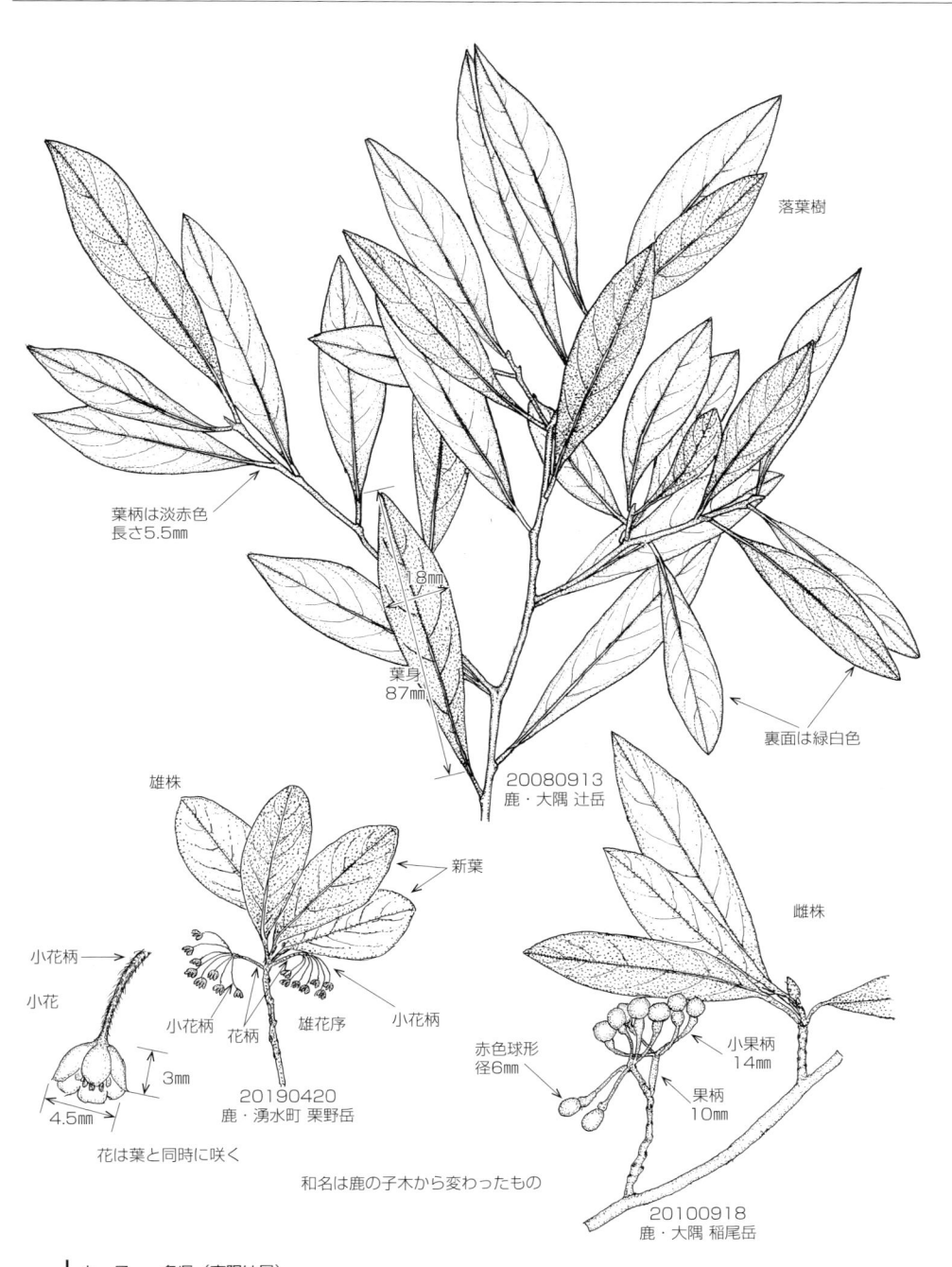

落葉樹

葉柄は淡赤色
長さ5.5㎜

18㎜

葉身
87㎜

裏面は緑白色

20080913
鹿・大隅 辻岳

雄株

新葉

小花柄

小花

小花柄　花柄　雄花序　小花柄

3mm

4.5㎜

20190420
鹿・湧水町 栗野岳

花は葉と同時に咲く

和名は鹿の子木から変わったもの

雌株

赤色球形
径6mm

小果柄
14㎜

果柄
10㎜

20100918
鹿・大隅 稲尾岳

分布 ｜ 九・目……各県（南限は屋）
　　　｜ 鹿・目……県本土各地　甑　屋

アオモジ　［クスノキ科　ハマビワ属］　*Litsea cubeba*

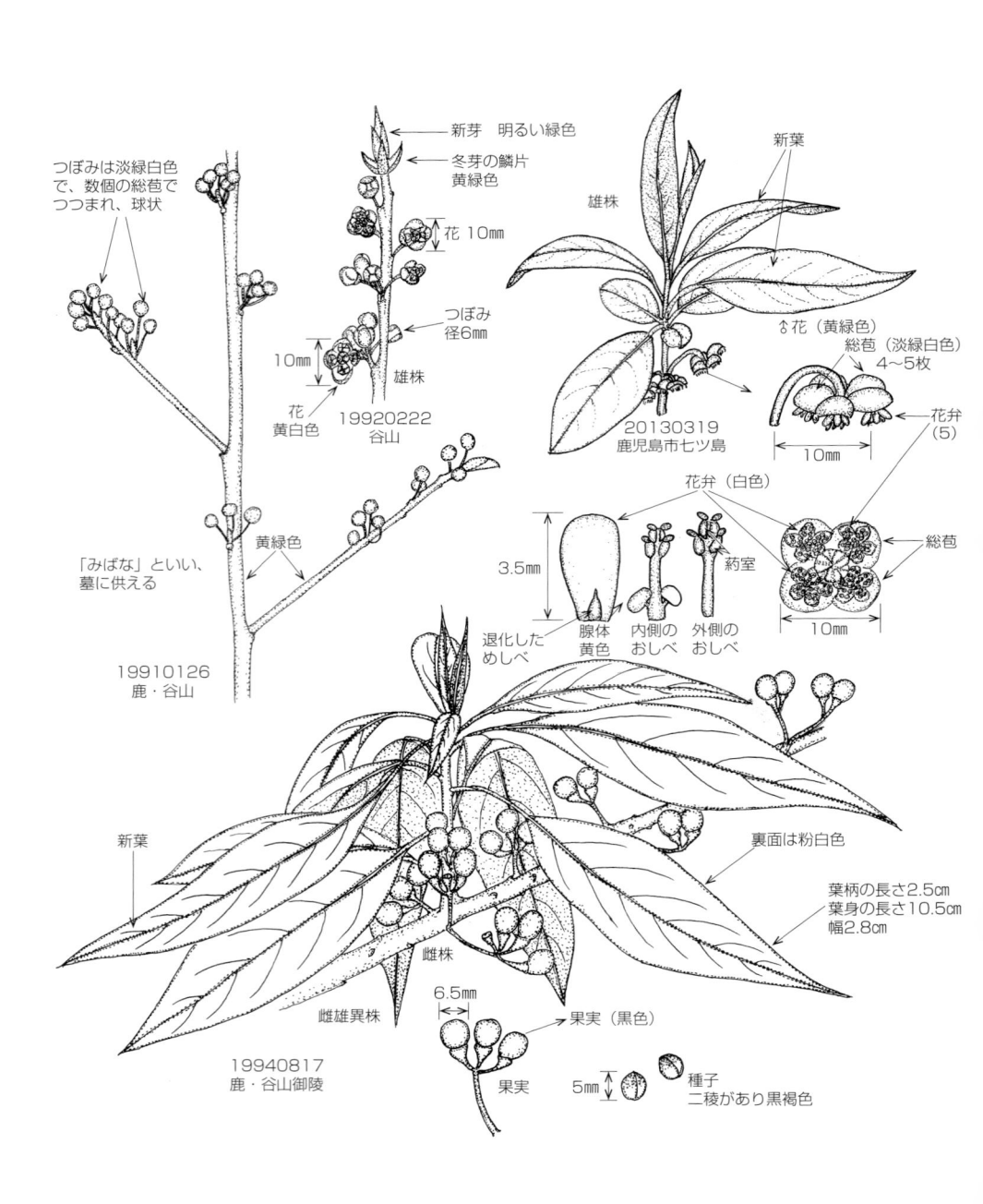

つぼみは淡緑白色で、数個の総苞でつつまれ、球状

新芽　明るい緑色

冬芽の鱗片黄緑色

花 10mm

つぼみ径6mm

10mm

雄株

花黄白色

19920222谷山

新葉

雄株

♂花（黄緑色）

総苞（淡緑白色）4〜5枚

花弁（5）

10mm

20130319鹿児島市七ツ島

花弁（白色）

3.5mm

退化しためしべ

腺体黄色

内側のおしべ

外側のおしべ

葯室

総苞

10mm

黄緑色

「みばな」といい、墓に供える

19910126鹿・谷山

新葉

裏面は粉白色

葉柄の長さ2.5cm葉身の長さ10.5cm幅2.8cm

雌株

雌雄異株

6.5mm

果実（黒色）

19940817鹿・谷山御陵

果実

5mm

種子二稜があり黒褐色

分布　｜　九・目……佐（普通─背振山脈以南）　熊（天草　水俣）　鹿　近年多くの県で野生化しているが上記以外ではすべて帰化
　　　　｜　鹿・目……甑　県本土（隼人付近より西）　屋　種　黒　口永　口之　中　諏訪　奄大　徳

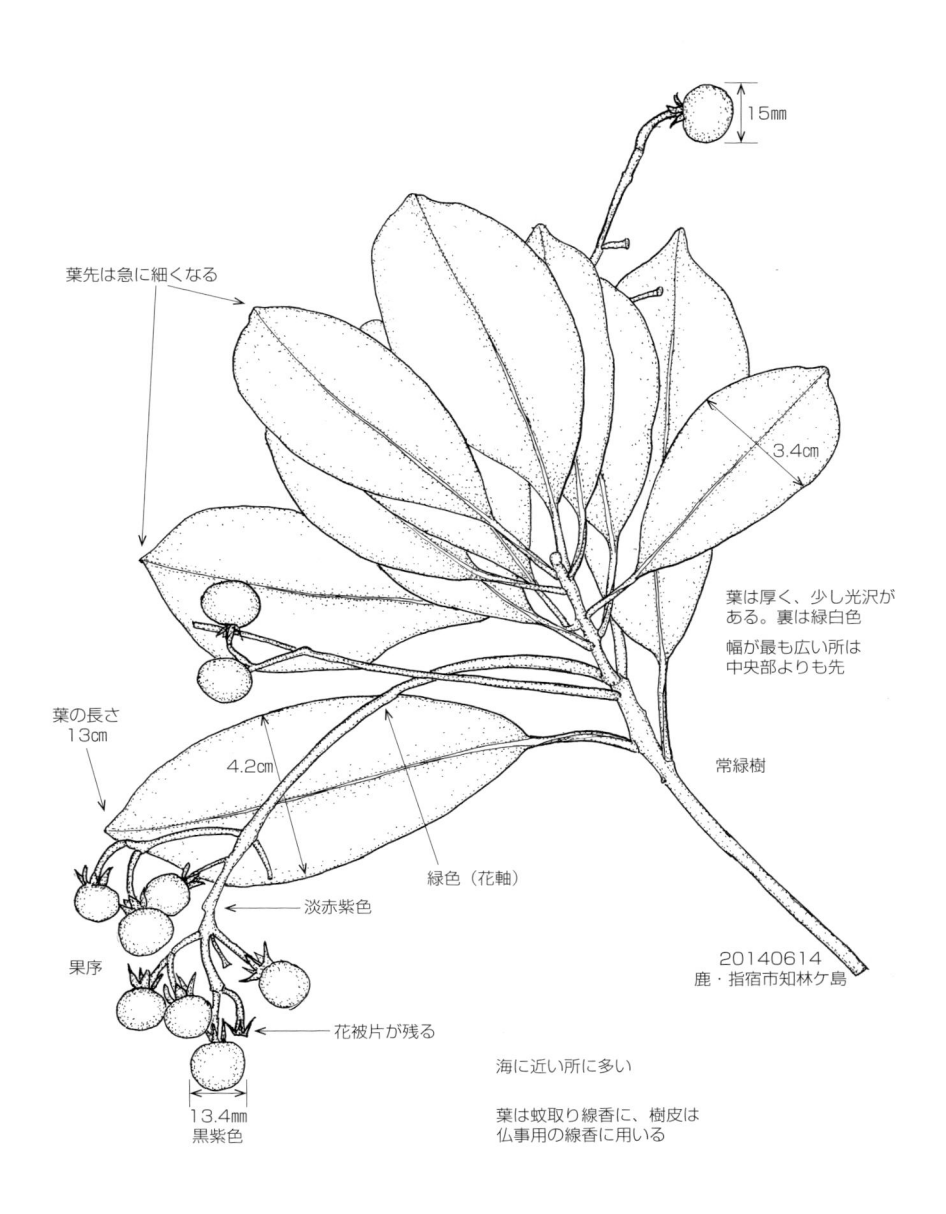

15㎜

葉先は急に細くなる

3.4cm

葉は厚く、少し光沢が
ある。裏は緑白色

幅が最も広い所は
中央部よりも先

葉の長さ
13cm

4.2cm

常緑樹

緑色（花軸）

淡赤紫色

20140614
鹿・指宿市知林ケ島

果序

花被片が残る

海に近い所に多い

葉は蚊取り線香に、樹皮は
仏事用の線香に用いる

13.4㎜
黒紫色

分布　│九・目……各県
　　　│鹿・目……各地

139

フタリシズカ　［センリョウ科　チャラン属］　*Chloranthus serratus*

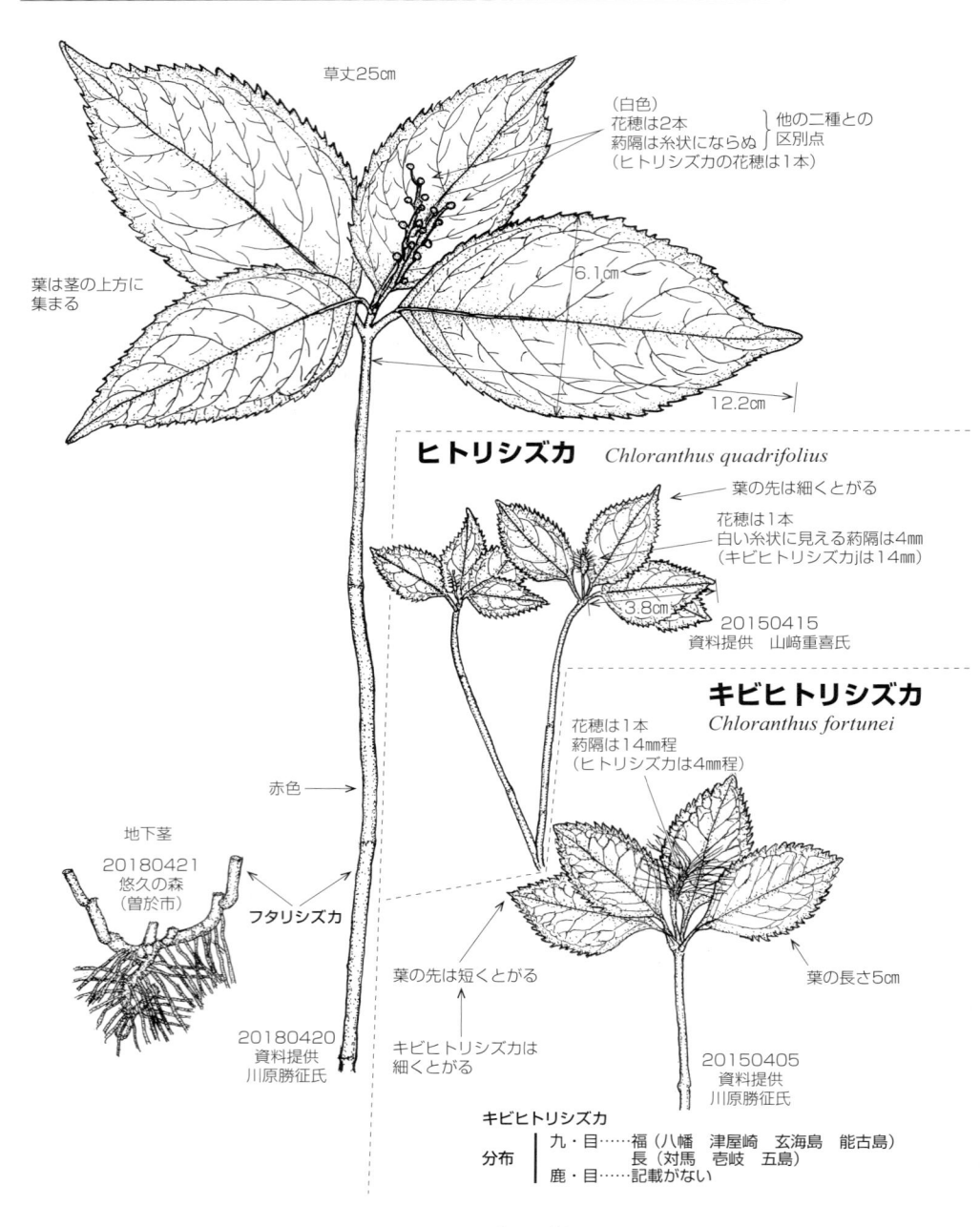

草丈25㎝

（白色）
花穂は2本
薬隔は糸状にならぬ ｝ 他の二種との区別点
（ヒトリシズカの花穂は1本）

葉は茎の上方に集まる

6.1㎝

12.2㎝

ヒトリシズカ　*Chloranthus quadrifolius*

葉の先は細くとがる

花穂は1本
白い糸状に見える薬隔は4㎜
（キビヒトリシズカjは14㎜）

3.8㎝

20150415
資料提供　山崎重喜氏

キビヒトリシズカ　*Chloranthus fortunei*

花穂は1本
薬隔は14㎜程
（ヒトリシズカは4㎜程）

赤色 →

地下茎
20180421
悠久の森
（曽於市）

フタリシズカ

20180420
資料提供
川原勝征氏

葉の先は短くとがる

キビヒトリシズカは
細くとがる

葉の長さ5㎝

20150405
資料提供
川原勝征氏

キビヒトリシズカ

分布	九・目……福（八幡　津屋崎　玄海島　能古島） 　　　長（対馬　壱岐　五島）
	鹿・目……記載がない

ヒトリシズカ

分布	九・目……各県　対馬　壱岐（南限は鹿の金峰山、東は大鳥峡）
	鹿・目……霧島山　高隈山　鹿屋　大鳥峡　金峰山　屋

分布	九・目……各県（南限は屋）
	鹿・目……県本土各地（南限は根占　穎娃の矢筈岳　枕崎の蔵多山）屋　種

ヒメウラシマソウ　[サトイモ科　テンナンショウ属]　*Arisaema kiushianum*

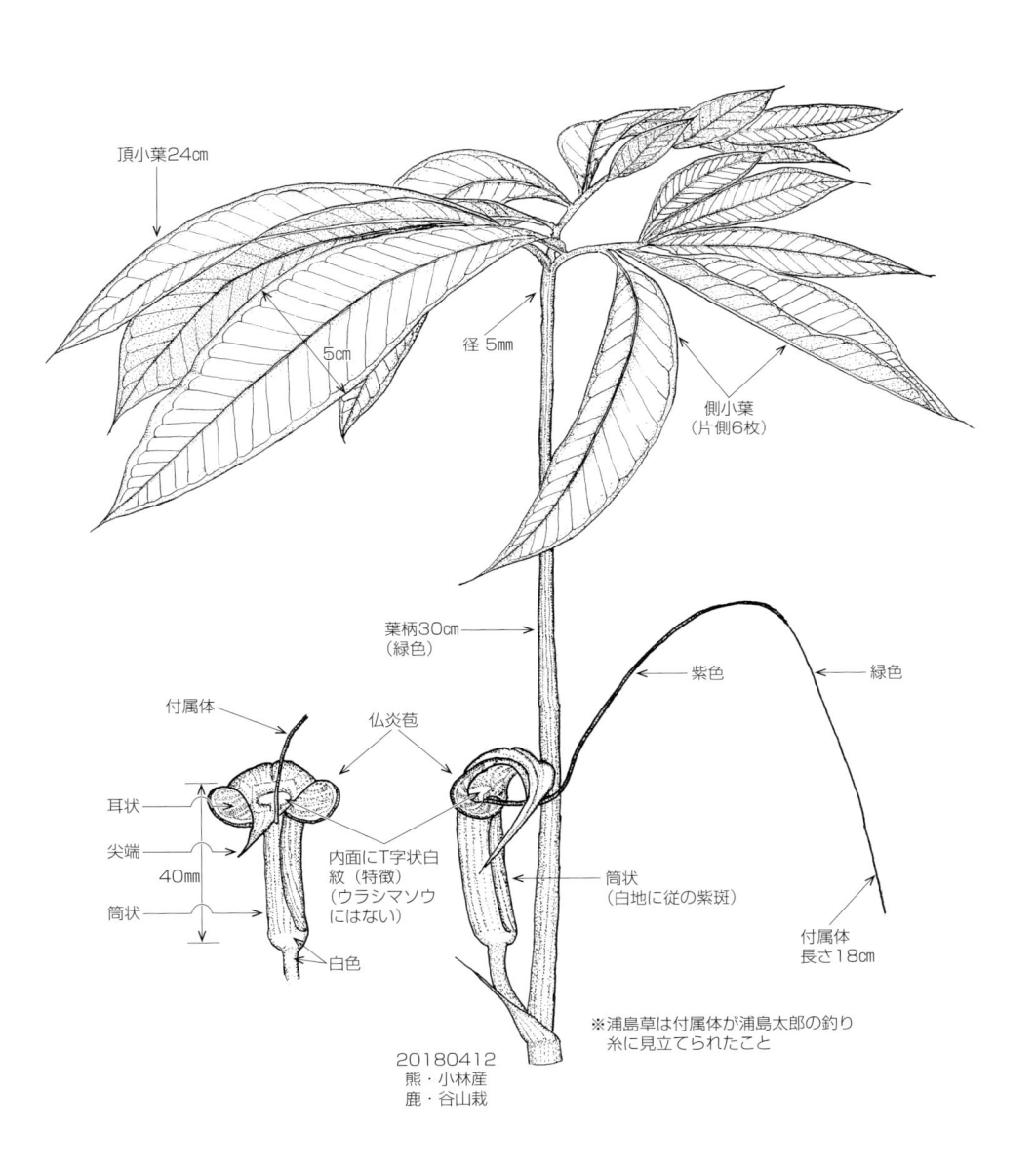

頂小葉24㎝

5㎝

径 5mm

側小葉
（片側6枚）

葉柄30㎝
（緑色）

付属体

仏炎苞

耳状

尖端

40mm

筒状

内面にT字状白
紋（特徴）
（ウラシマソウ
にはない）

白色

紫色

緑色

筒状
（白地に従の紫斑）

付属体
長さ18㎝

※浦島草は付属体が浦島太郎の釣り
　糸に見立てられたこと

20180412
熊・小林産
鹿・谷山栽

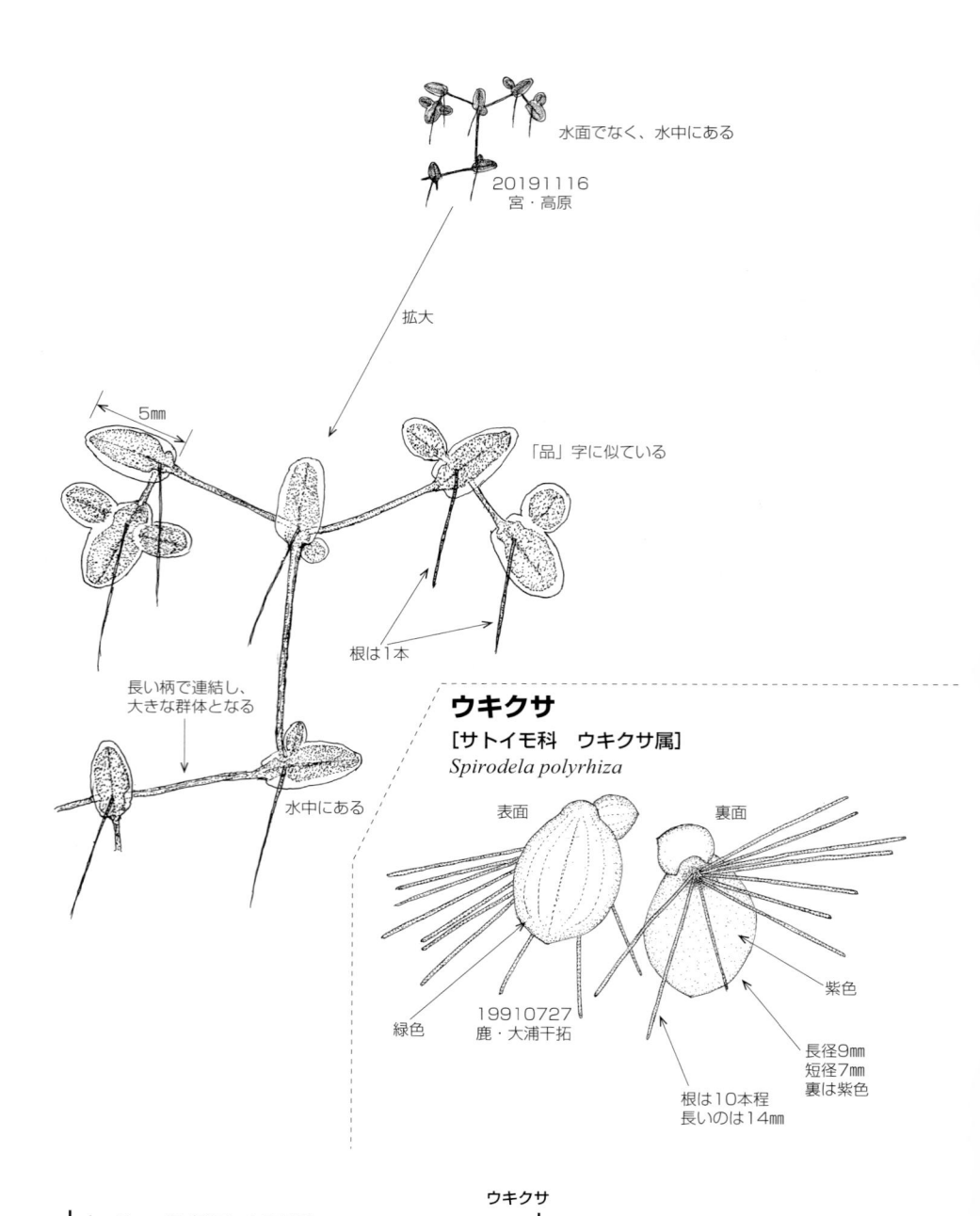

水面でなく、水中にある

20191116
宮・高原

拡大

5㎜

「品」字に似ている

根は1本

長い柄で連結し、
大きな群体となる

水中にある

ウキクサ

［サトイモ科　ウキクサ属］
Spirodela polyrhiza

表面

裏面

緑色

19910727
鹿・大浦干拓

根は10本程
長いのは14㎜

紫色

長径9㎜
短径7㎜
裏は紫色

ウキクサ
分布　九・目……各県（南は鹿の中　宝）
　　　　鹿・目……各地（トカラ列島の中　宝だけ）

ヒトヨシテンナンショウ　[サトイモ科　テンナンショウ属]　*Arisaema serratum* var.*mayebarae*

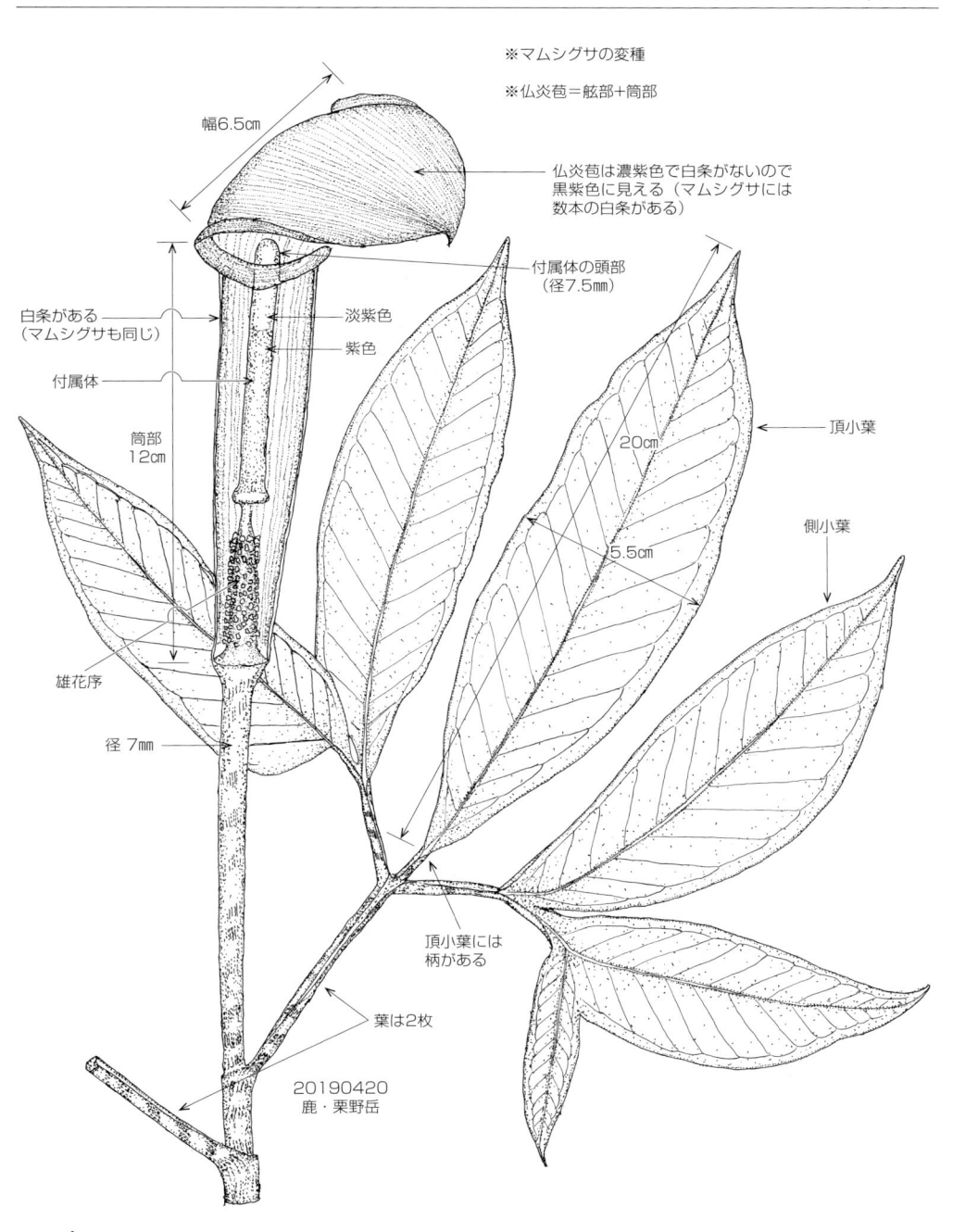

※マムシグサの変種

※仏炎苞＝舷部＋筒部

幅6.5㎝

仏炎苞は濃紫色で白条がないので
黒紫色に見える（マムシグサには
数本の白条がある）

付属体の頭部
（径7.5㎜）

白条がある
（マムシグサも同じ）

淡紫色

紫色

付属体

筒部
12㎝

20㎝

5.5㎝

頂小葉

側小葉

雄花序

径 7㎜

頂小葉には
柄がある

葉は2枚

20190420
鹿・栗野岳

分布　｜　九・目……各県（南は鹿本土各地）
　　　｜　鹿・目……鹿児島県

143

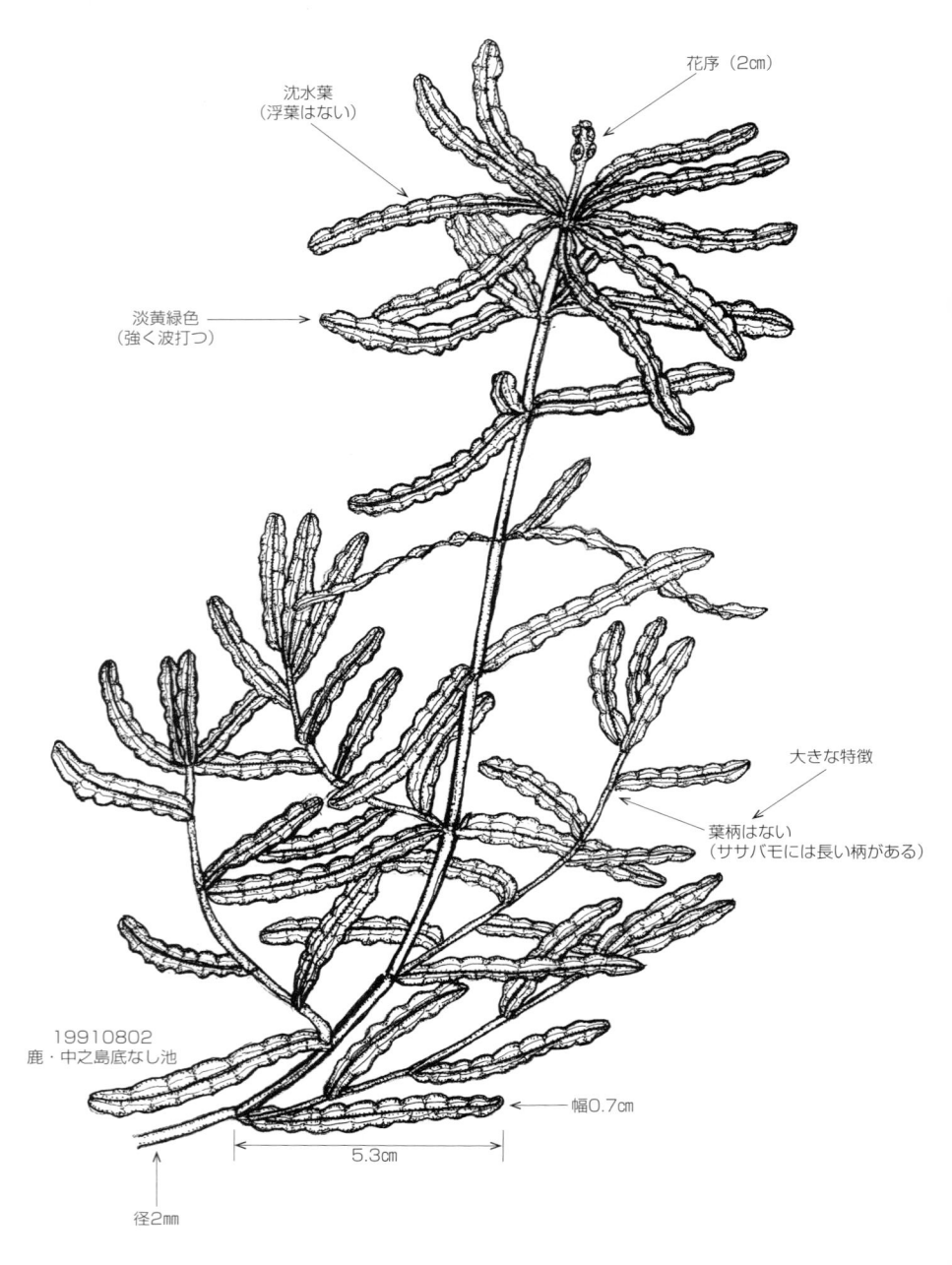

花序（2㎝）

沈水葉
（浮葉はない）

淡黄緑色 ——
（強く波打つ）

大きな特徴

葉柄はない
（ササバモには長い柄がある）

19910802
鹿・中之島底なし池

幅0.7㎝

5.3㎝

径2㎜

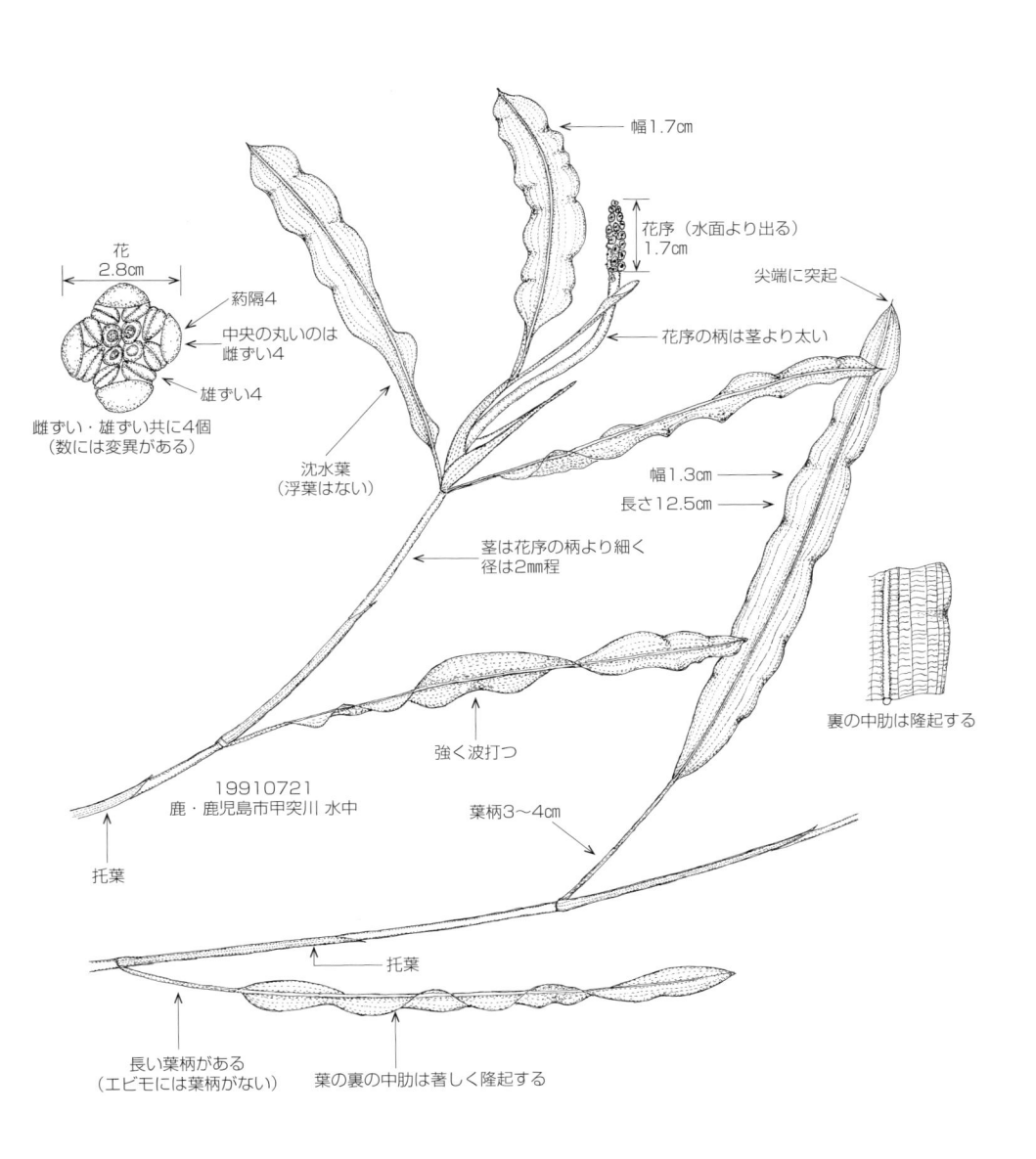

幅1.7㎝

花序（水面より出る）
1.7㎝

尖端に突起

花
2.8㎝

葯隔4

中央の丸いのは
雌ずい4

雄ずい4

雌ずい・雄ずい共に4個
（数には変異がある）

沈水葉
（浮葉はない）

花序の柄は茎より太い

幅1.3㎝

長さ12.5㎝

茎は花序の柄より細く
径は2㎜程

裏の中肋は隆起する

強く波打つ

19910721
鹿・鹿児島市甲突川 水中

葉柄3〜4㎝

托葉

托葉

長い葉柄がある
（エビモには葉柄がない）

葉の裏の中肋は著しく隆起する

分布 | 九・目……各県
| 鹿・目……県本土各地　徳　沖永

フトヒルムシロ 　[ヒルムシロ科　ヒルムシロ属]　　*Potamogeton fryeri*

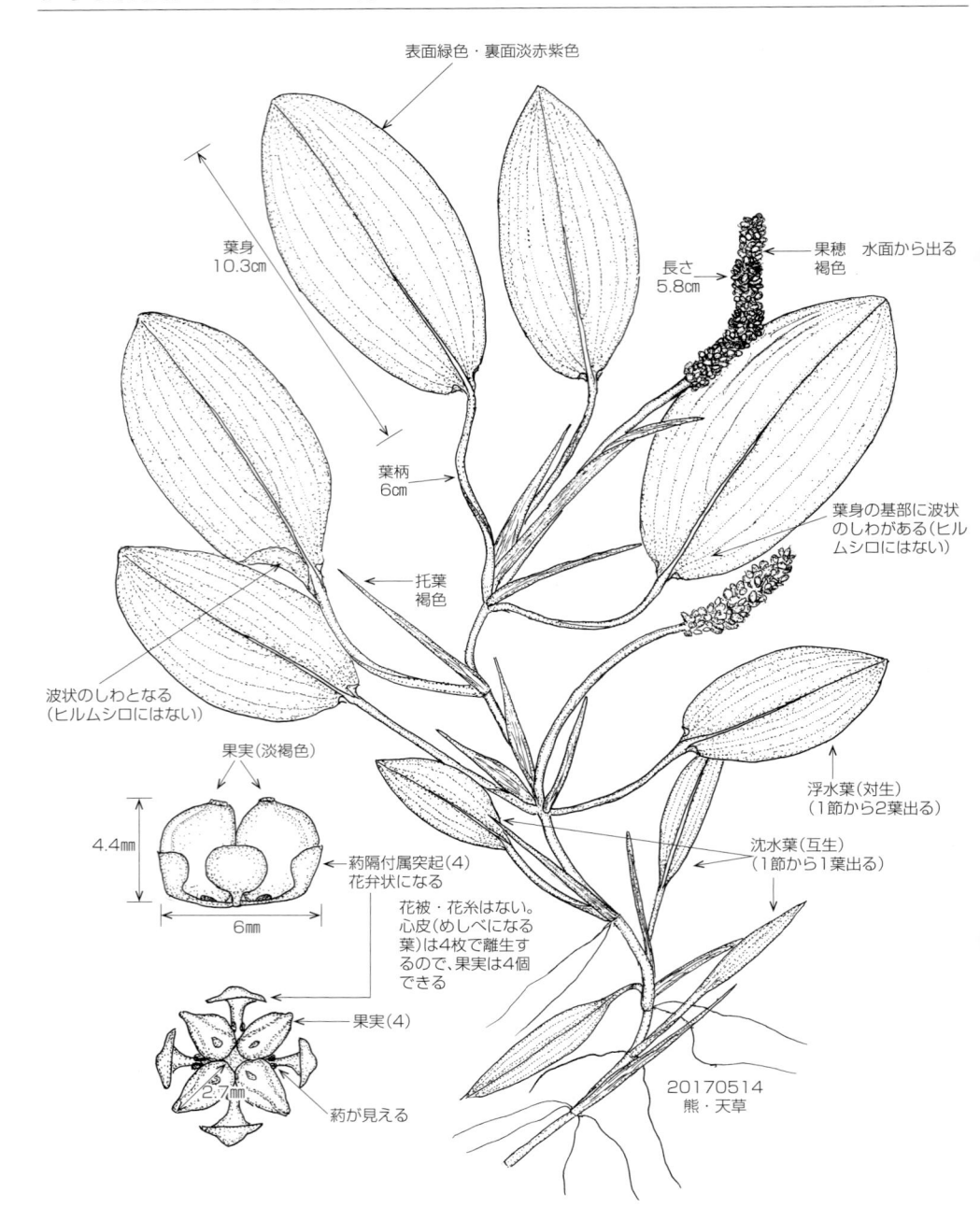

表面緑色・裏面淡赤紫色

葉身
10.3㎝

長さ
5.8㎝

果穂　水面から出る
褐色

葉柄
6㎝

葉身の基部に波状
のしわがある(ヒル
ムシロにはない)

托葉
褐色

波状のしわとなる
(ヒルムシロにはない)

果実(淡褐色)

4.4㎜

6㎜

葯隔付属突起(4)
花弁状になる

花被・花糸はない。
心皮(めしべになる
葉)は4枚で離生す
るので、果実は4個
できる

浮水葉(対生)
(1節から2葉出る)

沈水葉(互生)
(1節から1葉出る)

果実(4)

2.7㎜

葯が見える

20170514
熊・天草

146

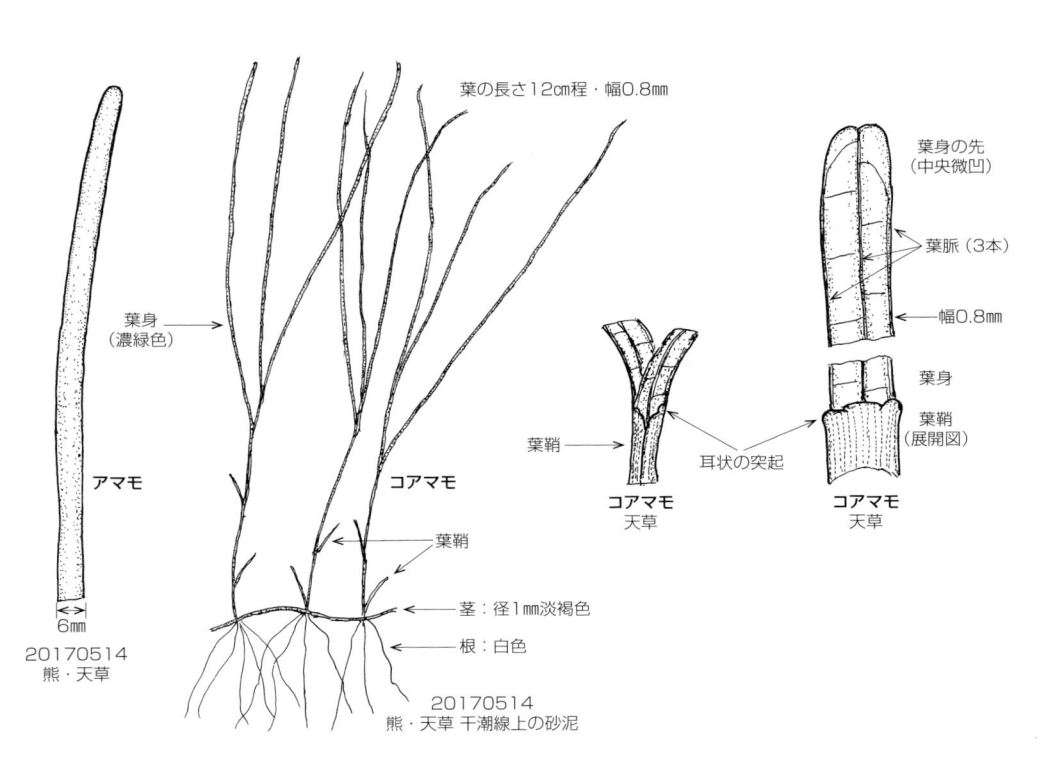

葉の長さ12㎝程・幅0.8㎜

葉身の先
（中央微凹）

葉脈（3本）

幅0.8㎜

葉身
（濃緑色）

アマモ

コアマモ

葉鞘

茎：径1㎜淡褐色

根：白色

6㎜

20170514
熊・天草

20170514
熊・天草 干潮線上の砂泥

葉鞘

耳状の突起

コアマモ
天草

葉身

葉鞘
（展開図）

コアマモ
天草

ツクシタチドコロ　［ヤマノイモ科　ヤマノイモ属］　*Dioscorea asclepiadea*

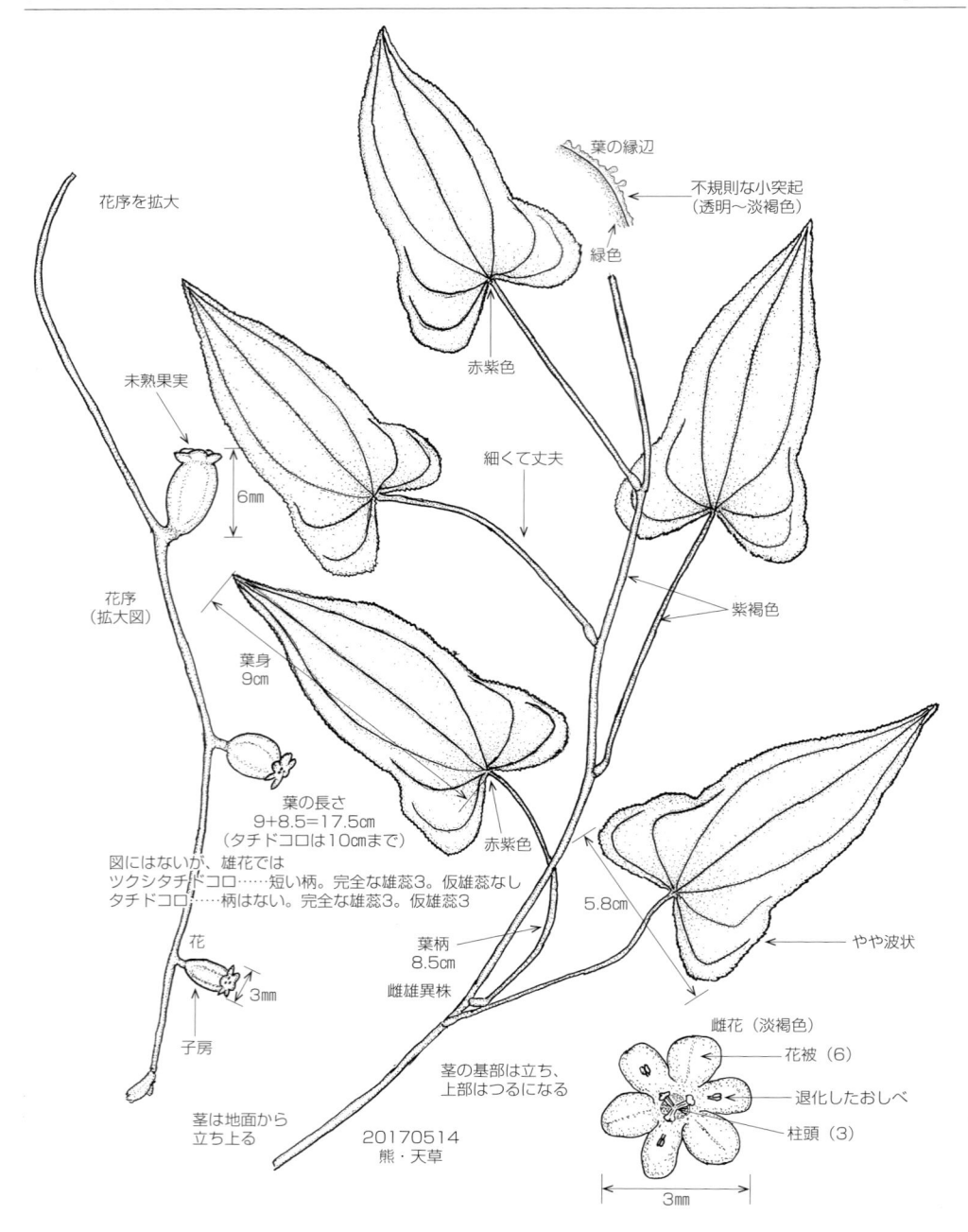

花序を拡大

葉の縁辺

不規則な小突起
（透明～淡褐色）

緑色

未熟果実

6mm

細くて丈夫

赤紫色

花序
（拡大図）

紫褐色

葉身
9cm

葉の長さ
9+8.5=17.5cm
（タチドコロは10cmまで）

赤紫色

図にはないが、雄花では
ツクシタチドコロ……短い柄。完全な雄蕊3。仮雄蕊なし
タチドコロ……柄はない。完全な雄蕊3。仮雄蕊3

5.8cm

やや波状

花

3mm

子房

葉柄
8.5cm

雌雄異株

雌花（淡褐色）

花被（6）

退化したおしべ

柱頭（3）

3mm

茎は地面から
立ち上る

茎の基部は立ち、
上部はつるになる

20170514
熊・天草

分布

九・目……熊（天草　相良）　宮（三田井　北限～串間）　鹿
鹿・目……甑　大口（三日月）　磯街道　川辺（高田）　磯間岳　下山岳　枕崎（岩戸山）　新川渓谷　大鳥峡　奄大（名音）

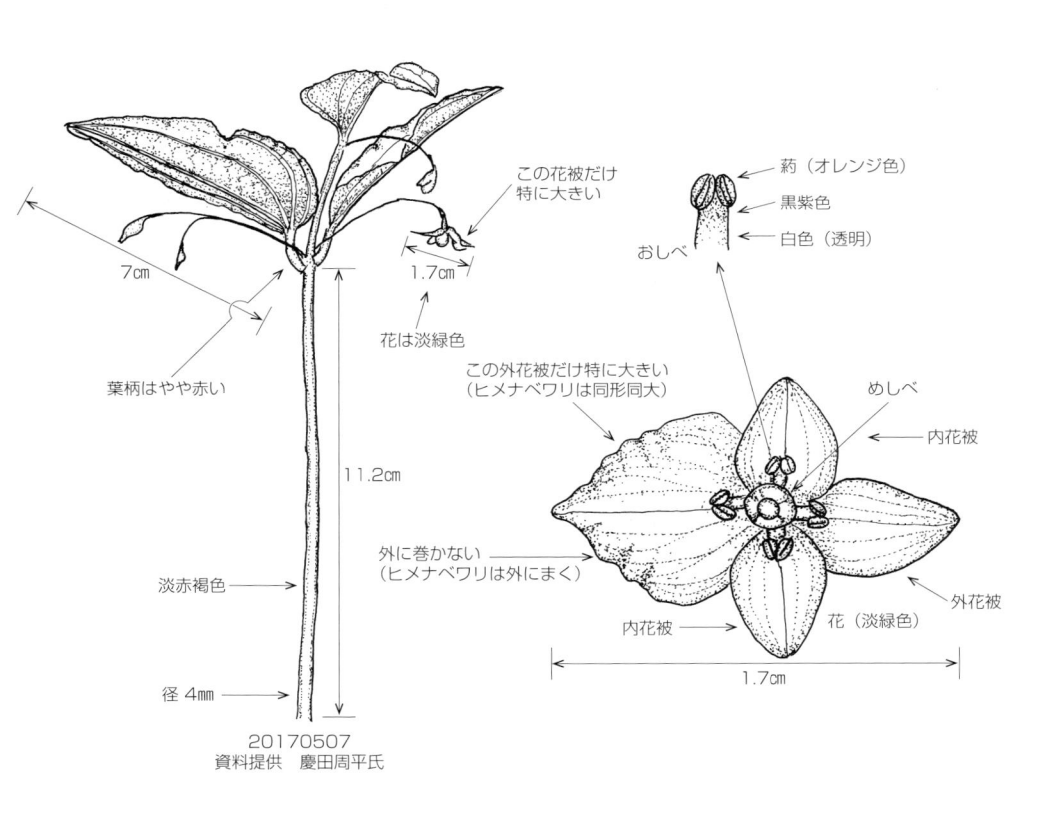

この花被だけ
特に大きい

1.7cm

花は淡緑色

7cm

葉柄はやや赤い

11.2cm

この外花被だけ特に大きい
（ヒメナベワリは同形同大）

外に巻かない
（ヒメナベワリは外にまく）

淡赤褐色

内花被

径 4mm

20170507
資料提供　慶田周平氏

葯（オレンジ色）

黒紫色

白色（透明）

おしべ

めしべ

内花被

外花被

花（淡緑色）

1.7cm

ヒメカカラ　[シオデ科　シオデ属]

Smilax biflora

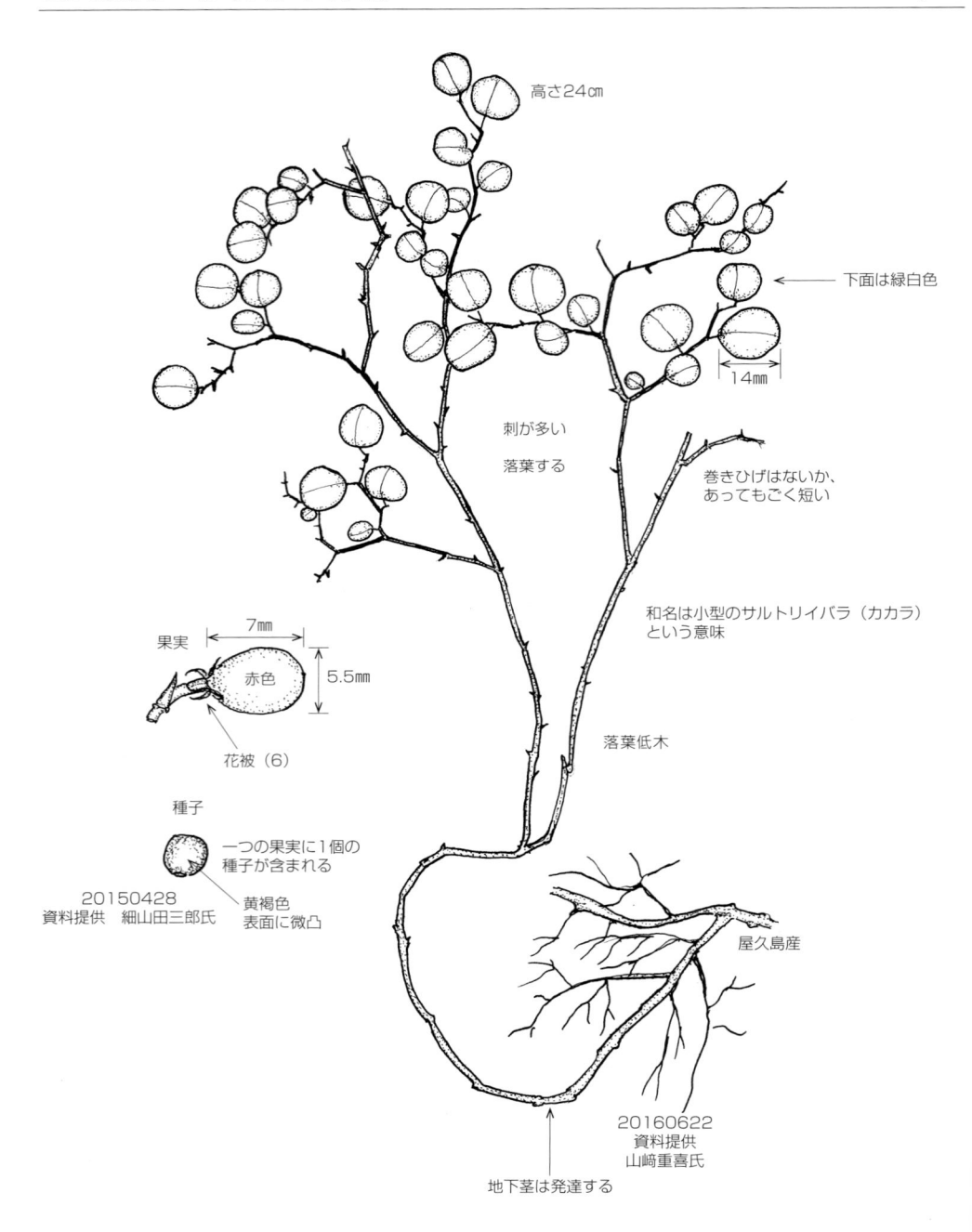

高さ24㎝

下面は緑白色

14㎜

刺が多い

落葉する

巻きひげはないか、
あってもごく短い

和名は小型のサルトリイバラ（カカラ）
という意味

落葉低木

果実

7㎜

赤色

5.5㎜

花被（6）

種子

一つの果実に1個の
種子が含まれる

20150428
資料提供　細山田三郎氏

黄褐色
表面に微凸

屋久島産

20160622
資料提供
山﨑重喜氏

地下茎は発達する

分布　｜　九・目……鹿（屋　奄）
　　　｜　鹿・目……屋　奄大（湯湾岳）

ユリズイセン　[ユリズイセン科　ユリズイセン属]　*Alstroemeria pulchella*

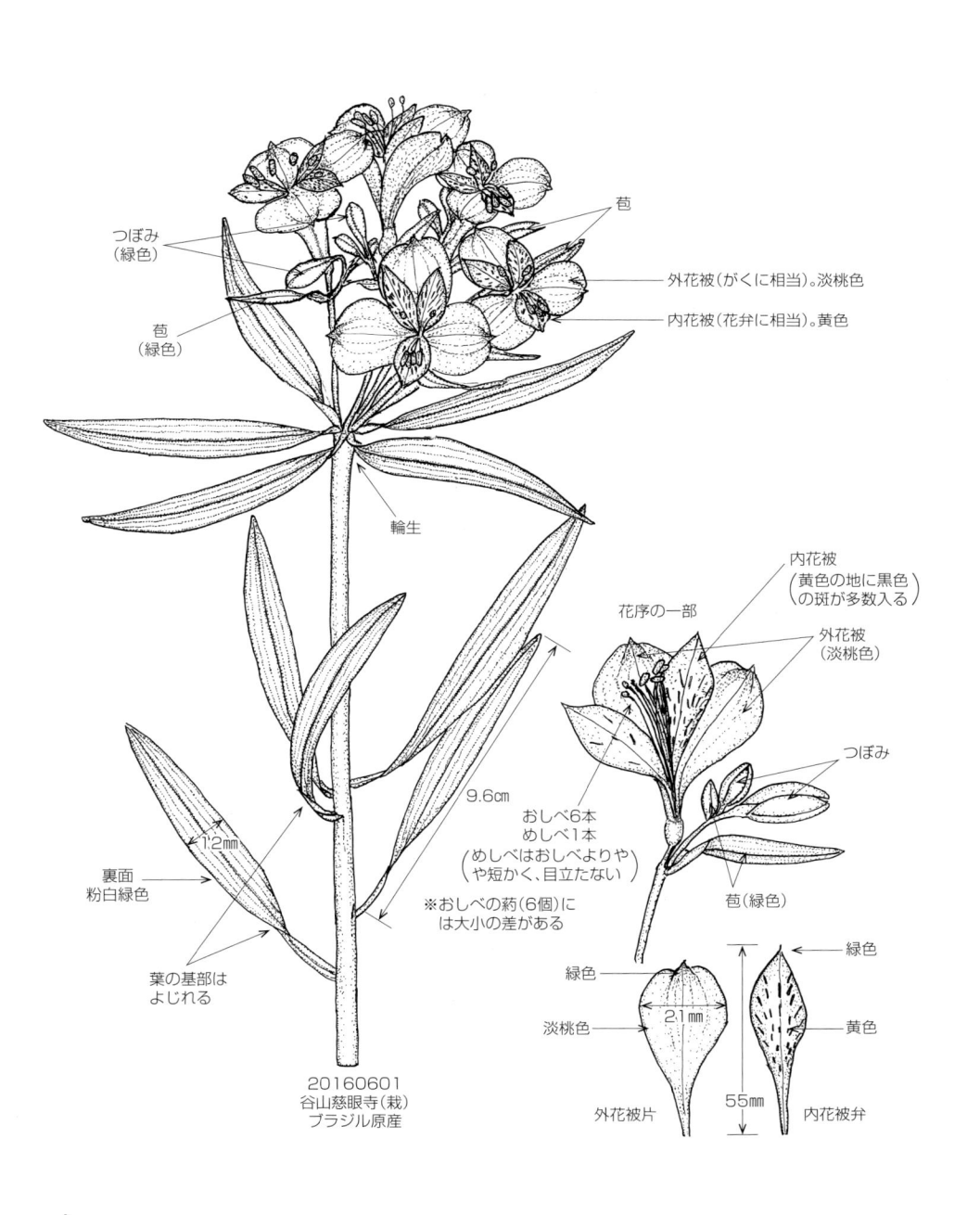

つぼみ（緑色）

苞

外花被（がくに相当）。淡桃色

内花被（花弁に相当）。黄色

苞（緑色）

輪生

花序の一部

内花被（黄色の地に黒色の斑が多数入る）

外花被（淡桃色）

つぼみ

9.6㎝

おしべ6本
めしべ1本
（めしべはおしべよりや）
（や短かく、目立たない）

※おしべの葯（6個）には大小の差がある

苞（緑色）

1.2㎜

裏面
粉白緑色

葉の基部は
よじれる

緑色

淡桃色

2.1㎜

緑色

黄色

55㎜

外花被片

内花被弁

20160601
谷山慈眼寺（栽）
ブラジル原産

分布 | 九・目……記載がない
鹿・目……記載がない

ヒメホウチャクソウ　[イヌサフラン科　チゴユリ属]　*Disporum sessile* var.*minus*

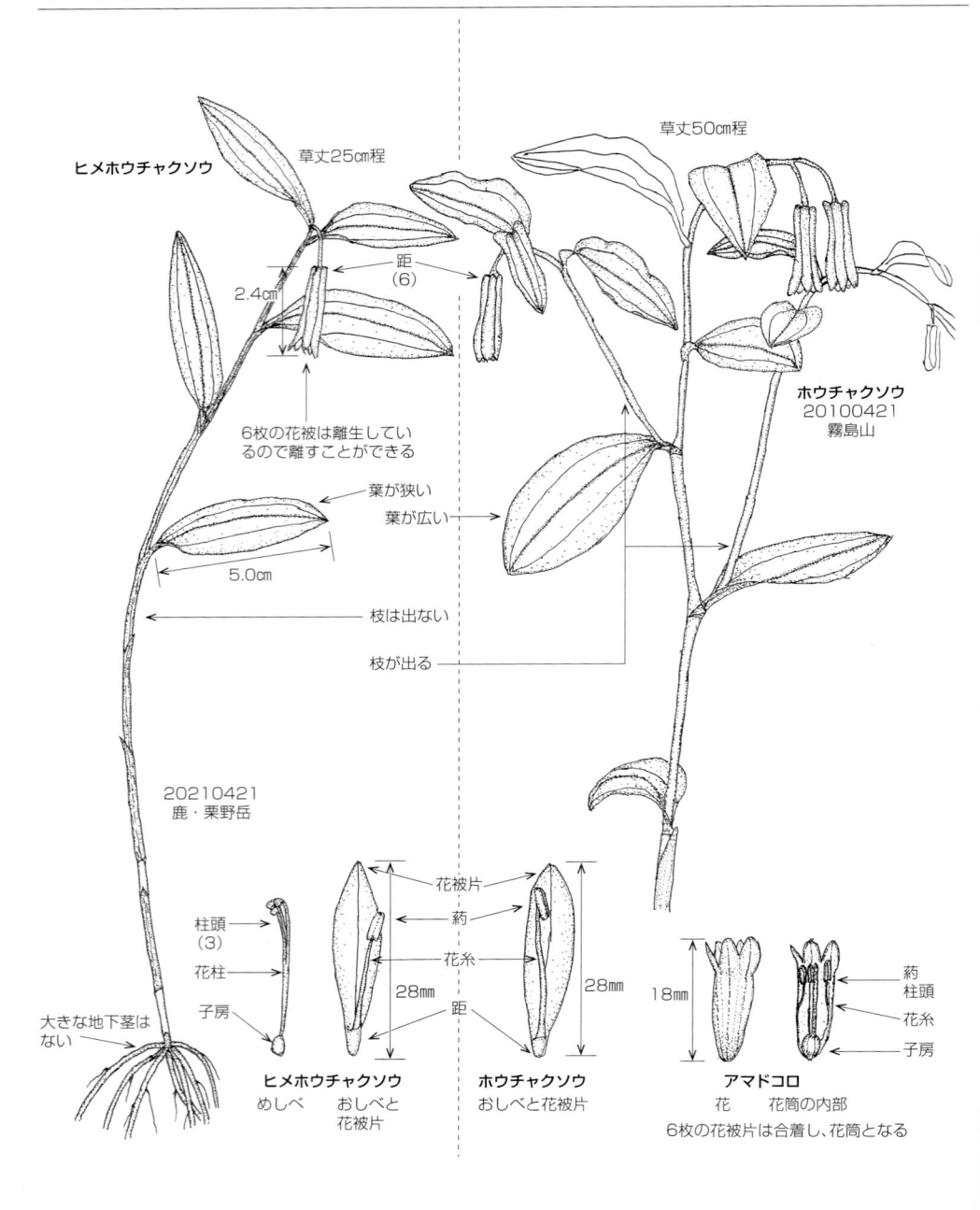

ヒメホウチャクソウ

草丈25cm程

草丈50cm程

距
（6）

2.4cm

6枚の花被は離生しているので離すことができる

葉が狭い

葉が広い

5.0cm

枝は出ない

枝が出る

ホウチャクソウ
20100421
霧島山

20210421
鹿・栗野岳

柱頭
（3）

花柱

子房

大きな地下茎はない

花被片

葯

花糸

28mm

距

28mm

18mm

葯

柱頭

花糸

子房

ヒメホウチャクソウ
めしべ　　おしべと
　　　　　花被片

ホウチャクソウ
おしべと花被片

アマドコロ
花　　花筒の内部
6枚の花被片は合着し、花筒となる

分布　｜九・目……記載がない
　　　｜鹿・目……記載がない

サイハイラン　[ラン科　サイハイラン属]　*Cremastra appendiculata* var.*variabilis*

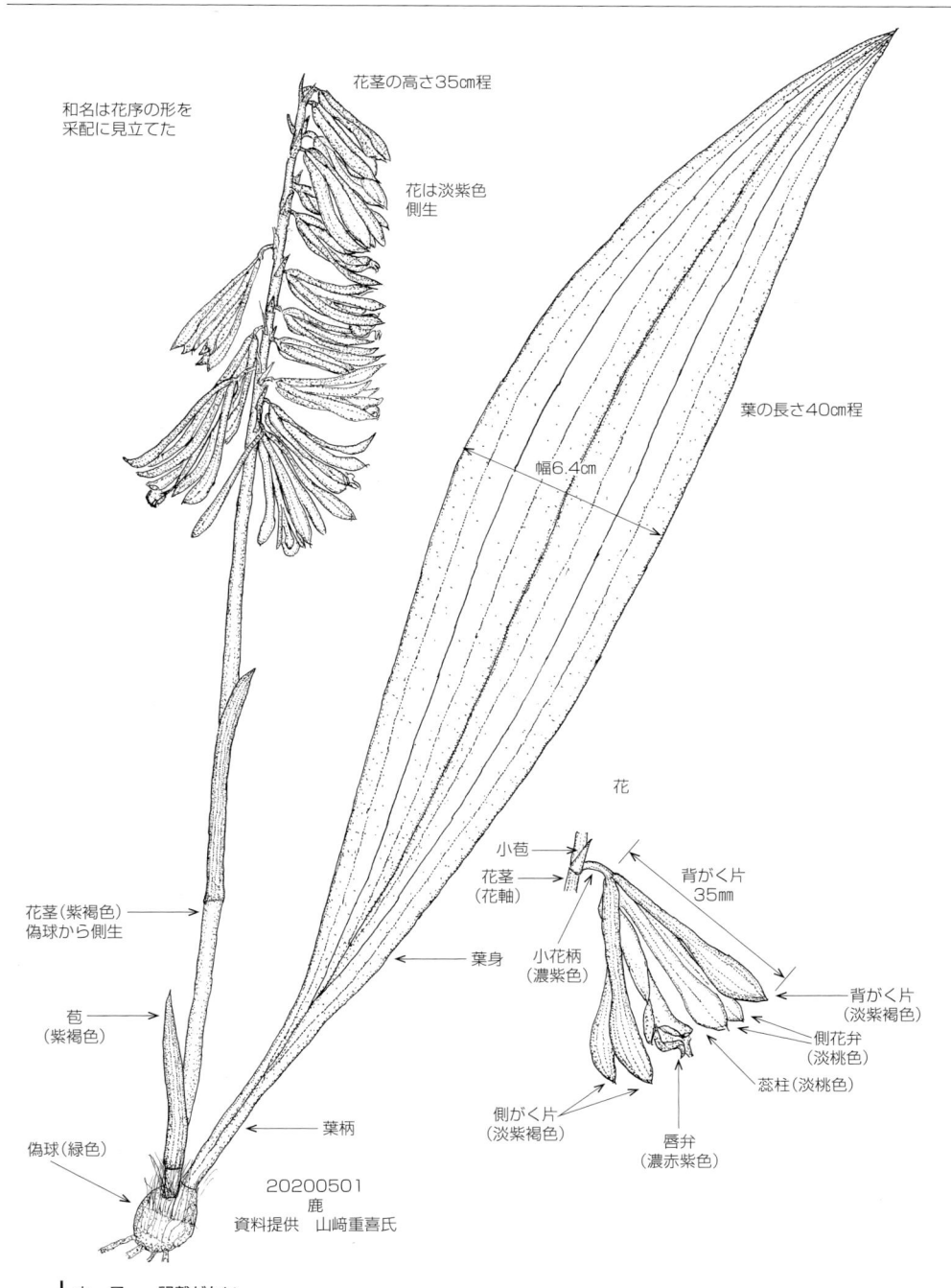

花茎の高さ35cm程

和名は花序の形を
采配に見立てた

花は淡紫色
側生

葉の長さ40cm程

幅6.4cm

花

花茎（紫褐色）
偽球から側生

葉身

苞
（紫褐色）

葉柄

偽球（緑色）

小苞
花茎
（花軸）

小花柄
（濃紫色）

背がく片
35mm

背がく片
（淡紫褐色）

側花弁
（淡桃色）

蕊柱（淡桃色）

側がく片
（淡紫褐色）

唇弁
（濃赤紫色）

20200501
鹿
資料提供　山﨑重喜氏

分布　九・目……記載がない
　　　鹿・目……霧島山　布計　溝辺　鶴田　高隈山　桜島　辻岳　野首岳（南限）

153

シュスラン　[ラン科　シュスラン属]

Goodyera velutina

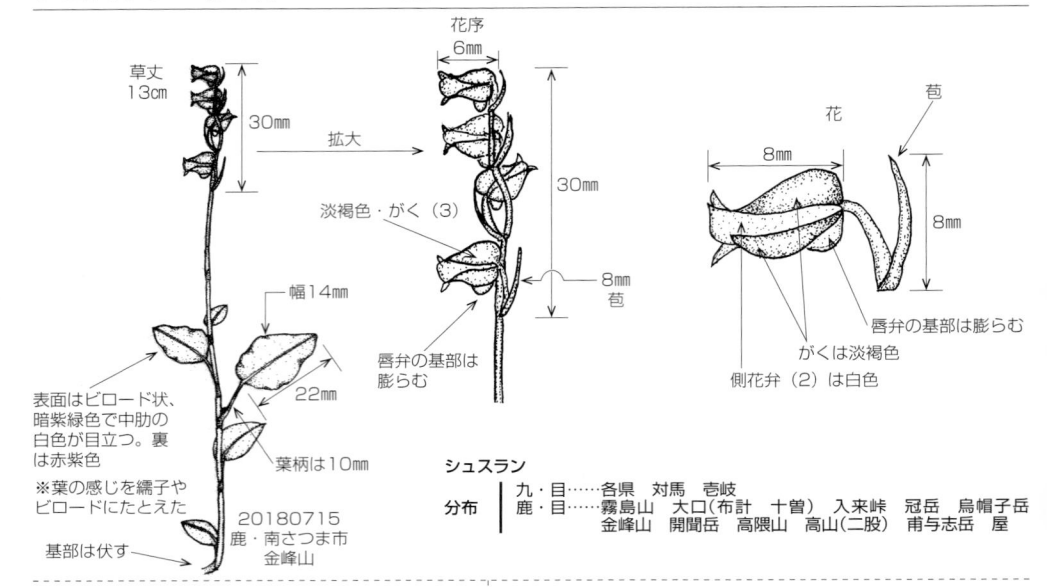

花序

6mm

草丈
13cm

30mm

拡大 →

30mm

8mm
苞

淡褐色・がく（3）

幅14mm

22mm

唇弁の基部は
膨らむ

表面はビロード状、
暗紫緑色で中肋の
白色が目立つ。裏
は赤紫色

※葉の感じを繻子や
ビロードにたとえた

葉柄は10mm

基部は伏す

20180715
鹿・南さつま市
金峰山

花

8mm

苞

8mm

唇弁の基部は膨らむ

がくは淡褐色

側花弁（2）は白色

シュスラン

分布	九・目……各県　対馬　壱岐
	鹿・目……霧島山　大口（布計　十曽）　入来峠　冠岳　烏帽子岳
	金峰山　開聞岳　高隈山　高山（二股）　甫与志岳　屋

ミヤマムギラン
[ラン科　マメヅタラン属]

Bulbophyllum japonicum

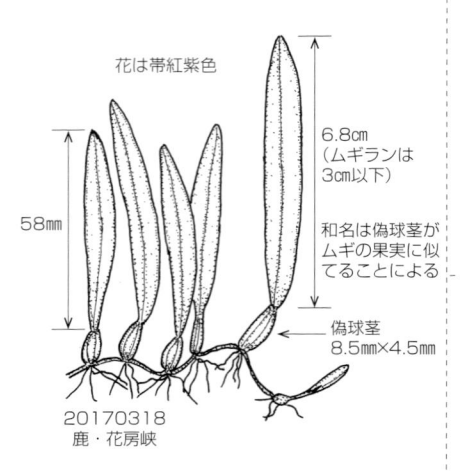

花は帯紅紫色

6.8cm
（ムギランは
3cm以下）

和名は偽球茎が
ムギの果実に似
てることによる

58mm

偽球茎
8.5mm×4.5mm

20170318
鹿・花房峡

ムギラン　[ラン科　マメヅタラン属]

Bulbophyllum inconspicuum

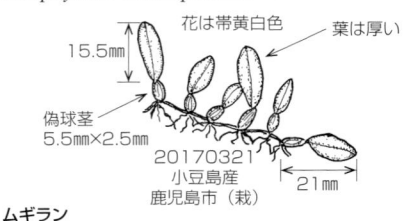

花は帯黄白色

葉は厚い

15.5mm

偽球茎
5.5mm×2.5mm

20170321
小豆島産
鹿児島市（栽）

21mm

ムギラン

分布	九・目……各県　対馬（南限は屋　種）
	鹿・目……霧島山　紫尾山　冠岳　磯間山　開聞岳
	大隅大川原　高隈山　国見岳　内之浦
	稲尾岳　花瀬　屋

ヨウラクラン　[ラン科　ヨウラクラン属]

Oberonia japonica

葉は厚く袴状、偏平で二列につく

長さ26mm
幅4mm

19910209
鹿・口之島　赤池近辺

ヨウラクラン

分布	九・目……各県（南は屋　種　トカラ　奄大　徳）
	鹿・目……霧島山　開聞岳　野間岳　大隅大川原　高隈山
	国見岳　大泊・伊座敷　甑　屋　吐　奄大　徳

ミヤマムギラン

分布	九・目……大（山国　別府　佐伯　直川　宇目）　熊（鹿北　東陽　矢部　天草）　宮（陵北　小林　青井岳）　鹿
	鹿・目……大口（間根ケ平）　冠岳　浦生　塩浸（牧園）　高隈山　高山（二股）　岸良　花瀬　甑　屋　種　黒

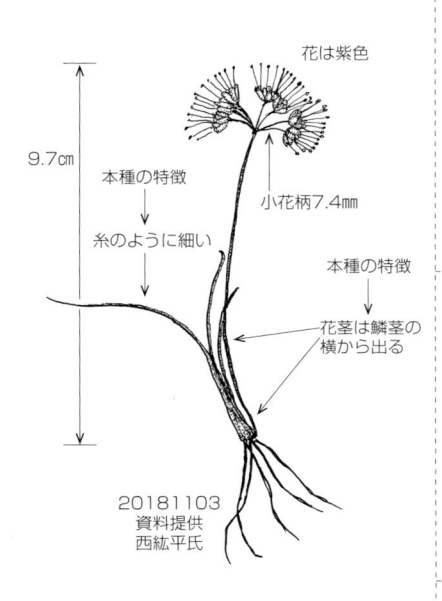

9.7cm

花は紫色

本種の特徴

糸のように細い

小花柄7.4mm

本種の特徴

花茎は鱗茎の横から出る

20181103
資料提供
西紘平氏

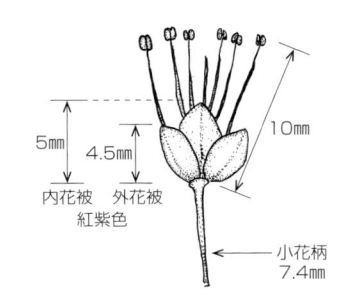

5mm　4.5mm

10mm

内花被　外花被
紅紫色

小花柄
7.4mm

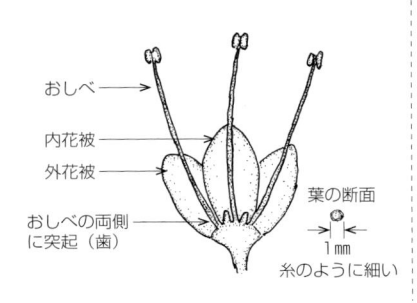

おしべ

内花被

外花被

おしべの両側に突起（歯）

葉の断面

1mm
糸のように細い

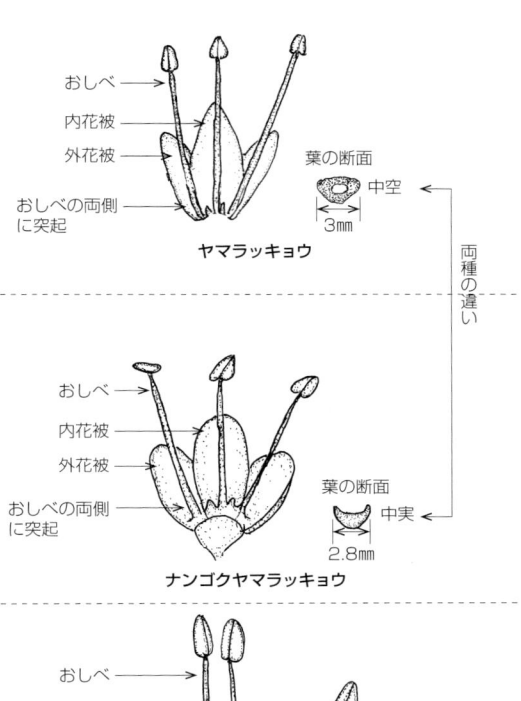

おしべ

内花被

外花被

おしべの両側に突起

葉の断面

3mm　中空

ヤマラッキョウ

おしべ

内花被

外花被

おしべの両側に突起

葉の断面

2.8mm　中実

ナンゴクヤマラッキョウ

両種の違い

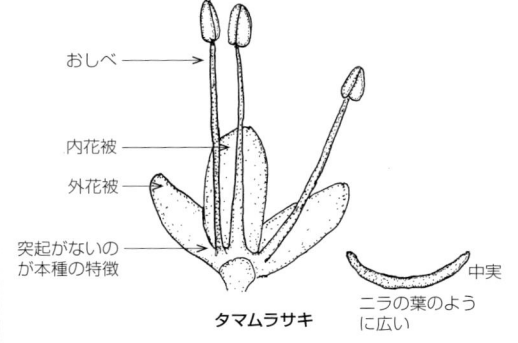

おしべ

内花被

外花被

突起がないのが本種の特徴

中実
ニラの葉のように広い

タマムラサキ

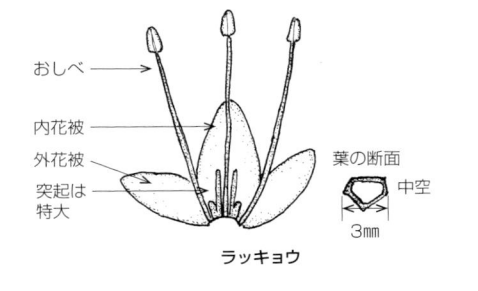

おしべ

内花被

外花被

突起は特大

葉の断面

3mm　中空

ラッキョウ

分布　九・目……長（平戸）　鹿（川内　大浦―亀ケ丘）
　　　鹿・目……記載がない

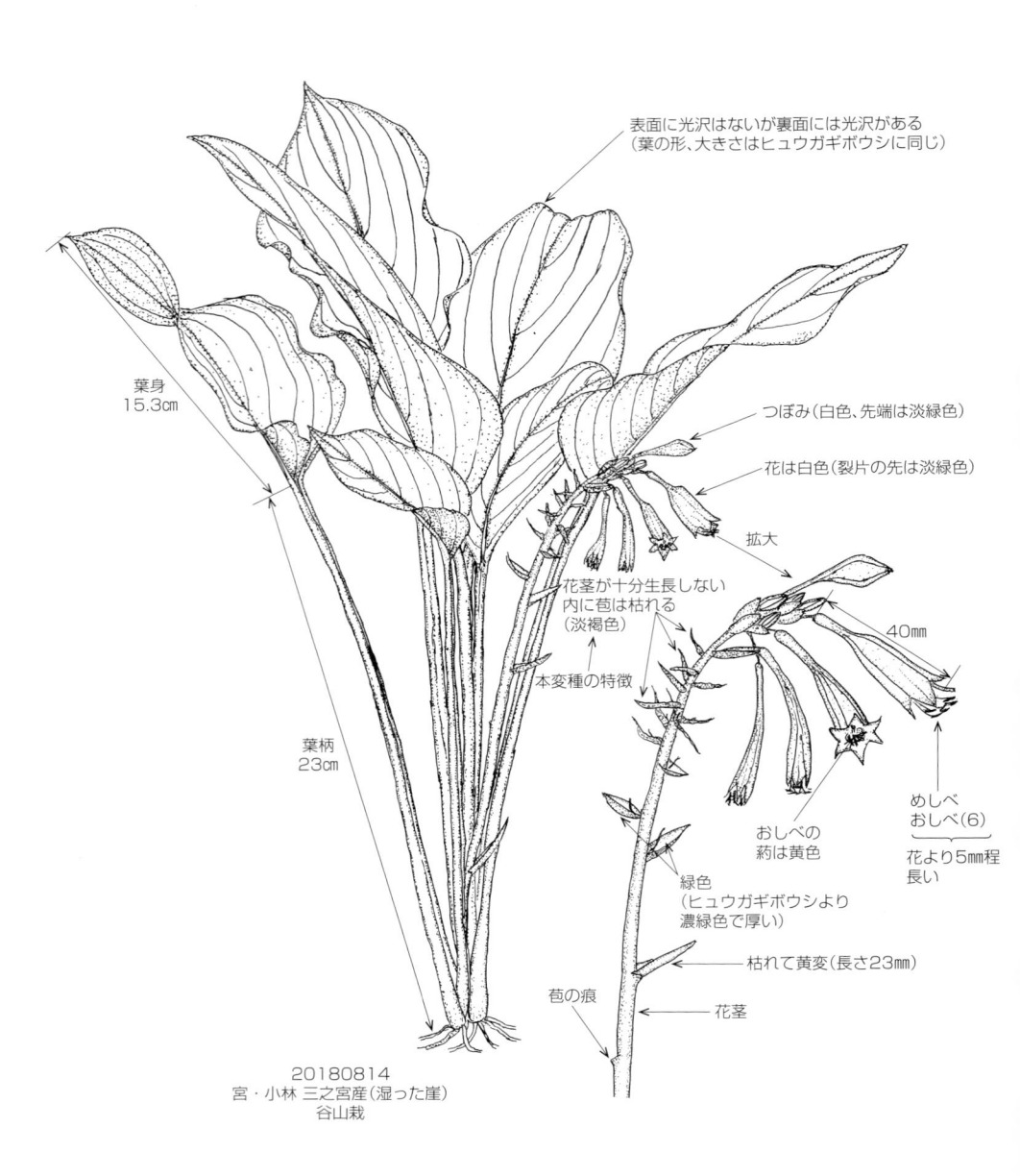

表面に光沢はないが裏面には光沢がある
（葉の形、大きさはヒュウガギボウシに同じ）

葉身
15.3㎝

つぼみ（白色、先端は淡緑色）

花は白色（裂片の先は淡緑色）

拡大

40㎜

花茎が十分生長しない
内に苞は枯れる
（淡褐色）

本変種の特徴

葉柄
23㎝

めしべ
おしべ（6）
花より5㎜程
長い

おしべの
葯は黄色

緑色
（ヒュウガギボウシより
濃緑色で厚い）

枯れて黄変（長さ23㎜）

苞の痕

花茎

20180814
宮・小林 三之宮産（湿った崖）
谷山栽

分布　｜　九・目……福（稍稀）　大（稍普通）　熊（普通）　宮（霧島山以北）
　　　　　鹿・目……大口（泉水平）　霧島山

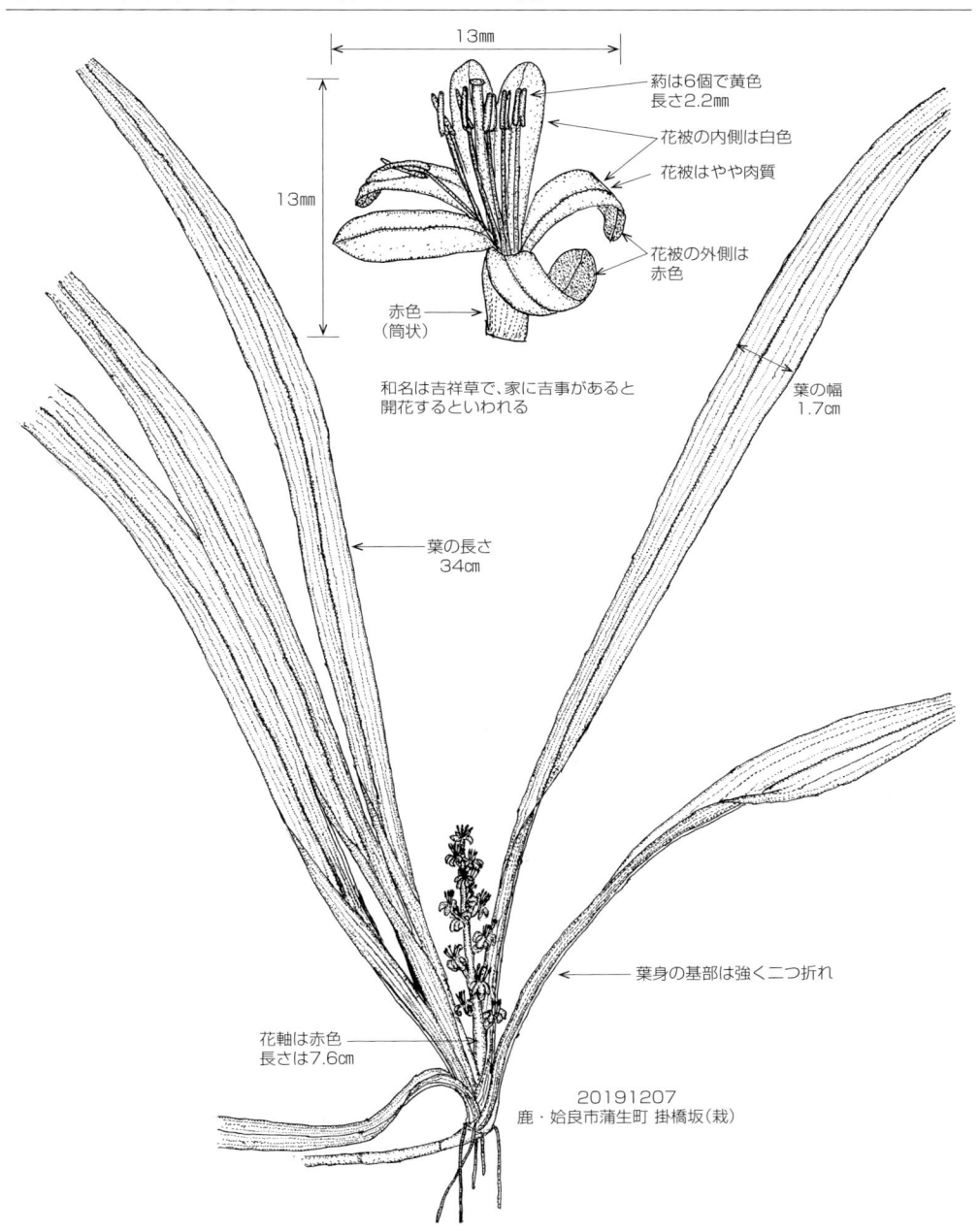

13mm

13mm

葯は6個で黄色
長さ2.2㎜

花被の内側は白色

花被はやや肉質

花被の外側は
赤色

赤色
（筒状）

和名は吉祥草で、家に吉事があると
開花するといわれる

葉の幅
1.7㎝

葉の長さ
34㎝

葉身の基部は強く二つ折れ

花軸は赤色
長さは7.6㎝

20191207
鹿・姶良市蒲生町 掛橋坂（栽）

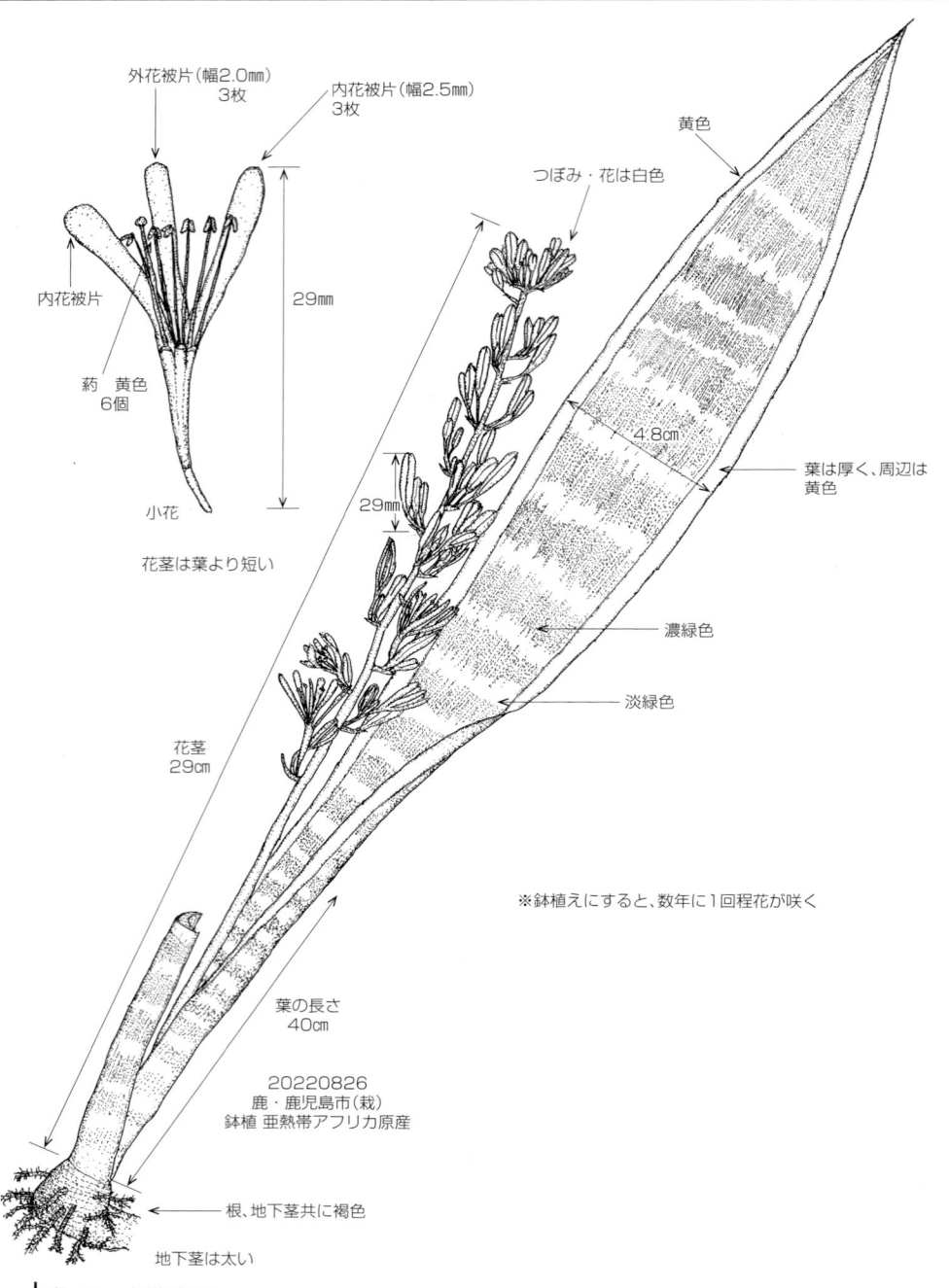

外花被片（幅2.0mm）
3枚

内花被片（幅2.5mm）
3枚

内花被片

葯　黄色
6個

29mm

小花

花茎は葉より短い

つぼみ・花は白色

黄色

4.8cm

葉は厚く、周辺は
黄色

濃緑色

淡緑色

29mm

花茎
29cm

※鉢植えにすると、数年に1回程花が咲く

葉の長さ
40cm

20220826
鹿・鹿児島市（栽）
鉢植 亜熱帯アフリカ原産

根、地下茎共に褐色

地下茎は太い

分布｜九・目……記載がない
　　　　鹿・目……記載がない

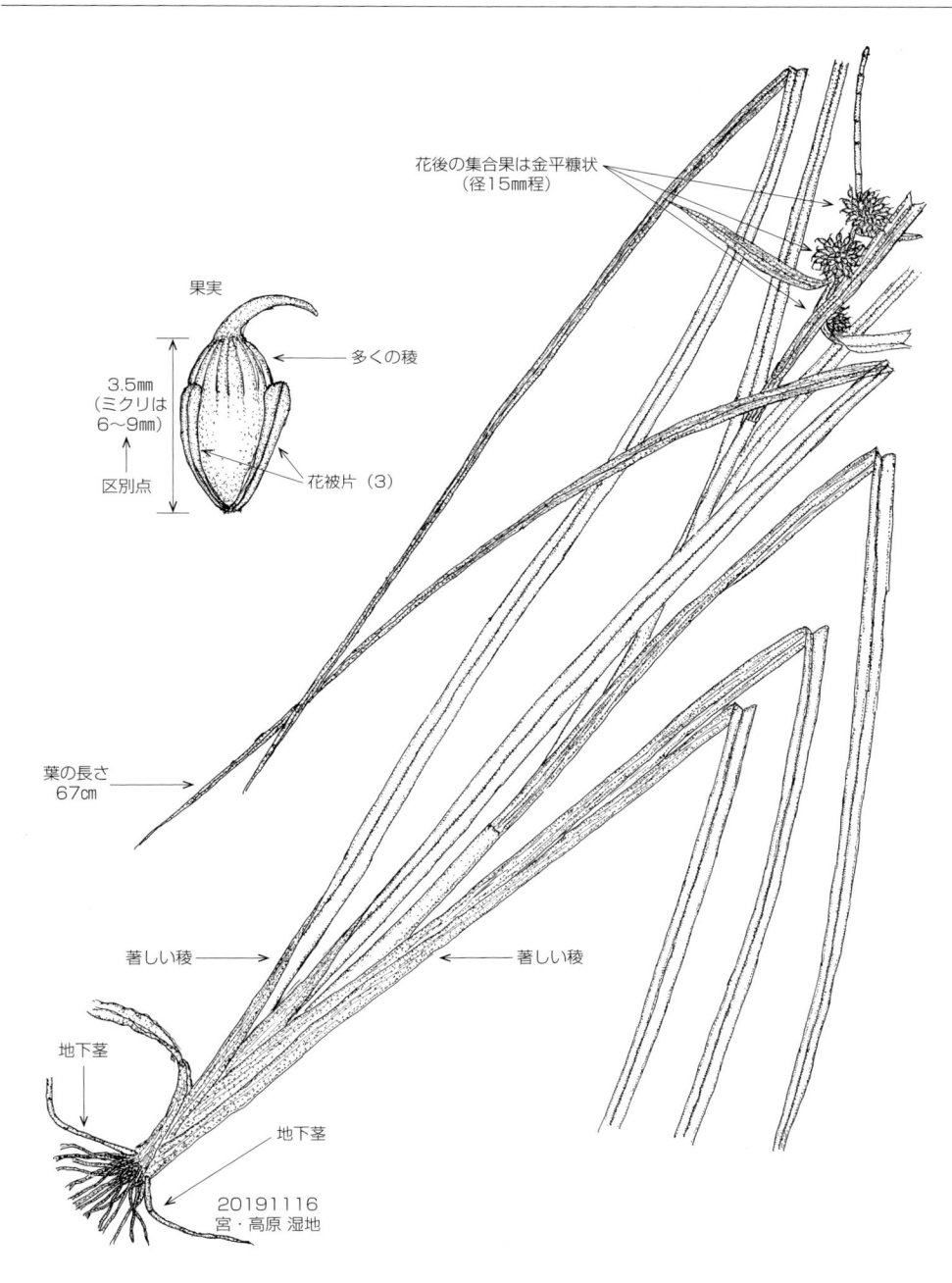

花後の集合果は金平糖状
（径15㎜程）

果実

多くの稜

3.5㎜
（ミクリは
6〜9㎜）

区別点

花被片（3）

葉の長さ
67㎝

著しい稜

著しい稜

地下茎

地下茎

20191116
宮・高原 湿地

分布 ┃ 九・目……福（福岡　春日）　大（少）　佐（上峰）　熊（少）　宮（県南部　飯野）　鹿
　　　┃ 鹿・目……大口（西太良）　蘭牟田池　阿多　高山

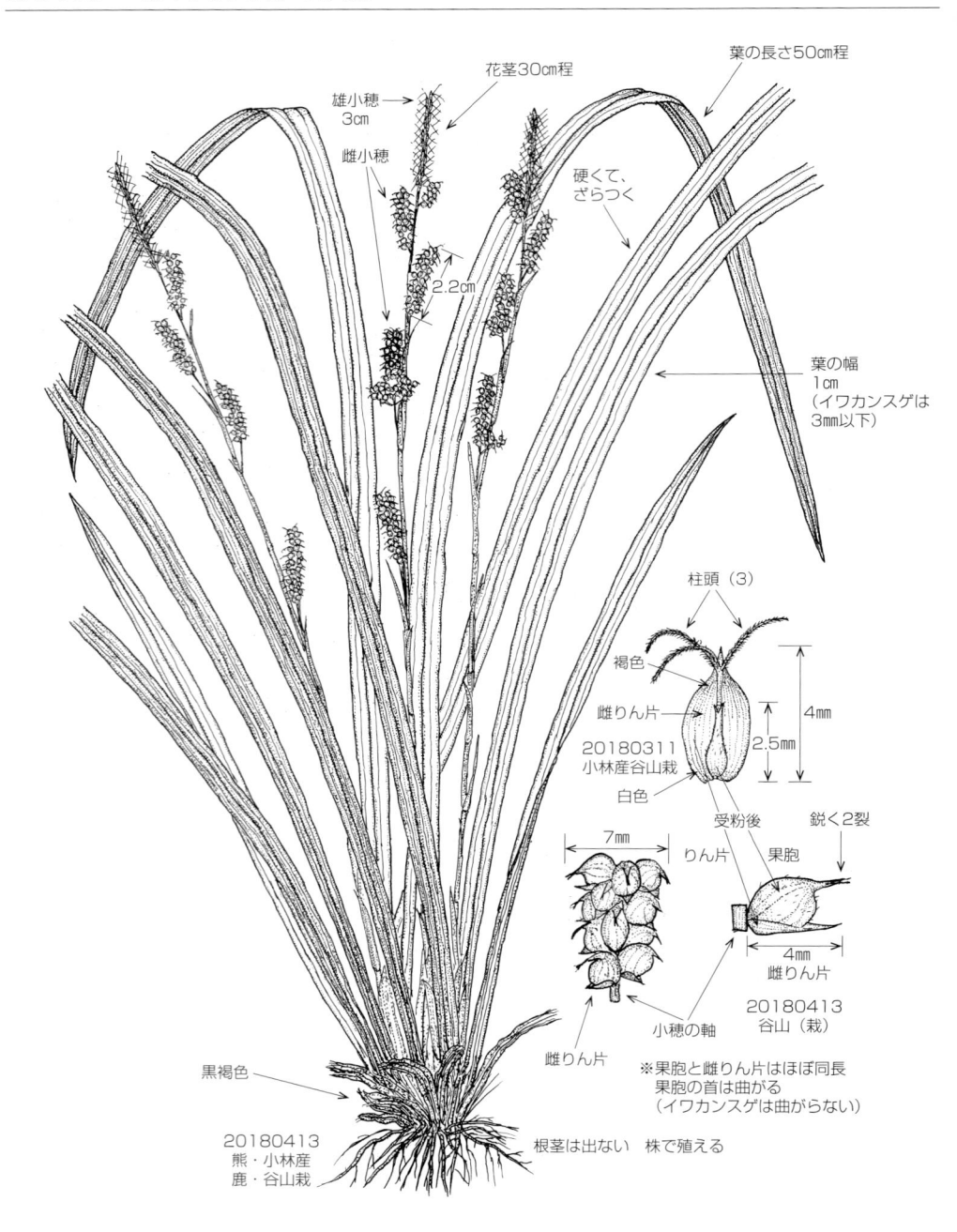

花茎30㎝程

雄小穂→
3㎝

雌小穂

2.2㎝

葉の長さ50㎝程

硬くて、
ざらつく

葉の幅
1㎝
（イワカンスゲは
3㎜以下）

柱頭（3）

褐色

雌りん片

20180311
小林産谷山栽

白色

4㎜

2.5㎜

受粉後

りん片

果胞

鋭く2裂

7㎜

小穂の軸

雌りん片

4㎜

雌りん片

20180413
谷山（栽）

※果胞と雌りん片はほぼ同長
　果胞の首は曲がる
　（イワカンスゲは曲がらない）

黒褐色

20180413
熊・小林産
鹿・谷山栽

根茎は出ない　株で殖える

分布 ｜ 九・目……福（普通）　大（稀）　熊（各地）　宮（各地　南限は山之口の三股―長田）
　　　 鹿・目……黒島

オニスゲ　［カヤツリグサ科　スゲ属］　*Carex dickinsii*

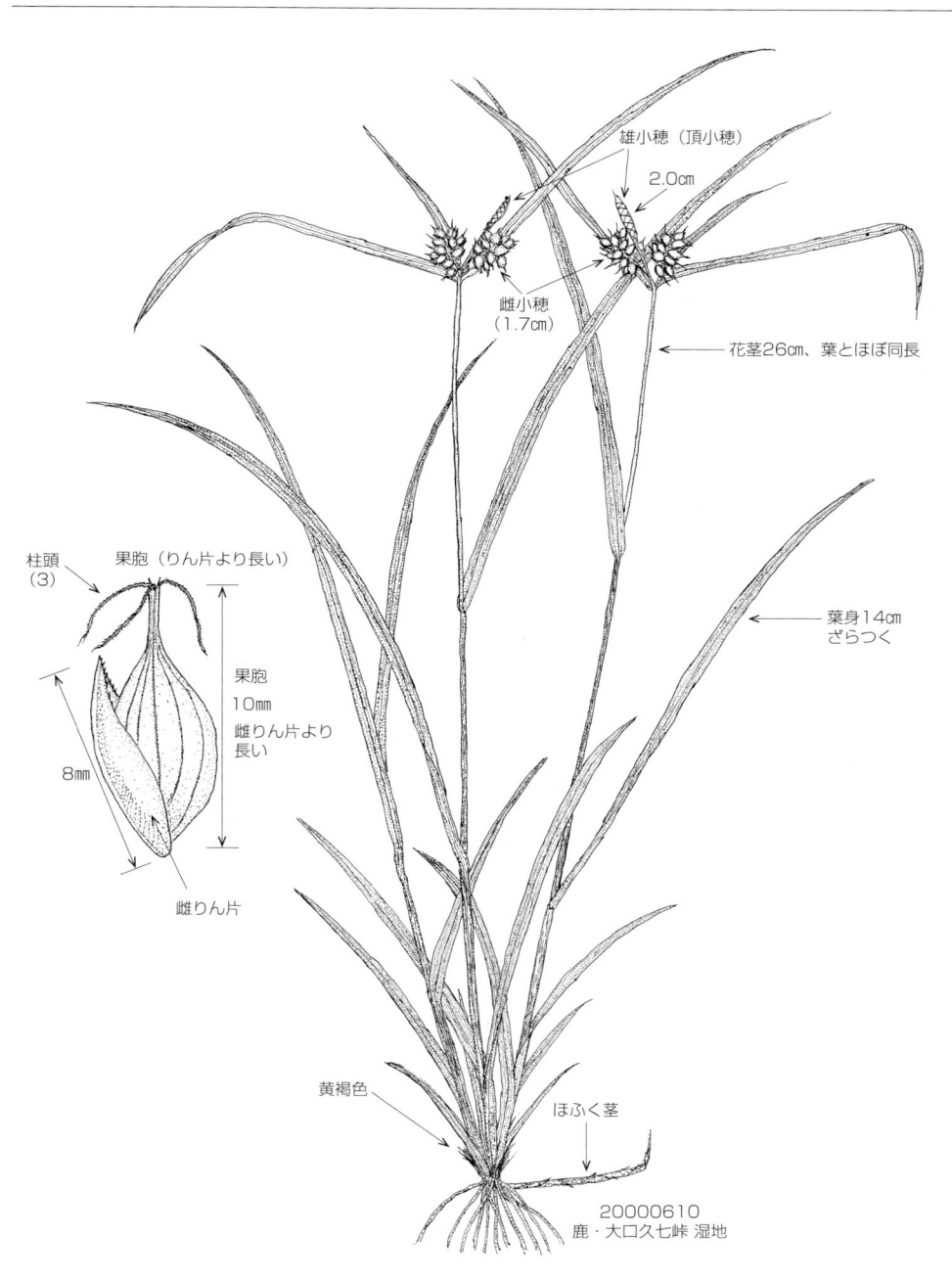

雄小穂（頂小穂）

2.0㎝

雌小穂
（1.7㎝）

花茎26㎝、葉とほぼ同長

柱頭
（3）

果胞（りん片より長い）

果胞
10mm
雌りん片より
長い

8mm

雌りん片

葉身14㎝
ざらつく

黄褐色

ほふく茎

20000610
鹿・大口久七峠 湿地

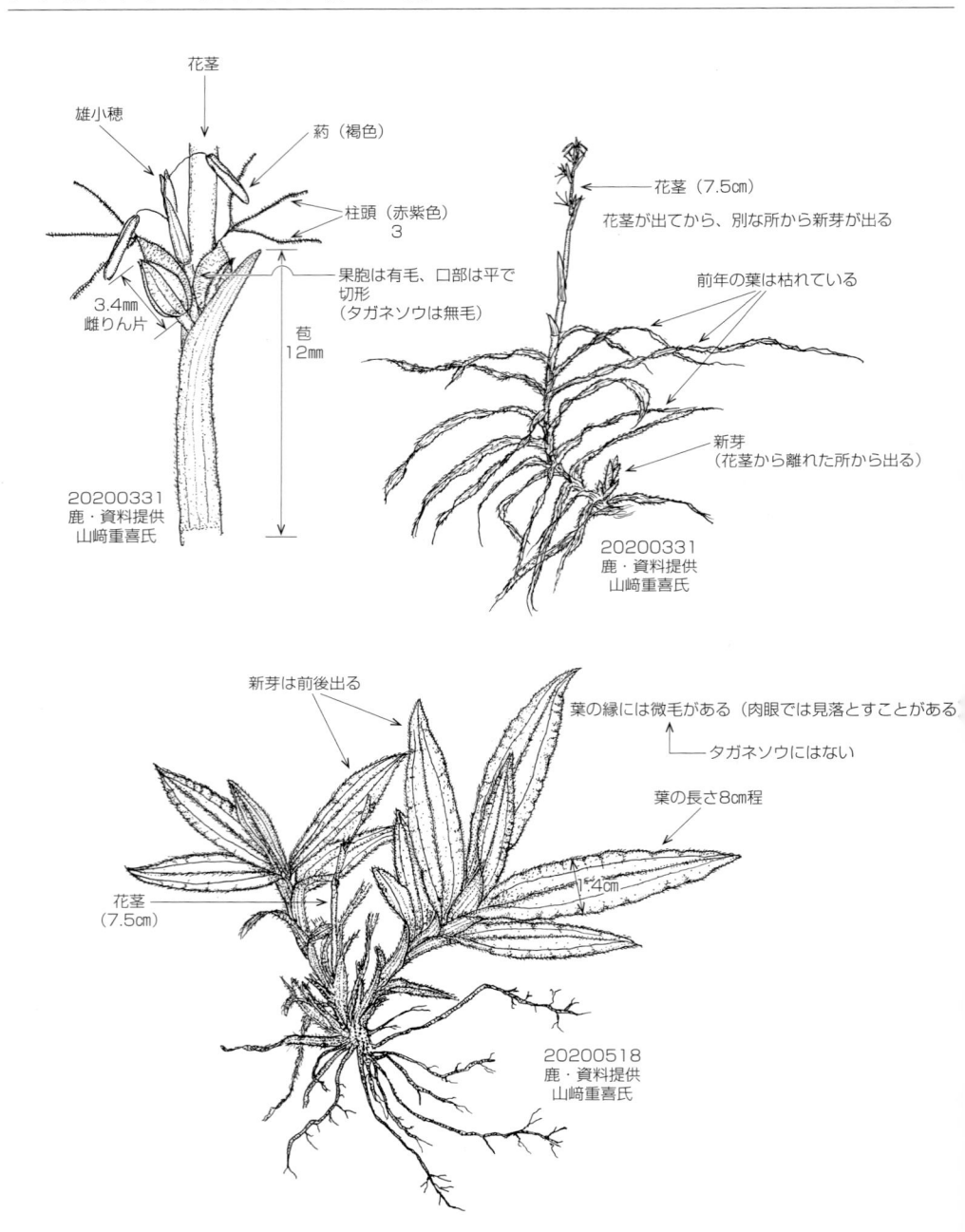

花茎

雄小穂

葯（褐色）

柱頭（赤紫色）
3

果胞は有毛、口部は平で
切形
（タガネソウは無毛）

3.4mm
雌りん片

苞
12mm

20200331
鹿・資料提供
山﨑重喜氏

花茎（7.5cm）

花茎が出てから、別な所から新芽が出る

前年の葉は枯れている

新芽
（花茎から離れた所から出る）

20200331
鹿・資料提供
山﨑重喜氏

新芽は前後出る

葉の縁には微毛がある（肉眼では見落とすことがある

タガネソウにはない

葉の長さ8cm程

花茎
（7.5cm）

1.4cm

20200518
鹿・資料提供
山﨑重喜氏

分布 | 九・目……大（杵築─大内　草場）　佐（東背振　富士　小城　佐賀市）　長（対馬）　宮（日向─畑浦）　鹿
鹿・目……野間岳　馬取山　甑（尾岳）

ゴウソ　[カヤツリグサ科　スゲ属]　*Carex maximowiczii* var.*maximowiczii*

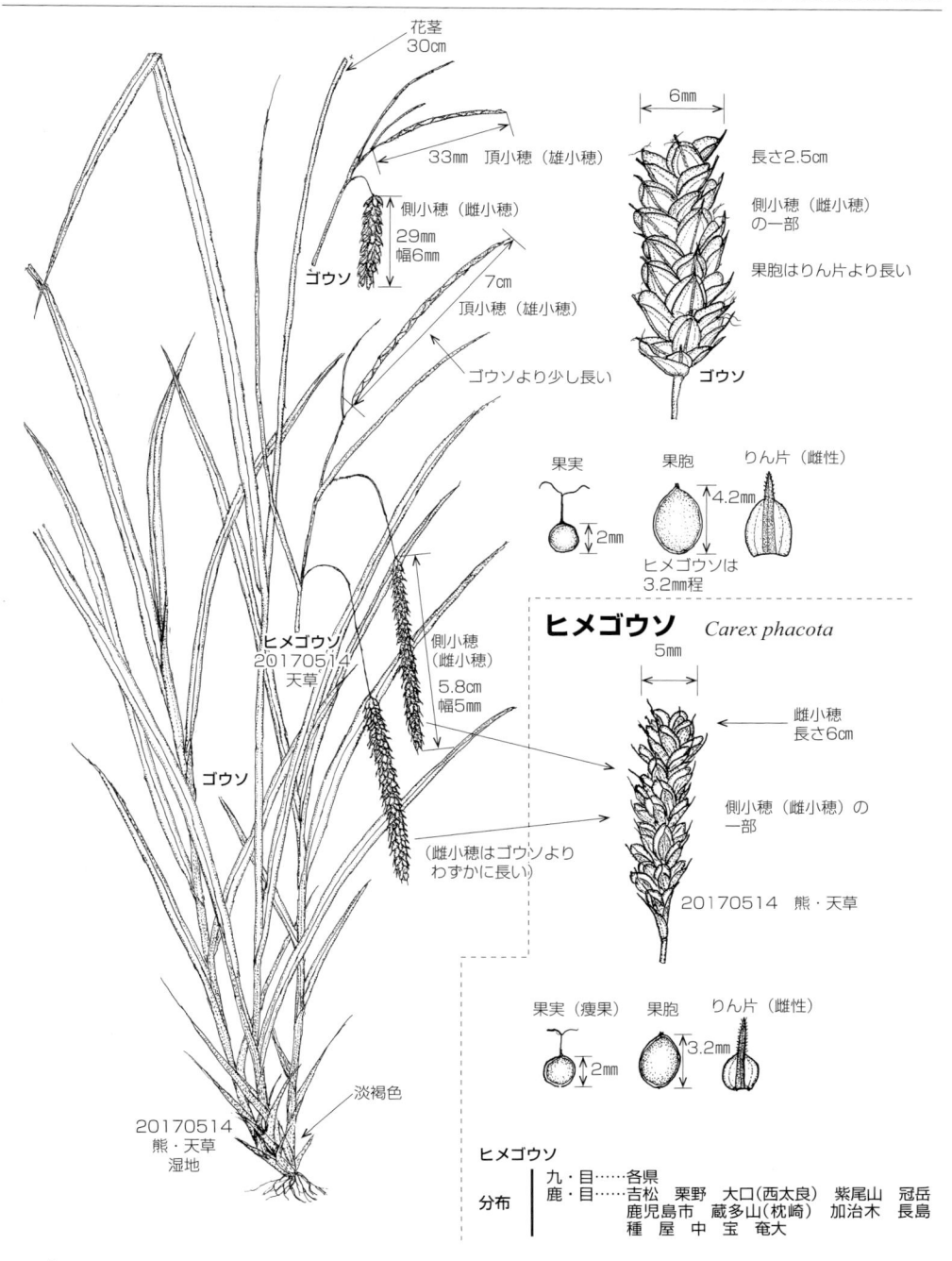

花茎
30㎝

33mm　頂小穂（雄小穂）

側小穂（雌小穂）
29mm
幅6mm
ゴウソ

7㎝

頂小穂（雄小穂）

ゴウソより少し長い

6mm

長さ2.5cm

側小穂（雌小穂）
の一部

果胞はりん片より長い

ゴウソ

果実

2mm

果胞

4.2mm

りん片（雌性）

ヒメゴウソは
3.2㎜程

ヒメゴウソ　*Carex phacota*

5mm

雌小穂
長さ6cm

側小穂（雌小穂）の
一部

20170514　熊・天草

ヒメゴウソ
20170514
天草

側小穂
（雌小穂）
5.8㎝
幅5mm

ゴウソ

（雌小穂はゴウソより
わずかに長い）

淡褐色

20170514
熊・天草
湿地

果実（痩果）

2mm

果胞

りん片（雌性）

3.2mm

ヒメゴウソ

分布　｜　九・目……各県
　　　｜　鹿・目……吉松　栗野　大口(西太良)　紫尾山　冠岳
　　　｜　　　　　鹿児島市　蔵多山(枕崎)　加治木　長島
　　　｜　　　　　種屋　中宝　奄大

分布　｜　九・目……各県
　　　｜　鹿・目……霧島山　吉松　大口（羽月　元古屋）　蘭牟田池　荒崎　伊集院　西市木　重富

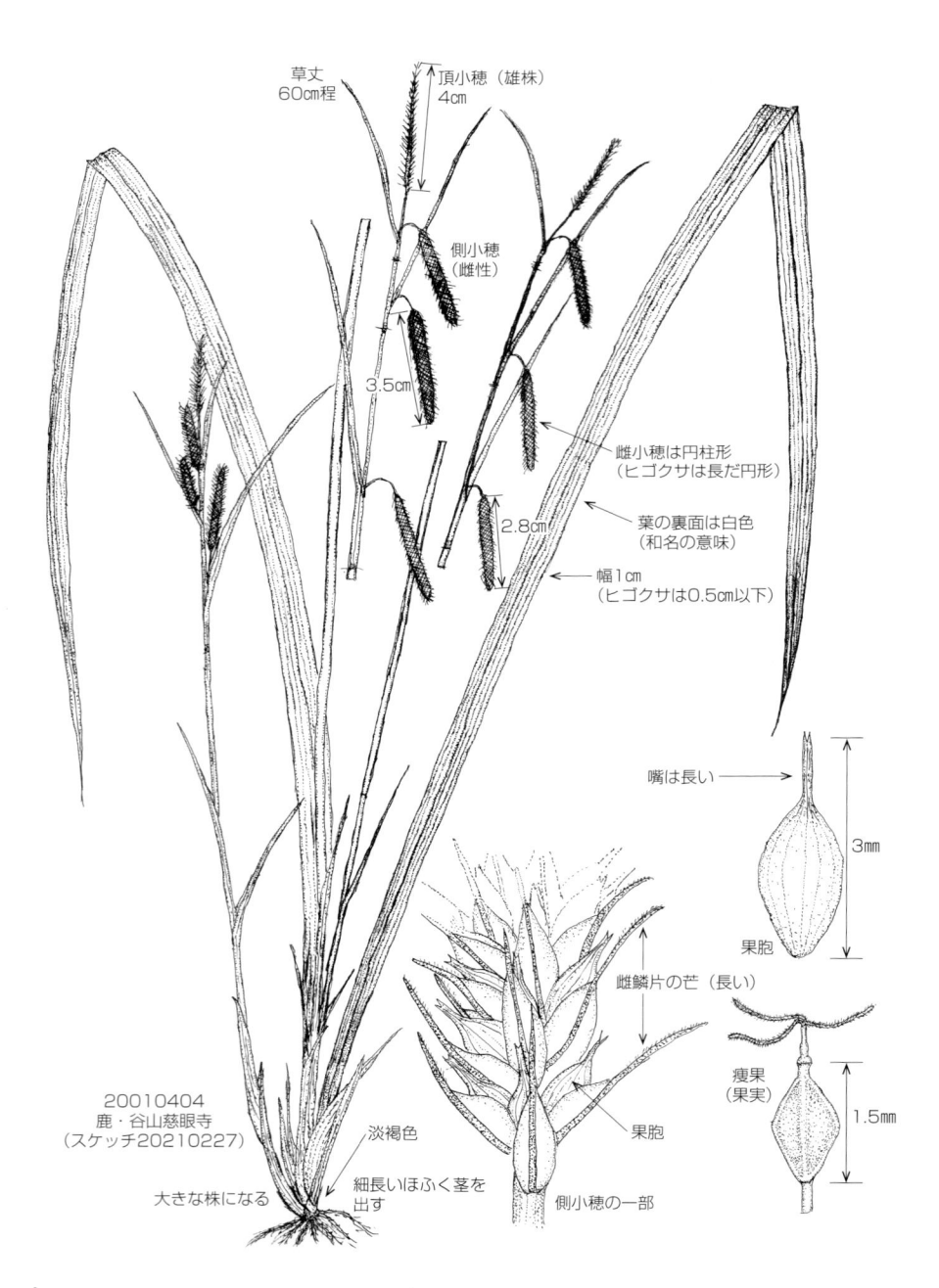

草丈
60cm程

頂小穂（雄株）
4cm

側小穂
（雌性）

3.5cm

2.8cm

雌小穂は円柱形
（ヒゴクサは長だ円形）

葉の裏面は白色
（和名の意味）

幅1cm
（ヒゴクサは0.5cm以下）

嘴は長い

3mm

果胞

雌鱗片の芒（長い）

果胞

瘦果
（果実）

1.5mm

側小穂の一部

20010404
鹿・谷山慈眼寺
（スケッチ20210227）

淡褐色

大きな株になる

細長いほふく茎を
出す

タイワンスゲ　[カヤツリグサ科　スゲ属]

Carex ascocetra

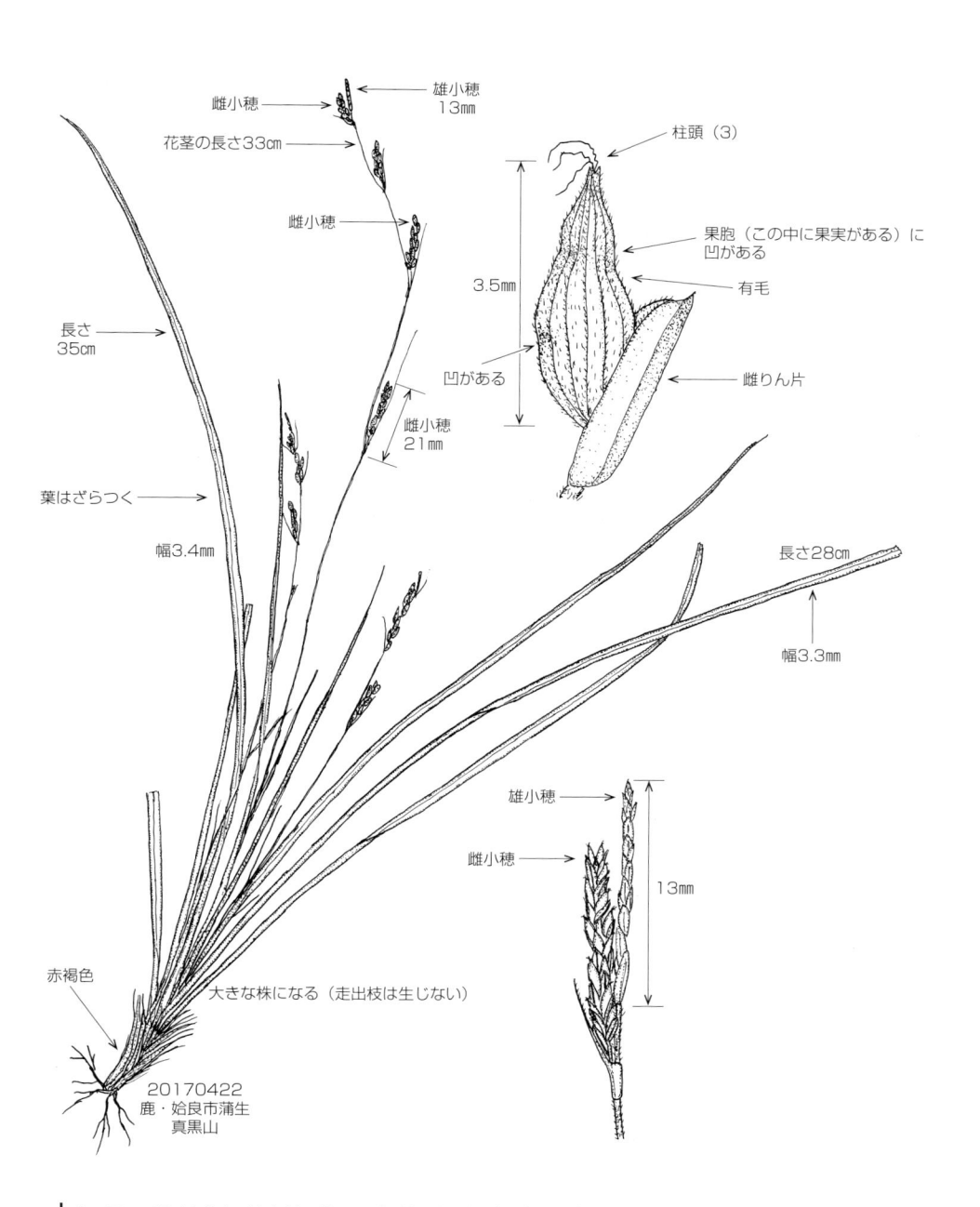

雄小穂
13mm

雌小穂

花茎の長さ33cm

雌小穂

長さ
35cm

葉はざらつく

幅3.4mm

雌小穂
21mm

凹がある

柱頭（3）

果胞（この中に果実がある）に
凹がある

3.5mm

有毛

雌りん片

長さ28cm

幅3.3mm

雄小穂

雌小穂

13mm

赤褐色

大きな株になる（走出枝は生じない）

20170422
鹿・姶良市蒲生
真黒山

ヌカスゲ　[カヤツリグサ科　スゲ属]　*Carex mitrata* var.*mitrata*

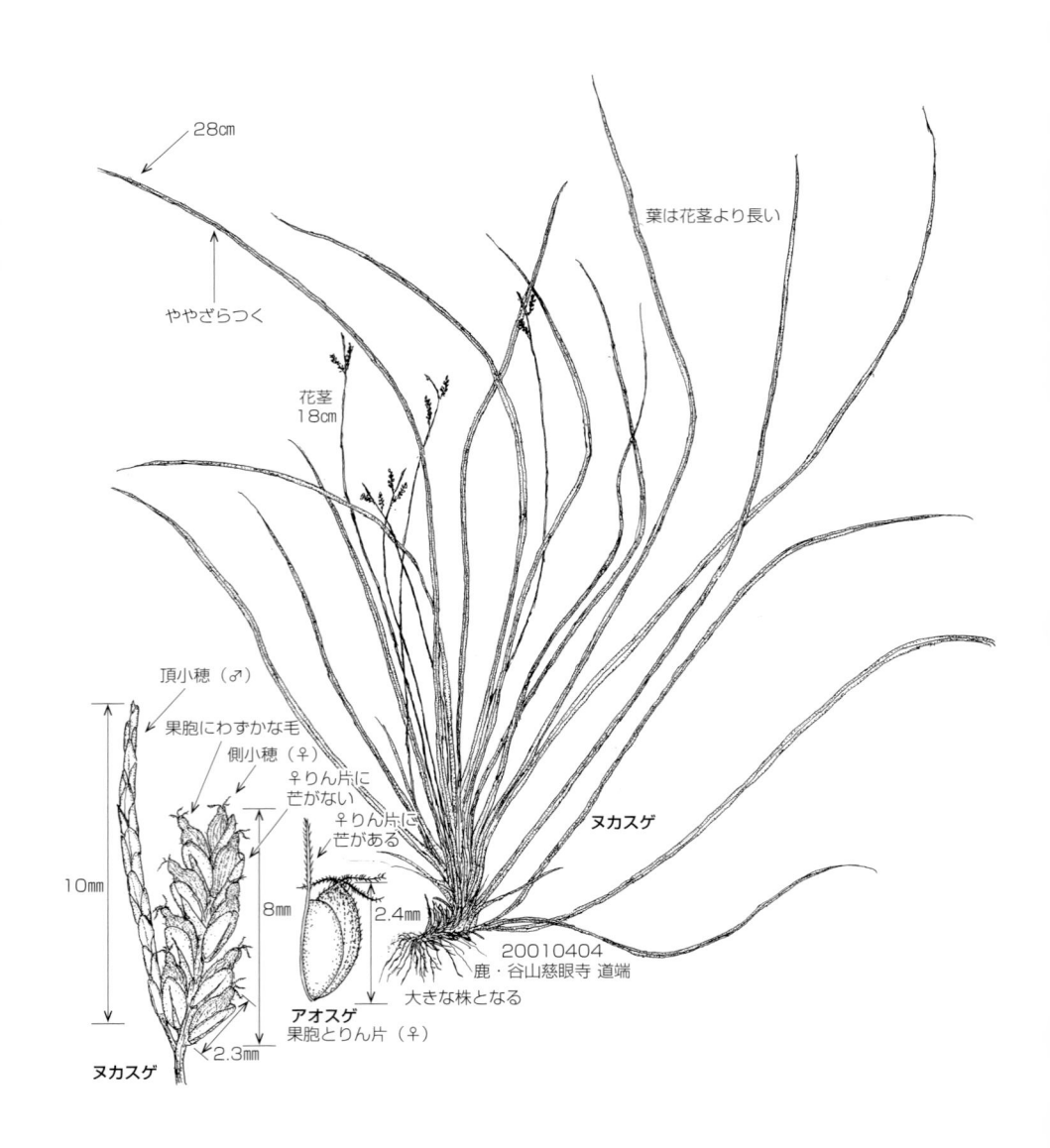

28cm

ややざらつく

花茎
18cm

葉は花茎より長い

頂小穂（♂）

果胞にわずかな毛

側小穂（♀）

♀りん片に
芒がない

♀りん片に
芒がある

10mm

8mm

2.3mm

2.4mm

ヌカスゲ

ヌカスゲ

20010404
鹿・谷山慈眼寺 道端
大きな株となる

アオスゲ
果胞とりん片（♀）

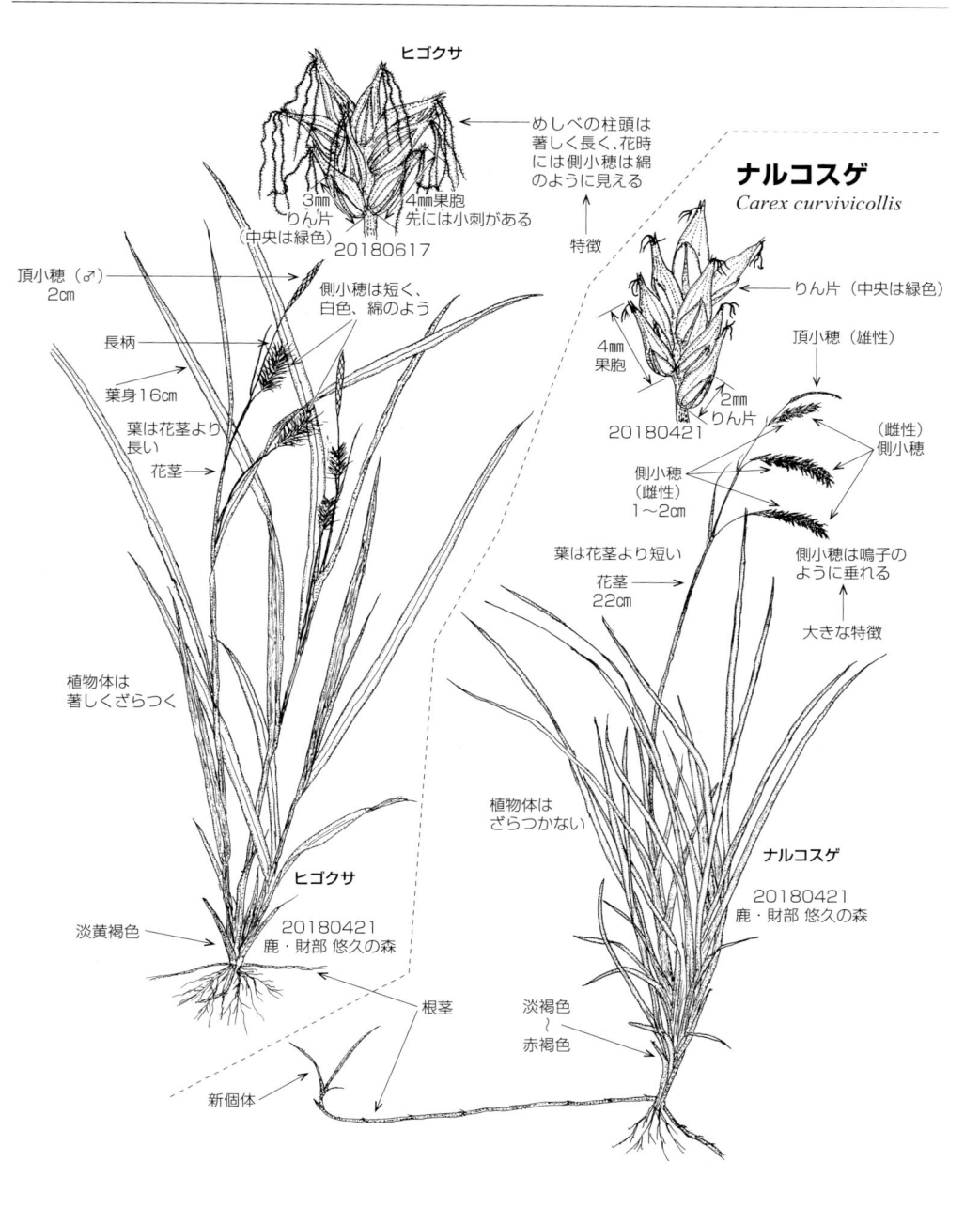

ヒゴクサ

めしべの柱頭は著しく長く、花時には側小穂は綿のように見える

3mm
りん片
（中央は緑色）
20180617

4mm果胞
先には小刺がある

特徴

頂小穂（♂）
2cm

長柄

葉身16cm

葉は花茎より長い

花茎

側小穂は短く、白色、綿のよう

植物体は著しくざらつく

ヒゴクサ
20180421
鹿・財部 悠久の森

淡黄褐色

根茎

新個体

ナルコスゲ
Carex curvivicollis

りん片（中央は緑色）

4mm
果胞

頂小穂（雄性）

2mm
りん片
20180421

側小穂
（雌性）
1～2cm

（雌性）
側小穂

側小穂は鳴子のように垂れる

大きな特徴

葉は花茎より短い

花茎
22cm

植物体はざらつかない

ナルコスゲ
20180421
鹿・財部 悠久の森

淡褐色
～
赤褐色

分布 ｜ 九・目……各県（南限は鹿の田代―花瀬）
　　 ｜ 鹿・目……県本土各地

ナルコスゲ
分布 ｜ 九・目……各県（南限は鹿の田代―花瀬）
　　 ｜ 鹿・目……大口（布計）　霧島山　新川渓谷　大隅大川原
　　 ｜ 　　　　　伊集院　阿多　熊ケ岳　田代（鵜戸野）

ビロードスゲ　[カヤツリグサ科　スゲ属]　*Carex miyabei*

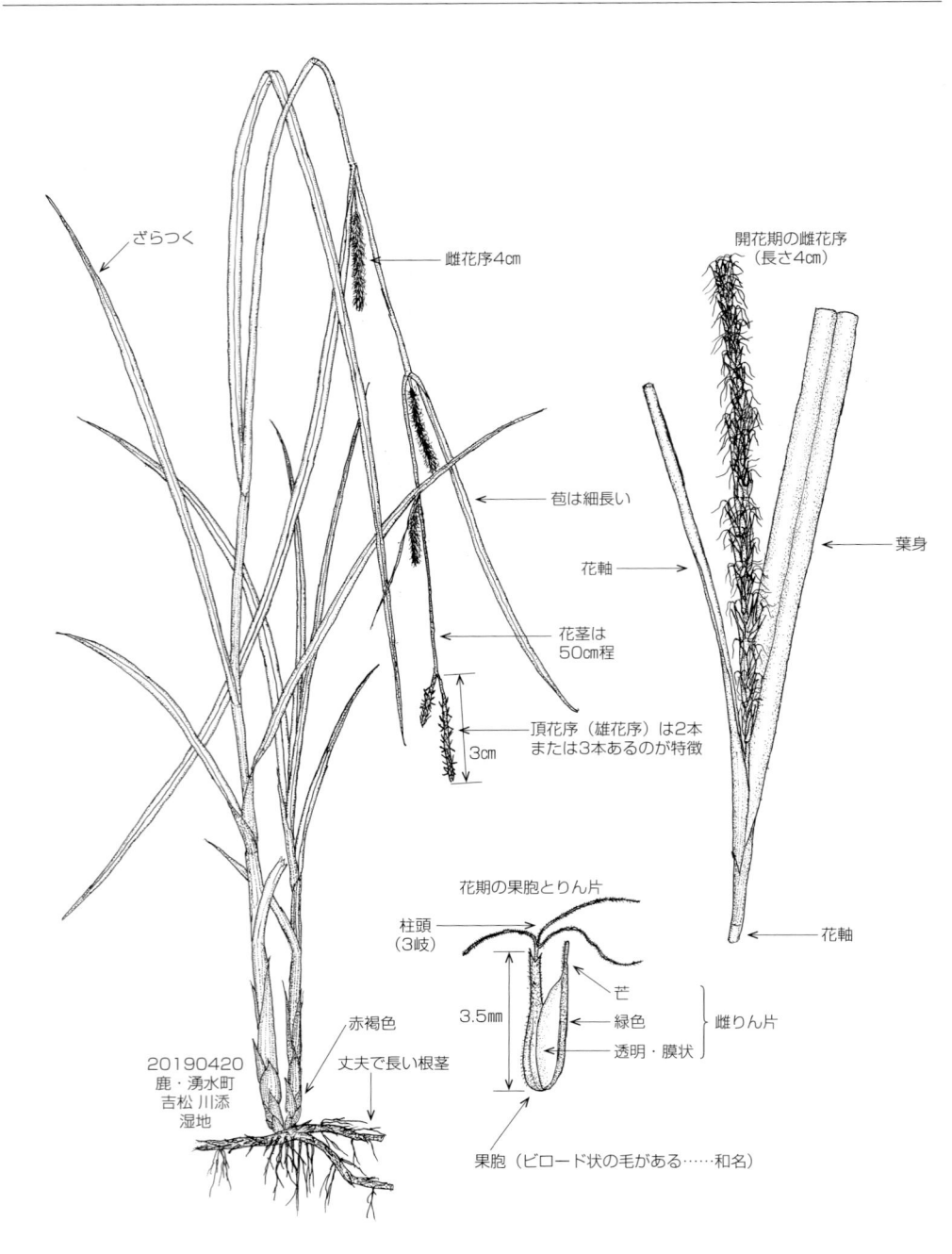

ざらつく

雌花序4㎝

開花期の雌花序
（長さ4㎝）

苞は細長い

葉身

花軸

花茎は
50㎝程

頂花序（雄花序）は2本
または3本あるのが特徴

3㎝

花軸

花期の果胞とりん片

柱頭
（3岐）

芒

3.5㎜

緑色

雌りん片

透明・膜状

赤褐色

丈夫で長い根茎

20190420
鹿・湧水町
吉松　川添
湿地

果胞（ビロード状の毛がある……和名）

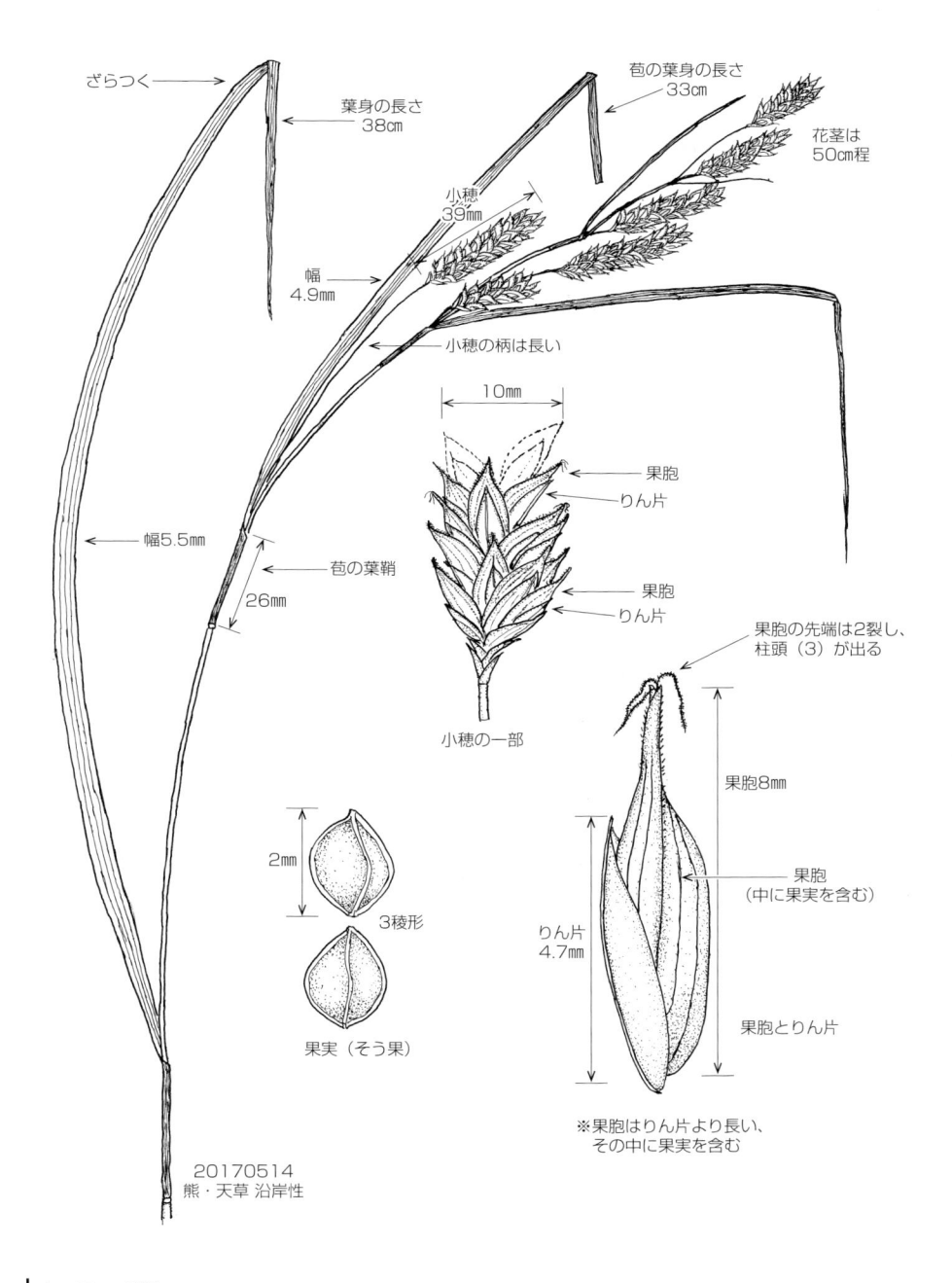

ざらつく

葉身の長さ
38㎝

苞の葉身の長さ
33㎝

花茎は
50㎝程

小穂
39㎜

幅
4.9㎜

小穂の柄は長い

10mm

果胞

りん片

果胞

りん片

小穂の一部

果胞の先端は2裂し、
柱頭（3）が出る

果胞8㎜

果胞
（中に果実を含む）

りん片
4.7㎜

果胞とりん片

幅5.5㎜

苞の葉鞘

26㎜

2mm

3稜形

果実（そう果）

※果胞はりん片より長い、
　その中に果実を含む

20170514
熊・天草 沿岸性

分布 ｜ 九・目……各県
　　　 鹿・目……長島

マスクサ　[カヤツリグサ科　スゲ属]　*Carex gibba*

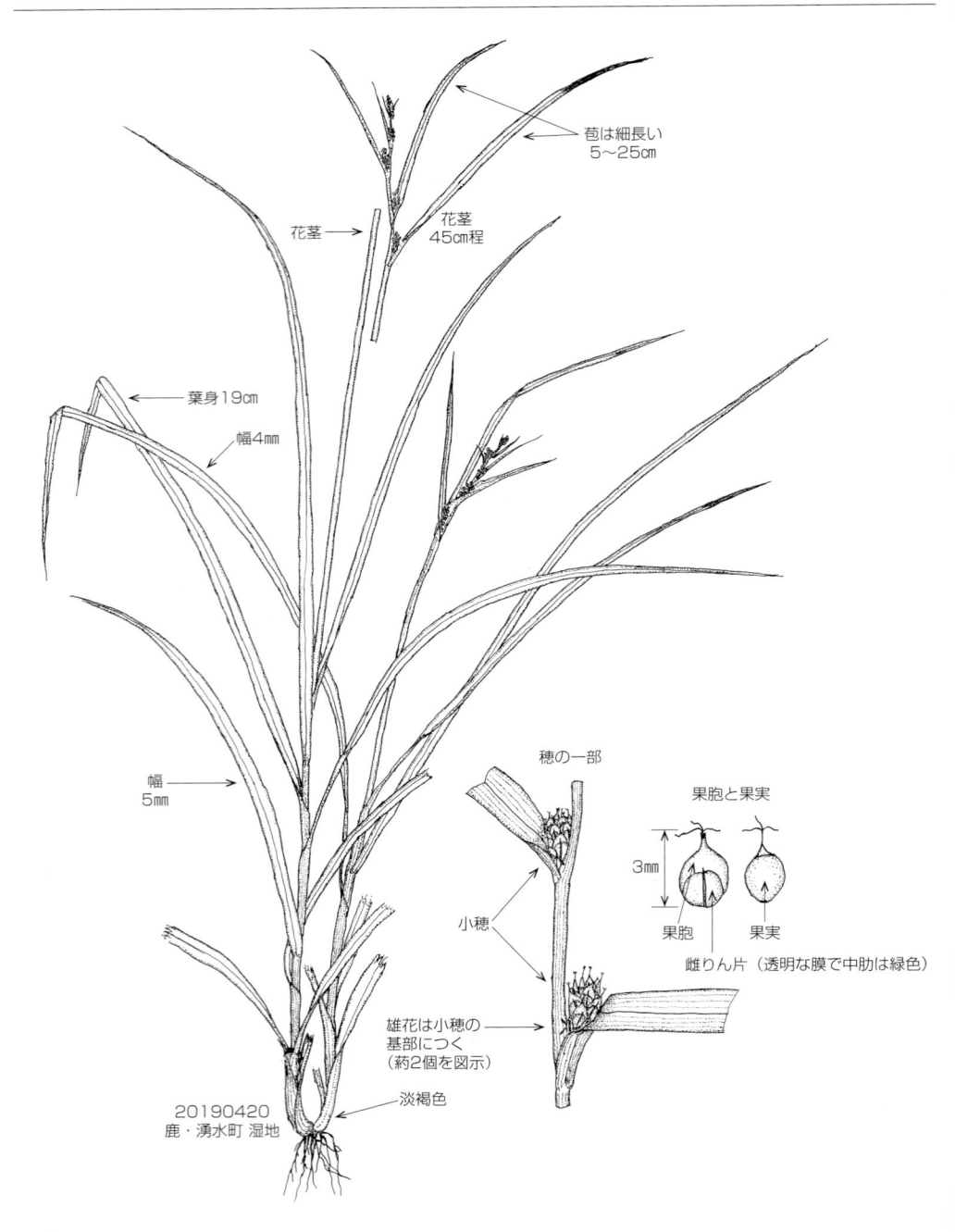

苞は細長い
5〜25㎝

花茎　花茎
45㎝程

葉身19㎝

幅4㎜

幅
5㎜

穂の一部

果胞と果実

3㎜

果胞　果実

雌りん片（透明な膜で中肋は緑色）

小穂

雄花は小穂の
基部につく
（約2個を図示）

淡褐色

20190420
鹿・湧水町 湿地

分布

九・目……各県（種　南限）
鹿・目……獅子島　甑　県本土　屋　種

ヤチカワズスゲ　[カヤツリグサ科　スゲ属]　*Carex omiana*

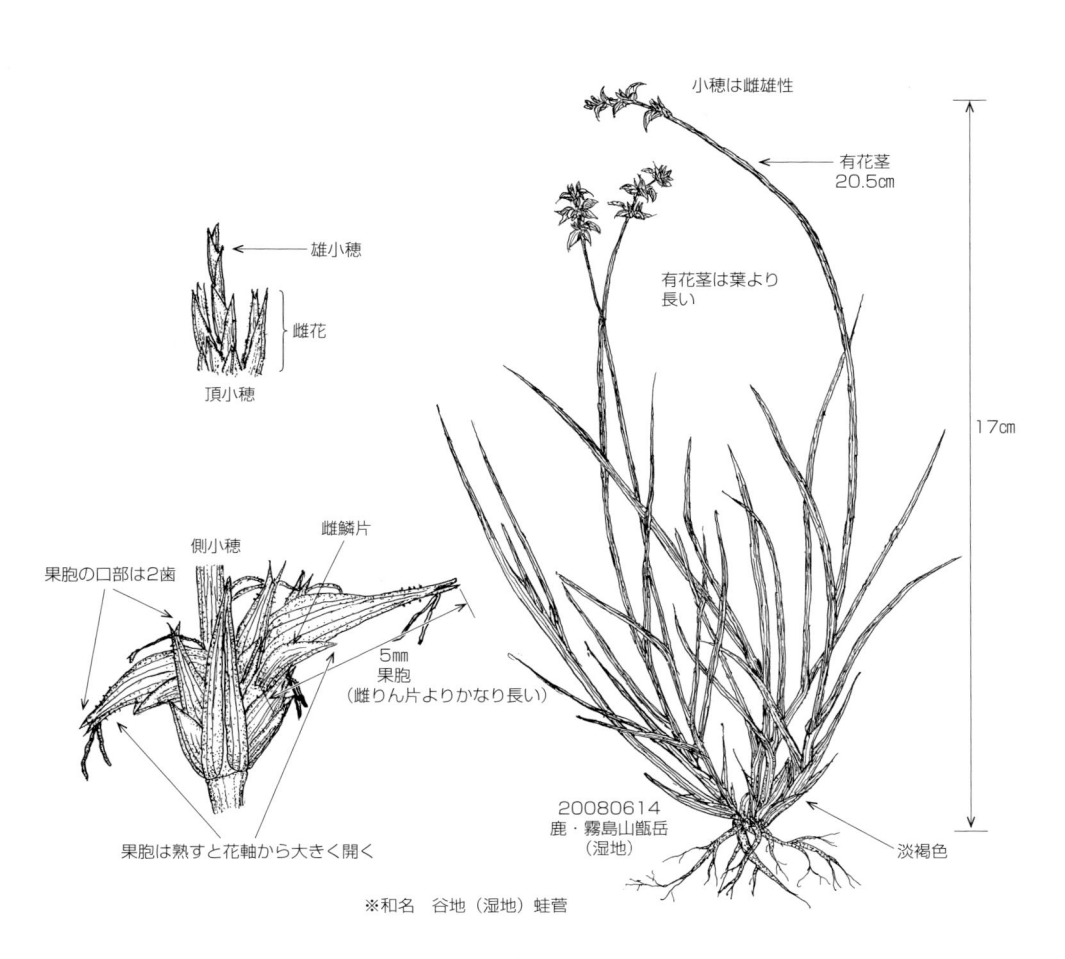

小穂は雌雄性

有花茎
20.5cm

有花茎は葉より
長い

17cm

雄小穂

雌花

頂小穂

雌鱗片

側小穂

果胞の口部は2歯

5mm
果胞
（雌りん片よりかなり長い）

果胞は熟すと花軸から大きく開く

20080614
鹿・霧島山甑岳
（湿地）

淡褐色

※和名　谷地（湿地）蛙菅

九・目……福（背振山　梶原峠）　大（少）　佐（少）　熊（阿蘇　免田）　宮（祖母山　川南　西小林　霧島山－えびの）　鹿
鹿・目……霧島山（六観音池　赤松千本原）　大口（羽月）

ヤワラスゲ　[カヤツリグサ科　スゲ属]　*Carex transversa*

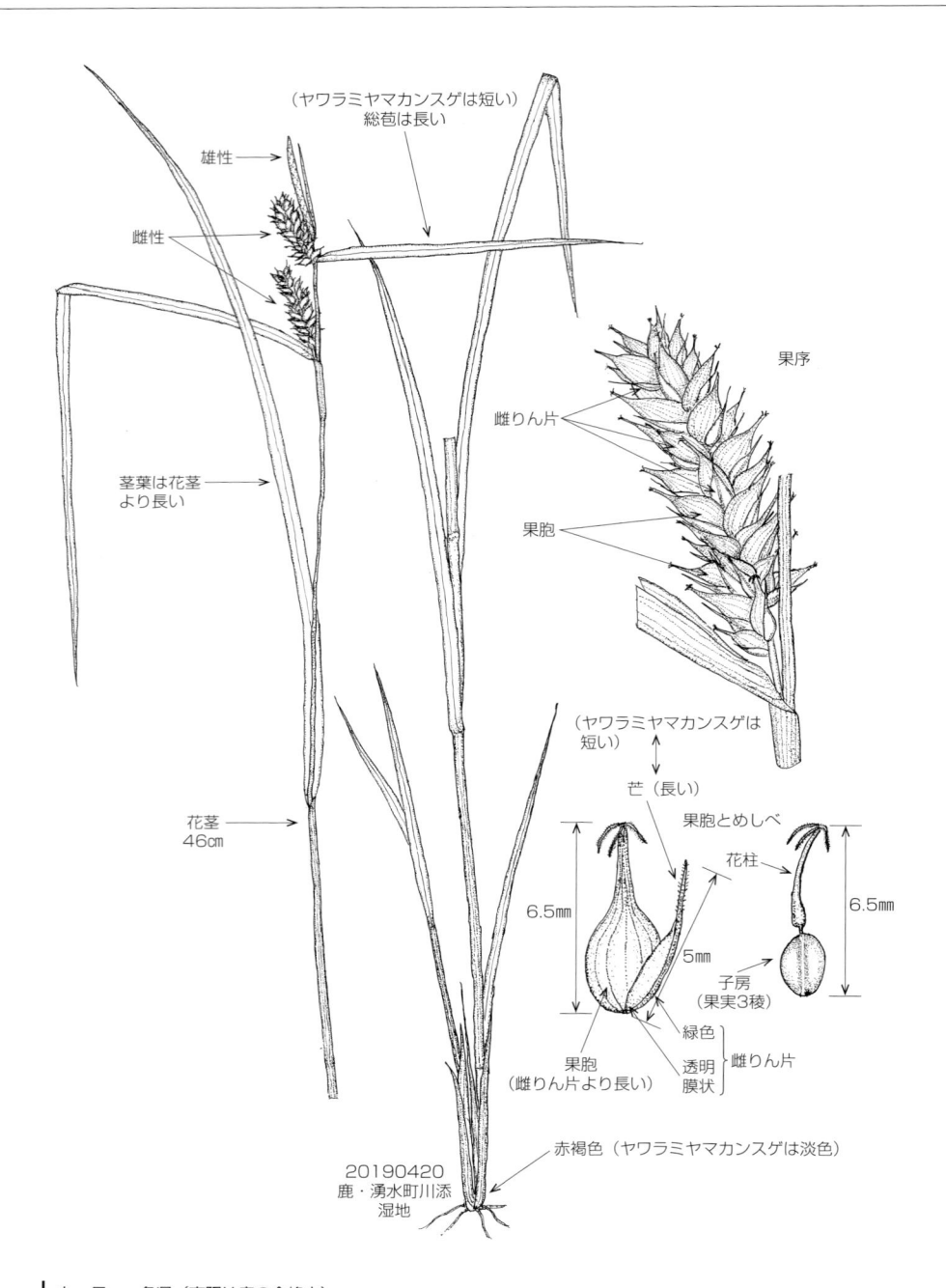

（ヤワラミヤマカンスゲは短い）
総苞は長い

雄性

雌性

果序

雌りん片

果胞

茎葉は花茎
より長い

（ヤワラミヤマカンスゲは
短い）

芒（長い）

果胞とめしべ

花柱

花茎
46cm

6.5mm

5mm

6.5mm

子房
（果実3稜）

緑色

透明
膜状

雌りん片

果胞
（雌りん片より長い）

赤褐色（ヤワラミヤマカンスゲは淡色）

20190420
鹿・湧水町川添
湿地

分布 ｜ 九・目……各県（南限は鹿の金峰山）
　　　 鹿・目……大口（麓）　藺牟田池　川内　紫尾山　金峰山　重富　桜島

ヤワラミヤマカンスゲ　[カヤツリグサ科　スゲ属]　*Carex multifolia* var.*imbecillis*

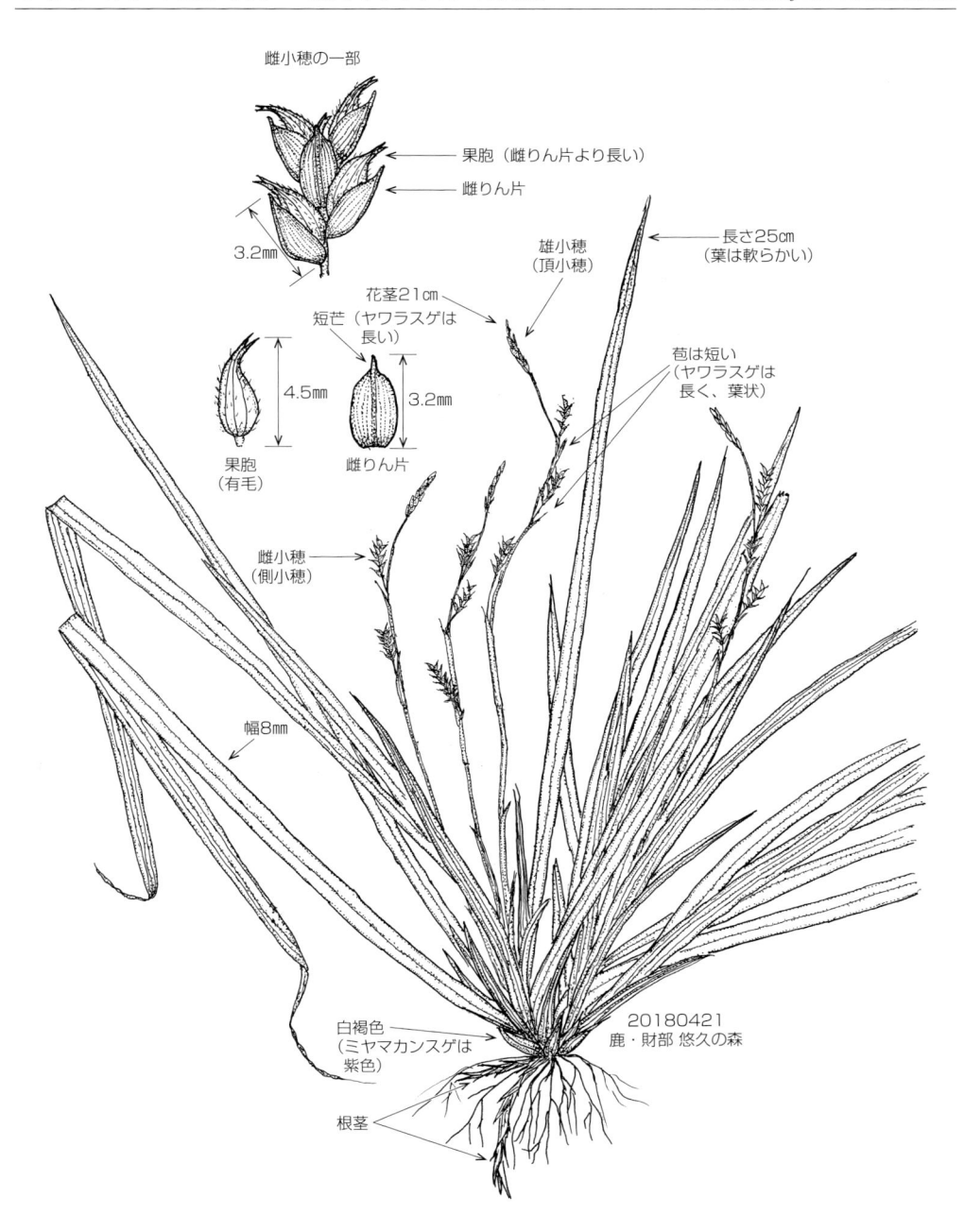

雌小穂の一部

果胞（雌りん片より長い）

雌りん片

3.2mm

雄小穂
（頂小穂）

花茎21㎝

短芒（ヤワラスゲは
長い）

4.5mm

3.2mm

果胞
（有毛）

雌りん片

長さ25㎝
（葉は軟らかい）

苞は短い
（ヤワラスゲは
長く、葉状）

雌小穂
（側小穂）

幅8mm

白褐色
（ミヤマカンスゲは
紫色）

20180421
鹿・財部 悠久の森

根茎

分布　│ 九・目……記載がない
　　　│ 鹿・目……記載がない

オニガヤツリ　[カヤツリグサ科　カヤツリグサ属]　*Cyperus pilosus*

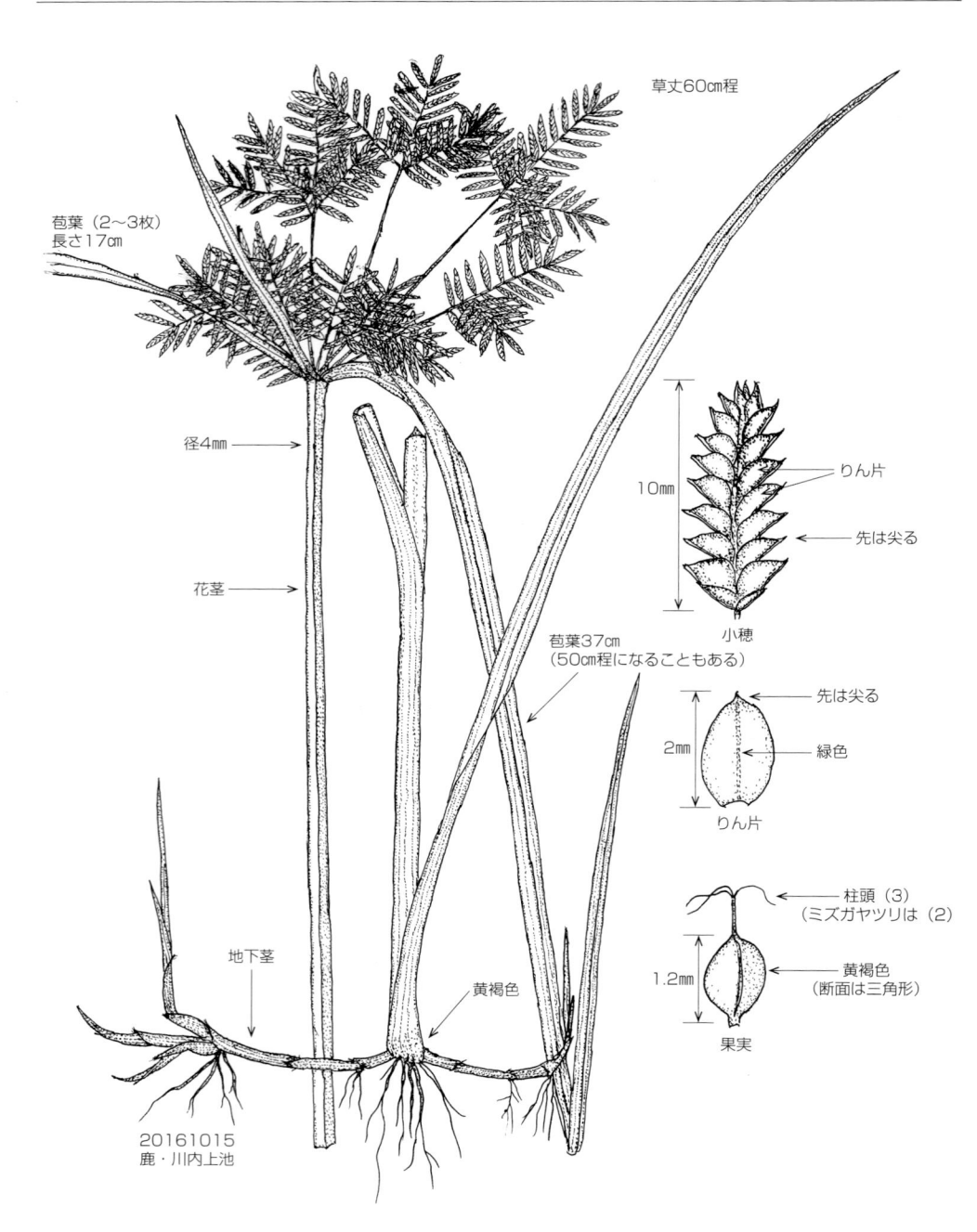

草丈60cm程

苞葉（2〜3枚）
長さ17cm

径4mm

花茎

苞葉37cm
（50cm程になることもある）

10mm

りん片

先は尖る

小穂

先は尖る

2mm

緑色

りん片

柱頭（3）
（ミズガヤツリは（2）

黄褐色
（断面は三角形）

1.2mm

果実

地下茎

黄褐色

20161015
鹿・川内上池

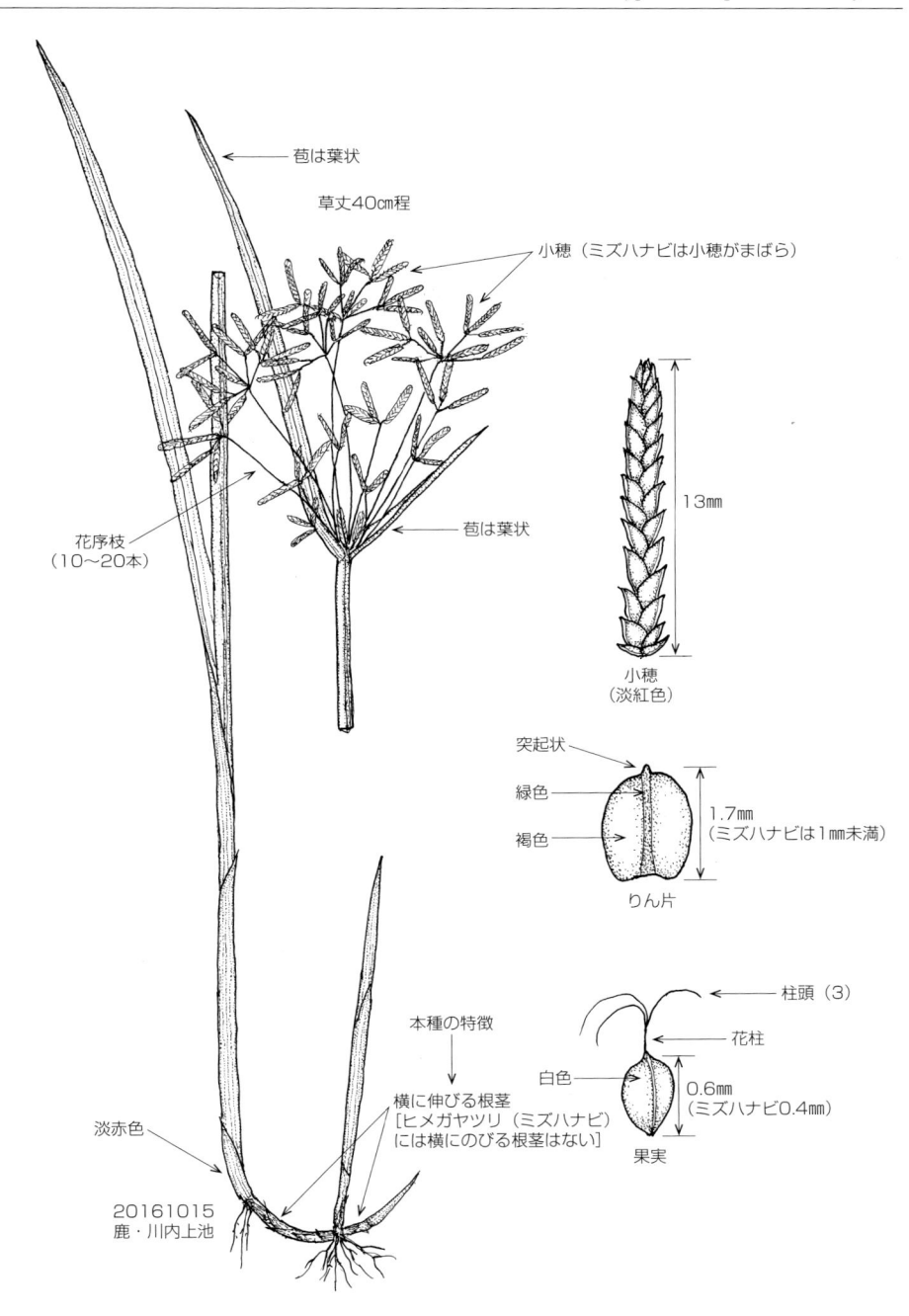

苞は葉状

草丈40㎝程

小穂（ミズハナビは小穂がまばら）

花序枝
（10〜20本）

苞は葉状

13㎜

小穂
（淡紅色）

突起状

緑色

褐色

1.7㎜
（ミズハナビは1㎜未満）

りん片

本種の特徴

横に伸びる根茎
[ヒメガヤツリ（ミズハナビ）
には横にのびる根茎はない]

淡赤色

20161015
鹿・川内上池

柱頭（3）

花柱

白色

0.6㎜
（ミズハナビ0.4㎜）

果実

分布　九・目……各県（南は奄群）
　　　　鹿・目……各地

メリケンガヤツリ　[カヤツリグサ科　カヤツリグサ属]　*Cyperus eragrostis*

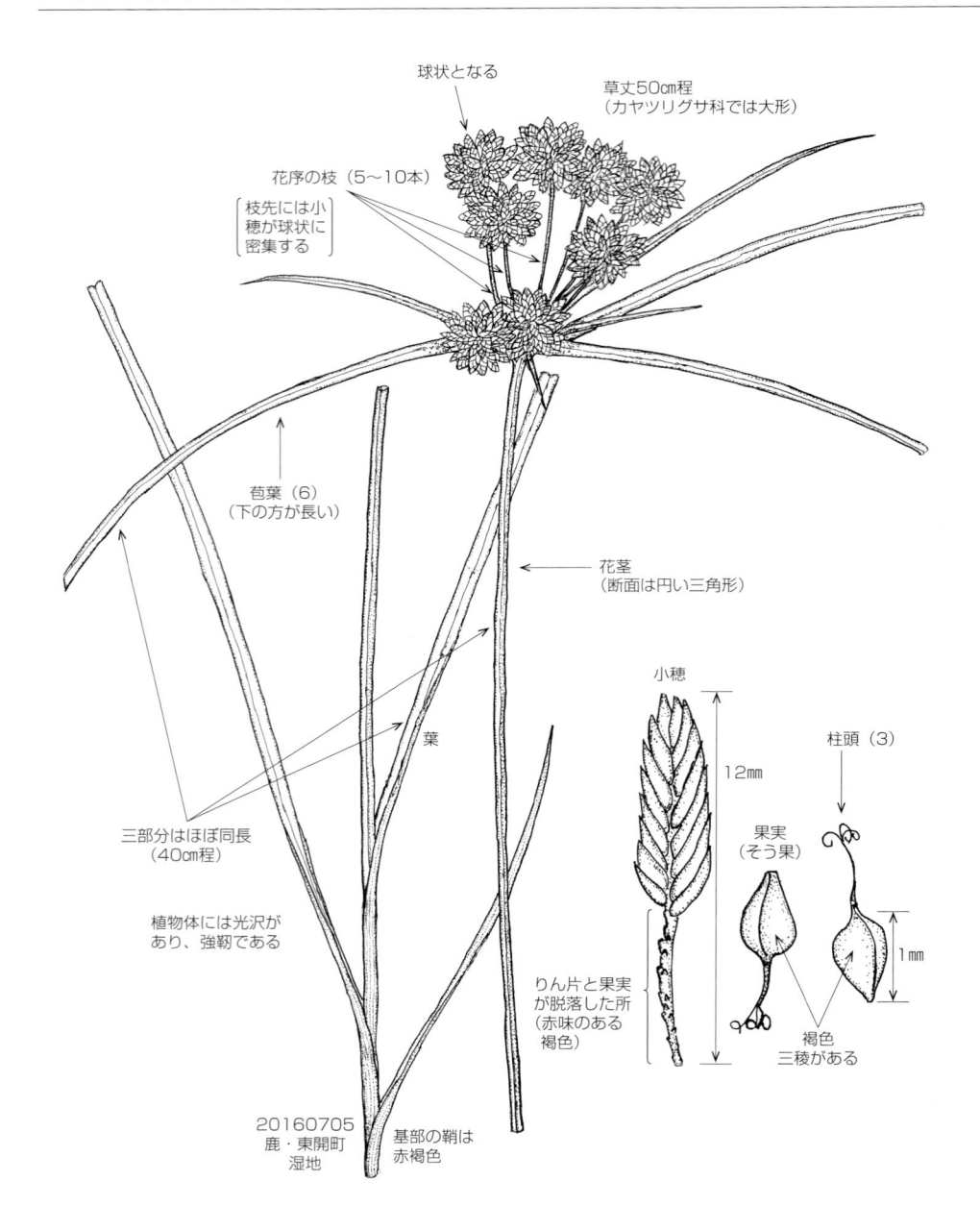

球状となる

草丈50㎝程
（カヤツリグサ科では大形）

花序の枝（5〜10本）

枝先には小穂が球状に密集する

苞葉（6）
（下の方が長い）

花茎
（断面は円い三角形）

三部分はほぼ同長
（40㎝程）

植物体には光沢があり、強靭である

小穂

12mm

柱頭（3）

果実
（そう果）

1mm

りん片と果実が脱落した所
（赤味のある褐色）

褐色
三稜がある

20160705
鹿・東開町
湿地

基部の鞘は
赤褐色

葉

シカクイ　［カヤツリグサ科　ハリイ属］　*Eleocharis wichurae*

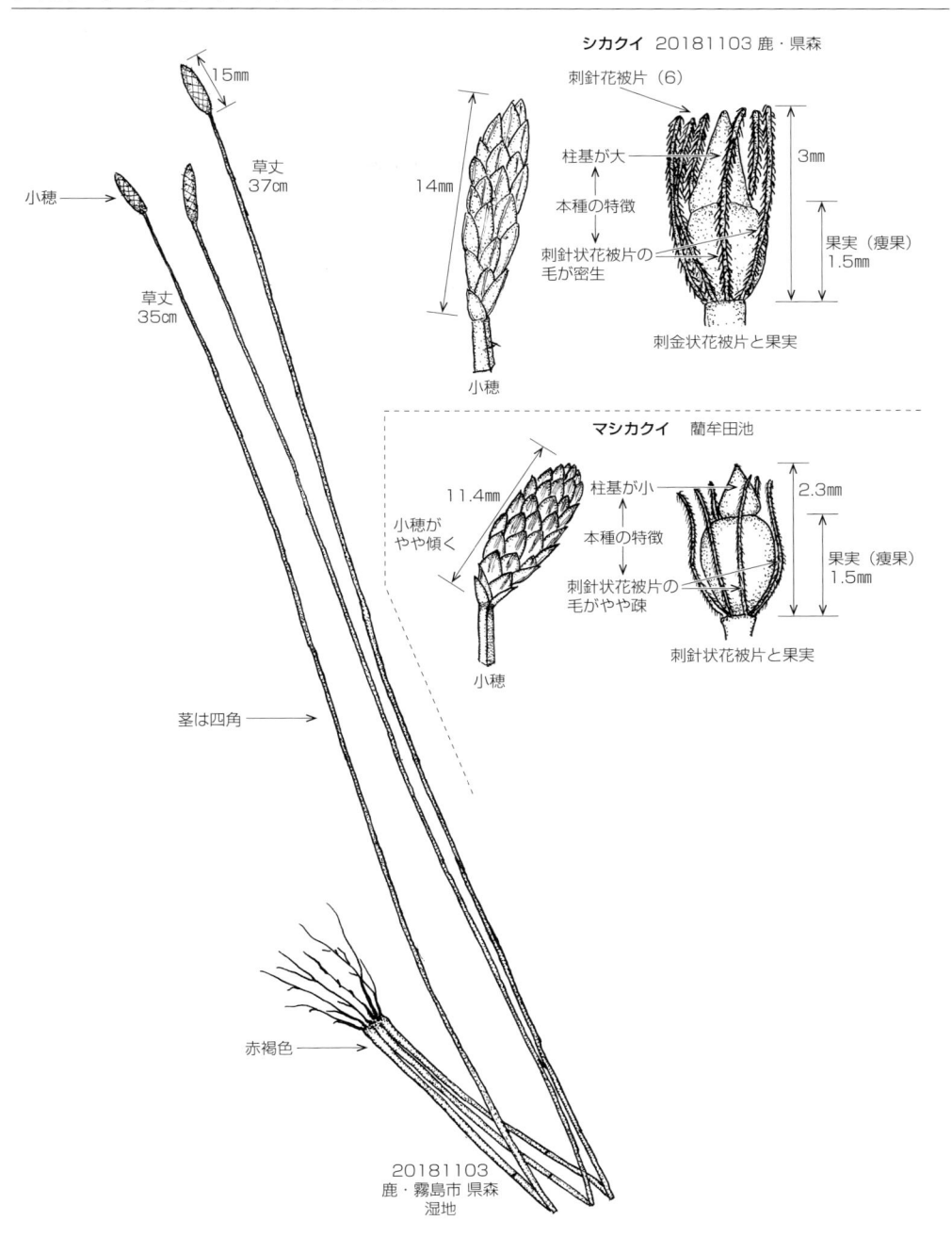

シカクイ　20181103 鹿・県森

刺針花被片（6）

柱基が大

本種の特徴

刺針状花被片の
毛が密生

3mm

果実（痩果）
1.5mm

刺金状花被片と果実

14mm

小穂

15mm

草丈
37cm

小穂 →

草丈
35cm

マシカクイ　藺牟田池

柱基が小

本種の特徴

刺針状花被片の
毛がやや疎

2.3mm

果実（痩果）
1.5mm

刺針状花被片と果実

11.4mm

小穂が
やや傾く

小穂

茎は四角 →

赤褐色 →

20181103
鹿・霧島市 県森
湿地

分布 | 九・目……各県（南は奄　徳）
鹿・目……県本土中・北部　種　屋　中　奄大　徳

177

コアゼテンツキ　［カヤツリグサ科　テンツキ属］　*Fimbristylis aestivalis*

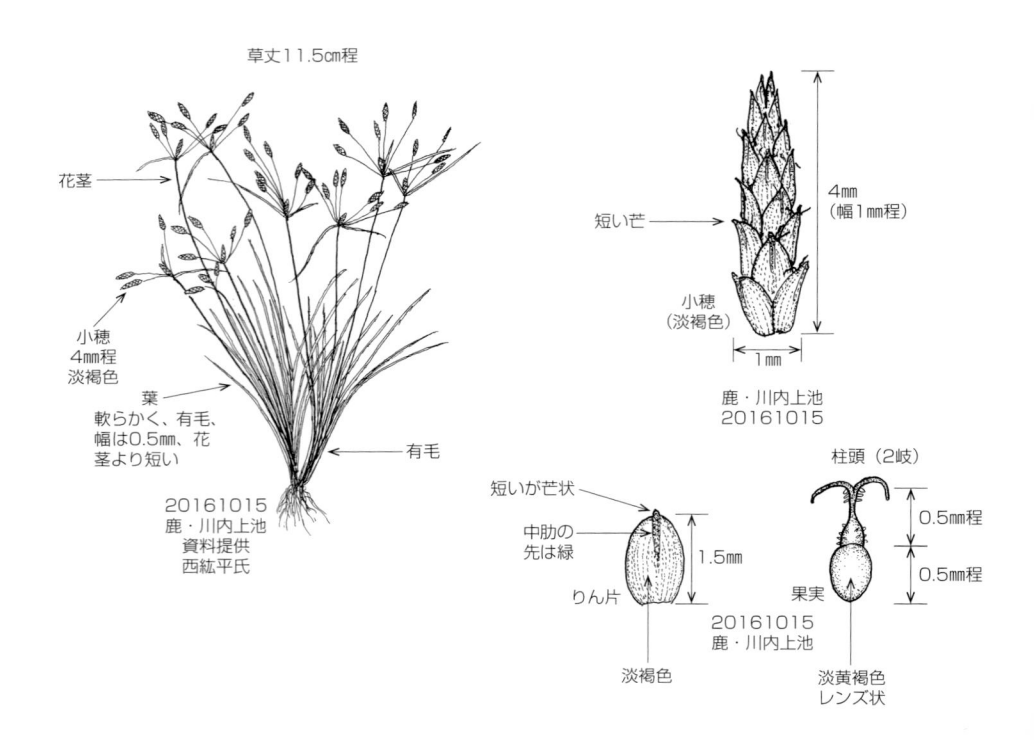

草丈11.5cm程

花茎

小穂
4mm程
淡褐色

葉
軟らかく、有毛、
幅は0.5mm、花
茎より短い

有毛

20161015
鹿・川内上池
資料提供
西紘平氏

短い芒

4mm
（幅1mm程）

小穂
（淡褐色）

1mm

鹿・川内上池
20161015

短いが芒状

中肋の
先は緑

りん片

1.5mm

淡褐色

20161015
鹿・川内上池

柱頭（2岐）

果実

0.5mm程

0.5mm程

淡黄褐色
レンズ状

クロタマガヤツリ　[カヤツリグサ科　クロタマガヤツリ属]　*Fuirena ciliaris*

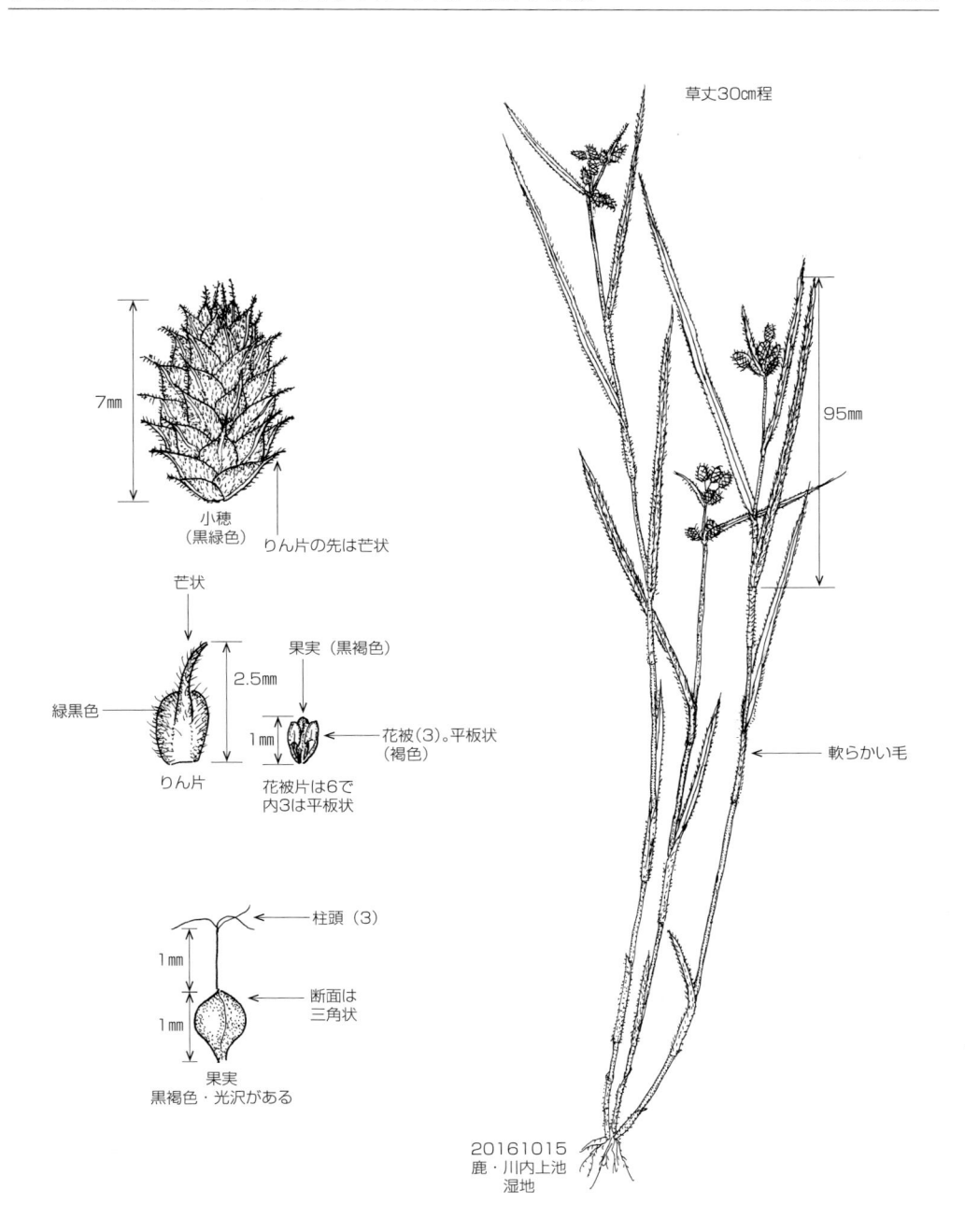

草丈30cm程

95mm

7mm

小穂
（黒緑色）

りん片の先は芒状

芒状

果実（黒褐色）

2.5mm

緑黒色

1mm

花被（3）。平板状
（褐色）

りん片

花被片は6で
内3は平板状

柱頭（3）

1mm

断面は
三角状

1mm

果実
黒褐色・光沢がある

軟らかい毛

20161015
鹿・川内上池
湿地

分布
| 九・目……福（福岡　北埼）　大（宇佐）　佐（東背振　基山）　熊（稀）　宮（稀）　鹿 |
| 鹿・目……甑　出水　川内　樋脇　鹿児島市　隼人　大根占　種　屋　宝　奄大　沖永　徳　与 |

ツクシアブラガヤ　[カヤツリグサ科　アブラガヤ属]　*Scirpus rosthornii* var.*kiushuensis*

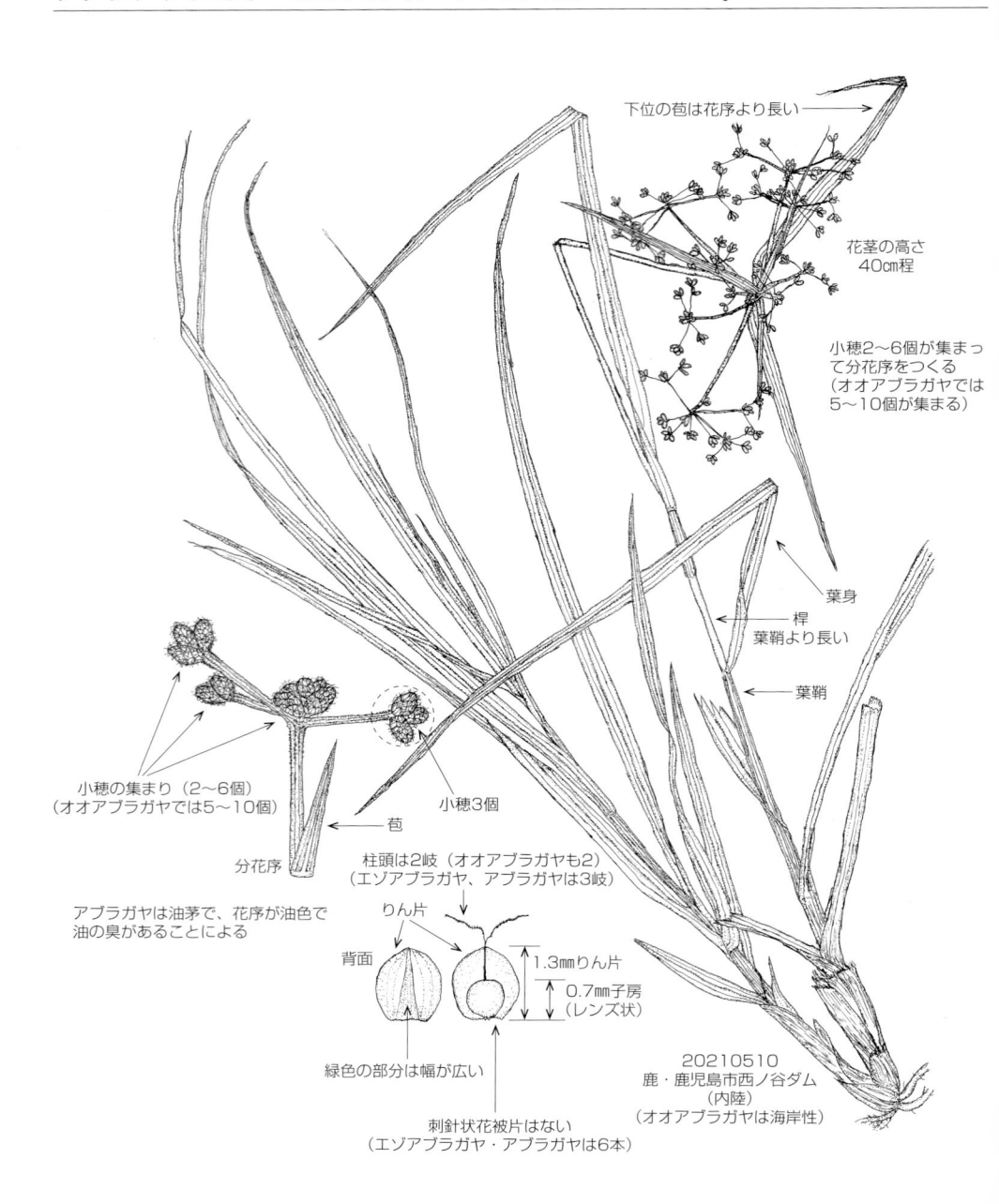

下位の苞は花序より長い──→

花茎の高さ
40cm程

小穂2～6個が集まっ
て分花序をつくる
（オオアブラガヤでは
5～10個が集まる）

葉身

桿
葉鞘より長い

葉鞘

小穂の集まり（2～6個）
（オオアブラガヤでは5～10個）

小穂3個

苞

分花序

アブラガヤは油茅で、花序が油色で
油の臭があることによる

柱頭は2岐（オオアブラガヤも2）
（エゾアブラガヤ、アブラガヤは3岐）

りん片

背面

1.3mmりん片

0.7mm子房
（レンズ状）

緑色の部分は幅が広い

刺針状花被片はない
（エゾアブラガヤ・アブラガヤは6本）

20210510
鹿・鹿児島市西ノ谷ダム
（内陸）
（オオアブラガヤは海岸性）

分布 | 九・目……宮（宮崎市　田野　綾　小林　南郷）　鹿
鹿・目……大口（ケヤキ平）　栗野　霧島山　紫尾山　新川渓谷　鹿児島市（吉野）　白鹿岳　大鳥峡　鹿屋

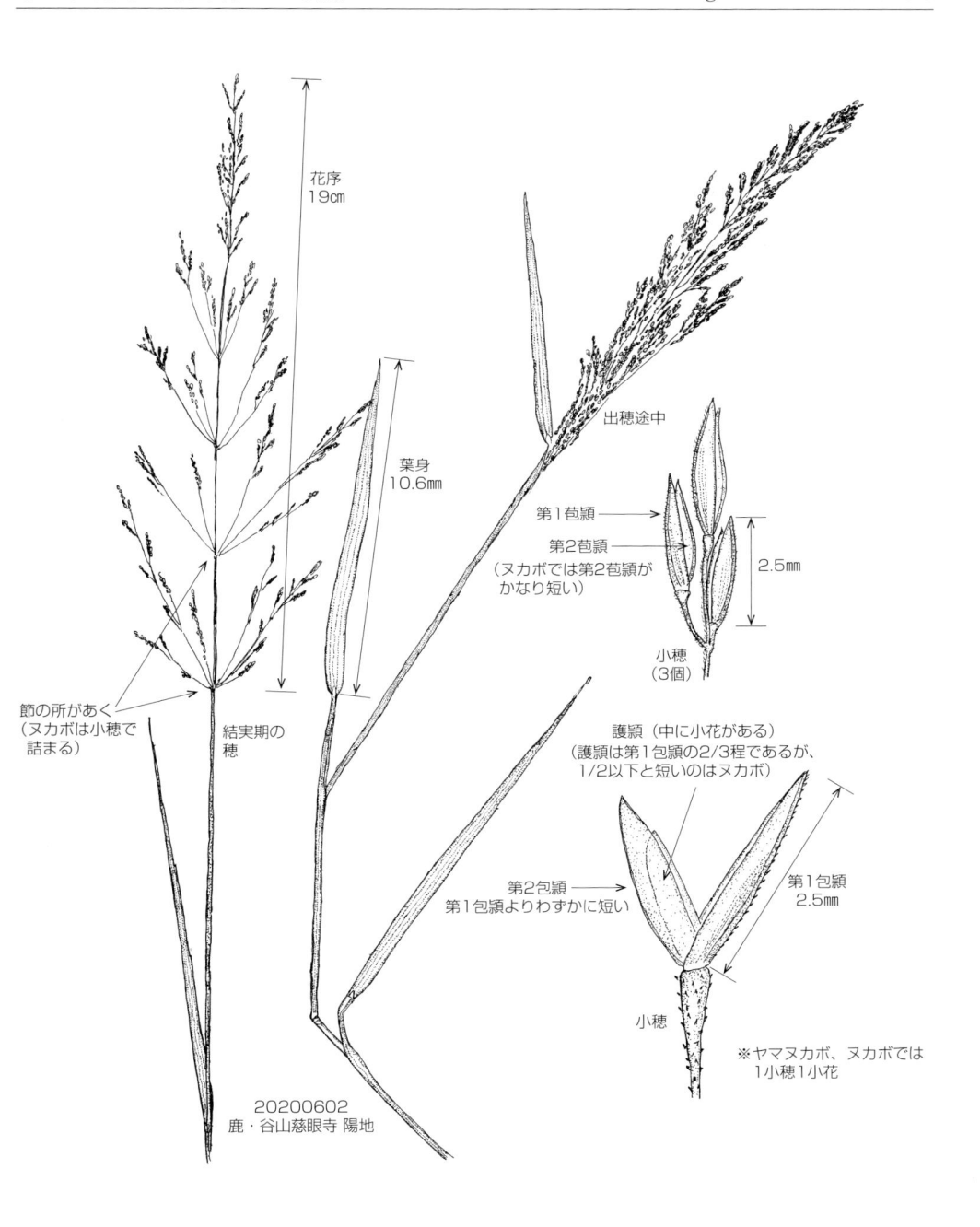

花序
19cm

葉身
10.6mm

出穂途中

第1苞頴 →
第2苞頴 →
（ヌカボでは第2苞頴が
かなり短い）

2.5mm

小穂
（3個）

節の所があく
（ヌカボは小穂で
詰まる）

結実期の
穂

護頴（中に小花がある）
（護頴は第1包頴の2/3程であるが、
1/2以下と短いのはヌカボ）

第2包頴 →
第1包頴よりわずかに短い

第1包頴
2.5mm

小穂

※ヤマヌカボ、ヌカボでは
1小穂1小花

20200602
鹿・谷山慈眼寺 陽地

分布　｜　九・目……各県（南は奄群）
　　　｜　鹿・目……県本土各地　屋

181

ハナヌカススキ　[イネ科　ヌカススキ属]　*Aira elegantissima*

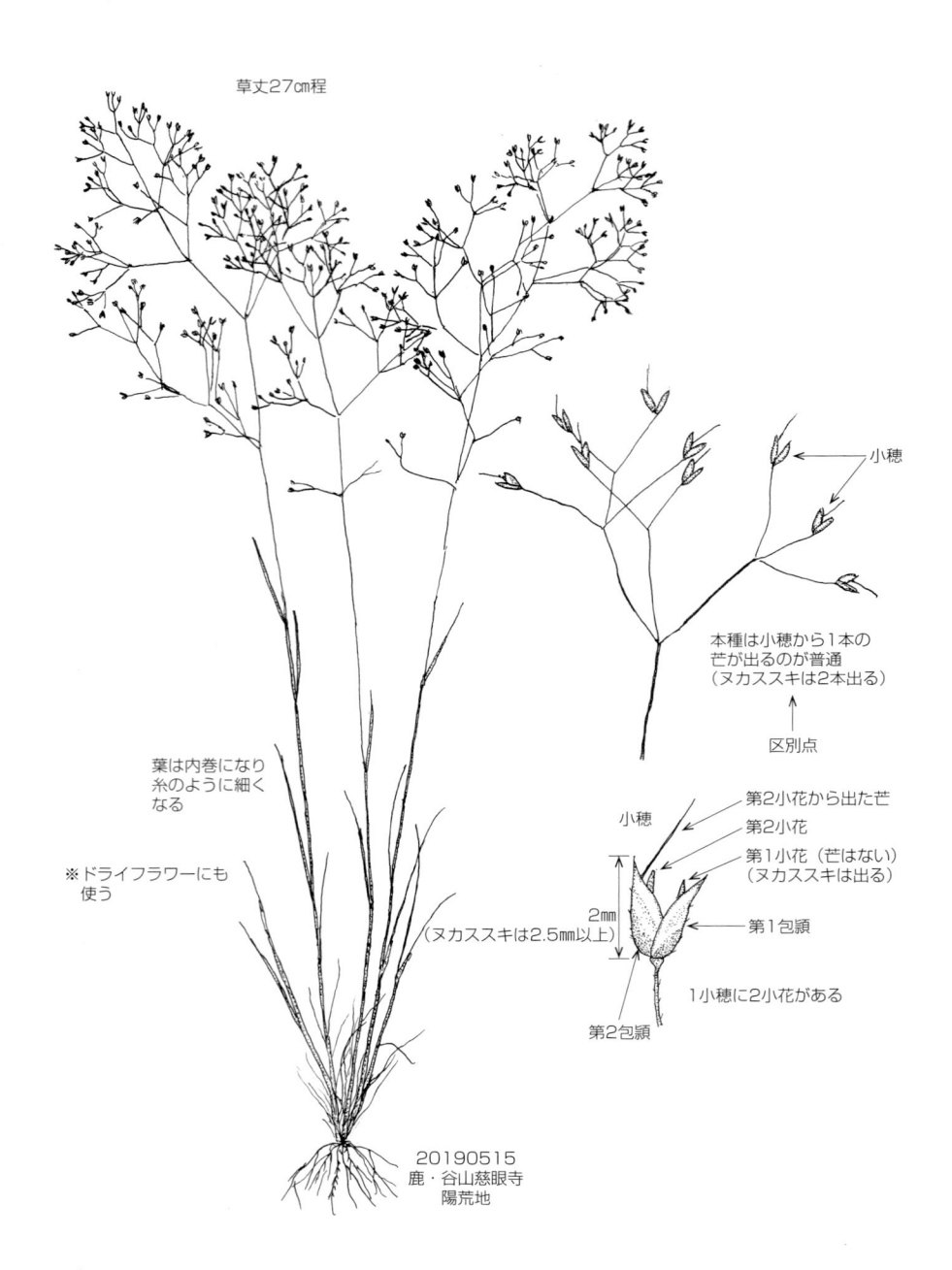

草丈27cm程

小穂

本種は小穂から1本の
芒が出るのが普通
（ヌカススキは2本出る）

区別点

第2小花から出た芒
第2小花
第1小花（芒はない）
（ヌカススキは出る）

小穂

第1包頴

2mm
（ヌカススキは2.5mm以上）

第2包頴

1小穂に2小花がある

葉は内巻になり
糸のように細く
なる

※ドライフラワーにも
使う

20190515
鹿・谷山慈眼寺
陽荒地

分布　｜九・目……福（福岡）　鹿　ヨーロッパ原産
　　　｜鹿・目……大口市街地（西水流）

182

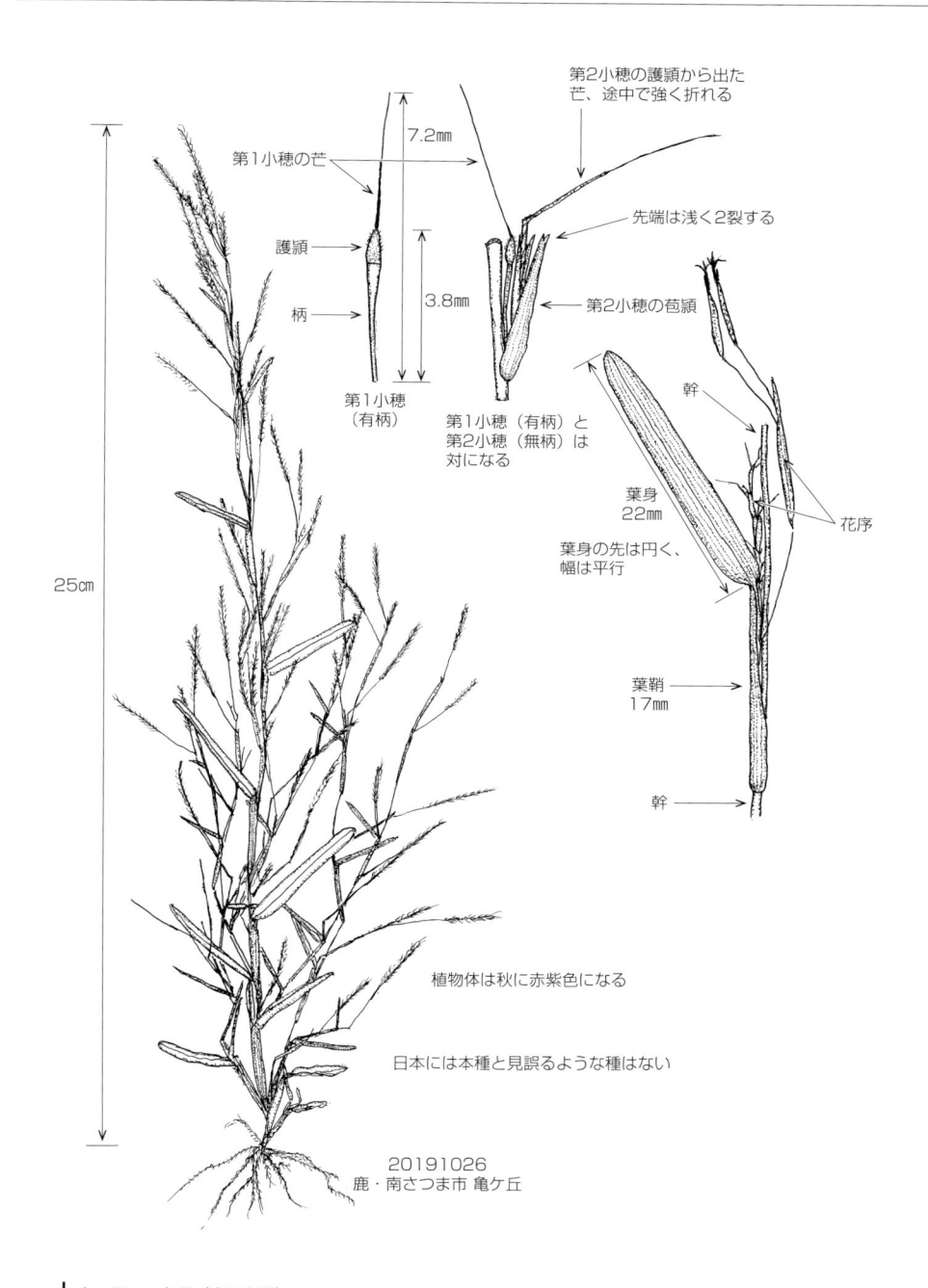

第2小穂の護頴から出た
芒、途中で強く折れる

7.2㎜

第1小穂の芒

護頴

柄

3.8㎜

先端は浅く2裂する

第2小穂の苞頴

第1小穂
（有柄）

第1小穂（有柄）と
第2小穂（無柄）は
対になる

幹

葉身
22㎜

花序

葉身の先は円く、
幅は平行

葉鞘
17㎜

幹

25cm

植物体は秋に赤紫色になる

日本には本種と見誤るような種はない

20191026
鹿・南さつま市 亀ケ丘

トダシバ　[イネ科　トダシバ属]　　*Arundinella hirta*

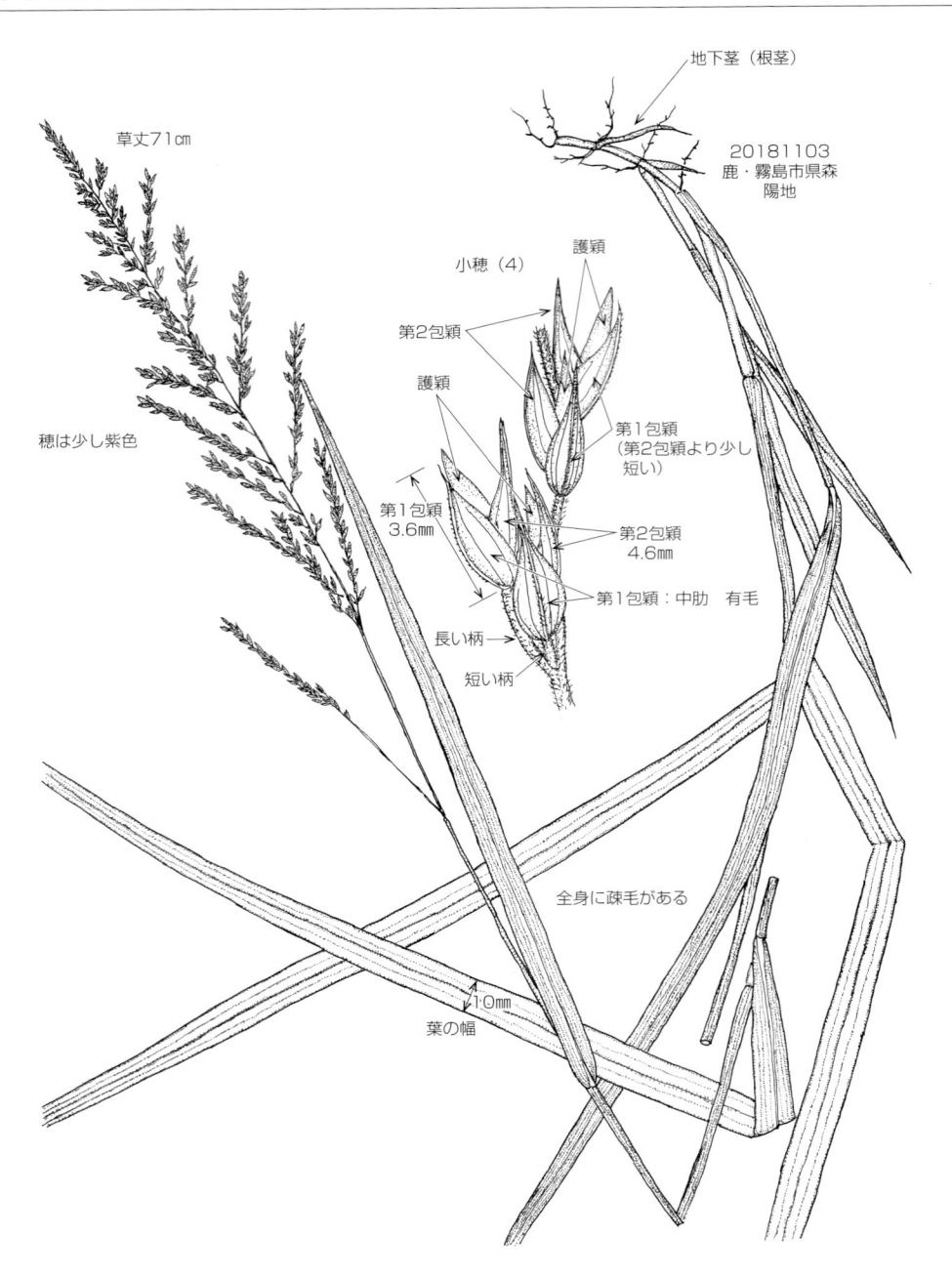

草丈71㎝

穂は少し紫色

地下茎（根茎）

20181103
鹿・霧島市県森
陽地

小穂（4）

護穎

第2包穎

護穎

第1包穎
（第2包穎より少し
短い）

第1包穎
3.6㎜

第2包穎
4.6㎜

第1包穎：中肋　有毛

長い柄

短い柄

全身に疎毛がある

1.0㎜

葉の幅

ダンチク [イネ科 ダンチク属]

Arundo donax

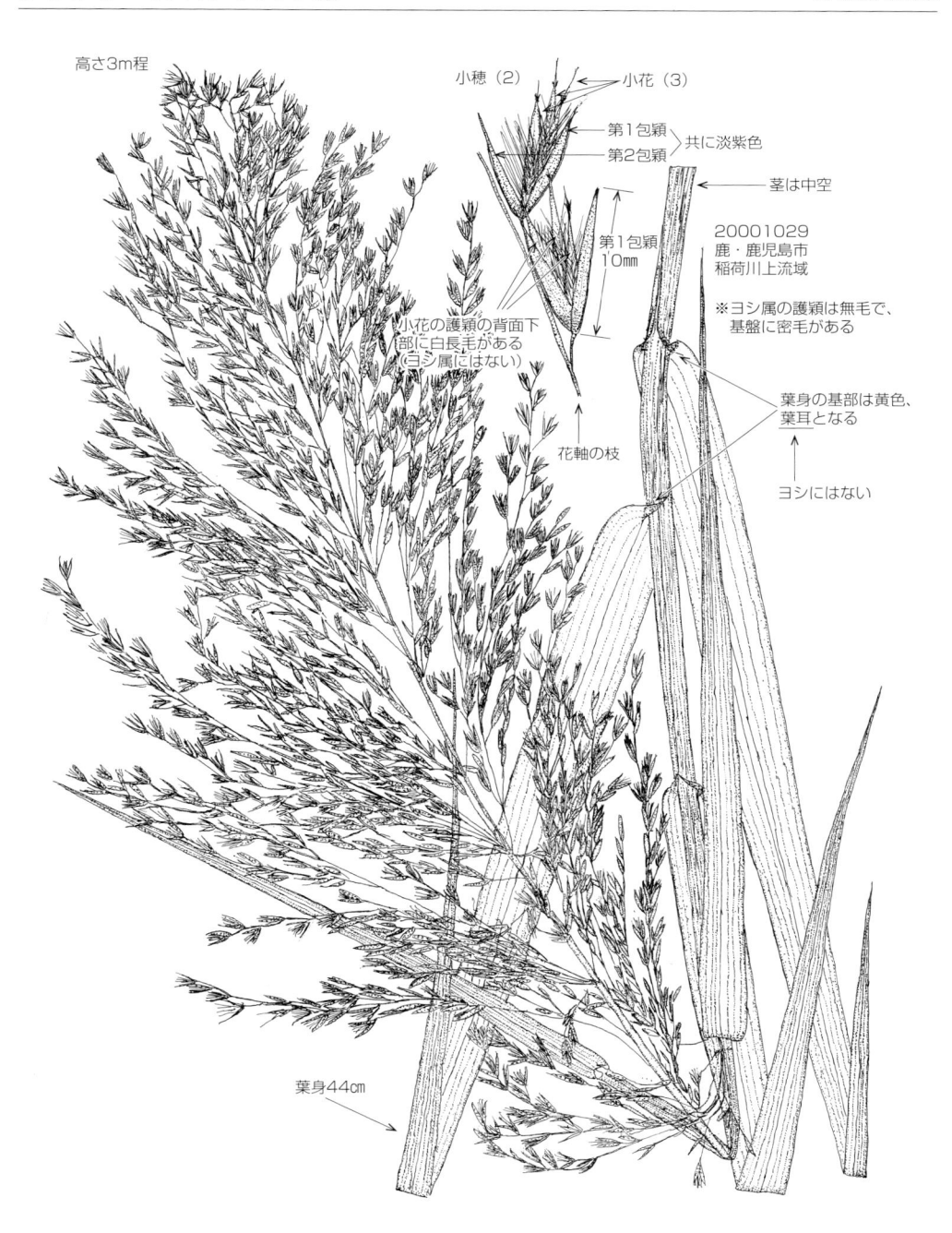

高さ3m程

小穂（2）

小花（3）

第1包穎
第2包穎

共に淡紫色

茎は中空

第1包穎
10mm

20001029
鹿・鹿児島市
稲荷川上流域

※ヨシ属の護穎は無毛で、
　基盤に密毛がある

小花の護穎の背面下
部に白長毛がある
（ヨシ属にはない）

葉身の基部は黄色、
葉耳となる

ヨシにはない

花軸の枝

葉身44cm

分布 ｜ 九・目……各県（南は奄群）
　　 ｜ 鹿・目……各地海岸

アフリカヒゲシバ　[イネ科　オヒゲシバ属]　*Chloris gayana*

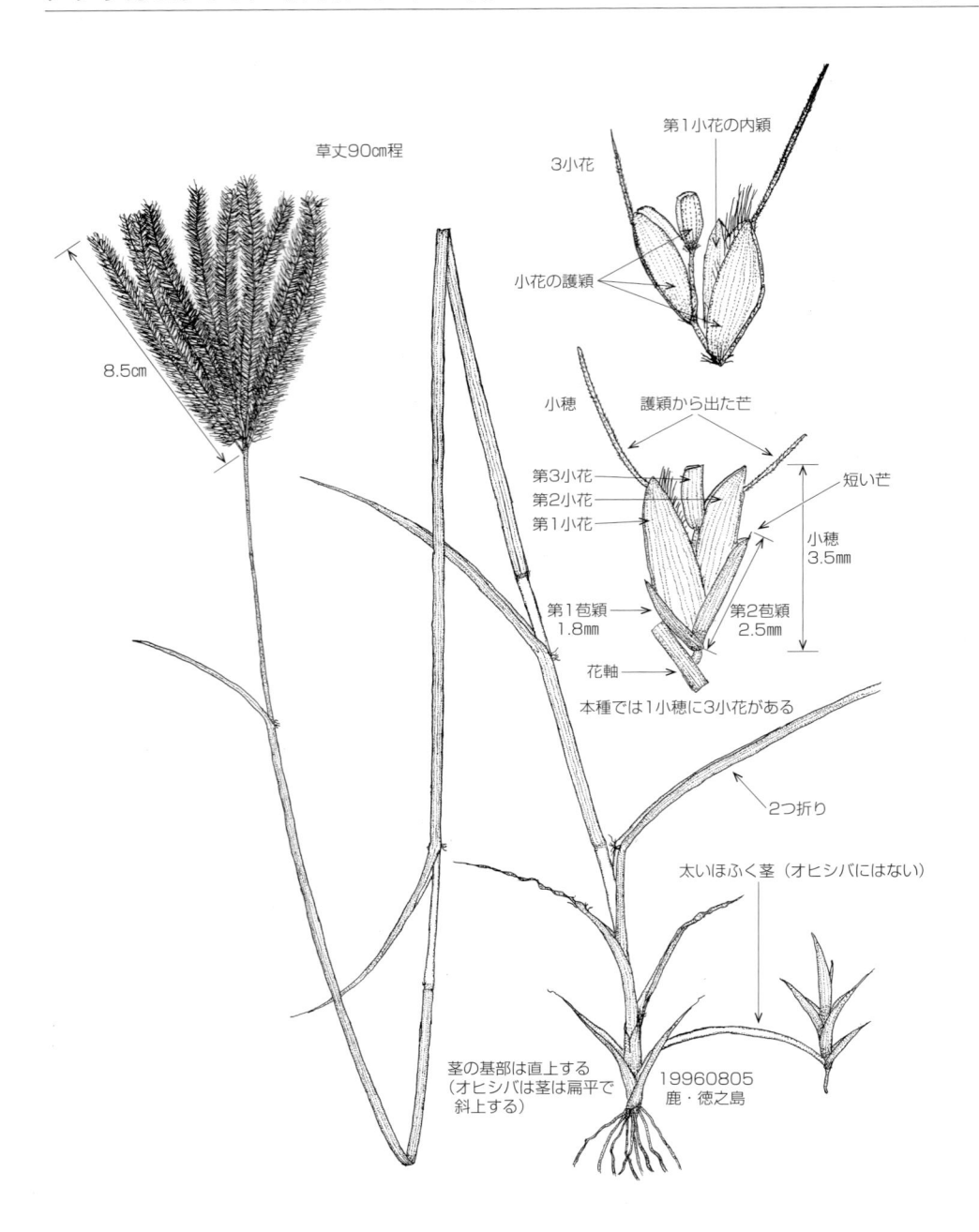

草丈90cm程

8.5cm

3小花

第1小花の内頴

小花の護頴

小穂

護頴から出た芒

第3小花
第2小花
第1小花

短い芒

小穂
3.5mm

第1苞頴
1.8mm

第2苞頴
2.5mm

花軸

本種では1小穂に3小花がある

2つ折り

太いほふく茎（オヒシバにはない）

茎の基部は直上する
（オヒシバは茎は扁平で
斜上する）

19960805
鹿・徳之島

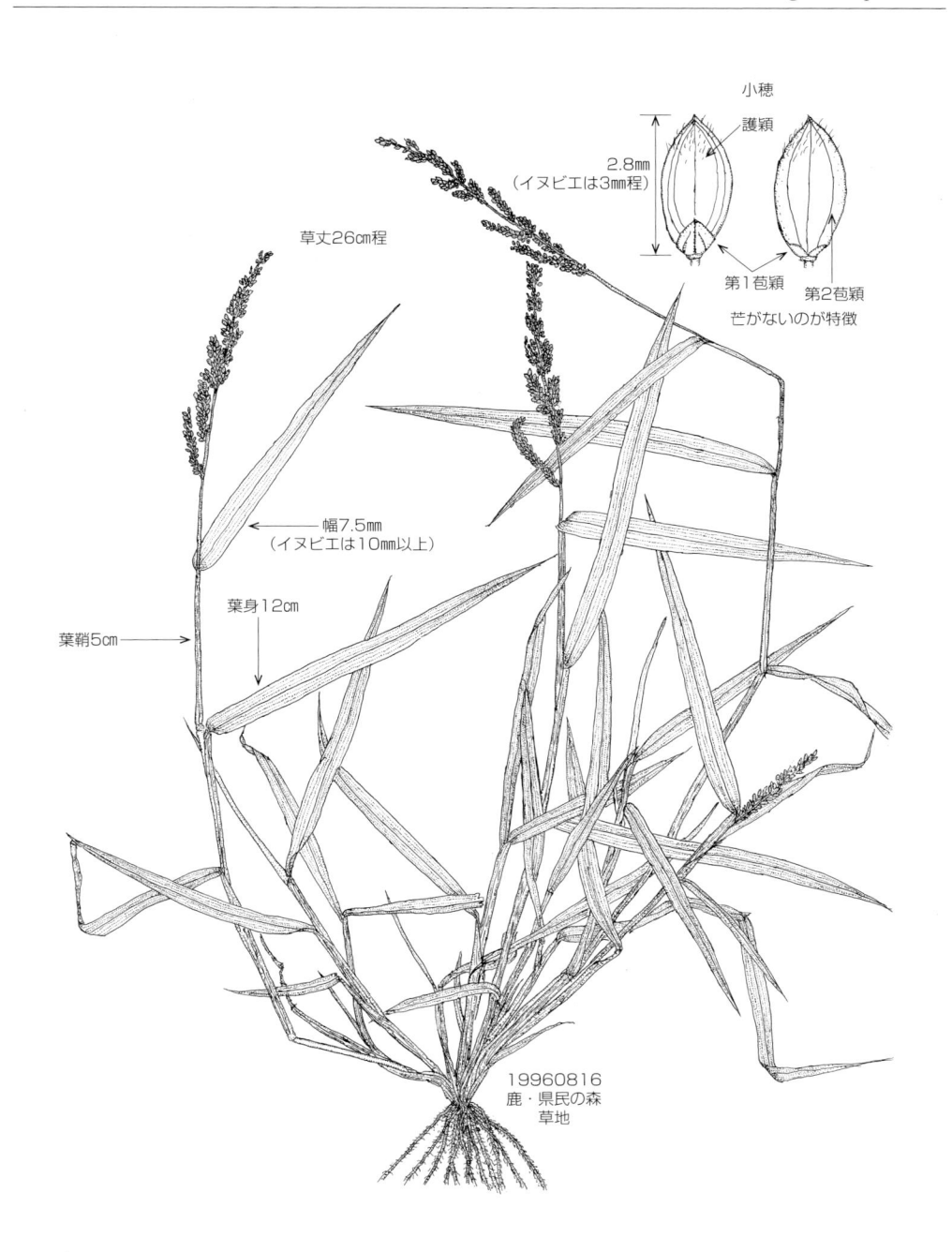

小穂

護穎

2.8mm
（イヌビエは3mm程）

第1苞穎　　第2苞穎

芒がないのが特徴

草丈26㎝程

幅7.5mm
（イヌビエは10mm以上）

葉身12㎝

葉鞘5㎝

19960816
鹿・県民の森
草地

分布　九・目……各県
　　　鹿・目……各地普通

オオウシノケグサ　[イネ科　ウシノケグサ属]　*Festuca rubra*

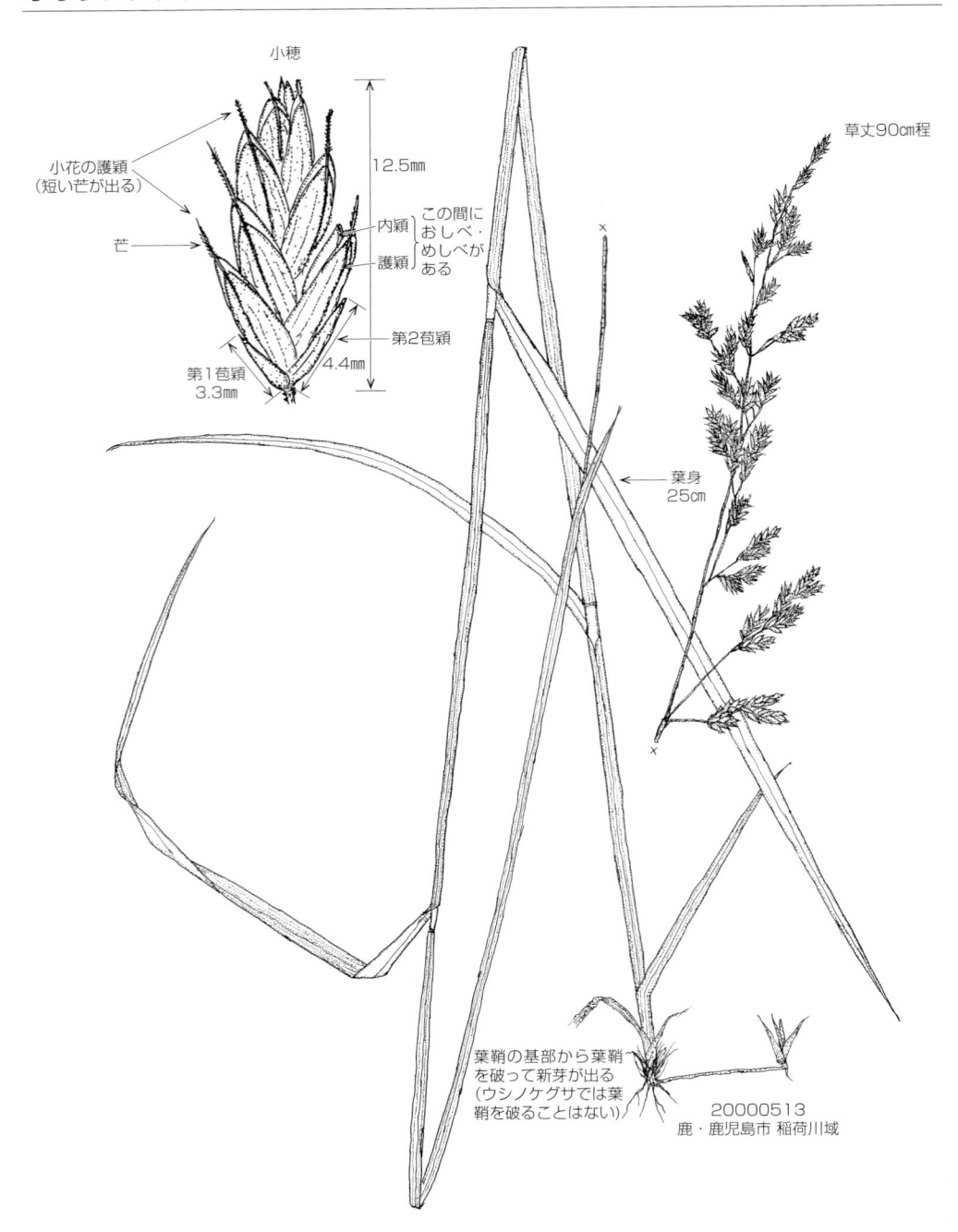

小穂

小花の護穎
（短い芒が出る）

芒

12.5mm

内穎
護穎

この間に
おしべ・
めしべが
ある

第2苞穎

第1苞穎
3.3mm

4.4mm

草丈90cm程

葉身
25cm

葉鞘の基部から葉鞘
を破って新芽が出る
（ウシノケグサでは葉
鞘を破ることはない）

20000513
鹿・鹿児島市 稲荷川域

分布 ｜ 九・目……大（津久見）　その他の県のものは帰化　ユーラシア・北米原産？
　　　｜ 鹿・目……栗野岳牧場

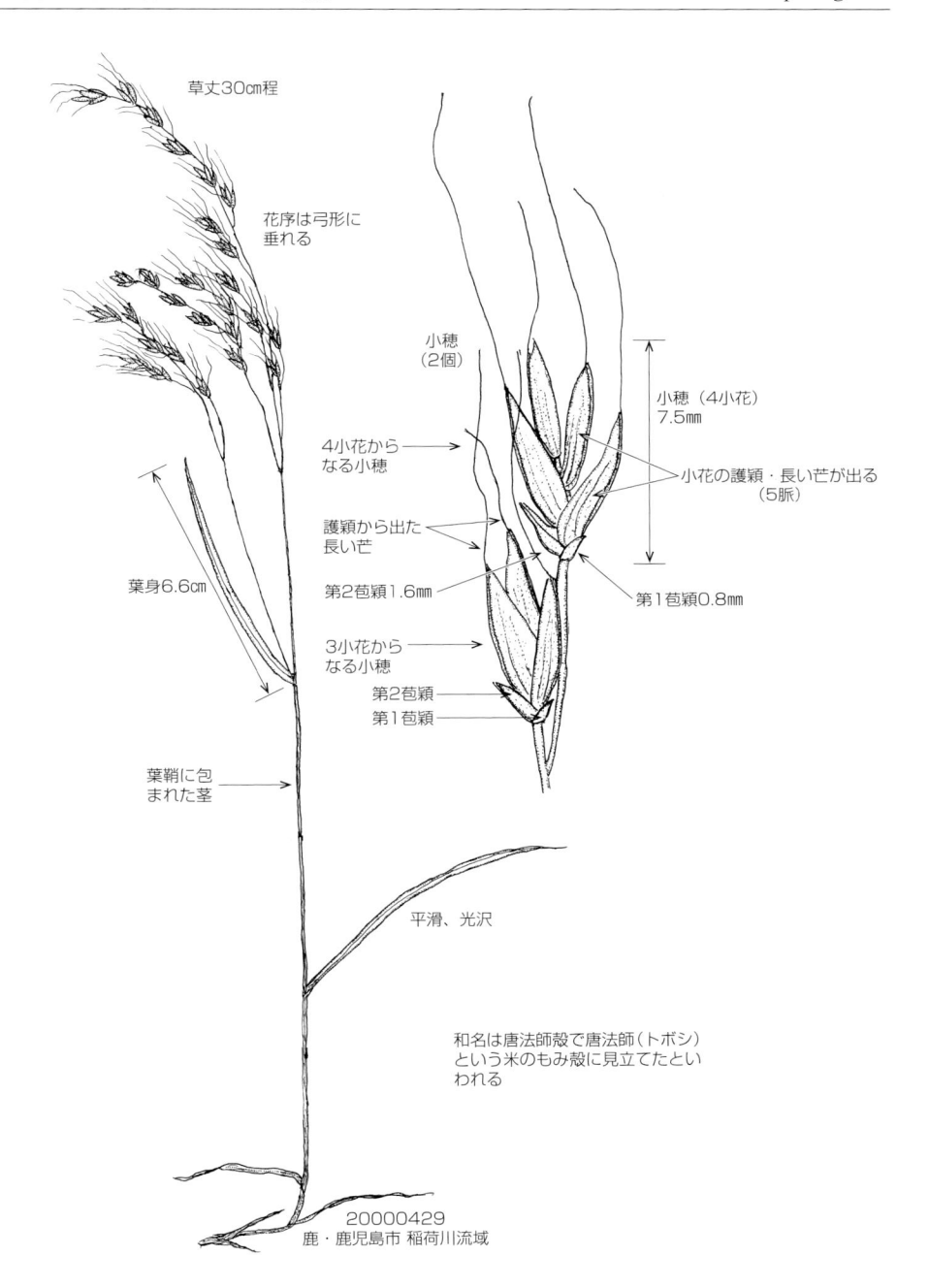

草丈30㎝程

花序は弓形に垂れる

小穂（2個）

小穂（4小花）7.5㎜

4小花からなる小穂

小花の護穎・長い芒が出る（5脈）

護穎から出た長い芒

第2苞穎1.6㎜

第1苞穎0.8㎜

葉身6.6㎝

3小花からなる小穂

第2苞穎

第1苞穎

葉鞘に包まれた茎

平滑、光沢

和名は唐法師殻で唐法師（トボシ）という米のもみ殻に見立てたといわれる

20000429
鹿・鹿児島市 稲荷川流域

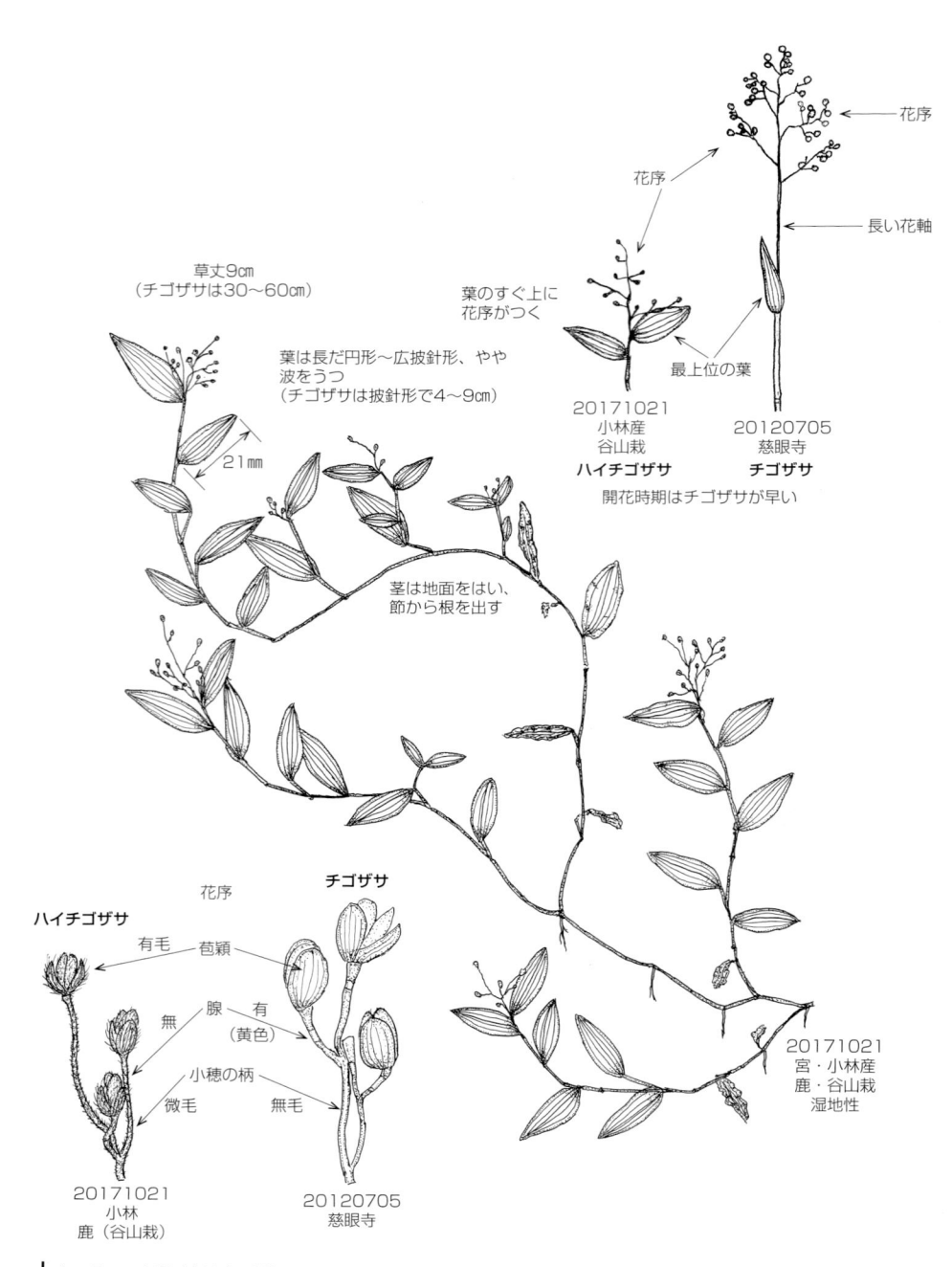

花序

長い花軸

花序

花序

葉のすぐ上に
花序がつく

草丈9㎝
（チゴザサは30～60㎝）

葉は長だ円形～広披針形、やや
波をうつ
（チゴザサは披針形で4～9㎝）

21㎜

最上位の葉

20171021
小林産
谷山栽
ハイチゴザサ

20120705
慈眼寺
チゴザサ

開花時期はチゴザサが早い

茎は地面をはい、
節から根を出す

花序　　　　　**チゴザサ**

ハイチゴザサ

有毛　　　　苞頴

無　　　　腺　　有
　　　　　　（黄色）

小穂の柄

微毛　　　　無毛

20171021
小林
鹿（谷山栽）

20120705
慈眼寺

20171021
宮・小林産
鹿・谷山栽
湿地性

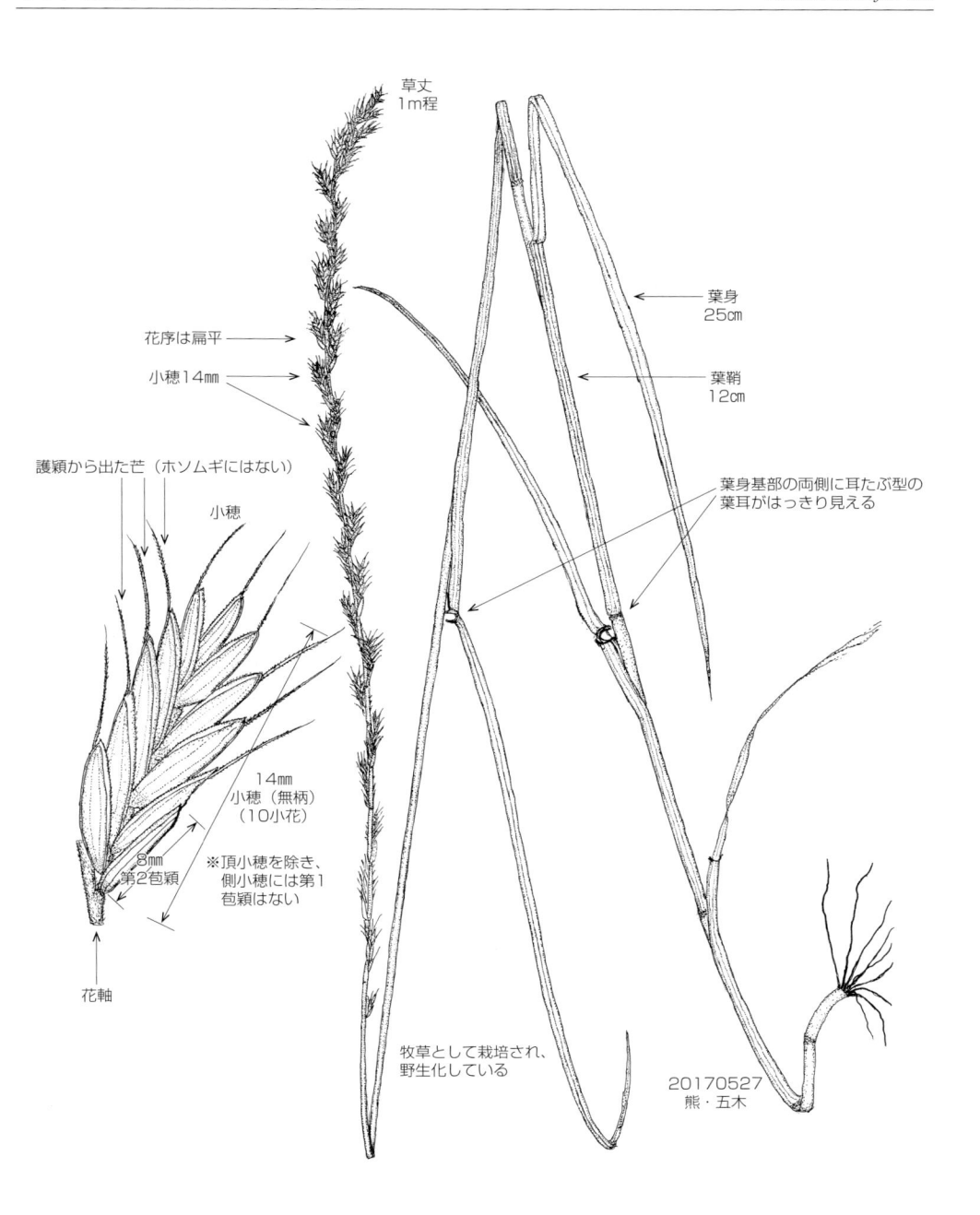

草丈
1m程

花序は扁平

小穂14mm

葉身
25cm

葉鞘
12cm

護穎から出た芒（ホソムギにはない）

小穂

葉身基部の両側に耳たぶ型の
葉耳がはっきり見える

14mm
小穂（無柄）
（10小花）

8mm
第2苞穎

※頂小穂を除き、
側小穂には第1
苞穎はない

花軸

牧草として栽培され、
野生化している

20170527
熊・五木

分布　九・目……各県　欧原産
　　　鹿・目……鹿児島市　市来　喜

ボウムギ [イネ科 ドクムギ属]

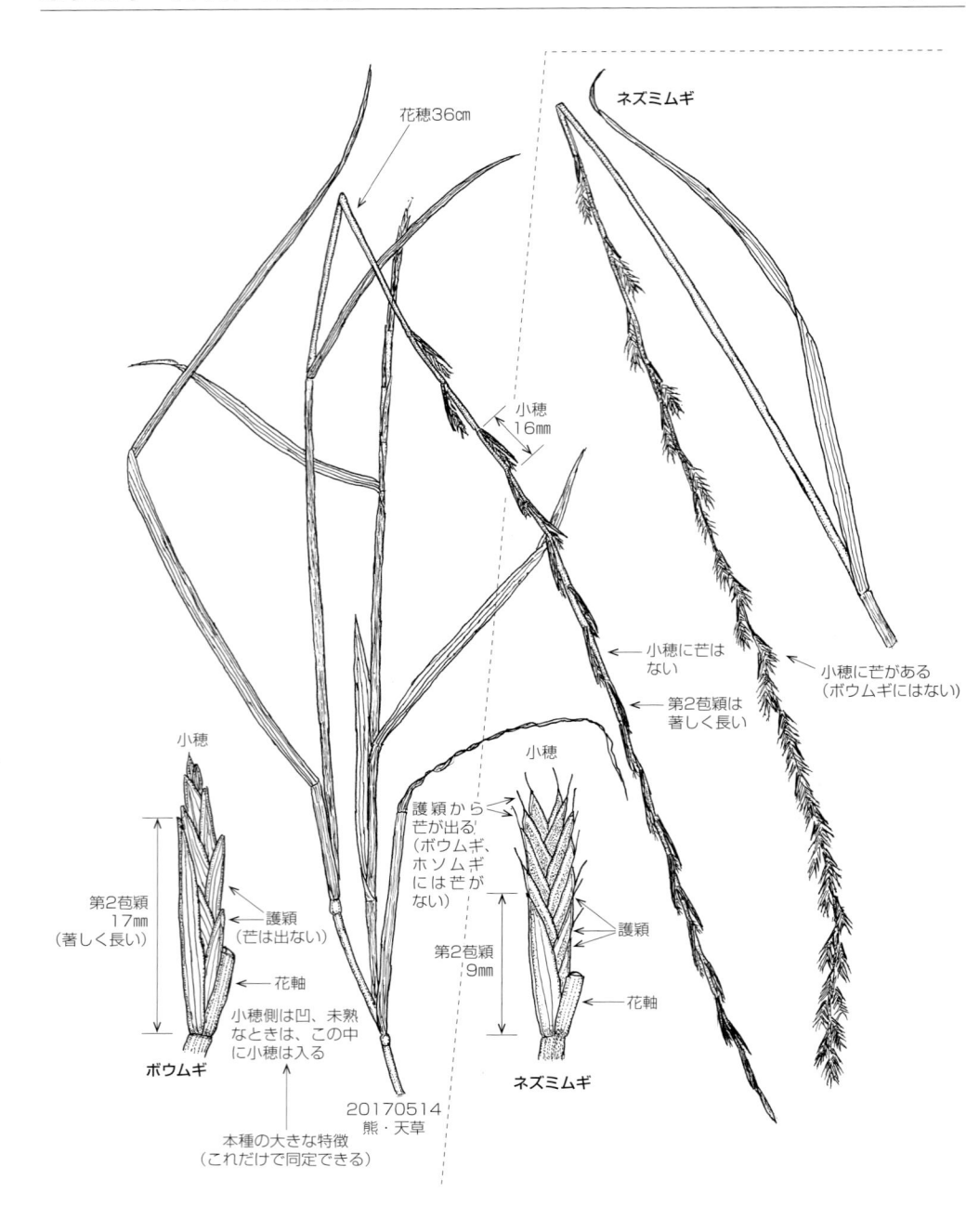

花穂36cm

ネズミムギ

小穂
16mm

小穂に芒は
ない

第2苞穎は
著しく長い

小穂に芒がある
（ボウムギにはない）

小穂

護穎から
芒が出る
（ボウムギ、
ホソムギ
には芒が
ない）

小穂

第2苞穎
17mm
（著しく長い）

護穎
（芒は出ない）

花軸

第2苞穎
9mm

護穎

花軸

小穂側は凹、未熟
なときは、この中
に小穂は入る

ボウムギ

本種の大きな特徴
（これだけで同定できる）

20170514
熊・天草

ネズミムギ

分布 | 九・目……各県 欧原産
鹿・目……鹿児島市（武岡） 指宿

192

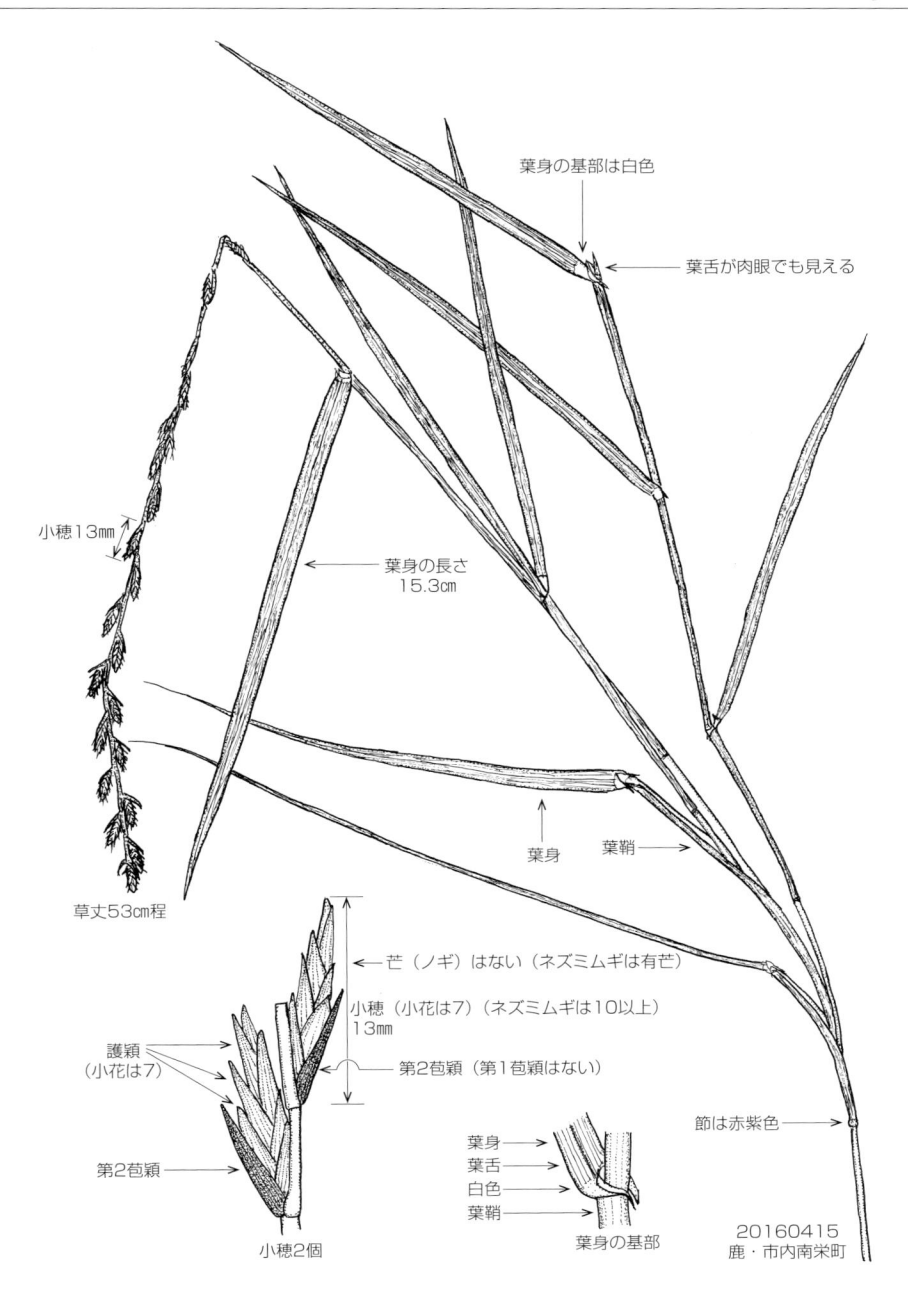

葉身の基部は白色

葉舌が肉眼でも見える

小穂13mm

葉身の長さ
15.3cm

草丈53cm程

葉身　葉鞘

芒（ノギ）はない（ネズミムギは有芒）

小穂（小花は7）（ネズミムギは10以上）
13mm

護穎
（小花は7）

第2苞穎（第1苞穎はない）

第2苞穎

葉身
葉舌
白色
葉鞘

節は赤紫色

小穂2個

葉身の基部

20160415
鹿・市内南栄町

分布　九・目……記載がない
鹿・目……鹿児島市内　市来　大隅川原　千貫平　欧原産

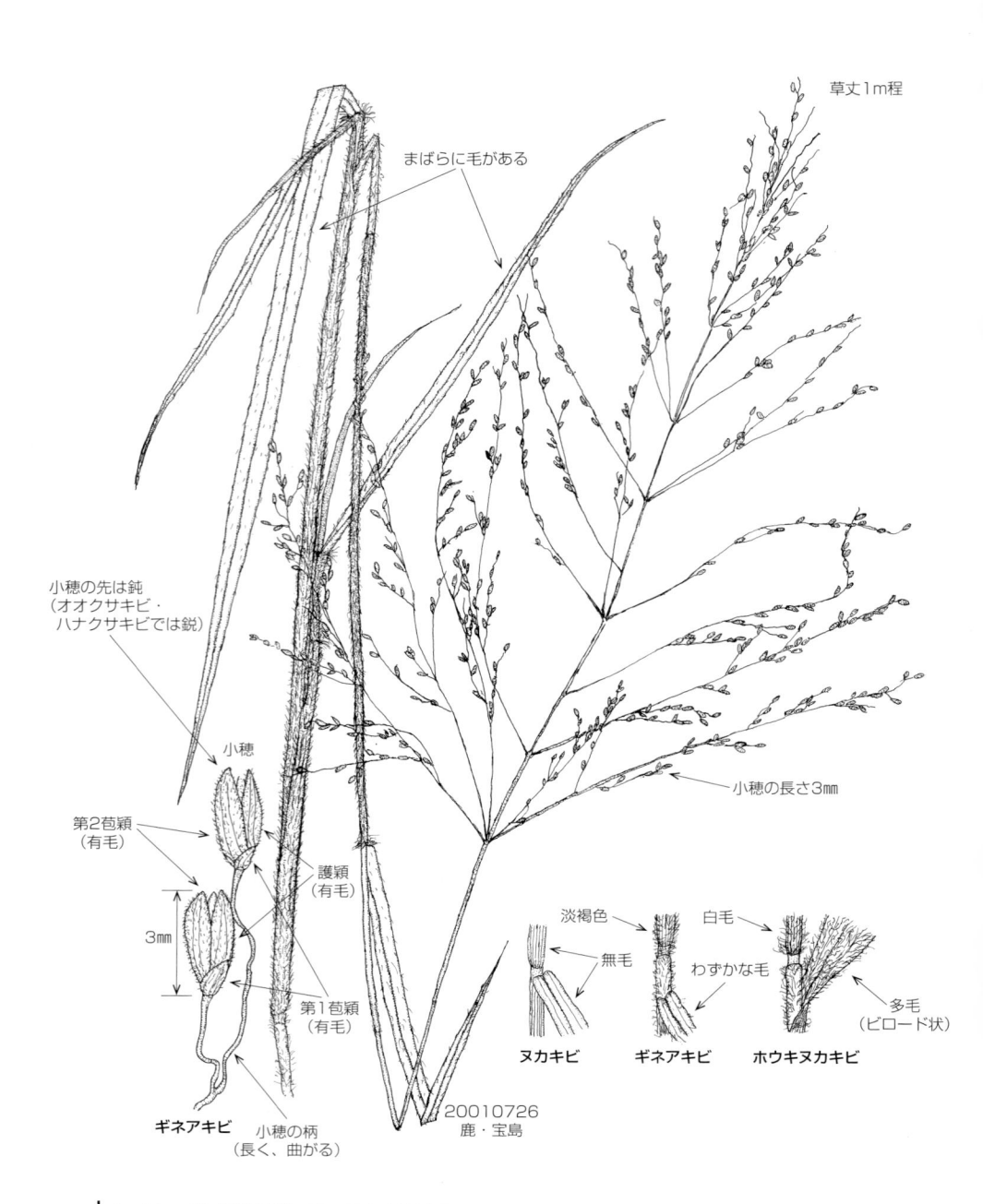

草丈1m程

まばらに毛がある

小穂の先は鈍
（オオクサキビ・
ハナクサキビでは鋭）

小穂

第2苞穎
（有毛）

護穎
（有毛）

3mm

第1苞穎
（有毛）

小穂の長さ3㎜

ギネアキビ

小穂の柄
（長く、曲がる）

20010726
鹿・宝島

淡褐色　　　　白毛

無毛　　　わずかな毛

多毛
（ビロード状）

ヌカキビ　　ギネアキビ　　ホウキヌカキビ

分布　　九・目……宮（宮崎神宮）　鹿　南アフリカ原産
　　　　鹿・目……記載がない

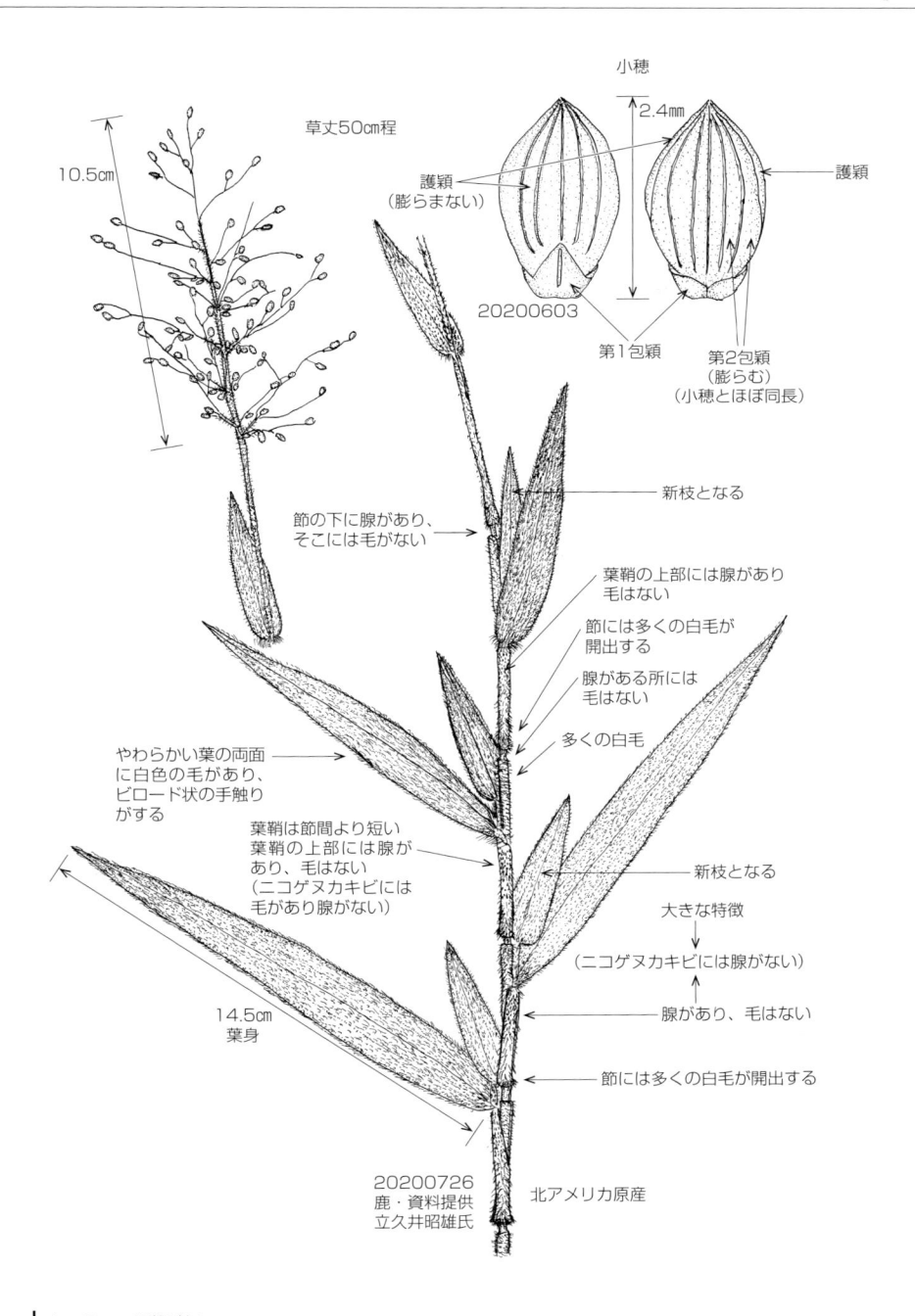

小穂

2.4mm

草丈50cm程

10.5cm

護穎
（膨らまない）

護穎

20200603

第1包穎

第2包穎
（膨らむ）
（小穂とほぼ同長）

新枝となる

節の下に腺があり、
そこには毛がない

葉鞘の上部には腺があり
毛はない

節には多くの白毛が
開出する

腺がある所には
毛はない

多くの白毛

やわらかい葉の両面
に白色の毛があり、
ビロード状の手触り
がする

葉鞘は節間より短い
葉鞘の上部には腺が
あり、毛はない
（ニコゲヌカキビには
毛があり腺がない）

新枝となる

大きな特徴

（ニコゲヌカキビには腺がない）

腺があり、毛はない

14.5cm
葉身

節には多くの白毛が開出する

20200726
鹿・資料提供
立久井昭雄氏

北アメリカ原産

分布│ 九・目……記載がない
　　　　│ 鹿・目……記載がない

195

ハイヌメリグサ　[イネ科　ヌメリグサ属]　*Sacciolepis spicata* var.*spicata*

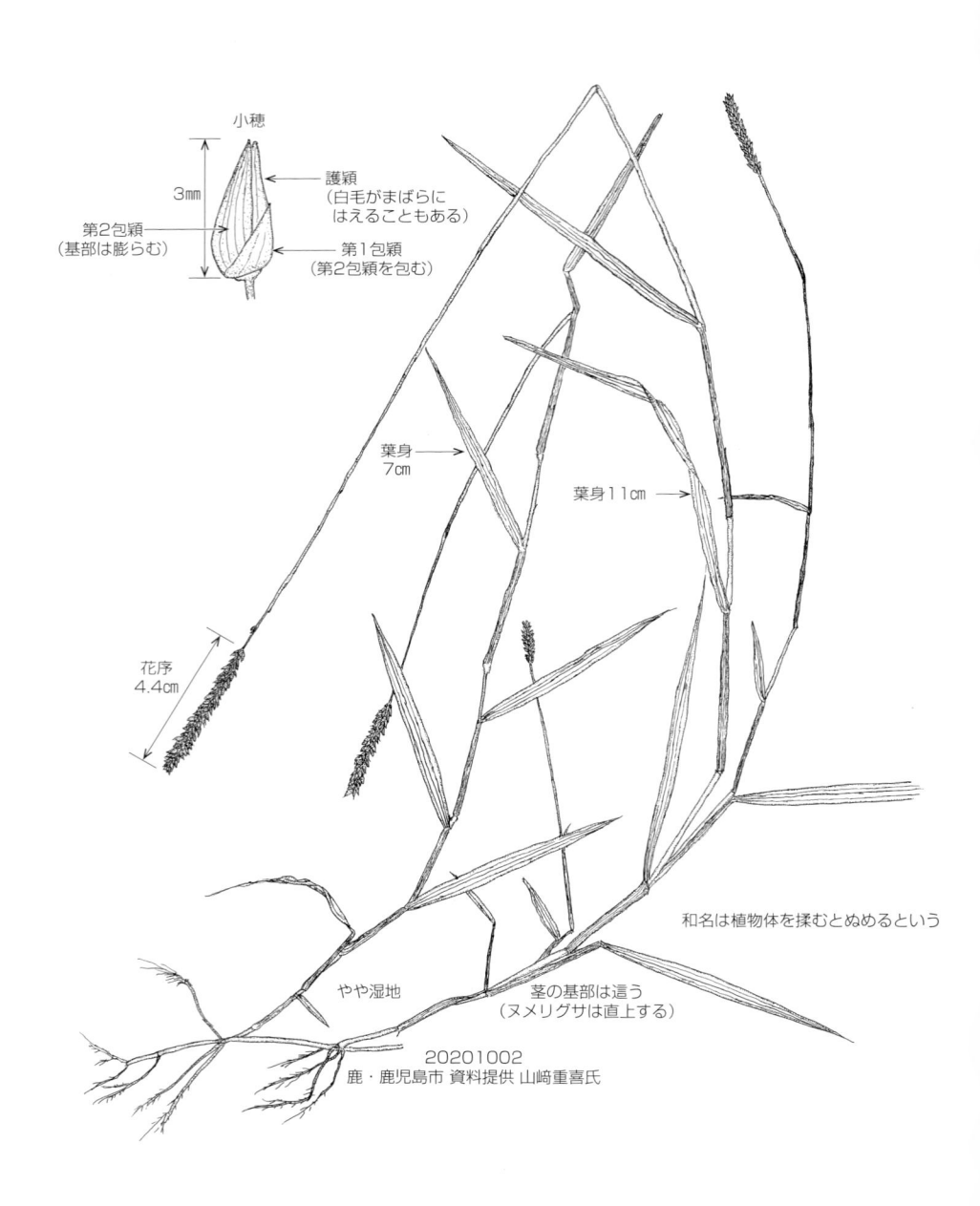

小穂

3mm

護穎
（白毛がまばらに
　はえることもある）

第2包穎
（基部は膨らむ）

第1包穎
（第2包穎を包む）

葉身
7cm

葉身11cm

花序
4.4cm

和名は植物体を揉むとぬめるという

やや湿地

茎の基部は這う
（ヌメリグサは直上する）

20201002
鹿・鹿児島市 資料提供 山崎重喜氏

分布　｜九・目……各県（南は奄群）
　　　｜鹿・目……各地

クマザサ　[イネ科　ササ属]

Sasa veitchii

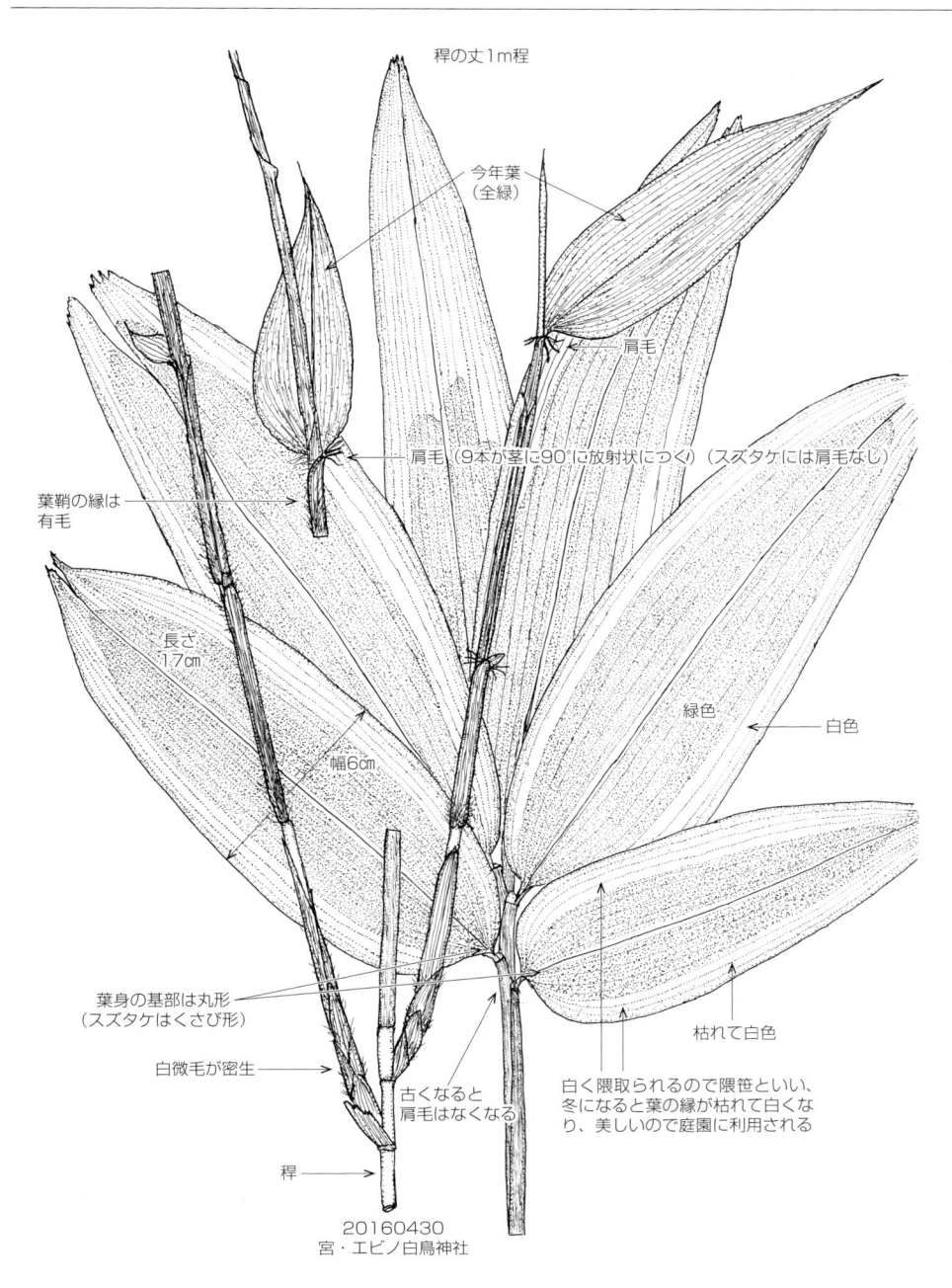

稈の丈1m程

今年葉
（全縁）

肩毛

肩毛（9本が茎に90°に放射状につく）（スズタケには肩毛なし）

葉鞘の縁は
有毛

長さ
17cm

幅6cm

緑色

白色

葉身の基部は丸形
（スズタケはくさび形）

白微毛が密生

古くなると
肩毛はなくなる

稈

枯れて白色

白く隈取られるので隈笹といい、
冬になると葉の縁が枯れて白くな
り、美しいので庭園に利用される

20160430
宮・エビノ白鳥神社

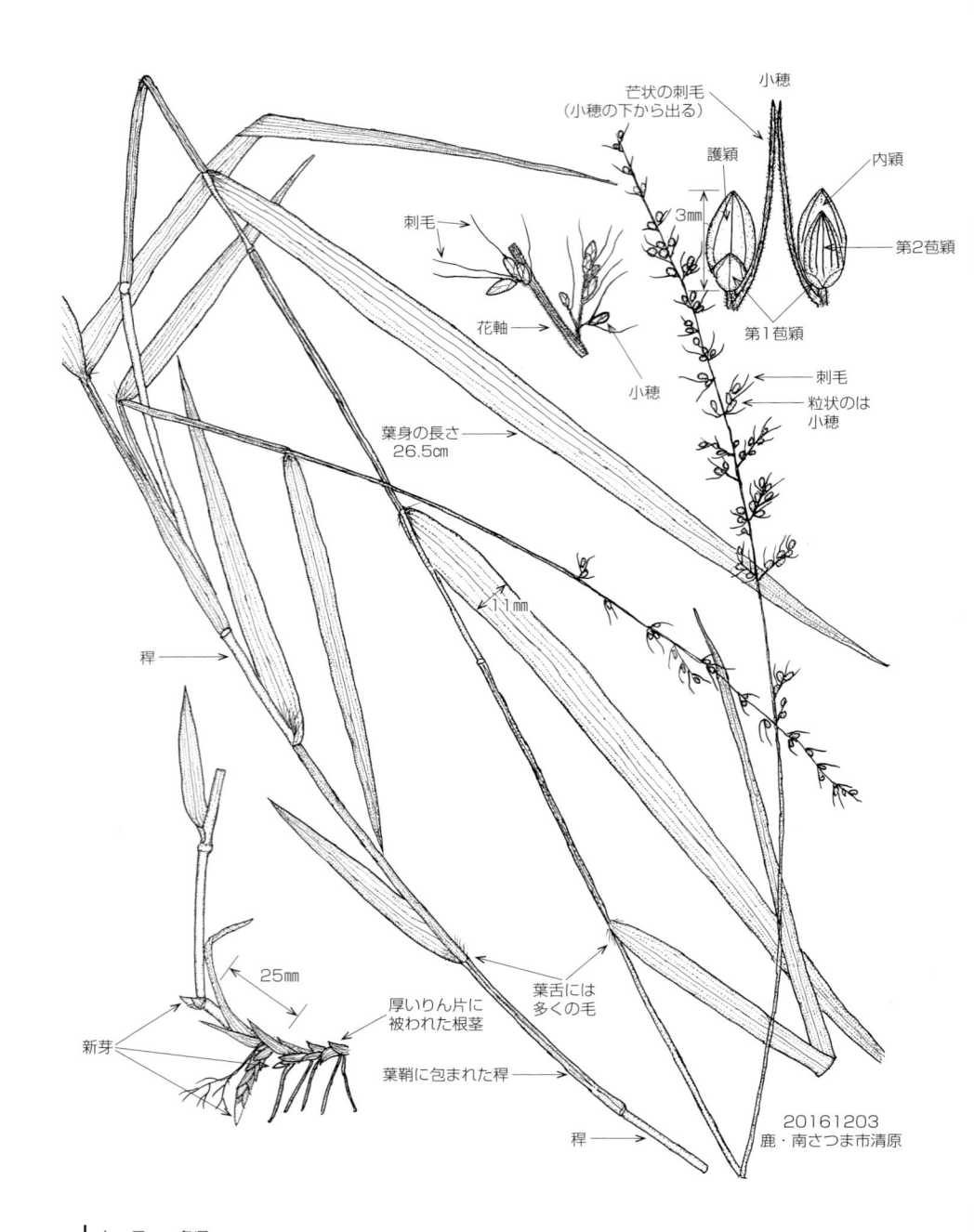

芒状の刺毛
（小穂の下から出る）

小穂

護穎

内穎

3mm

第2苞穎

第1苞穎

刺毛

花軸

小穂

刺毛

粒状のは
小穂

葉身の長さ
26.5cm

1.1mm

稈

25mm

厚いりん片に
被われた根茎

葉舌には
多くの毛

新芽

葉鞘に包まれた稈

稈

20161203
鹿・南さつま市清原

エノコログサ　[イネ科　エノコログサ属]　*Setaria viridis*

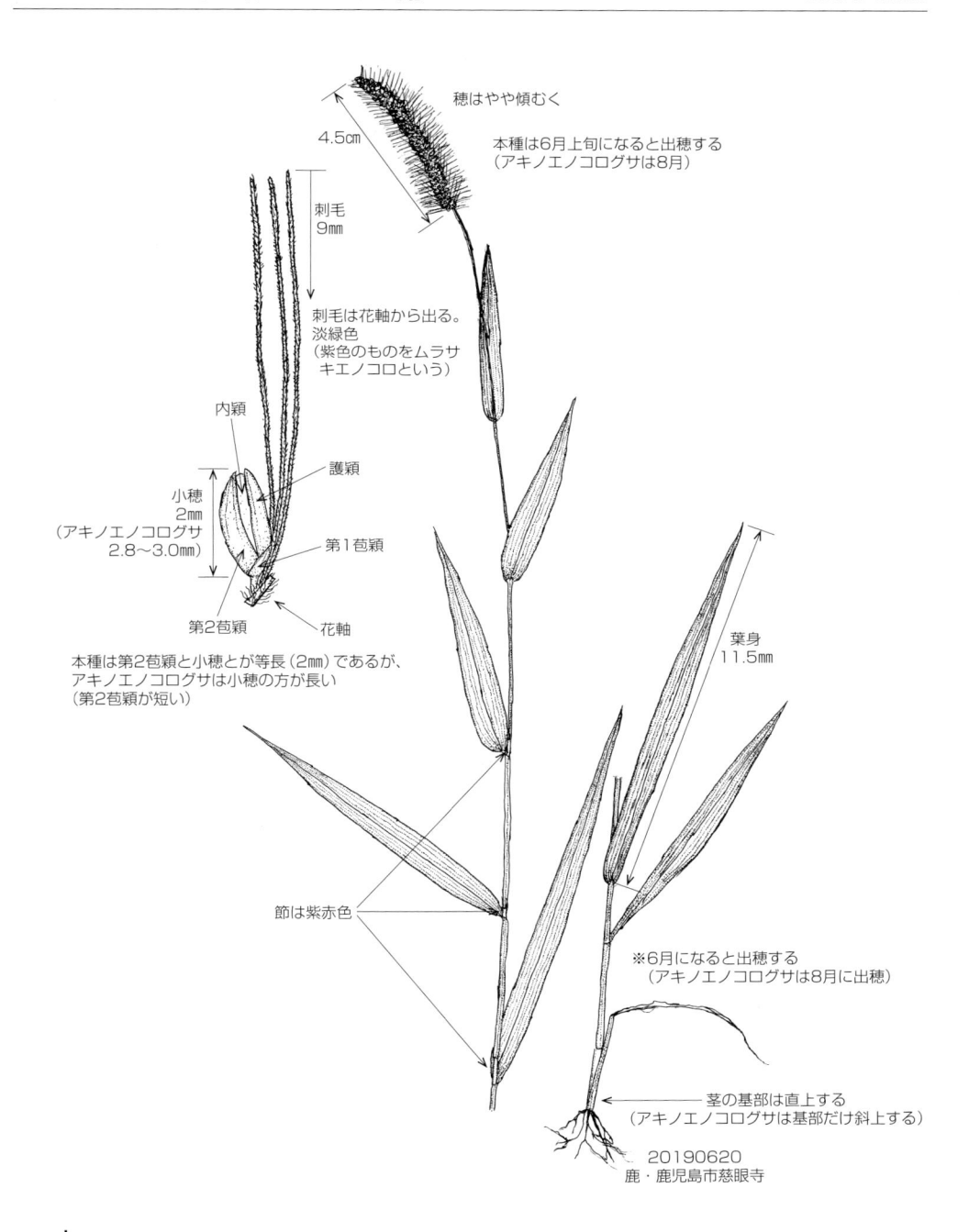

穂はやや傾むく

本種は6月上旬になると出穂する
（アキノエノコログサは8月）

4.5cm

刺毛
9mm

刺毛は花軸から出る。
淡緑色
（紫色のものをムラサ
キエノコロという）

内頴

護頴

小穂
2mm
（アキノエノコログサ
2.8〜3.0mm）

第1苞頴

第2苞頴

花軸

本種は第2苞頴と小穂とが等長（2mm）であるが、
アキノエノコログサは小穂の方が長い
（第2苞頴が短い）

葉身
11.5mm

節は紫赤色

※6月になると出穂する
（アキノエノコログサは8月に出穂）

茎の基部は直上する
（アキノエノコログサは基部だけ斜上する）

20190620
鹿・鹿児島市慈眼寺

分布 ｜ 九・目……各県（南は奄群）
　　　｜ 鹿・目……各地

199

オオエノコロ [イネ科　エノコログサ属]

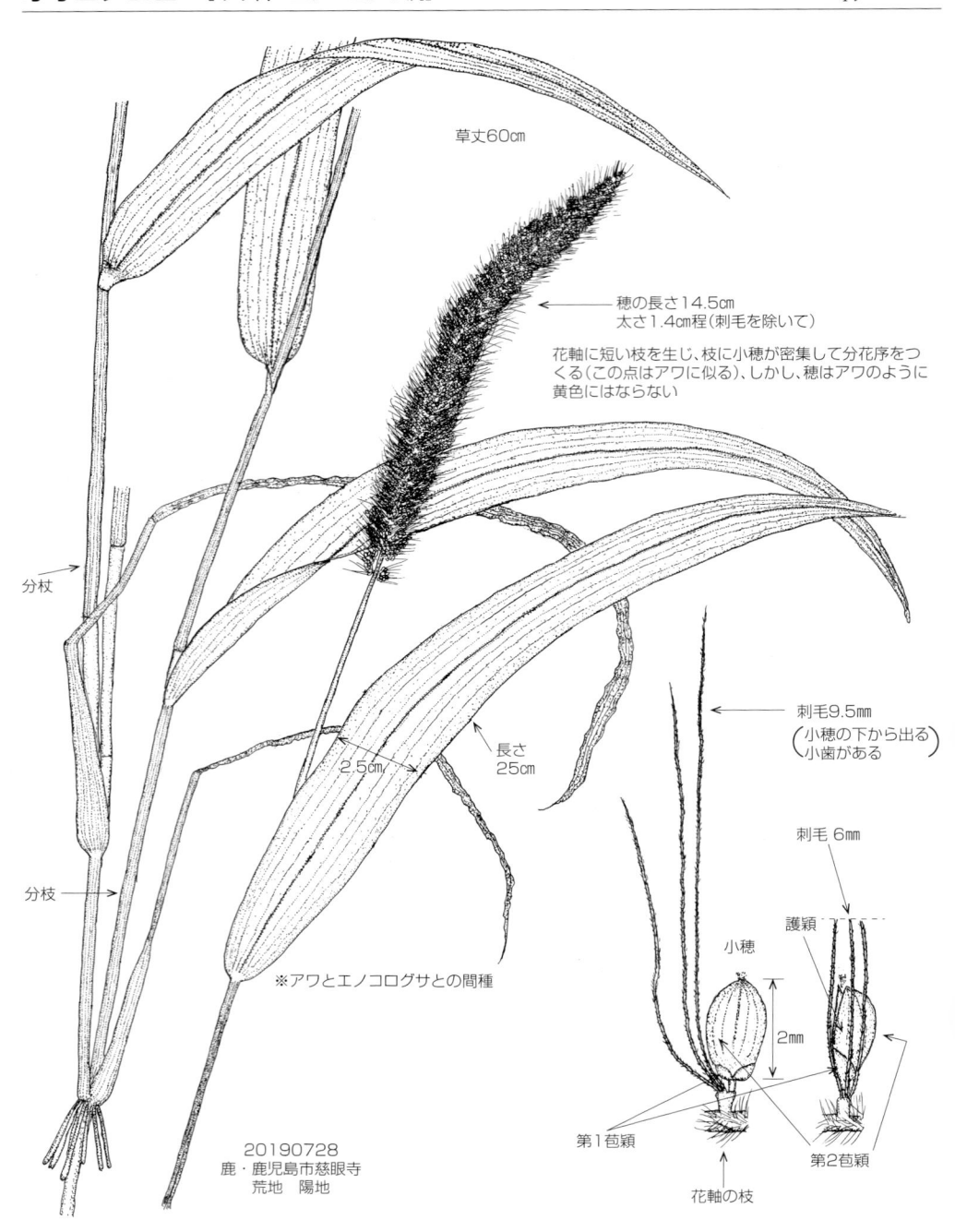

草丈60㎝

穂の長さ14.5㎝
太さ1.4㎝程（刺毛を除いて）

花軸に短い枝を生じ、枝に小穂が密集して分花序をつくる（この点はアワに似る）、しかし、穂はアワのように黄色にはならない

分枝

長さ
25㎝

2.5㎝

分枝

刺毛9.5㎜
（小穂の下から出る）
小歯がある

刺毛 6㎜

護穎

小穂

2mm

第1苞穎

第2苞穎

花軸の枝

※アワとエノコログサとの間種

20190728
鹿・鹿児島市慈眼寺
荒地　陽地

分布 ｜ 九・目……各県
　　　｜ 鹿・目……甑 県本土 喜 奄大

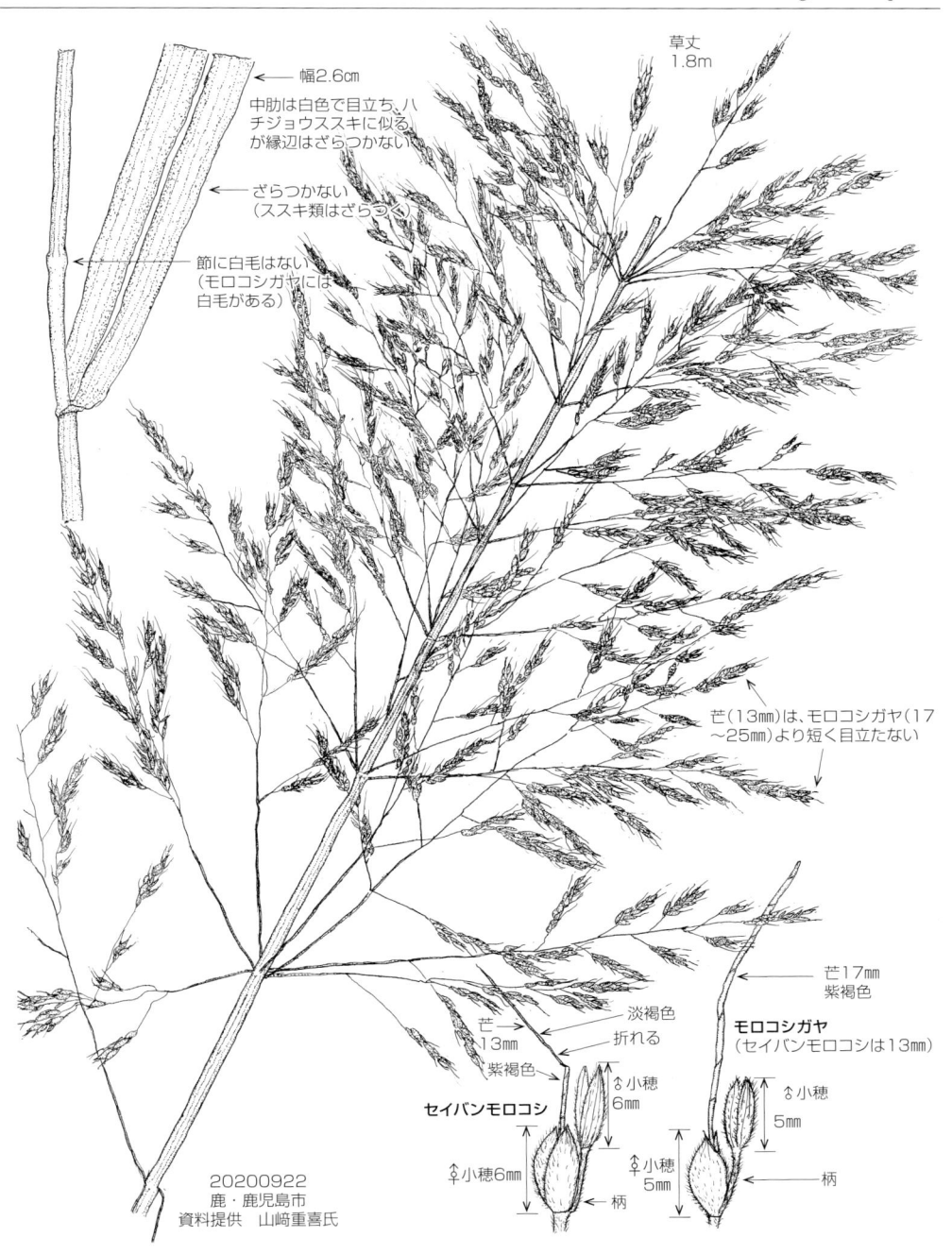

草丈
1.8m

幅2.6cm

中肋は白色で目立ち、ハ
チジョウススキに似る
が縁辺はざらつかない

ざらつかない
（ススキ類はざらつく）

節に白毛はない
（モロコシガヤには
白毛がある）

芒（13mm）は、モロコシガヤ（17
～25mm）より短く目立たない

芒17mm
紫褐色

モロコシガヤ
（セイバンモロコシは13mm）

淡褐色
折れる

芒
13mm

紫褐色

セイバンモロコシ

小穂
6mm

小穂
5mm

小穂6mm

小穂
5mm

柄

柄

柄

20200922
鹿・鹿児島市
資料提供　山﨑重喜氏

分布

九・目……各県　帰化	
鹿・目……鹿児島市　串木野　沖永　地中海沿岸原産	

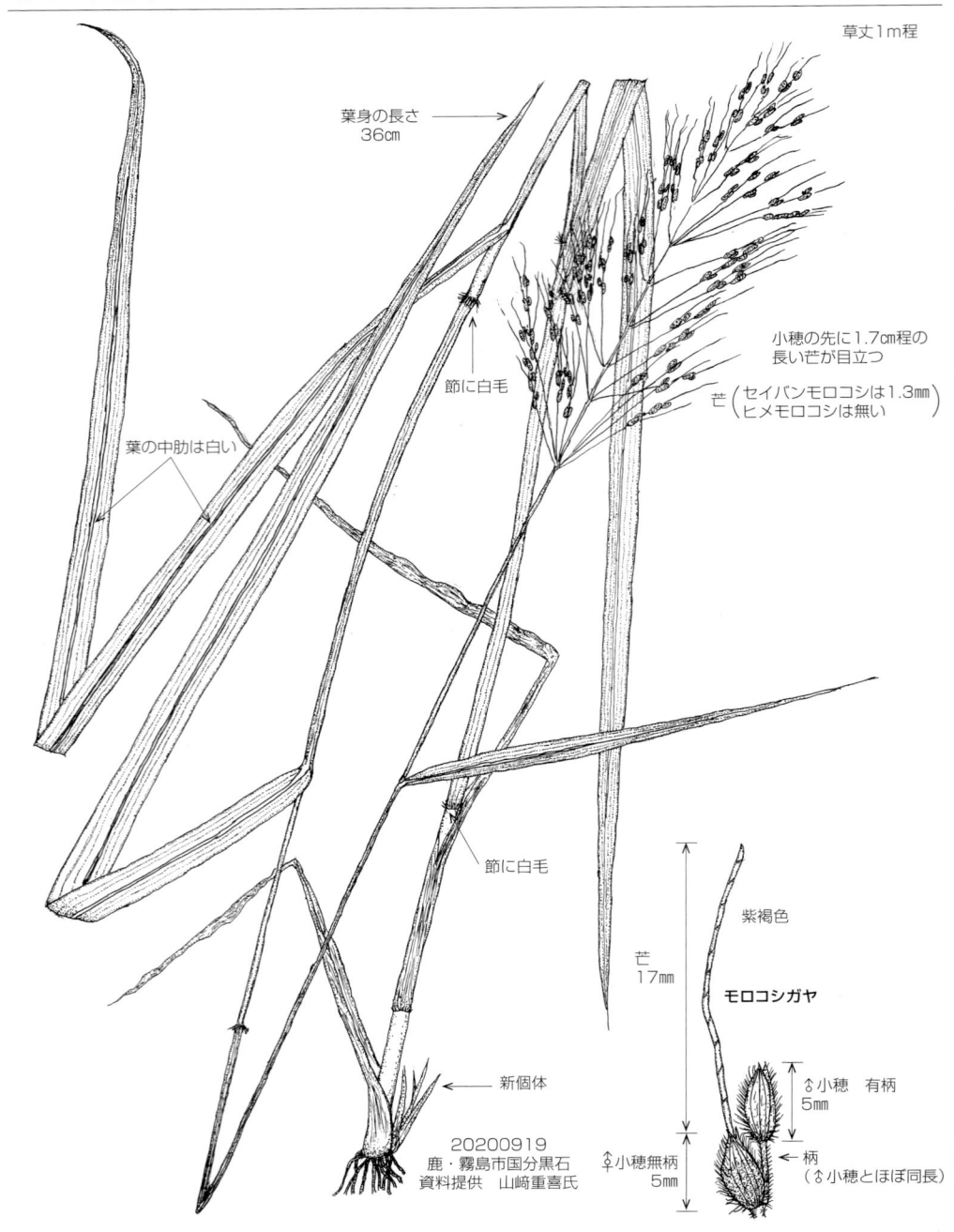

草丈1m程

葉身の長さ
36cm

節に白毛

葉の中肋は白い

小穂の先に1.7cm程の
長い芒が目立つ

芒 (セイバンモロコシは1.3mm
ヒメモロコシは無い)

節に白毛

新個体

20200919
鹿・霧島市国分黒石
資料提供　山﨑重喜氏

紫褐色

芒
17mm

モロコシガヤ

↑↓小穂　有柄
5mm

↑♀小穂無柄
5mm

↓柄
(↑小穂とほぼ同長)

分布 | 九・目……各県（南限は種　中、南限）
　　　| 鹿・目……甑　県本土（南は島泊　亀ケ丘）種　中之島

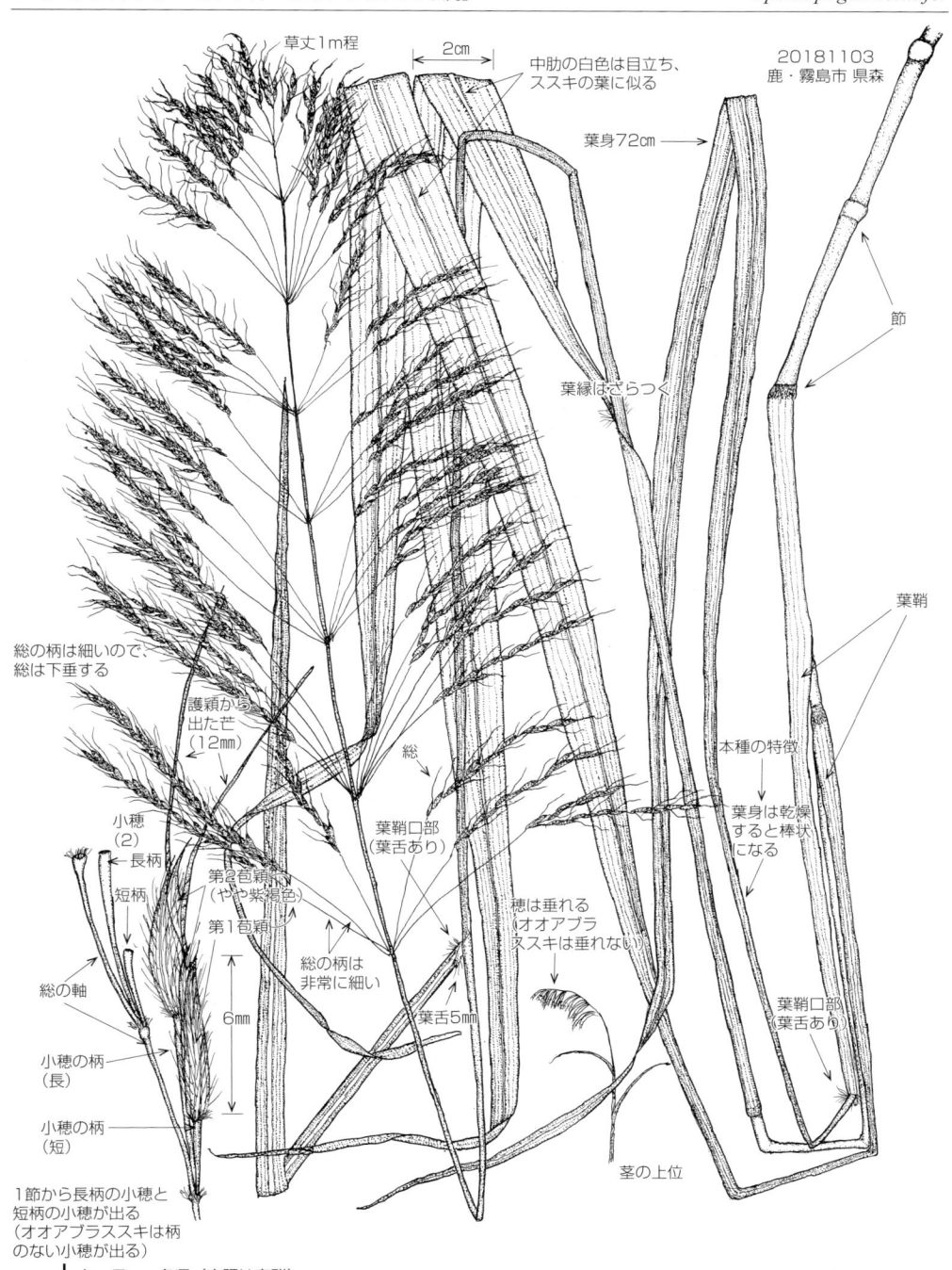

草丈1m程

2cm

中肋の白色は目立ち、ススキの葉に似る

20181103
鹿・霧島市 県森

葉身72cm

節

葉縁はざらつく

葉鞘

総の柄は細いので、総は下垂する

護穎から出た芒（12㎜）

総

本種の特徴

小穂（2）

長柄

短柄

葉鞘口部（葉舌あり）

葉身は乾燥すると棒状になる

第2苞穎（やや紫褐色）

第1苞穎

総の軸

総の柄は非常に細い

穂は垂れる（オオアブラススキは垂れない）

6mm

葉舌5mm

葉鞘口部（葉舌あり）

小穂の柄（長）

小穂の柄（短）

茎の上位

1節から長柄の小穂と短柄の小穂が出る（オオアブラススキは柄のない小穂が出る）

分布｜九・目……各県（南限は奄群）
　　　｜鹿・目……県本土　甑　屋種　口之　中　臥　宝　奄群

アレチイボクサ　[ツユクサ科　イボクサ属]　*Murdannia nudiflora*

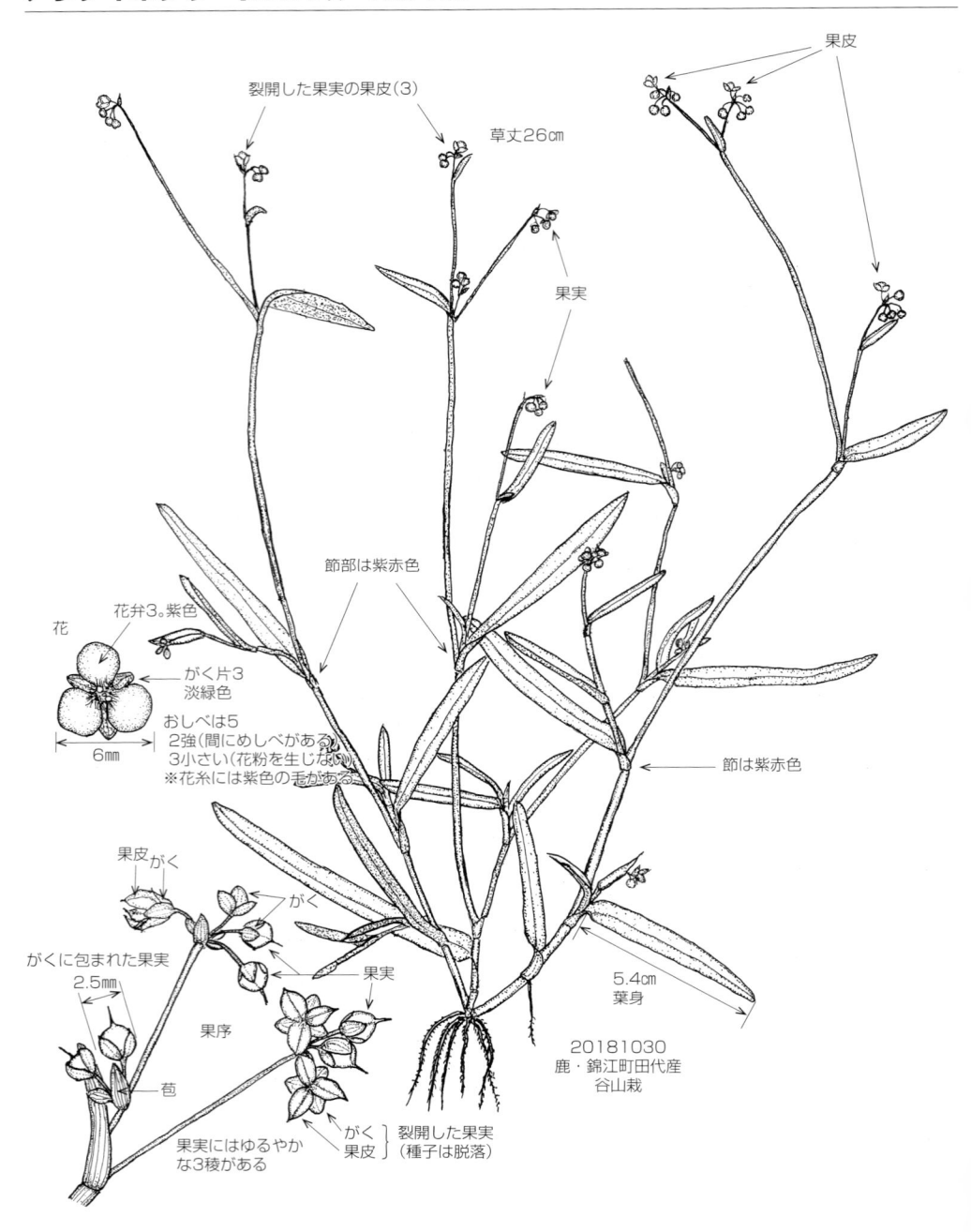

果皮

裂開した果実の果皮（3）

草丈26㎝

果実

節部は紫赤色

節は紫赤色

花

花弁3。紫色

がく片3
淡緑色

6㎜

おしべは5
2強（間にめしべがある）
3小さい（花粉を生じない）
※花糸には紫色の毛がある

果皮　がく

がく

がくに包まれた果実

2.5㎜

果実

果序

苞

果実にはゆるやか
な3稜がある

がく
果皮

裂開した果実
（種子は脱落）

5.4㎝
葉身

20181030
鹿・錦江町田代産
谷山栽

分布

九・目……記載がない
鹿・目……記載がない

204

ムラサキゴテン　[ツユクサ科　ムラサキツユクサ属]　*Tradescantia pallida*

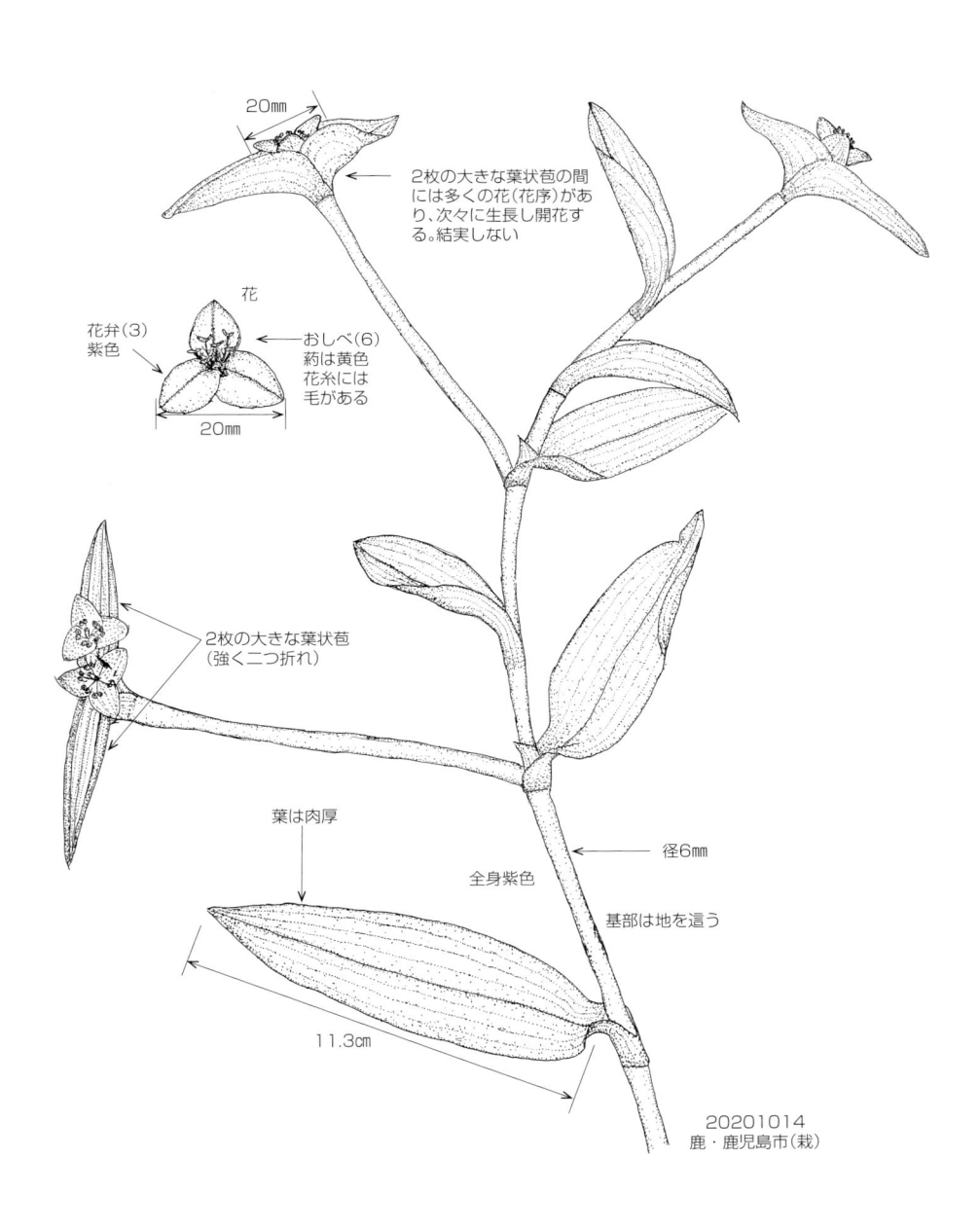

20mm

2枚の大きな葉状苞の間には多くの花（花序）があり、次々に生長し開花する。結実しない

花

花弁（3）
紫色

おしべ（6）
葯は黄色
花糸には
毛がある

20mm

2枚の大きな葉状苞
（強く二つ折れ）

葉は肉厚

全身紫色

径6mm

基部は地を這う

11.3cm

20201014
鹿・鹿児島市（栽）

分布　九・目……記載がない
　　　鹿・目……記載がない　メキシコ原産産

ムラサキツユクサ　[ツユクサ科　ムラサキツユクサ属]　*Tradescantia ohiensis*

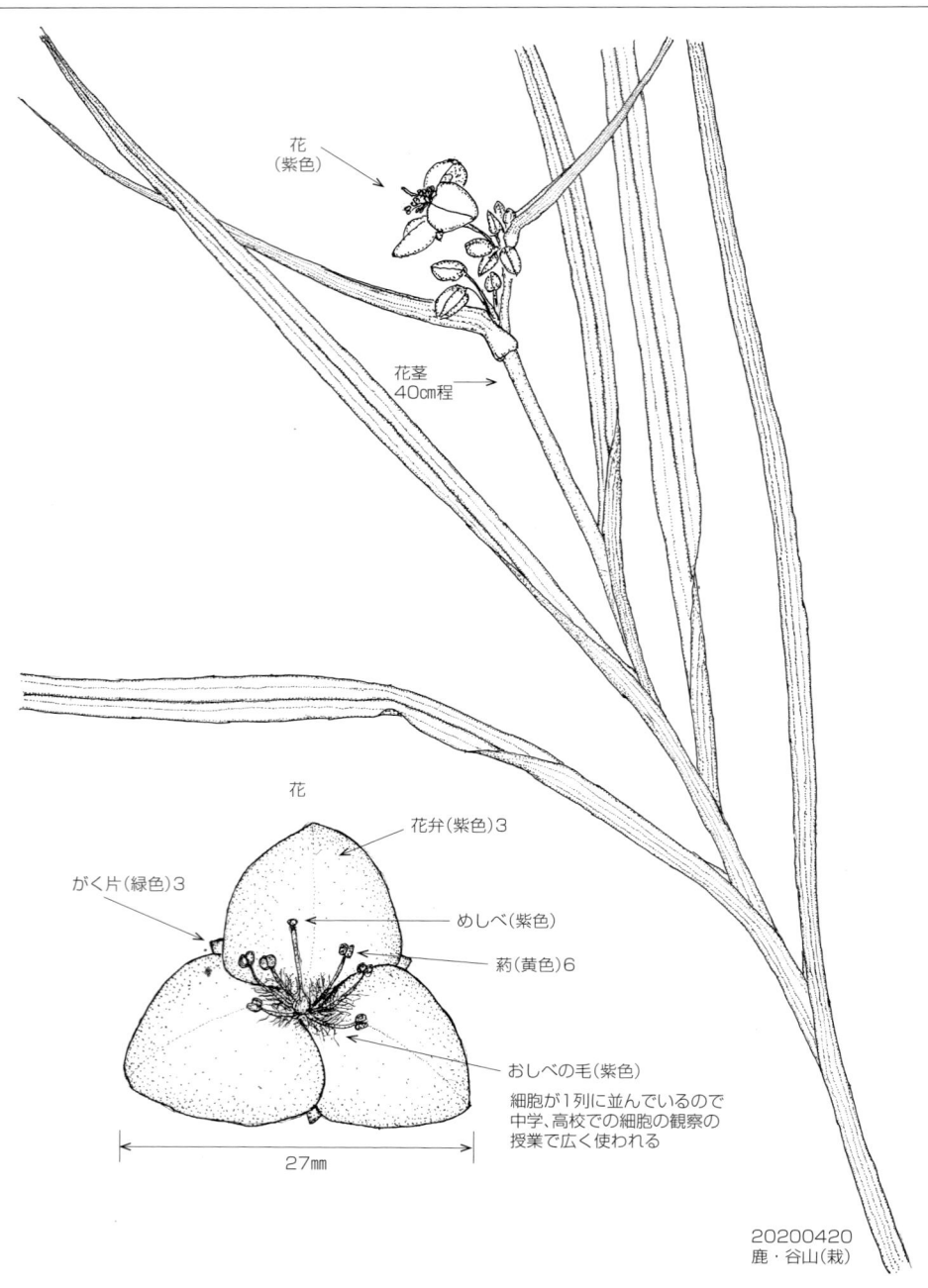

花
（紫色）

花茎
40cm程

花

花弁（紫色）3

がく片（緑色）3

めしべ（紫色）

葯（黄色）6

おしべの毛（紫色）
細胞が1列に並んでいるので
中学、高校での細胞の観察の
授業で広く使われる

27mm

20200420
鹿・谷山（栽）

分布　｜　九・目……記載がない
　　　｜　鹿・目……記載がない　　北米東部〜中西部原産

フサザクラ　[フサザクラ科　フサザクラ属]　*Euptelea polyandra*

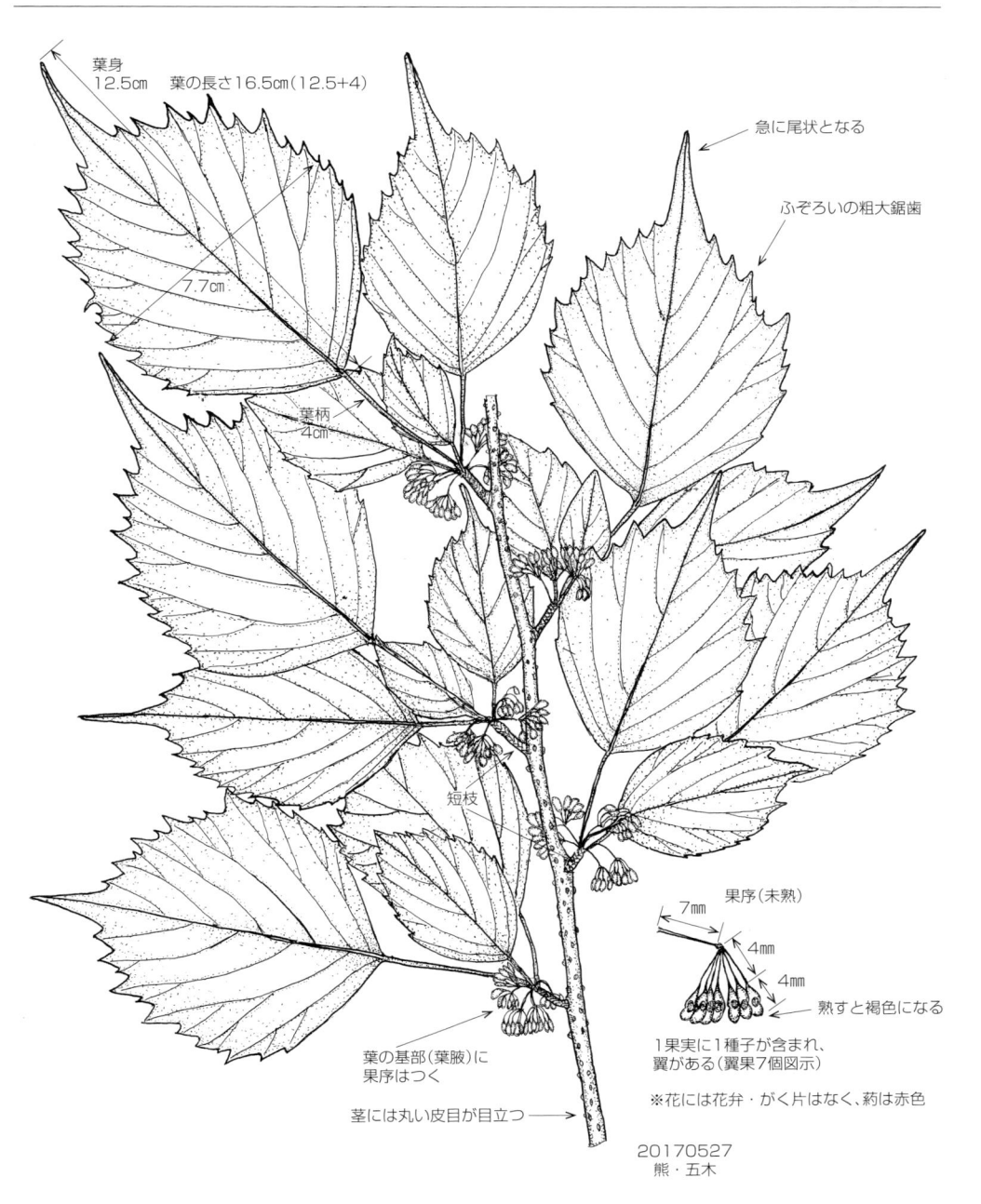

葉身
12.5㎝　葉の長さ16.5㎝(12.5+4)

7.7㎝

葉柄
4㎝

急に尾状となる

ふぞろいの粗大鋸歯

短枝

葉の基部(葉腋)に
果序はつく

茎には丸い皮目が目立つ →

果序(未熟)

7mm

4mm

4mm

熟すと褐色になる

1果実に1種子が含まれ、
翼がある(翼果7個図示)

※花には花弁・がく片はなく、葯は赤色

20170527
熊・五木

分布 | 九・目……福・大（釈加岳）　熊（普通）　宮（尾鈴山　霧島山東部、南部）
鹿・目……霧島山（宮崎側）

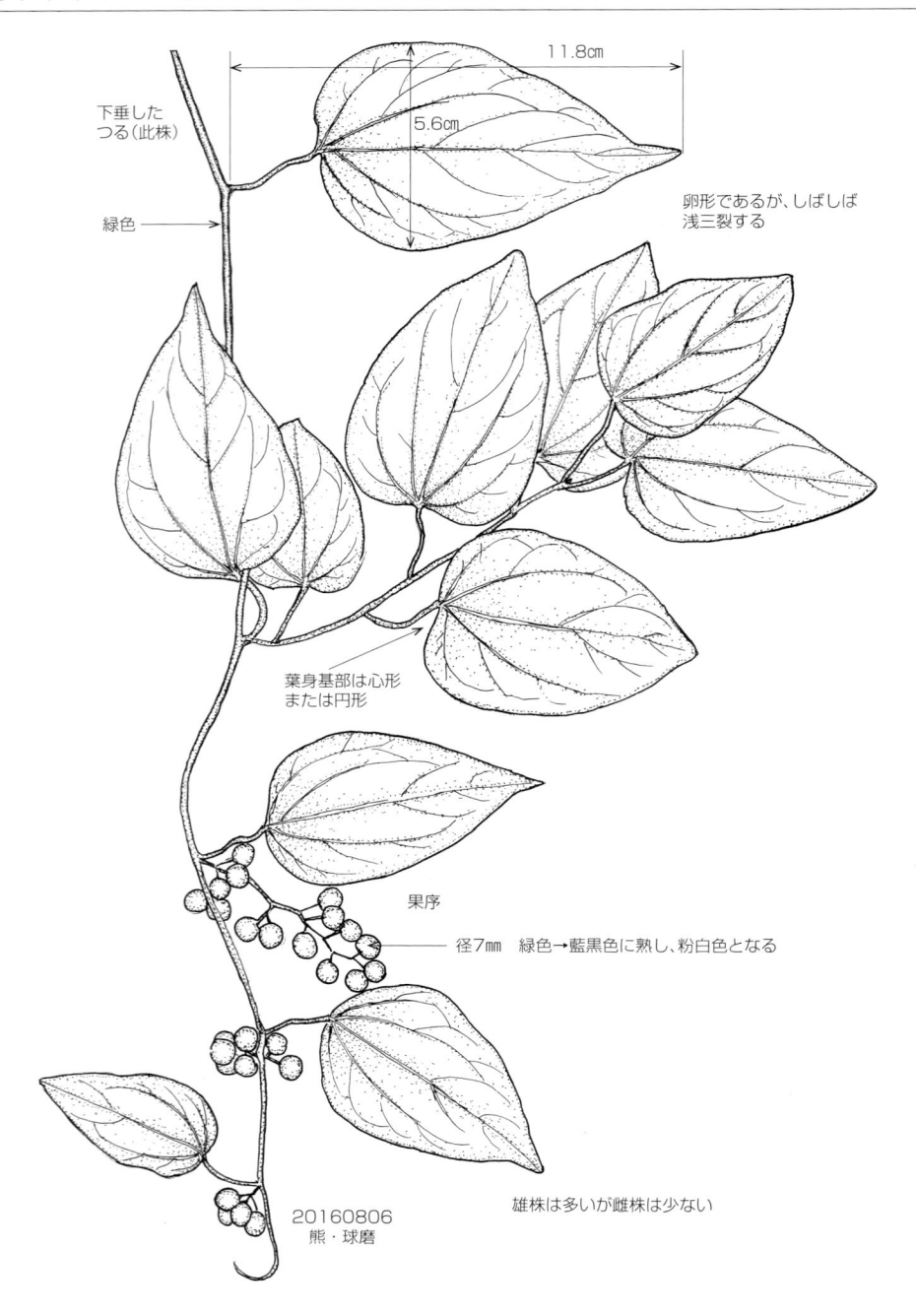

下垂した
つる（此株）

緑色 →

11.8㎝

5.6㎝

卵形であるが、しばしば
浅三裂する

葉身基部は心形
または円形

果序

径7㎜　緑色→藍黒色に熟し、粉白色となる

雄株は多いが雌株は少ない

20160806
熊・球磨

分布 ｜ 九・目……各県（普）
　　　｜ 鹿・目……甑　宇治群島　県本土各地　屋　種　黒　奄大　徳　沖　与

ボタンヅル　[キンポウゲ科　センニンソウ属]　　*Clematis apiifolia*

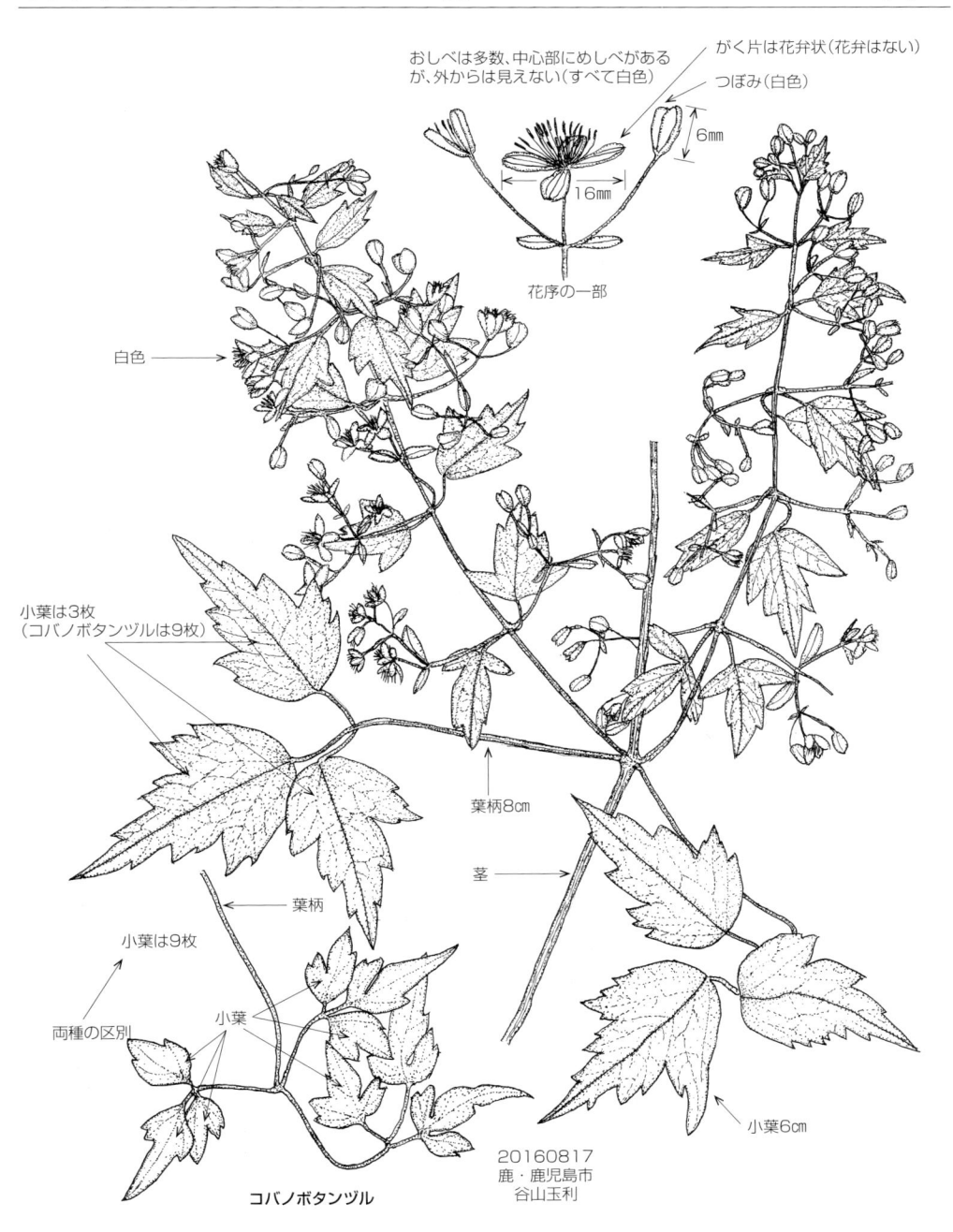

おしべは多数、中心部にめしべがあるが、外からは見えない（すべて白色）

がく片は花弁状（花弁はない）

つぼみ（白色）

6㎜

16㎜

花序の一部

白色

小葉は3枚（コバノボタンヅルは9枚）

葉柄8cm

茎

葉柄

小葉は9枚

両種の区別

小葉

小葉6cm

コバノボタンヅル

20160817
鹿・鹿児島市
谷山玉利

分布　九・目……各県（南は鹿の佐多　屋　種）
　　　鹿・目……甑　県本土各地　種　屋

ヤマハンショウヅル　［キンポウゲ科　センニンソウ属］　*Clematis crassifolia*

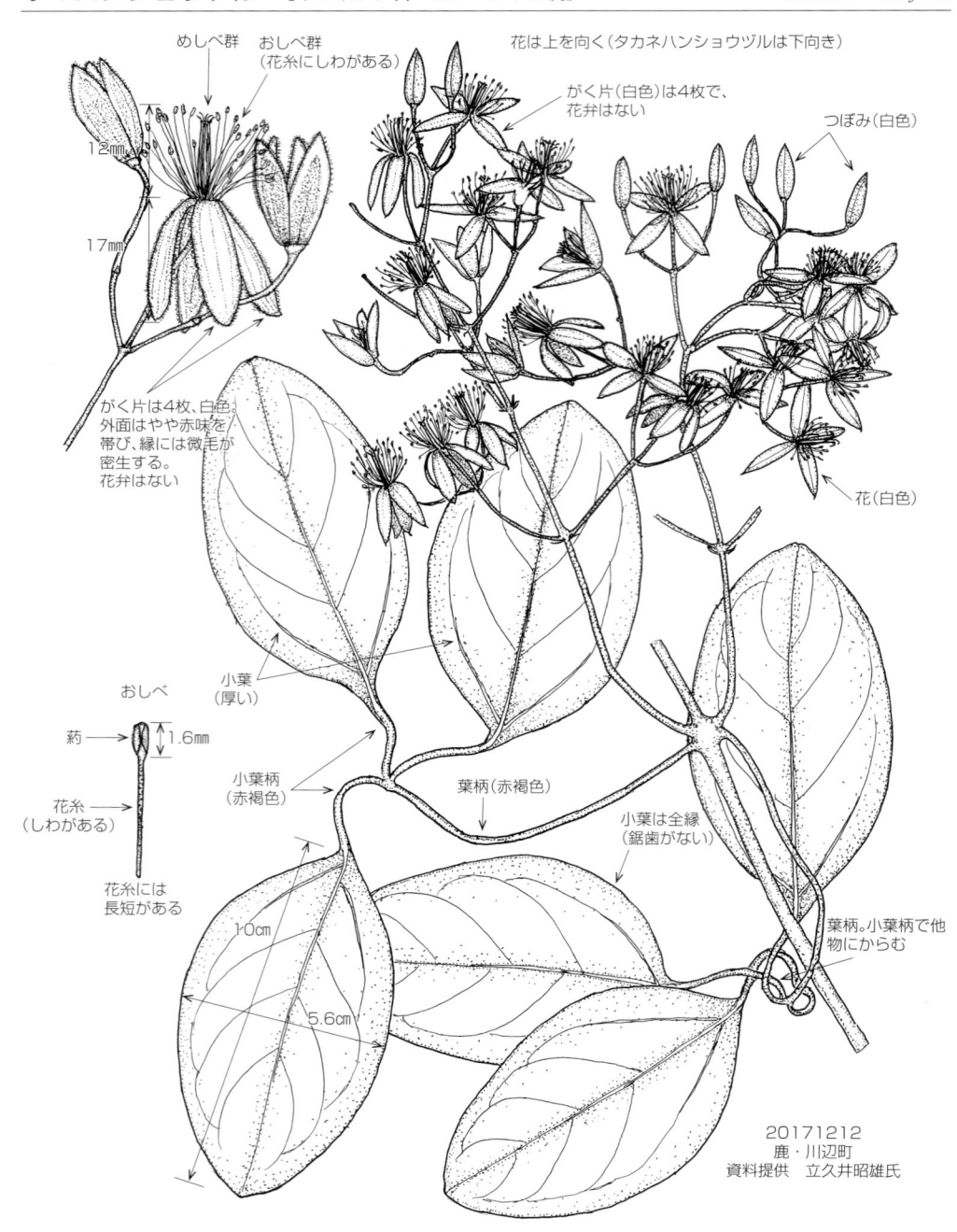

めしべ群

おしべ群
（花糸にしわがある）

花は上を向く（タカネハンショウヅルは下向き）

がく片（白色）は4枚で、花弁はない

つぼみ（白色）

12mm

17mm

がく片は4枚、白色、外面はやや赤味を帯び、縁には微毛が密生する。花弁はない

花（白色）

おしべ

葯　1.6mm

花糸
（しわがある）

花糸には
長短がある

小葉
（厚い）

小葉柄
（赤褐色）

葉柄（赤褐色）

小葉は全縁
（鋸歯がない）

10cm

5.6cm

葉柄。小葉柄で他物にからむ

20171212
鹿・川辺町
資料提供　立久井昭雄氏

分布　｜　九・目……熊（人吉　西瀬、北限）　鹿　宮（高岡）
　　　　｜　鹿・目……鶴田　大口　紫尾山　冠岳　種　屋

オオゴカヨウオウレン　[キンポウゲ科　オウレン属]　*Coptis ramosa*

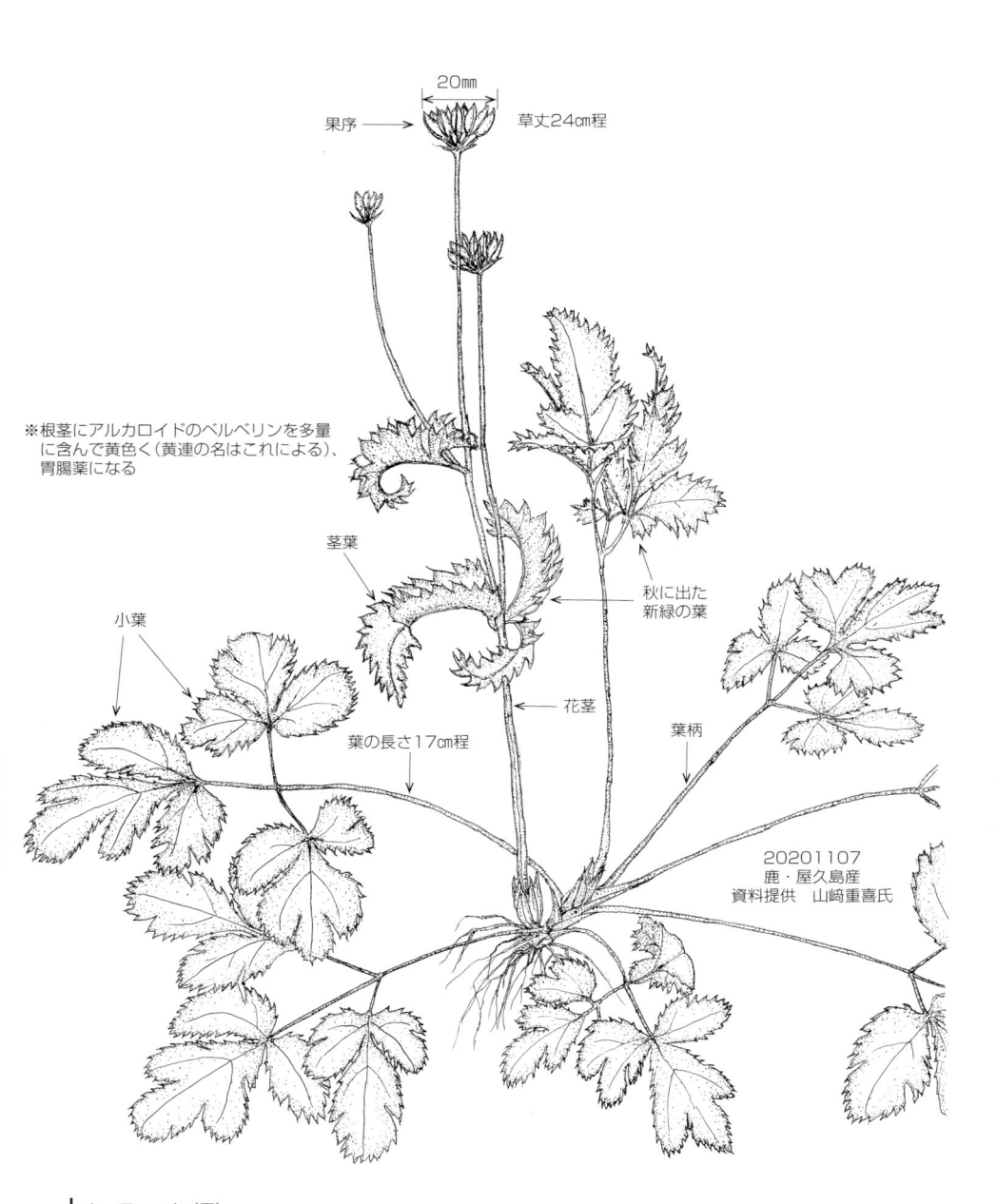

20mm

果序 ←

草丈24cm程

※根茎にアルカロイドのベルベリンを多量
　に含んで黄色く（黄連の名はこれによる）、
　胃腸薬になる

茎葉

秋に出た
新緑の葉

小葉

花茎

葉柄

葉の長さ17cm程

20201107
鹿・屋久島産
資料提供　山崎重喜氏

分布 | 九・目……鹿（屋）
　　 | 鹿・目……屋久島

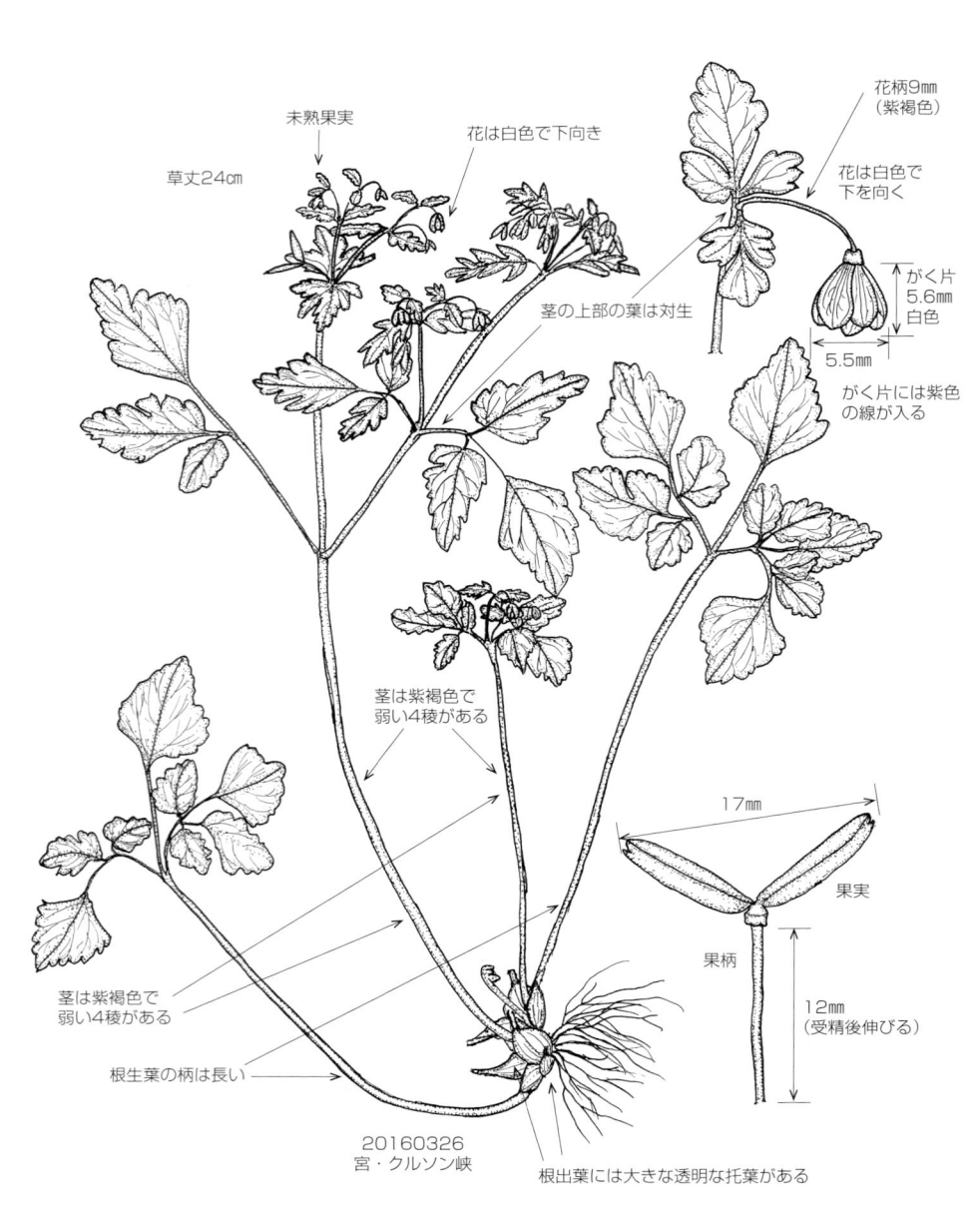

花柄9㎜（紫褐色）

花は白色で下を向く

未熟果実

花は白色で下向き

草丈24㎝

がく片5.6㎜白色

5.5㎜

がく片には紫色の線が入る

茎の上部の葉は対生

茎は紫褐色で弱い4稜がある

17㎜

果実

果柄

12㎜（受精後伸びる）

茎は紫褐色で弱い4稜がある

根生葉の柄は長い

20160326
宮・クルソン峡

根出葉には大きな透明な托葉がある

和名は果実が鯖の尾に似ることによる

分布 | 九・目……福（稍稀）　大（普通）　熊（各地散在）　長・佐（多良岳）　宮（鰐塚山以北、南限）　鹿（紫尾山）
鹿・目……紫尾山

ジロボウエンゴサク　[ケシ科　キケマン属]　　　*Corydalis decumbens*

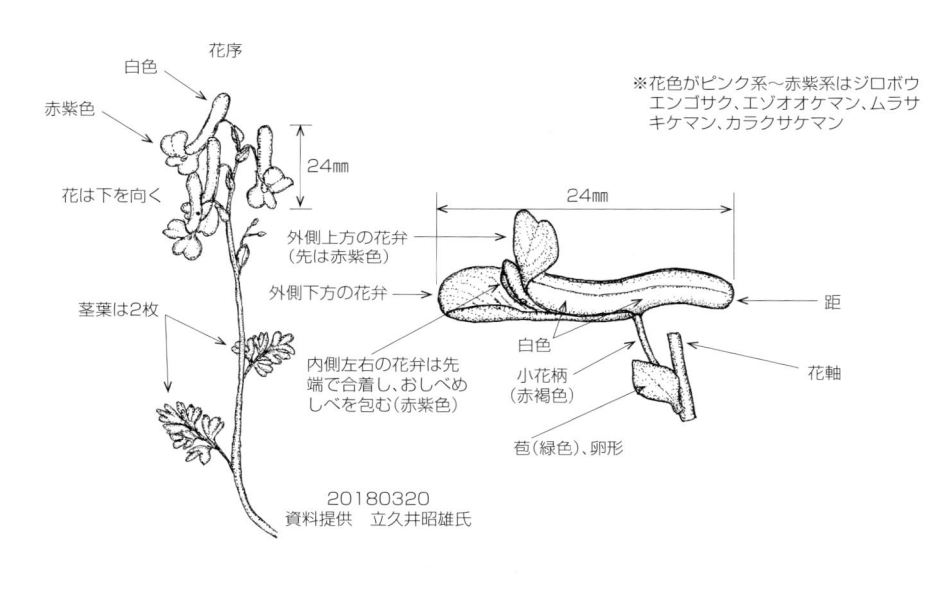

花序

白色

赤紫色

24mm

花は下を向く

茎葉は2枚

※花色がピンク系〜赤紫系はジロボウ
エンゴサク、エゾオオケマン、ムラサ
キケマン、カラクサケマン

24mm

外側上方の花弁
　（先は赤紫色）

外側下方の花弁

距

白色

内側左右の花弁は先
端で合着し、おしべめ
しべを包む（赤紫色）

小花柄
（赤褐色）

花軸

苞（緑色）、卵形

20180320
資料提供　立久井昭雄氏

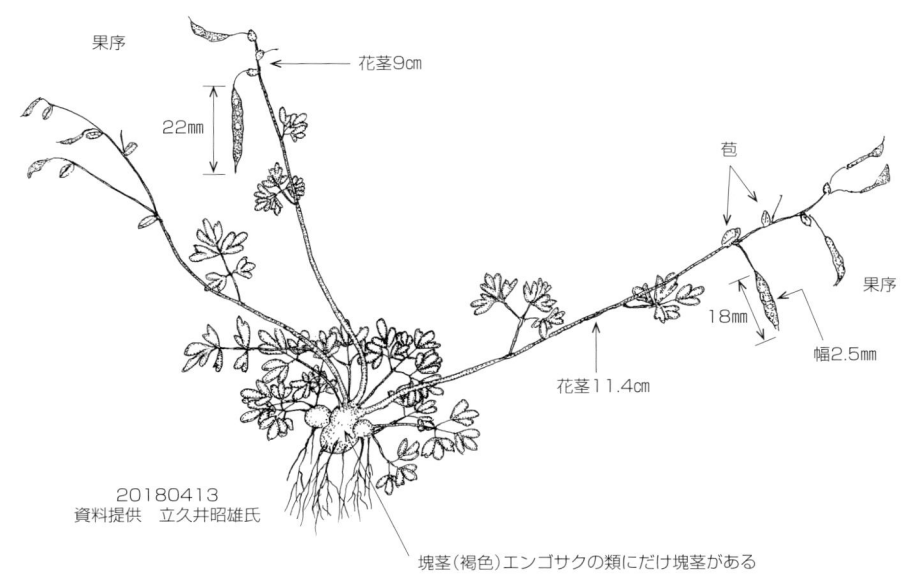

果序

花茎9cm

22mm

苞

果序

花茎11.4cm

18mm

幅2.5mm

20180413
資料提供　立久井昭雄氏

塊茎（褐色）エンゴサクの類にだけ塊茎がある

分布｜九・目……各県　壱岐（南限は鹿・大隈　大鳥峡）
　　　　鹿・目……霧島山　財部（大川原）　大口（ケヤキ平）　吉松（沢原高原）

ナガミノツルケマン　[ケシ科　キケマン属]　*Corydalis raddeana*

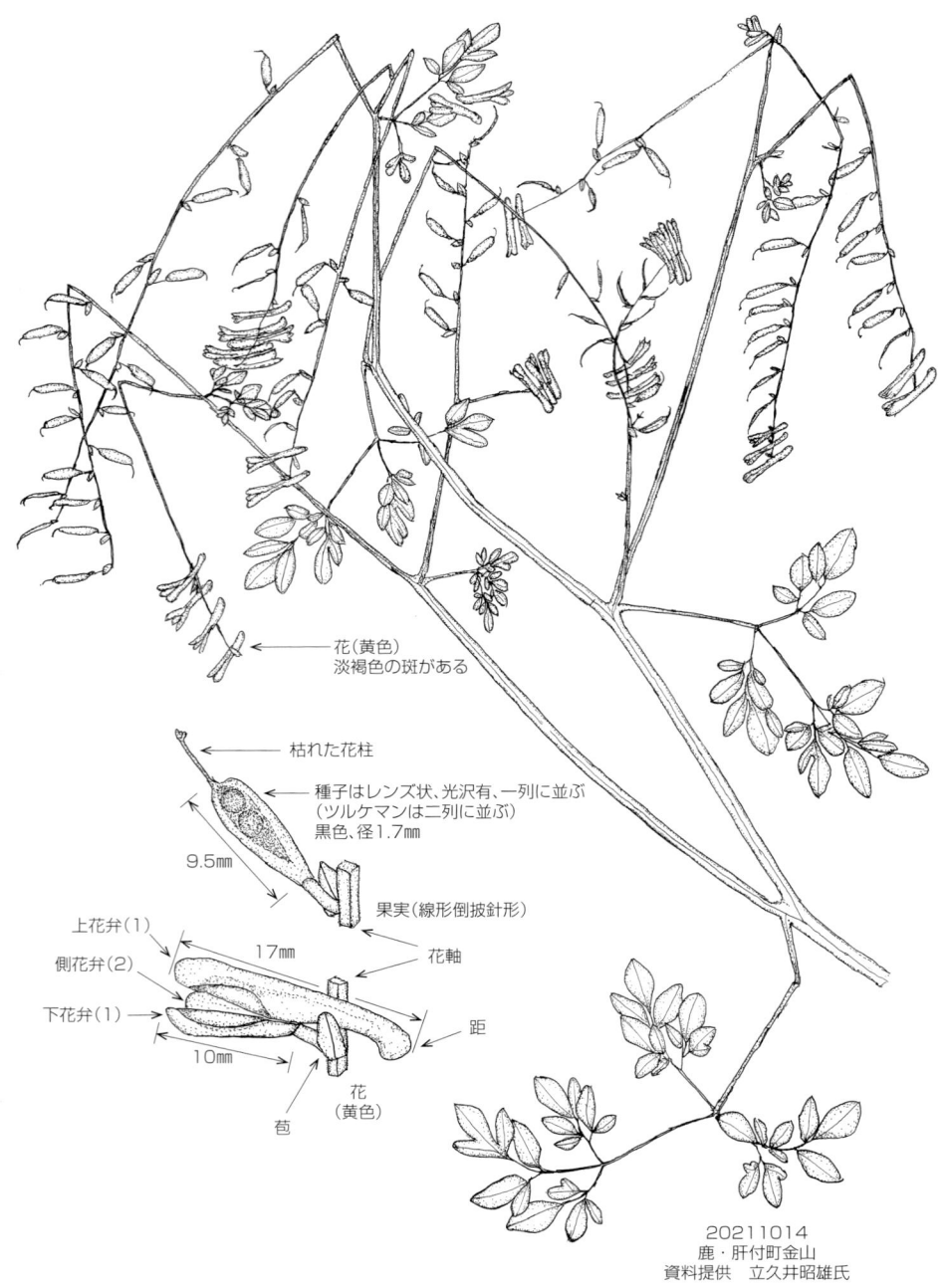

花（黄色）
淡褐色の斑がある

枯れた花柱

種子はレンズ状、光沢有、一列に並ぶ
（ツルケマンは二列に並ぶ）
黒色、径1.7㎜

9.5㎜

果実（線形倒披針形）

上花弁（1）

側花弁（2）

17㎜

花軸

下花弁（1）

距

10㎜

苞

花
（黄色）

20211014
鹿・肝付町金山
資料提供　立久井昭雄氏

分布　九・目……福（英彦山　古処山　若杉山　御前岳）　大（普通）　熊（阿蘇　大宮山　内大臣　五家荘、南原）　宮（椎原
　　　　　…御池以北）
　　　　鹿・目……記載がない

214

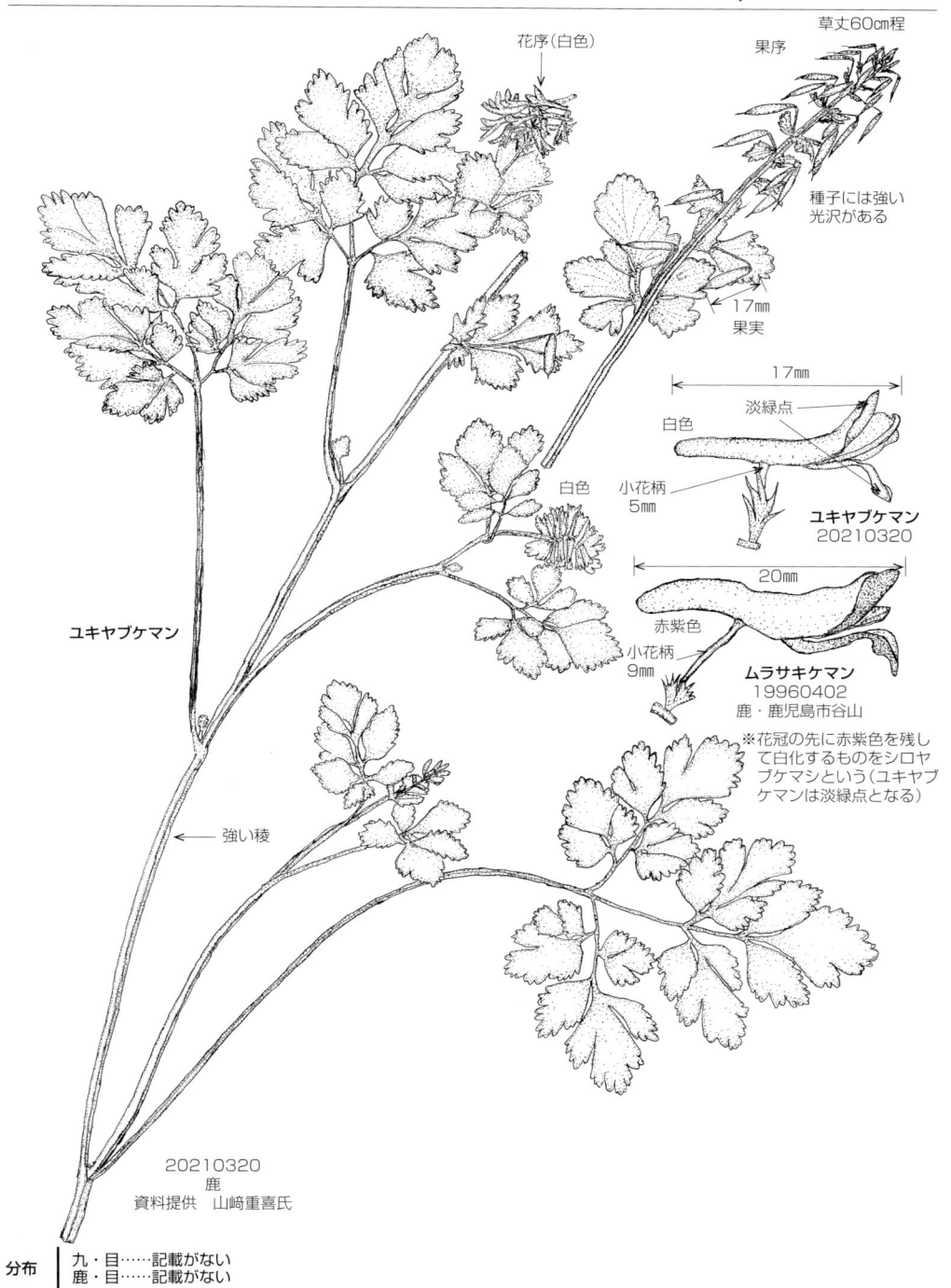

草丈60cm程

花序(白色)

果序

種子には強い
光沢がある

17mm
果実

17mm

白色　　　淡緑点

小花柄
5mm

ユキヤブケマン
20210320

20mm

赤紫色

小花柄
9mm

ムラサキケマン
19960402
鹿・鹿児島市谷山

※花冠の先に赤紫色を残し
て白化するものをシロヤ
ブケマシという（ユキヤブ
ケマンは淡緑点となる）

ユキヤブケマン

白色

強い稜

20210320
鹿
資料提供　山﨑重喜氏

分布｜九・目……記載がない
　　　｜鹿・目……記載がない

アオカズラ　[アワブキ科　アオカズラ属]　*Sabia japonica*

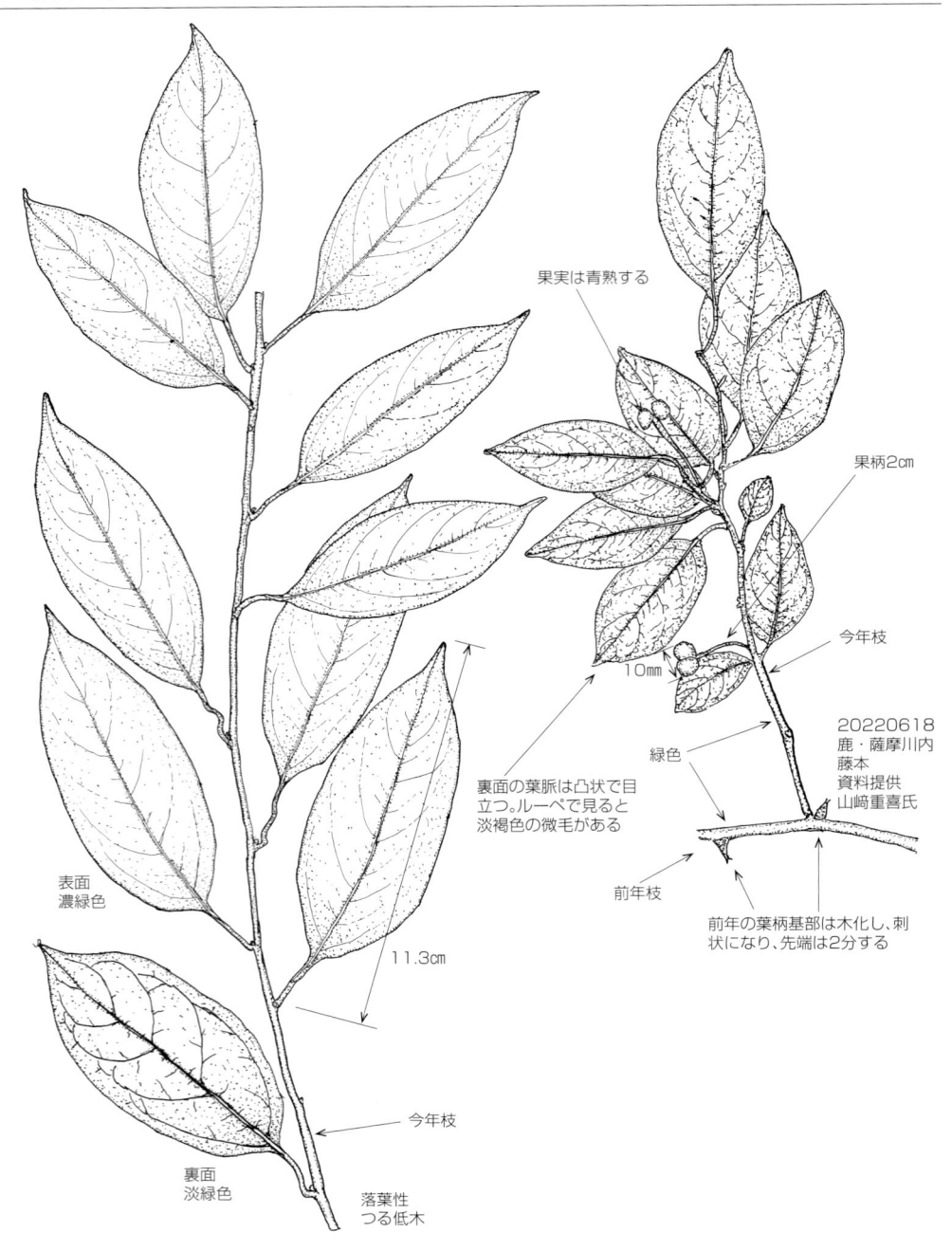

果実は青熟する

果柄2㎝

今年枝

20220618
鹿・薩摩川内
藤本
資料提供
山﨑重喜氏

緑色

前年枝

前年の葉柄基部は木化し、刺状になり、先端は2分する

10mm

裏面の葉脈は凸状で目立つ。ルーペで見ると淡褐色の微毛がある

表面
濃緑色

11.3㎝

今年枝

裏面
淡緑色

落葉性
つる低木

コモウセンゴケ　*Drosera spathulata*

モウセンゴケ

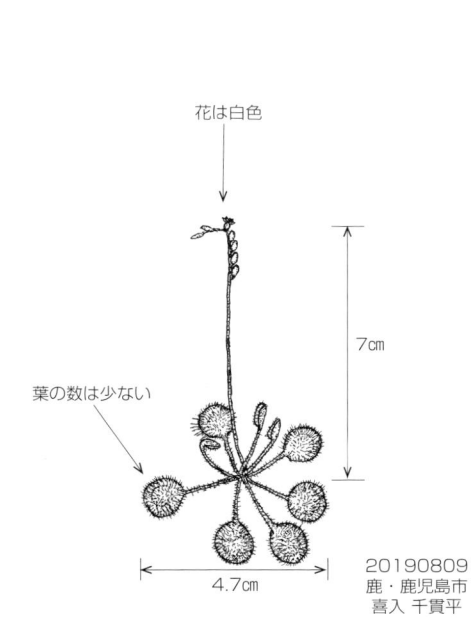

花は白色

葉の数は少ない

7cm

4.7cm

20190809
鹿・鹿児島市
喜入 千貫平

花は桃色

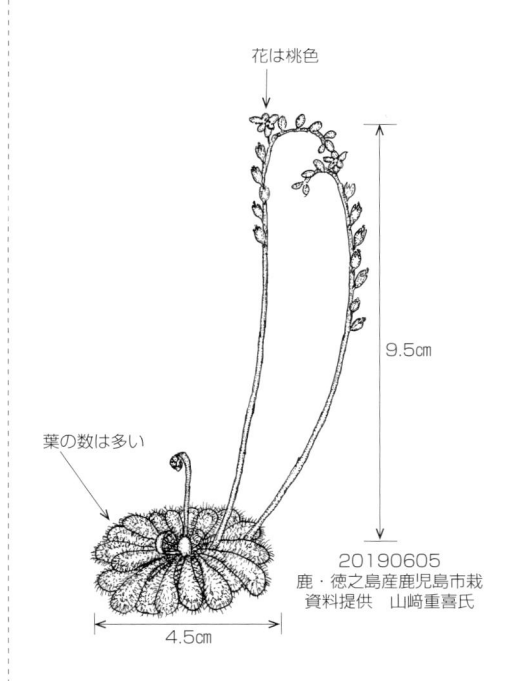

9.5cm

葉の数は多い

4.5cm

20190605
鹿・徳之島産鹿児島市栽
資料提供　山﨑重喜氏

花序の一部

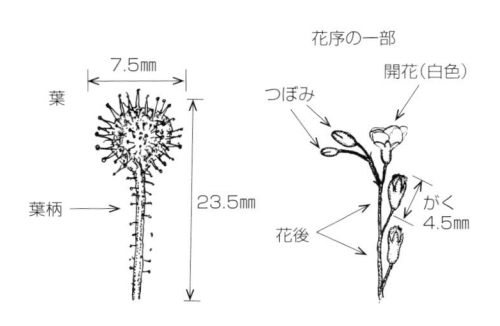

葉

7.5mm

葉柄

23.5mm

つぼみ

開花(白色)

がく
4.5mm

花後

葉

6mm

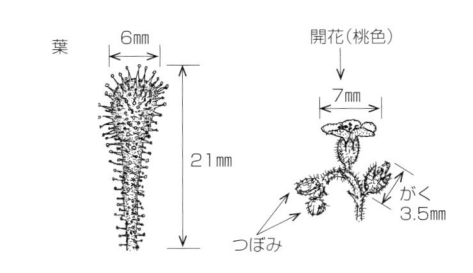

21mm

開花(桃色)

7mm

がく
3.5mm

つぼみ

※喜入、千貫平には両種が多く生育しており、
　モウセンゴケの開花は1カ月程遅れる

コモウセンゴケ

分布	九・目……福（北九州）　佐（北方）　長（西彼－東側）　川棚　吉井　宮（川南）　鹿
	鹿・目……谷山　瀬々串　生見　万之瀬ダム　屋　種　沖永　黒　中之　横当島　奄群

分布	九・目……各県（南限は屋）
	鹿・目……霧島山　大口（西太良）　冠岳　桜島　大隅大川原　垂水（鹿大演習林）　屋

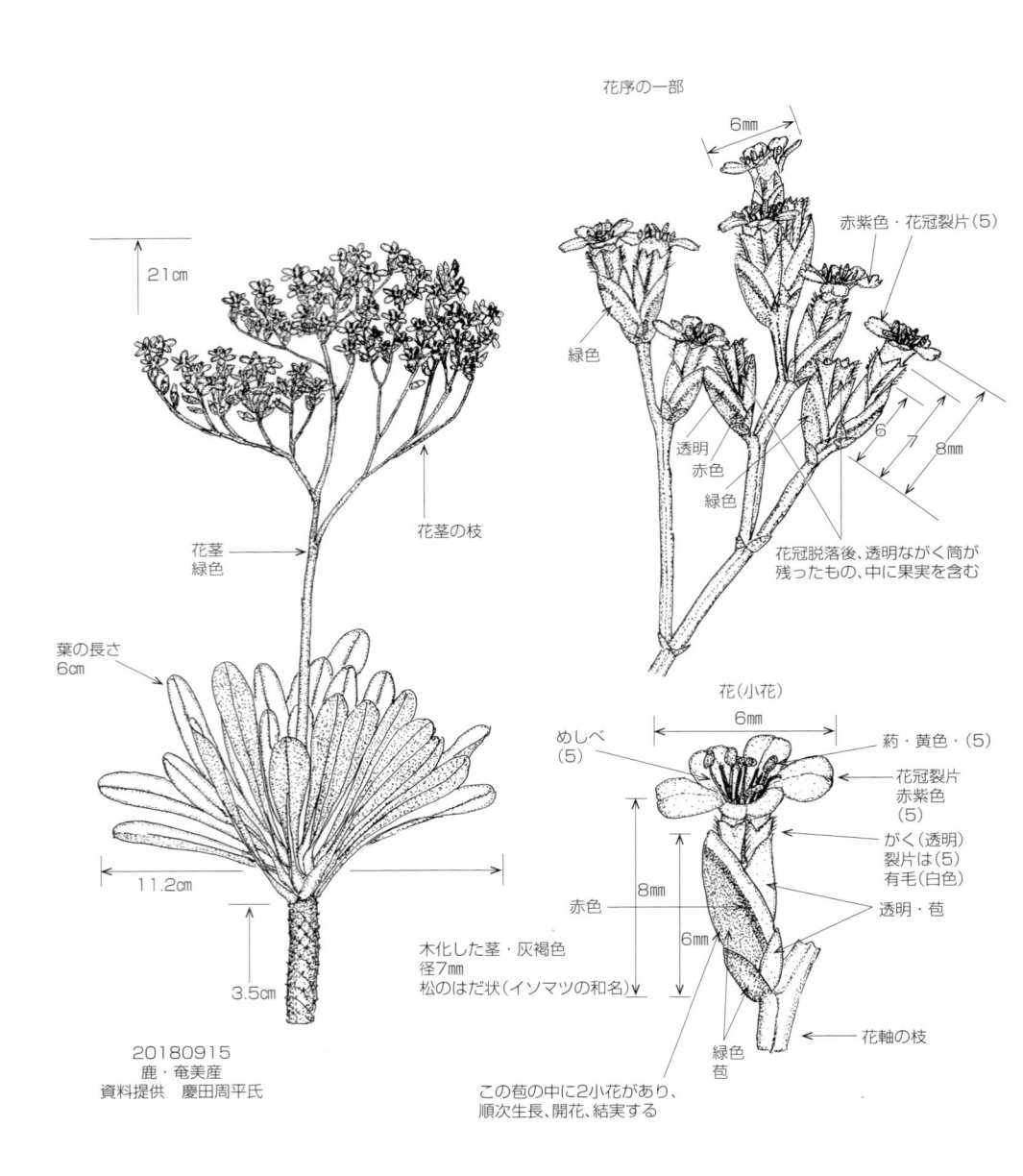

花序の一部

6mm

赤紫色・花冠裂片（5）

緑色

透明
赤色
緑色

6　7　8mm

花冠脱落後、透明ながく筒が
残ったもの、中に果実を含む

21cm

花茎の枝

花茎
緑色

葉の長さ
6cm

11.2cm

3.5cm

木化した茎・灰褐色
径7mm
松のはだ状（イソマツの和名）

20180915
鹿・奄美産
資料提供　慶田周平氏

花（小花）

6mm

めしべ
（5）

葯・黄色・（5）

花冠裂片
赤紫色
（5）

がく（透明）
裂片は（5）
有毛（白色）

透明・苞

赤色

8mm

6mm

緑色
苞

花軸の枝

この苞の中に2小花があり、
順次生長、開花、結実する

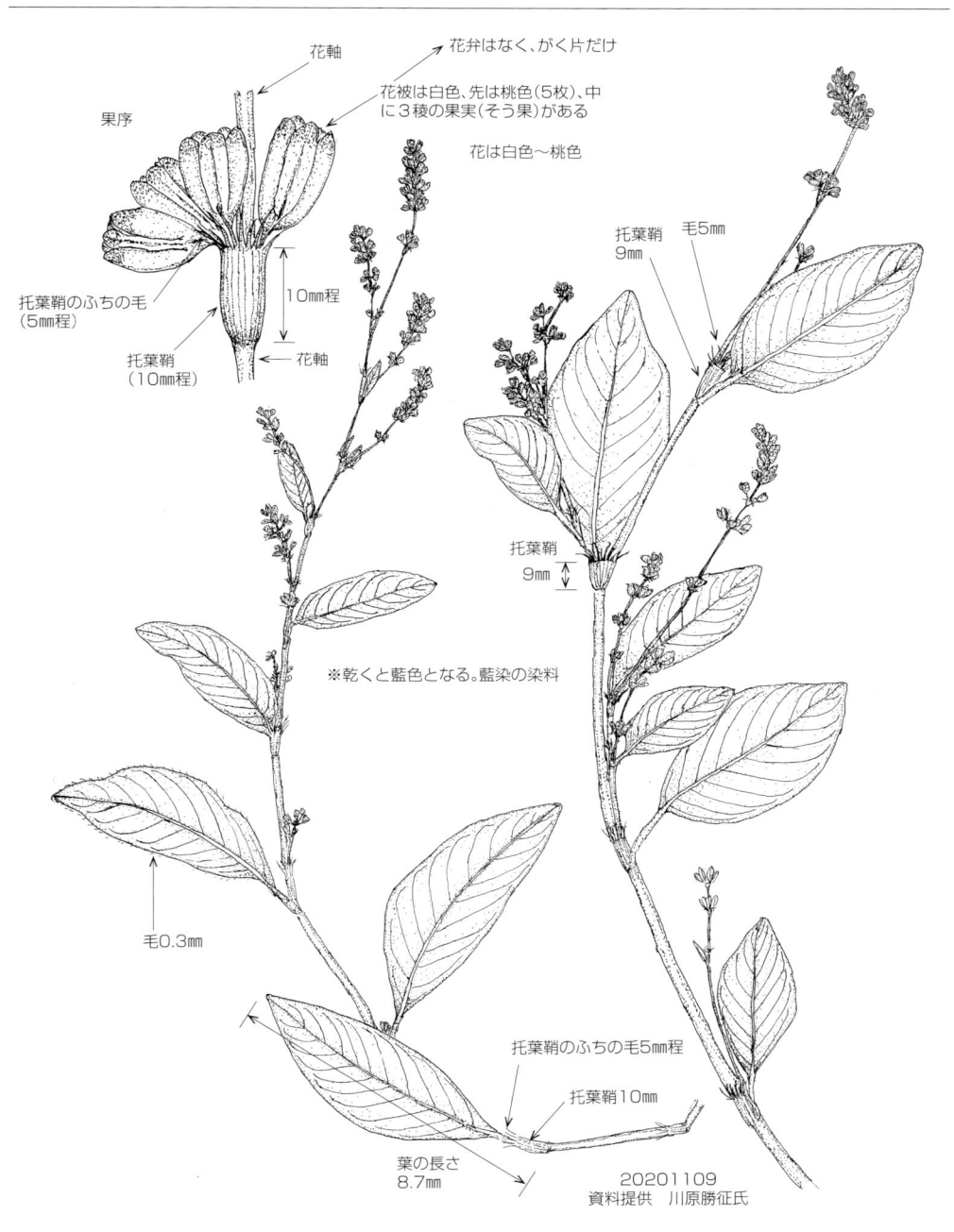

花軸

花弁はなく、がく片だけ

果序

花被は白色、先は桃色（5枚）、中に3稜の果実（そう果）がある

花は白色〜桃色

托葉鞘9mm

毛5mm

10mm程

托葉鞘のふちの毛（5mm程）

托葉鞘（10mm程）

花軸

托葉鞘9mm

※乾くと藍色となる。藍染の染料

毛0.3mm

托葉鞘のふちの毛5mm程

托葉鞘10mm

葉の長さ8.7mm

20201109
資料提供　川原勝征氏

分布　｜　九・目……鹿
　　　　鹿・目……小根占　口永

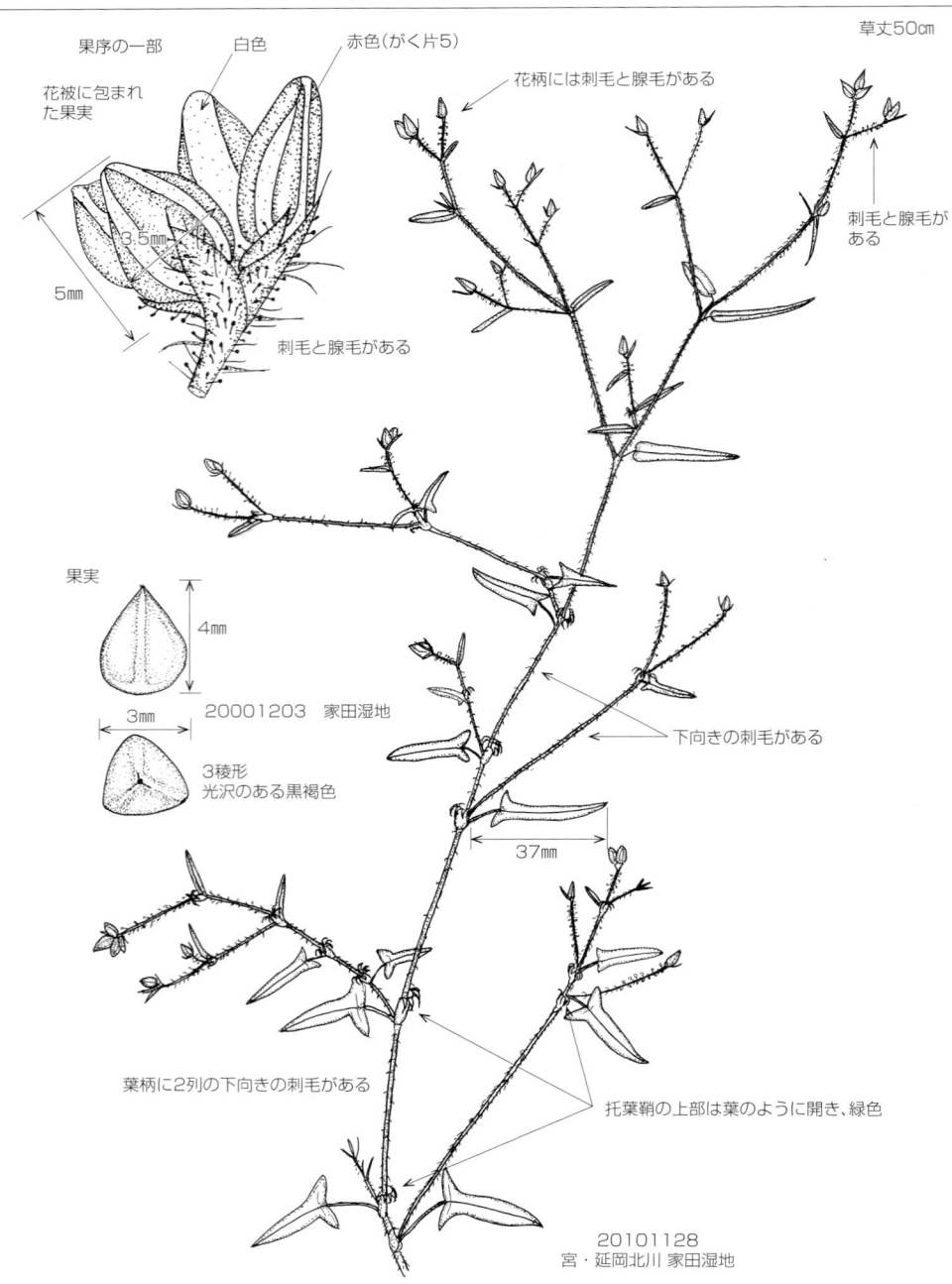

草丈50㎝

果序の一部

白色

赤色（がく片5）

花柄には刺毛と腺毛がある

花被に包まれた果実

刺毛と腺毛がある

3.5mm

5mm

刺毛と腺毛がある

果実

4mm

3mm

20001203　家田湿地

3稜形
光沢のある黒褐色

37mm

下向きの刺毛がある

葉柄に2列の下向きの刺毛がある

托葉鞘の上部は葉のように開き、緑色

20101128
宮・延岡北川 家田湿地

分布　九・目……福（久留米）　大（稀）　佐（佐賀　古賀　嘉瀬）　長（対馬）　熊（熊本）　宮（北川　都城）
　　　鹿・目……記載がない

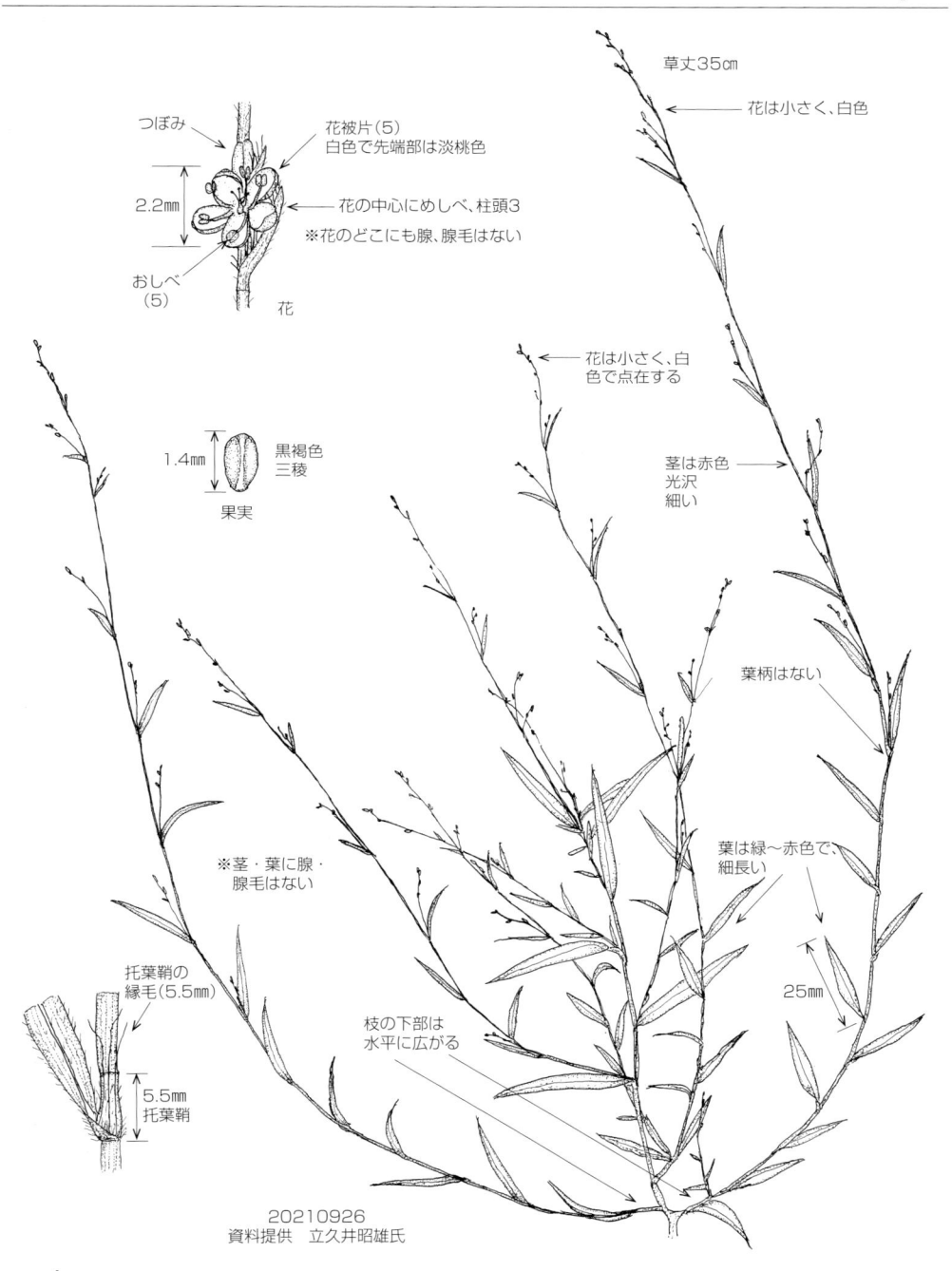

草丈35㎝

花は小さく、白色

つぼみ

花被片（5）
白色で先端部は淡桃色

2.2㎜

花の中心にめしべ、柱頭3

※花のどこにも腺、腺毛はない

おしべ
（5）

花

花は小さく、白
色で点在する

黒褐色
三稜

1.4㎜

果実

茎は赤色
光沢
細い

葉柄はない

※茎・葉に腺・
腺毛はない

葉は緑〜赤色で、
細長い

25㎜

托葉鞘の
縁毛（5.5㎜）

枝の下部は
水平に広がる

5.5㎜
托葉鞘

20210926
資料提供　立久井昭雄氏

分布 ｜ 九・目……福　大　佐（基山　神崎）　熊（深葉）　鹿
　　　｜ 鹿・目……吉松

サワハコベ　[ナデシコ科　ハコベ属]　*Stellaria diversiflora*

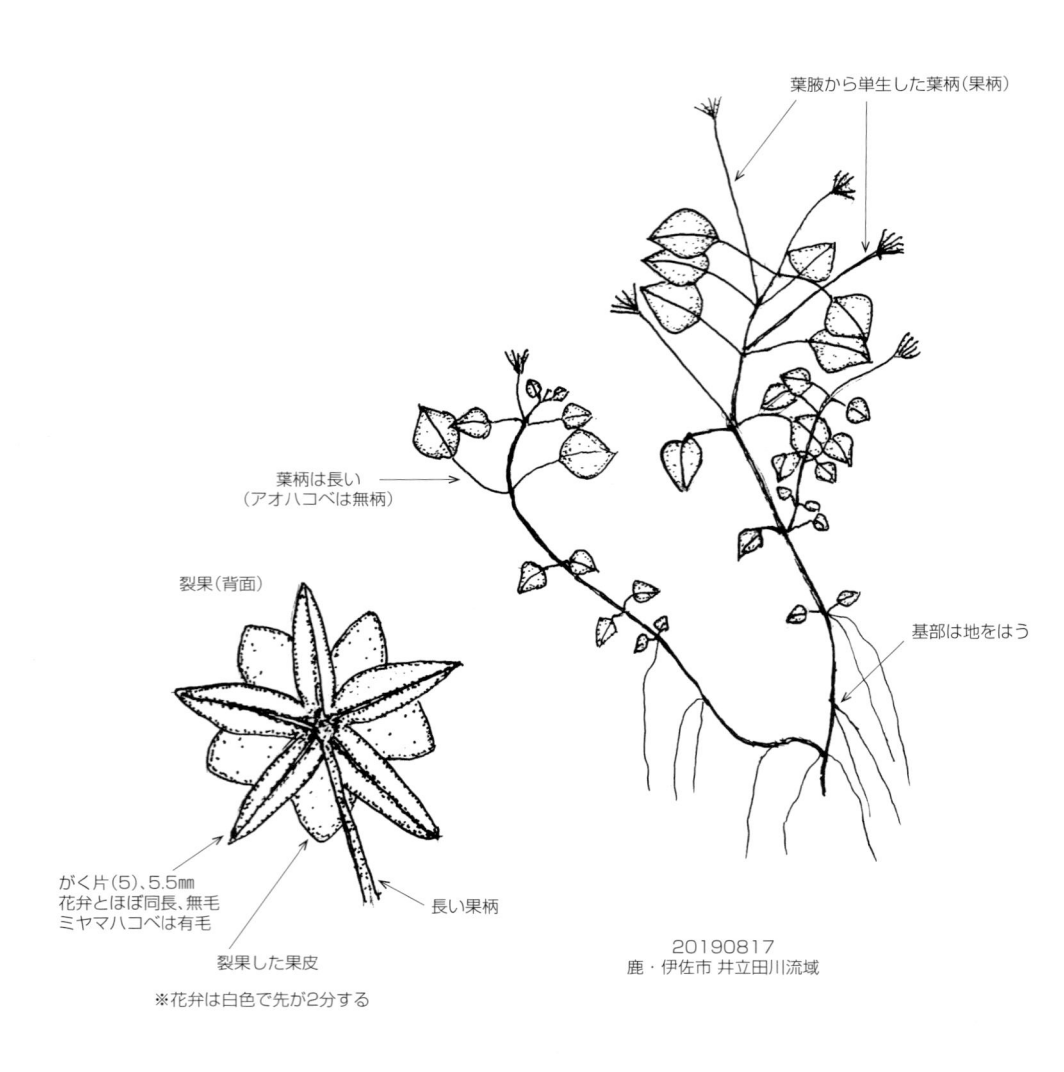

葉腋から単生した葉柄（果柄）

葉柄は長い
（アオハコベは無柄）

裂果（背面）

がく片（5）、5.5㎜
花弁とほぼ同長、無毛
ミヤマハコベは有毛

裂果した果皮

長い果柄

基部は地をはう

※花弁は白色で先が2分する

20190817
鹿・伊佐市 井立田川流域

222

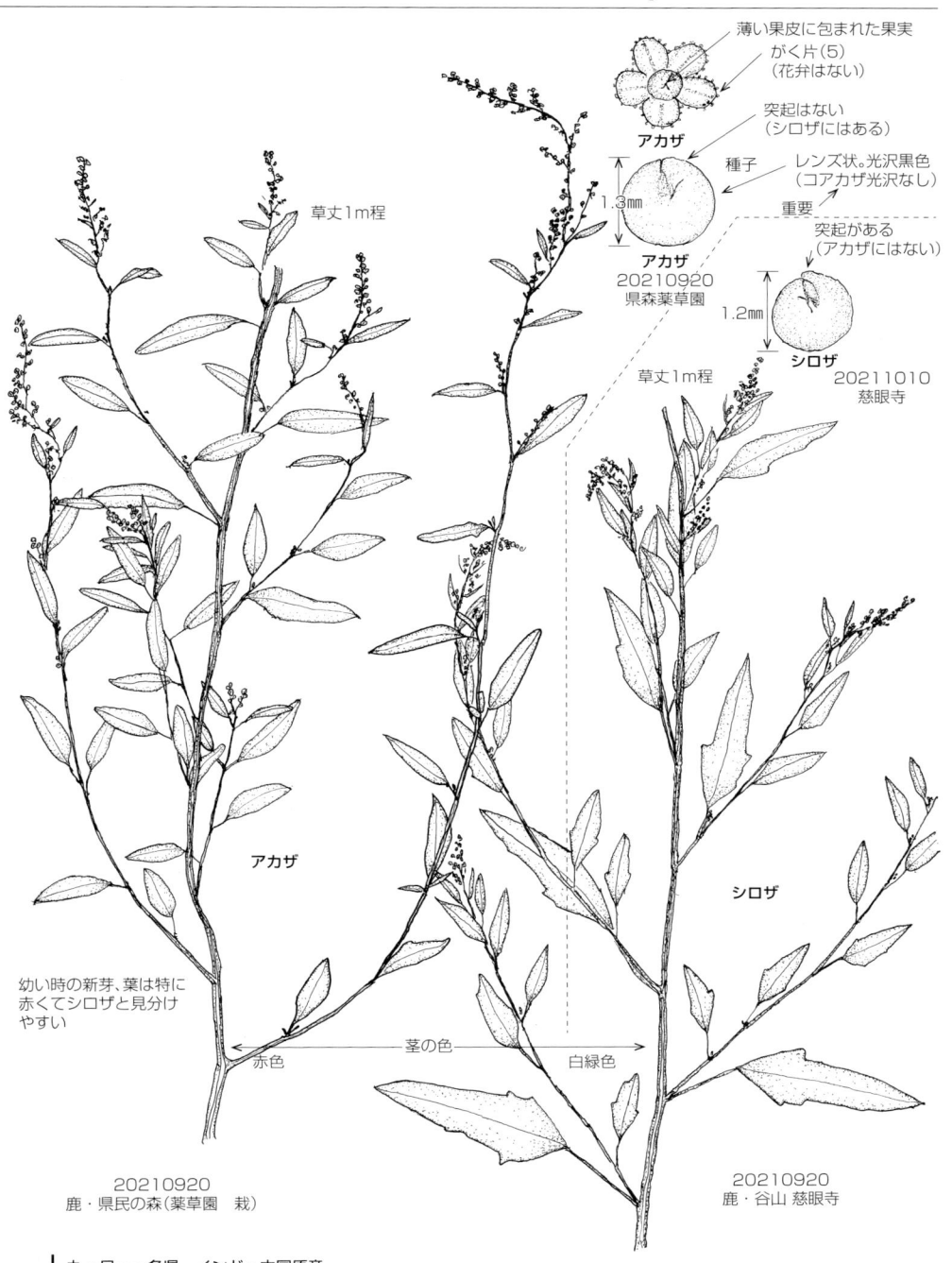

薄い果皮に包まれた果実

がく片(5)
（花弁はない）

アカザ

突起はない
（シロザにはある）

種子

レンズ状。光沢黒色
（コアカザ光沢なし）

1.3mm

アカザ
20210920
県森薬草園

重要

突起がある
（アカザにはない）

1.2mm

シロザ
20211010
慈眼寺

草丈1m程

草丈1m程

アカザ

シロザ

幼い時の新芽、葉は特に
赤くてシロザと見分け
やすい

赤色　←　茎の色　→　白緑色

20210920
鹿・県民の森（薬草園　栽）

20210920
鹿・谷山 慈眼寺

分布　│　九・目……各県　インド・中国原産
　　　　│　鹿・目……県本土各地点在

ブーゲンビレア（イカダカズラ） [オシロイバナ科　イカダカズラ属]　*Bougainvillea glabra*

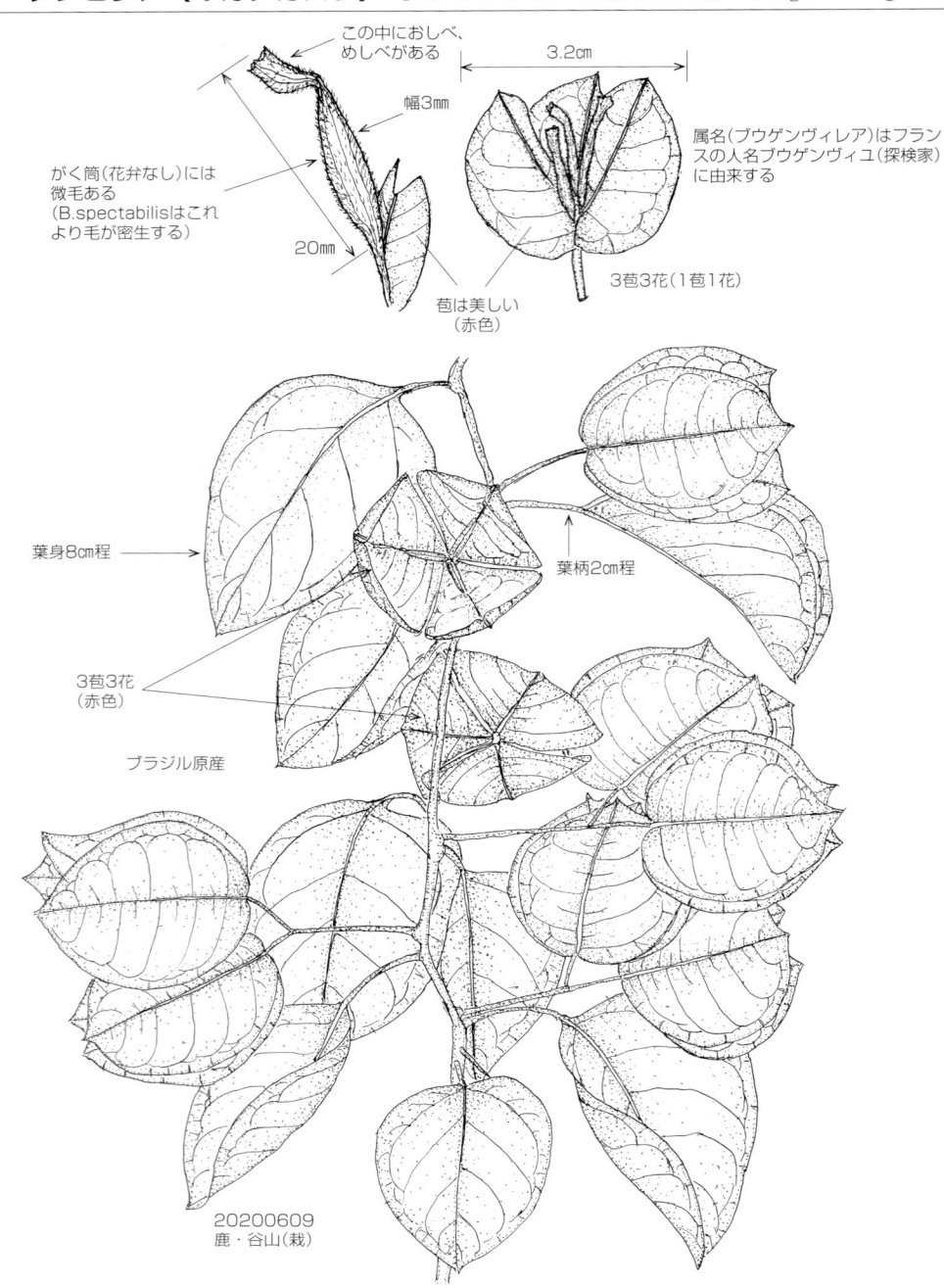

この中におしべ、めしべがある

幅3mm

3.2cm

がく筒（花弁なし）には微毛ある
（B.spectabilisはこれより毛が密生する）

20mm

属名（ブウゲンヴィレア）はフランスの人名ブウゲンヴィユ（探検家）に由来する

3苞3花（1苞1花）

苞は美しい
（赤色）

葉身8cm程

葉柄2cm程

3苞3花
（赤色）

ブラジル原産

20200609
鹿・谷山（栽）

分布
九・目……記載がない
鹿・目……記載がない

アメリカフウ（モミジバフウ）　[マンサク科　フウ属]　*Liquidambar styraciflua*
タイワンフウ（フウ）　*Liquidambar formosana*

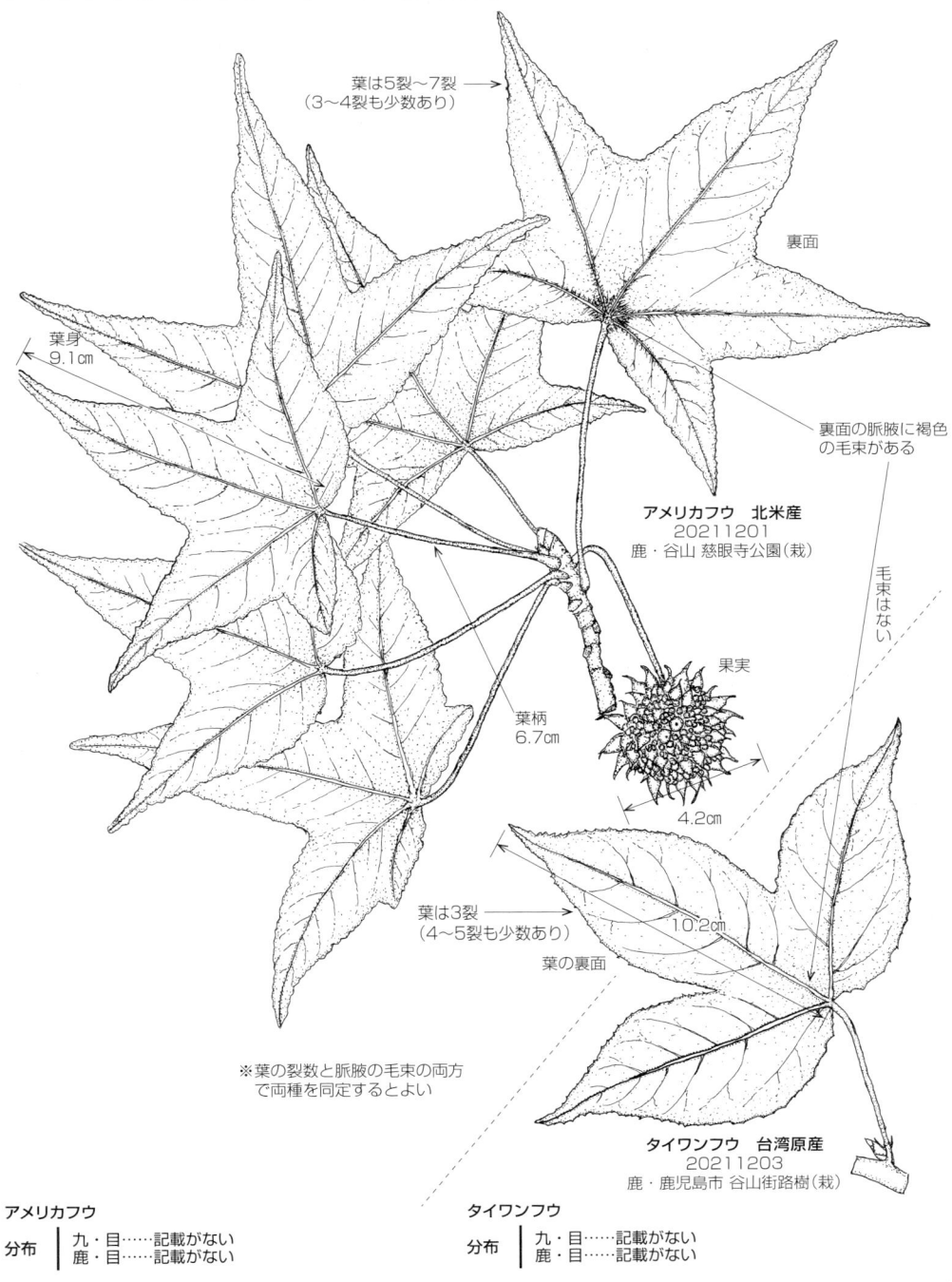

葉は5裂〜7裂
（3〜4裂も少数あり）

裏面

葉身
9.1㎝

裏面の脈腋に褐色
の毛束がある

アメリカフウ　北米産
20211201
鹿・谷山 慈眼寺公園（栽）

毛束
はない

果実

葉柄
6.7㎝

4.2㎝

葉は3裂
（4〜5裂も少数あり）

10.2㎝

葉の裏面

※葉の裂数と脈腋の毛束の両方
　で両種を同定するとよい

タイワンフウ　台湾原産
20211203
鹿・鹿児島市 谷山街路樹（栽）

アメリカフウ

分布 | 九・目……記載がない
　　 | 鹿・目……記載がない

タイワンフウ

分布 | 九・目……記載がない
　　 | 鹿・目……記載がない

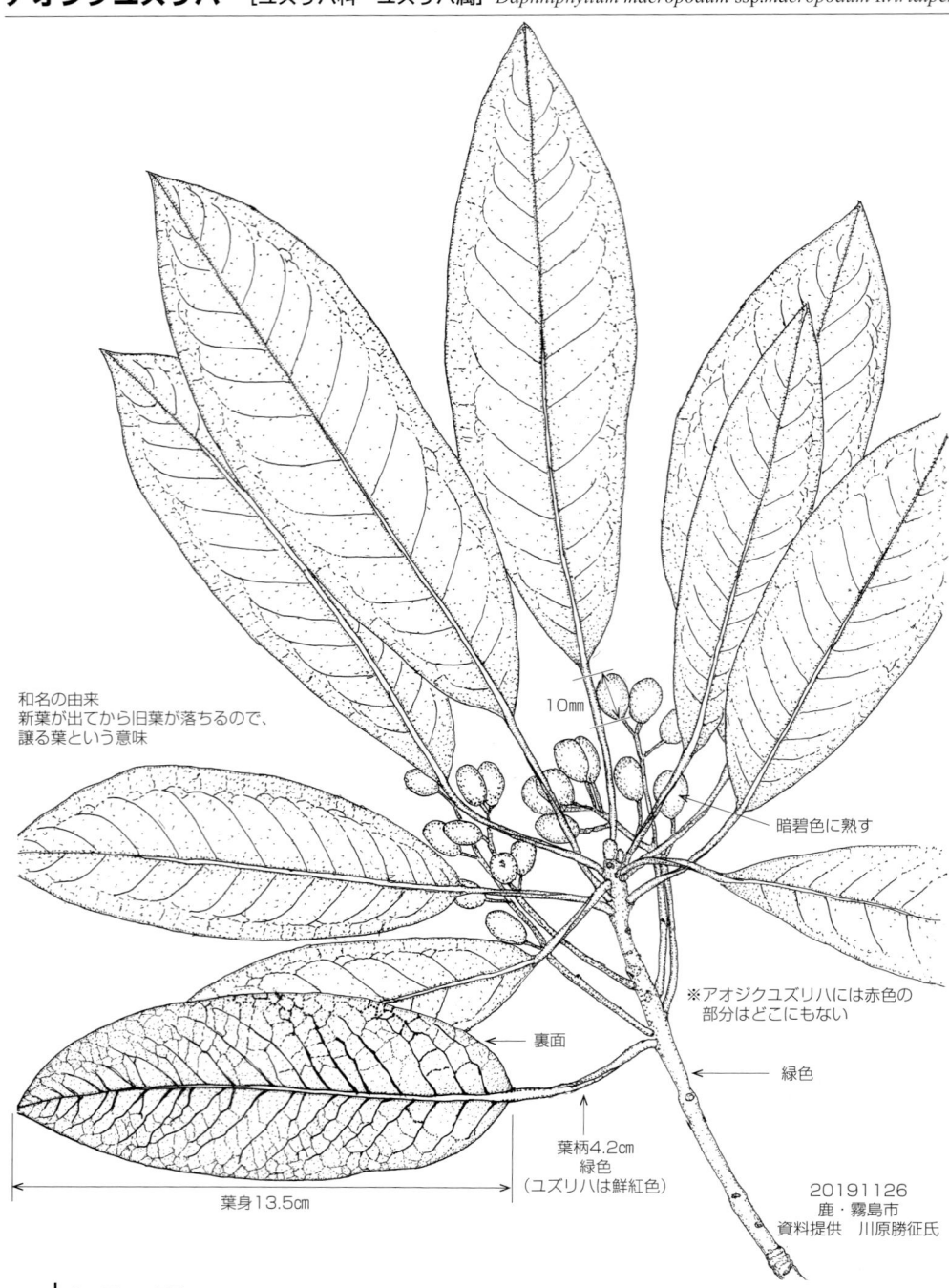

和名の由来
新葉が出てから旧葉が落ちるので、
譲る葉という意味

10mm

暗碧色に熟す

※アオジクユズリハには赤色の
　部分はどこにもない

裏面

緑色

葉柄4.2cm
緑色
（ユズリハは鮮紅色）

葉身13.5cm

20191126
鹿・霧島市
資料提供　川原勝征氏

分布 ｜ 九・目……各県
　　　｜ 鹿・目……霧島山　高隈山　稲尾岳　野首岳　開聞岳　屋

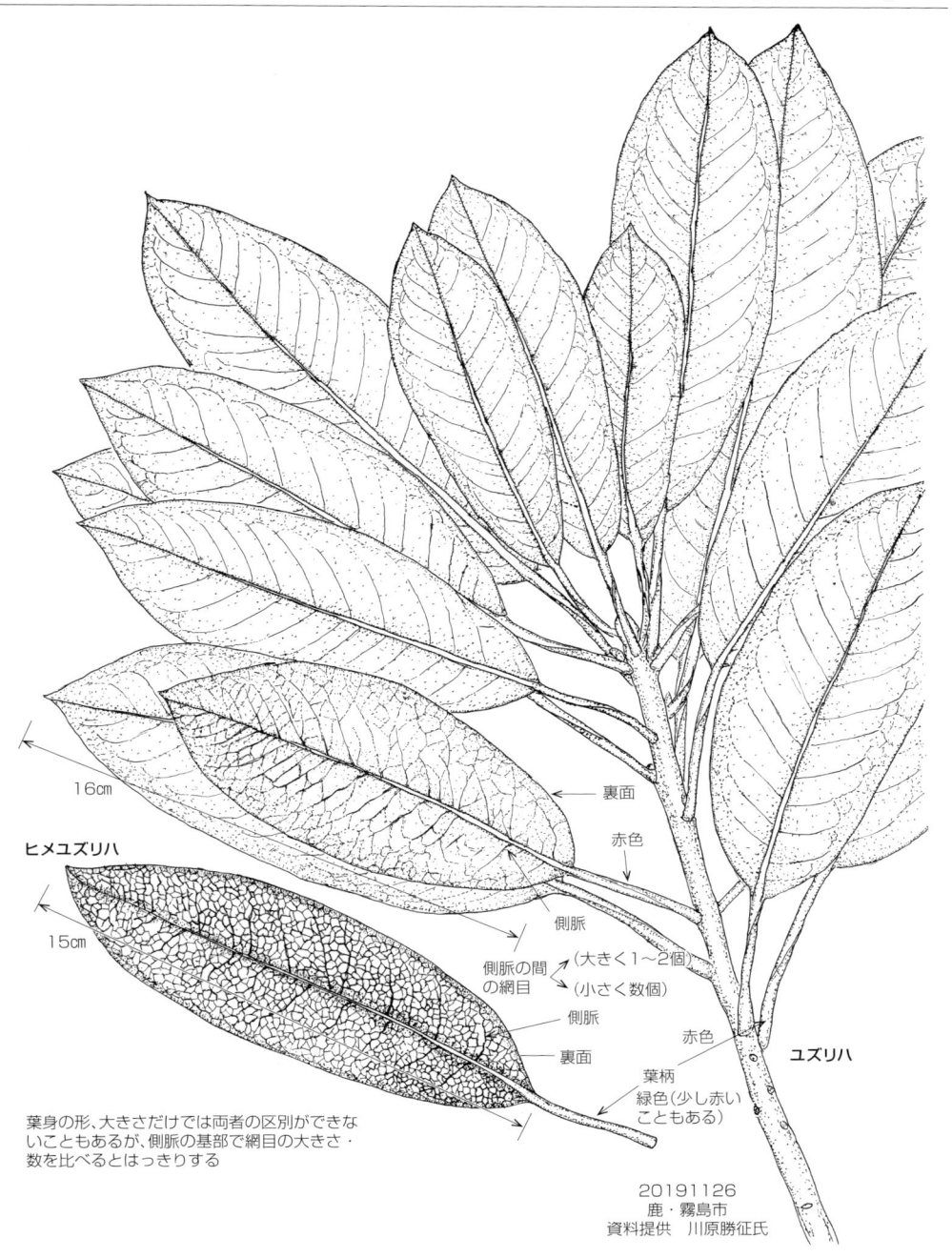

16cm

ヒメユズリハ

15cm

裏面

赤色

側脈

側脈の間
の網目

大きく1〜2個

小さく数個

側脈

裏面

赤色

葉柄
緑色（少し赤い
こともある）

ユズリハ

葉身の形、大きさだけでは両者の区別ができな
いこともあるが、側脈の基部で網目の大きさ・
数を比べるとはっきりする

20191126
鹿・霧島市
資料提供　川原勝征氏

チダケサシ　[ユキノシタ科　チダケサシ属]　*Astilbe microphylla*

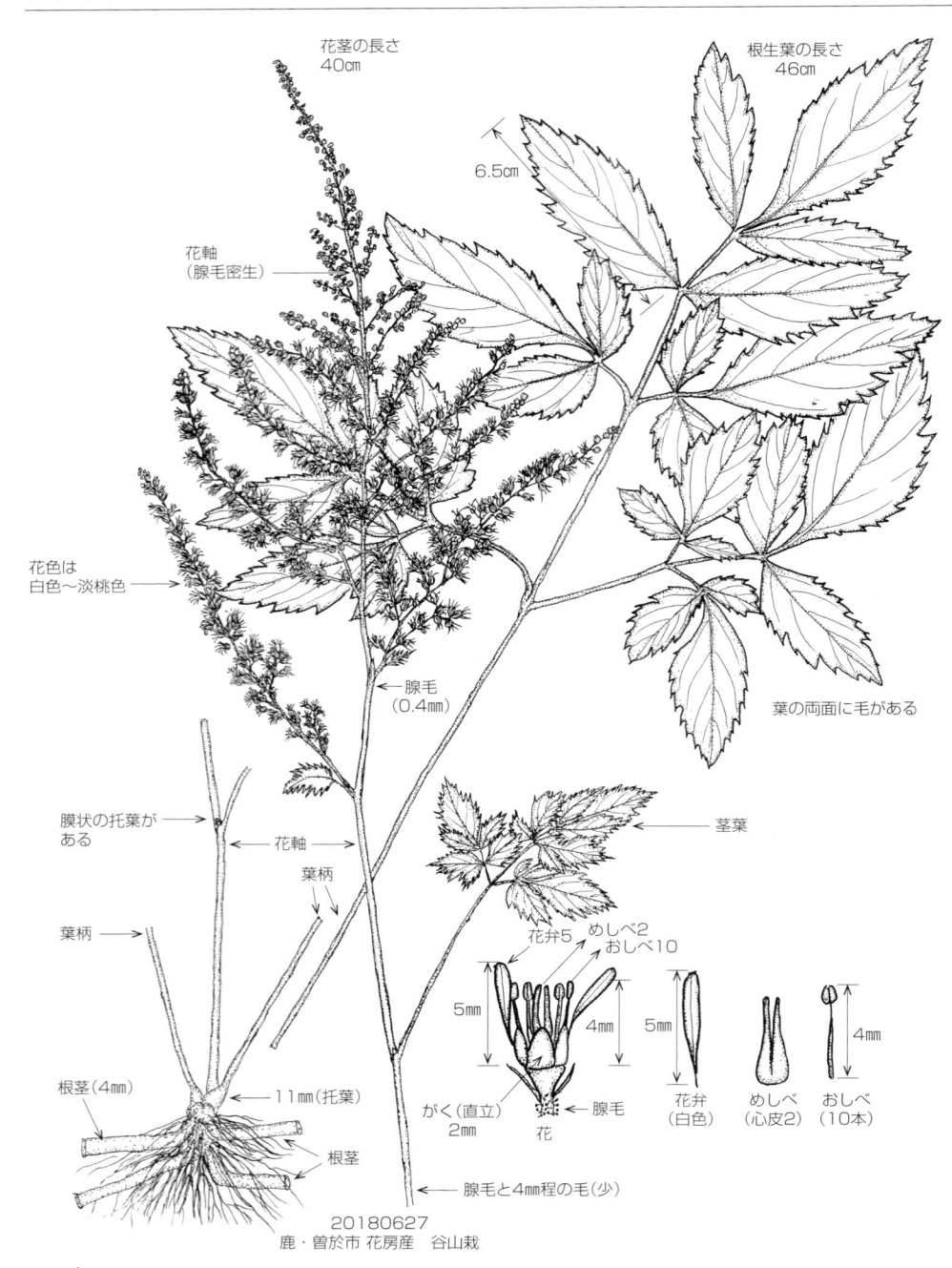

花茎の長さ
40cm

根生葉の長さ
46cm

6.5cm

花軸
（腺毛密生）

花色は
白色〜淡桃色

腺毛
（0.4mm）

葉の両面に毛がある

膜状の托葉が
ある

花軸

葉柄

茎葉

葉柄

花弁5　めしべ2
おしべ10

5mm

4mm

5mm

4mm

根茎（4mm）

11mm（托葉）

根茎

がく（直立）
2mm

腺毛
花

花弁
（白色）

めしべ
（心皮2）

おしべ
（10本）

腺毛と4mm程の毛（少）

20180627
鹿・曽於市 花房産　谷山栽

分布　九・目……福（稍稀）　大（稍普通）　佐（富士　熊の川　古湯）　熊（各地）　宮（都城以北、南限）　鹿
　　　鹿・目……霧島山　御岳山町　長島（諸浦）

228

ヨゴレネコノメソウ　［ユキノシタ科　ネコノメソウ属］　*Chrysosplenium macrostemon* var.*Atrandrum*

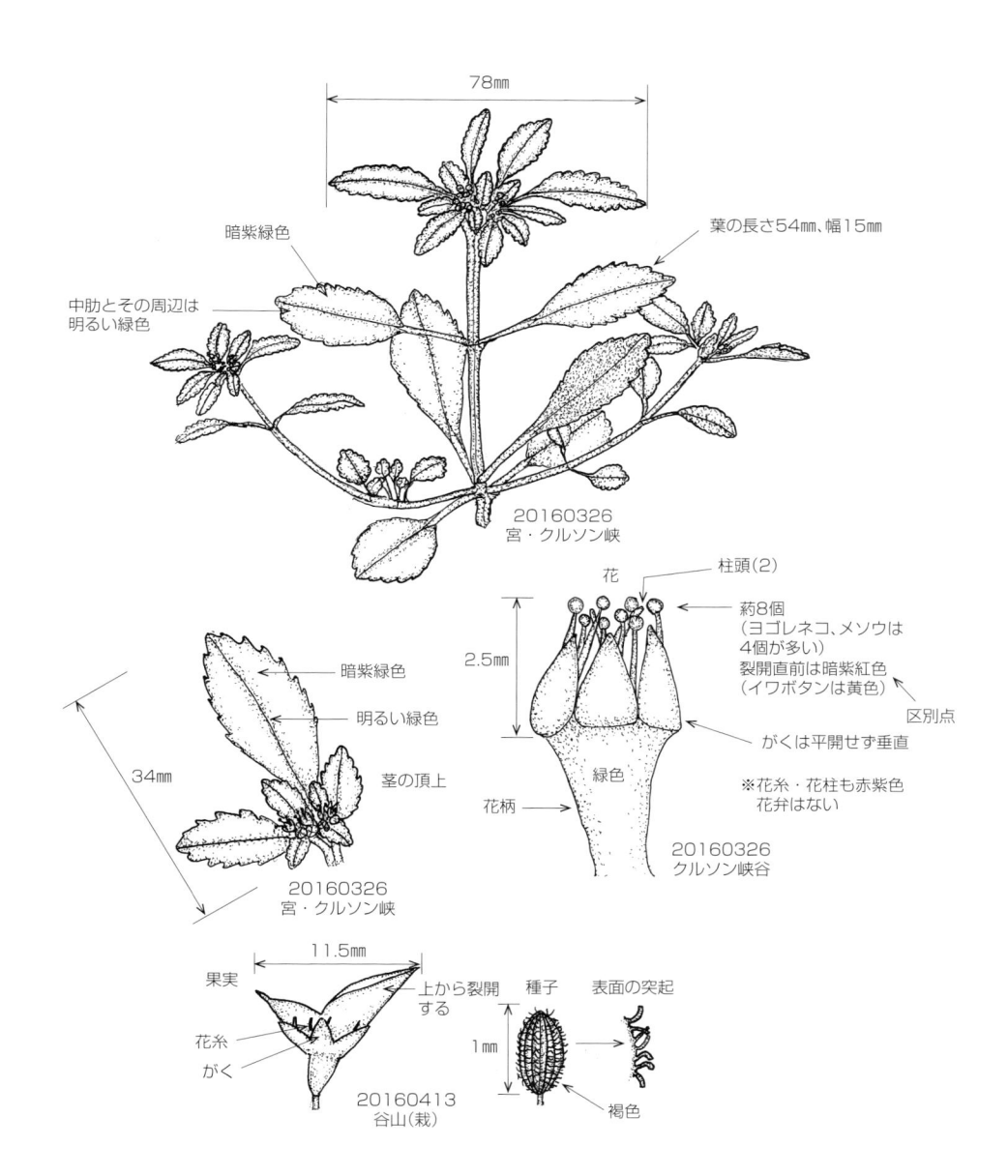

78mm

暗紫緑色

葉の長さ54㎜、幅15㎜

中肋とその周辺は
明るい緑色

20160326
宮・クルソン峡

暗紫緑色

明るい緑色

茎の頂上

34mm

20160326
宮・クルソン峡

花

柱頭(2)

2.5mm

葯8個
（ヨゴレネコ、メソウは
4個が多い）
裂開直前は暗紫紅色
（イワボタンは黄色）

区別点

がくは平開せず垂直

緑色

花柄

※花糸・花柱も赤紫色
　花弁はない

20160326
クルソン峡谷

11.5mm

果実

上から裂開
する

種子

表面の突起

花糸

1mm

がく

褐色

20160413
谷山(栽)

分布 ｜ 九・目……各県（南限は大隅の二股、甫与志岳）
　　　　　鹿・目……栗野岳

ダイモンジソウ　［ユキノシタ科　ユキノシタ属］　*Saxifraga fortunei* var.*alpina*

ウチワダイモンジソウ　*Saxifraga fortunei* var.*obtusocuneata*

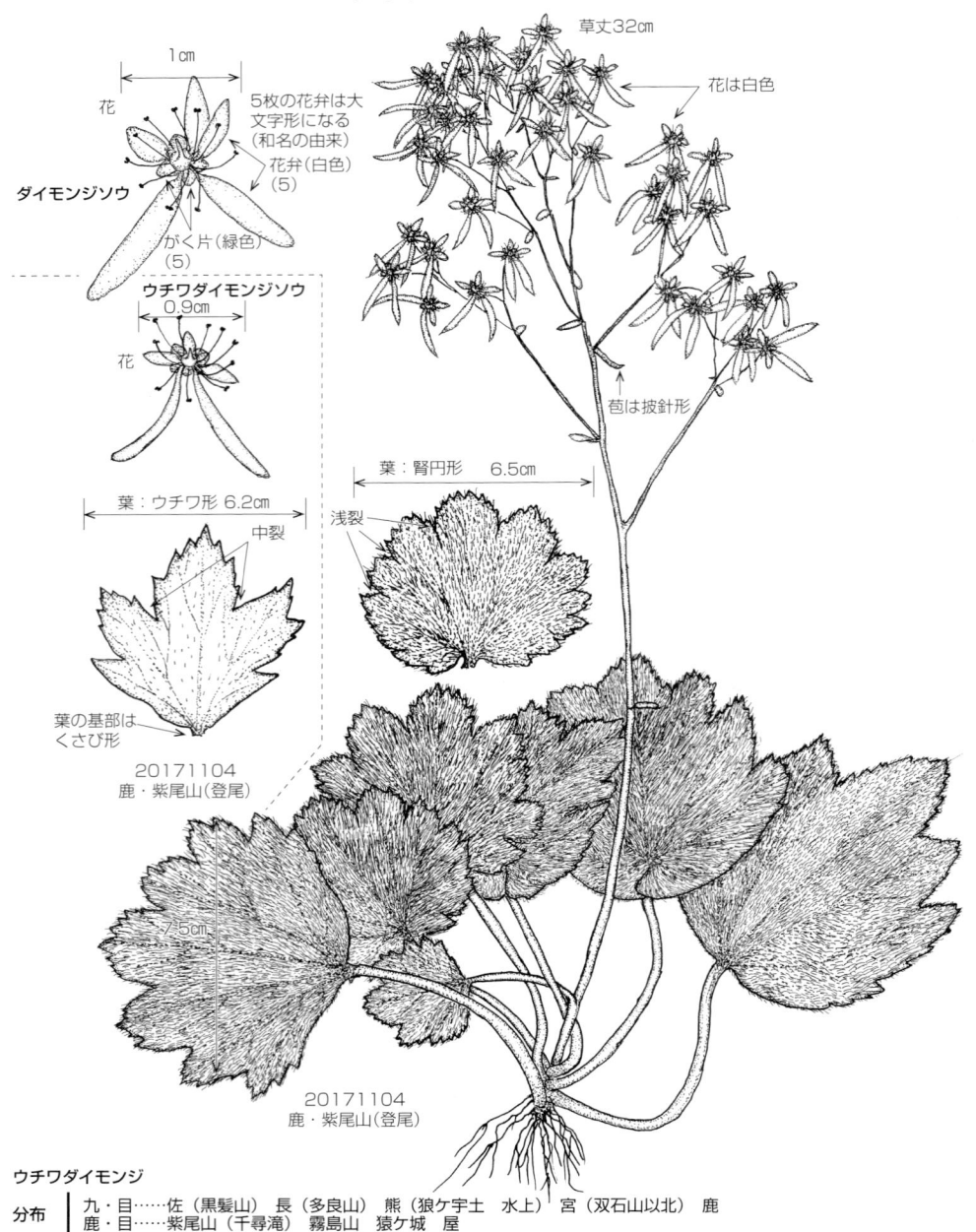

草丈32cm

花は白色

花

1cm

5枚の花弁は大文字形になる（和名の由来）

花弁（白色）（5）

ダイモンジソウ

がく片（緑色）（5）

ウチワダイモンジソウ　0.9cm

花

苞は披針形

葉：腎円形　6.5cm

浅裂

葉：ウチワ形　6.2cm

中裂

葉の基部はくさび形

20171104　鹿・紫尾山（登尾）

7.5cm

20171104　鹿・紫尾山（登尾）

ウチワダイモンジ

分布	九・目……佐（黒髪山）　長（多良山）　熊（狼ケ宇土　水上）　宮（双石山以北）　鹿
	鹿・目……紫尾山（千尋滝）　霧島山　猿ケ城　屋

ダイモンジソウ

分布	九・目……各県（南限は鹿の開聞岳　野首岳）
	鹿・目……霧島山　紫尾山（千尋滝）　新川渓谷　桜島　野首岳　開聞岳　屋

ミツバベンケイソウ　[ベンケイソウ科　ムラサキベンケイソウ属]　*Hylotelephium verticillatum*

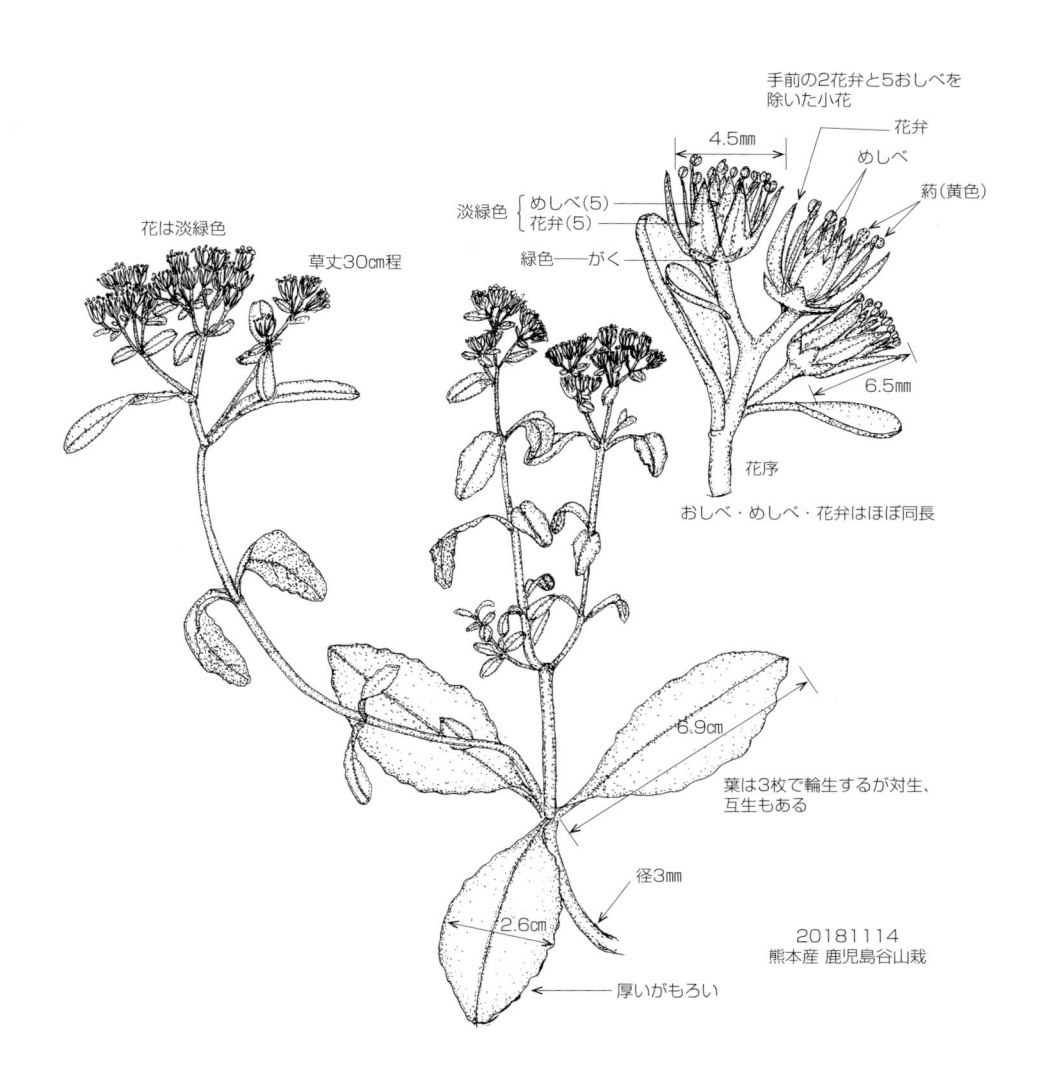

花は淡緑色

草丈30cm程

手前の2花弁と5おしべを除いた小花

4.5mm

花弁

めしべ

淡緑色 { めしべ（5）／花弁（5）

薬（黄色）

緑色──がく

6.5mm

花序

おしべ・めしべ・花弁はほぼ同長

6.9cm

葉は3枚で輪生するが対生、互生もある

径3mm

2.6cm

20181114
熊本産 鹿児島谷山裁

厚いがもろい

分布　｜　九・目……福（平尾台　香春岳）　大（稍普通）　熊（阿蘇　内大臣　五家荘　仰烏帽子岳南限）　宮（洞岳　背梁山地　椎原－大河内－広野）
　　　｜　鹿・目……記載がない

エビヅル 　[ブドウ科　ブドウ属]　　　　　　　　*Vitis ficifolia var.lobata*

サンカクヅル 　*Vitis flexuosa*

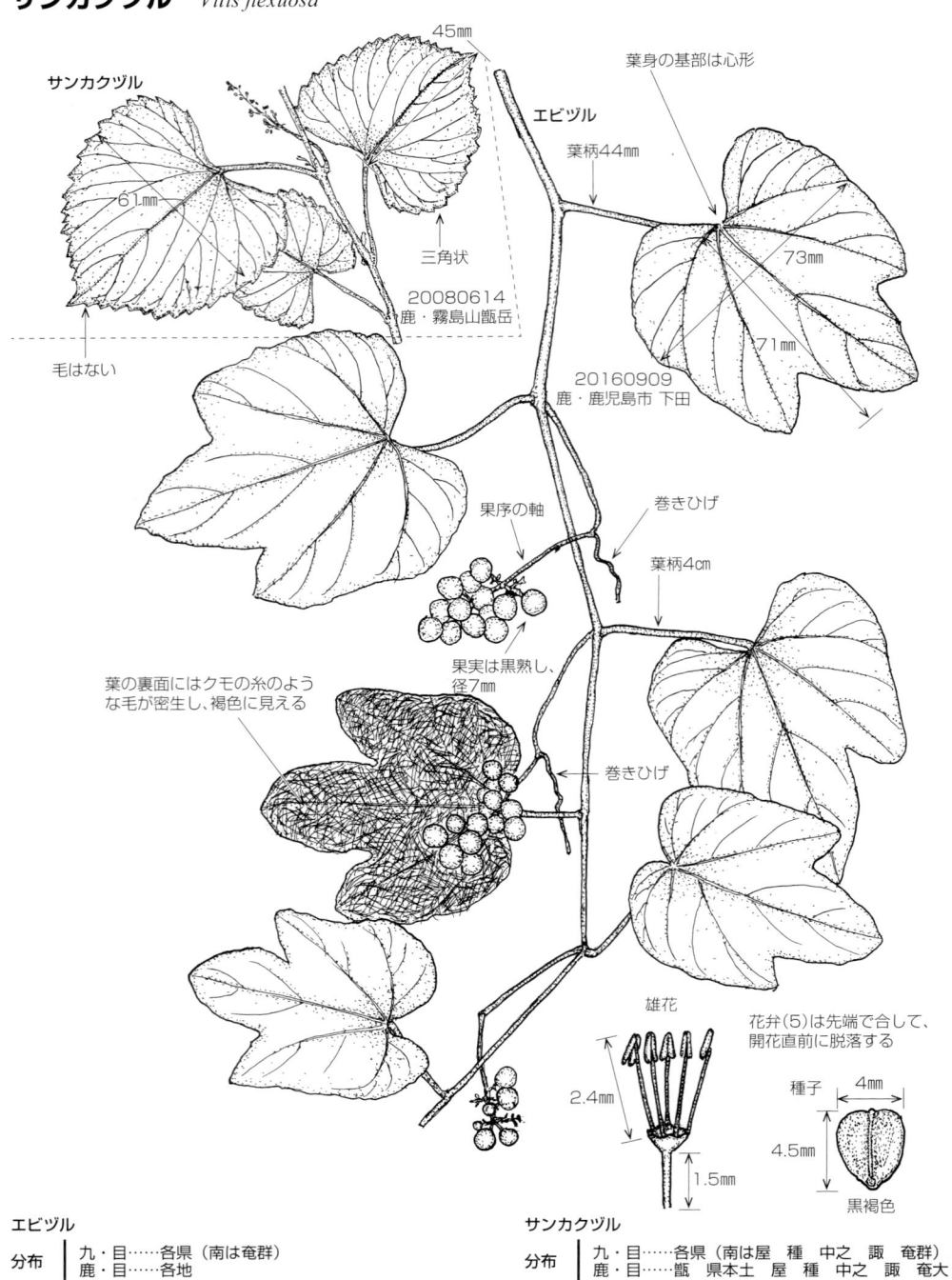

サンカクヅル

45㎜

61㎜

三角状

20080614
鹿・霧島山甑岳

毛はない

葉身の基部は心形

エビヅル

葉柄44㎜

73㎜

71㎜

20160909
鹿・鹿児島市 下田

果序の軸

巻きひげ

葉柄4㎝

葉の裏面にはクモの糸のよう
な毛が密生し、褐色に見える

果実は黒熟し、
径7㎜

巻きひげ

雄花

2.4㎜

1.5㎜

花弁（5）は先端で合して、
開花直前に脱落する

種子　　4㎜

4.5㎜

黒褐色

エビヅル

分布｜九・目……各県（南は奄群）
　　　｜鹿・目……各地

サンカクヅル

分布｜九・目……各県（南は屋　種　中之　諏　奄群）
　　　｜鹿・目……甑　県本土　屋　種　中之　諏　奄大

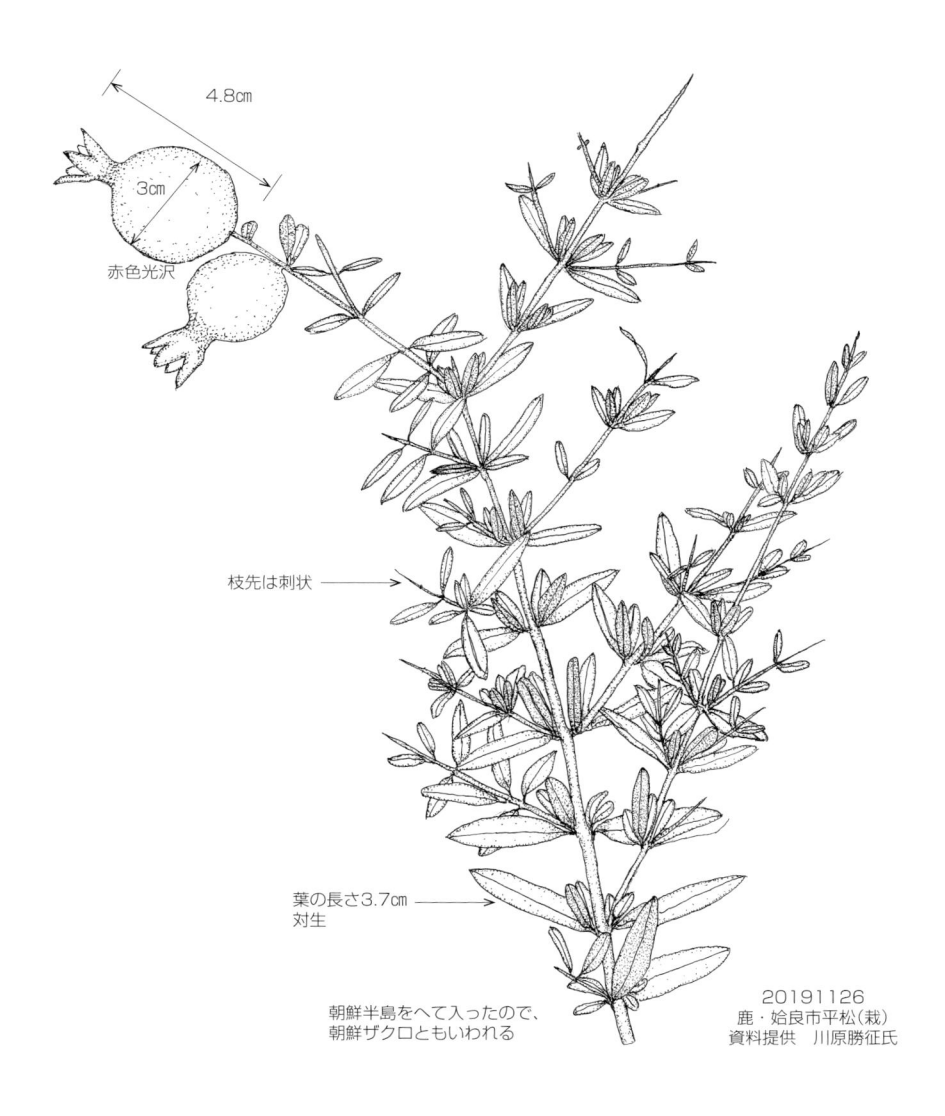

4.8㎝

3cm

赤色光沢

枝先は刺状

葉の長さ3.7㎝
対生

朝鮮半島をへて入ったので、
朝鮮ザクロともいわれる

20191126
鹿・姶良市平松（栽）
資料提供　川原勝征氏

ホザキキカシグサ　[ミソハギ科　キカシグサ属]　*Rotala rotundifolia*

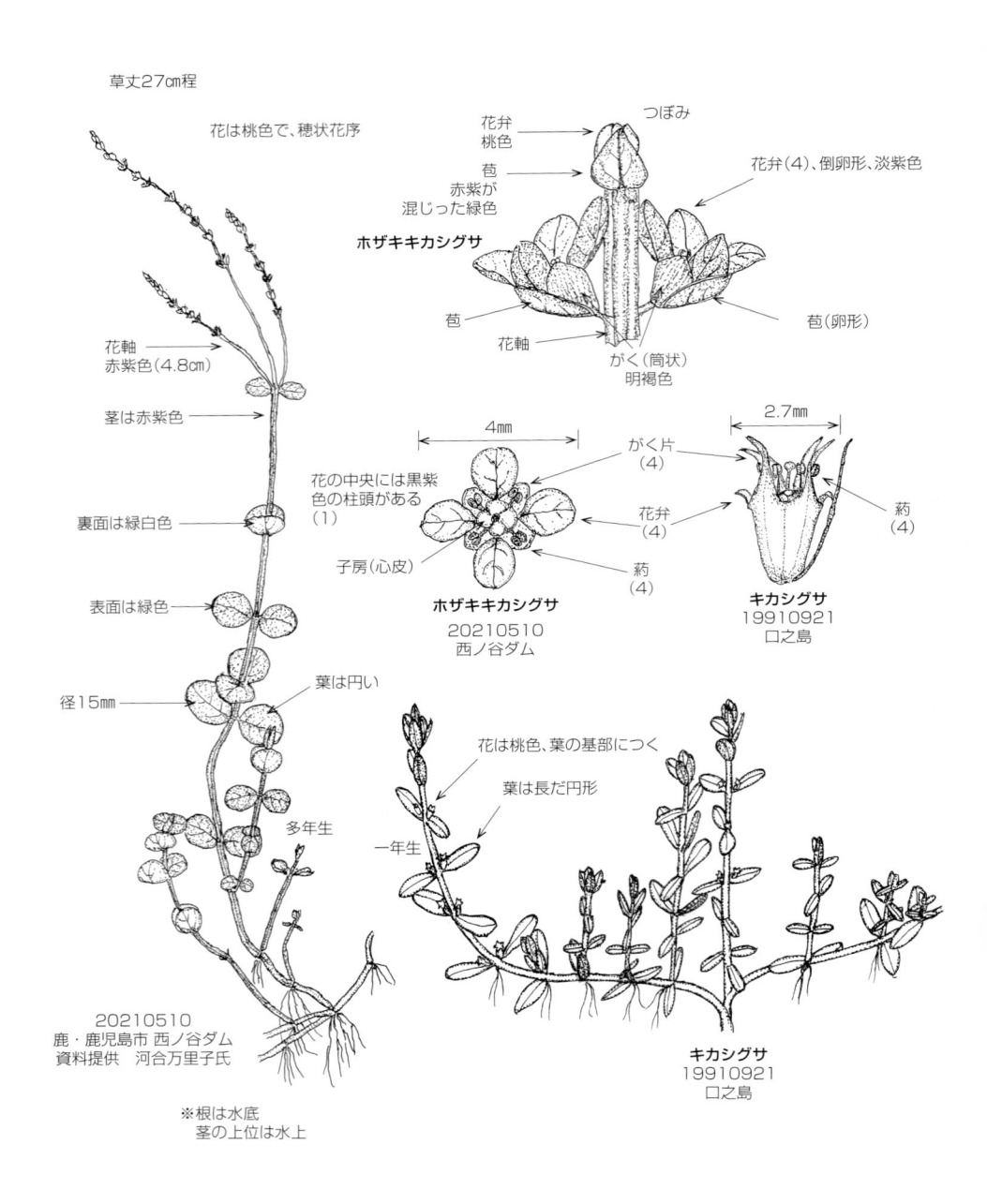

草丈27cm程

花は桃色で、穂状花序

花弁
桃色

苞
赤紫が
混じった緑色

ホザキキカシグサ

つぼみ

花弁(4)、倒卵形、淡紫色

苞

花軸

がく(筒状)
明褐色

苞(卵形)

花軸
赤紫色(4.8cm)

茎は赤紫色

裏面は緑白色

表面は緑色

径15mm

葉は円い

多年生

花の中央には黒紫
色の柱頭がある
(1)

4mm

子房(心皮)

ホザキキカシグサ
20210510
西ノ谷ダム

がく片
(4)

花弁
(4)

葯
(4)

2.7mm

がく片
(4)

花弁
(4)

葯
(4)

キカシグサ
19910921
口之島

花は桃色、葉の基部につく

葉は長だ円形

一年生

20210510
鹿・鹿児島市 西ノ谷ダム
資料提供　河合万里子氏

キカシグサ
19910921
口之島

※根は水底
　茎の上位は水上

分布　｜　九・目……福（稍稀）　長（大村　島原半島）　熊（小岱山　天草－牛深）
　　　　｜　鹿・目……記載がない

234

コタチツボスミレ　[スミレ科　スミレ属]　*Viola grypoceras* var.*exilis*

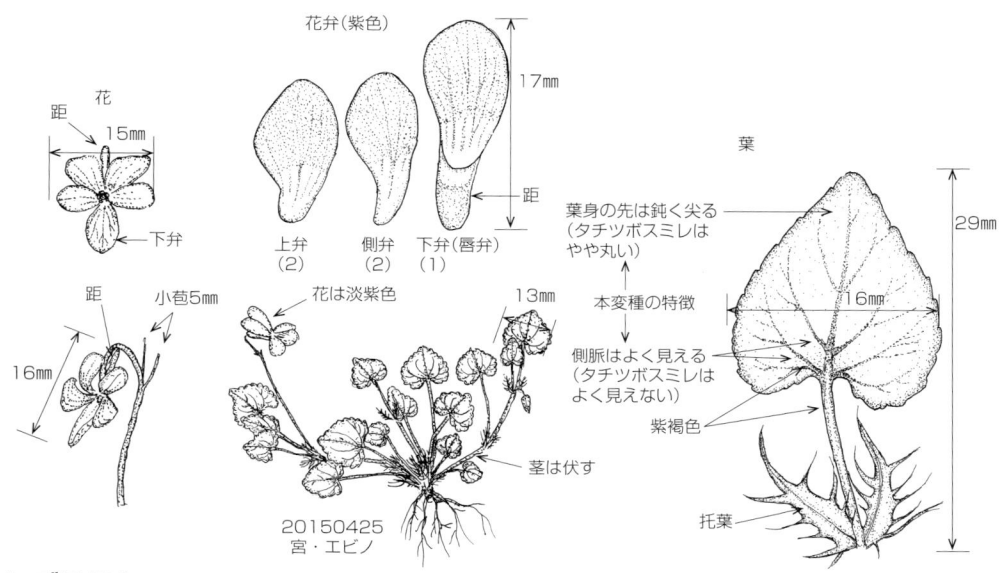

花弁（紫色）

17㎜

距

花

距

15㎜

下弁

上弁
（2）

側弁
（2）

下弁（唇弁）
（1）

距

小苞5㎜

16㎜

花は淡紫色

13㎜

20150425
宮・エビノ

茎は伏す

葉

葉身の先は鈍く尖る
（タチツボスミレは
やや丸い）

29㎜

16㎜

本変種の特徴

側脈はよく見える
（タチツボスミレは
よく見えない）

紫褐色

托葉

ヒゴスミレ　*Viola chaerophylloides* var.*sieboldiana*

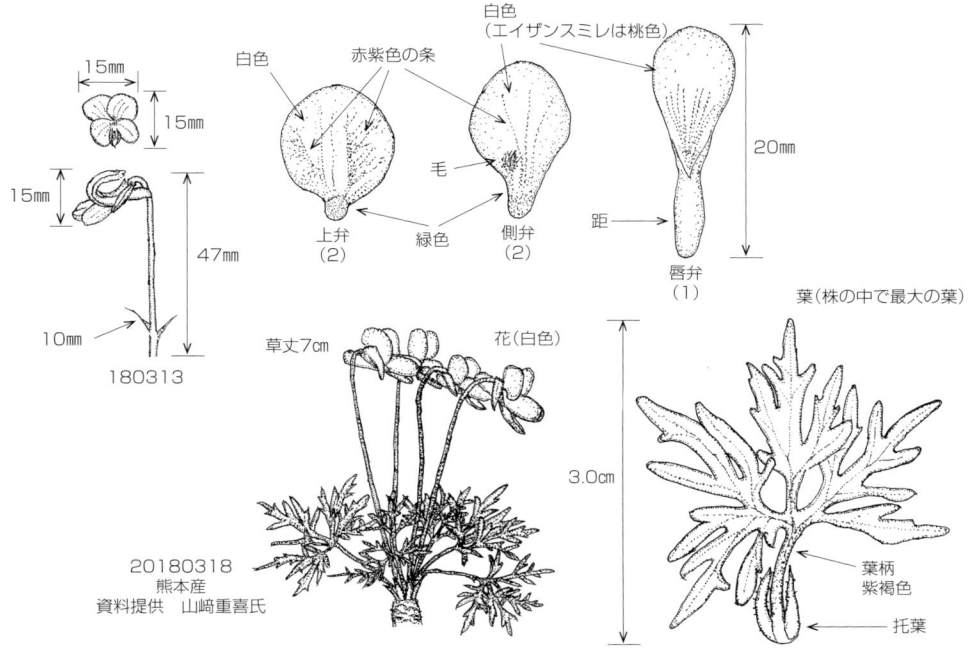

15㎜

15㎜

15㎜

47㎜

10㎜

180313

白色

赤紫色の条

白色
（エイザンスミレは桃色）

毛

上弁
（2）

緑色

側弁
（2）

距

唇弁
（1）

20㎜

草丈7㎝

花（白色）

20180318
熊本産
資料提供　山﨑重喜氏

葉（株の中で最大の葉）

3.0㎝

葉柄
紫褐色

托葉

コタチツボスミレ

分布　｜　九・目……各県　対馬（南限は徳）
　　　｜　鹿・目……県本土　甑屋　徳

ヒゴスミレ

分布　｜　九・目……長を除く各県（南限は南薩の大野岳）
　　　｜　鹿・目……霧島山　長尾山（横川）　吉野　東市来（美山）
　　　｜　　　　　　千貫平　鬼門平　大野岳（南限）

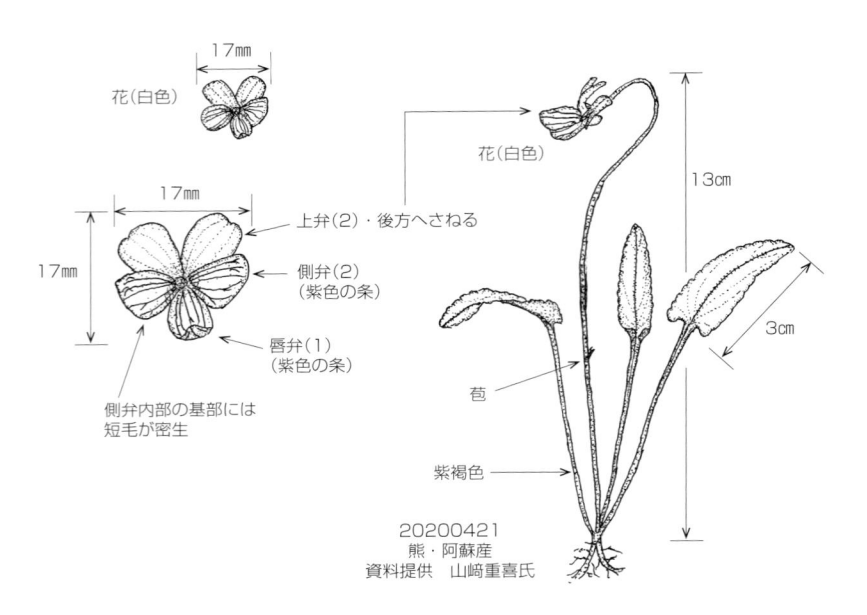

17mm
花(白色)

花(白色)

13cm

上弁(2)・後方へさねる

17mm

側弁(2)
（紫色の条）

17mm

唇弁(1)
（紫色の条）

側弁内部の基部には
短毛が密生

苞

紫褐色

3cm

20200421
熊・阿蘇産
資料提供　山﨑重喜氏

ヒメミヤマスミレ　*Viola boissieuana*

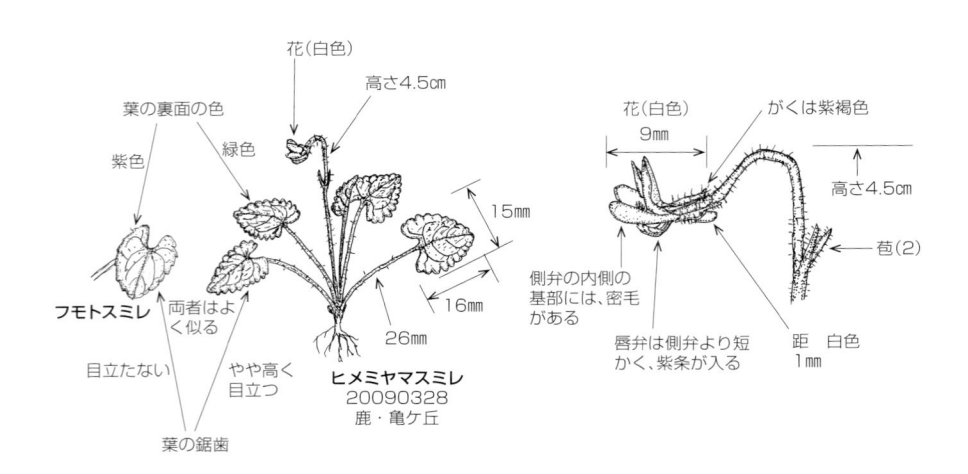

葉の裏面の色

花(白色)

高さ4.5㎝

花(白色)　　がくは紫褐色

9mm

高さ4.5㎝

紫色

緑色

15mm

側弁の内側の
基部には、密毛
がある

苞(2)

フモトスミレ

両者はよ
く似る

16mm

26mm

唇弁は側弁より短
かく、紫条が入る

距　白色
1mm

目立たない

やや高く
目立つ

ヒメミヤマスミレ
20090328
鹿・亀ケ丘

葉の鋸歯

シロバナアケボノスミレ

分布　九・目……熊（阿蘇ー高森の打越岳）
　　　鹿・目……記載がない

ヒメミヤマスミレ

分布　九・目……各県（南限は鹿の稲尾岳）
　　　鹿・目……県本土

エノキグサ

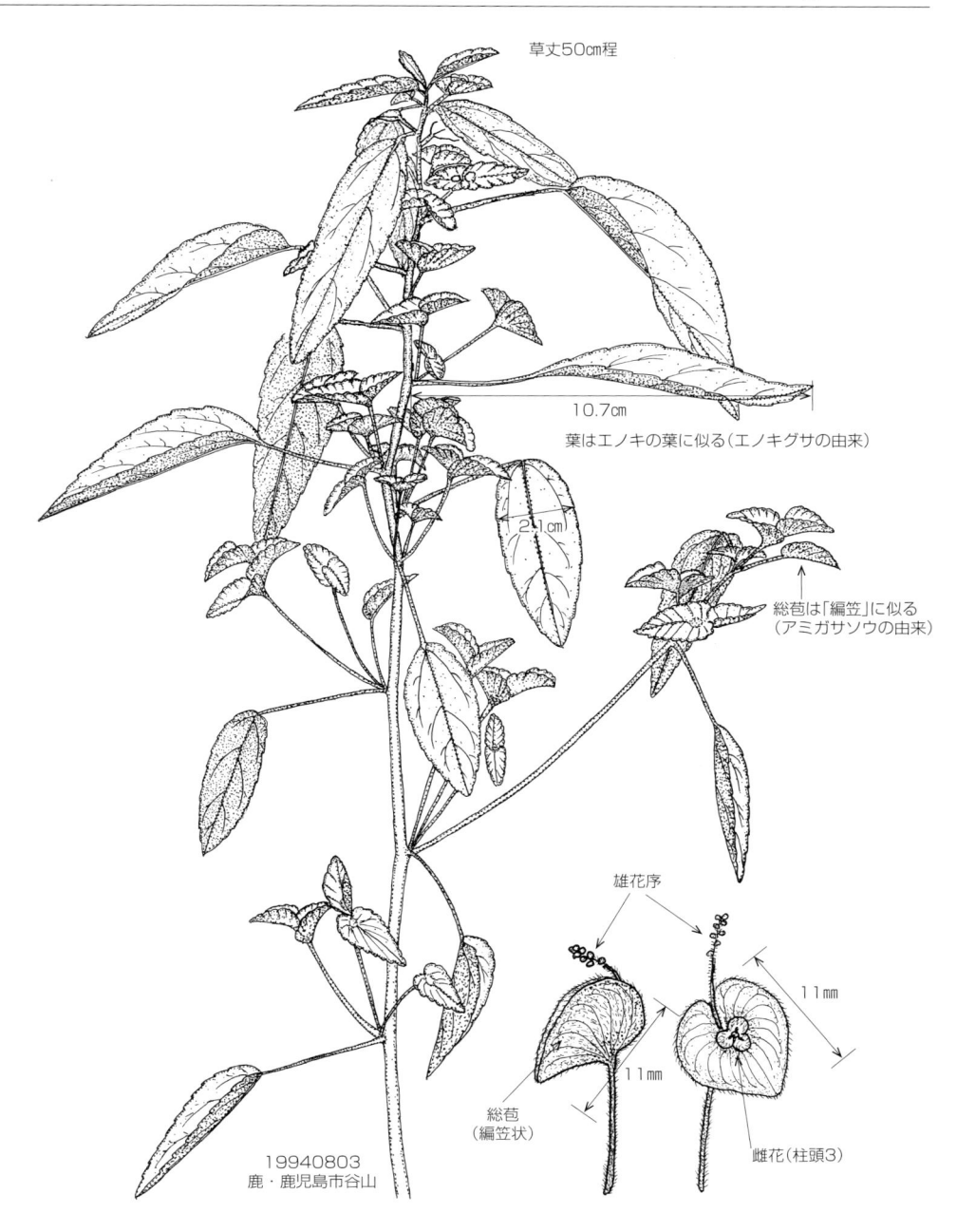

草丈50㎝程

10.7㎝

葉はエノキの葉に似る（エノキグサの由来）

2.1㎝

総苞は「編笠」に似る
（アミガサソウの由来）

雄花序

11㎜

11㎜

総苞
（編笠状）

雌花（柱頭3）

19940803
鹿・鹿児島市谷山

分布　九・目……各県普通
　　　鹿・目……各地　北米原産

237

ショウジョウソウ　[トウダイグサ科　トウダイグサ属]　*Euphorbia cyathophora*

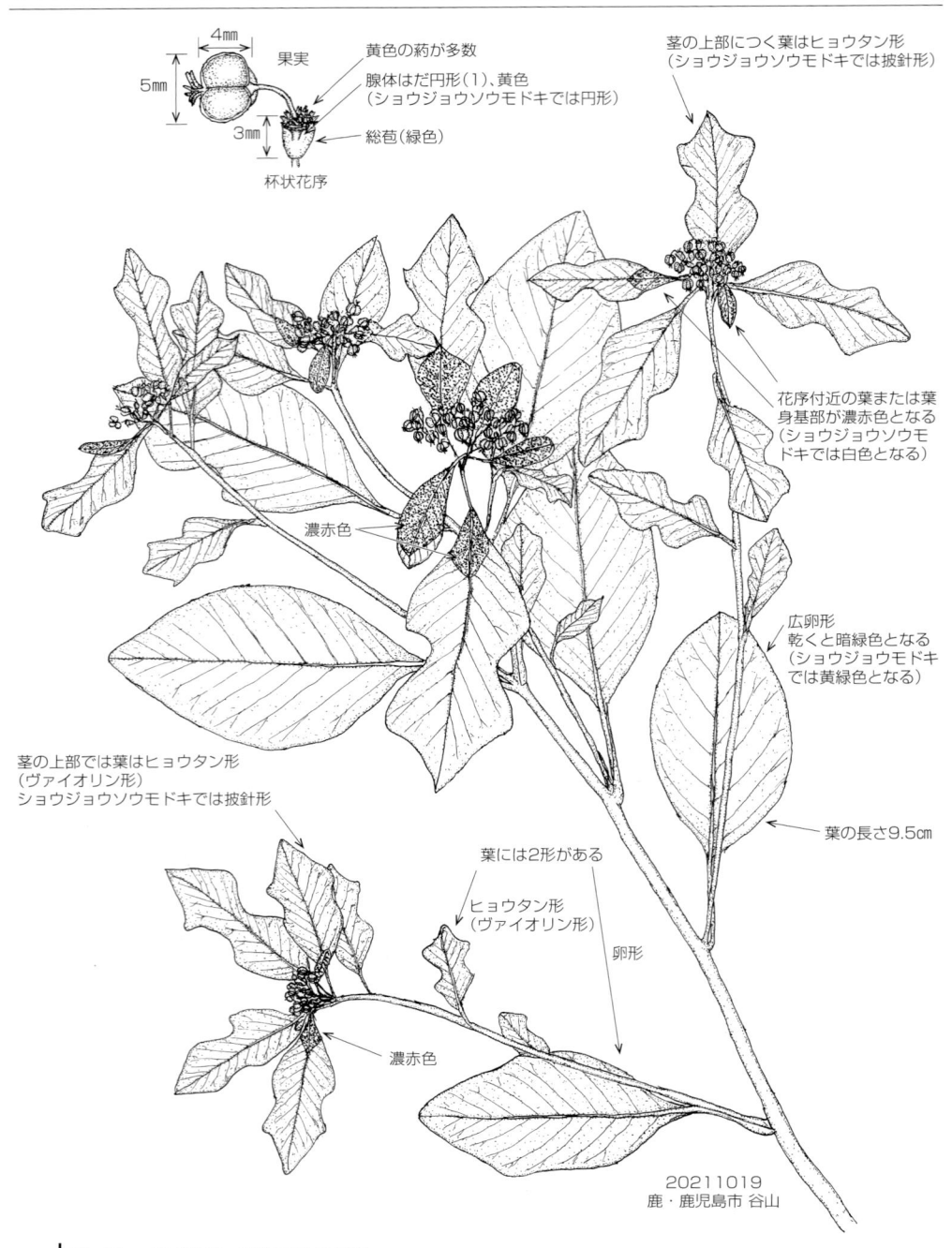

4mm

黄色の葯が多数

果実

5mm

腺体はだ円形（1）、黄色
（ショウジョウソウモドキでは円形）

3mm

総苞（緑色）

杯状花序

濃赤色

茎の上部では葉はヒョウタン形
（ヴァイオリン形）
ショウジョウソウモドキでは披針形

葉には2形がある

ヒョウタン形
（ヴァイオリン形）

卵形

濃赤色

茎の上部につく葉はヒョウタン形
（ショウジョウソウモドキでは披針形）

花序付近の葉または葉
身基部が濃赤色となる
（ショウジョウソウモ
ドキでは白色となる）

広卵形
乾くと暗緑色となる
（ショウジョウモドキ
では黄緑色となる）

葉の長さ9.5cm

20211019
鹿・鹿児島市 谷山

分布　｜　九・目……鹿（奄群）　熱帯アメリカ原産
　　　　｜　鹿・目……奄群

238

ショウジョウソウモドキ　［トウダイグサ科　トウダイグサ属］　*Euphorbia heterophylla*

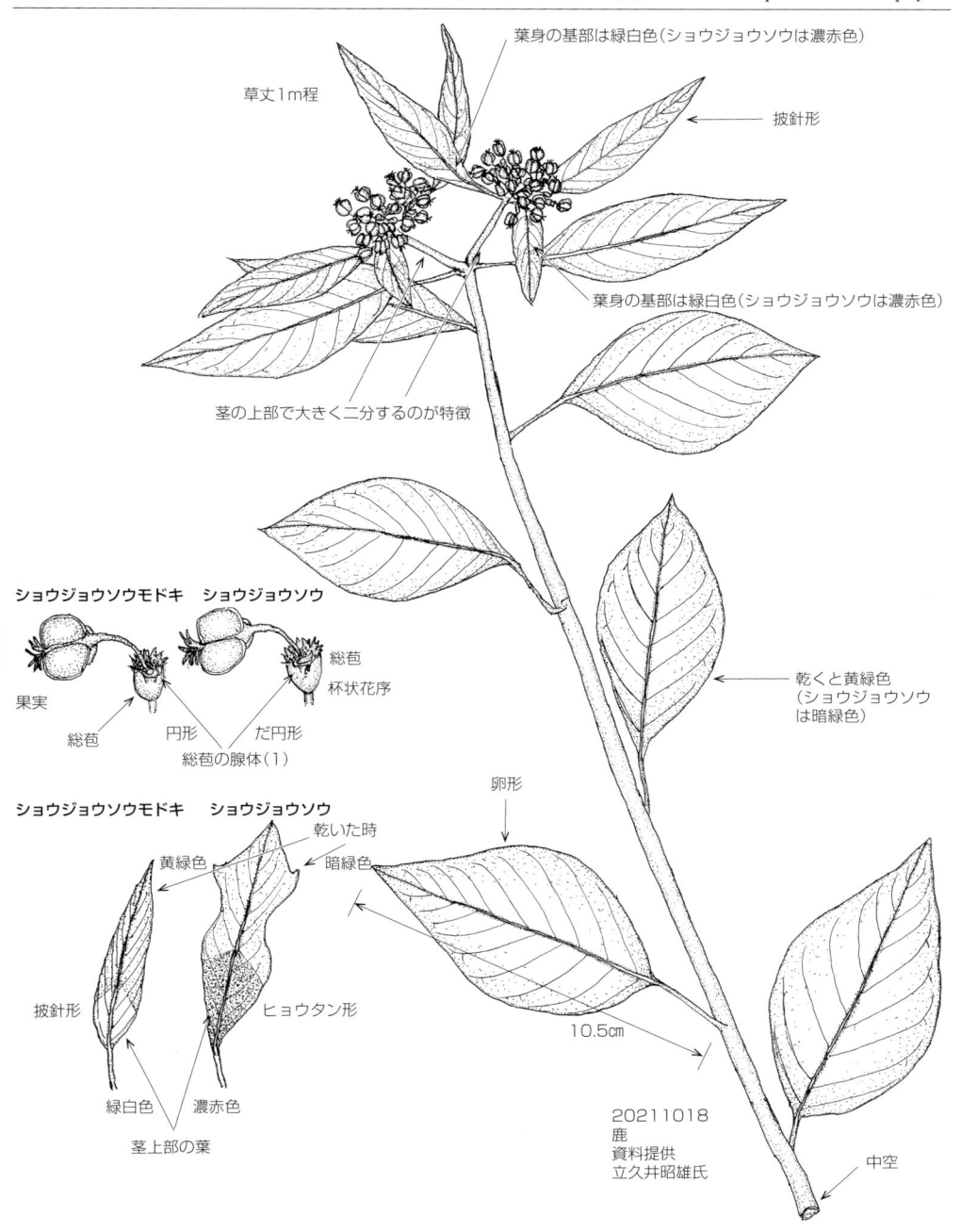

葉身の基部は緑白色（ショウジョウソウは濃赤色）

草丈1m程

披針形

茎の上部で大きく二分するのが特徴

葉身の基部は緑白色（ショウジョウソウは濃赤色）

乾くと黄緑色
（ショウジョウソウ
は暗緑色）

卵形

10.5cm

中空

20211018
鹿
資料提供
立久井昭雄氏

ショウジョウソウモドキ　　ショウジョウソウ

果実

総苞

総苞

杯状花序

円形　　だ円形

総苞の腺体（1）

ショウジョウソウモドキ　　ショウジョウソウ

黄緑色

乾いた時

暗緑色

披針形

ヒョウタン形

緑白色　　濃赤色

茎上部の葉

分布　｜　九・目……熊（天草）　南米原産
　　　　｜　鹿・目……記載がない

239

ショウジョウボク（ポインセチア） ［トウダイグサ科　トウダイグサ属］ *Euphorbia pulcherrima*

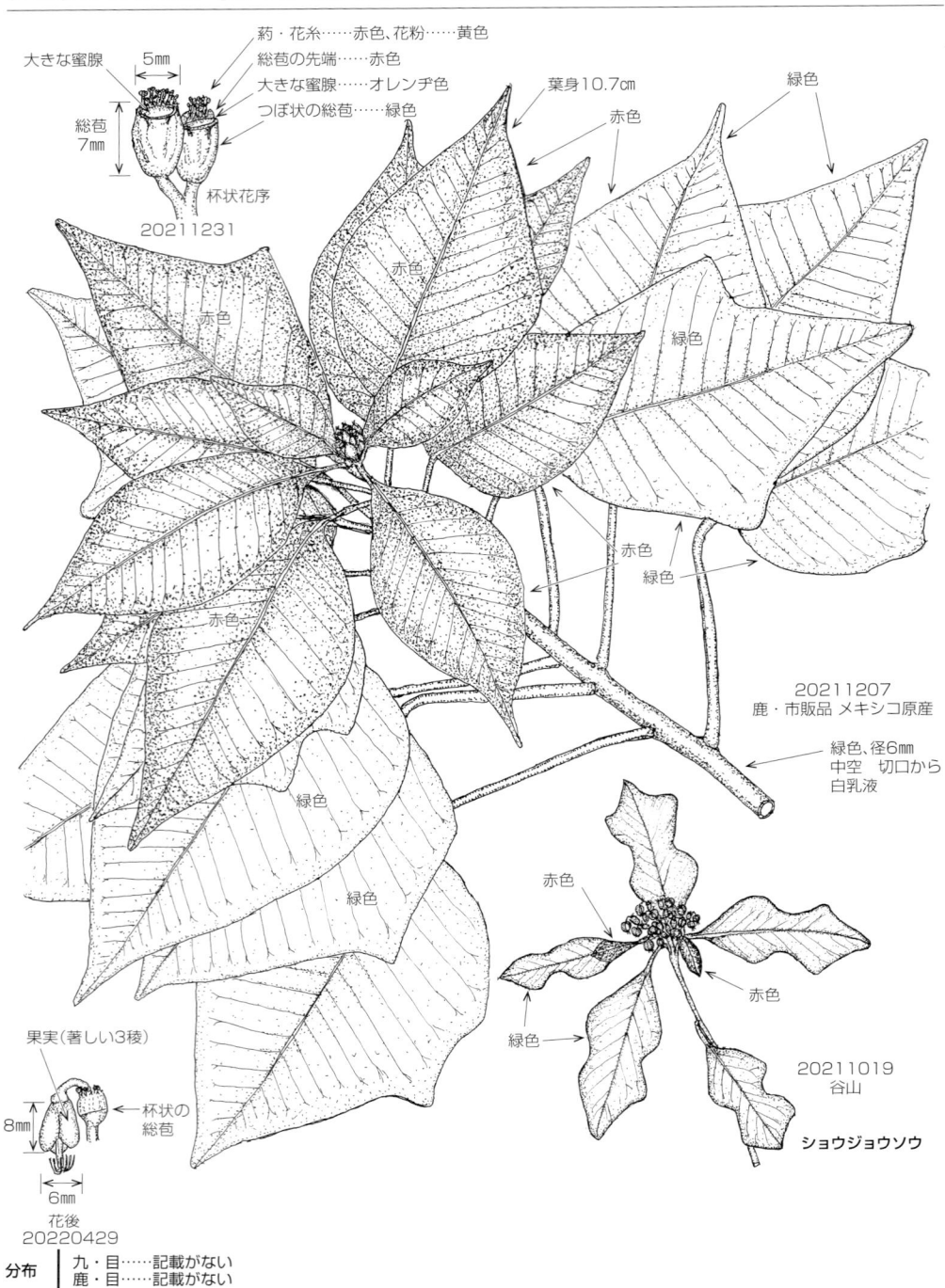

大きな蜜腺

5mm

葯・花糸……赤色、花粉……黄色
総苞の先端……赤色
大きな蜜腺……オレンヂ色
つぼ状の総苞……緑色

総苞
7mm

杯状花序
20211231

葉身10.7cm

緑色

赤色

赤色

赤色

緑色

赤色

赤色
緑色

緑色

20211207
鹿・市販品 メキシコ原産

緑色、径6mm
中空　切口から
白乳液

赤色

緑色

赤色

赤色

20211019
谷山

ショウジョウソウ

果実（著しい3稜）

杯状の
総苞

8mm

6mm

花後
20220429

分布

九・目……記載がない
鹿・目……記載がない

240

ナツトウダイ　[トウダイグサ科　トウダイグサ属]　*Euphorbia sieboldiana*

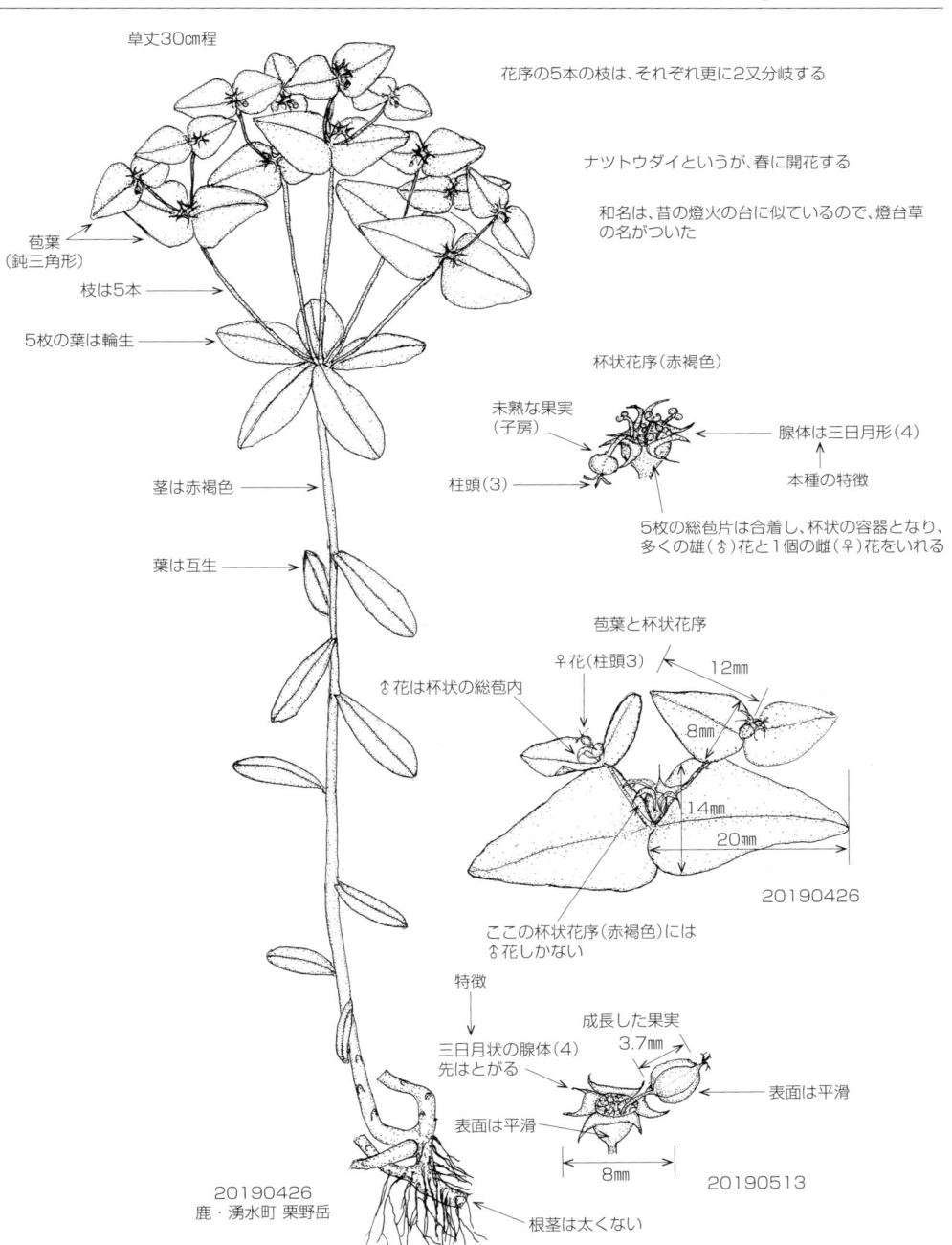

草丈30㎝程

花序の5本の枝は、それぞれ更に2又分岐する

ナツトウダイというが、春に開花する

和名は、昔の燈火の台に似ているので、燈台草の名がついた

苞葉（鈍三角形）

枝は5本

5枚の葉は輪生

杯状花序（赤褐色）

未熟な果実（子房）

腺体は三日月形（4）

本種の特徴

柱頭（3）

茎は赤褐色

5枚の総苞片は合着し、杯状の容器となり、多くの雄（♂）花と1個の雌（♀）花をいれる

葉は互生

苞葉と杯状花序

♀花（柱頭3）

12㎜

♂花は杯状の総苞内

8㎜

14㎜

20㎜

20190426

ここの杯状花序（赤褐色）には♂花しかない

特徴

成長した果実

3.7㎜

三日月状の腺体（4）先はとがる

表面は平滑

表面は平滑

8㎜

20190513

20190426
鹿・湧水町 栗野岳

根茎は太くない

分布 | 九・目……福（稍稀）　大（少）　佐（稀）　長（肥前各地）　熊（阿蘇〜球磨　天草）　宮（鰐塚山、南限以北）　鹿
鹿・目……大口（ケヤキ平）　霧島山　牧園　紫尾山　甑

ヤマアイ　[トウダイグサ科　ヤマアイ属]　*Mercurialis leiocarpa*

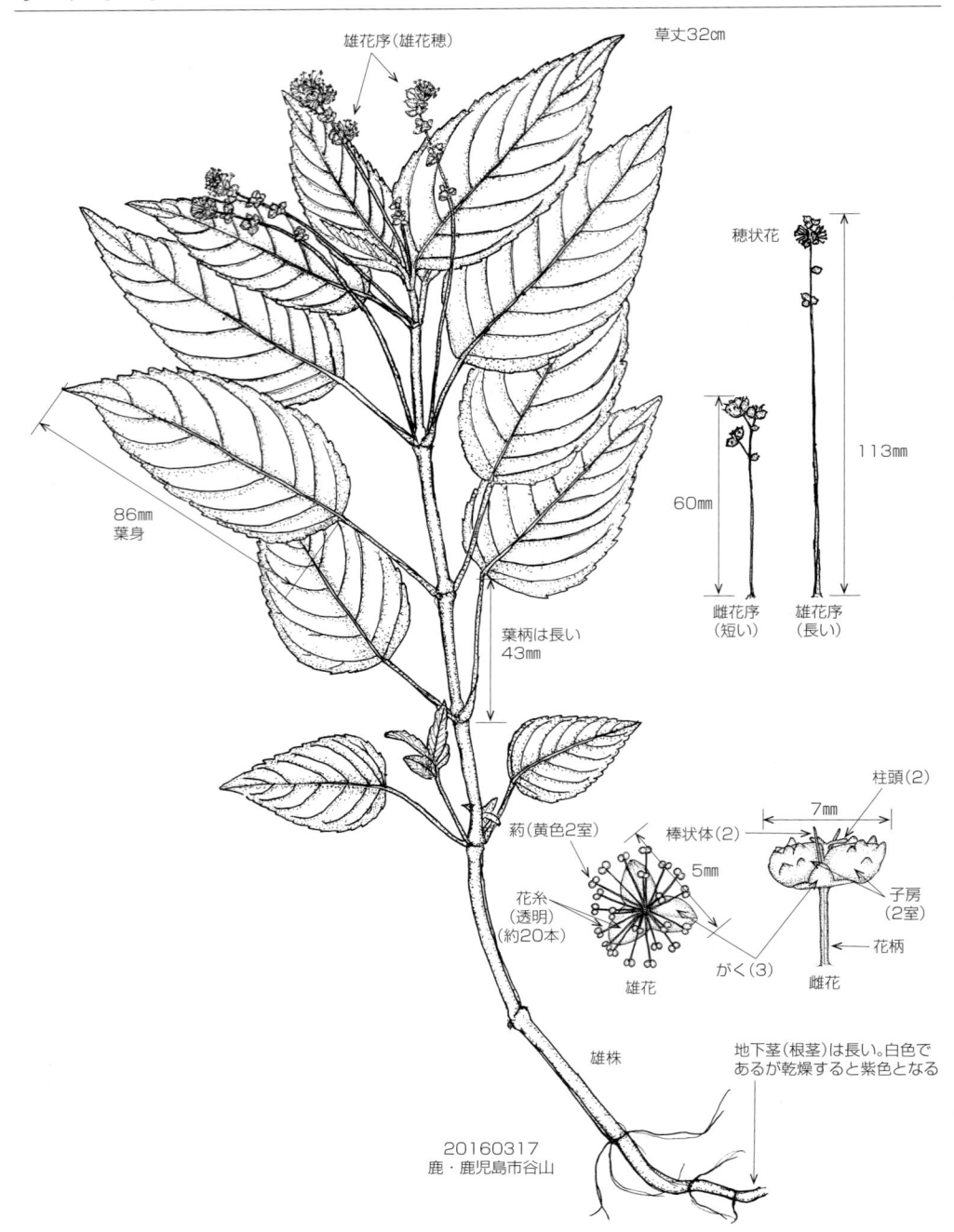

雄花序(雄花穂)

草丈32cm

穂状花

113mm

60mm

雌花序
(短い)

雄花序
(長い)

86mm
葉身

葉柄は長い
43mm

柱頭(2)

7mm

葯(黄色2室)

棒状体(2)

5mm

子房
(2室)

花糸
(透明)
(約20本)

がく(3)

花柄

雄花

雌花

雄株

地下茎(根茎)は長い。白色で
あるが乾燥すると紫色となる

20160317
鹿・鹿児島市谷山

分布 | 九・目……各県
　　　| 鹿・目……甑　県本土各地　種　宝　奄大　徳

242

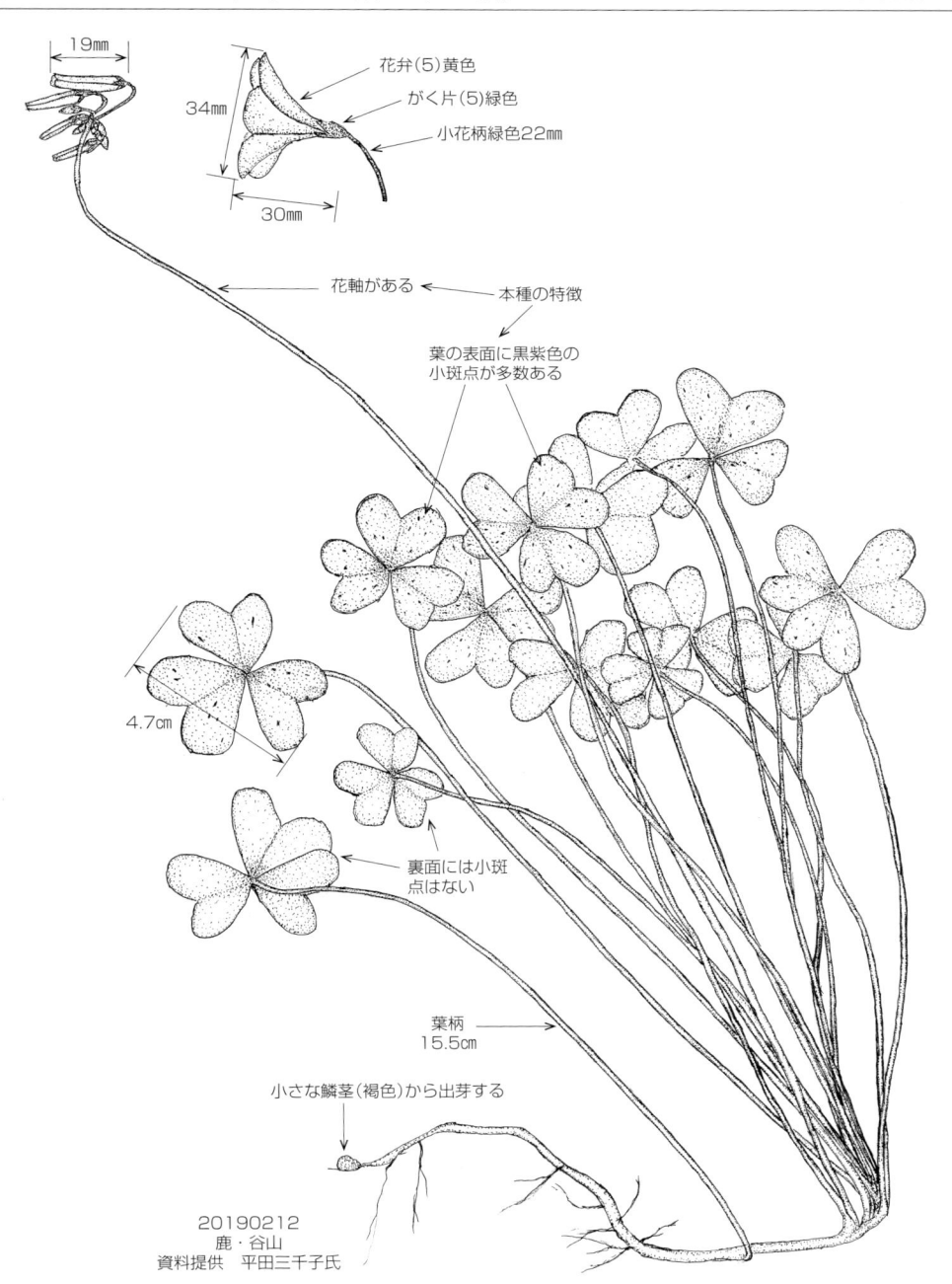

19㎜

花弁（5）黄色

がく片（5）緑色

小花柄緑色22㎜

34㎜

30㎜

花軸がある　←　本種の特徴

葉の表面に黒紫色の
小斑点が多数ある

4.7㎝

裏面には小斑
点はない

葉柄
15.5㎝

小さな鱗茎（褐色）から出芽する

20190212
鹿・谷山
資料提供　平田三千子氏

分布 ┃ 九・目……熊（天草・苓北）　佐（唐津）　鹿　南阿原産
　　　┃ 鹿・目……指宿　枕崎

ホドイモ　[マメ科　ホドイモ属]

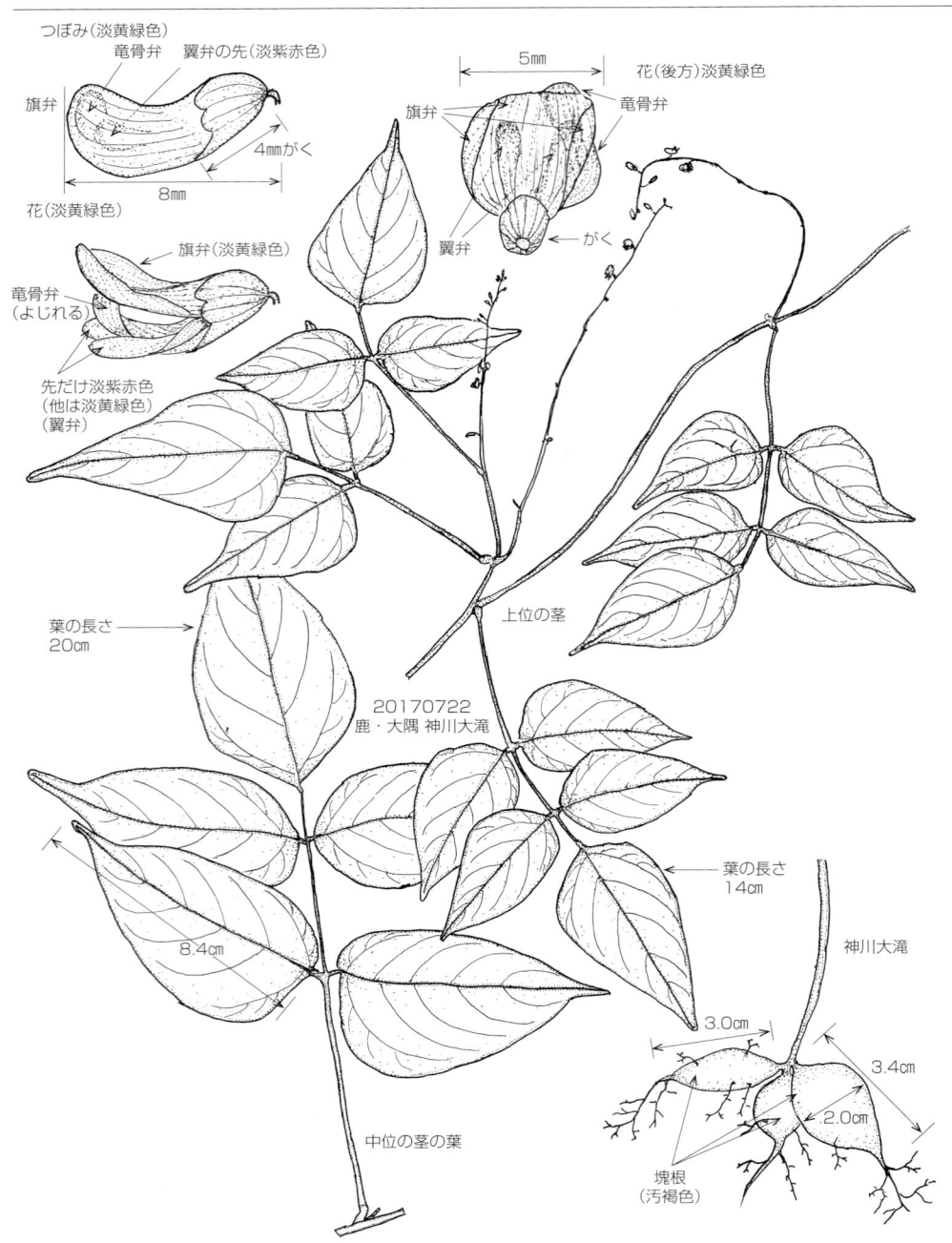

つぼみ(淡黄緑色)
竜骨弁
翼弁の先(淡紫赤色)
旗弁
4㎜がく
8㎜
花(淡黄緑色)

旗弁(淡黄緑色)
竜骨弁
(よじれる)
先だけ淡紫赤色
(他は淡黄緑色)
(翼弁)

5㎜
花(後方)淡黄緑色
旗弁
竜骨弁
翼弁
がく

上位の茎

20170722
鹿・大隅 神川大滝

葉の長さ
20㎝

葉の長さ
14㎝

神川大滝

8.4㎝

中位の茎の葉

3.0㎝
3.4㎝
2.0㎝

塊根
(汚褐色)

分布　九・目……各県
　　　鹿・目……霧島山　錫山（鹿児島市）　大鳥峡

アレチヌスビトハギ　[マメ科　シバハギ属]　*Desmodium paniculatum*

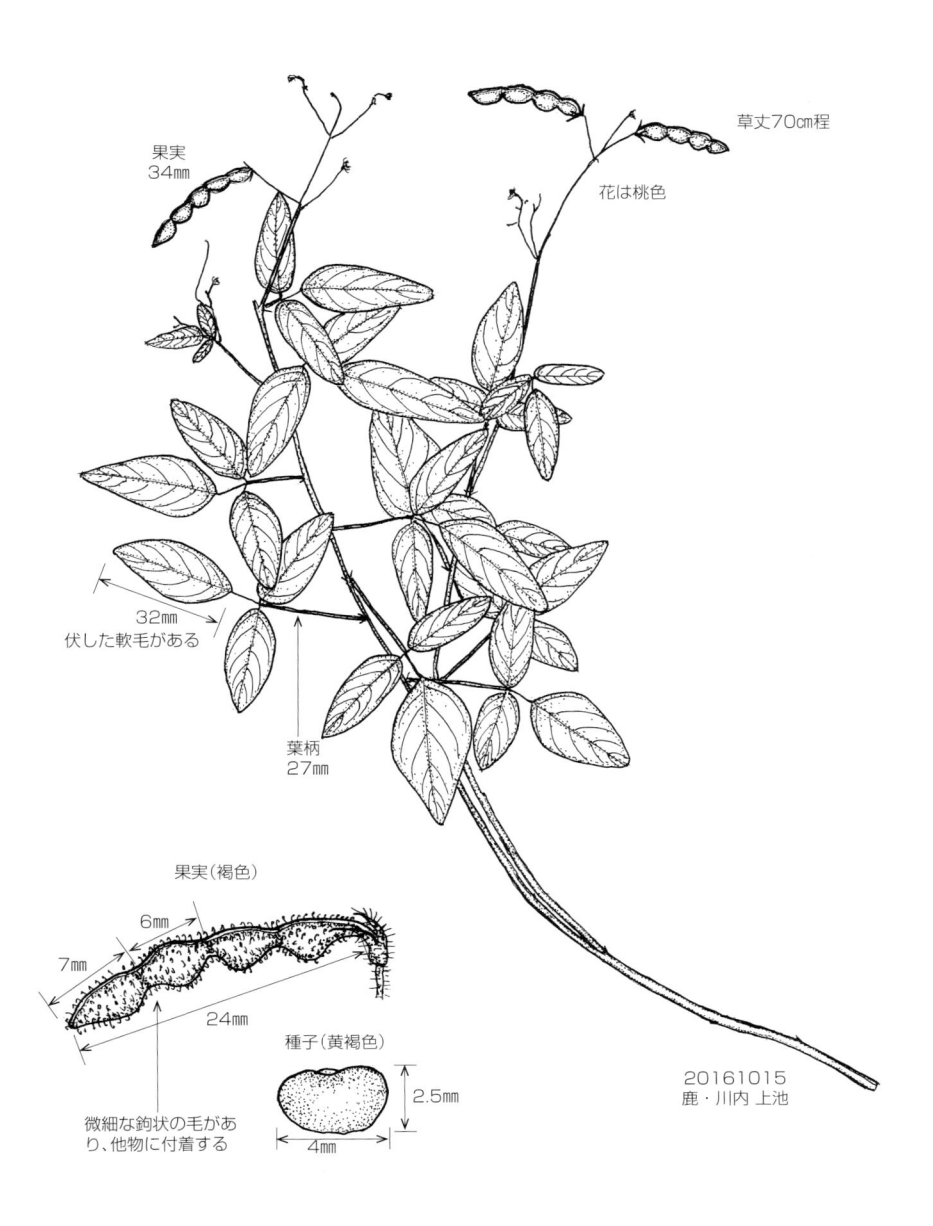

草丈70cm程

花は桃色

果実
34mm

32mm
伏した軟毛がある

葉柄
27mm

果実（褐色）

6mm

7mm

24mm

微細な鉤状の毛があ
り、他物に付着する

種子（黄褐色）

2.5mm

4mm

20161015
鹿・川内 上池

分布 | 九・目……各県
鹿・目……鹿児島市－錫山　北米原産

オオバヌスビトハギ　[マメ科　シバハギ属]　*Desmodium laxum*

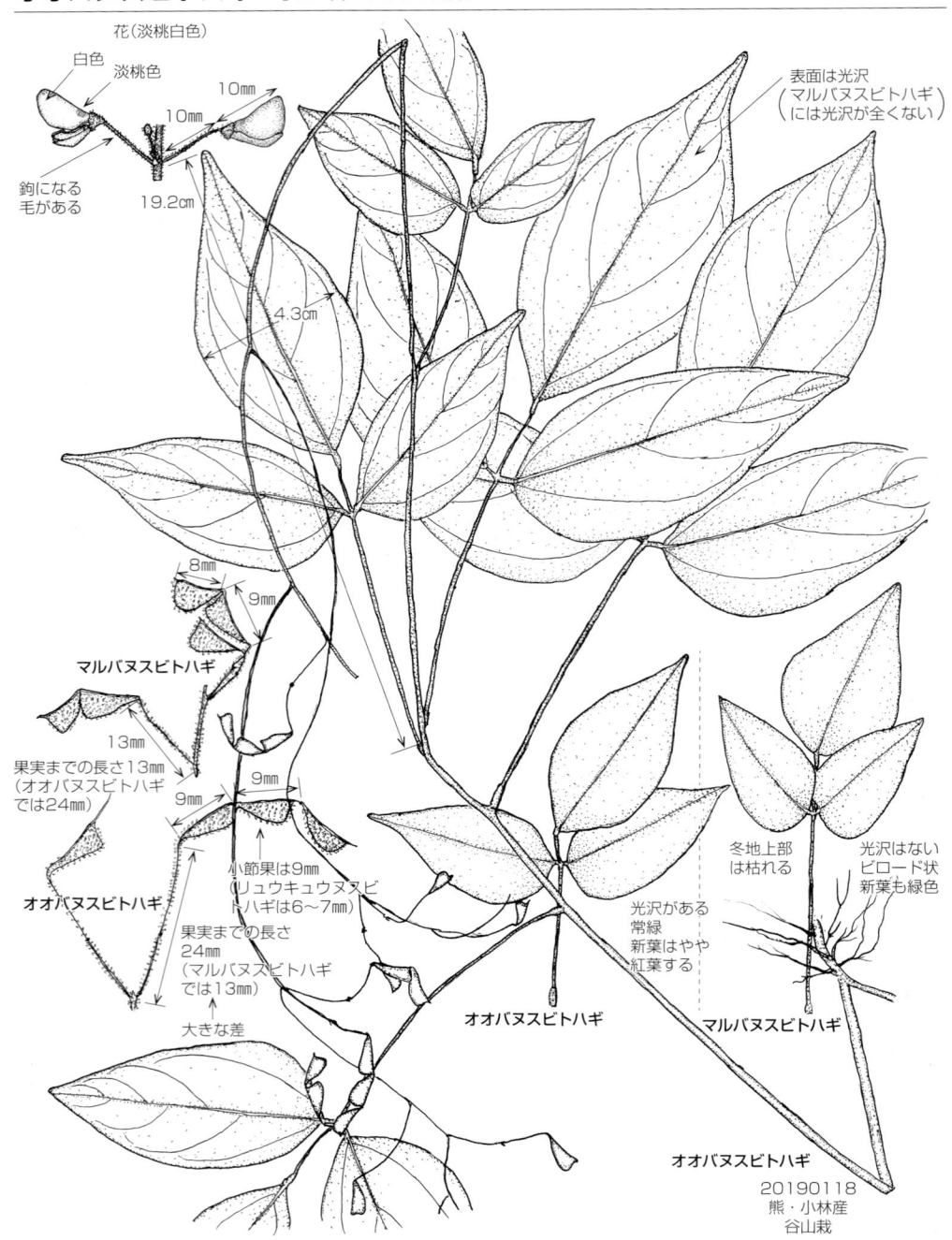

花(淡桃白色)

白色
淡桃色
10mm
10mm
鉤になる
毛がある
19.2㎝

4.3㎝

表面は光沢
(マルバヌスビトハギ
には光沢が全くない)

8mm
9mm

マルバヌスビトハギ

13mm
果実までの長さ13mm
(オオバヌスビトハギ
では24mm)

9mm

オオバヌスビトハギ

9mm

果実までの長さ
24mm
(マルバヌスビトハギ
では13mm)

大きな差

9mm

小節果は9mm
(リュウキュウヌスビ
トハギは6〜7mm)

冬地上部
は枯れる

光沢はない
ビロード状
新葉も緑色

光沢がある
常緑
新葉はやや
紅葉する

オオバヌスビトハギ

マルバヌスビトハギ

オオバヌスビトハギ

20190118
熊・小林産
谷山栽

分布｜九・目……各県（南限は鹿の屋　種　黒）
　　　｜鹿・目……大口　鶴田　蒲生　鹿児島（錫山　磯）　伊作峠　野間岳　大鳥峡　花瀬　下甑　屋　種　黒

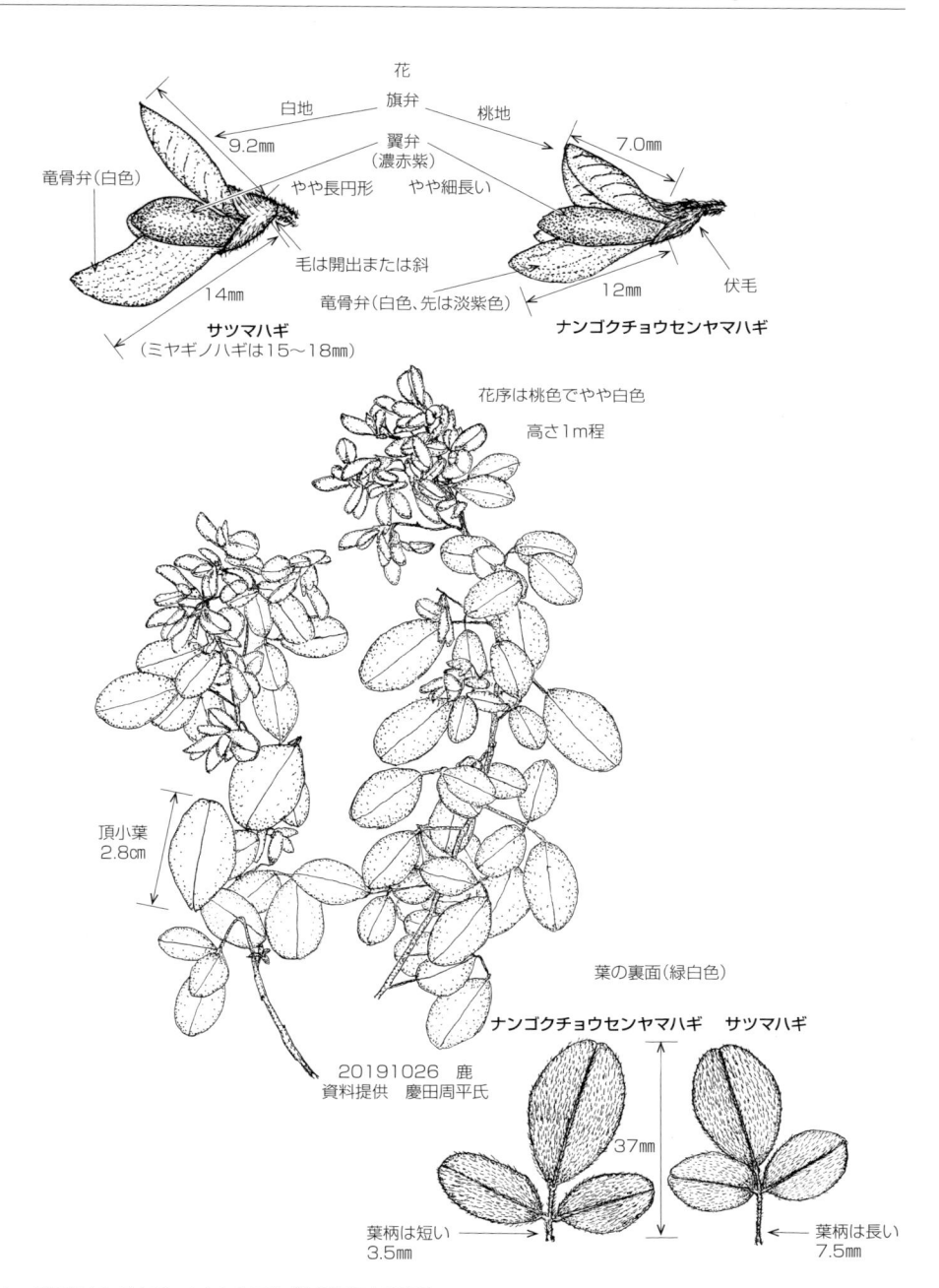

花

白地　　旗弁　　桃地

9.2㎜　　　　7.0㎜

翼弁
（濃赤紫）

竜骨弁(白色)

やや長円形　　やや細長い

毛は開出または斜

竜骨弁(白色、先は淡紫色)

14㎜

12㎜

伏毛

サツマハギ
（ミヤギノハギは15〜18㎜）

ナンゴクチョウセンヤマハギ

花序は桃色でやや白色

高さ1m程

頂小葉
2.8㎝

葉の裏面(緑白色)

ナンゴクチョウセンヤマハギ　サツマハギ

37㎜

20191026　鹿
資料提供　慶田周平氏

葉柄は短い
3.5㎜

葉柄は長い
7.5㎜

※鹿・目、九・目ではナンゴクチョウセンヤマハギと同じにしてある

分布｜九・目……長（男女群島）　鹿
　　　　鹿・目……長崎鼻　竹山　野間岳　磯間岳

ナンゴクチョウセンヤマハギ [マメ科 ハギ属] *Lespedeza formasa* var.*australis*

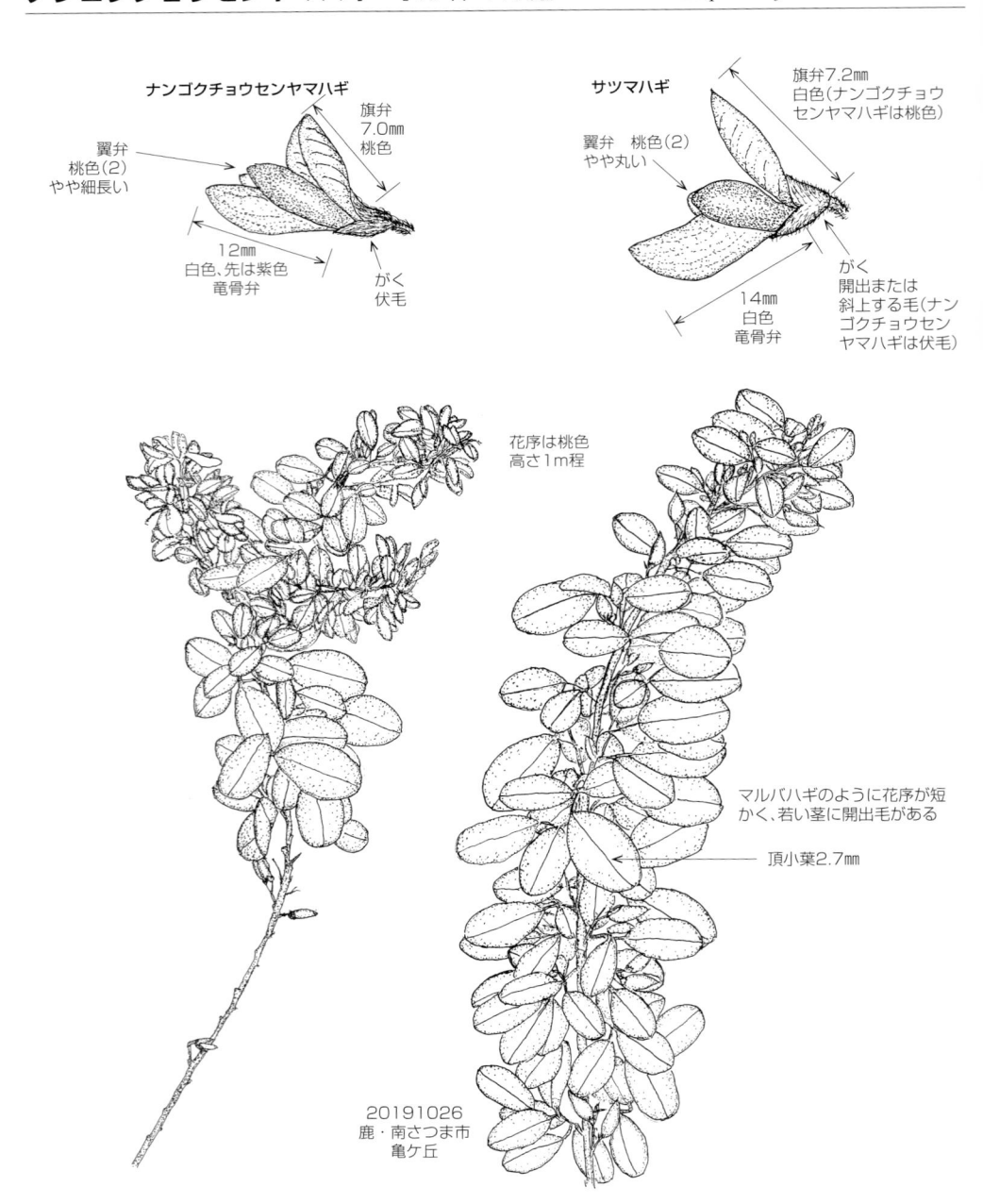

ナンゴクチョウセンヤマハギ

翼弁
桃色(2)
やや細長い

旗弁
7.0㎜
桃色

12㎜
白色、先は紫色
竜骨弁

がく
伏毛

サツマハギ

翼弁　桃色(2)
やや丸い

旗弁7.2㎜
白色(ナンゴクチョウ
センヤマハギは桃色)

14㎜
白色
竜骨弁

がく
開出または
斜上する毛(ナン
ゴクチョウセン
ヤマハギは伏毛)

花序は桃色
高さ1m程

マルバハギのように花序が短
かく、若い茎に開出毛がある

頂小葉2.7㎜

20191026
鹿・南さつま市
亀ケ丘

※鹿・目　九・目ではサツマハギと同じにしてある

分布 | 九・目……長（男女群島）鹿
　　 | 鹿・目……長崎鼻　竹山　野間岳　磯間岳

マルバヌスビトハギ　[マメ科　ヌスビトハギ属]　*Hylodesmum podocarpum*

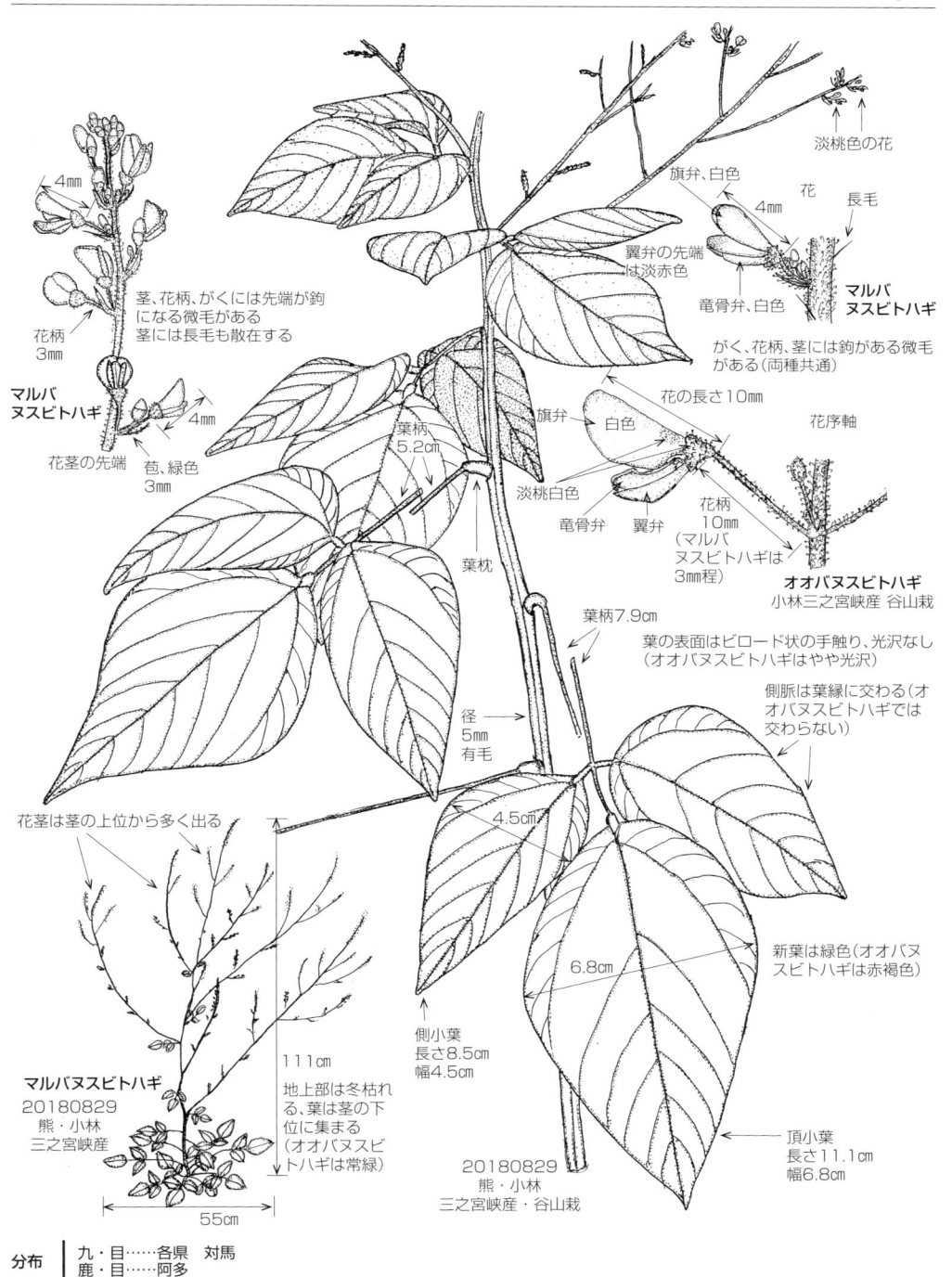

4mm

茎、花柄、がくには先端が鉤になる微毛がある
茎には長毛も散在する

花柄
3mm

マルバ
ヌスビトハギ

4mm

花茎の先端

苞、緑色
3mm

葉柄
5.2cm

旗弁

葉枕

淡桃白色

竜骨弁　翼弁

葉柄7.9cm

径
5mm
有毛

淡桃色の花

旗弁、白色

4mm

花

長毛

翼弁の先端
は淡赤色

竜骨弁、白色

マルバ
ヌスビトハギ

がく、花柄、茎には鉤がある微毛が
ある(両種共通)

花の長さ10mm

白色

花序軸

花柄
10mm
(マルバ
ヌスビトハギは
3mm程)

オオバヌスビトハギ
小林三之宮峡産　谷山栽

葉の表面はビロード状の手触り、光沢なし
(オオバヌスビトハギはやや光沢)

側脈は葉縁に交わる(オ
オバヌスビトハギでは
交わらない)

4.5cm

新葉は緑色(オオバヌ
スビトハギは赤褐色)

6.8cm

花茎は茎の上位から多く出る

マルバヌスビトハギ
20180829
熊・小林
三之宮峡産

55cm

111cm

地上部は冬枯れ
る、葉は茎の下
位に集まる
(オオバヌスビ
トハギは常緑)

側小葉
長さ8.5cm
幅4.5cm

頂小葉
長さ11.1cm
幅6.8cm

20180829
熊・小林
三之宮峡産・谷山栽

分布　九・目……各県　対馬
　　　　鹿・目……阿多

コマツナギ　[マメ科　コマツナギ属]　*Indigofera pseudotinctoria*

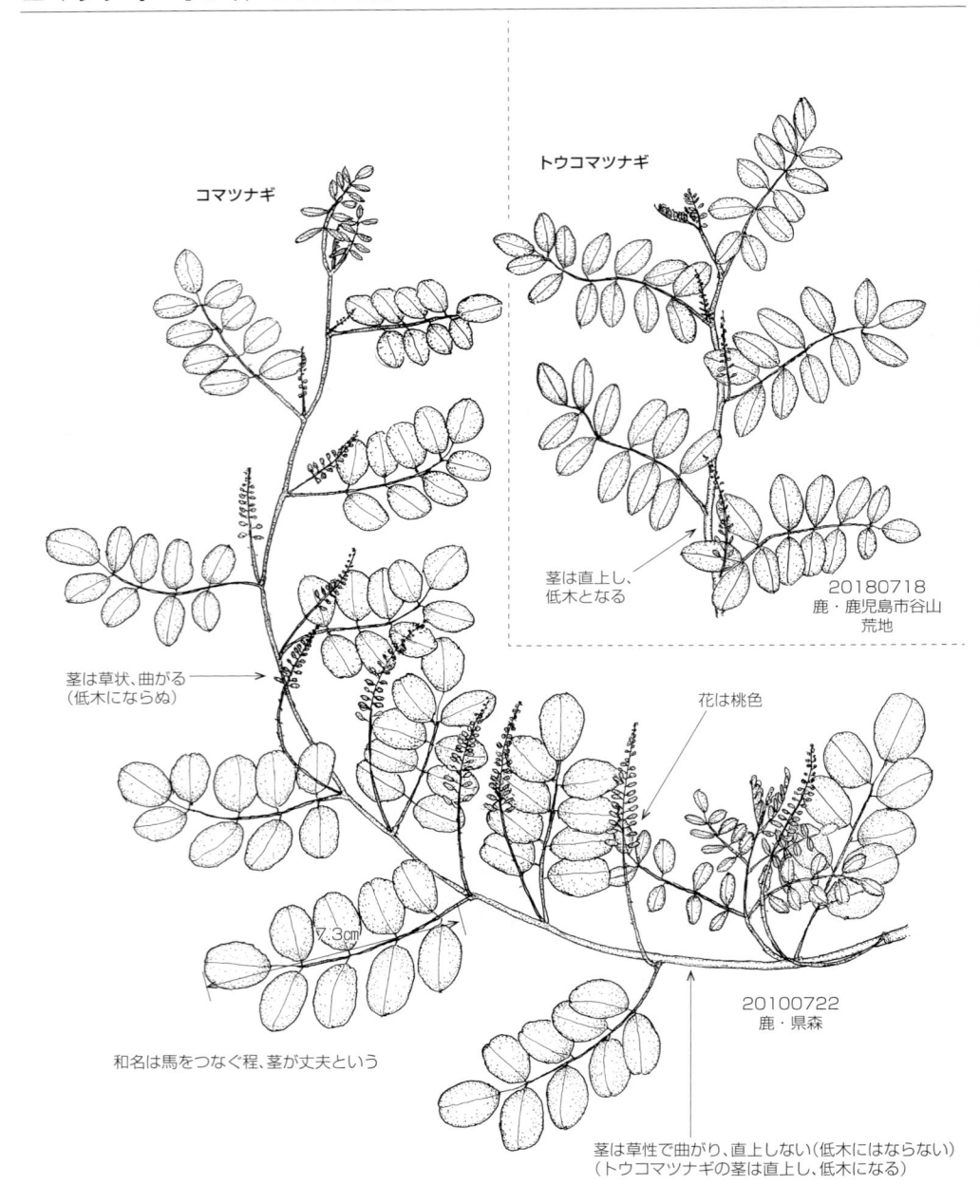

トウコマツナギ

コマツナギ

茎は直上し、
低木となる

20180718
鹿・鹿児島市谷山
荒地

茎は草状、曲がる
（低木にならぬ）

花は桃色

7.3cm

和名は馬をつなぐ程、茎が丈夫という

20100722
鹿・県森

茎は草性で曲がり、直上しない（低木にはならない）
（トウコマツナギの茎は直上し、低木になる）

分布　九・目……各県（南限は鹿本土南端　奄－帰化）
　　　鹿・目……県本土各地　甑

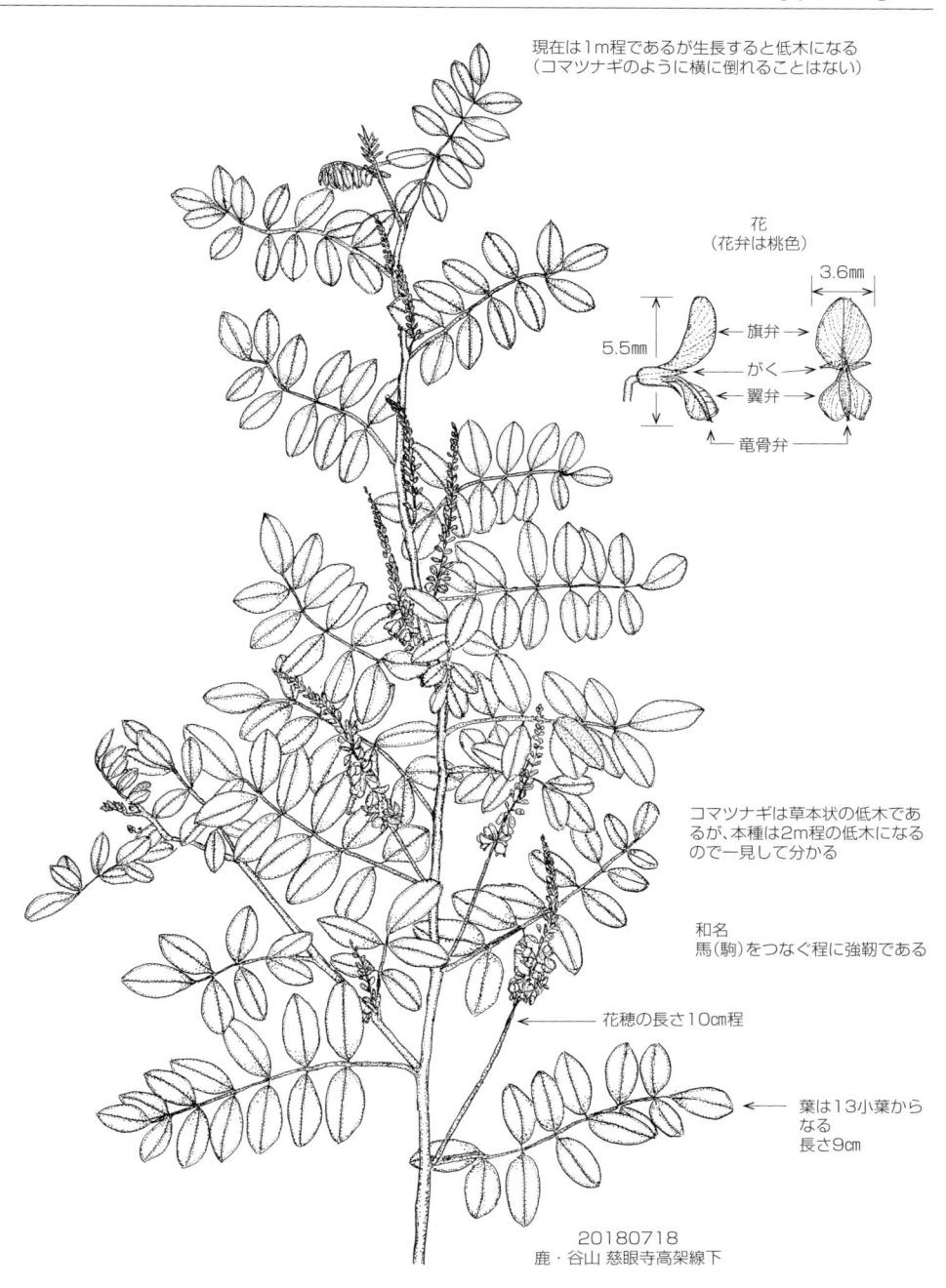

現在は1m程であるが生長すると低木になる
（コマツナギのように横に倒れることはない）

花
（花弁は桃色）

3.6㎜

5.5㎜

旗弁 →
← がく
← 翼弁
← 竜骨弁

コマツナギは草本状の低木であるが、本種は2m程の低木になるので一見して分かる

和名
馬（駒）をつなぐ程に強靭である

花穂の長さ10㎝程

葉は13小葉からなる
長さ9㎝

20180718
鹿・谷山　慈眼寺高架線下

分布｜九・目……佐　大（別府）　宮（宮崎　山田）　鹿　野生か帰化かはっきりしない
　　　鹿・目……記載がない

ハネミイヌエンジュ　[マメ科　イヌエンジュ属]　*Maackia floribunda*

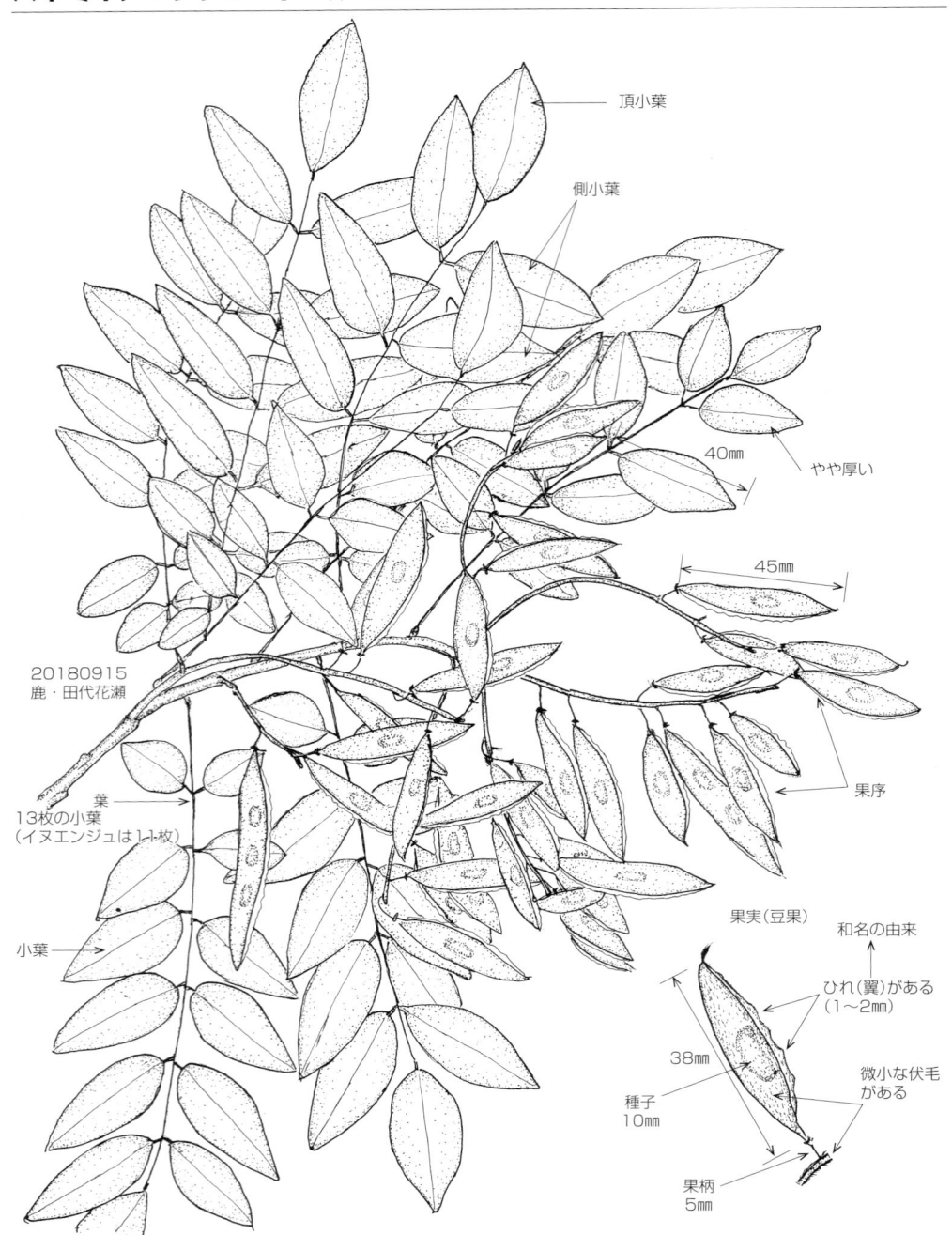

頂小葉

側小葉

40mm

やや厚い

45mm

20180915
鹿・田代花瀬

果序

葉
13枚の小葉
（イヌエンジュは11枚）

小葉

果実（豆果）

和名の由来

ひれ（翼）がある
（1〜2mm）

38mm

微小な伏毛
がある

種子
10mm

果柄
5mm

分布　　九・目……各県
　　　　鹿・目……霧島山　大口布計　川内　紫尾山　万之瀬発電所付近　高隈山　田代花瀬　野首岳（南限）

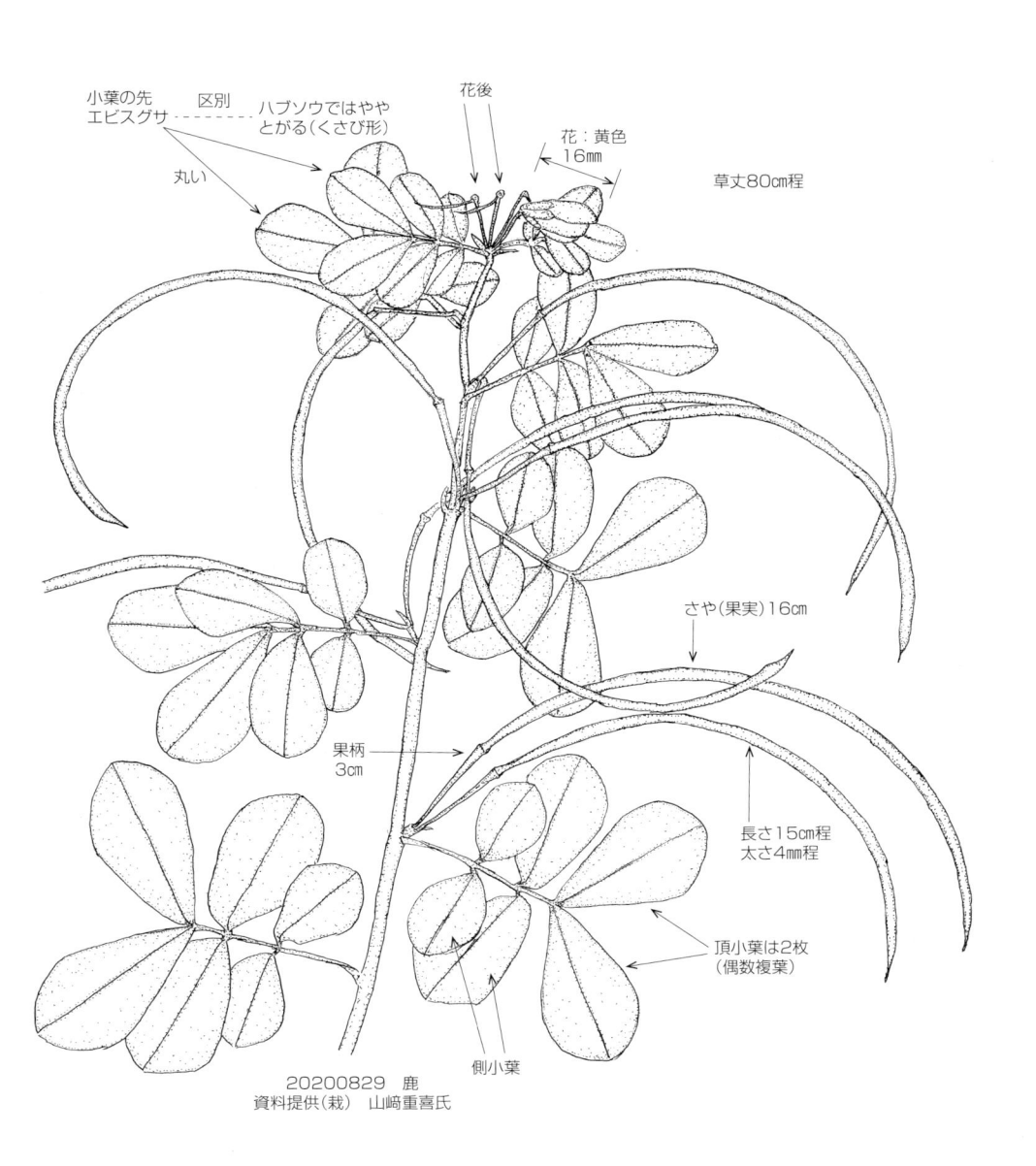

小葉の先　　区別
エビスグサ ‑ ‑ ‑ ‑　ハブソウではやや
　　　　　　　　　　とがる（くさび形）

丸い

花後

花：黄色
16mm

草丈80cm程

さや（果実）16cm

果柄
3cm

長さ15cm程
太さ4mm程

頂小葉は2枚
（偶数複葉）

側小葉

20200829　鹿
資料提供（栽）　山﨑重喜氏

分布　｜　九・目……鹿（奄群）栽、逸出
　　　　　｜　鹿・目……各地　南米原産

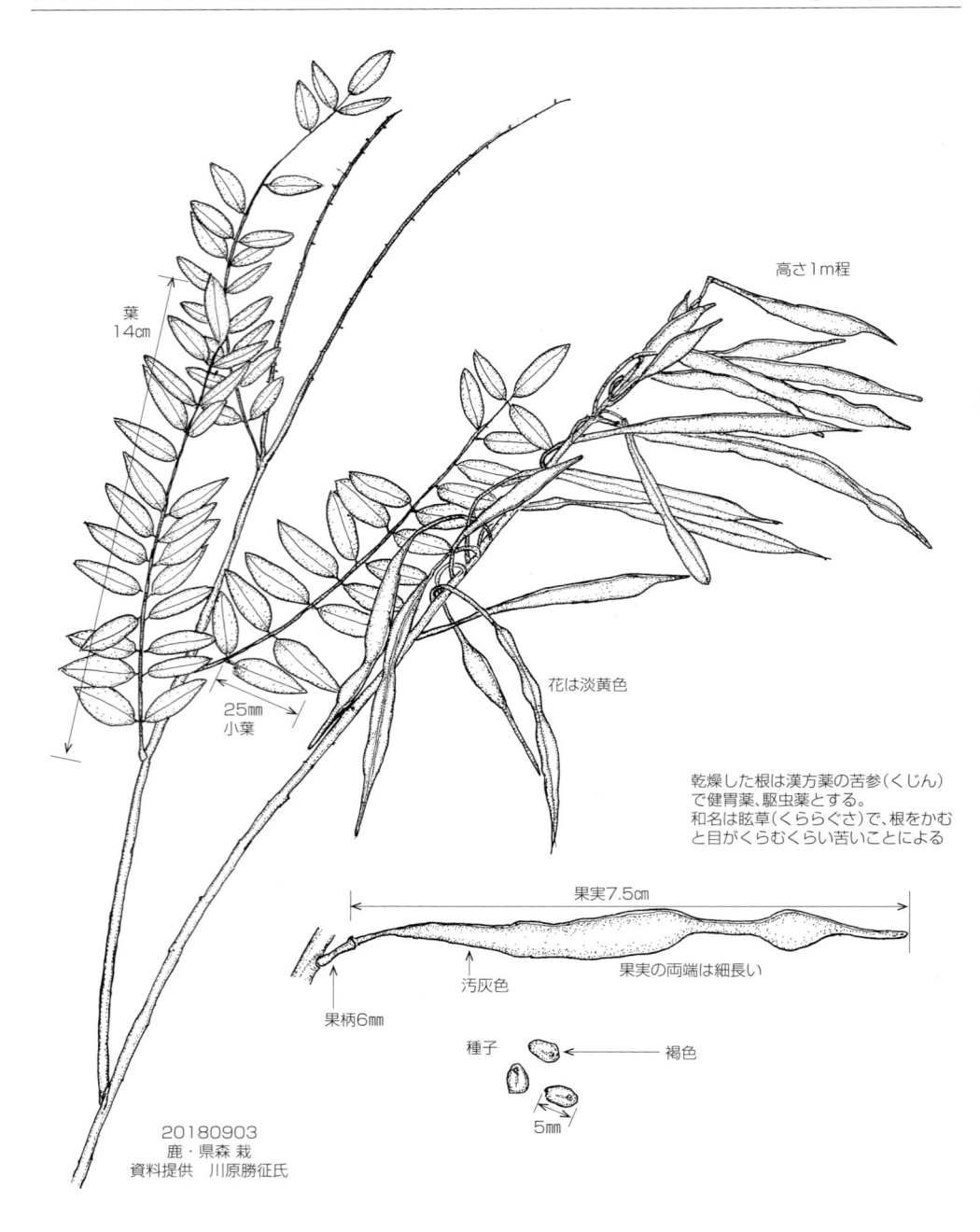

高さ1m程

葉
14cm

花は淡黄色

25mm
小葉

乾燥した根は漢方薬の苦参（くじん）
で健胃薬、駆虫薬とする。
和名は眩草（くららぐさ）で、根をかむ
と目がくらむくらい苦いことによる

果実7.5cm

汚灰色

果実の両端は細長い

果柄6mm

種子　　　　褐色

5mm

20180903
鹿・県森 栽
資料提供　川原勝征氏

分布 ┃ 九・目……各県（南限は鹿の種）
　　　┃ 鹿・目……霧島山　大口　伊集院　坊津　山川　垂水　桜島　鹿屋　内之浦　根占　種

オオカナメモチ 　[バラ科　カナメモチ属]

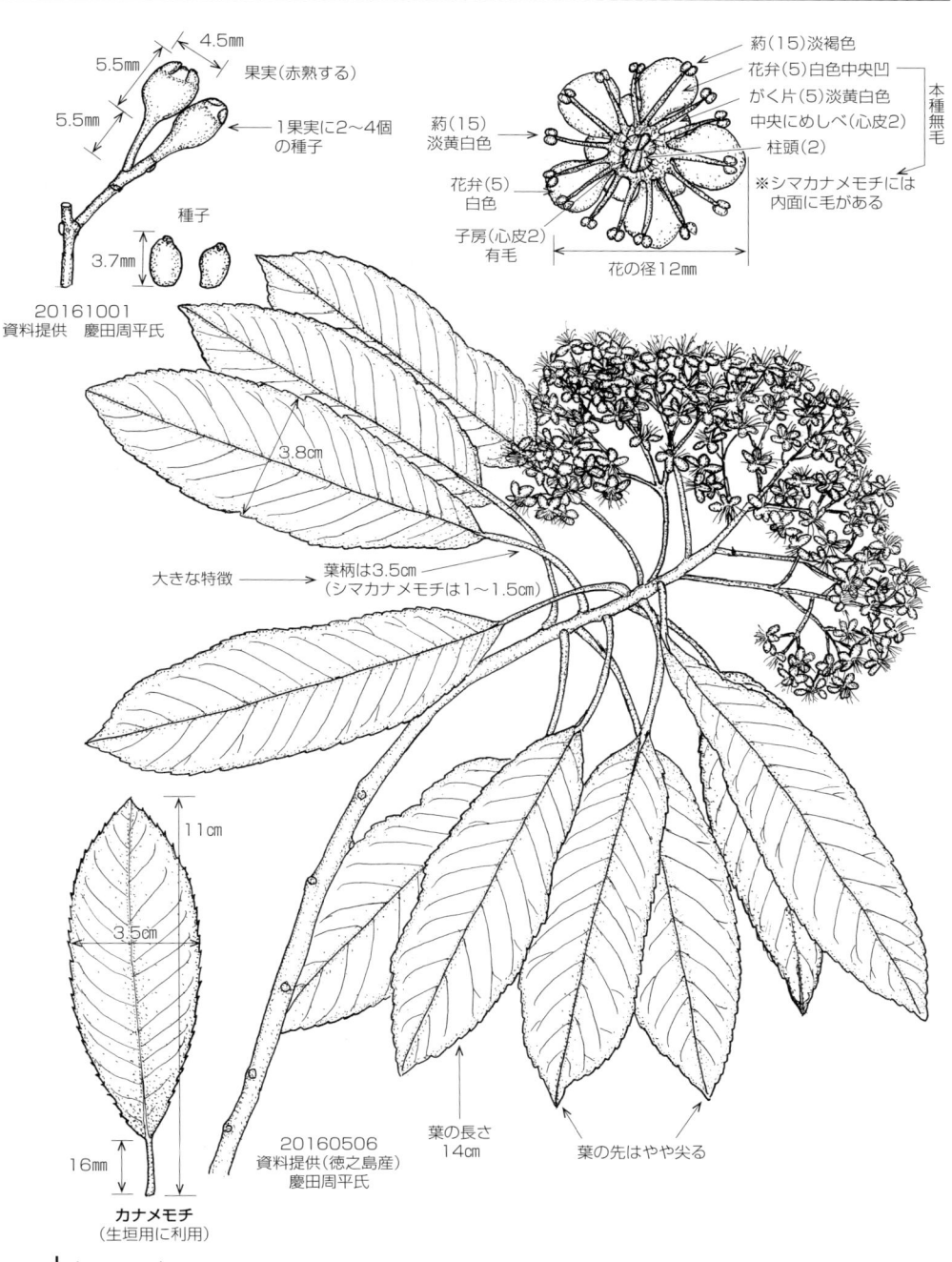

4.5mm
5.5mm
5.5mm
果実(赤熟する)
1果実に2〜4個の種子
種子
3.7mm

20161001
資料提供　慶田周平氏

薬(15)淡褐色
花弁(5)白色中央凹
がく片(5)淡黄白色
中央にめしべ(心皮2)
柱頭(2)
薬(15)淡黄白色
花弁(5)白色
子房(心皮2)有毛
花の径12mm

本種無毛

※シマカナメモチには内面に毛がある

3.8cm

大きな特徴
葉柄は3.5cm
(シマカナメモチは1〜1.5cm)

11cm
3.5cm
16mm

カナメモチ
(生垣用に利用)

20160506
資料提供(徳之島産)
慶田周平氏

葉の長さ
14cm

葉の先はやや尖る

分布　九・目……鹿
　　　鹿・目……沖永　徳

255

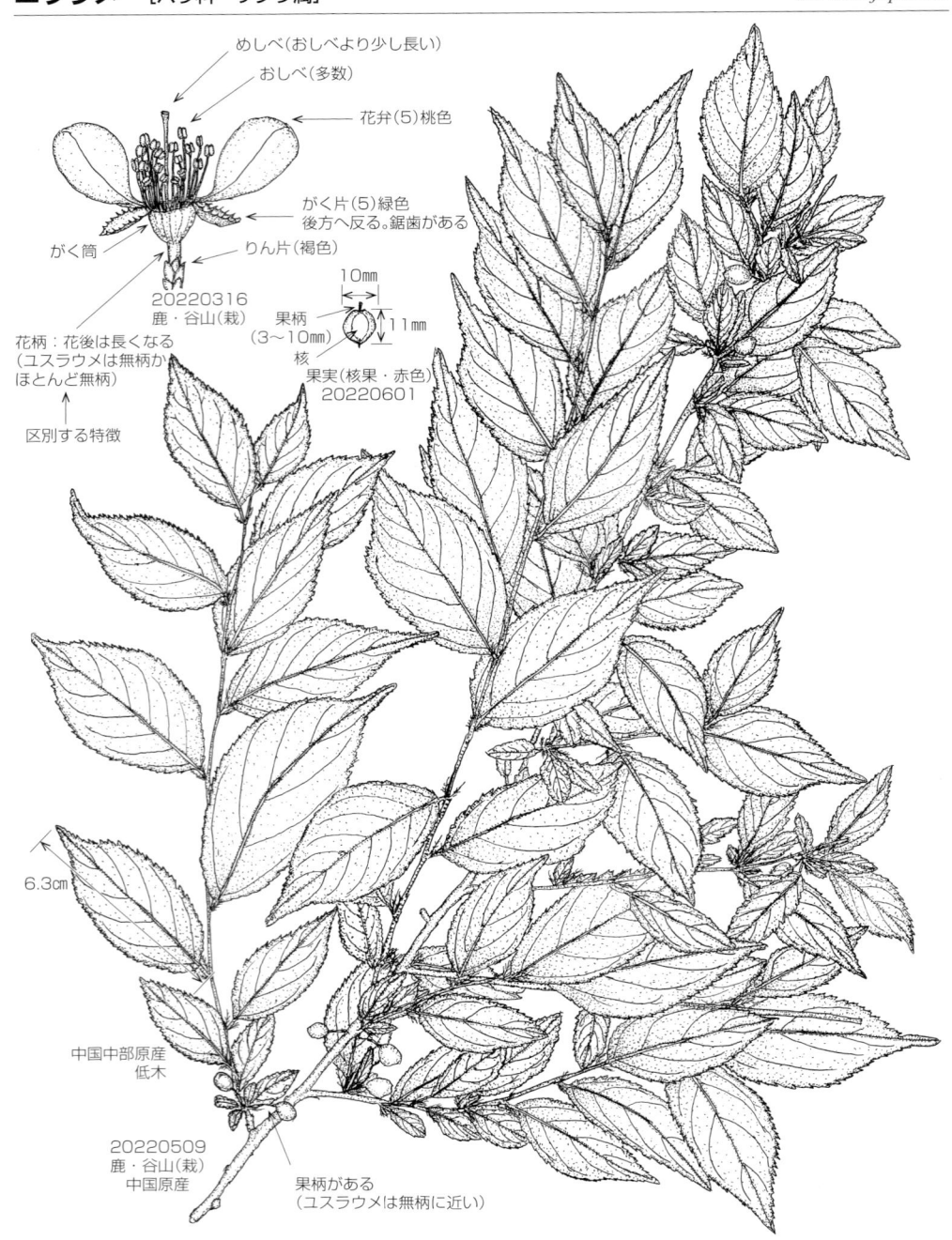

めしべ（おしべより少し長い）

おしべ（多数）

花弁（5）桃色

がく片（5）緑色
後方へ反る。鋸歯がある

がく筒

りん片（褐色）

20220316
鹿・谷山（栽）

10mm

果柄
（3〜10mm）

11mm

核

果実（核果・赤色）
20220601

花柄：花後は長くなる
（ユスラウメは無柄か
ほとんど無柄）

区別する特徴

6.3㎝

中国中部原産
低木

20220509
鹿・谷山（栽）
中国原産

果柄がある
（ユスラウメは無柄に近い）

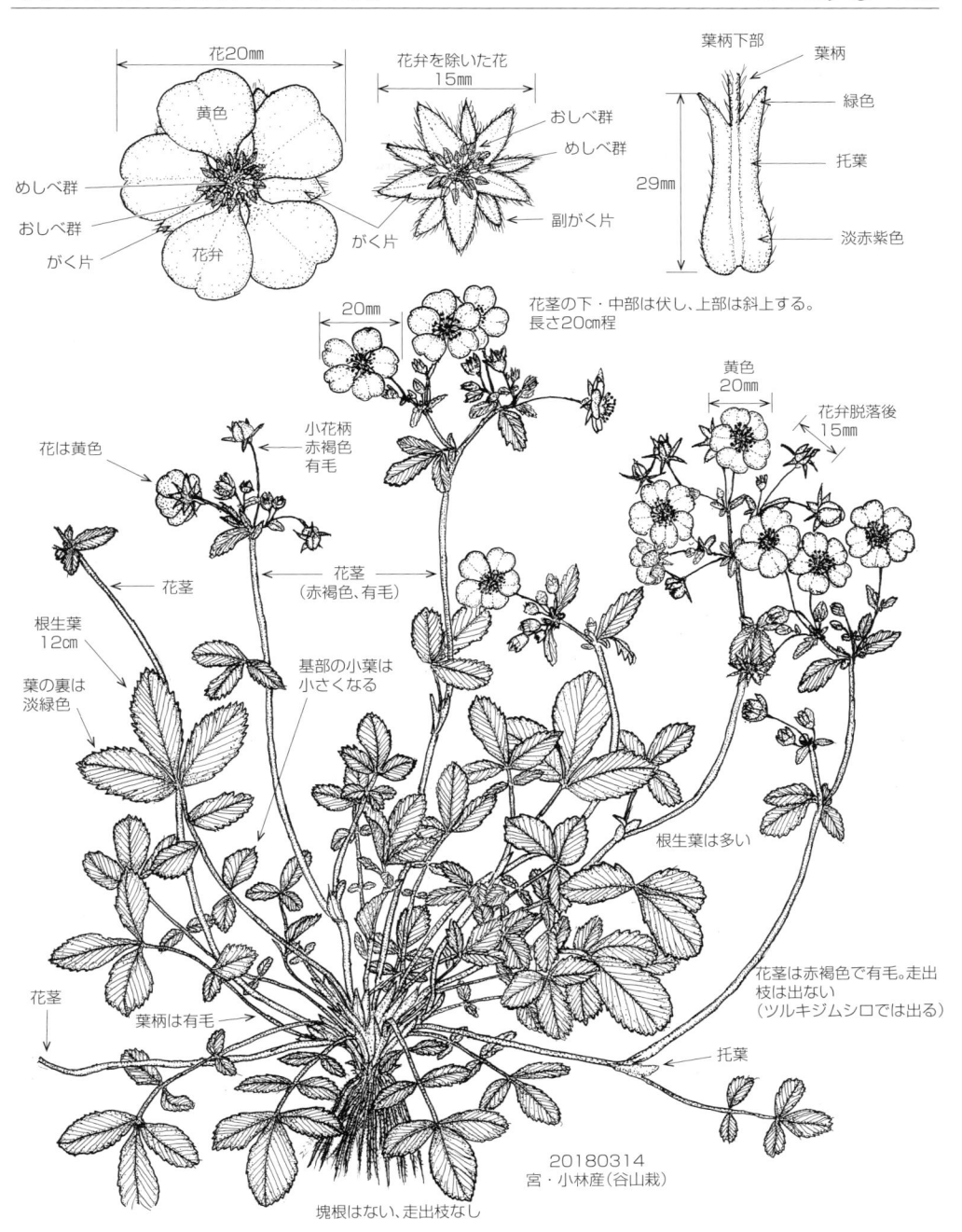

花20mm

黄色

めしべ群

おしべ群

がく片

花弁

花弁を除いた花
15mm

おしべ群

めしべ群

副がく片

がく片

葉柄下部

葉柄

緑色

托葉

29mm

淡赤紫色

花茎の下・中部は伏し、上部は斜上する。
長さ20cm程

20mm

花は黄色

小花柄
赤褐色
有毛

花茎

根生葉
12cm

葉の裏は
淡緑色

花茎
（赤褐色、有毛）

基部の小葉は
小さくなる

黄色
20mm

花弁脱落後
15mm

根生葉は多い

花茎は赤褐色で有毛。走出
枝は出ない
（ツルキジムシロでは出る）

花茎

葉柄は有毛

托葉

20180314
宮・小林産（谷山栽）

塊根はない、走出枝なし

分布

九・目……各県（南限は屋　種　黒）
鹿・目……県本土各地　獅子島　甑　種　屋

ミツバツチグリ　[バラ科　キジムシロ属]　*Potentilla freyniana*

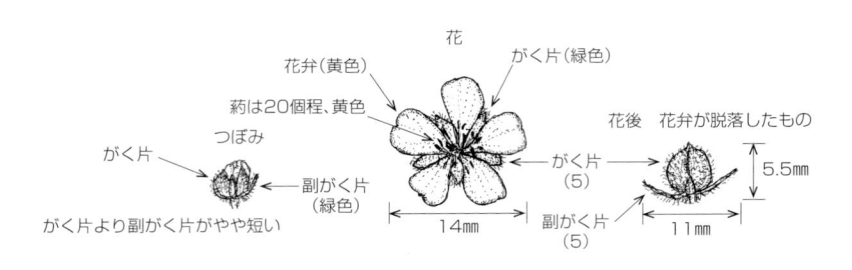

花

花弁（黄色）　　　がく片（緑色）

葯は20個程、黄色

つぼみ

がく片

副がく片
（緑色）

がく片より副がく片がやや短い

14mm

花後　花弁が脱落したもの

がく片
（5）

副がく片
（5）

5.5mm

11mm

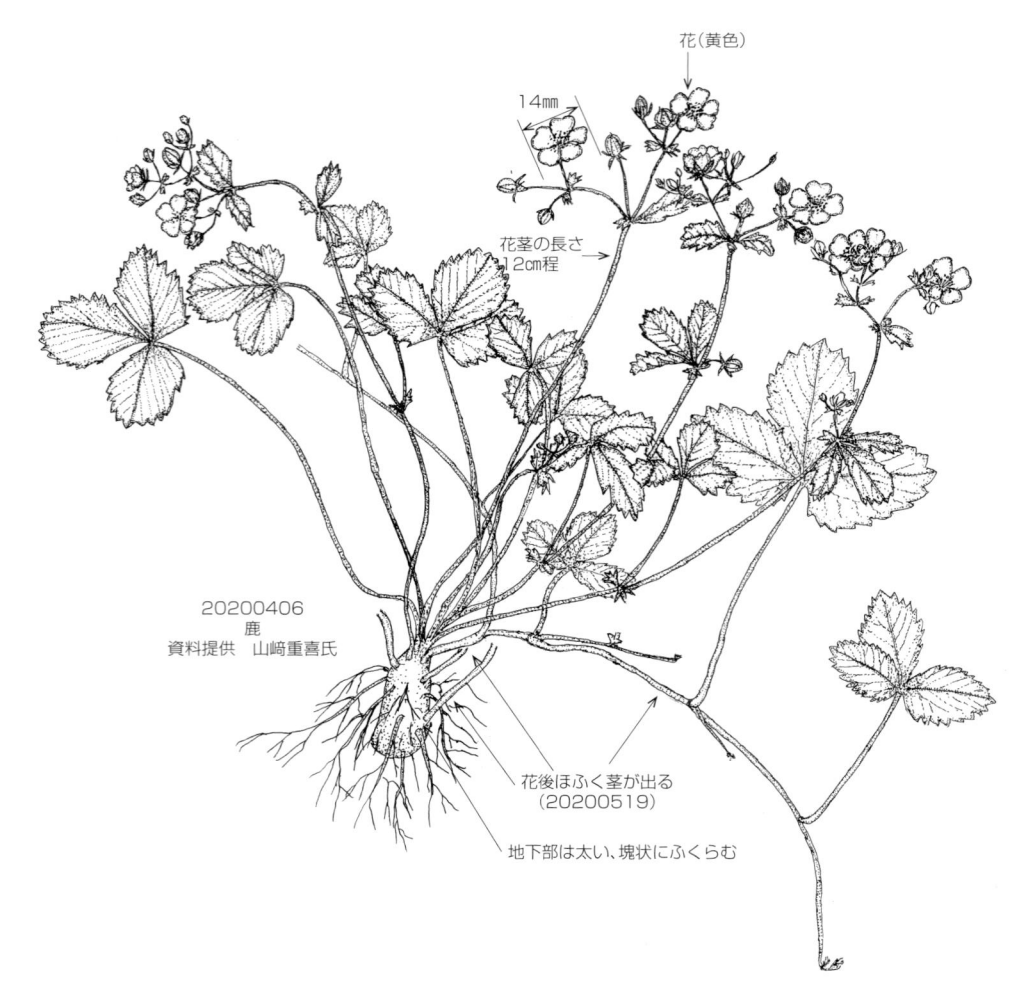

花（黄色）

14mm

花茎の長さ
12cm程

20200406
鹿
資料提供　山﨑重喜氏

花後ほふく茎が出る
（20200519）

地下部は太い、塊状にふくらむ

分布

九・目……各県（南限は種）
鹿・目……県本土各地　甑　種

オオフユイチゴ　[バラ科　キイチゴ属]　*Rubus ×pseudo-sieboldii*

ホウロクイチゴとフユイチゴの雑種

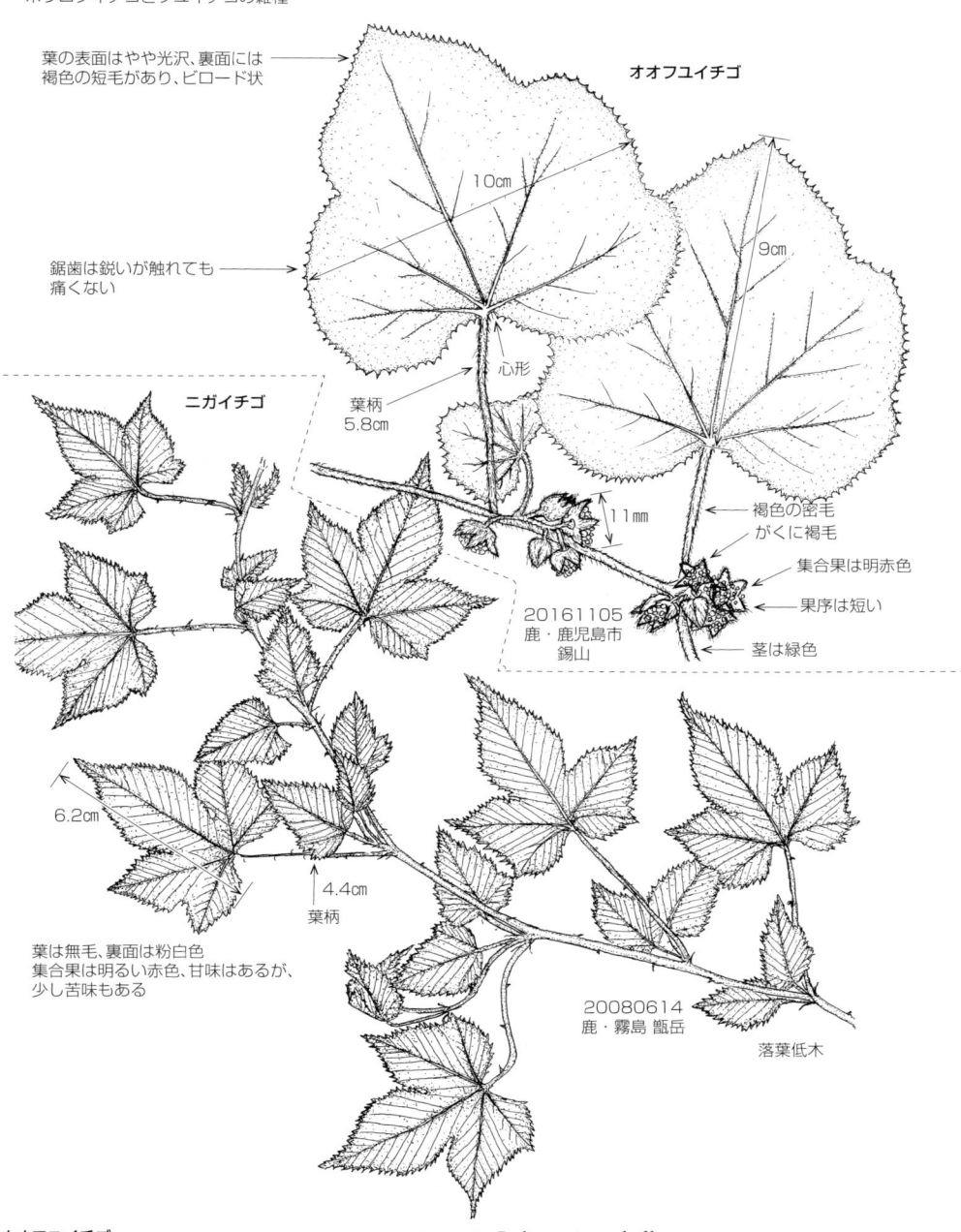

葉の表面はやや光沢、裏面には褐色の短毛があり、ビロード状

オオフユイチゴ

10cm

9cm

鋸歯は鋭いが触れても痛くない

心形

葉柄
5.8cm

ニガイチゴ

11mm

褐色の密毛
がくに褐毛

集合果は明赤色

果序は短い

茎は緑色

20161105
鹿・鹿児島市
錫山

6.2cm

4.4cm

葉柄

葉は無毛、裏面は粉白色
集合果は明るい赤色、甘味はあるが、
少し苦味もある

20080614
鹿・霧島 甑岳

落葉低木

オオフユイチゴ

分布	九・目……各県（南は鹿の佐多）
	鹿・目……霧島山　紫尾山　鹿児島市
	垂水　白山（喜入）　新川渓谷

ニガイチゴ　*Rubus microphyllus*

分布	九・目……福（香春山　英彦山　釈迦岳）　大（稍普通）　長（雲仙
	岳　多良岳）　熊（阿蘇　五家荘）　宮・鹿（霧島山、南限）
	鹿・目……霧島山

コジキイチゴ　[バラ科　キイチゴ属]　*Rubus sumatranus*

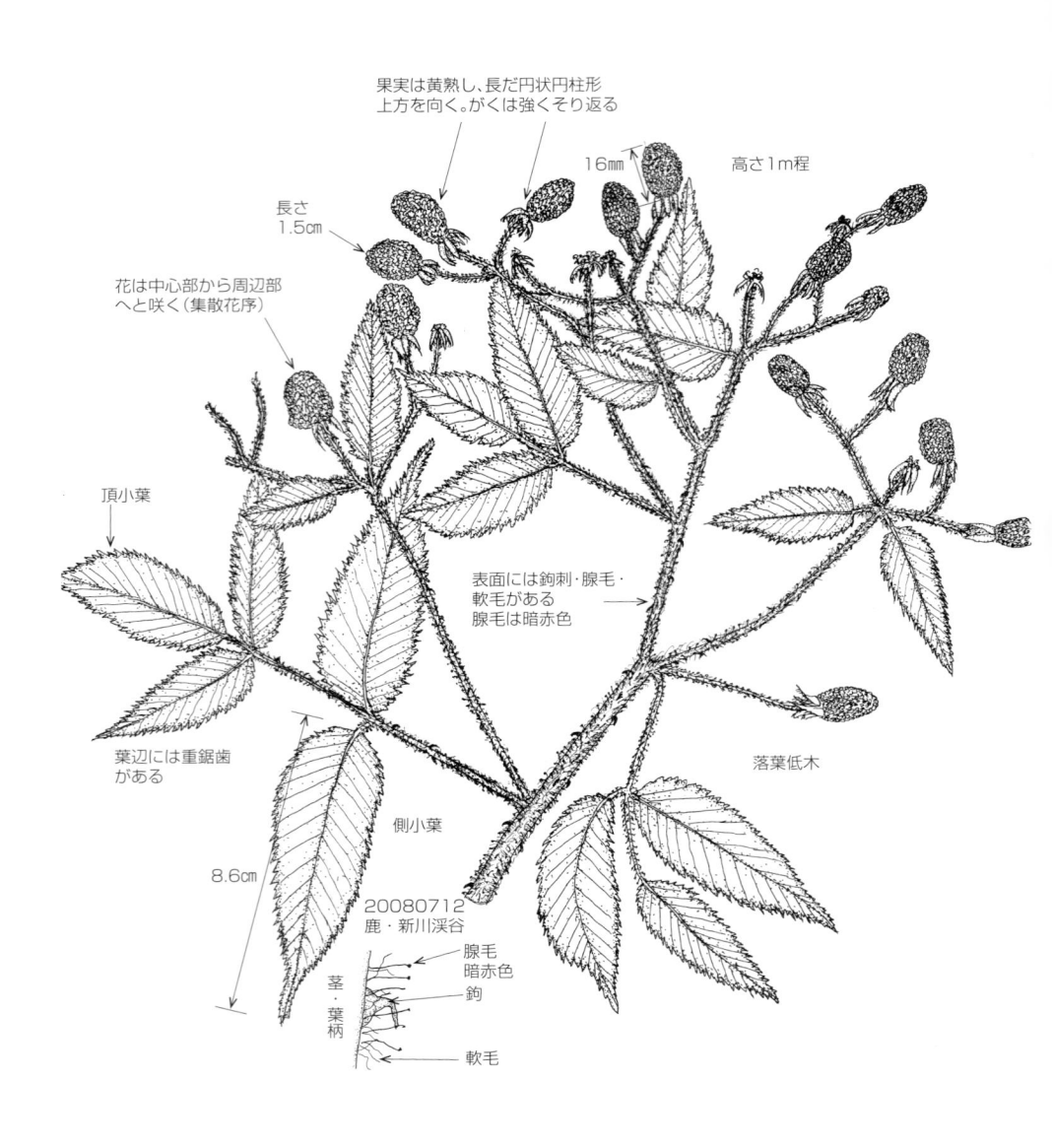

果実は黄熟し、長だ円状円柱形
上方を向く。がくは強くそり返る

16㎜　　高さ1m程

長さ
1.5㎝

花は中心部から周辺部
へと咲く（集散花序）

頂小葉

表面には鉤刺・腺毛・
軟毛がある
腺毛は暗赤色

葉辺には重鋸歯
がある

落葉低木

8.6㎝

側小葉

20080712
鹿・新川渓谷

腺毛
暗赤色

鉤

茎・葉柄

軟毛

マヤイチゴ　［バラ科　キイチゴ属］

Rubus ×tawadanus

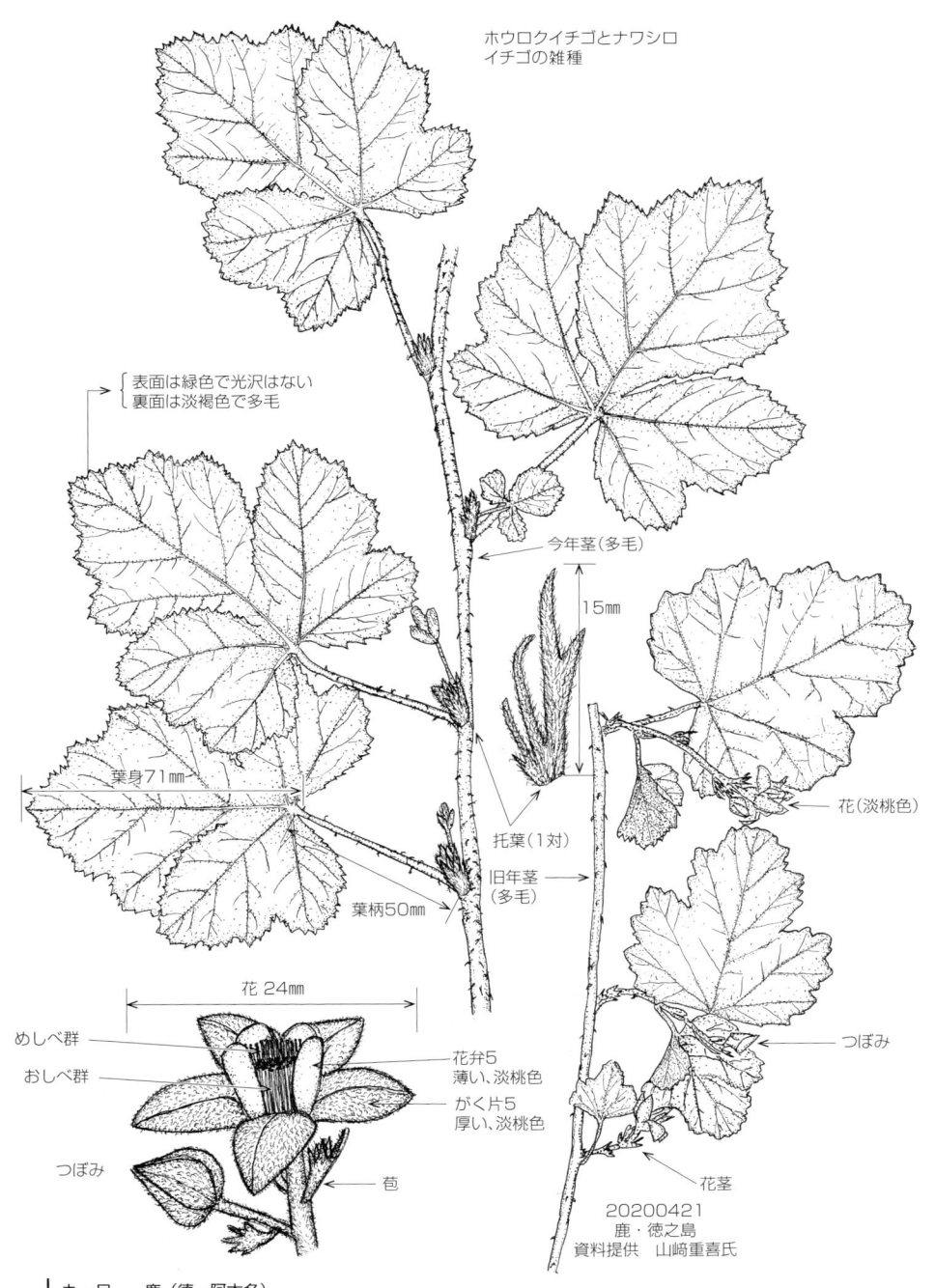

ホウロクイチゴとナワシロ
イチゴの雑種

表面は緑色で光沢はない
裏面は淡褐色で多毛

今年茎（多毛）

15mm

葉身71mm

托葉（1対）

旧年茎
（多毛）

葉柄50mm

花（淡桃色）

花 24mm

めしべ群

おしべ群

花弁5
薄い、淡桃色

がく片5
厚い、淡桃色

つぼみ

苞

つぼみ

花茎

20200421
鹿・徳之島
資料提供　山﨑重喜氏

分布
九・目……鹿（徳・阿木名）
鹿・目……徳（阿木名）

261

ナナカマド　[バラ科　ナナカマド属]　*Sorbus commixta*
ナンキンナナカマド　*Sorbus gracilis*

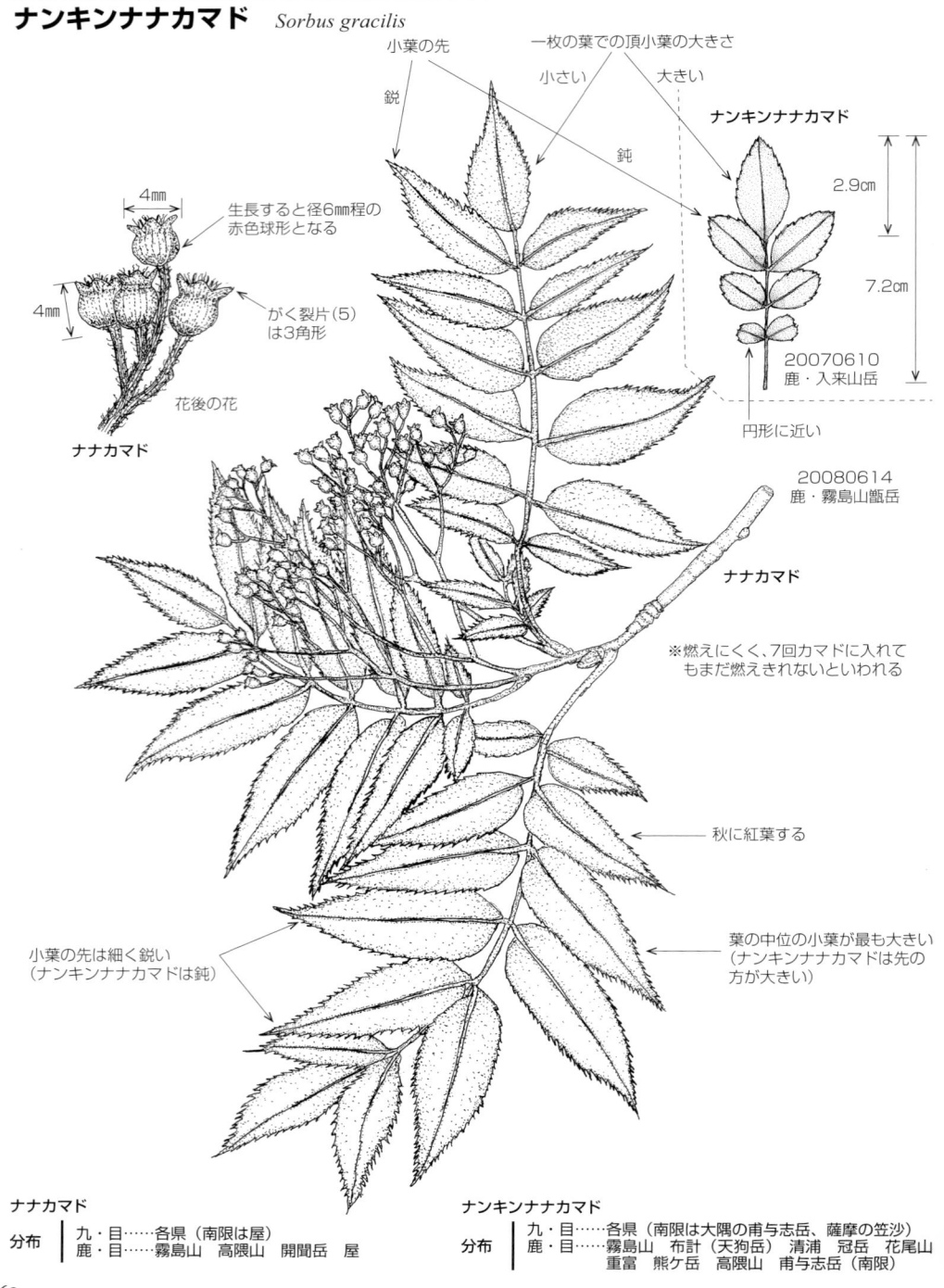

小葉の先

一枚の葉での頂小葉の大きさ

鋭

小さい　大きい

鈍

ナンキンナナカマド

2.9㎝

7.2㎝

20070610
鹿・入来山岳

円形に近い

4㎜

生長すると径6㎜程の
赤色球形となる

4㎜

がく裂片（5）
は3角形

花後の花

ナナカマド

20080614
鹿・霧島山甑岳

ナナカマド

※燃えにくく、7回カマドに入れて
もまだ燃えきれないといわれる

秋に紅葉する

葉の中位の小葉が最も大きい
（ナンキンナナカマドは先の
方が大きい）

小葉の先は細く鋭い
（ナンキンナナカマドは鈍）

ナナカマド

分布　｜　九・目……各県（南限は屋）
　　　｜　鹿・目……霧島山　高隈山　開聞岳　屋

ナンキンナナカマド

分布　｜　九・目……各県（南限は大隅の甫与志岳、薩摩の笠沙）
　　　｜　鹿・目……霧島山　布計（天狗岳）　清浦　冠岳　花尾山
　　　｜　　　　　　　重富　熊ケ岳　高隈山　甫与志岳（南限）

コゴメイワガサ [バラ科　シモツケ属] *Spiraea amabilis*

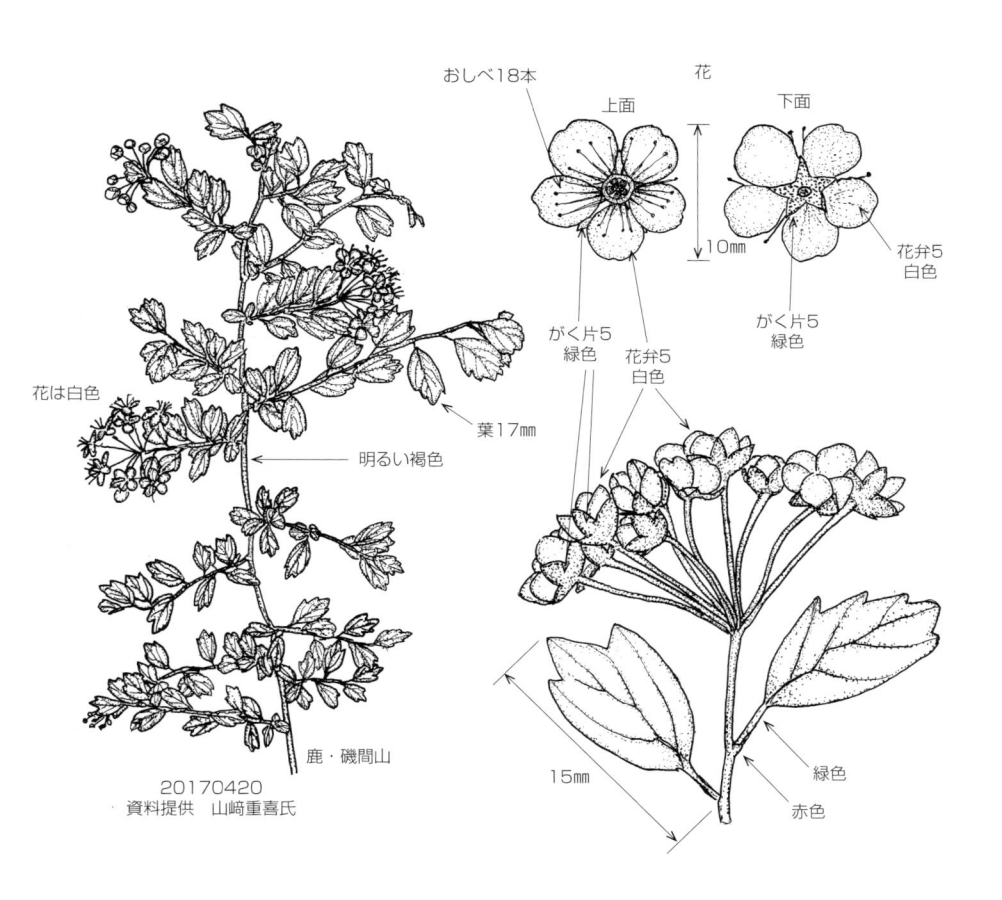

おしべ18本

花

上面

下面

10mm

花弁5
白色

がく片5
緑色

がく片5
緑色

花弁5
白色

花は白色

葉17mm

明るい褐色

緑色

赤色

15mm

鹿・磯間山

20170420
資料提供　山﨑重喜氏

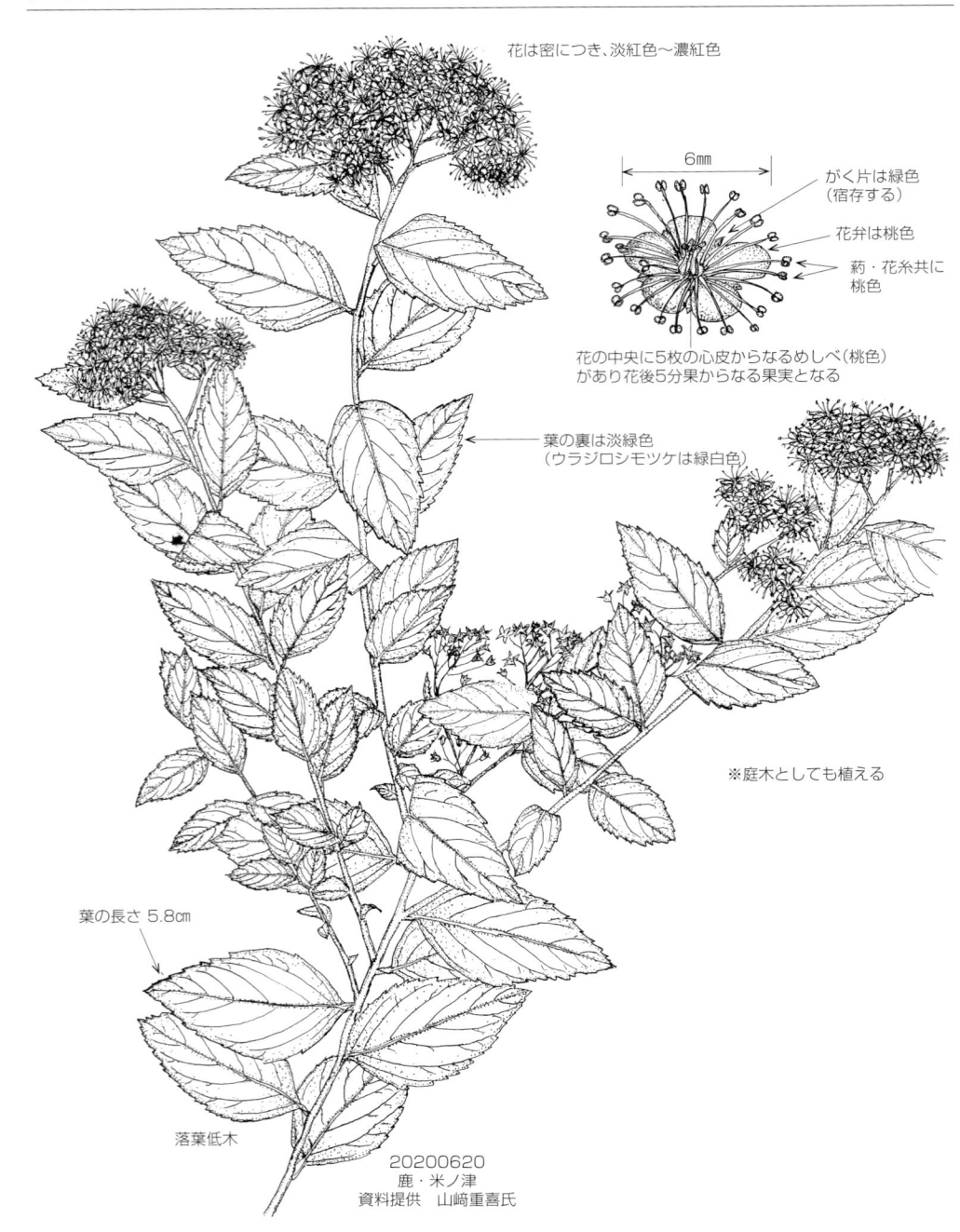

花は密につき、淡紅色〜濃紅色

6mm

がく片は緑色
（宿存する）

花弁は桃色

葯・花糸共に
桃色

花の中央に5枚の心皮からなるめしべ（桃色）
があり花後5分果からなる果実となる

葉の裏は淡緑色
（ウラジロシモツケは緑白色）

※庭木としても植える

葉の長さ 5.8cm

落葉低木

20200620
鹿・米ノ津
資料提供　山﨑重喜氏

分布 | 九・目……記載がない
　　　| 鹿・目……吉野台地（鹿児島市）

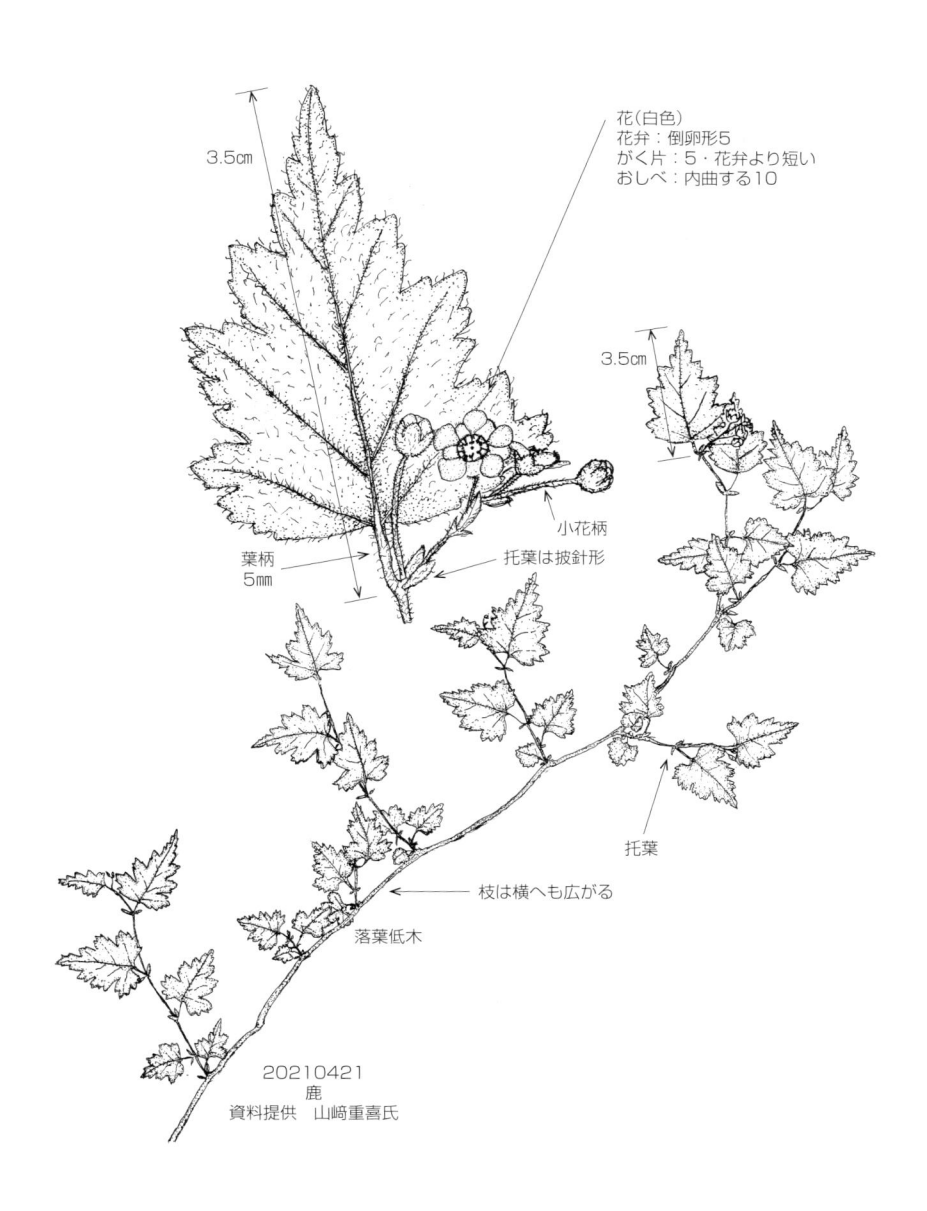

3.5cm

花（白色）
花弁：倒卵形5
がく片：5・花弁より短い
おしべ：内曲する10

3.5cm

小花柄

葉柄
5mm

托葉は披針形

托葉

枝は横へも広がる

落葉低木

20210421
鹿
資料提供　山﨑重喜氏

分布　｜　九・目……各県　対馬（南は鹿の大口ー布計　南限は宮の鰐塚山）
　　　　｜　鹿・目……霧島山（宮崎県側）

コアカソ　[イラクサ科　カラムシ属]

Boehmeria spicata

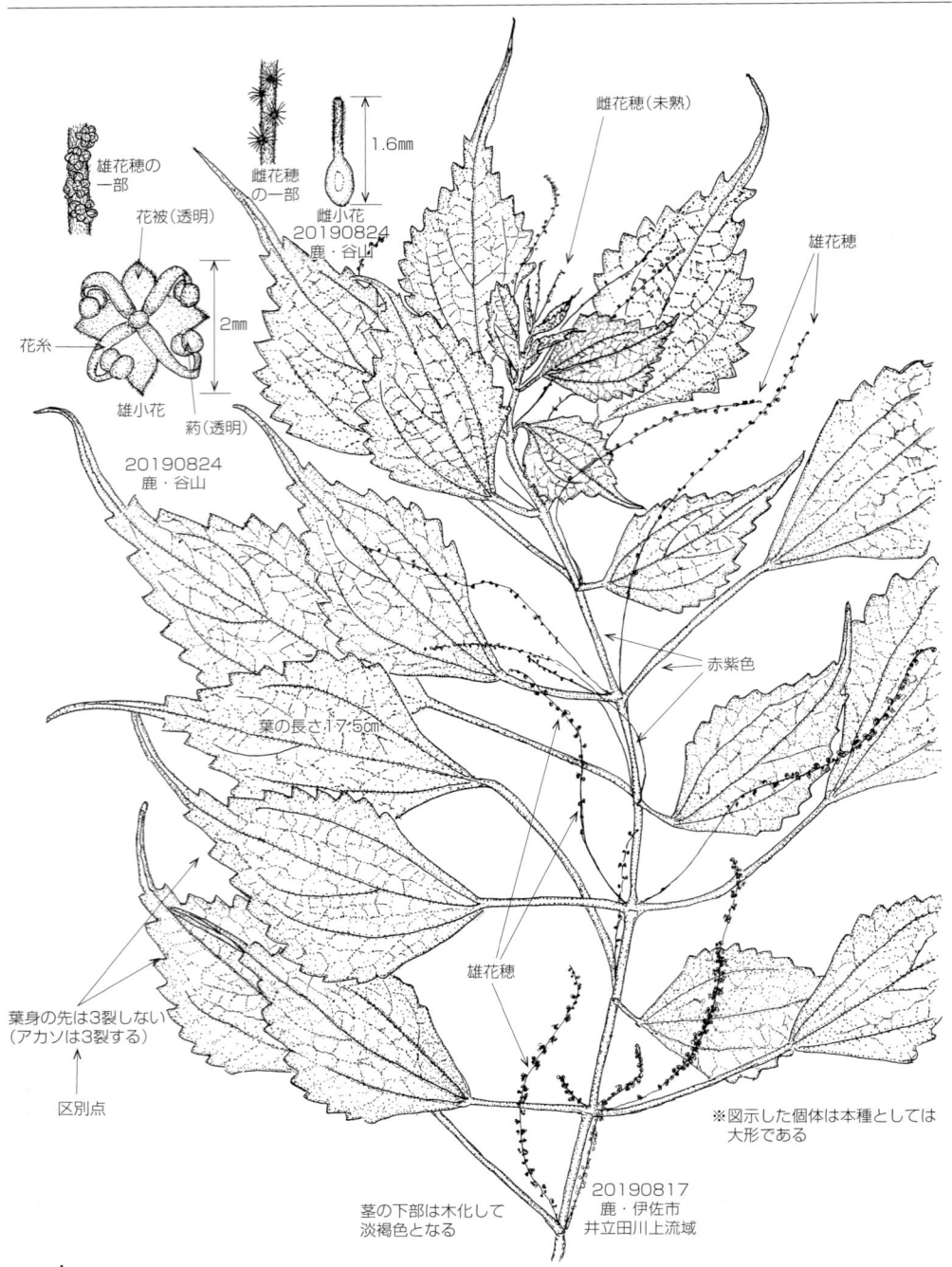

雄花穂の一部

花被（透明）

2㎜

花糸

雄小花

葯（透明）

20190824
鹿・谷山

雌花穂の一部

1.6mm

雌小花
20190824
鹿・谷山

雌花穂（未熟）

雄花穂

赤紫色

葉の長さ17.5㎝

雄花穂

葉身の先は3裂しない
（アカソは3裂する）

区別点

茎の下部は木化して
淡褐色となる

※図示した個体は本種としては
大形である

20190817
鹿・伊佐市
井立田川上流域

分布

九・目……各県〔南は鹿の諏訪之瀬島（奄大に帰化）〕
鹿・目……県本土　屋　黒　諏訪之瀬島

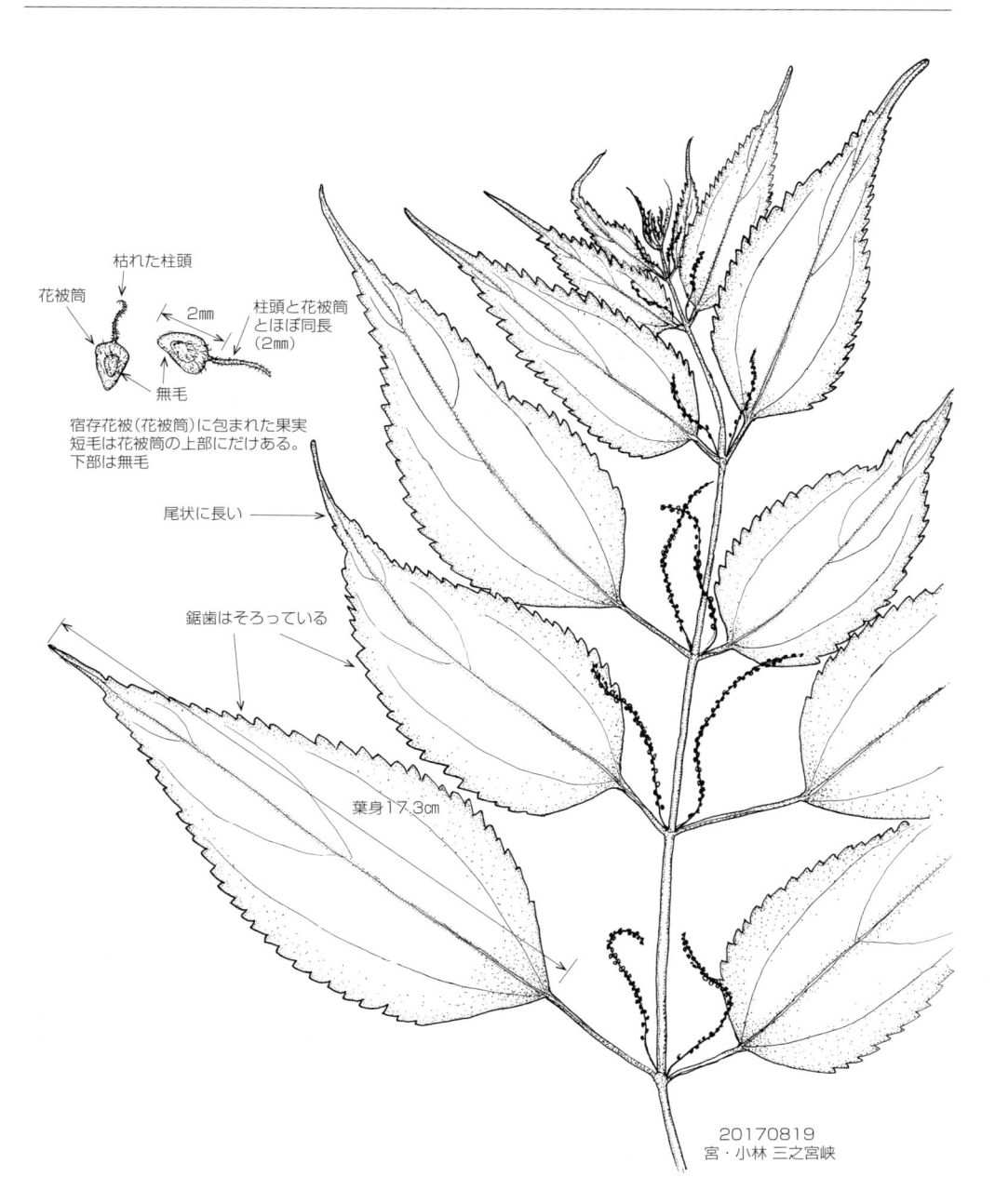

枯れた柱頭

花被筒

2mm

柱頭と花被筒
とほぼ同長
（2mm）

無毛

宿存花被（花被筒）に包まれた果実
短毛は花被筒の上部にだけある。
下部は無毛

尾状に長い

鋸歯はそろっている

葉身17.3cm

20170819
宮・小林 三之宮峡

分布　｜　九・目……各県（南限は種　屋）
　　　　　鹿・目……霧島山　吉松　大口　鶴田　紫尾山　横川　冠岳　入来峠　野間岳　枕崎　磯街道　福山　高隈山　伊座敷（佐多）甑　種

メヤブマオ　[イラクサ科　カラムシ属]　*Boehmeria platanifolia*

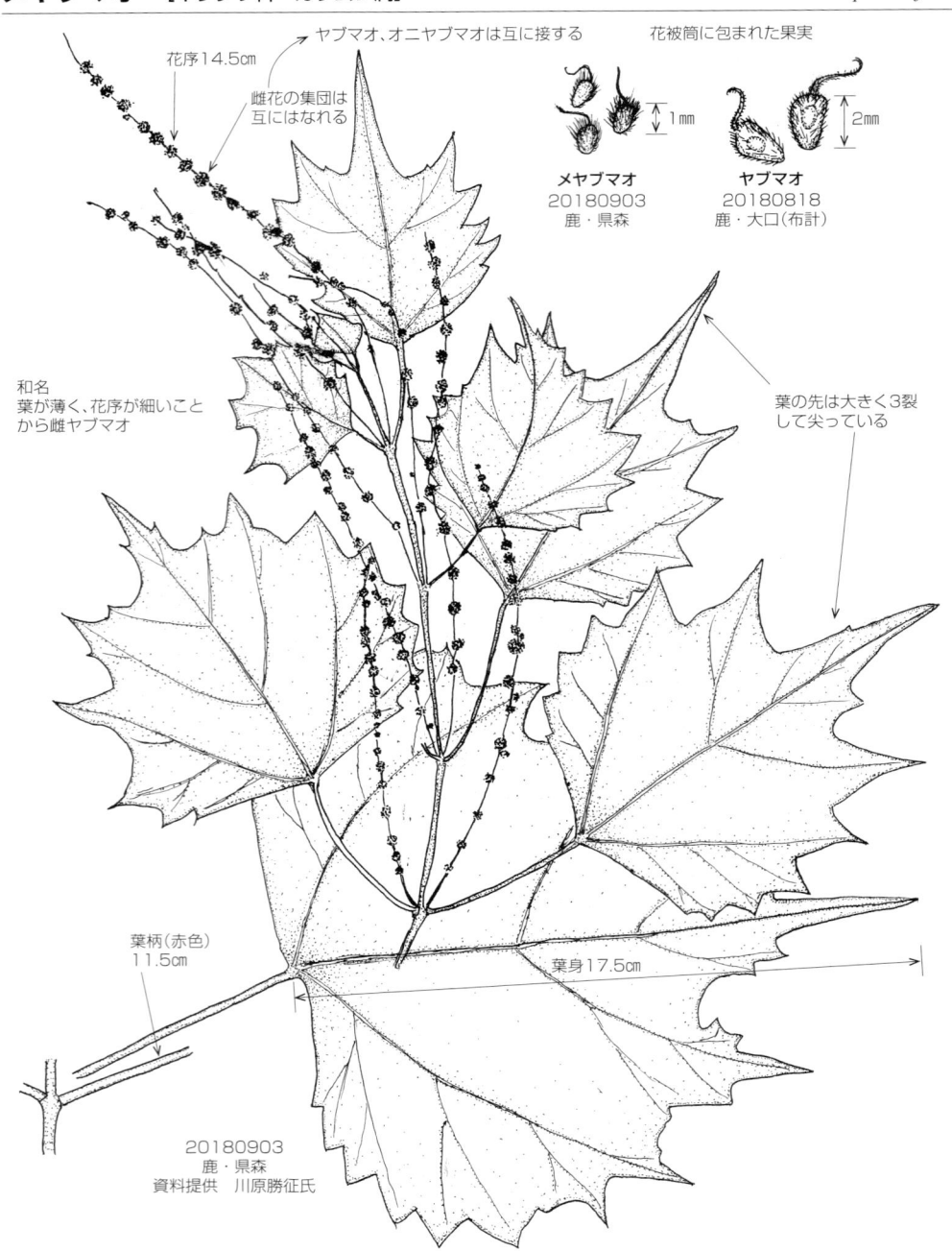

花序14.5cm

ヤブマオ、オニヤブマオは互に接する

雌花の集団は
互にはなれる

花被筒に包まれた果実

1mm

2mm

メヤブマオ
20180903
鹿・県森

ヤブマオ
20180818
鹿・大口(布計)

和名
葉が薄く、花序が細いこと
から雌ヤブマオ

葉の先は大きく3裂
して尖っている

葉柄(赤色)
11.5cm

葉身17.5cm

20180903
鹿・県森
資料提供　川原勝征氏

分布
九・目……記載がない
鹿・目……吉松　大口　鶴田　串木野（羽島）　鹿児島市　志布志

ヤブマオ　[イラクサ科　カラムシ属]

Boehmeria japonica var.*longispica*

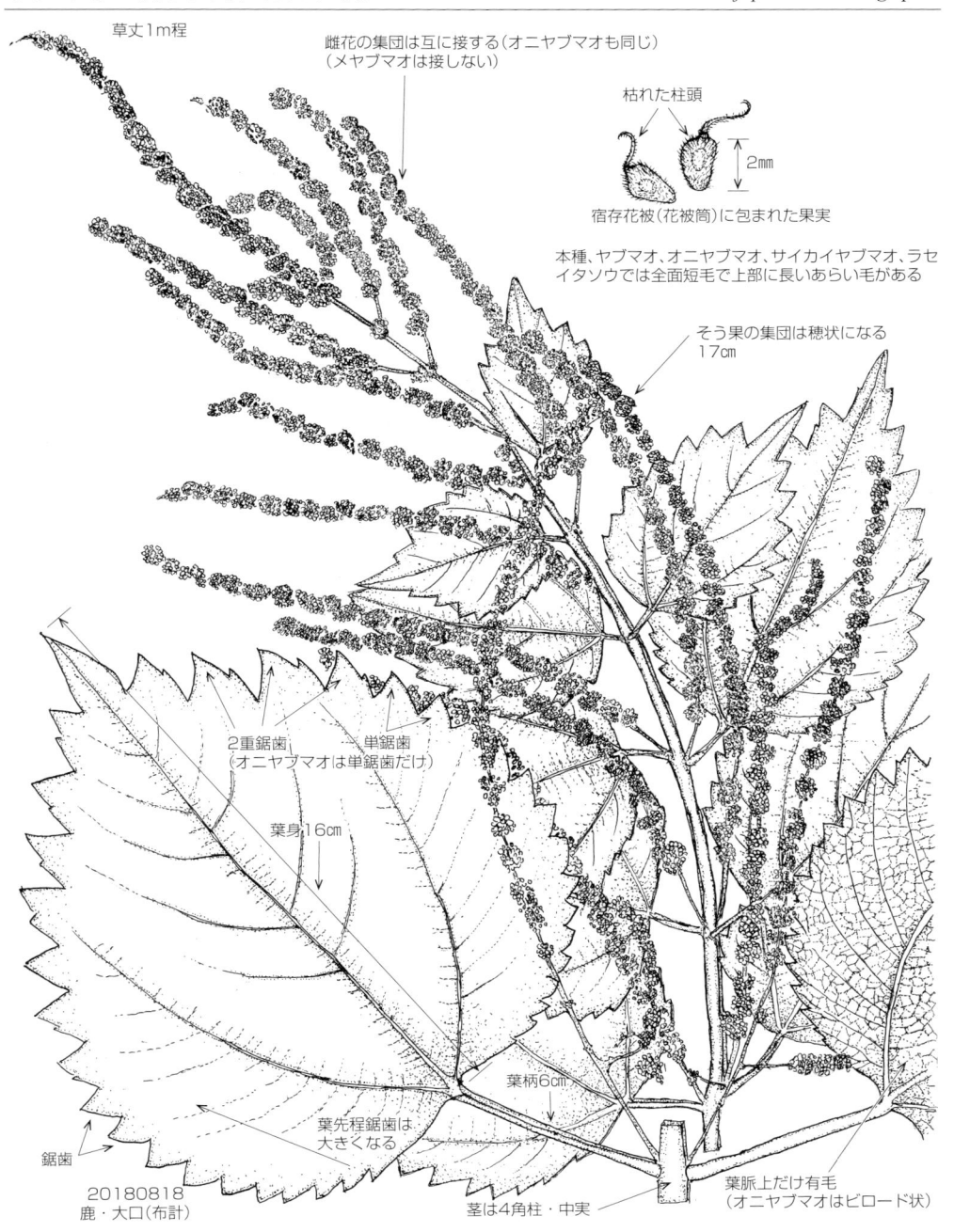

草丈1m程

雌花の集団は互に接する(オニヤブマオも同じ)
(メヤブマオは接しない)

枯れた柱頭

2mm

宿存花被(花被筒)に包まれた果実

本種、ヤブマオ、オニヤブマオ、サイカイヤブマオ、ラセイタソウでは全面短毛で上部に長いあらい毛がある

そう果の集団は穂状になる
17cm

2重鋸歯　単鋸歯
(オニヤブマオは単鋸歯だけ)

葉身16cm

鋸歯

葉柄6cm

葉先程鋸歯は
大きくなる

20180818
鹿・大口(布計)

茎は4角柱・中実

葉脈上だけ有毛
(オニヤブマオはビロード状)

分布　九・目……各県（南は屋　種）
　　　鹿・目……大口（布計）野田　川内　紫尾山　鶴田　串木野　入来峠　蒲生　磯街道　加世田　開聞岳　志布志　高隈
　　　　　　　　山　伊座敷　屋　種

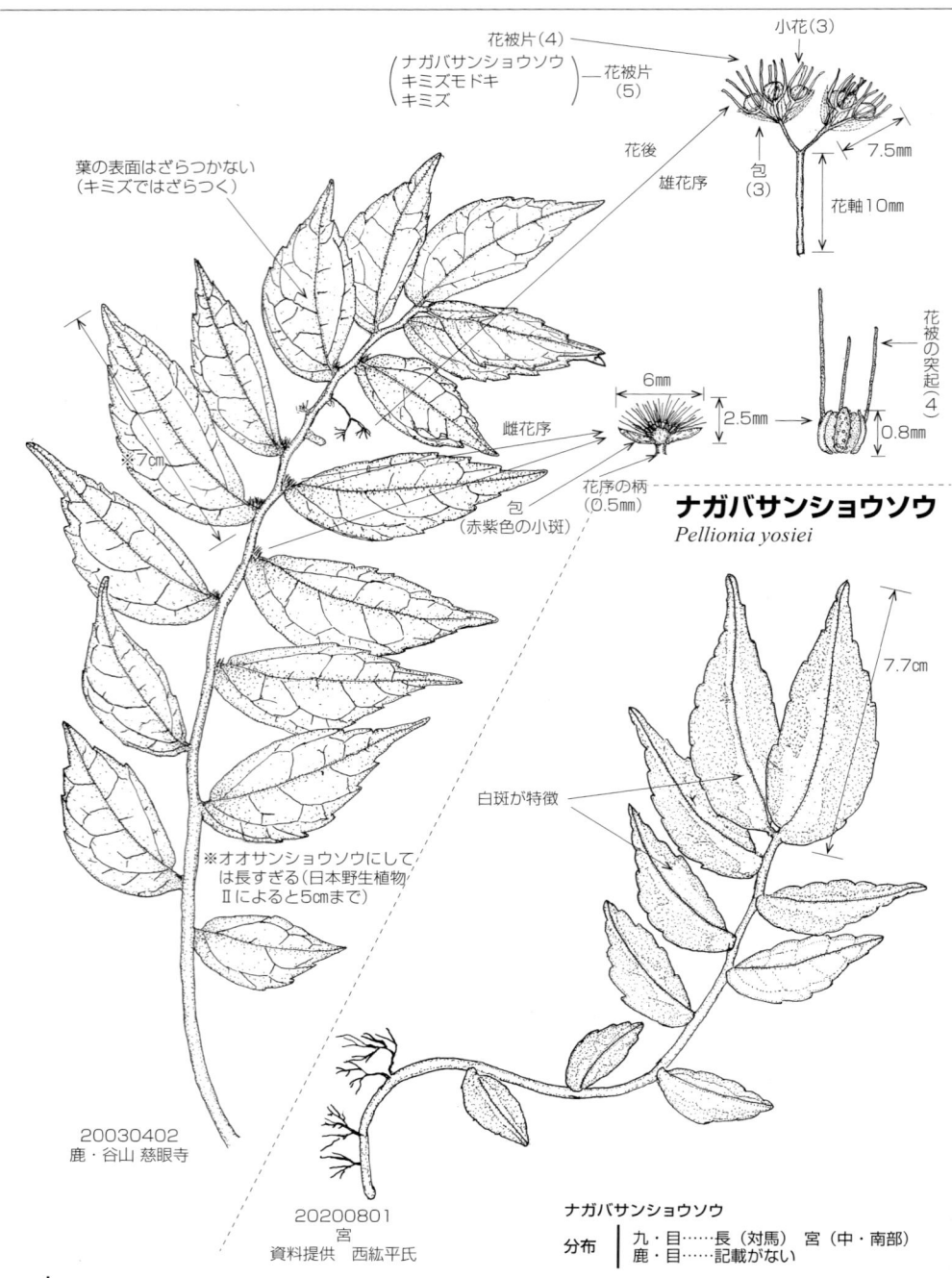

花被片（4）
ナガバサンショウソウ
キミズモドキ
キミズ　—　花被片（5）

小花（3）

花後
雄花序

包（3）
7.5mm
花軸10mm

葉の表面はざらつかない（キミズではざらつく）

※7cm

雌花序

6mm
2.5mm

花被の突起（4）
0.8mm

花序の柄（0.5mm）
包（赤紫色の小斑）

ナガバサンショウソウ
Pellionia yosiei

7.7cm

白斑が特徴

※オオサンショウソウにしては長すぎる（日本野生植物Ⅱによると5cmまで）

20030402
鹿・谷山 慈眼寺

20200801
宮
資料提供 西紘平氏

ナガバサンショウソウ

分布｜九・目……長（対馬）　宮（中・南部）
　　　｜鹿・目……記載がない

分布｜九・目……各県 対（南は屋 黒 悪）
　　　｜鹿・目……甑（尾岳）　鶴田（大俣）　大口（奥十曽 布計）　新川渓谷　重富　福山　高隈山　冠岳　烏帽子岳　屋　黒　悪

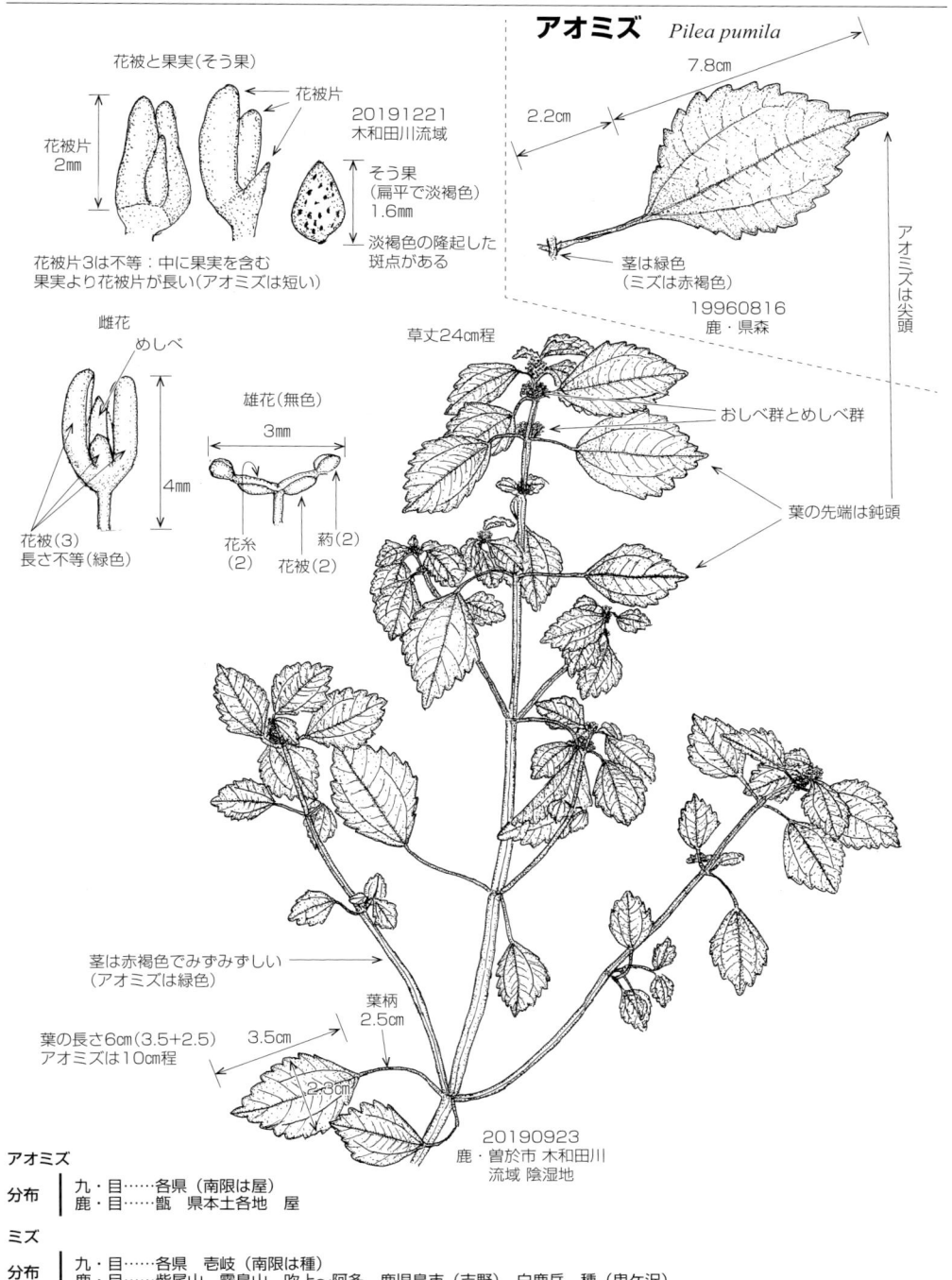

花被と果実（そう果）

花被片

花被片
2mm

花被片
20191221
木和田川流域

そう果
（扁平で淡褐色）
1.6mm

淡褐色の隆起した
斑点がある

花被片3は不等：中に果実を含む
果実より花被片が長い（アオミズは短い）

雌花
めしべ

雄花（無色）
3mm

4mm

花糸
（2）

薬（2）

花被（2）

花被（3）
長さ不等（緑色）

アオミズ　*Pilea pumila*

7.8cm

2.2cm

茎は緑色
（ミズは赤褐色）

19960816
鹿・県森

アオミズは尖頭

草丈24cm程

おしべ群とめしべ群

葉の先端は鈍頭

茎は赤褐色でみずみずしい
（アオミズは緑色）

葉柄
2.5cm

葉の長さ6cm（3.5+2.5）
アオミズは10cm程

3.5cm

2.3cm

20190923
鹿・曽於市 木和田川
流域 陰湿地

アオミズ

分布　九・目……各県（南限は屋）
　　　鹿・目……甑　県本土各地　屋

ミズ

分布　九・目……各県　壱岐（南限は種）
　　　鹿・目……紫尾山　霧島山　吹上〜阿多　鹿児島市（吉野）　白鹿岳　種（鬼ケ沢）

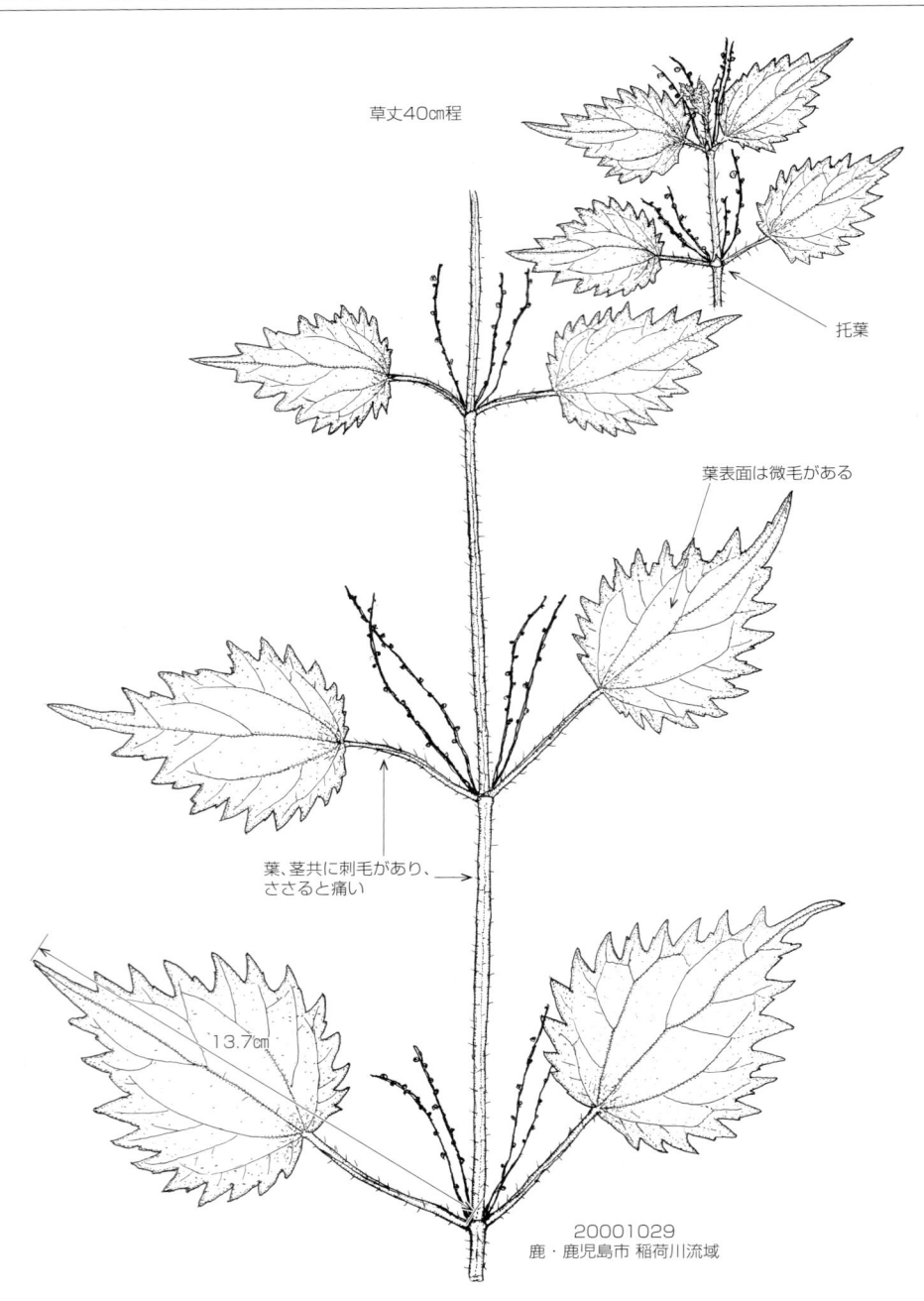

イラクサ　［イラクサ科　イラクサ属］　*Urtica thunbergiana*

草丈40cm程

托葉

葉表面は微毛がある

葉、茎共に刺毛があり、
ささると痛い

13.7cm

20001029
鹿・鹿児島市 稲荷川流域

分布　｜ 九・目……各県（南は種　屋）
　　　｜ 鹿・目……県本土各地　種（南は山川　根占まで）

クロミノオキナワスズメウリ　[ウリ科　スズメウリ属]　*Melothria liukiuensis*

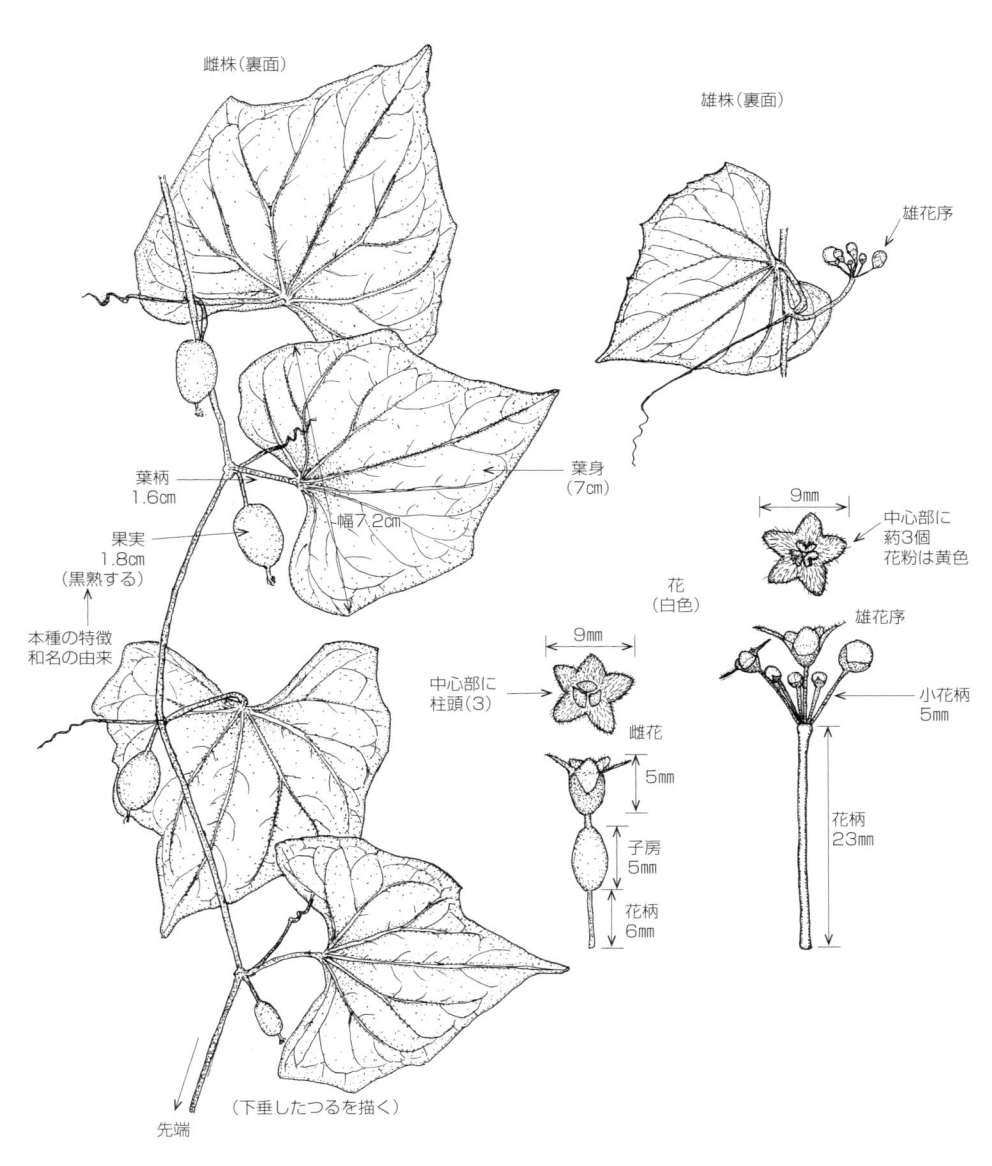

雌株（裏面）

雄株（裏面）

雄花序

葉柄
1.6cm

葉身
（7cm）

幅7.2cm

果実
1.8cm
（黒熟する）

本種の特徴
和名の由来

花
（白色）

9mm

中心部に
葯3個
花粉は黄色

中心部に
柱頭（3）

雌花

雄花序

小花柄
5mm

5mm

子房
5mm

花柄
6mm

花柄
23mm

先端

（下垂したつるを描く）

鹿・奄美徳之島産
資料提供　山﨑重喜氏

分布　｜　九・目……鹿（奄群　口永……北限）
　　　　鹿・目……奄群

スズメウリ　[ウリ科　スズメウリ属]　*Melothria japonica*

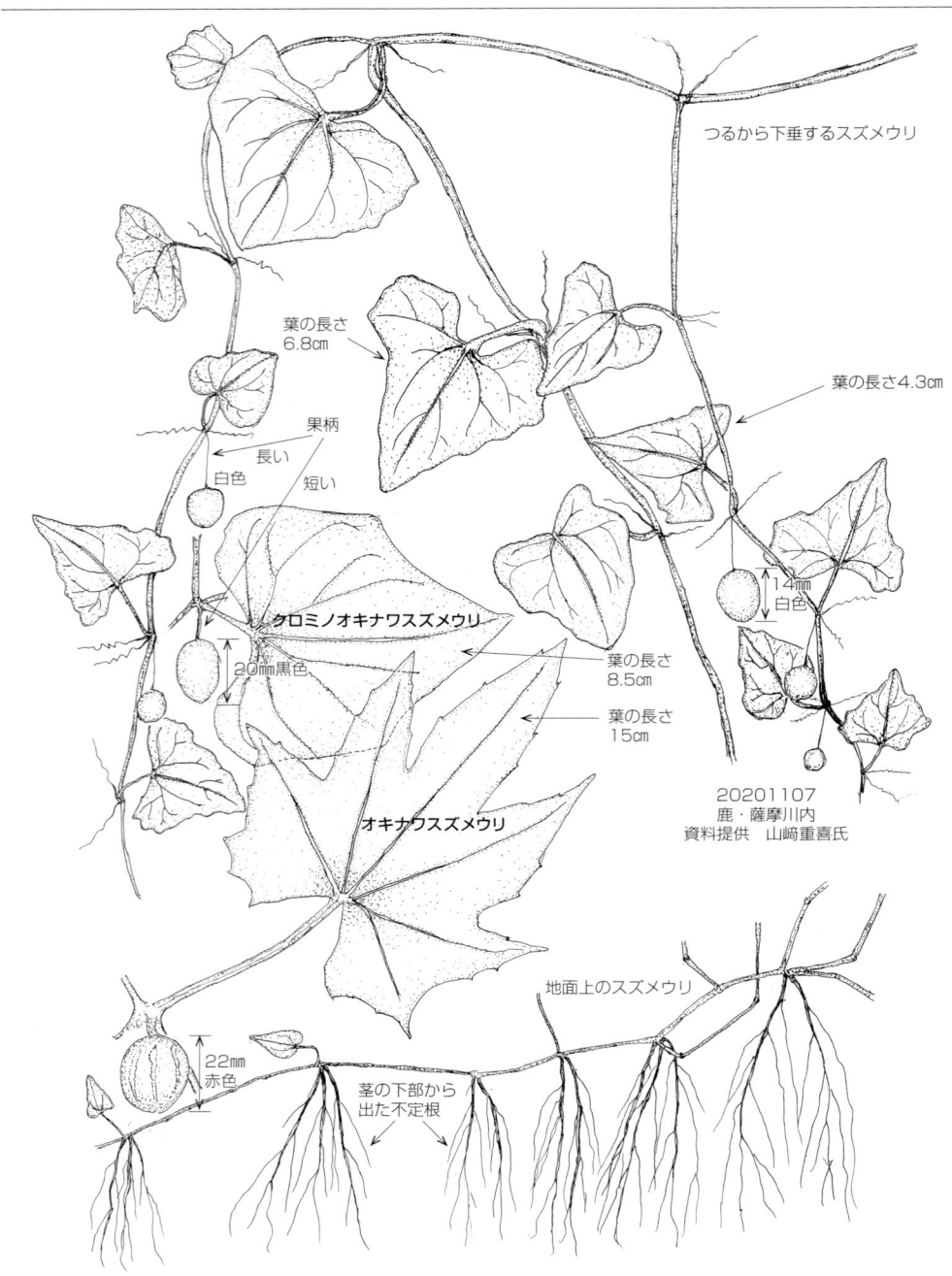

つるから下垂するスズメウリ

葉の長さ
6.8㎝

葉の長さ4.3㎝

果柄

長い

白色

短い

クロミノオキナワスズメウリ

20㎜黒色

14㎜
白色

葉の長さ
8.5㎝

葉の長さ
15㎝

オキナワスズメウリ

20201107
鹿・薩摩川内
資料提供　山﨑重喜氏

地面上のスズメウリ

22㎜
赤色

茎の下部から
出た不定根

分布　┃九・目……各県　対　壱（南限は鹿の加世田）
　　　┃鹿・目……川内　横川　紫尾山　鹿児島市　桜島　五位野　伊作　加世田　牛根

オオカラスウリ　[ウリ科　カラスウリ属]　　*Trichosanthes laceribracteata*

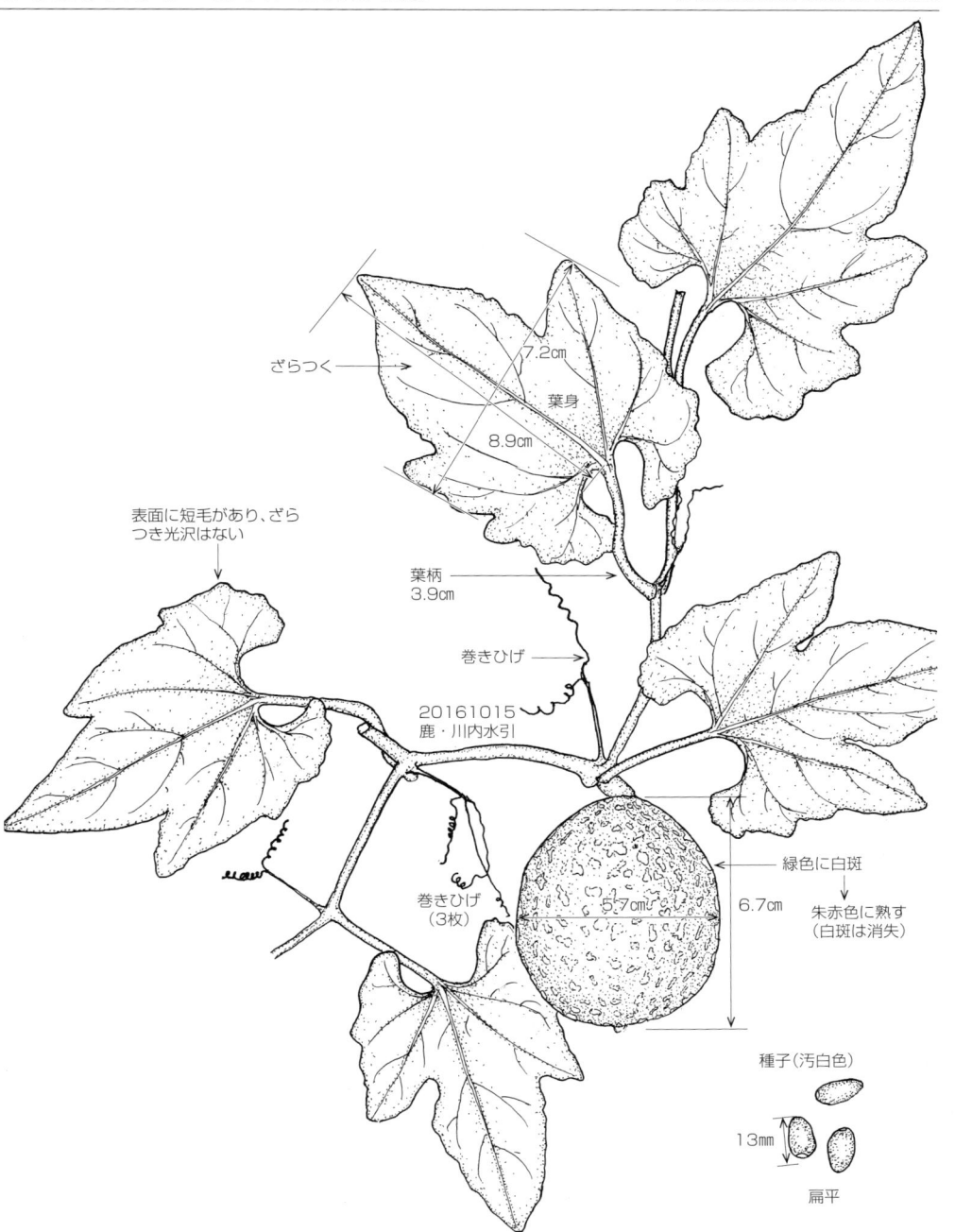

ざらつく

7.2㎝

葉身

8.9㎝

表面に短毛があり、ざら
つき光沢はない

葉柄
3.9㎝

巻きひげ

20161015
鹿・川内水引

巻きひげ
（3枚）

5.7㎝　　6.7㎝

緑色に白斑

朱赤色に熟す
（白斑は消失）

種子（汚白色）

13mm

扁平

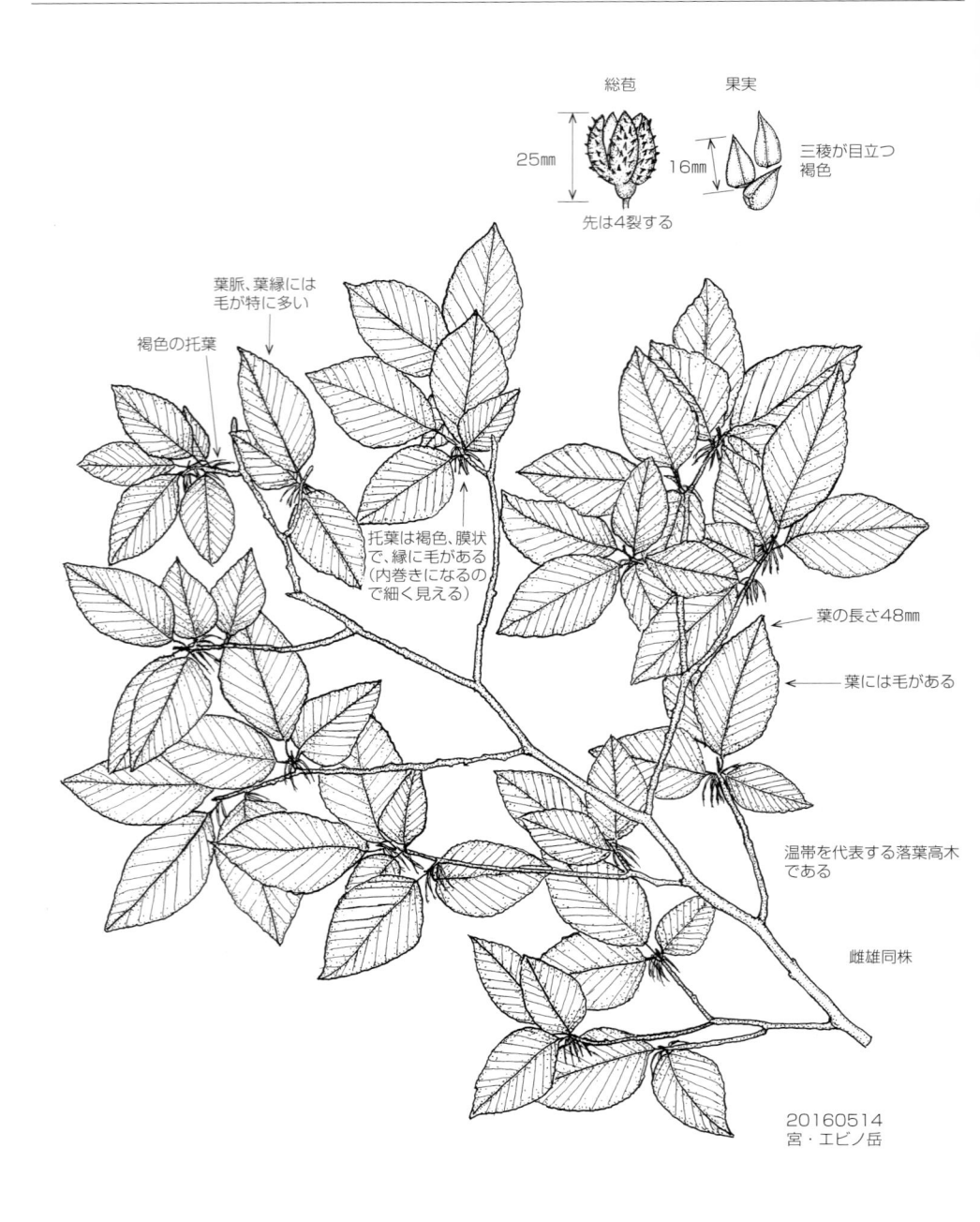

総苞

果実

25㎜

先は4裂する

16㎜

三稜が目立つ
褐色

葉脈、葉縁には
毛が特に多い

褐色の托葉

托葉は褐色、膜状
で、縁に毛がある
（内巻きになるの
で細く見える）

葉の長さ48㎜

葉には毛がある

温帯を代表する落葉高木
である

雌雄同株

20160514
宮・エビノ岳

分布│九・目……各県（南限は鹿の高隈山）
　　│鹿・目……霧島山　栗野岳　紫尾山　高隈山

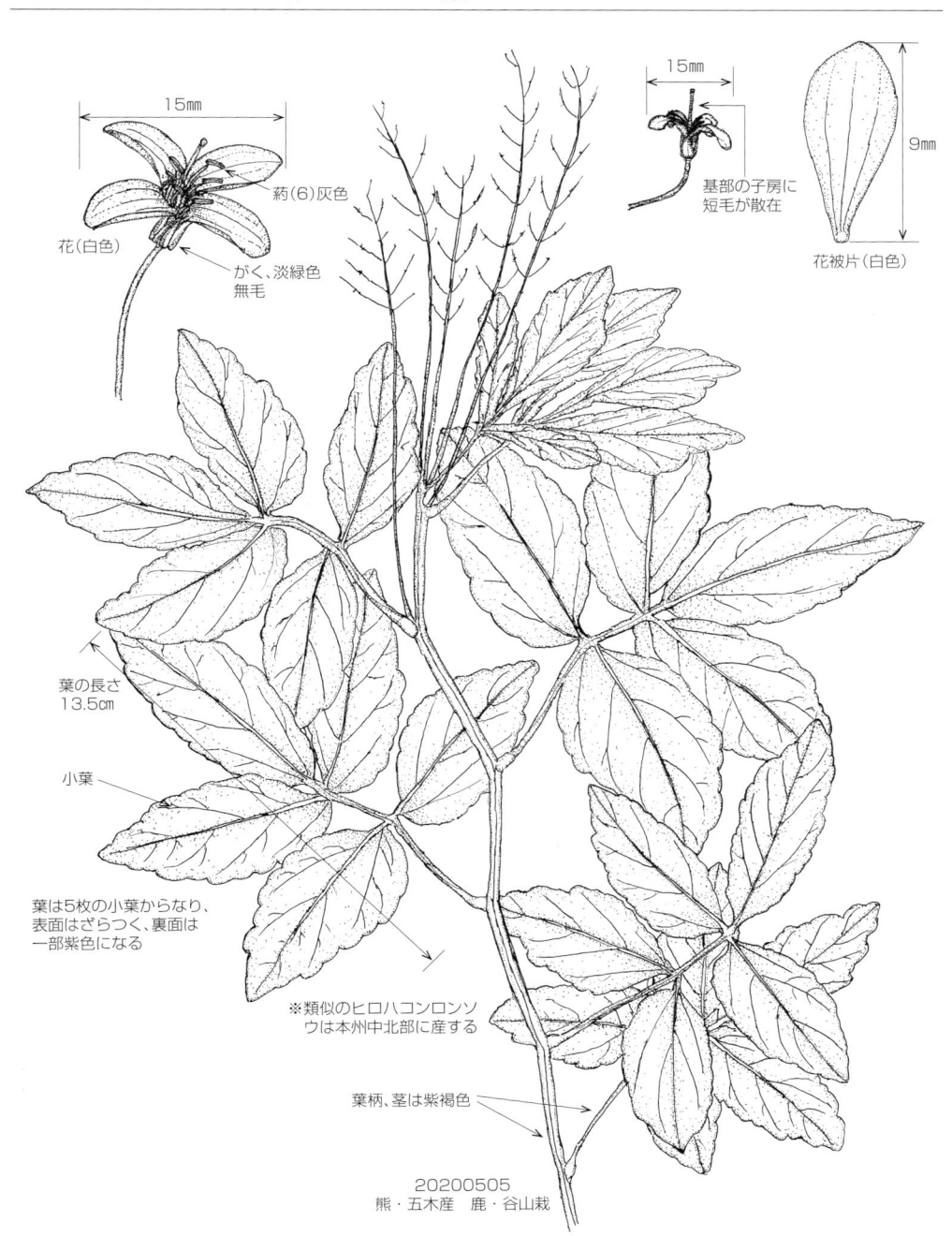

15mm

花（白色）

萢（6）灰色

がく、淡緑色
無毛

15mm

基部の子房に
短毛が散在

9mm

花被片（白色）

葉の長さ
13.5㎝

小葉

葉は5枚の小葉からなり、
表面はざらつく、裏面は
一部紫色になる

※類似のヒロハコンロンソ
ウは本州中北部に産する

葉柄、茎は紫褐色

20200505
熊・五木産　鹿・谷山栽

分布｜九・目……福（稍稀）　大（稍普通）　熊（各地　南は五木－竹ノ川）　佐（羽金山　抽木）　宮（小川岳　諸塚山）
　　　｜鹿・目……記載がない

ミチタネツケバナ　[アブラナ科　タネツケバナ属]　*Cardamine hirsuta*

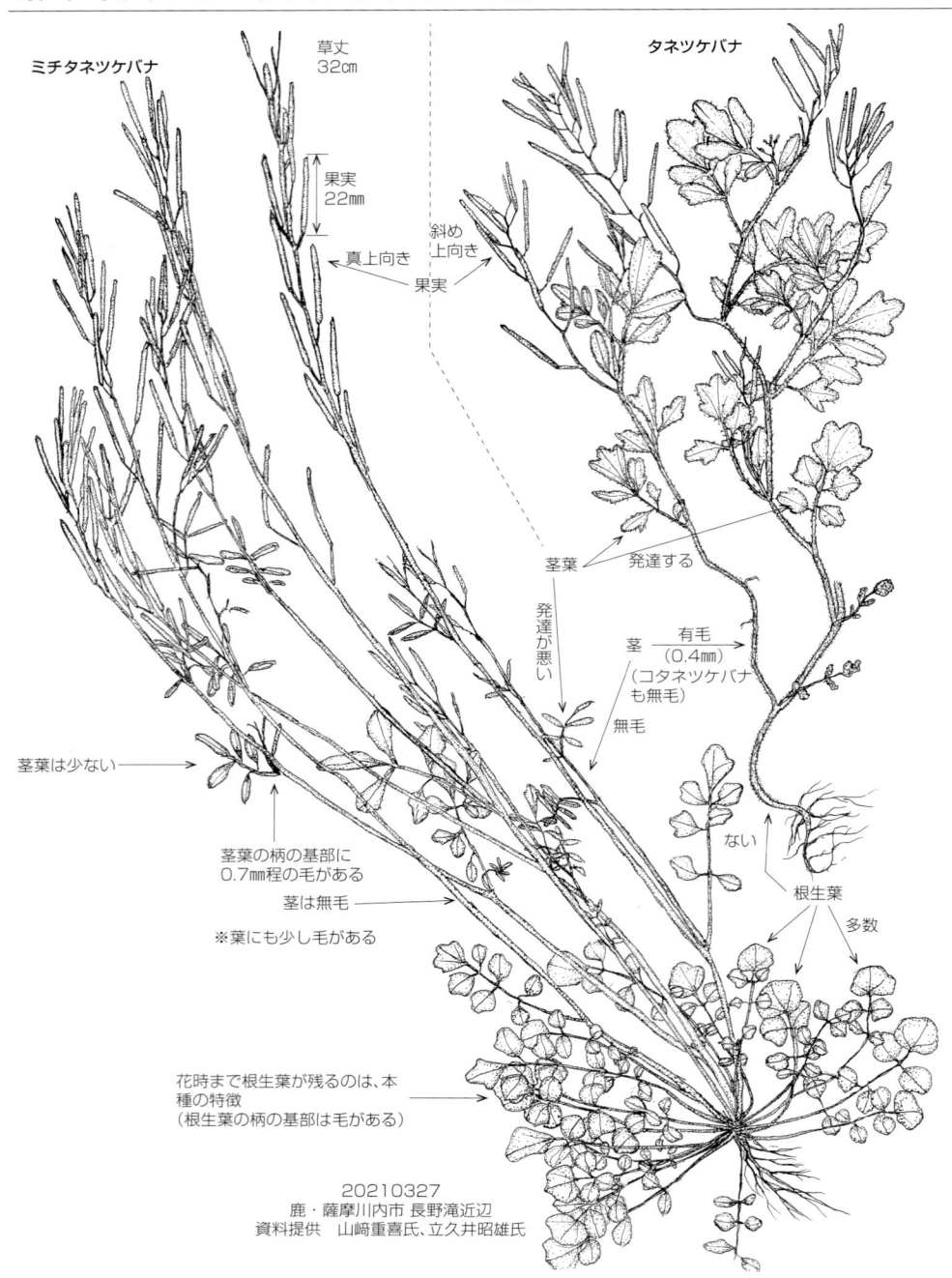

ミチタネツケバナ

タネツケバナ

草丈
32cm

果実
22mm

真上向き ←

斜め
上向き
果実

茎葉

発達する

発達が悪い

茎　　有毛
　　　(0.4mm)
（コタネツケバナ
も無毛）

無毛

茎葉は少ない →

茎葉の柄の基部に
0.7mm程の毛がある

茎は無毛 →

※葉にも少し毛がある

ない

根生葉

多数

花時まで根生葉が残るのは、本
種の特徴
（根生葉の柄の基部は毛がある）

20210327
鹿・薩摩川内市 長野滝近辺
資料提供　山﨑重喜氏、立久井昭雄氏

イヌガンピ（コガンピ）　［ジンチョウゲ科　アオガンピ属］　*Diplomorpha ganpi*

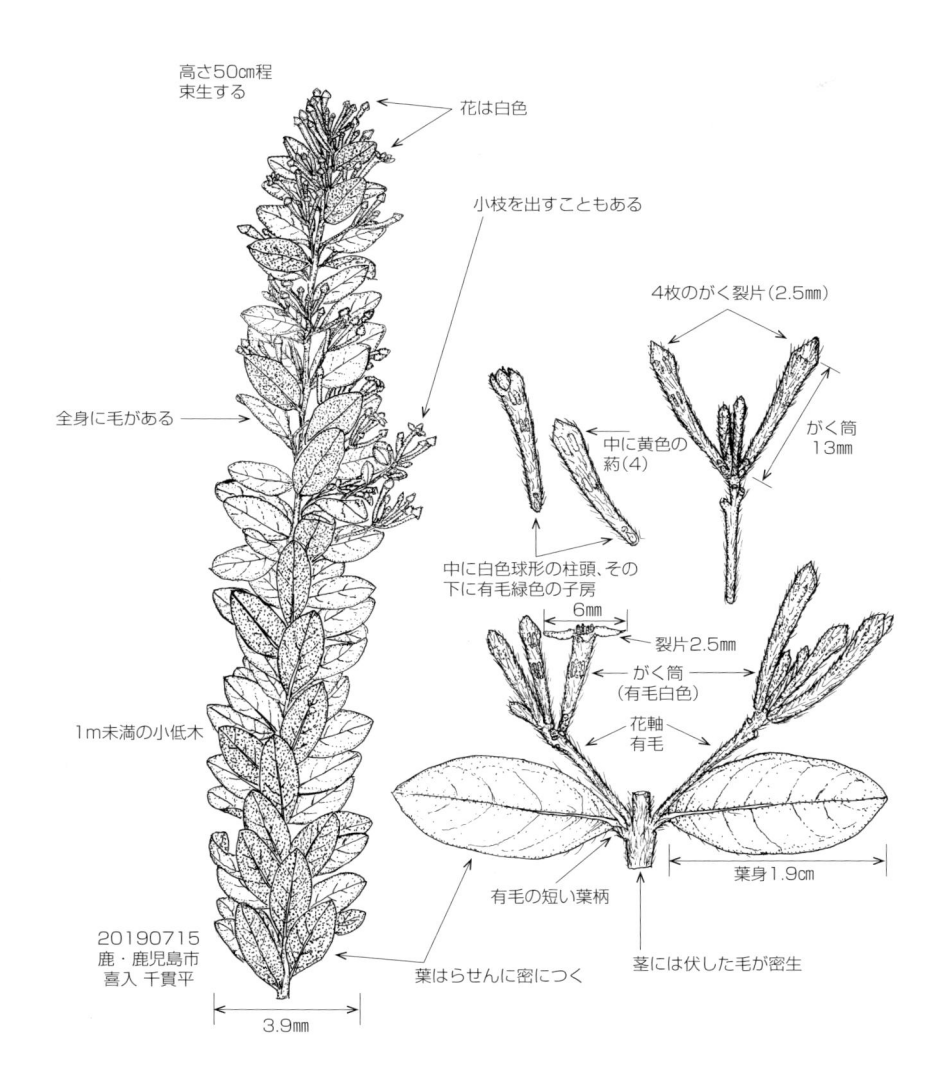

高さ50㎝程
束生する

花は白色

小枝を出すこともある

4枚のがく裂片（2.5㎜）

全身に毛がある

中に黄色の
葯（4）

がく筒
13㎜

中に白色球形の柱頭、その
下に有毛緑色の子房

1m未満の小低木

6㎜

裂片2.5㎜

がく筒
（有毛白色）

花軸
有毛

20190715
鹿・鹿児島市
喜入 千貫平

有毛の短い葉柄

葉身1.9㎝

葉はらせんに密につく

茎には伏した毛が密生

3.9㎜

ウリハダカエデ　[ムクロジ科　カエデ属]

Acer rufinerve

テツカエデ　*Acer nipponicum*

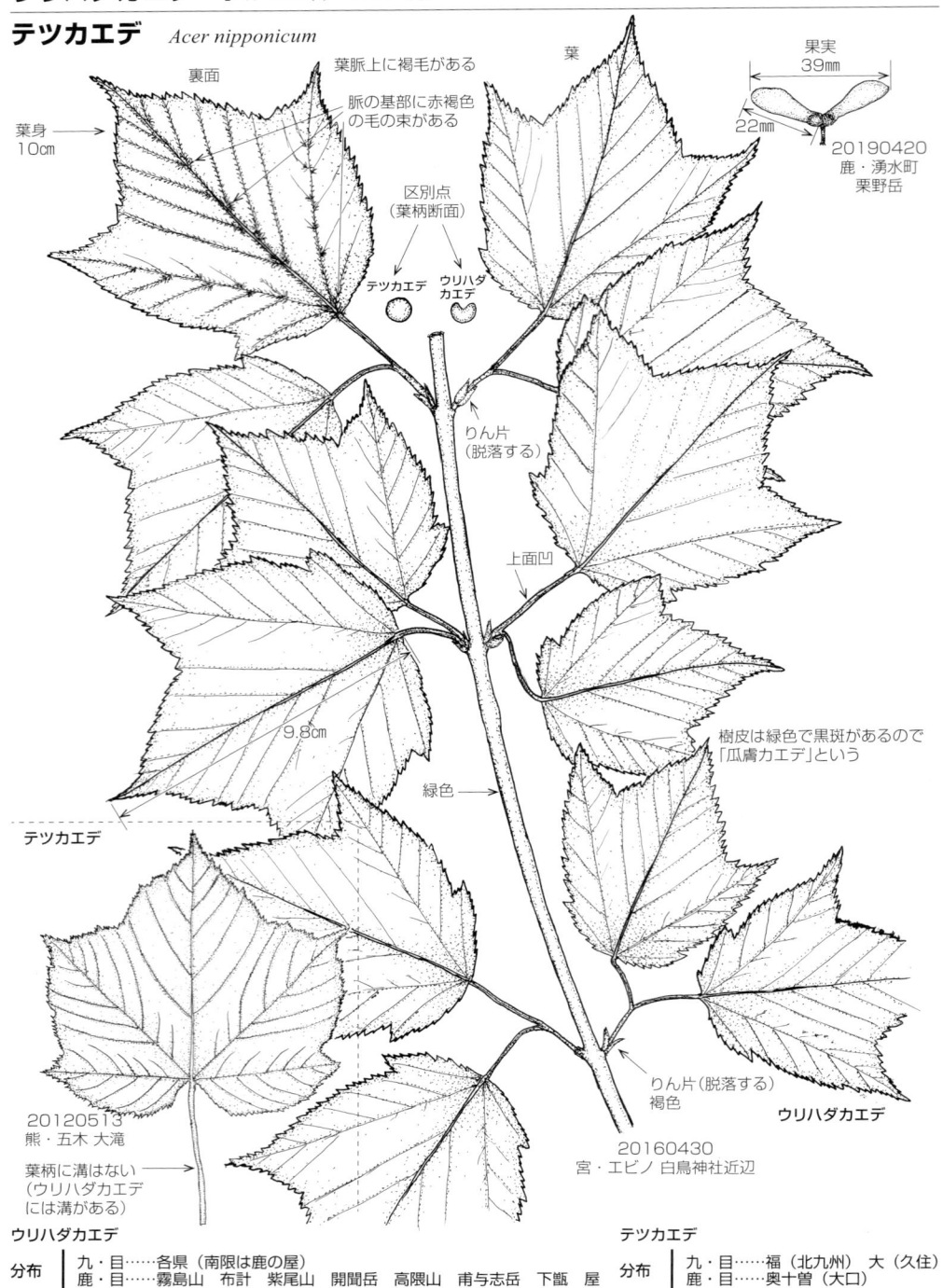

裏面

葉脈上に褐毛がある

脈の基部に赤褐色の毛の束がある

葉身
10cm

区別点
（葉柄断面）

テツカエデ　ウリハダカエデ

葉

果実
39㎜

22㎜

20190420
鹿・湧水町
栗野岳

りん片
（脱落する）

上面凹

9.8cm

樹皮は緑色で黒斑があるので
「瓜膚カエデ」という

緑色

テツカエデ

20120513
熊・五木　大滝

葉柄に溝はない
（ウリハダカエデ
には溝がある）

ウリハダカエデ

りん片（脱落する）
褐色

ウリハダカエデ

20160430
宮・エビノ　白鳥神社近辺

テツカエデ

分布 ▶ 九・目……各県（南限は鹿の屋）
　　　　鹿・目……霧島山　布計　紫尾山　開聞岳　高隈山　甫与志岳　下甑　屋

分布 ▶ 九・目……福（北九州）　大（久住）
　　　　鹿・目……奥十曽（大口）

コハウチワカエデ　[ムクロジ科　カエデ属]　*Acer sieboldianum*

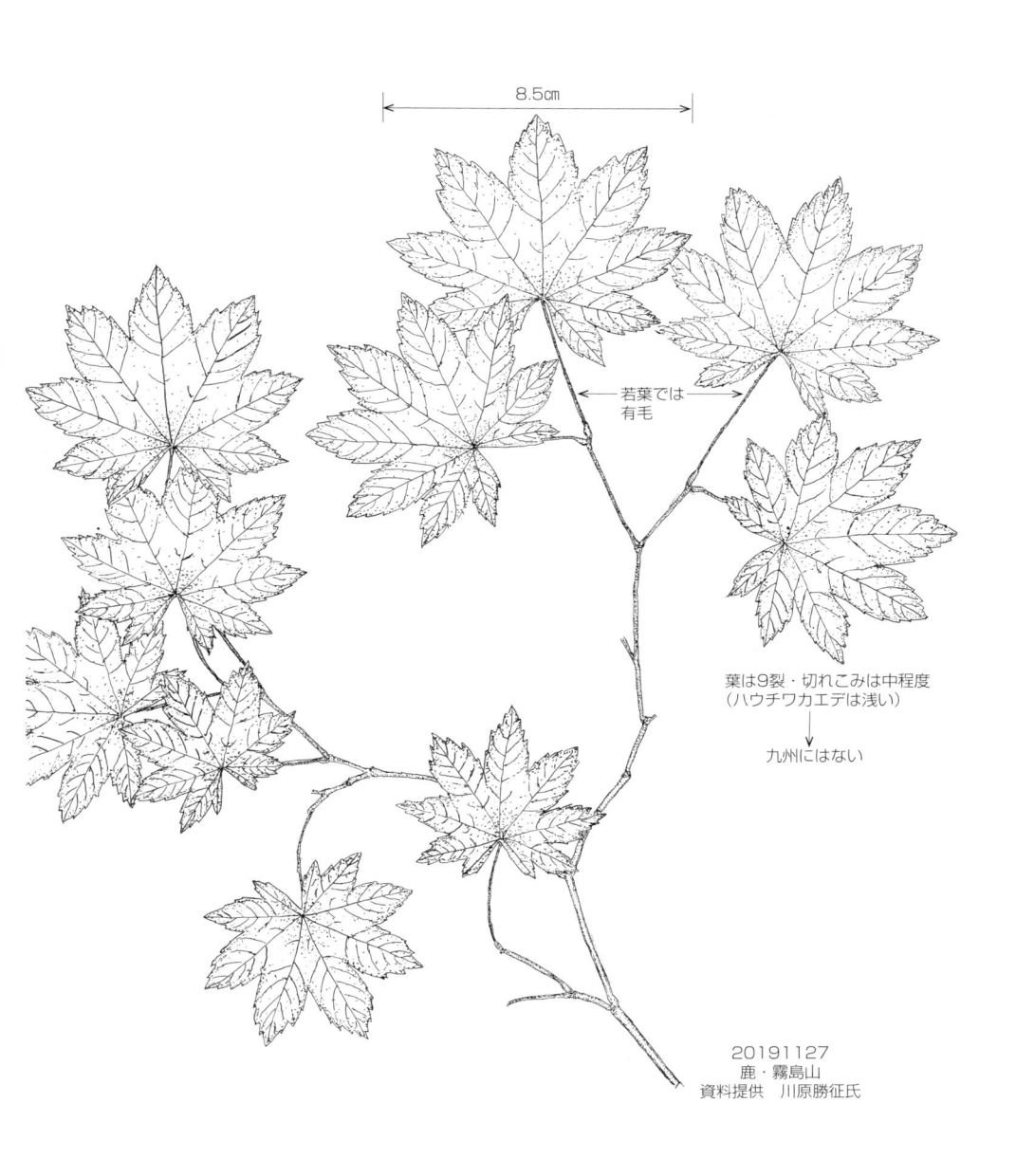

8.5㎝

若葉では
有毛

葉は9裂・切れこみは中程度
（ハウチワカエデは浅い）

九州にはない

20191127
鹿・霧島山
資料提供　川原勝征氏

分布
九・目……各県　対馬（南限は屋）
鹿・目……霧島山　紫尾山　大口（久七峠）　入来峠　高隈山　甫与志岳　野首岳　屋

紅葉

2.6㎝

6㎝

19950819
鹿・県森
栽（中国産）

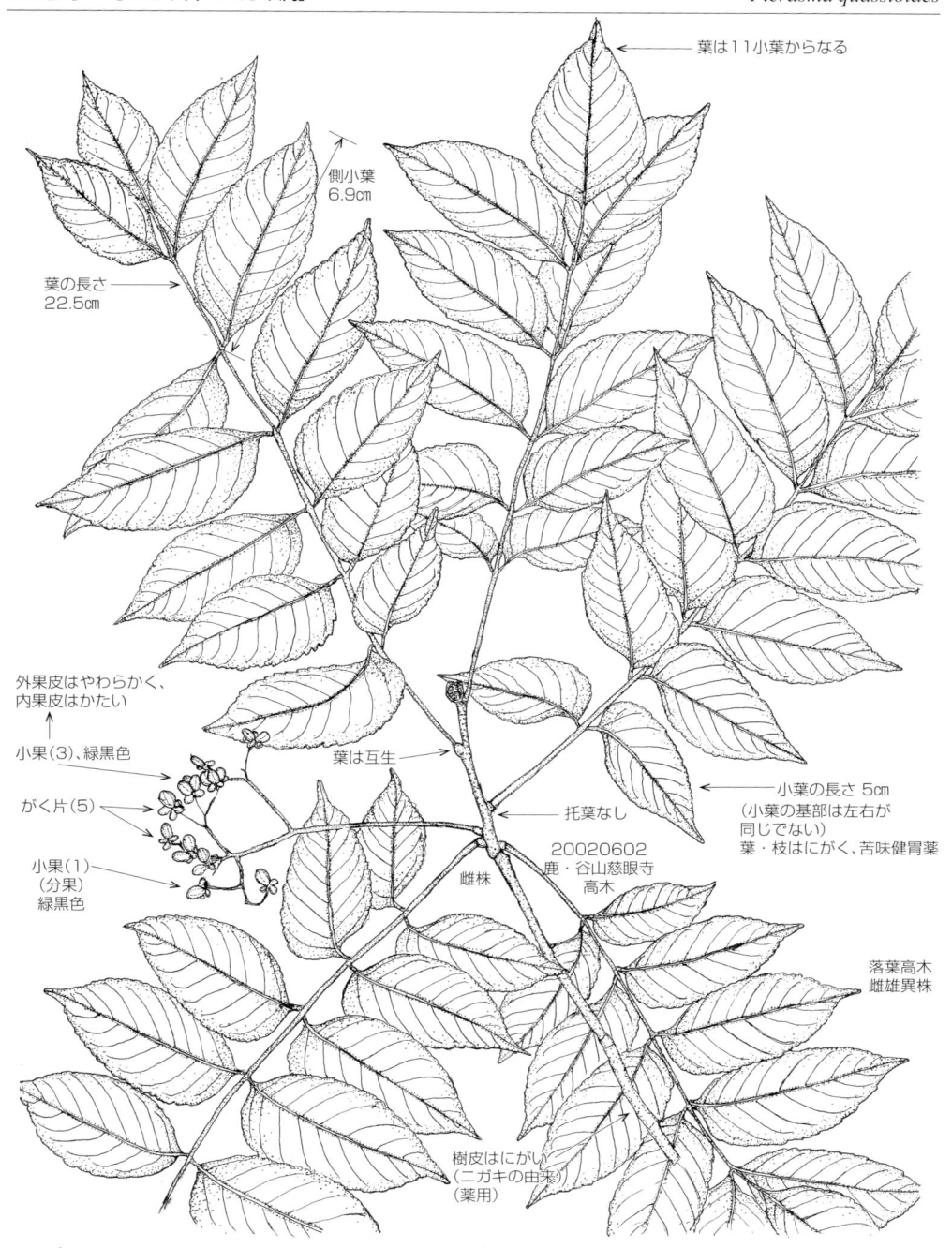

葉は11小葉からなる

側小葉
6.9㎝

葉の長さ
22.5㎝

外果皮はやわらかく、
内果皮はかたい

小果（3）、緑黒色

がく片（5）

葉は互生

托葉なし

20020602
鹿・谷山慈眼寺
高木

雌株

小果（1）
（分果）
緑黒色

小葉の長さ 5㎝
（小葉の基部は左右が
同じでない）
葉・枝はにがく、苦味健胃薬

落葉高木
雌雄異株

樹皮はにがい
（ニガキの由来）
（薬用）

分布 ┃ 九・目……各県（南は奄群）
　　　┃ 鹿・目……甑　県本土各地　種　喜　奄大　徳

カラタチ [ミカン科　ミカン属] *Citrus trifoliana*

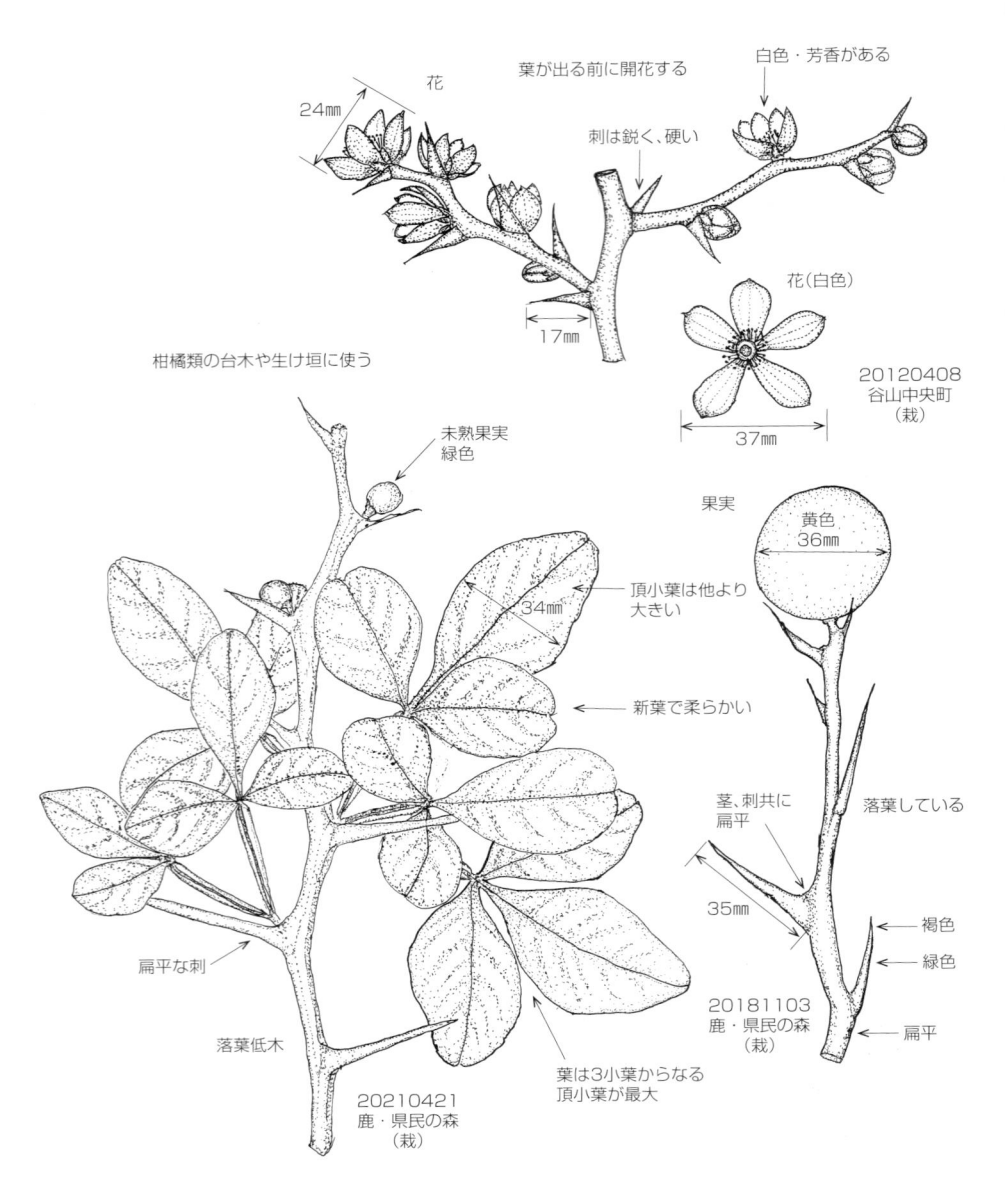

花
24mm

葉が出る前に開花する

白色・芳香がある

刺は鋭く、硬い

花（白色）

20120408
谷山中央町
（栽）

37mm

17mm

柑橘類の台木や生け垣に使う

未熟果実
緑色

頂小葉は他より
大きい
34mm

新葉で柔らかい

果実
黄色
36mm

茎、刺共に
扁平

落葉している

35mm

褐色

緑色

扁平

20181103
鹿・県民の森
（栽）

扁平な刺

落葉低木

20210421
鹿・県民の森
（栽）

葉は3小葉からなる
頂小葉が最大

※ミカン類の台木として利用される

分布　｜　九・目……福（平尾台　香春岳）　長（五島　対馬　壱岐）　中国原産
　　　　｜　鹿・目……記載がない

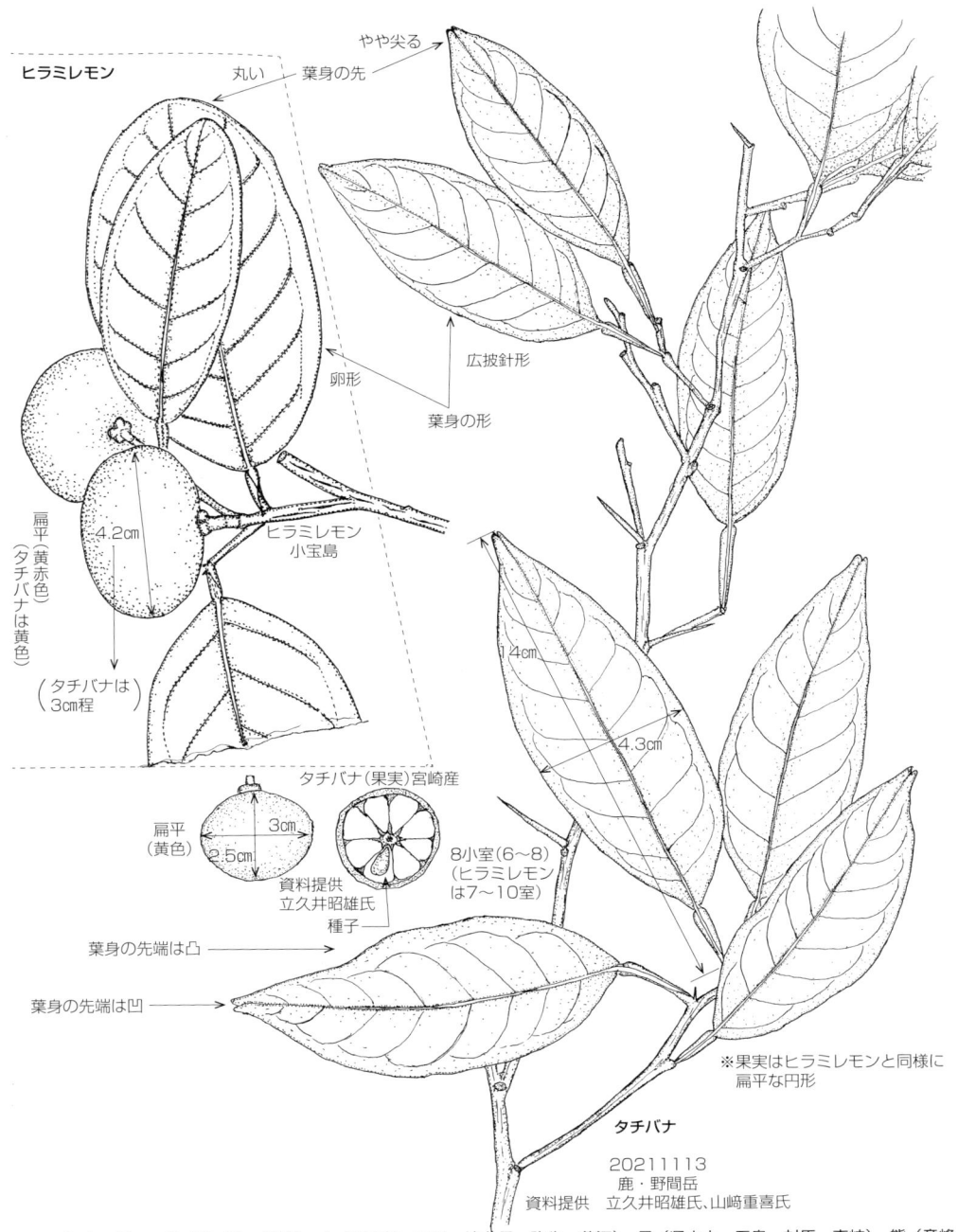

ヒラミレモン

やや尖る
丸い　葉身の先

広披針形

卵形

葉身の形

扁平（黄赤色）
（タチバナは黄色）

←4.2㎝

（タチバナは3㎝程）

ヒラミレモン
小宝島

タチバナ（果実）宮崎産

扁平（黄色）

3cm

2.5cm

資料提供
立久井昭雄氏

種子

8小室（6〜8）
（ヒラミレモンは7〜10室）

葉身の先端は凸

葉身の先端は凹

4cm

4.3㎝

※果実はヒラミレモンと同様に扁平な円形

タチバナ

20211113
鹿・野間岳
資料提供　立久井昭雄氏、山﨑重喜氏

分布

九・目……福（沖ノ島　白島）　大（香々地　国見　津久見　弥生　蒲江）　長（県本土　五島　対馬　壱岐）　熊（竜峰山　河津　天草）　宮（市木〜石破）　鹿

鹿・目……下蒲生　白浜（磯街道）　蔵王山（加治木）　志布志（ビロウ島）　甫与志岳　開聞岳　野間岳　長島　甑屋　種　黒　口之　中　平　悪　奄大　喜

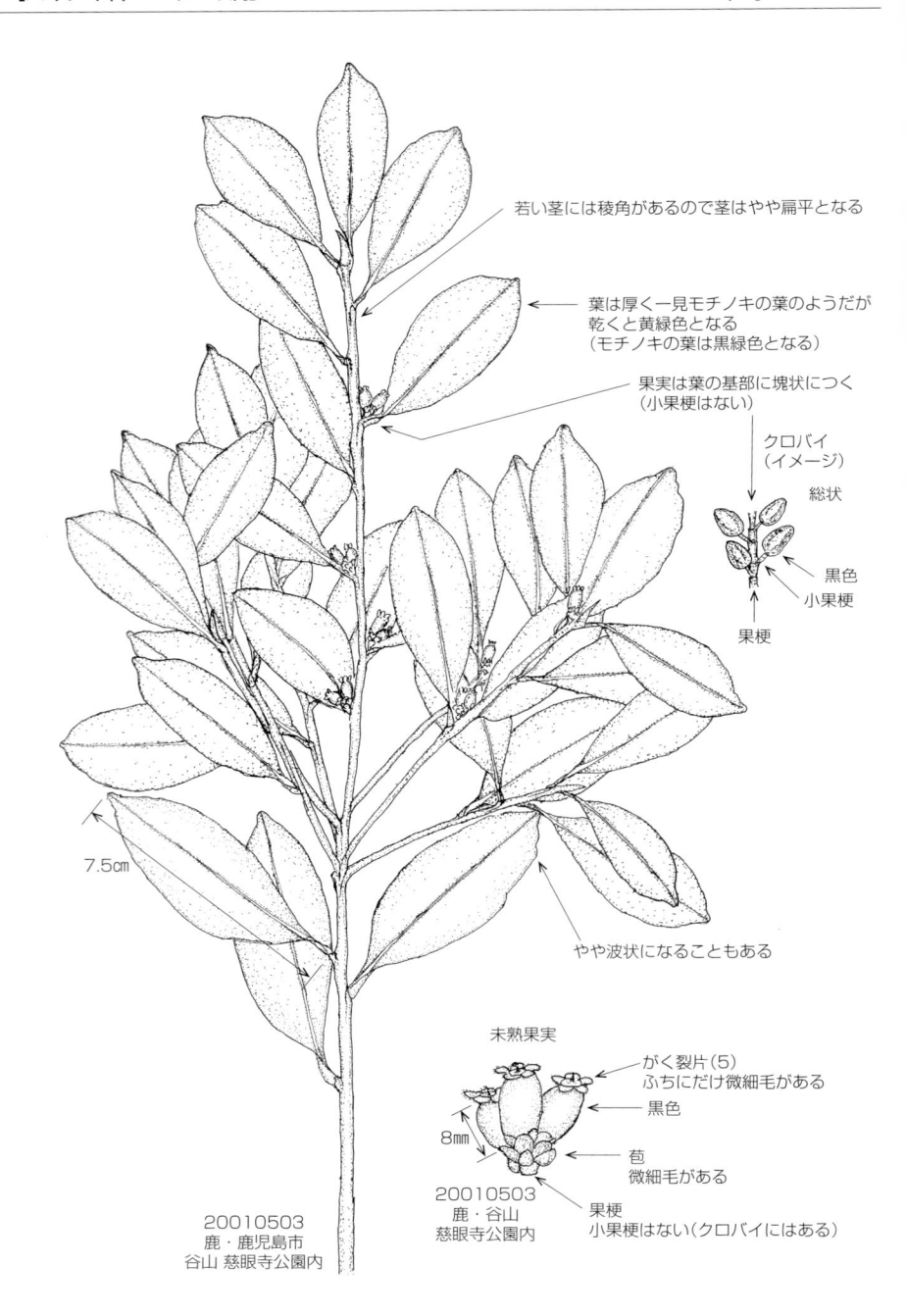

若い茎には稜角があるので茎はやや扁平となる

葉は厚く一見モチノキの葉のようだが
乾くと黄緑色となる
（モチノキの葉は黒緑色となる）

果実は葉の基部に塊状につく
（小果梗はない）

クロバイ
（イメージ）

総状

黒色
小果梗

果梗

7.5cm

やや波状になることもある

未熟果実

がく裂片（5）
ふちにだけ微細毛がある

黒色

苞
微細毛がある

8mm

果梗
小果梗はない（クロバイにはある）

20010503
鹿・鹿児島市
谷山 慈眼寺公園内

20010503
鹿・谷山
慈眼寺公園内

分布 | 九・目……各県（南は奄群）
鹿・目……県本土各地 獅子島 長島 甑 宇治群島 屋 種 黒 口永 中之 臥 諏 悪 奄群

リュウキュウコザクラ　[サクラソウ科　トチナイソウ属]　*Androsace tomentosa*

花

開花時には上を向く、白色
花（径5mm）

草丈9cm程

花後、下を向く、果実
は球形、がくは花後
も残る（宿存がく）

小花梗
30mm
（トチナイソウ5mm以下）

総苞

花冠、果実を除いて、
全身微毛に被われる

海岸近くの草地

20210322　鹿
資料提供　山﨑重喜氏

根生葉

花冠裂片（5）、白色

がく裂片（5）
緑色

5mm

花の中心に柱頭
（1）が見える、周
辺に5個の葯が
見える
（半葯は10個）

花喉部は淡黄色

果実

果実は径3.5mmで
球形

宿存がく

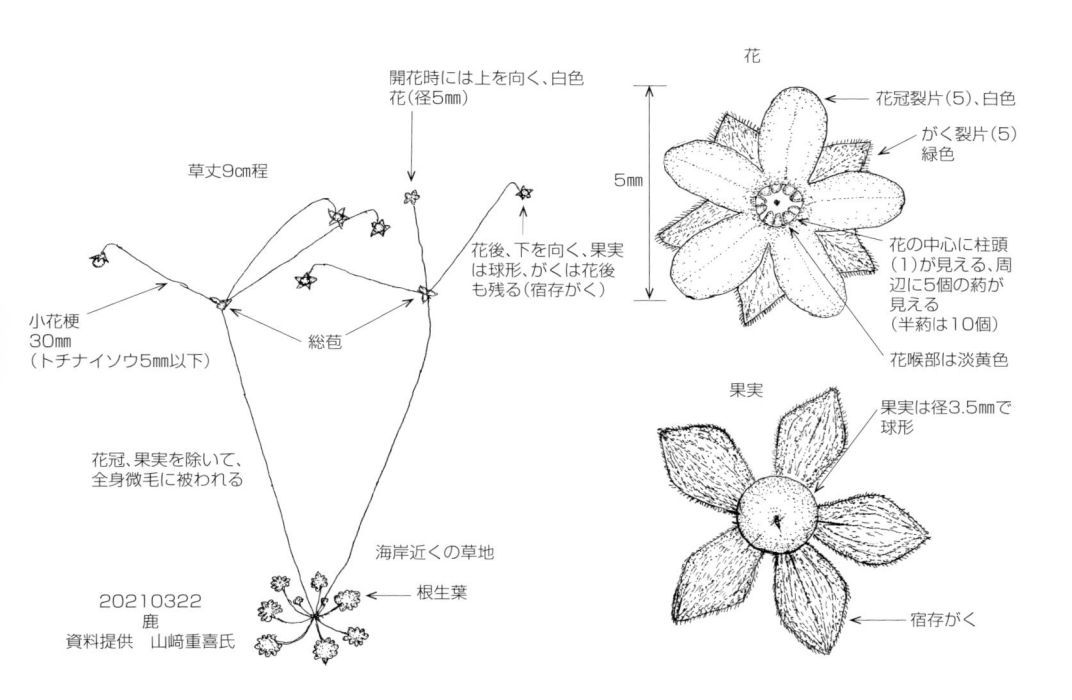

分布　九・目……福（平尾台　香春岳　小倉　福岡）佐（唐津　呼子　鎮西）長（平戸　西彼－江の島～壱岐）鹿
鹿・目……宝　喜　奄大　沖永　与

シロドウダン　［ツツジ科　ドウダンツツジ属］

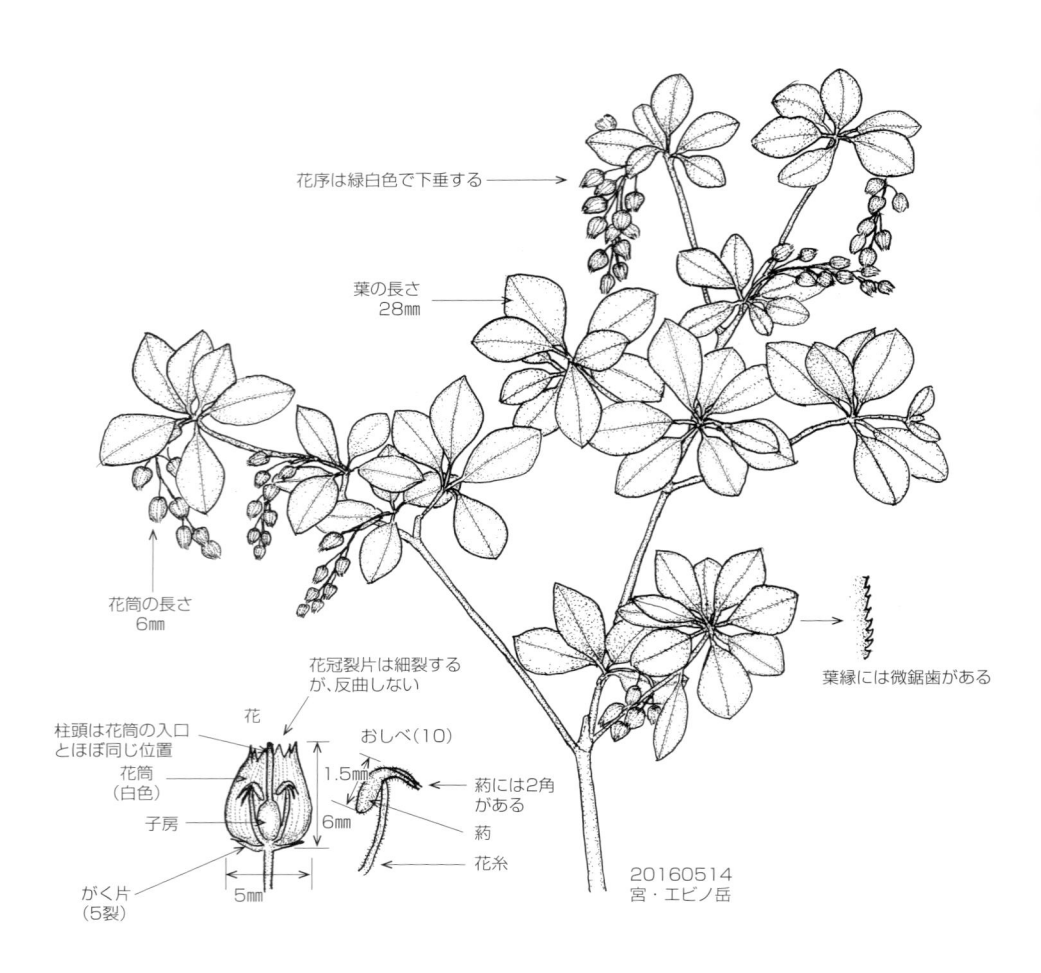

花序は緑白色で下垂する →

葉の長さ
28㎜

花筒の長さ
6㎜

花冠裂片は細裂する
が、反曲しない

花

柱頭は花筒の入口
とほぼ同じ位置

花筒
（白色）

子房

がく片
（5裂）

5㎜

おしべ（10）

1.5㎜

6㎜

葯には2角
がある

葯

花糸

葉縁には微鋸歯がある

20160514
宮・エビノ岳

分布 ┃ 九・目……各県（南限は鹿の根占－野首岳）
　　 ┃ 鹿・目……霧島山　高隈山　稲尾岳　野首岳

288

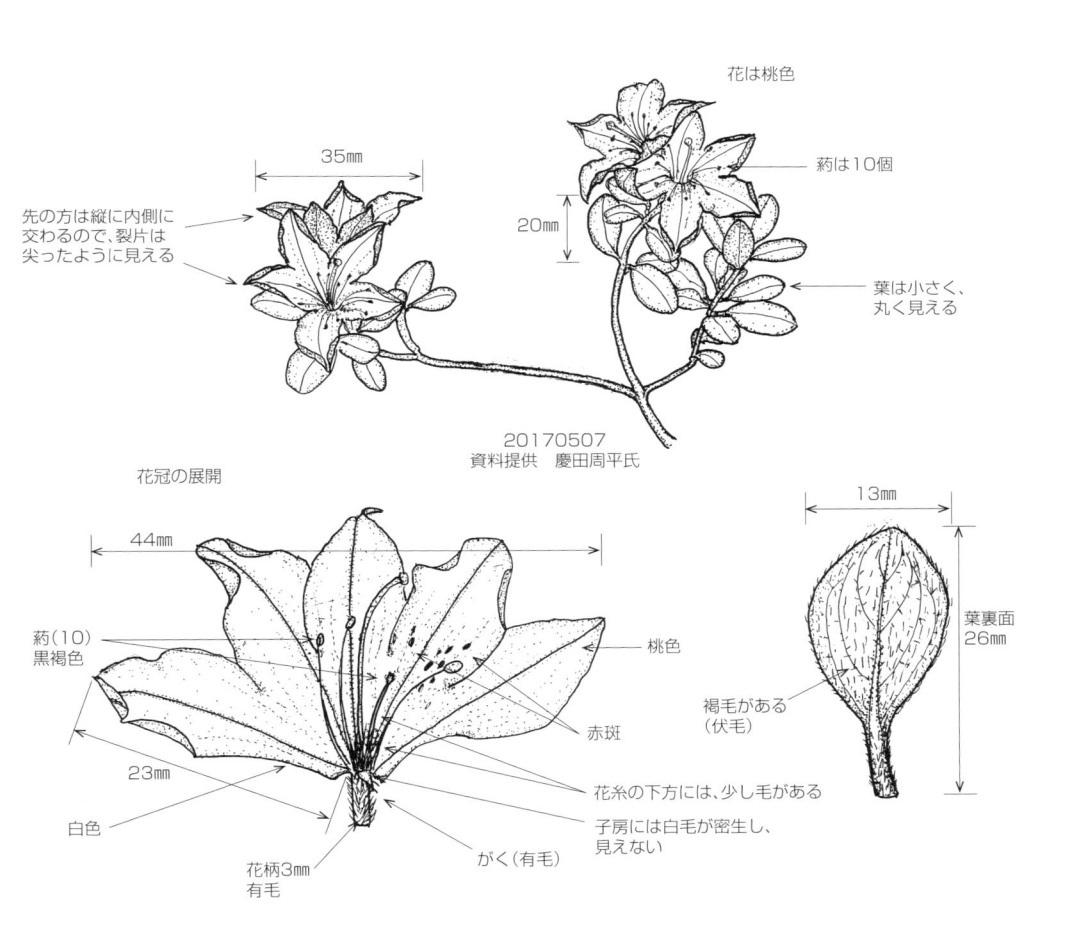

花は桃色

35㎜

薬は10個

先の方は縦に内側に
交わるので、裂片は
尖ったように見える

20㎜

葉は小さく、
丸く見える

20170507
資料提供　慶田周平氏

花冠の展開

44㎜

薬（10）
黒褐色

桃色

赤斑

23㎜

花糸の下方には、少し毛がある

白色

子房には白毛が密生し、
見えない

花柄3㎜
有毛

がく（有毛）

13㎜

葉裏面
26㎜

褐毛がある
（伏毛）

分布　│　九・目……記載がない
　　　│　鹿・目……記載がない

ルリミノキ　[アカネ科　ルリミノキ属]　*Lasianthus japonicus*

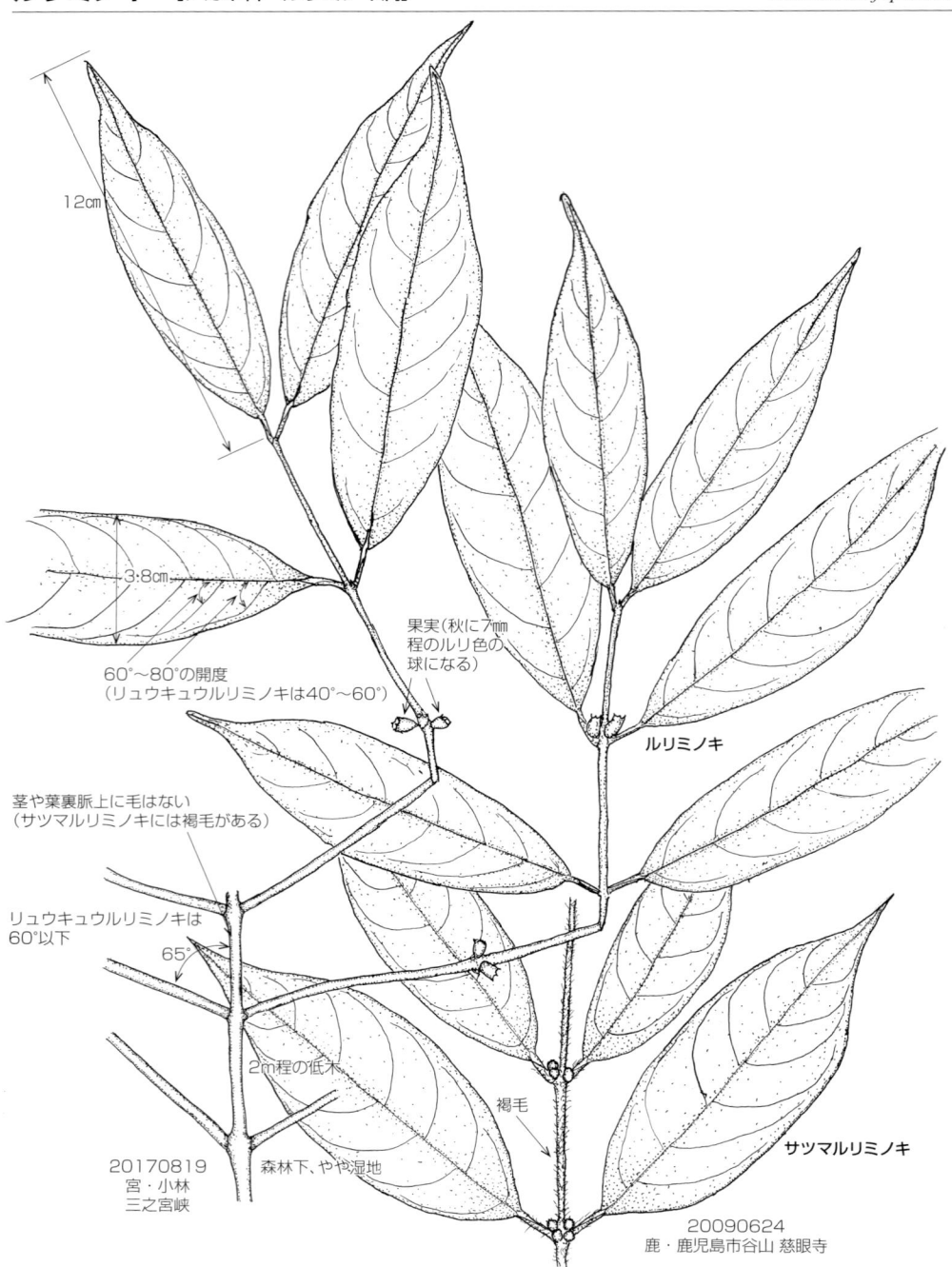

12cm

3:8cm

60°〜80°の開度
（リュウキュウルリミノキは40°〜60°）

果実（秋に7mm
程のルリ色の
球になる）

ルリミノキ

茎や葉裏脈上に毛はない
（サツマルリミノキには褐毛がある）

リュウキュウルリミノキは
60°以下

65°

2m程の低木

森林下、やや湿地

褐毛

サツマルリミノキ

20170819
宮・小林
三之宮峡

20090624
鹿・鹿児島市谷山　慈眼寺

分布　九・目……各県（南限は屋）
　　　鹿・目……大口（間根ケ平）　紫尾山　鶴田　入来峠　冠岳　伊作峠　烏帽子岳　新川渓谷　高隈山　屋

290

カギカズラ　[アカネ科　カギカズラ属]　　*Uncaria rhynchophylla*

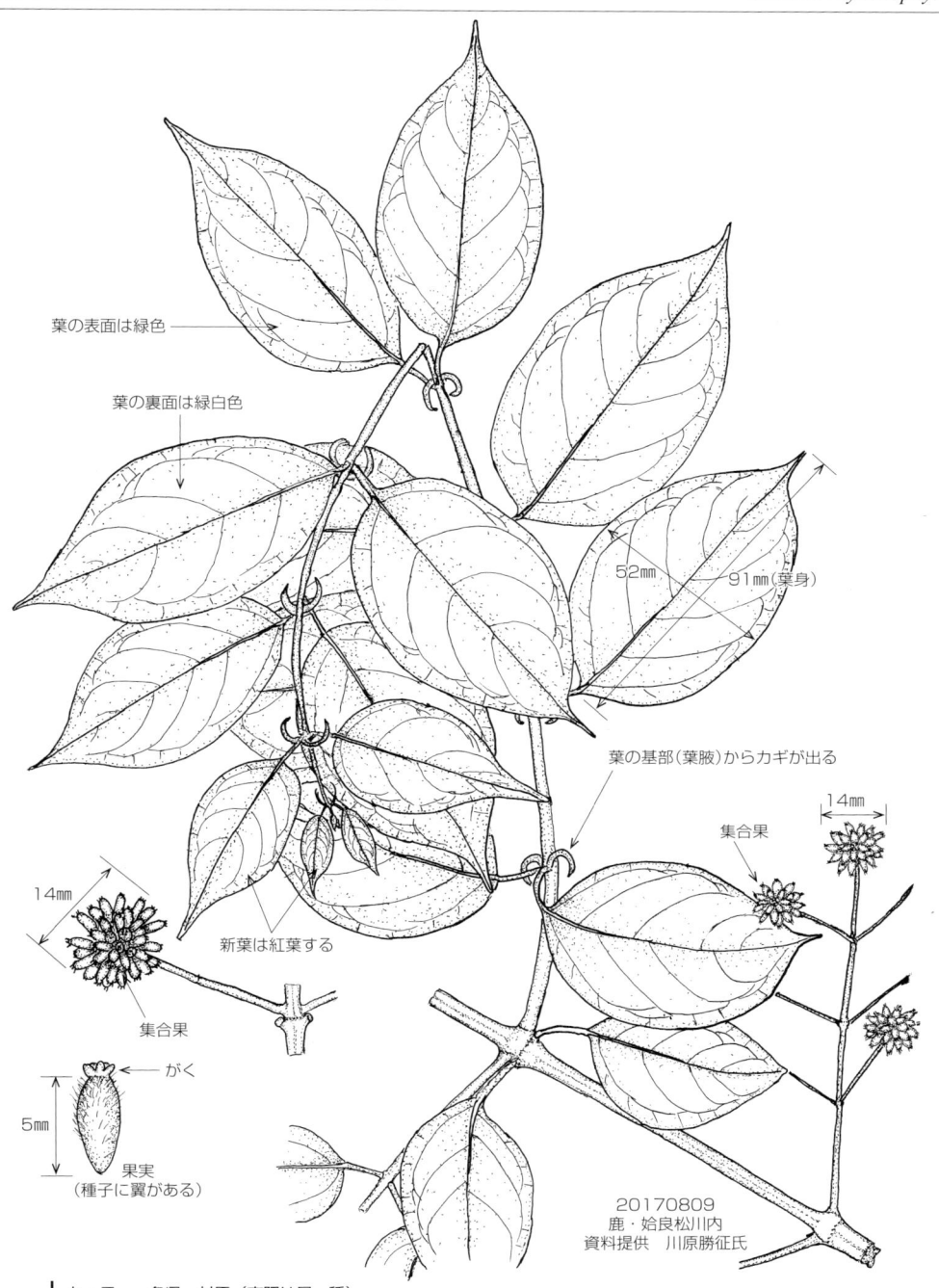

葉の表面は緑色

葉の裏面は緑白色

52㎜　　91㎜(葉身)

葉の基部(葉腋)からカギが出る

14㎜

集合果

14㎜

集合果

新葉は紅葉する

がく

5㎜

果実
（種子に翼がある）

20170809
鹿・姶良松川内
資料提供　川原勝征氏

分布｜九・目……各県　対馬（南限は屋　種）
　　　｜鹿・目……甑　県本土（中、北部に多い）　屋　種

リンドウ　[リンドウ科　リンドウ属]

Gentiana scabra var.*buergeri*

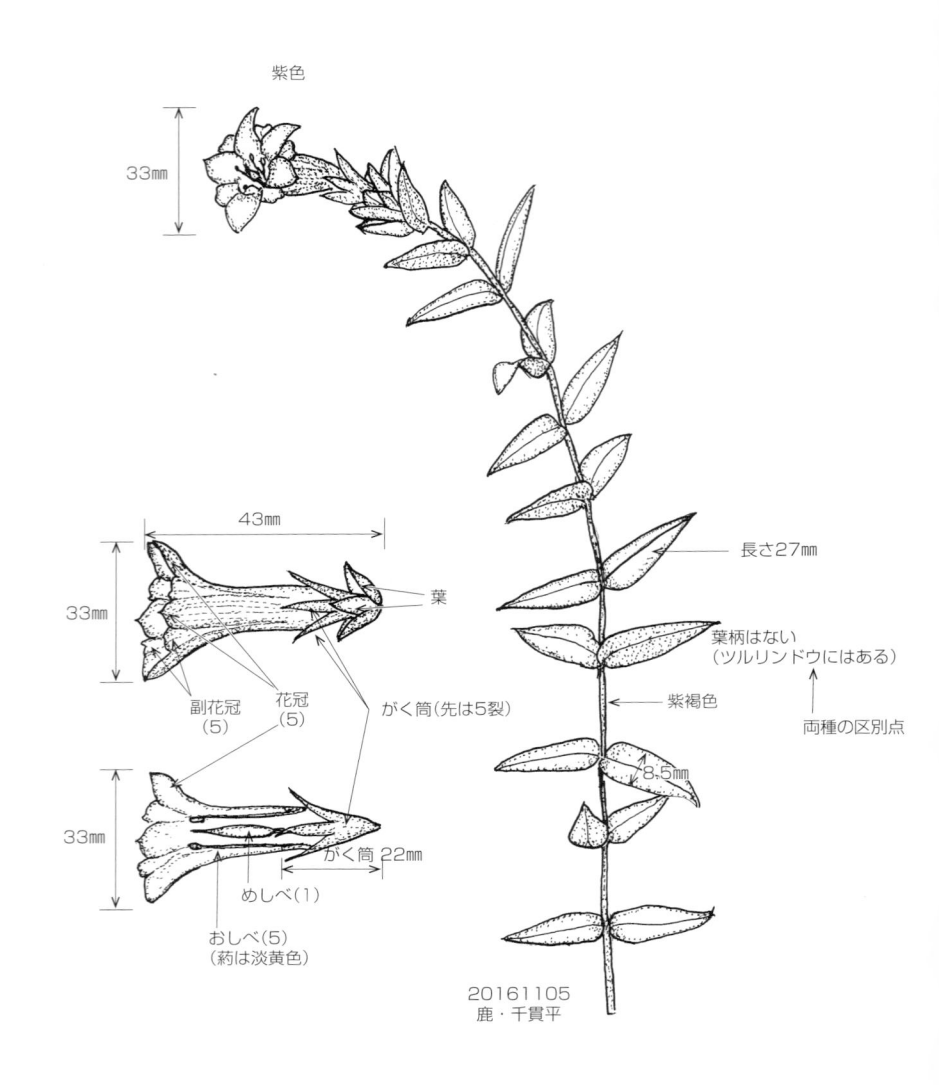

紫色

33㎜

43㎜

33㎜

副花冠
(5)

花冠
(5)

がく筒(先は5裂)

葉

長さ27㎜

葉柄はない
(ツルリンドウにはある)

紫褐色

両種の区別点

8.5㎜

33㎜

がく筒 22㎜

めしべ(1)

おしべ(5)
(葯は淡黄色)

20161105
鹿・千貫平

分布 | 九・目……各県（南は奄　喜　徳　沖永）
鹿・目……県本土　甑　屋　種　喜　奄大　徳

ヘツカリンドウ [リンドウ科 センブリ属]

Swertia tashiroi

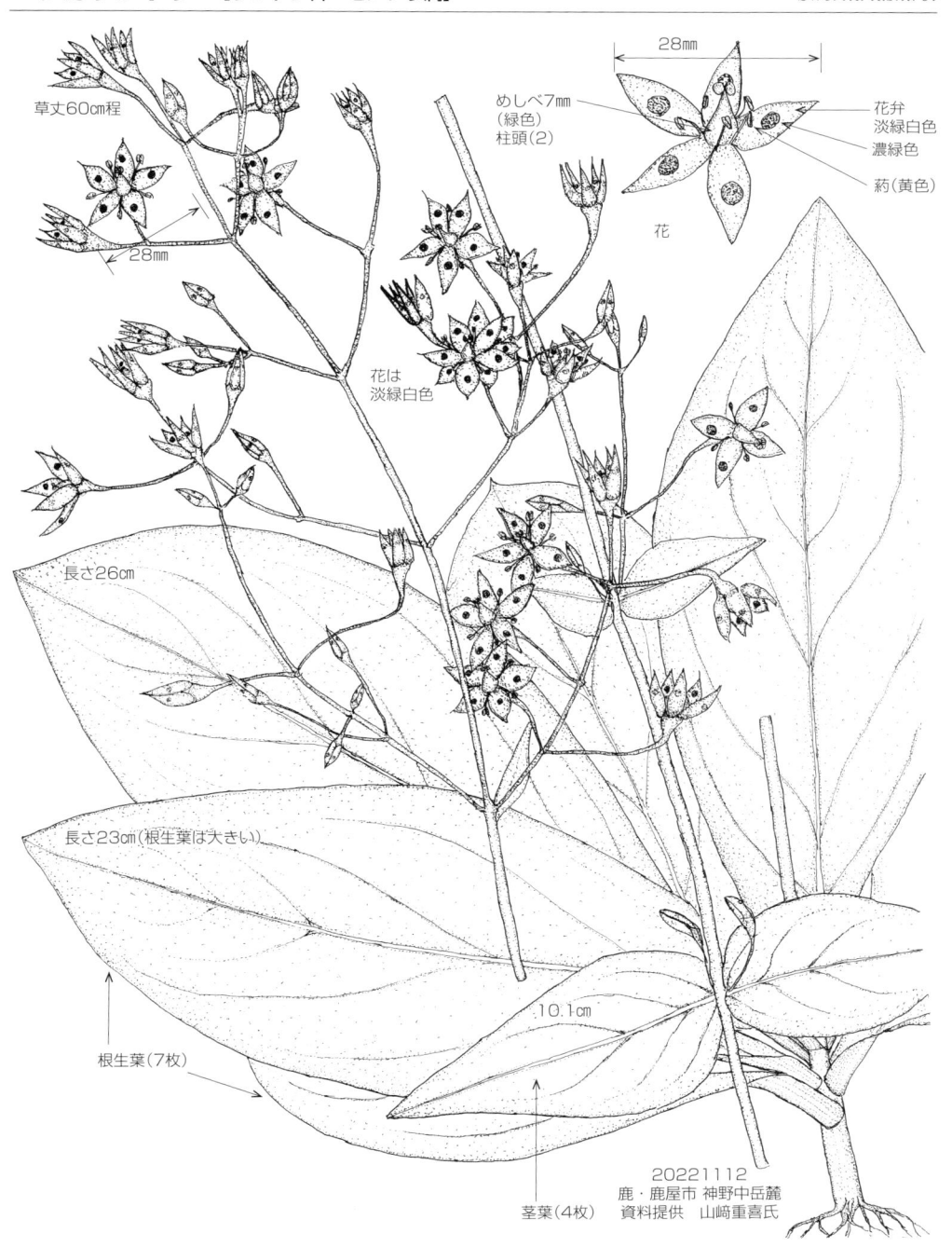

草丈60cm程

28mm

めしべ7mm
(緑色)
柱頭(2)

花弁
淡緑白色
濃緑色

萼(黄色)

花

花は
淡緑白色

長さ26cm

長さ23cm(根生葉は大きい)

10.1cm

根生葉(7枚)

20221112
鹿・鹿屋市 神野中岳麓
資料提供 山﨑重喜氏

茎葉(4枚)

トウワタ　[キョウチクトウ科　トウワタ属]

Asclepias curassavica

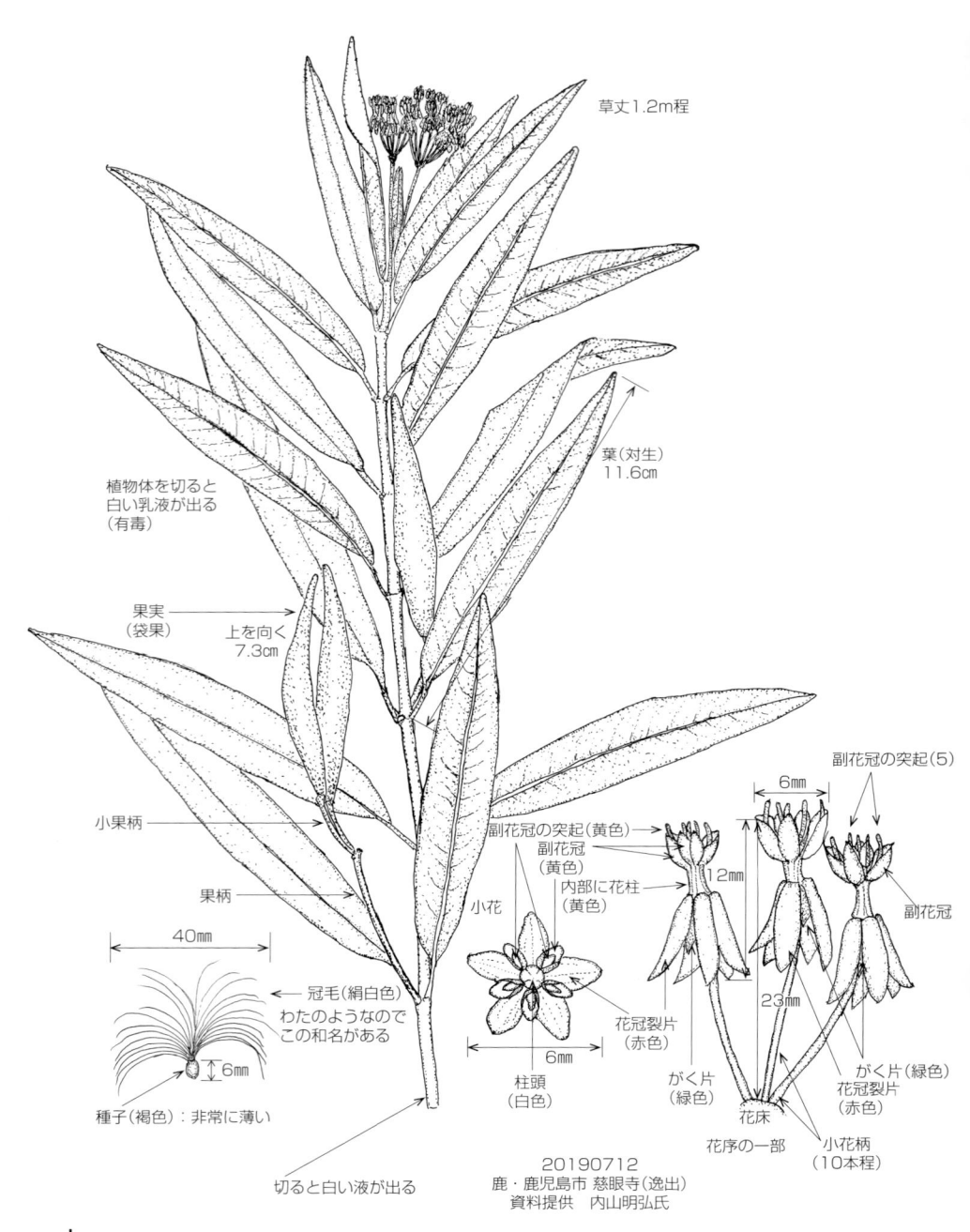

草丈1.2m程

葉(対生)
11.6cm

植物体を切ると
白い乳液が出る
(有毒)

果実
(袋果)　上を向く
7.3cm

小果柄

果柄

40mm

冠毛(絹白色)
わたのようなので
この和名がある

6mm

種子(褐色):非常に薄い

切ると白い液が出る

小花

副花冠の突起(黄色)
副花冠
(黄色)
内部に花柱
(黄色)

花冠裂片
(赤色)

柱頭
(白色)

6mm

副花冠の突起(5)

6mm

12mm

23mm

副花冠

がく片(緑色)
花冠裂片
(赤色)

がく片
(緑色)

花床

花序の一部

小花柄
(10本程)

20190712
鹿・鹿児島市 慈眼寺(逸出)
資料提供　内山明弘氏

分布 ｜ 九・目……鹿（奄群）
｜ 鹿・目……奄群逸出　熱帯アメリカ原産

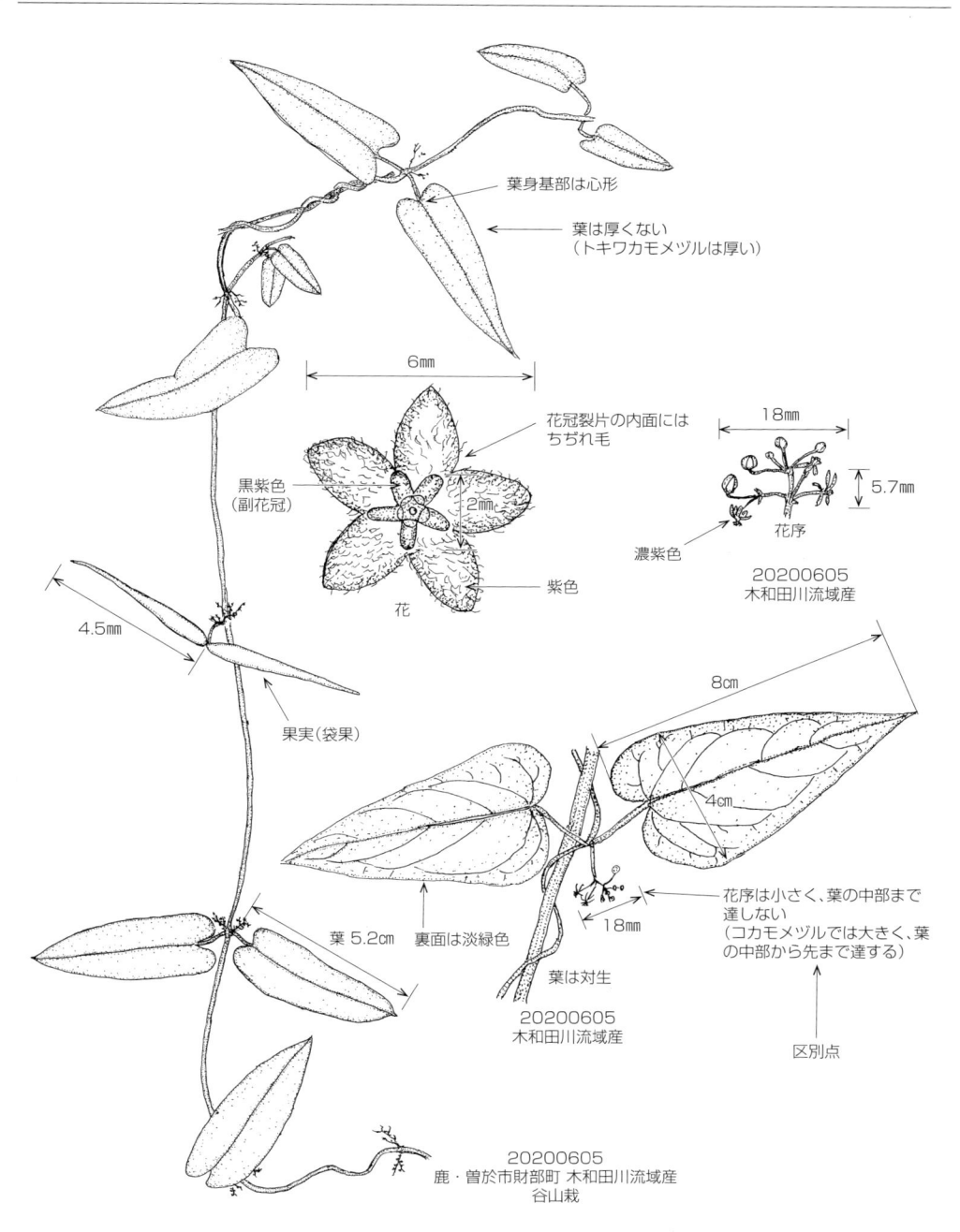

葉身基部は心形

葉は厚くない
（トキワカモメヅルは厚い）

6mm

花冠裂片の内面には
ちぢれ毛

18mm

5.7mm

黒紫色
（副花冠）

2mm

花序

紫色

濃紫色

花

20200605
木和田川流域産

4.5mm

8cm

果実（袋果）

4cm

葉 5.2cm

裏面は淡緑色

花序は小さく、葉の中部まで
達しない
（コカモメヅルでは大きく、葉
の中部から先まで達する）

18mm

葉は対生

20200605
木和田川流域産

区別点

20200605
鹿・曽於市財部町 木和田川流域産
谷山栽

分布 ｜ 九・目……各県
　　　　｜ 鹿・目……霧島山　紫尾山　大鳥峡　高隈山　高山　内之浦　甫与志岳　稲尾岳　花瀬　大平尾　甑　屋（南限）　黒

オキナワシタキヅル　[キョウチクトウ科　キジョラン属]　*Stephanotis mucronata*

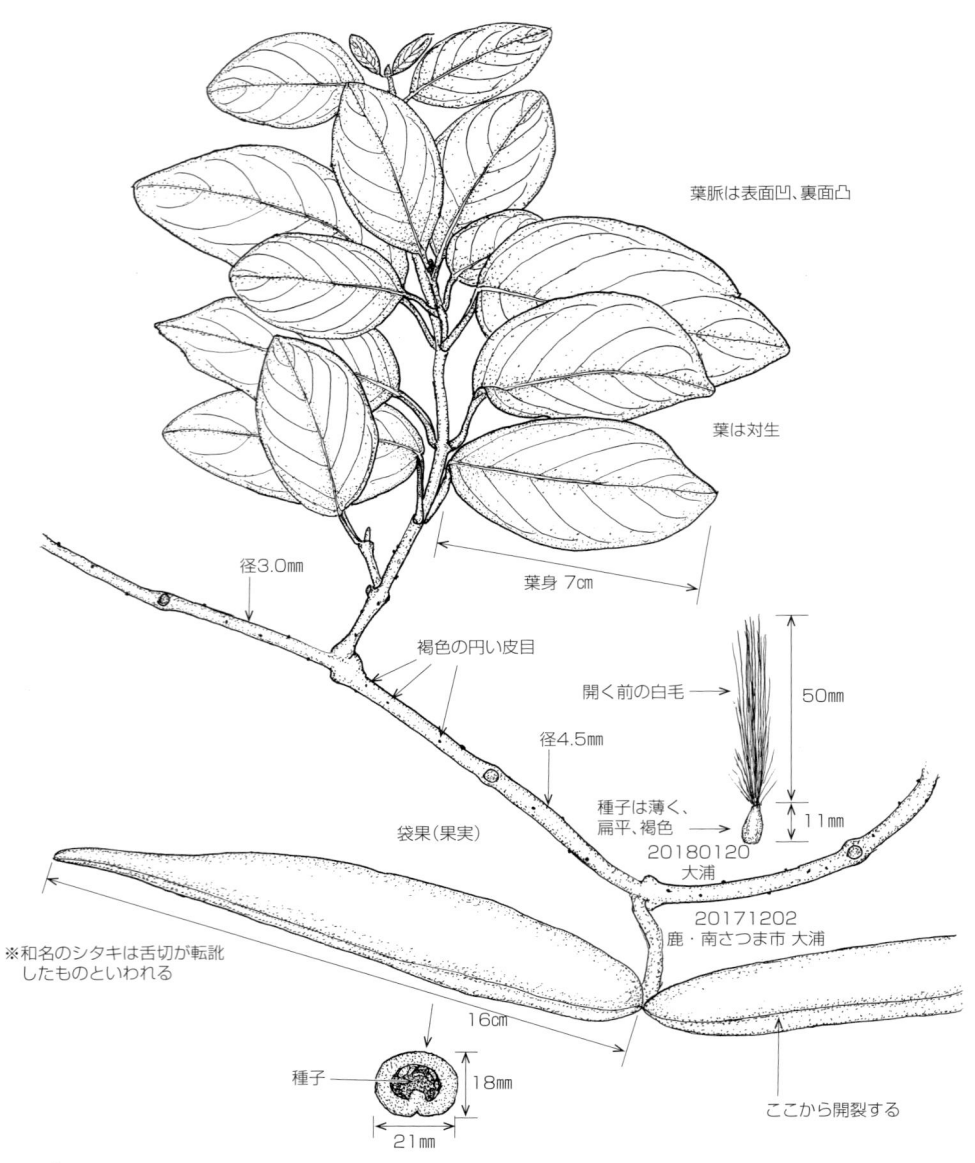

葉脈は表面凹、裏面凸

葉は対生

径3.0mm

葉身 7cm

褐色の円い皮目

開く前の白毛 →

50mm

径4.5mm

種子は薄く、
扁平、褐色 →

11mm

袋果（果実）

20180120
大浦

20171202
鹿・南さつま市 大浦

※和名のシタキは舌切が転訛
　したものといわれる

16cm

ここから開裂する

種子 →

18mm

21mm

分布　九・目……福（立花山　宗像－城山）　大（佐賀関）　熊（南肥）　宮（点在）　鹿
　　　鹿・目……羽島　坊津　島泊　佐多岬　辺塚　甑　向島　屋　種　黒　吐　徳

トキワカモメヅル　[キョウチクトウ科　オオカモメヅル属]　*Tylophora japonica*

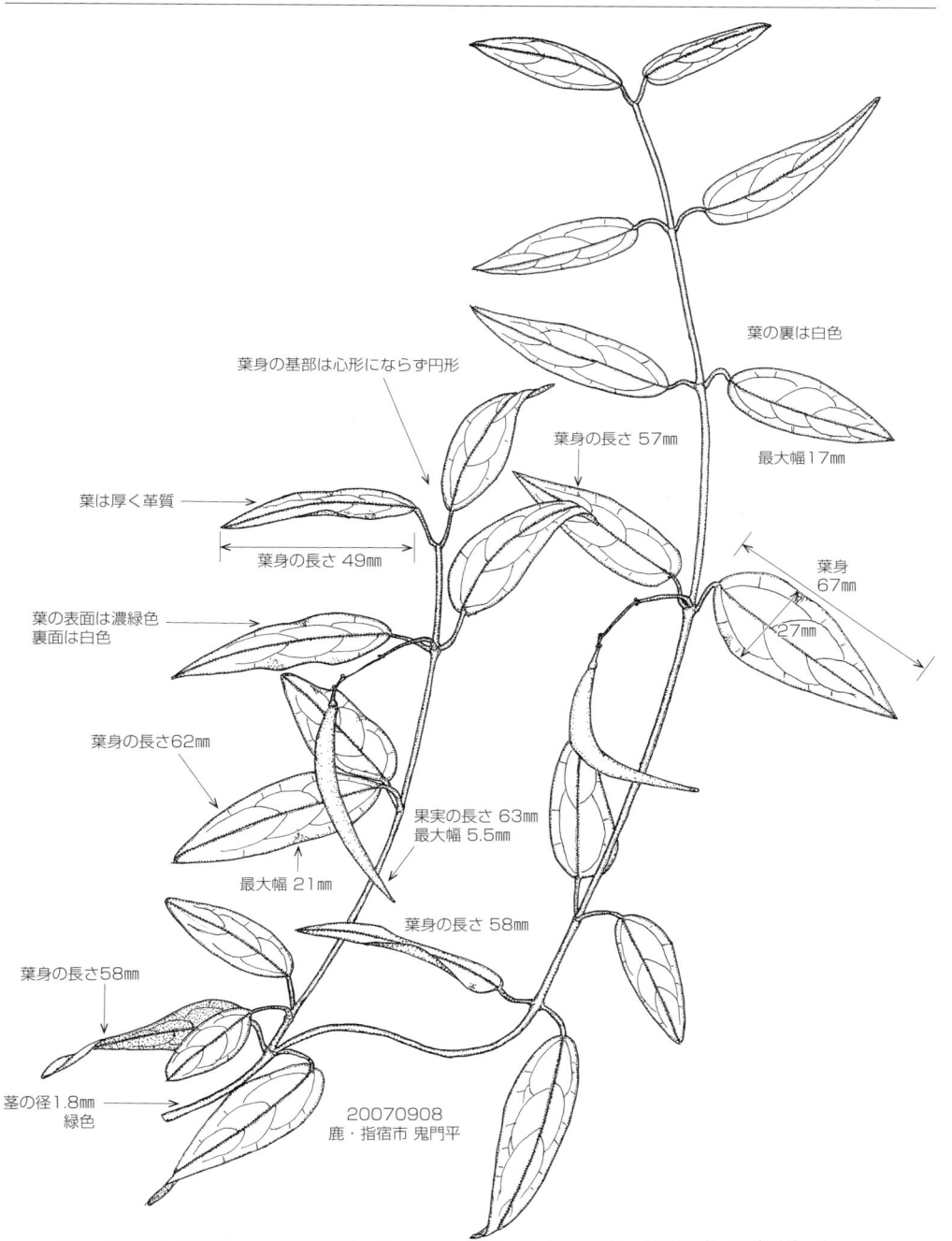

葉身の基部は心形にならず円形

葉の裏は白色

葉身の長さ 57㎜

最大幅17㎜

葉は厚く革質

葉身の長さ 49㎜

葉身
67㎜

27㎜

葉の表面は濃緑色
裏面は白色

葉身の長さ62㎜

果実の長さ 63㎜
最大幅 5.5㎜

最大幅 21㎜

葉身の長さ 58㎜

葉身の長さ58㎜

茎の径1.8㎜
緑色

20070908
鹿・指宿市 鬼門平

分布　九・目……福（三池山）　大（東部点在）　佐（伊万里－岩谷）　長（肥前本土）　熊（各地）　宮（各地）　鹿
　　　　鹿・目……紫尾山　冠岳　磯間山　加治木　大鳥峡　垂水（鹿大演習林）　佐多　甑　種　口之　中　悪　宝　奄大　徳
　　　　　　　　　沖永

ショクヨウホオズキ　[ナス科　ホオズキ属]　*Physalis pruinosa*

ホオズキ　*Physalis angulata* var.*glabripes*

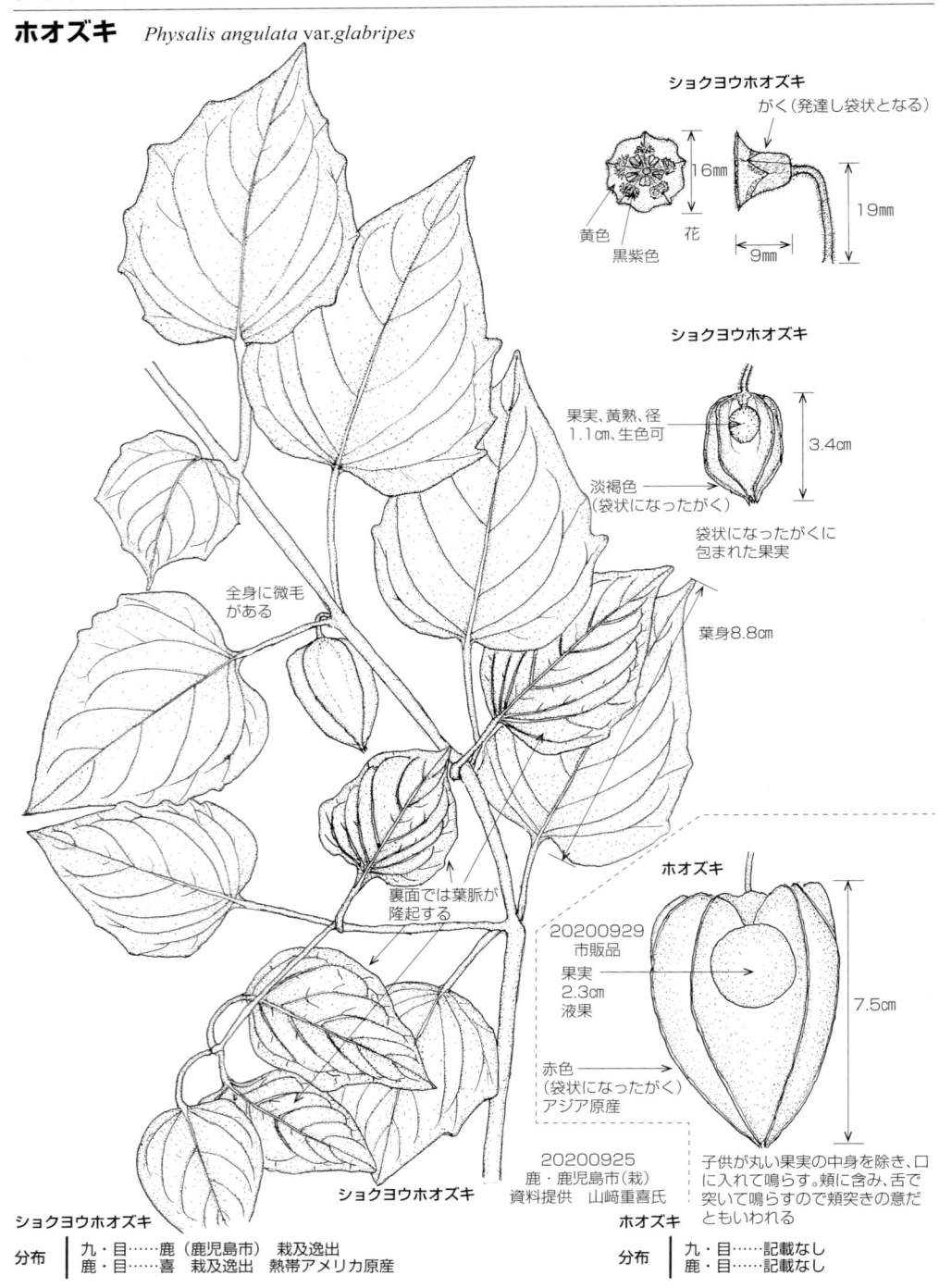

ショクヨウホオズキ

がく（発達し袋状となる）

16mm

黄色
黒紫色
花

9mm

19mm

ショクヨウホオズキ

果実、黄熟、径
1.1cm、生色可

淡褐色
（袋状になったがく）

3.4cm

袋状になったがくに
包まれた果実

葉身8.8cm

全身に微毛
がある

裏面では葉脈が
隆起する

ホオズキ

20200929
市販品
果実
2.3cm
液果

赤色
（袋状になったがく）
アジア原産

7.5cm

子供が丸い果実の中身を除き、口
に入れて鳴らす。頬に含み、舌で
突いて鳴らすので頬突きの意だ
ともいわれる

ショクヨウホオズキ

20200925
鹿・鹿児島市（栽）
資料提供　山﨑重喜氏

ホオズキ

ショクヨウホオズキ

分布｜九・目……鹿（鹿児島市）栽及逸出
　　　鹿・目……喜　栽及逸出　熱帯アメリカ原産

ホオズキ

分布｜九・目……記載なし
　　　鹿・目……記載なし

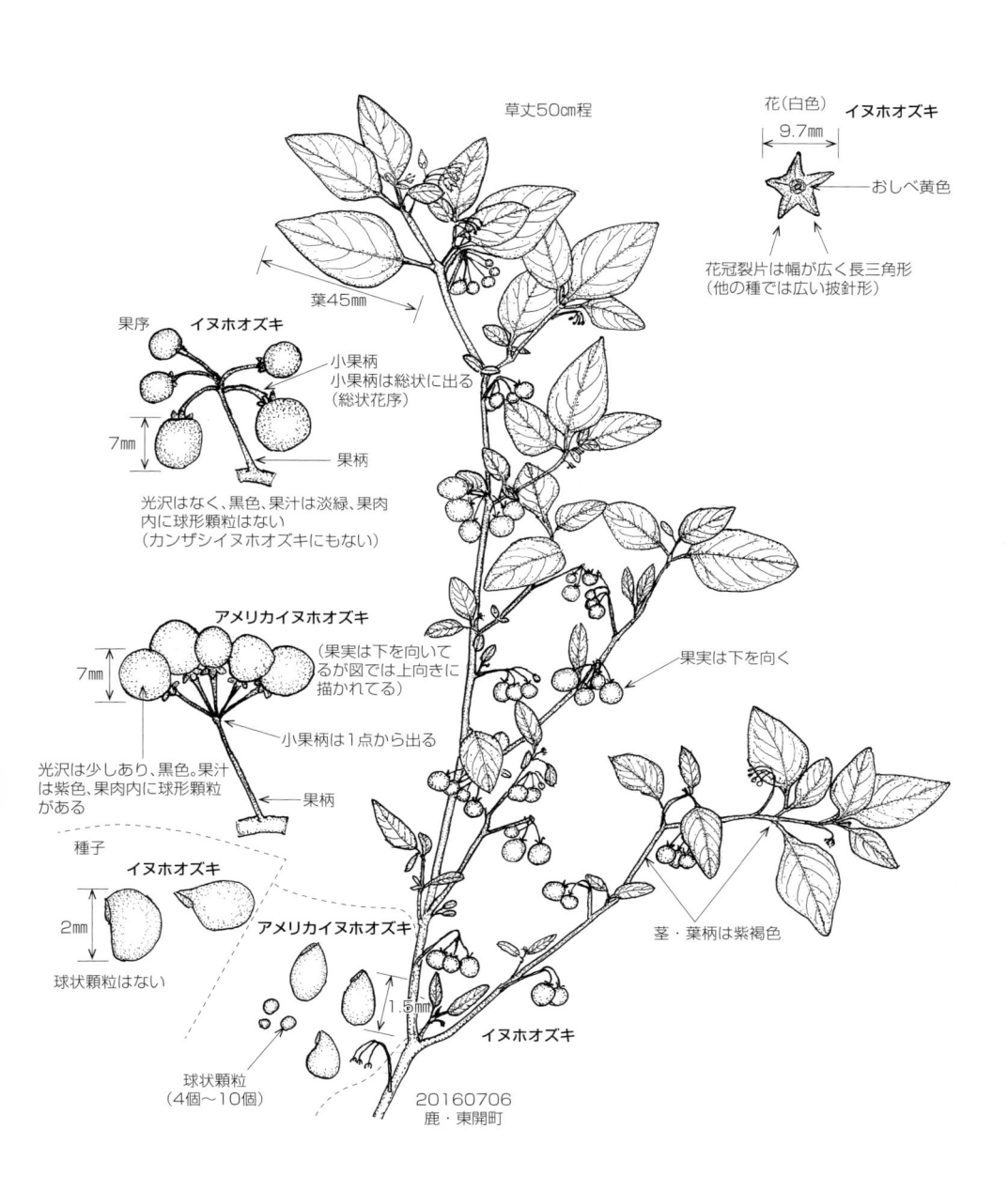

草丈50cm程

花(白色)　イヌホオズキ

9.7mm

おしべ黄色

花冠裂片は幅が広く長三角形
（他の種では広い披針形）

葉45mm

果序　イヌホオズキ

7mm

小果柄
小果柄は総状に出る
（総状花序）

果柄

光沢はなく、黒色、果汁は淡緑、果肉
内に球形顆粒はない
（カンザシイヌホオズキにもない）

アメリカイヌホオズキ

7mm

（果実は下を向いて
るが図では上向きに
描かれてる）

小果柄は1点から出る

光沢は少しあり、黒色。果汁
は紫色、果肉内に球形顆粒が
ある

果柄

果実は下を向く

種子

イヌホオズキ

2mm

球状顆粒はない

アメリカイヌホオズキ

茎・葉柄は紫褐色

1.5mm

イヌホオズキ

球状顆粒
（4個〜10個）

20160706
鹿・東開町

カンザシイヌホオズキ [ナス科 ナス属]

Solanum americanum

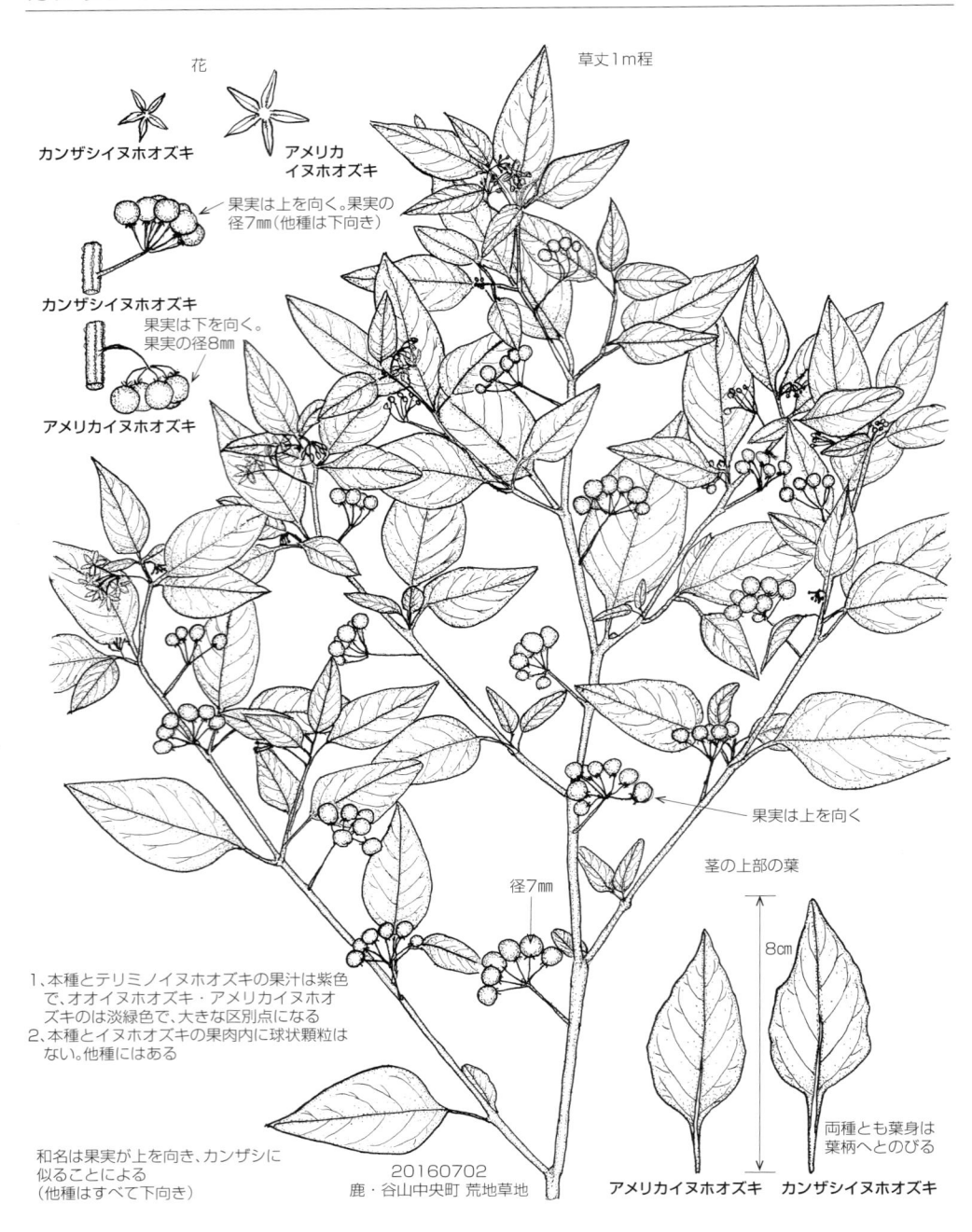

花

カンザシイヌホオズキ

アメリカ
イヌホオズキ

果実は上を向く。果実の
径7mm（他種は下向き）

カンザシイヌホオズキ

果実は下を向く。
果実の径8mm

アメリカイヌホオズキ

草丈1m程

果実は上を向く

茎の上部の葉

8cm

径7mm

1、本種とテリミノイヌホオズキの果汁は紫色
で、オオイヌホオズキ・アメリカイヌホオ
ズキのは淡緑色で、大きな区別点になる
2、本種とイヌホオズキの果肉内に球状顆粒は
ない。他種にはある

両種とも葉身は
葉柄へとのびる

アメリカイヌホオズキ　カンザシイヌホオズキ

和名は果実が上を向き、カンザシに
似ることによる
（他種はすべて下向き）

20160702
鹿・谷山中央町 荒地草地

分布 ｜ 九・目……福（小倉）　熊（天草）
｜ 鹿・目……記載がない

ヒヨドリジョウゴ　[ナス科　ナス属]　*Solanum lyratum* var.*lyratum*

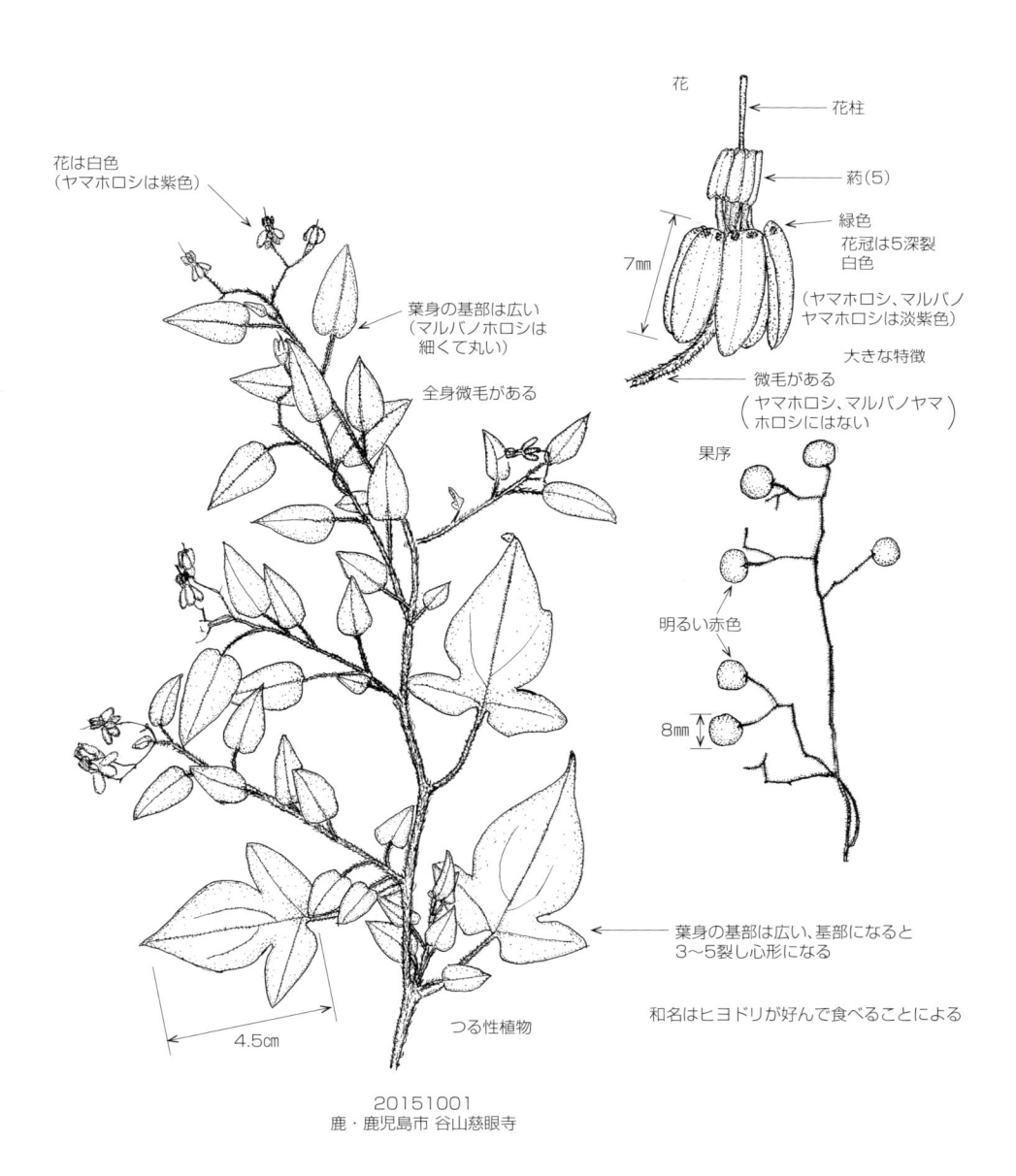

花

花柱

葯（5）

緑色
花冠は5深裂
白色

（ヤマホロシ、マルバノ
ヤマホロシは淡紫色）

7㎜

大きな特徴

微毛がある
（ヤマホロシ、マルバノヤマ
ホロシにはない　　　　　）

花は白色
（ヤマホロシは紫色）

葉身の基部は広い
（マルバノホロシは
細くて丸い）

全身微毛がある

果序

明るい赤色

8㎜

葉身の基部は広い、基部になると
3〜5裂し心形になる

和名はヒヨドリが好んで食べることによる

4.5㎝

つる性植物

20151001
鹿・鹿児島市 谷山慈眼寺

分布　│　九・目……各県（南は鹿の沖永）
　　　│　鹿・目……甑 県本土 屋 種 奄大 沖永

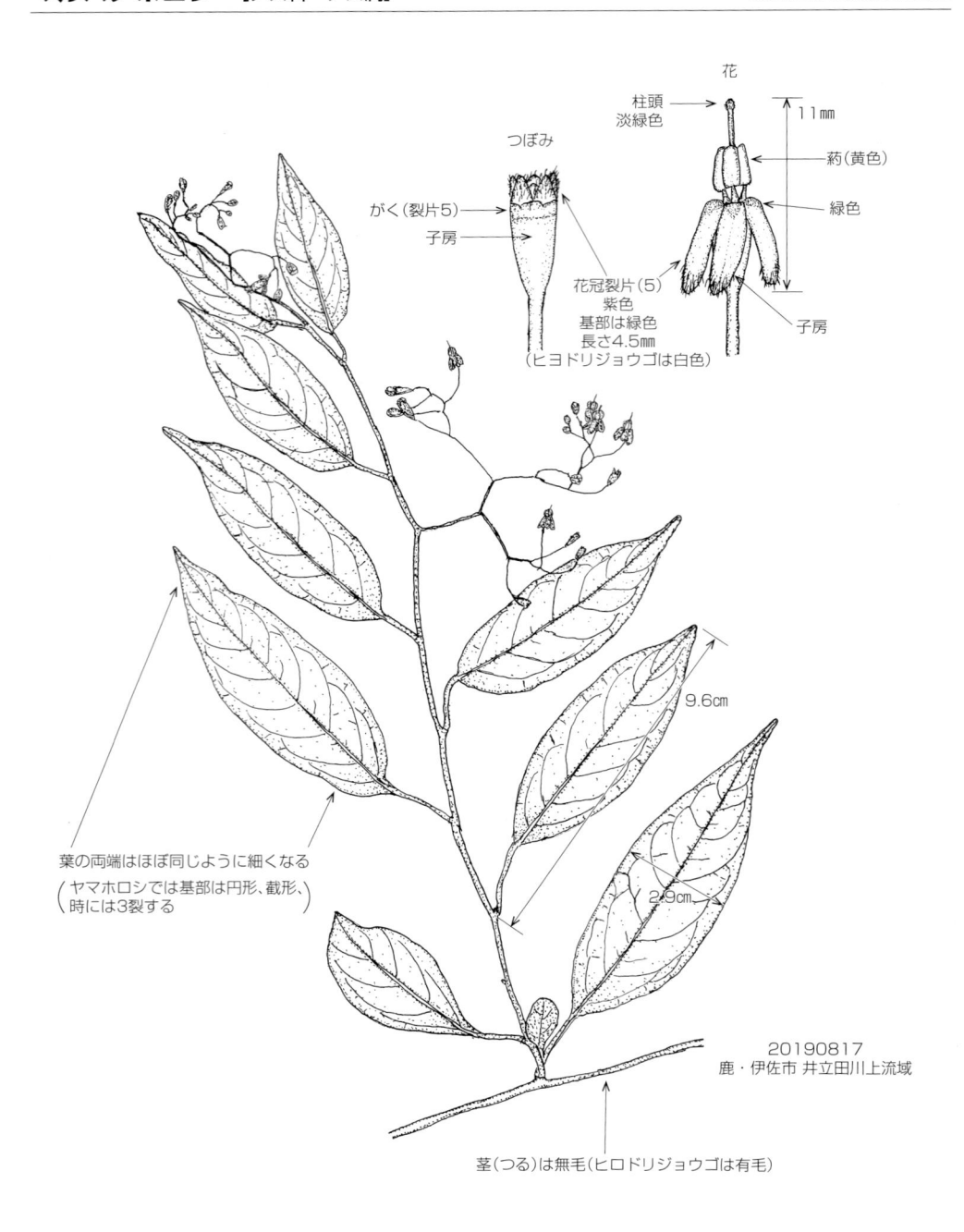

花

柱頭
淡緑色

11mm

つぼみ

がく(裂片5)

子房

花冠裂片(5)
紫色
基部は緑色
長さ4.5㎜
(ヒヨドリジョウゴは白色)

葯(黄色)

緑色

子房

9.6cm

2.9cm

葉の両端はほぼ同じように細くなる
(ヤマホロシでは基部は円形、截形、)
(時には3裂する)

20190817
鹿・伊佐市 井立田川上流域

茎(つる)は無毛(ヒロドリジョウゴは有毛)

分布 ┃ 九・目……各県　対馬（南は奄）
　　　┃ 鹿・目……霧島山　吉松　大口（曽木）　紫尾山　川辺（上山田）　高隈山　甫与志岳　稲尾岳　花瀬　奄大

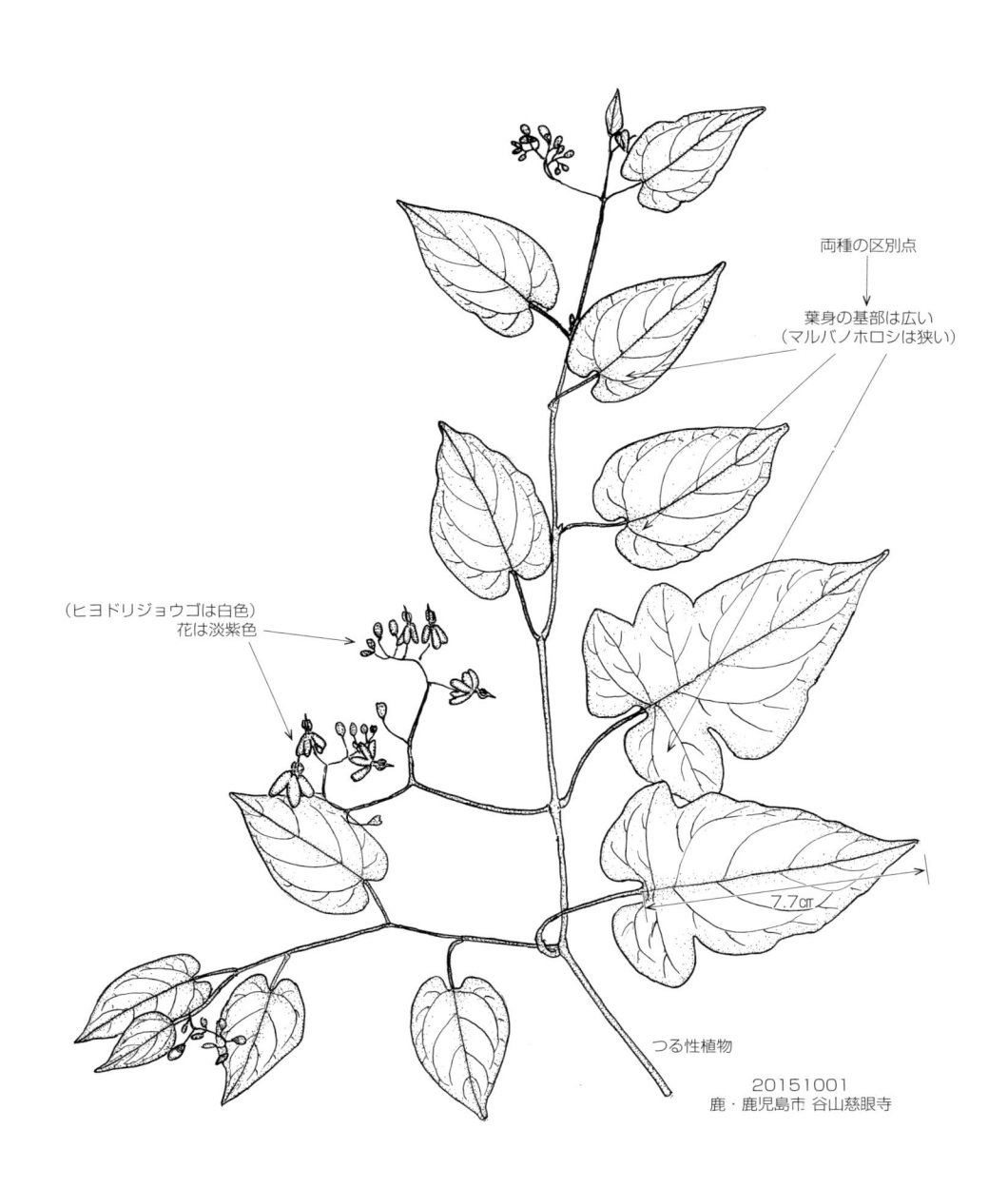

両種の区別点

葉身の基部は広い
（マルバノホロシは狭い）

（ヒヨドリジョウゴは白色）
花は淡紫色

7.7㎝

つる性植物

20151001
鹿・鹿児島市 谷山慈眼寺

分布　九・目……福（香春岳　水無）　大（稀）　熊（深葉〜熊ー綿）　宮（洞岳　三方岳）　鹿
鹿・目……紫尾山（定之段）

イガホオズキ　[ナス科　イガホオズキ属]

Physaliastrum echinatum

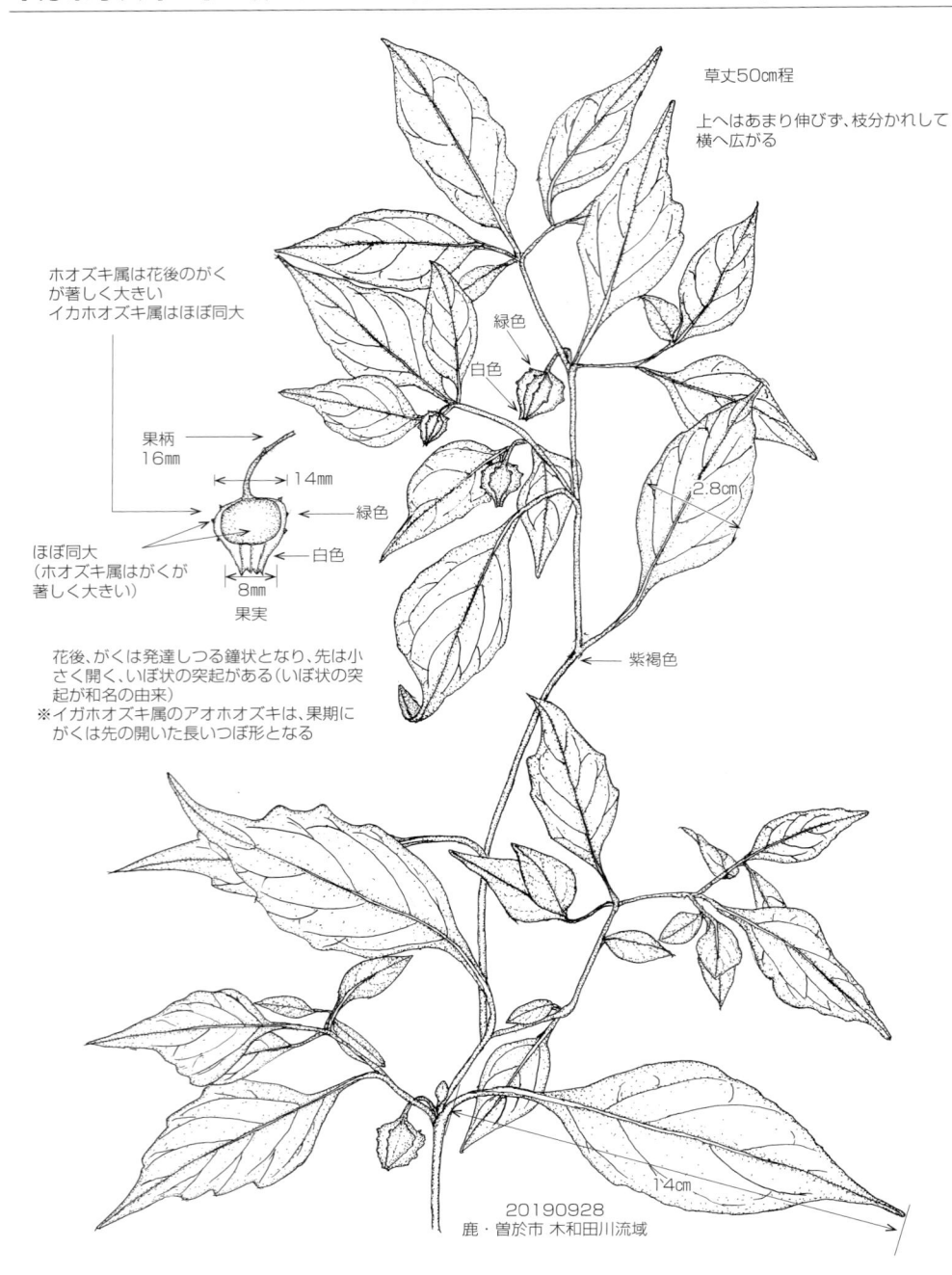

草丈50㎝程

上へはあまり伸びず、枝分かれして横へ広がる

緑色

白色

ホオズキ属は花後のがくが著しく大きい
イガホオズキ属はほぼ同大

果柄
16㎜

14㎜

緑色

ほぼ同大
（ホオズキ属はがくが著しく大きい）

白色

8㎜

果実

花後、がくは発達しつる鐘状となり、先は小さく開く、いぼ状の突起がある（いぼ状の突起が和名の由来）
※イガホオズキ属のアオホオズキは、果期にがくは先の開いた長いつぼ形となる

2.8cm

紫褐色

14cm

20190928
鹿・曽於市 木和田川流域

分布 │ 九・目……福（稍稀）　大（稍普通）　佐（稀）　長（肥前各地）　熊（稍稀　天草）　宮（洞岳）　鹿
　　　│ 鹿・目……霧島山　横川　花尾山　吉野　冠岳　金峰山　御岳

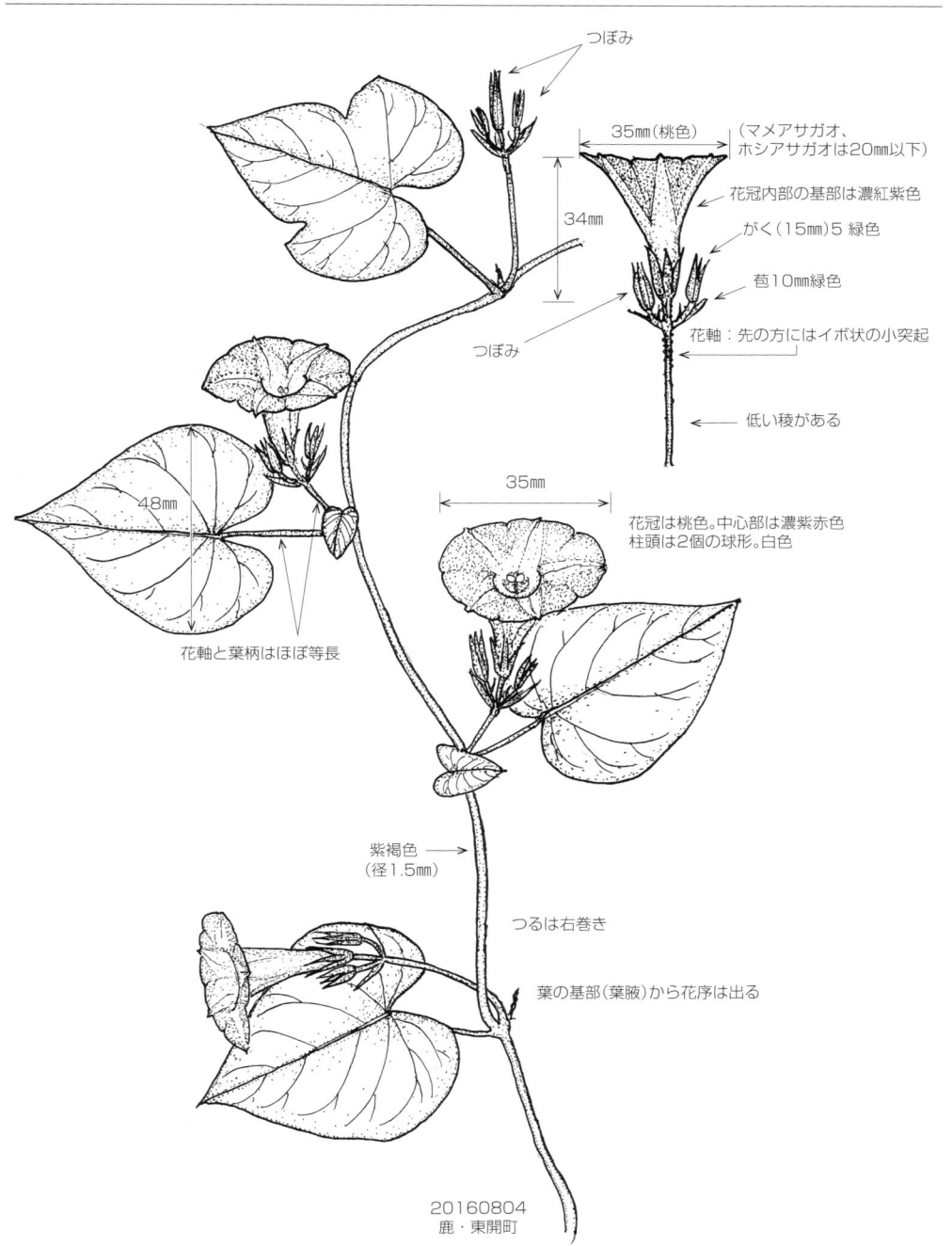

つぼみ

35㎜（桃色）

（マメアサガオ、
ホシアサガオは20㎜以下）

34㎜

花冠内部の基部は濃紅紫色

がく（15㎜）5 緑色

苞10㎜緑色

つぼみ

花軸：先の方にはイボ状の小突起

低い稜がある

35㎜

花冠は桃色。中心部は濃紫赤色
柱頭は2個の球形。白色

48㎜

花軸と葉柄はほぼ等長

紫褐色 →
（径1.5㎜）

つるは右巻き

葉の基部（葉腋）から花序は出る

20160804
鹿・東開町

分布 ｜ 九・目……福（筑後）　鹿（開聞町）　北米原産
　　　 ｜ 鹿・目……記載がない

シマトネリコ　[モクセイ科　トネリコ属]

Fraxinus griffithii

別名　タイワントネリコ

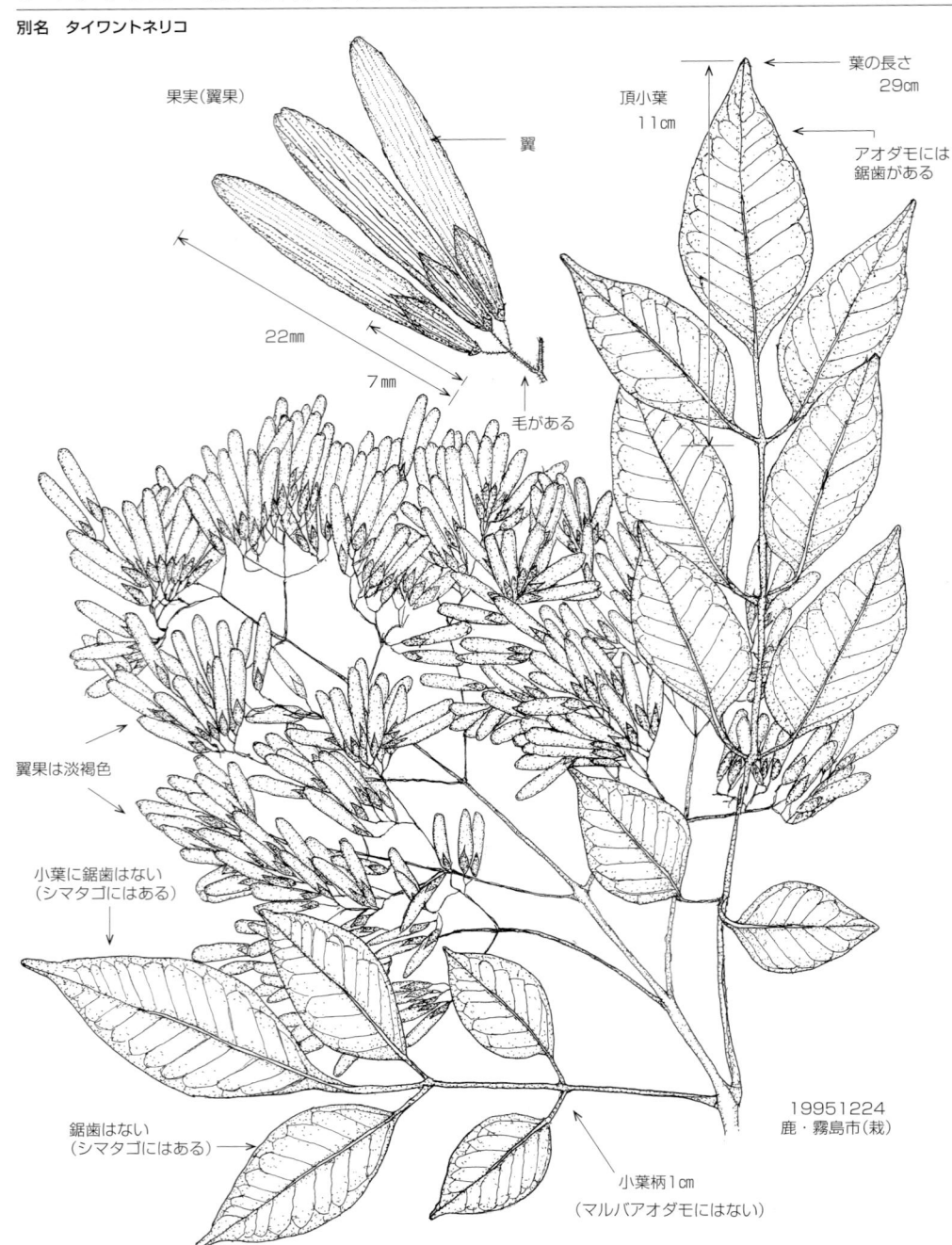

果実(翼果)

翼

22mm

7mm

毛がある

葉の長さ
29cm

頂小葉
11cm

アオダモには
鋸歯がある

翼果は淡褐色

小葉に鋸歯はない
（シマタゴにはある）

鋸歯はない
（シマタゴにはある）

19951224
鹿・霧島市(栽)

小葉柄1cm
（マルバアオダモにはない）

分布　｜　九・目……記載がない
　　　　鹿・目……記載がない

マルバアオダモ　［モクセイ科　トネリコ属］　*Fraxinus sieboldiana*

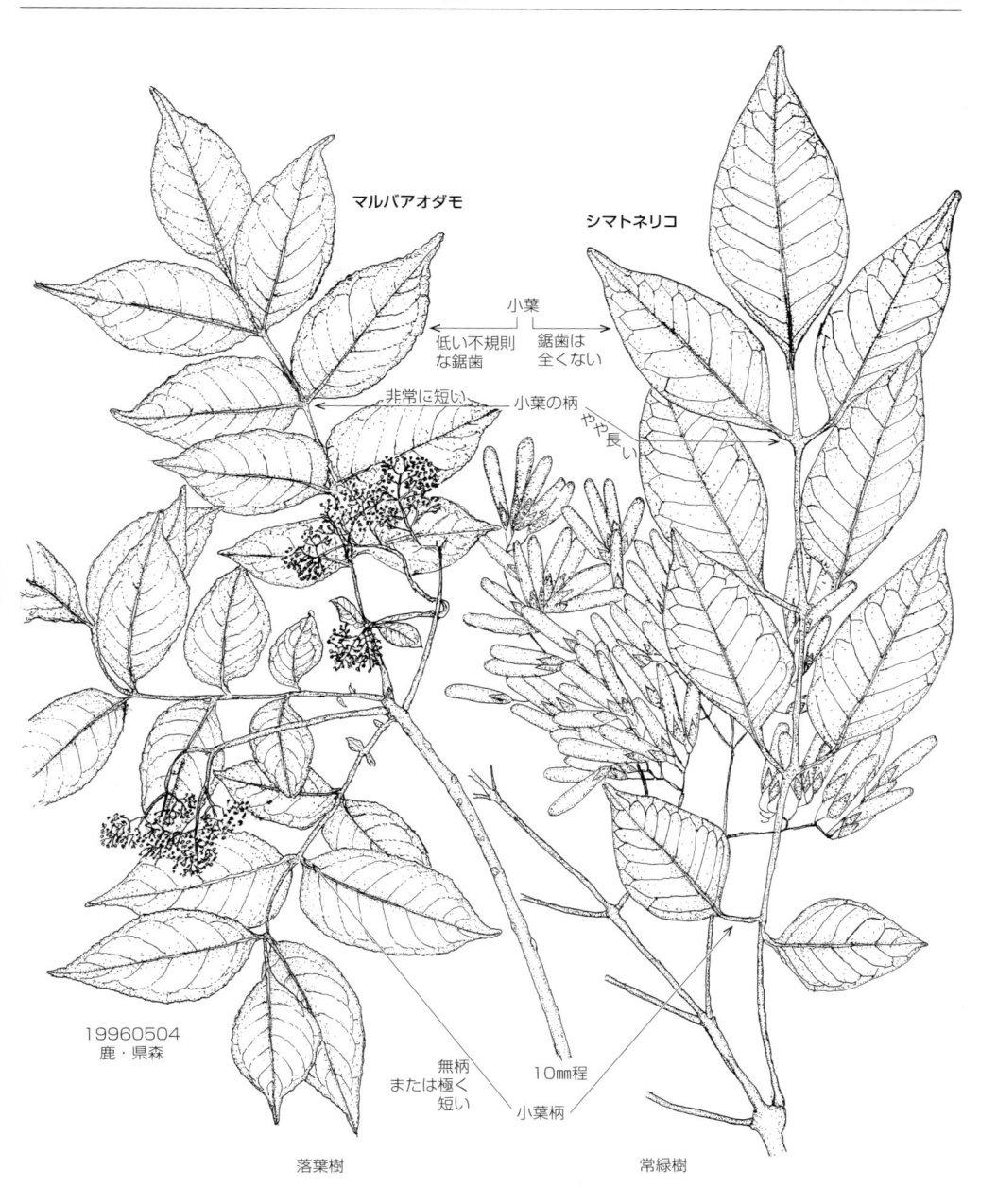

マルバアオダモ

シマトネリコ

小葉

低い不規則な鋸歯

鋸歯は全くない

非常に短い　小葉の柄　やや長い

19960504
鹿・県森

無柄または極く短い

小葉柄

10mm程

落葉樹

常緑樹

マルバアオダモ　［モクセイ科　トネリコ属］　*Fraxinus sieboldiana*

分布
九・目……各県（南限は屋—安房川河口）
鹿・目……霧島山　矢筈岳　川辺（草道）　紫尾山　冠岳　吉野（白銀坂）　白浜（磯街道）　金峰山　野間岳　磯間岳
　　　　　亀ケ岡　江之島（桜島）　猿ケ城　野首岳　獅子島　長島　甑島　屋

ハグロソウ　[キツネノマゴ科　ハグロソウ属]　*Peristrophe japonica*

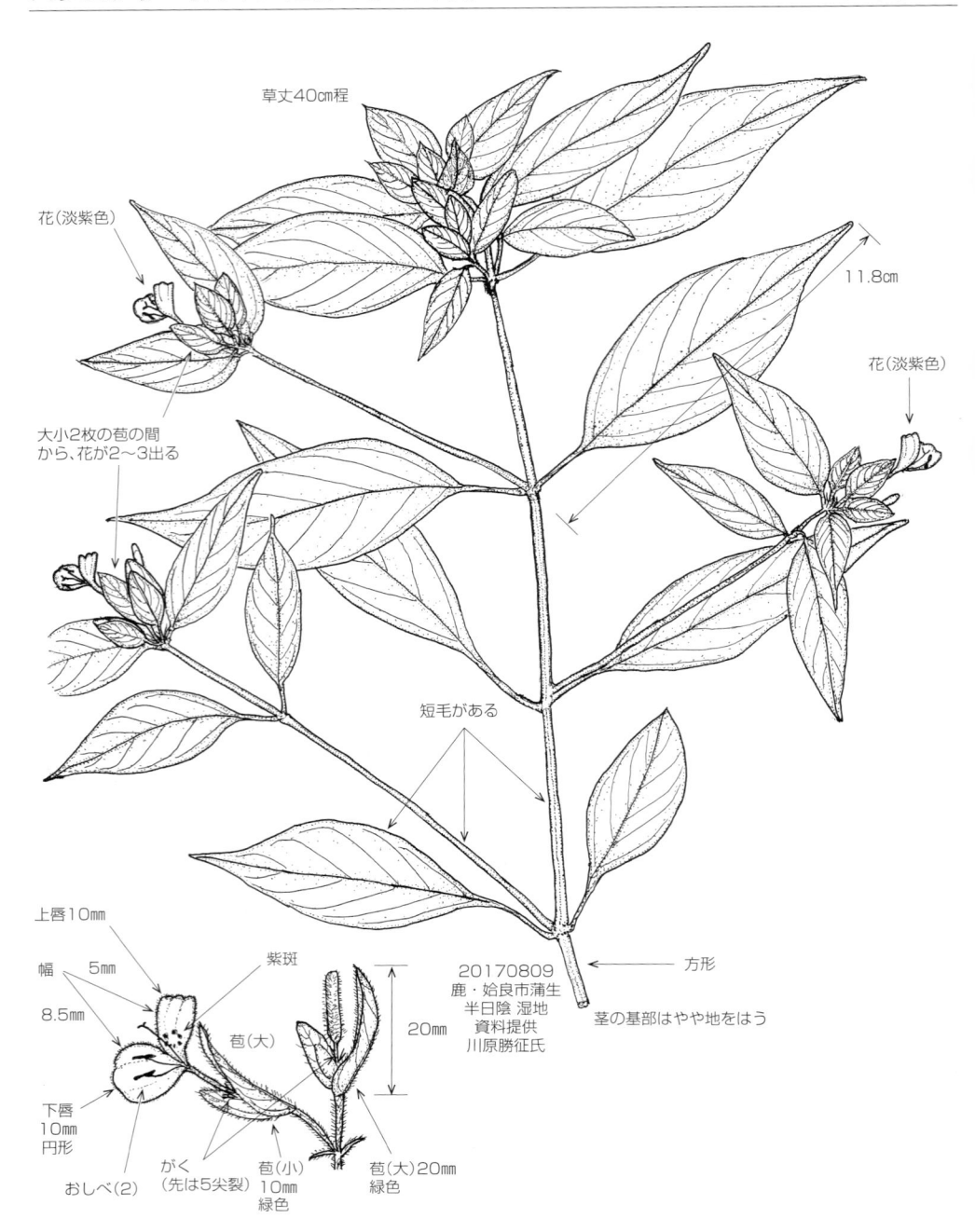

草丈40cm程

花（淡紫色）

11.8cm

花（淡紫色）

大小2枚の苞の間
から、花が2〜3出る

短毛がある

20170809
鹿・姶良市蒲生
半日陰 湿地
資料提供
川原勝征氏

方形

茎の基部はやや地をはう

上唇10mm

幅　5mm

8.5mm

紫斑

苞（大）

20mm

下唇
10mm
円形

がく
（先は5尖裂）

苞（小）
10mm
緑色

苞（大）20mm
緑色

おしべ（2）

分布　｜　九・目……各県　対馬　壱岐（南限は鹿の高山・下伊倉）
　　　　｜　鹿・目……大口（山野）　鹿児島市　吹上　川辺　垂水（鹿大演習林）　高山

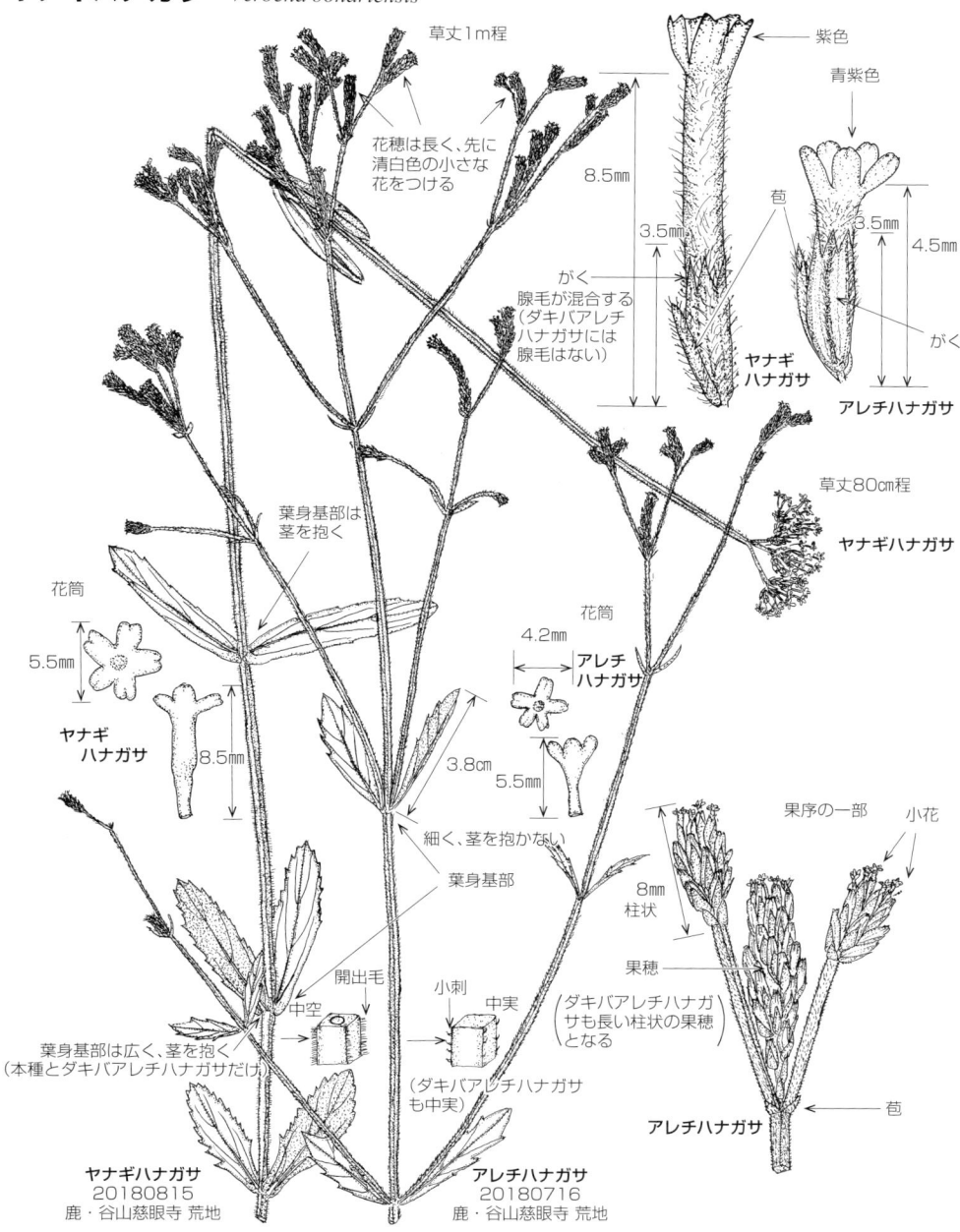

草丈1m程

花穂は長く、先に
清白色の小さな
花をつける

8.5mm

3.5mm

がく
腺毛が混合する
(ダキバアレチ
ハナガサには
腺毛はない)

紫色

青紫色

苞

3.5mm

4.5mm

がく

ヤナギ
ハナガサ

アレチハナガサ

葉身基部は
茎を抱く

草丈80cm程

ヤナギハナガサ

花筒

5.5mm

ヤナギ
ハナガサ

8.5mm

花筒

4.2mm

アレチ
ハナガサ

5.5mm

3.8cm

細く、茎を抱かない

葉身基部

果序の一部

小花

8mm
柱状

果穂

(ダキバアレチハナガ
サも長い柱状の果穂
となる)

開出毛

中空

小刺

中実

(ダキバアレチハナガサ
も中実)

葉身基部は広く、茎を抱く
(本種とダキバアレチハナガサだけ)

ヤナギハナガサ
20180815
鹿・谷山慈眼寺 荒地

アレチハナガサ
20180716
鹿・谷山慈眼寺 荒地

アレチハナガサ

苞

アレチハナガサ		
分布	九・目……各県栽培または逸出　南米原産	
	鹿・目……鹿児島市　奄大	

ヤナギハナガサ		
分布	九・目……各県栽培または逸出　南米原産	
	鹿・目……鹿児島市　鹿屋　奄大	

ダキバアレチハナガサ　[クマツヅラ科　クマツヅラ属]　*Verbena incompta*

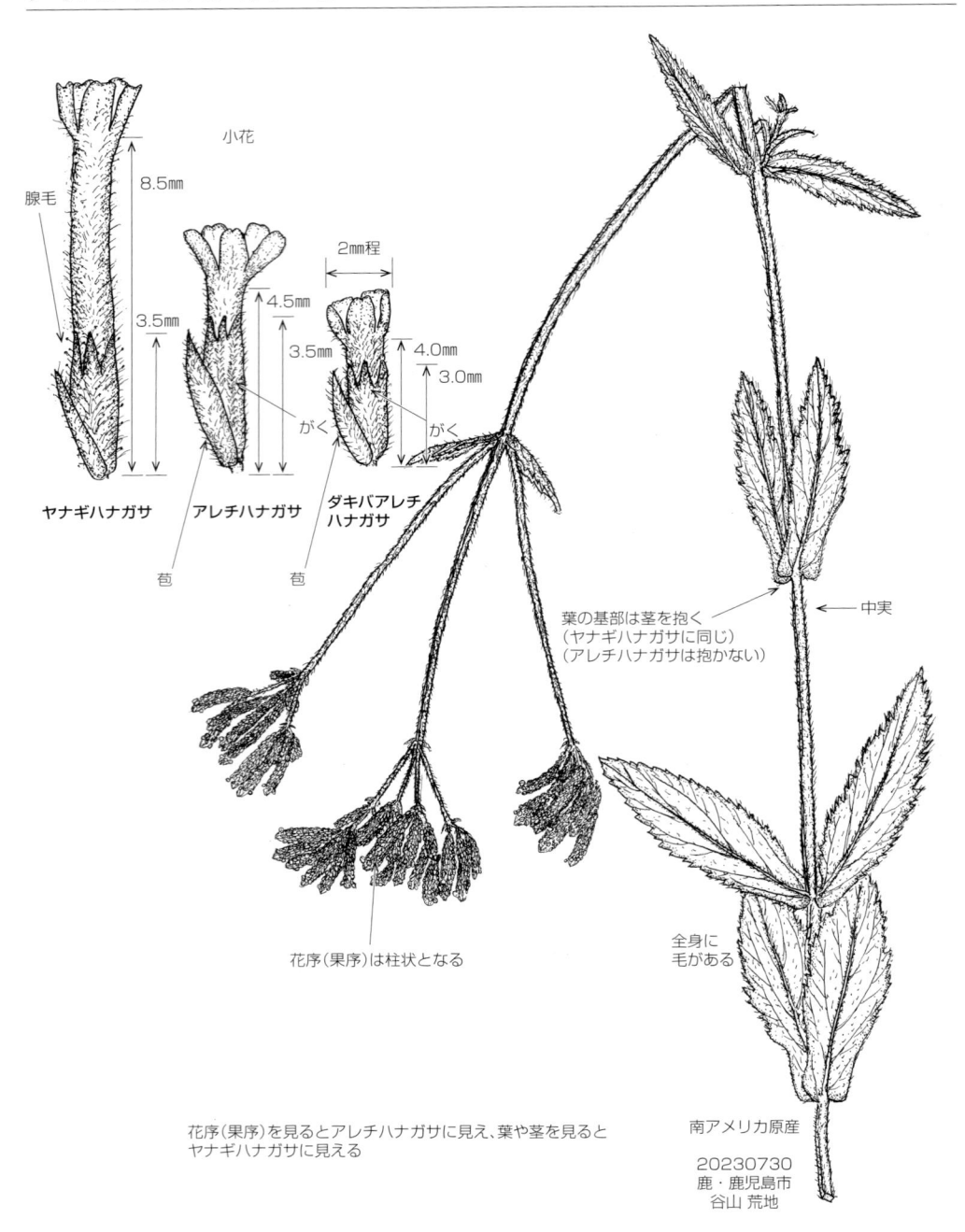

小花

腺毛

8.5mm

3.5mm

ヤナギハナガサ

4.5mm

3.5mm

アレチハナガサ

苞

2mm程

4.0mm

3.0mm

がく

ダキバアレチ
ハナガサ

苞

がく

葉の基部は茎を抱く
（ヤナギハナガサに同じ）
（アレチハナガサは抱かない）

中実

花序（果序）は柱状となる

全身に
毛がある

南アメリカ原産

20230730
鹿・鹿児島市
谷山 荒地

花序（果序）を見るとアレチハナガサに見え、葉や茎を見ると
ヤナギハナガサに見える

分布 ┃ 九・目……記載がない
　　　┃ 鹿・目……記載がない　南アメリカ原産

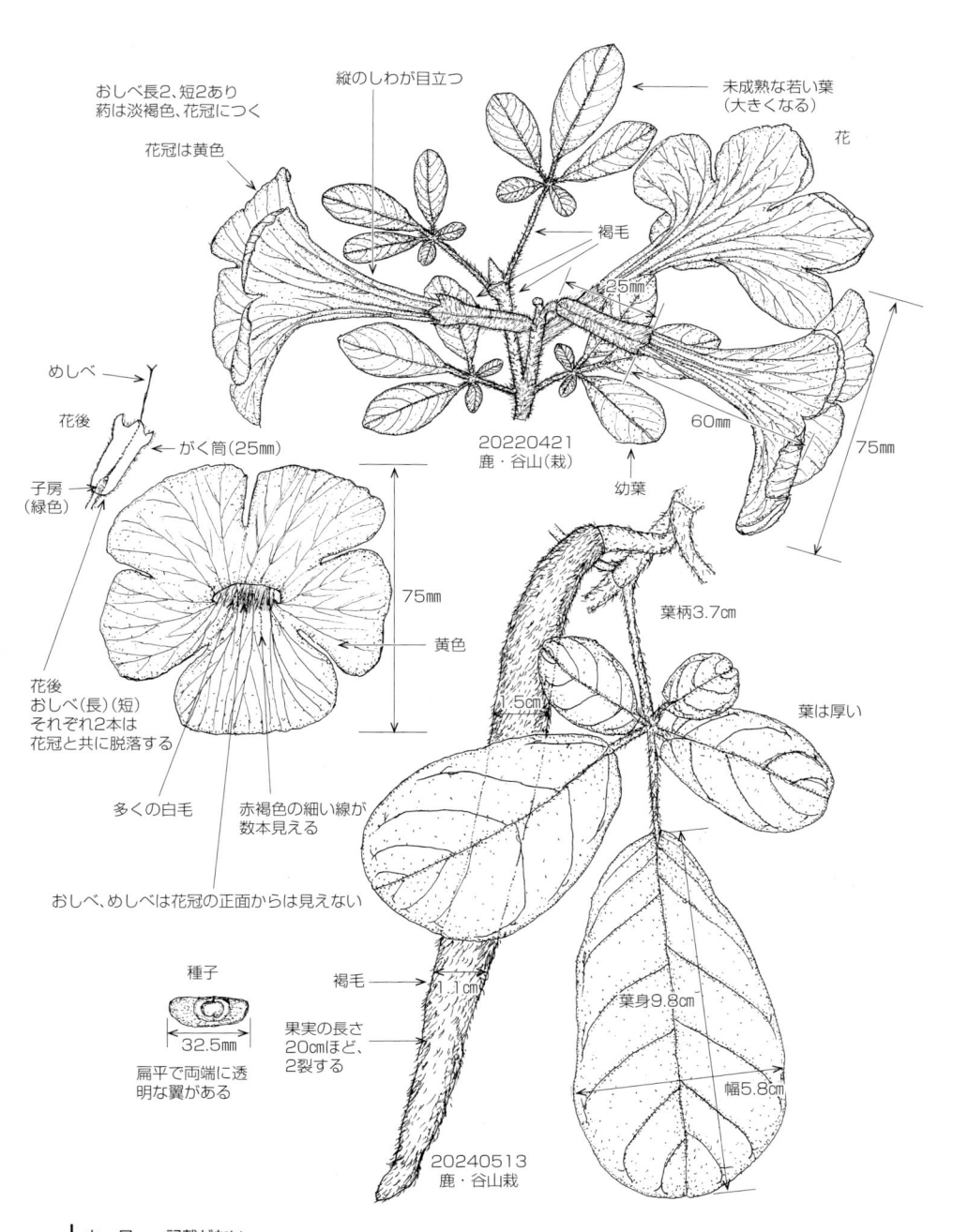

おしべ長2、短2あり
莇は淡褐色、花冠につく

花冠は黄色

縦のしわが目立つ

未成熟な若い葉
（大きくなる）

花

褐毛

25mm

めしべ

花後

がく筒（25mm）

子房
（緑色）

20220421
鹿・谷山（栽）

60mm

75mm

幼葉

75mm

葉柄3.7cm

黄色

1.5cm

葉は厚い

花後
おしべ（長）（短）
それぞれ2本は
花冠と共に脱落する

多くの白毛

赤褐色の細い線が
数本見える

おしべ、めしべは花冠の正面からは見えない

種子

褐毛

1.1cm

32.5mm

扁平で両端に透
明な翼がある

果実の長さ
20cmほど、
2裂する

葉身9.8cm

幅5.8cm

20240513
鹿・谷山栽

分布 | 九・目……記載がない
鹿・目……記載がない

キササゲ　[ノウゼンカズラ科　キササゲ属]　*Catalpa ovata*

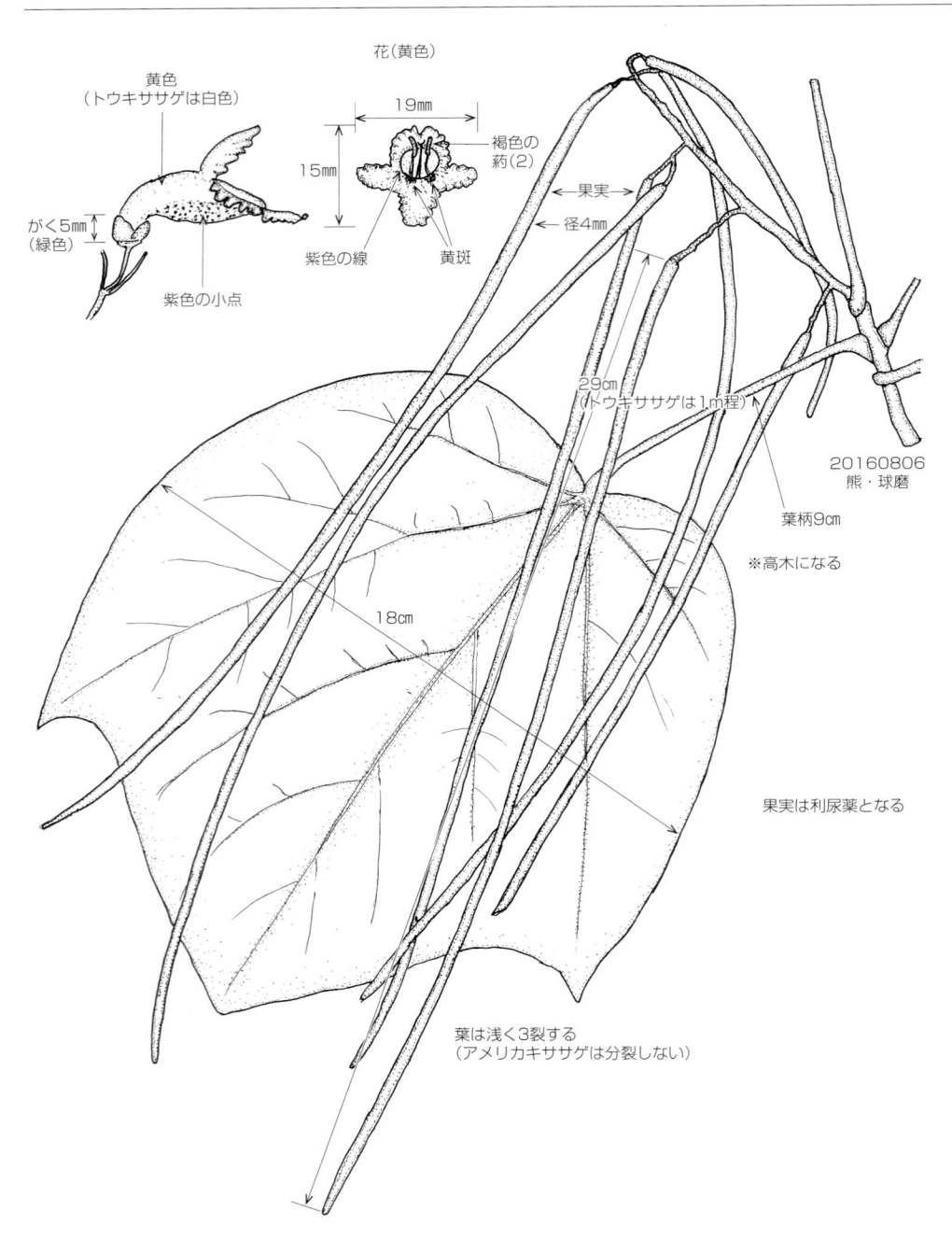

花(黄色)

黄色
（トウキササゲは白色）

19mm

15mm

褐色の
葯(2)

がく5mm
(緑色)

紫色の線　　黄斑

紫色の小点

果実

径4mm

29cm
（トウキササゲは1m程）

20160806
熊・球磨

葉柄9cm

※高木になる

18cm

果実は利尿薬となる

葉は浅く3裂する
（アメリカキササゲは分裂しない）

分布　｜九・目……各県　対馬　栽培または逸出　中国原産
　　　｜鹿・目……記載がない

312

タニジャコウソウ　[シソ科　ジャコウソウ属]　*Chelonopsis longipes*

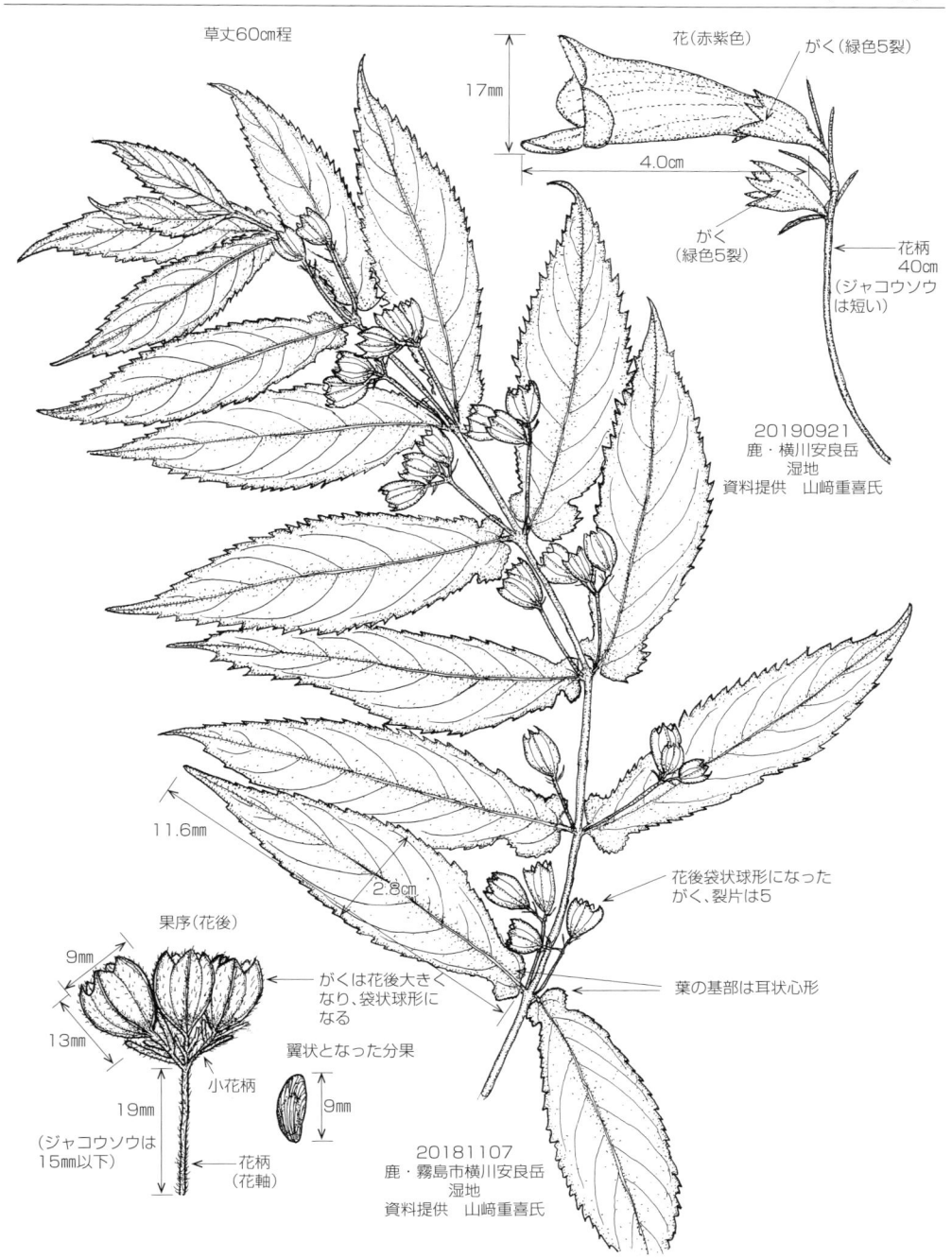

草丈60cm程

花(赤紫色)　がく(緑色5裂)

17mm

4.0cm

がく
(緑色5裂)

花柄
40cm
(ジャコウソウ
は短い)

20190921
鹿・横川安良岳
湿地
資料提供　山﨑重喜氏

11.6mm

2.8cm

花後袋状球形になった
がく、裂片は5

果序(花後)

9mm

13mm

がくは花後大きく
なり、袋状球形に
なる

葉の基部は耳状心形

19mm

(ジャコウソウは
15mm以下)

小花柄

翼状となった分果

9mm

花柄
(花軸)

20181107
鹿・霧島市横川安良岳
湿地
資料提供　山﨑重喜氏

分布　九・目……福・大(英彦山)　大(点在)　長(雲仙岳　多良岳　対馬)　熊(人吉以北点在)　宮(点在)　鹿
　　　鹿・目……霧島山　重富　吉野(寿山)　安良岳　北永野田～霧島　白鹿岳　新田山(末吉)

クサギ　[シソ科　クサギ属]　　　*Clerodendron trichotomum*

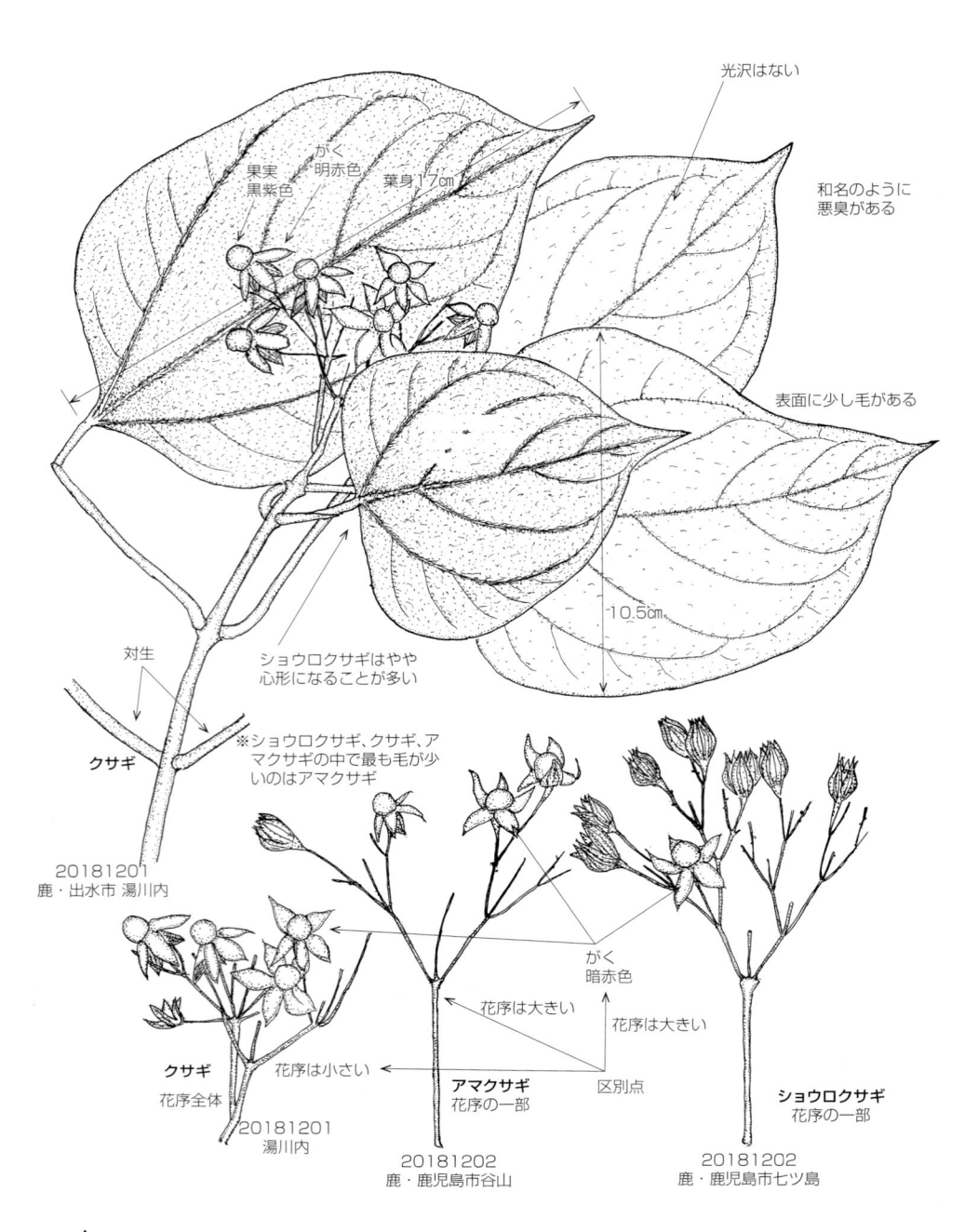

光沢はない

がく
明赤色

果実
黒紫色

葉身17㎝

和名のように
悪臭がある

表面に少し毛がある

対生

ショウロクサギはやや
心形になることが多い

10.5㎝

クサギ

※ショウロクサギ、クサギ、ア
マクサギの中で最も毛が少
いのはアマクサギ

20181201
鹿・出水市 湯川内

がく
暗赤色

クサギ
花序全体

花序は小さい

花序は大きい

花序は大きい

区別点

20181201
湯川内

アマクサギ
花序の一部

20181202
鹿・鹿児島市谷山

ショウロクサギ
花序の一部

20181202
鹿・鹿児島市七ツ島

分布│九・目……各県（鹿は北部）
　　│鹿・目……県本土各地

ヒキオコシ　[シソ科　ヤマハッカ属]　*Isodon japonicus*

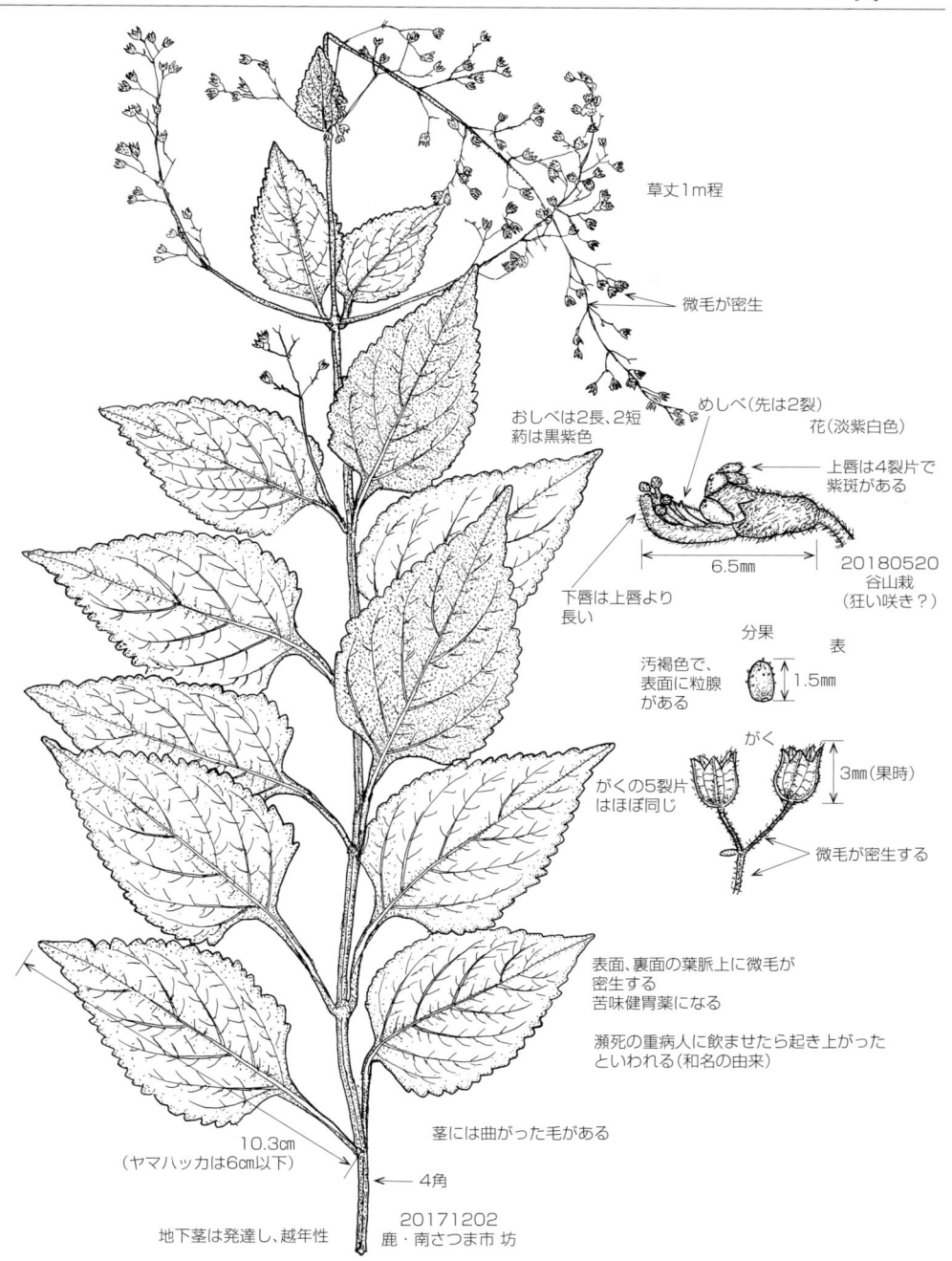

草丈1m程

微毛が密生

おしべは2長、2短
葯は黒紫色

めしべ(先は2裂)
花(淡紫白色)

上唇は4裂片で
紫斑がある

6.5mm

20180520
谷山栽
(狂い咲き？)

下唇は上唇より
長い

分果　　　表

汚褐色で、
表面に粒腺
がある

1.5mm

がく

がくの5裂片
はほぼ同じ

3mm(果時)

微毛が密生する

表面、裏面の葉脈上に微毛が
密生する
苦味健胃薬になる

瀕死の重病人に飲ませたら起き上がった
といわれる(和名の由来)

茎には曲がった毛がある

10.3cm
(ヤマハッカは6cm以下)

4角

地下茎は発達し、越年性

20171202
鹿・南さつま市 坊

分布　九・目……各県（南限は屋）
　　　鹿・目……甑　県本土　種　屋（平内）

315

タイワンウオクサギ

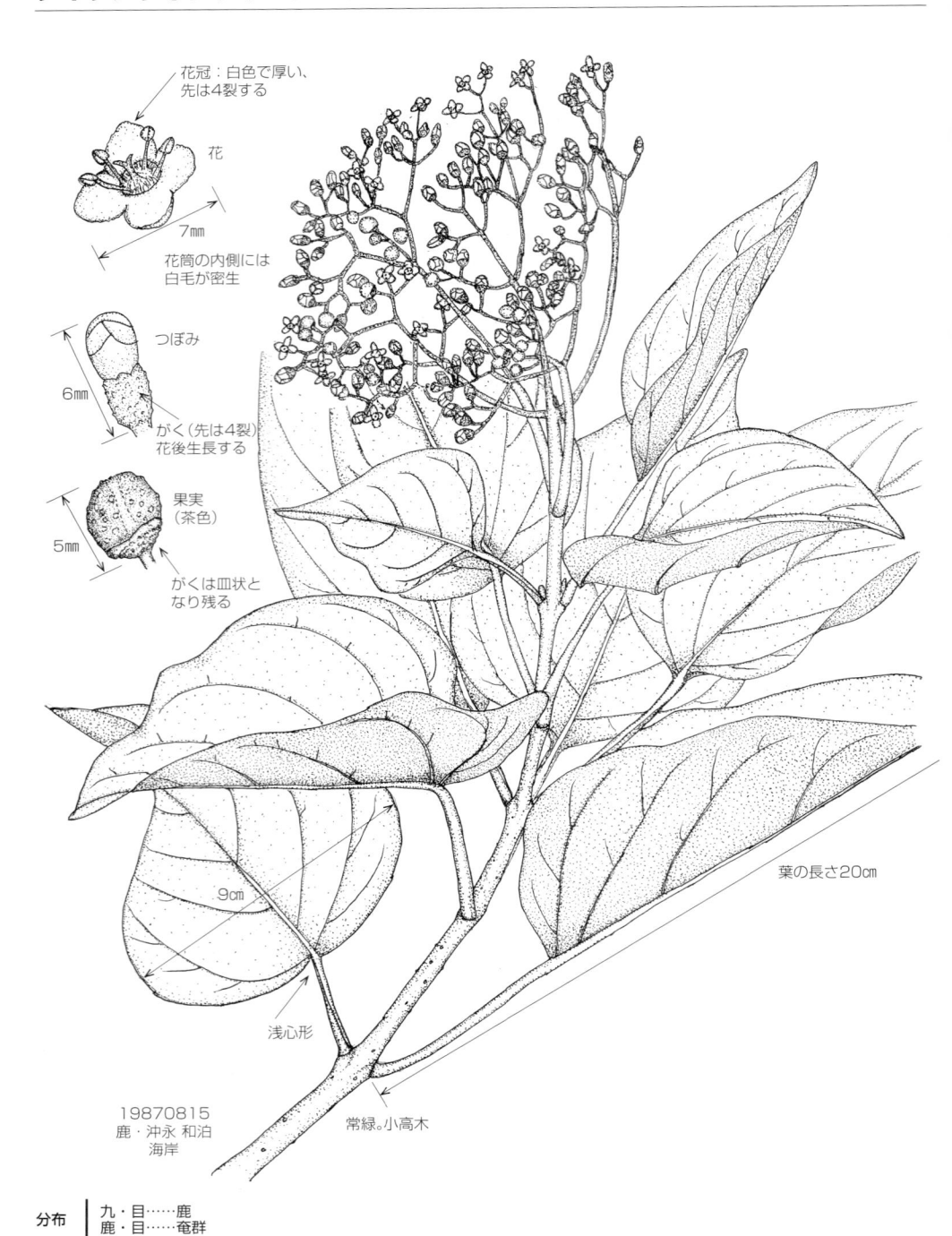

花冠：白色で厚い、
先は4裂する

花

7㎜

花筒の内側には
白毛が密生

つぼみ

6㎜

がく（先は4裂）
花後生長する

果実
（茶色）

5㎜

がくは皿状と
なり残る

葉の長さ20㎝

9㎝

浅心形

常緑。小高木

19870815
鹿・沖永 和泊
海岸

花

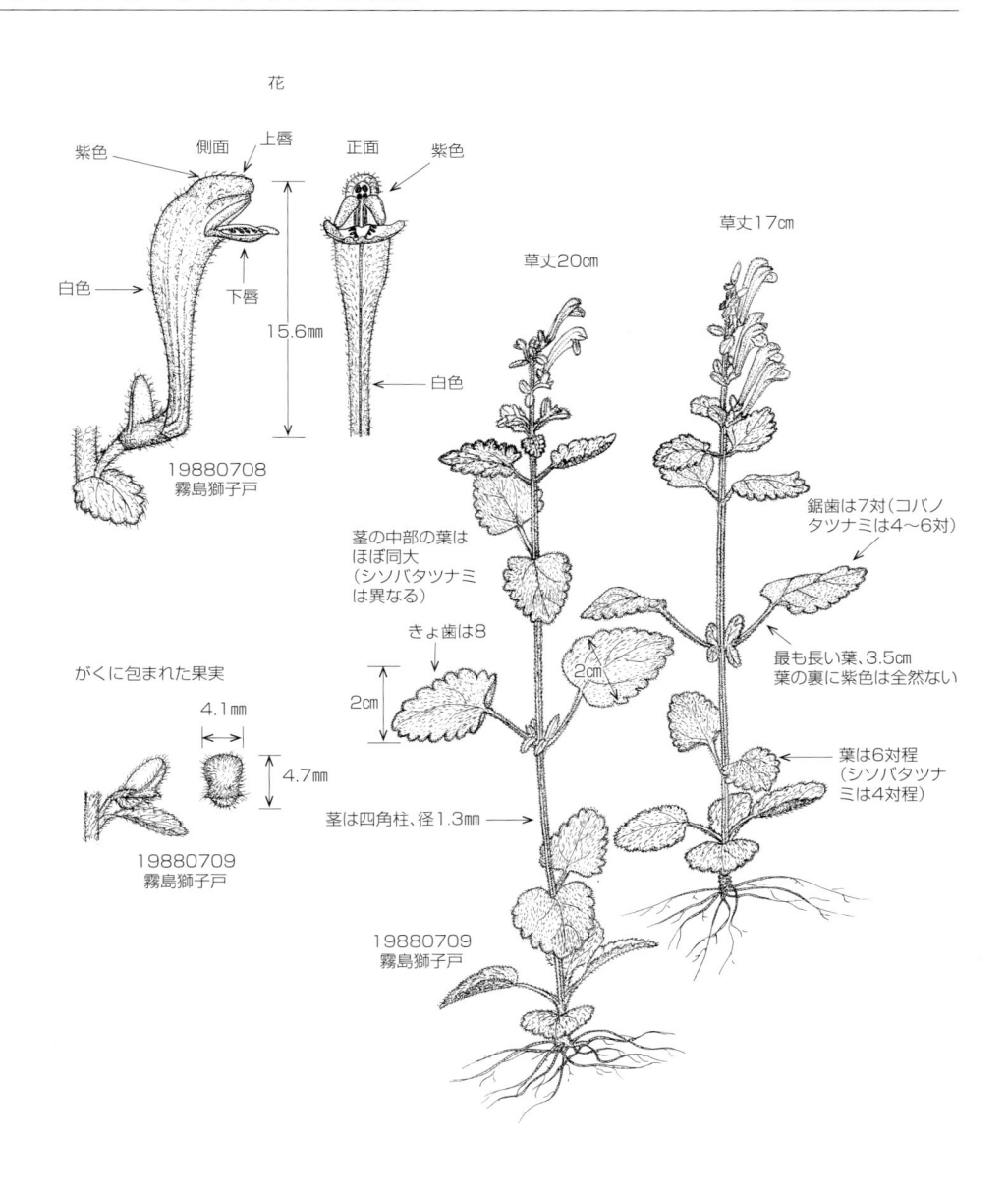

側面　上唇

紫色

白色

下唇

15.6㎜

正面　紫色

白色

19880708
霧島獅子戸

がくに包まれた果実

4.1㎜

4.7㎜

19880709
霧島獅子戸

草丈17㎝

草丈20㎝

茎の中部の葉は
ほぼ同大
（シソバタツナミ
は異なる）

きょ歯は8

2㎝

2㎝

茎は四角柱、径1.3㎜ →

19880709
霧島獅子戸

鋸歯は7対（コバノ
タツナミは4〜6対）

最も長い葉、3.5㎝
葉の裏に紫色は全然ない

葉は6対程
（シソバタツナ
ミは4対程）

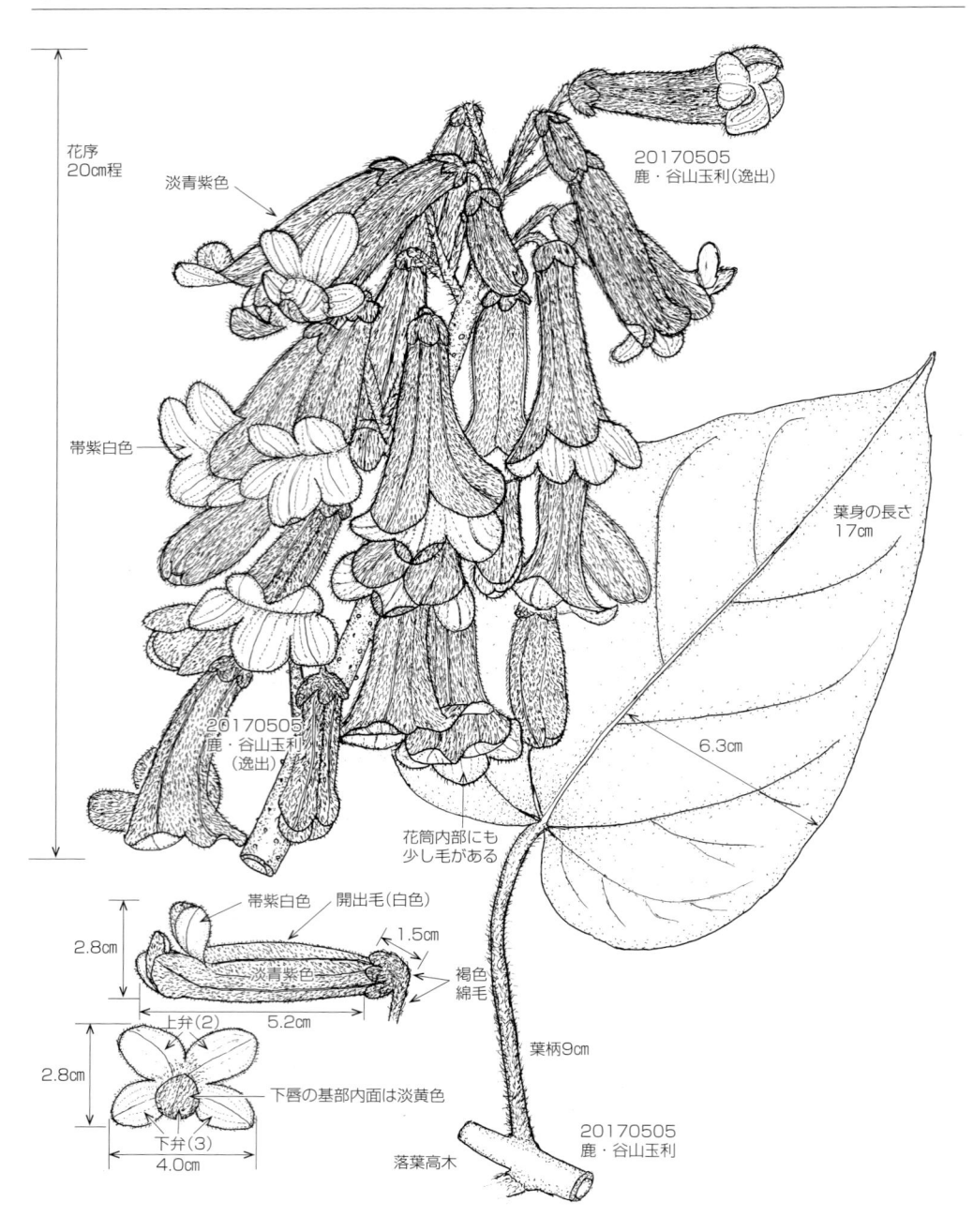

花序
20㎝程

淡青紫色

20170505
鹿・谷山玉利(逸出)

帯紫白色

葉身の長さ
17㎝

6.3㎝

20170505
鹿・谷山玉利
(逸出)

花筒内部にも
少し毛がある

帯紫白色　　開出毛(白色)

2.8㎝

1.5㎝

淡青紫色

褐色
綿毛

上弁(2)　　5.2㎝

2.8㎝

下唇の基部内面は淡黄色

下弁(3)

4.0㎝

葉柄9㎝

20170505
鹿・谷山玉利

落葉高木

分布 | 九・目……宮（祝子川－大野原　大崩山）　栽培または逸出　中国原産
鹿・目……記載がない

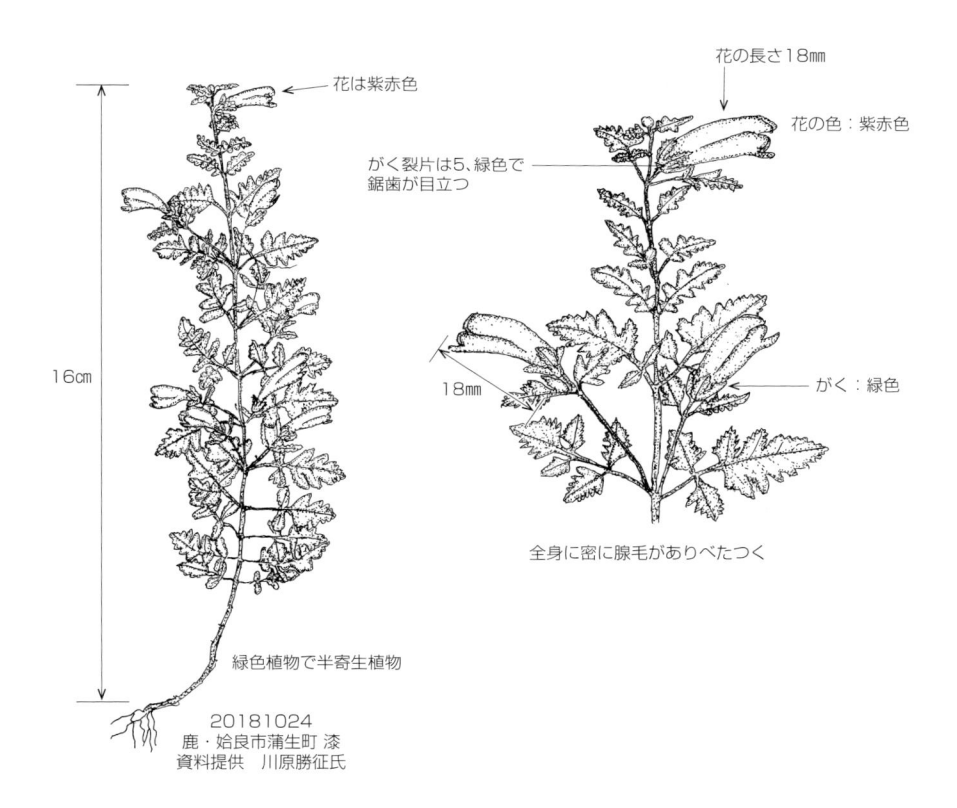

花は紫赤色

花の長さ18mm

花の色：紫赤色

がく裂片は5、緑色で鋸歯が目立つ

16cm

18mm

がく：緑色

全身に密に腺毛がありべたつく

緑色植物で半寄生植物

20181024
鹿・姶良市蒲生町 漆
資料提供　川原勝征氏

分布　｜　九・目……各県（南限は鹿の中）
　　　　｜　鹿・目……県本土　甑　種　中

ハマクワガタ　[オオバコ科　クワガタソウ属]　*Veronica javanica*

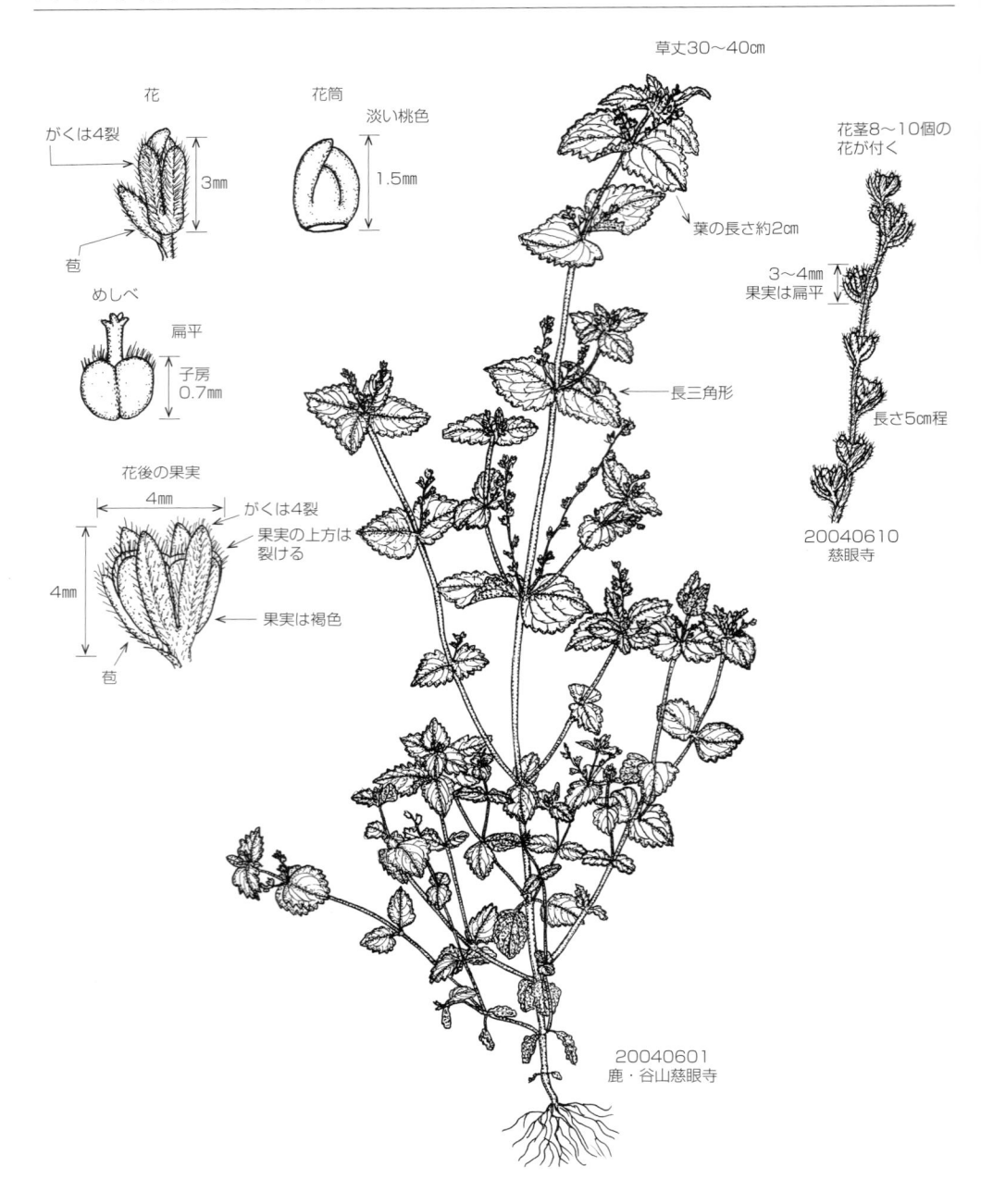

草丈30〜40cm

花
がくは4裂
3mm
苞

花筒
淡い桃色
1.5mm

めしべ
扁平
子房
0.7mm

花後の果実
4mm
がくは4裂
果実の上方は裂ける
4mm
果実は褐色
苞

葉の長さ約2cm

長三角形

花茎8〜10個の花が付く

3〜4mm
果実は扁平

長さ5cm程

20040610
慈眼寺

20040601
鹿・谷山慈眼寺

ホソバヒメトラノオ ［オオバコ科　クワガタソウ属］ *Veronica linariifolia* var.*linariifolia*

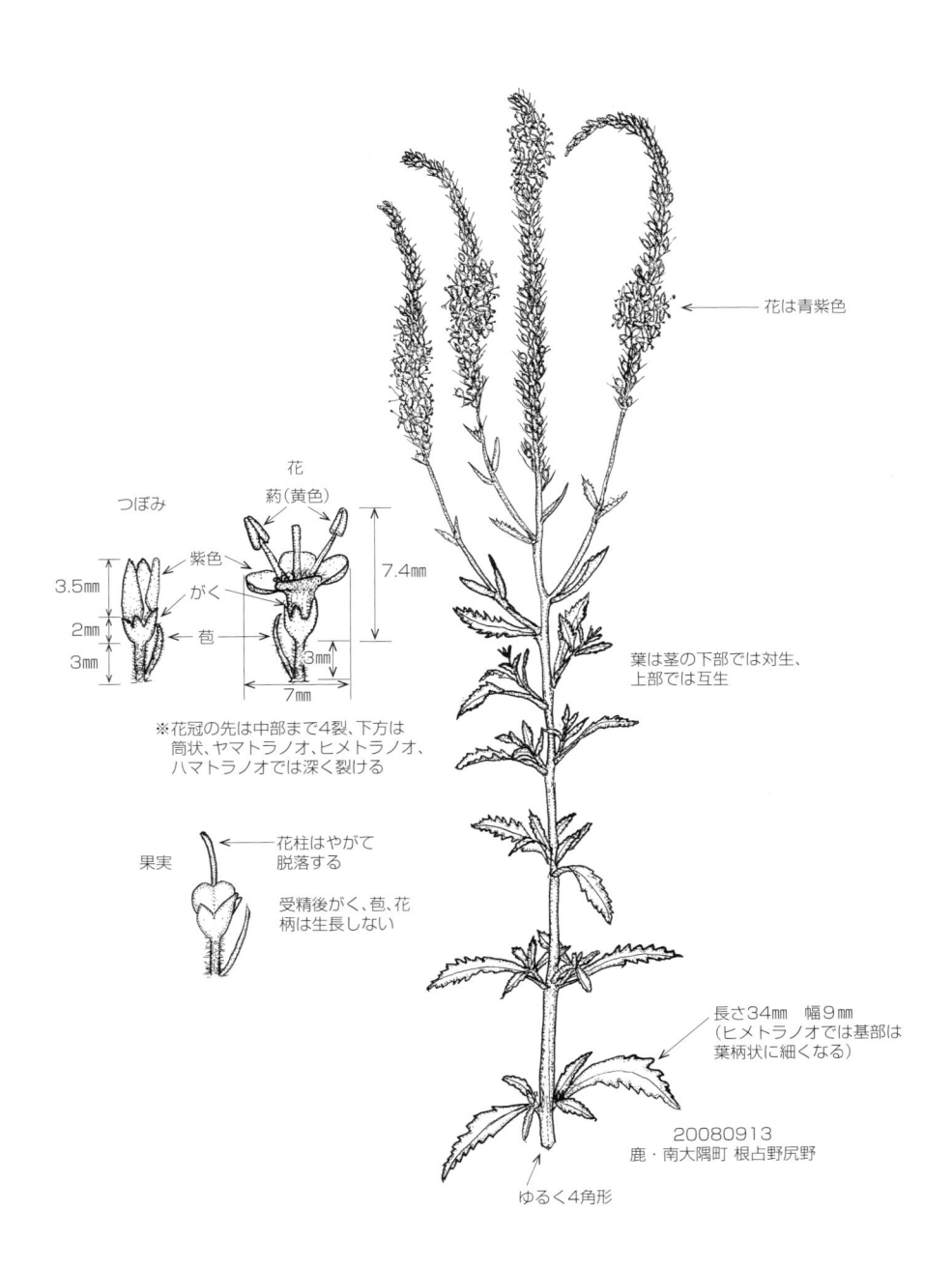

花は青紫色

花

つぼみ

薬（黄色）

紫色

がく

苞

3.5mm

2mm

3mm

7.4mm

3mm

7mm

※花冠の先は中部まで4裂、下方は
筒状、ヤマトラノオ、ヒメトラノオ、
ハマトラノオでは深く裂ける

果実

花柱はやがて
脱落する

受精後がく、苞、花
柄は生長しない

葉は茎の下部では対生、
上部では互生

長さ34mm　幅9mm
（ヒメトラノオでは基部は
葉柄状に細くなる）

20080913
鹿・南大隅町 根占野尻野

ゆるく4角形

分布　│　九・目……各県
　　　│　鹿・目……甑　吉松　藺牟田池　鹿屋　大中尾　佐多　亀ケ丘　種

コバノハナイカダ 　[ハナイカダ科　ハナイカダ属] 　　　　*Helwingia japonica* var.*parvifolia*

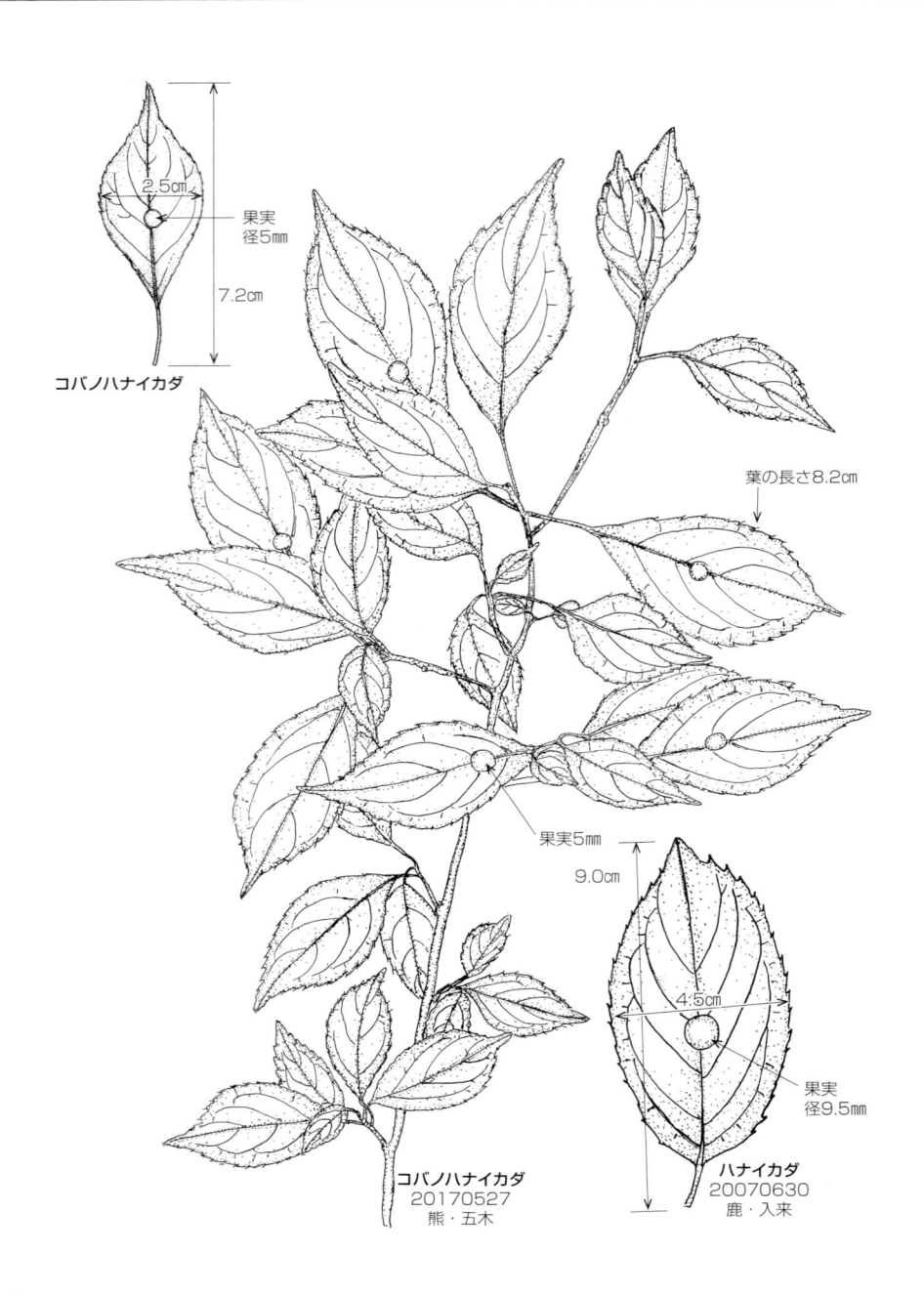

2.5cm

果実
径5mm

7.2cm

コバノハナイカダ

葉の長さ8.2cm

果実5mm

9.0cm

4.5cm

果実
径9.5mm

コバノハナイカダ
20170527
熊・五木

ハナイカダ
20070630
鹿・入来

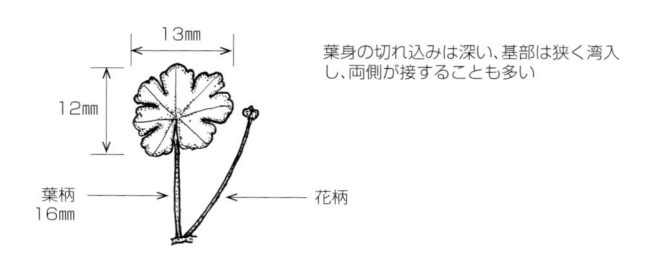

13mm

12mm

葉身の切れ込みは深い、基部は狭く湾入
し、両側が接することも多い

葉柄
16mm

花柄

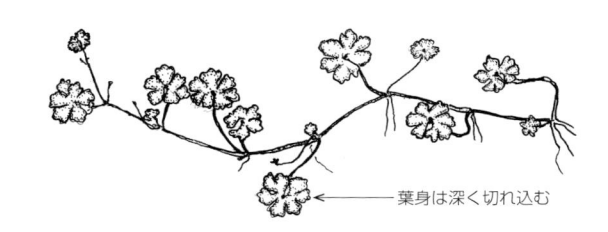

葉身は深く切れ込む

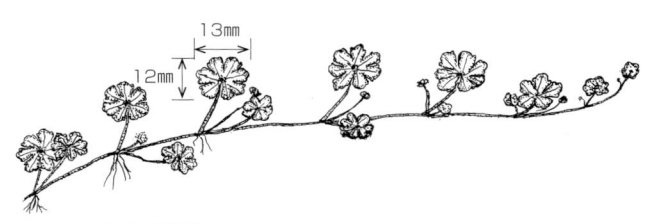

13mm

12mm

20190715
宮・霧島 エビノ白鳥神社近辺

分布 ｜ 九・目……各県
　　　｜ 鹿・目……記載がない

アシタバ [セリ科　シシウド属] Angelica keiskei

シャク [セリ科　シャク属] Anthriscus sylvestris

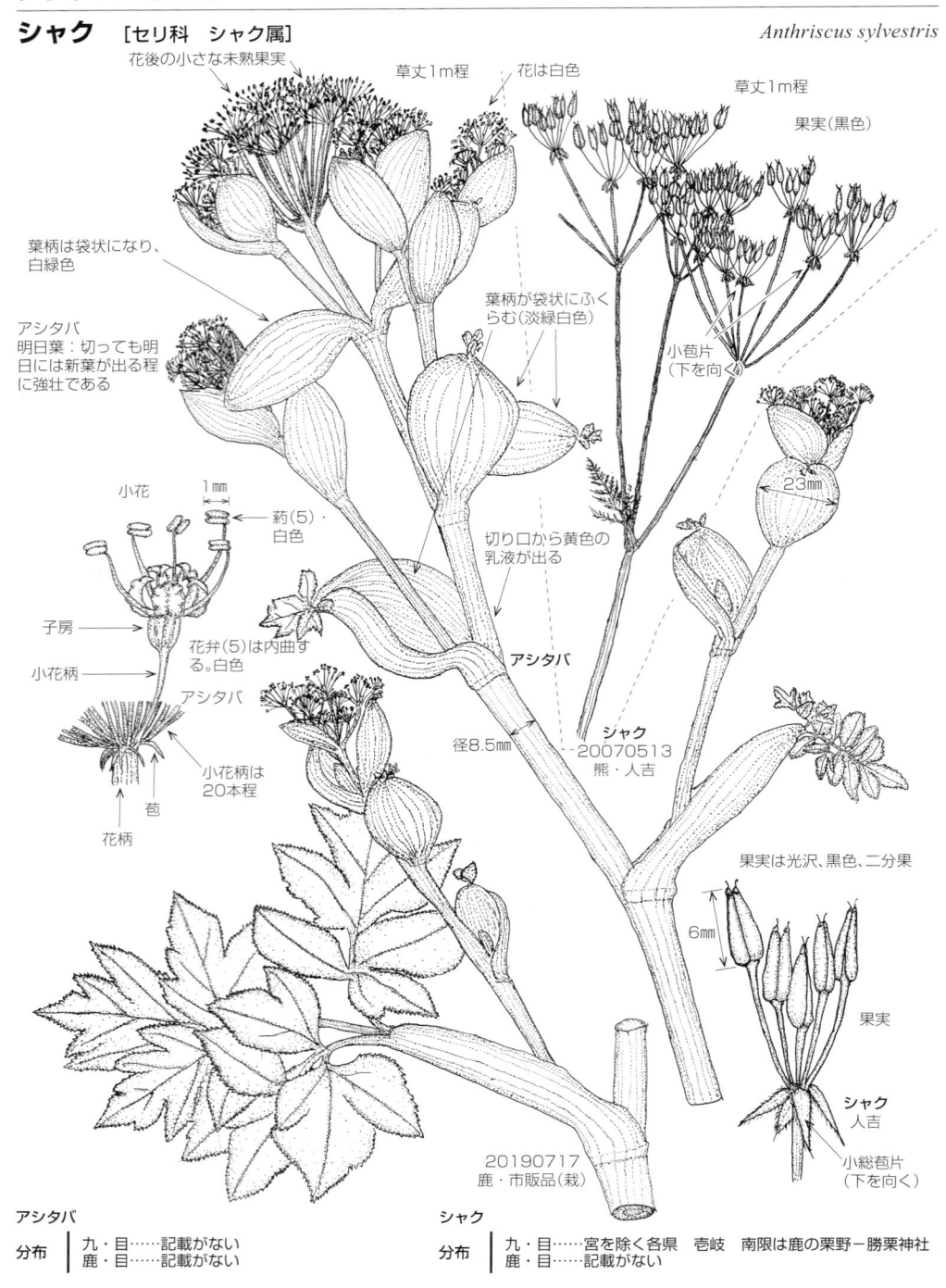

花後の小さな未熟果実

草丈1m程

花は白色

草丈1m程

果実(黒色)

葉柄は袋状になり、白緑色

葉柄が袋状にふくらむ(淡緑白色)

小苞片（下を向く）

アシタバ
明日葉：切っても明日には新葉が出る程に強壮である

23mm

小花

1mm

葯(5)・白色

切り口から黄色の乳液が出る

子房

花弁(5)は内曲する。白色

アシタバ

シャク
20070513
熊・人吉

小花柄

小花柄は20本程

アシタバ

径8.5mm

果実は光沢、黒色、二分果

6mm

苞

花柄

果実

20190717
鹿・市販品(栽)

シャク
人吉

小総苞片（下を向く）

アシタバ

分布 | 九・目……記載がない
     | 鹿・目……記載がない

シャク

分布 | 九・目……宮を除く各県　壱岐　南限は鹿の栗野－勝栗神社
     | 鹿・目……記載がない

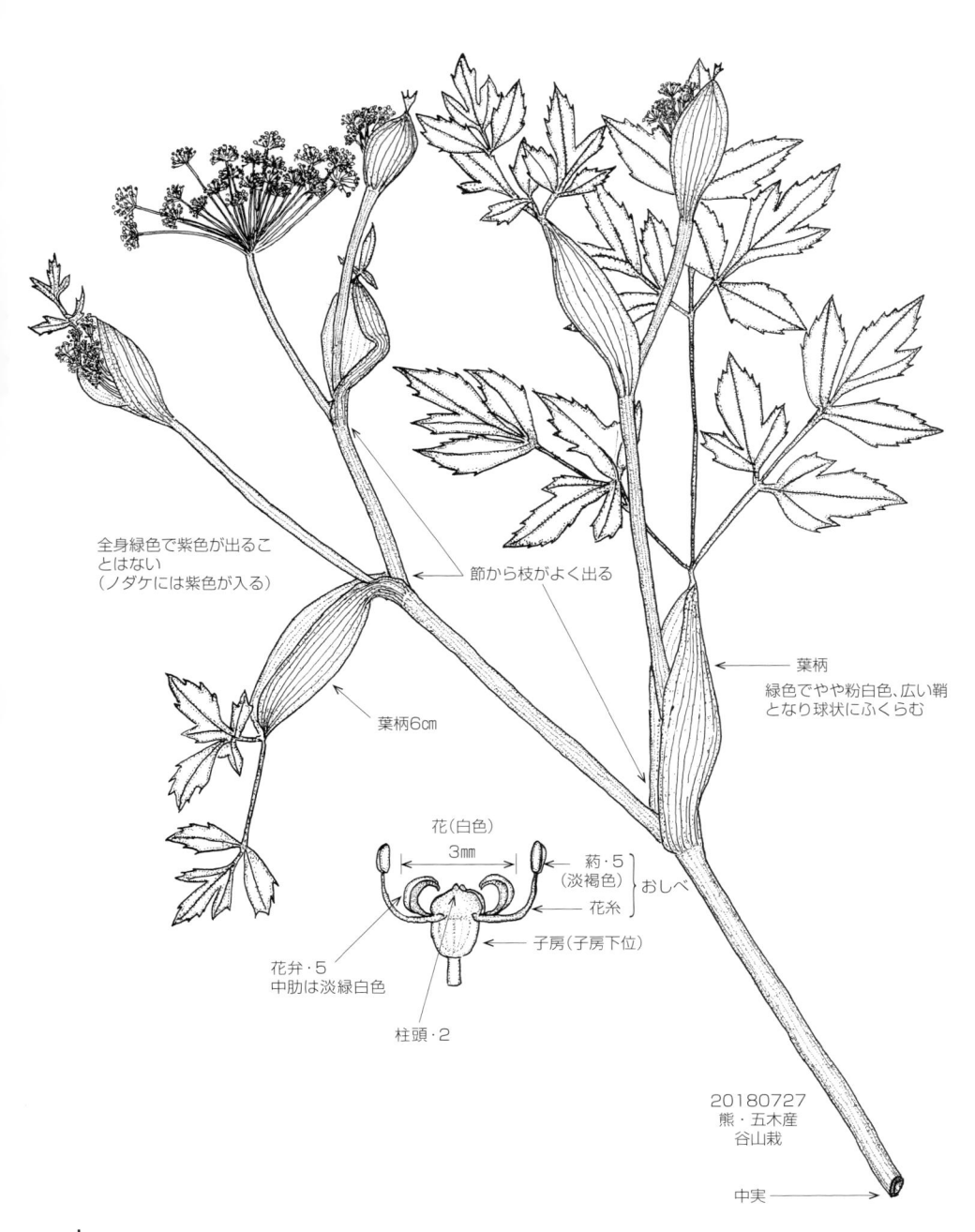

全身緑色で紫色が出ることはない
（ノダケには紫色が入る）

節から枝がよく出る

葉柄
緑色でやや粉白色、広い鞘
となり球状にふくらむ

葉柄6㎝

花（白色）

3mm

葯・5
（淡褐色）
花糸
　　おしべ

子房（子房下位）

花弁・5
中肋は淡緑白色

柱頭・2

20180727
熊・五木産
谷山栽

中実

分布　｜　九・目……熊（球磨　一勝地　芦北　坂元　山江　五木　石灰石地帯）
　　　　｜　鹿・目……記載がない

325

ムカゴニンジン　[セリ科　ヌマゼリ属]

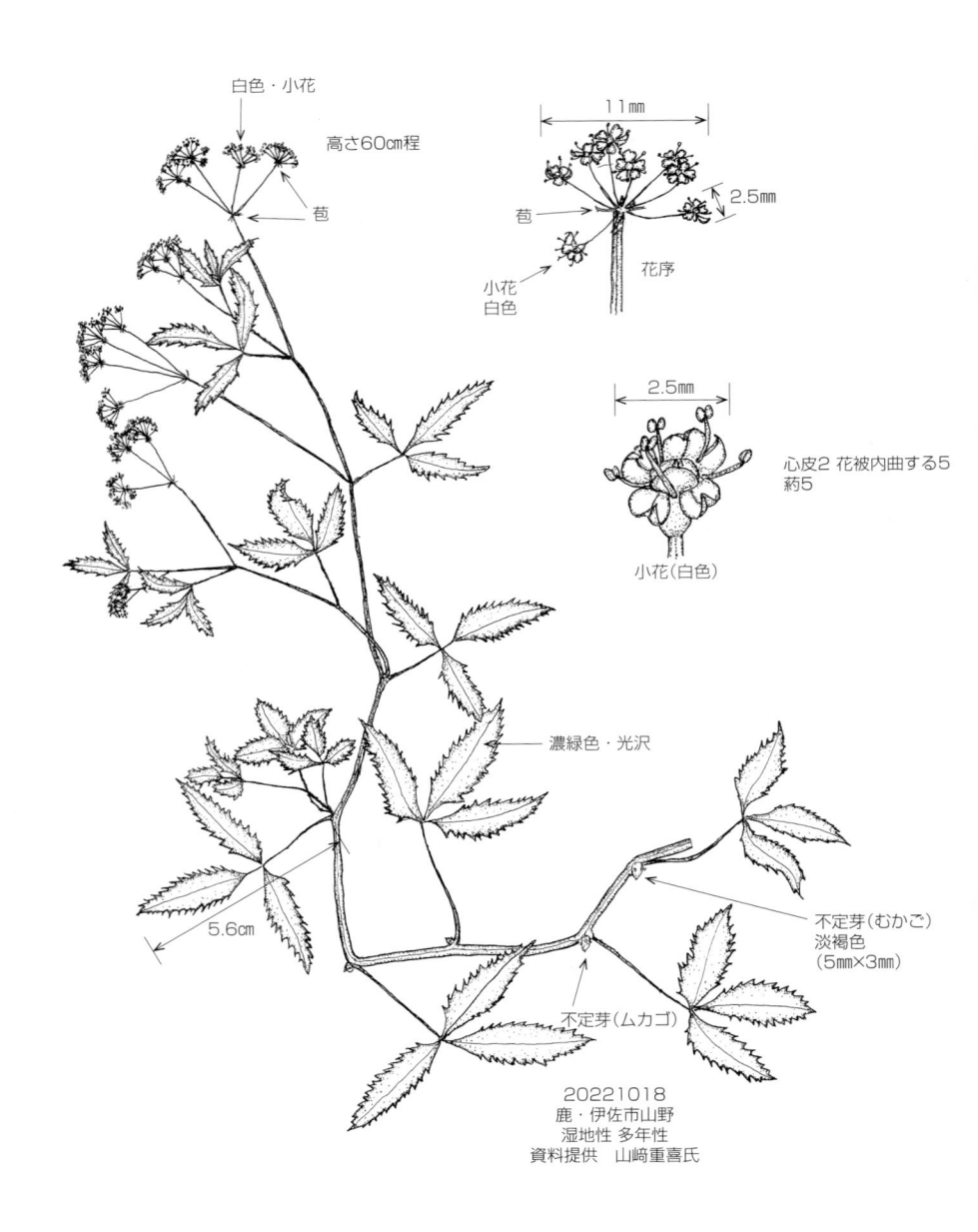

白色・小花

高さ60㎝程

苞

11mm

2.5mm

苞

花序

小花
白色

2.5mm

心皮2　花被内曲する5
葯5

小花（白色）

濃緑色・光沢

5.6㎝

不定芽（むかご）
淡褐色
（5mm×3mm）

不定芽（ムカゴ）

20221018
鹿・伊佐市山野
湿地性　多年性
資料提供　山﨑重喜氏

分布　九・目……佐を除く各県（南限は宮の小林、都城—早水（現今は絶滅）　鹿
　　　　鹿・目……大口（西太良　羽月）

オトコヨウゾメ　［レンプクソウ科　ガマズミ属］　*Viburnum phlebotrichum*

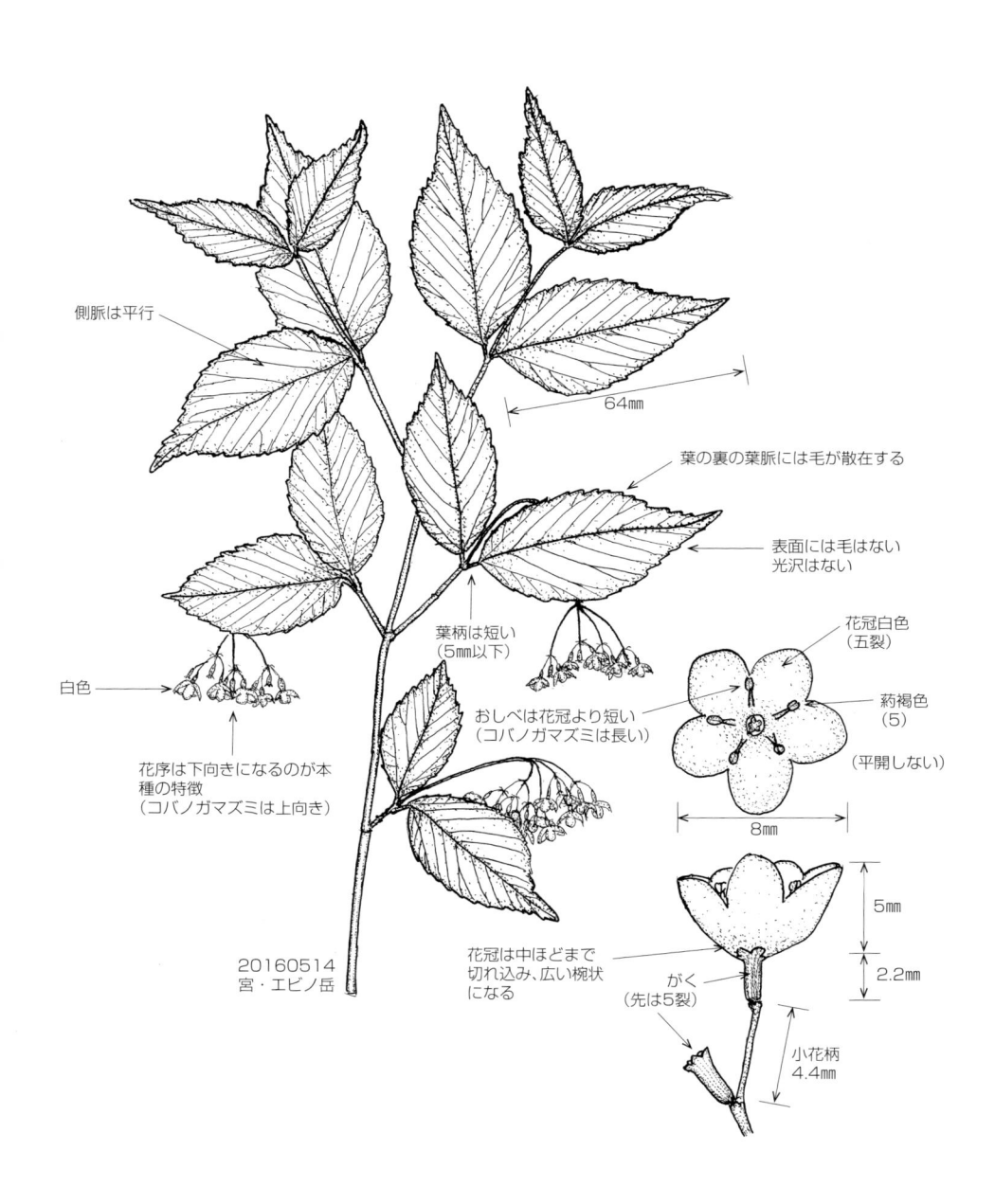

側脈は平行

64mm

葉の裏の葉脈には毛が散在する

表面には毛はない
光沢はない

花冠白色
（五裂）

白色

葉柄は短い
（5mm以下）

おしべは花冠より短い
（コバノガマズミは長い）

薬褐色
（5）

（平開しない）

8mm

花序は下向きになるのが本
種の特徴
（コバノガマズミは上向き）

20160514
宮・エビノ岳

花冠は中ほどまで
切れ込み、広い椀状
になる

がく
（先は5裂）

5mm

2.2mm

小花柄
4.4mm

ミヤマガマズミ　[レンプクソウ科　ガマズミ属]

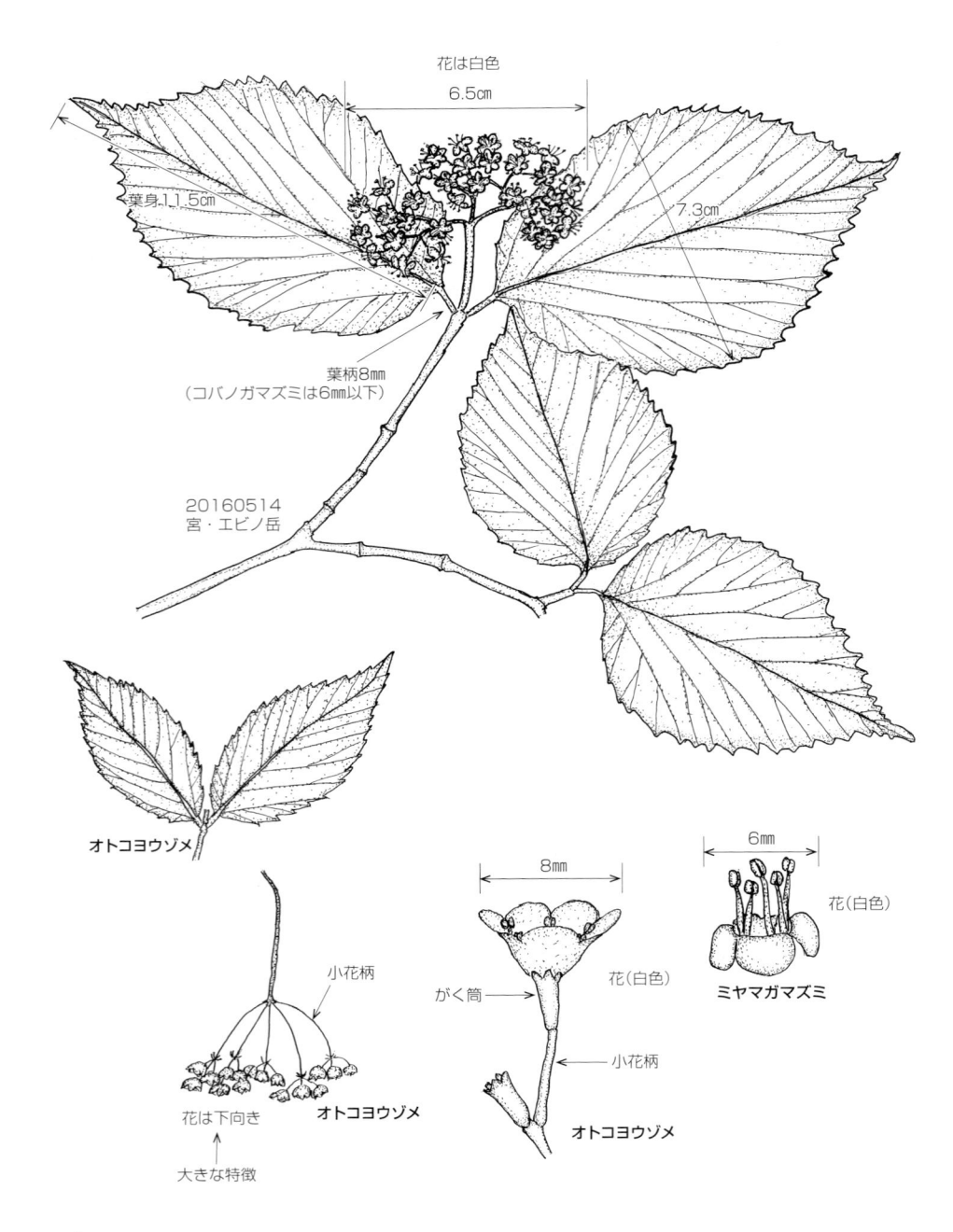

花は白色

6.5cm

葉身11.5cm

7.3cm

葉柄8mm
（コバノガマズミは6mm以下）

20160514
宮・エビノ岳

オトコヨウゾメ

小花柄

花は下向き　　オトコヨウゾメ

大きな特徴

8mm

がく筒

花（白色）

小花柄

オトコヨウゾメ

6mm

花（白色）

ミヤマガマズミ

分布　｜　九・目……福（稍稀）　大（稍普通）　長（対馬）　熊（各地）　宮（中部以北各地）　鹿
　　　　｜　鹿・目……霧島山　栗野岳

328

カノコソウ 　[スイカズラ科　カノコソウ属]　*Valeriana fauriei*

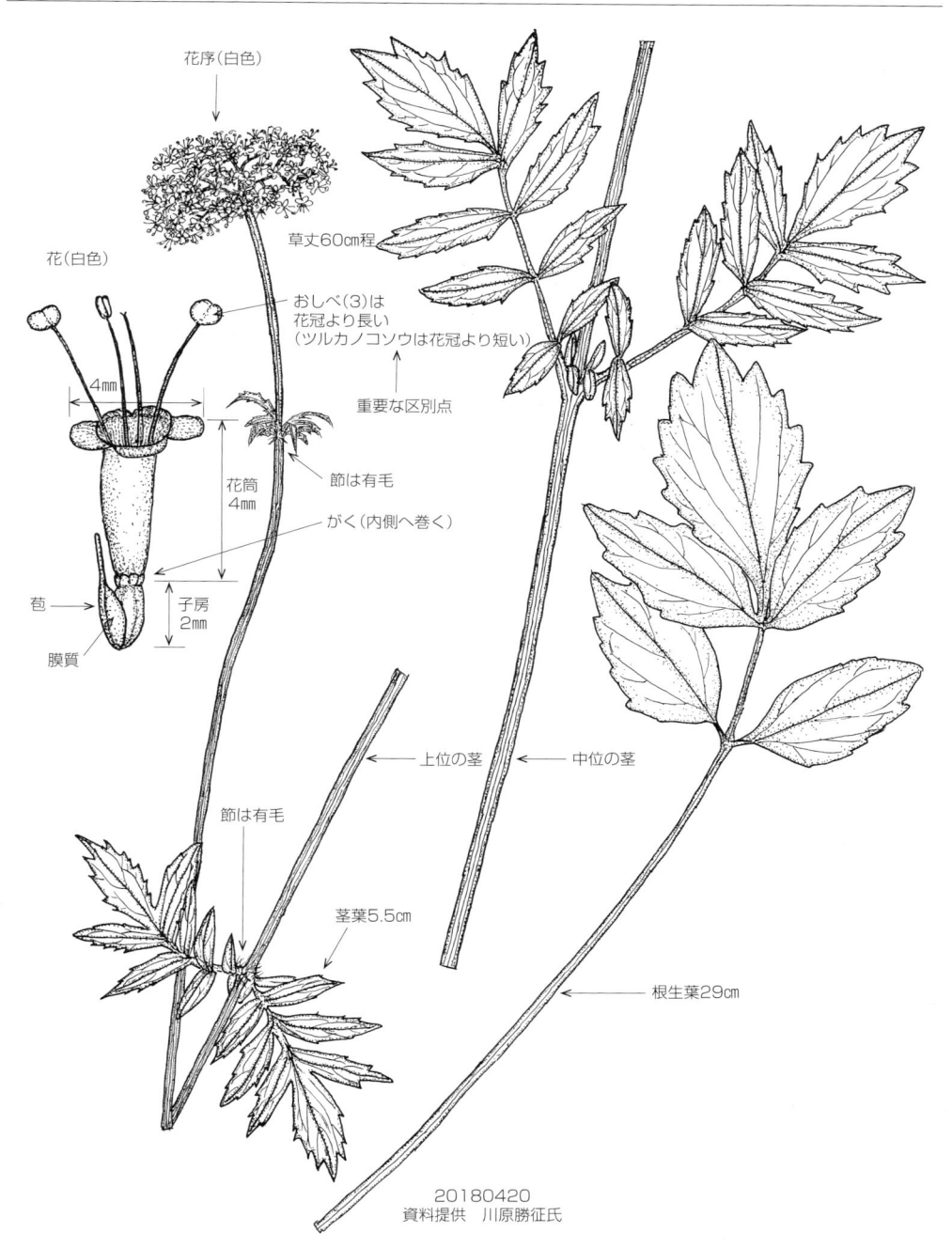

花序（白色）

草丈60㎝程

花（白色）

4mm

おしべ（3）は
花冠より長い
（ツルカノコソウは花冠より短い）

重要な区別点

花筒
4mm

節は有毛

がく（内側へ巻く）

苞

膜質

子房
2mm

上位の茎

中位の茎

節は有毛

茎葉5.5㎝

根生葉29㎝

20180420
資料提供　川原勝征氏

分布 ｜ 九・目……各県（南限は鹿の辻岳頂上）
｜ 鹿・目……大口（布計　十曽）霧島山　蘭牟田池　垂水　鹿屋　辻岳　野首岳（南限）

329

ツクシタニギキョウ 　[キキョウ科　タニギキョウ属]　　*Peracarpa carnosa*

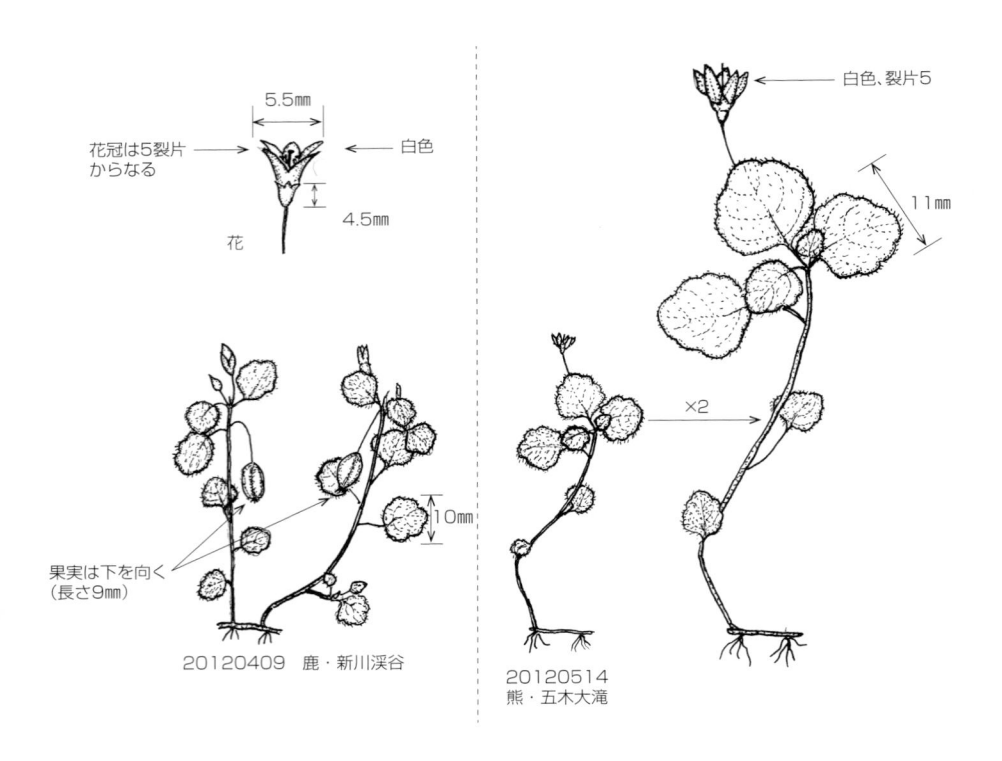

花冠は5裂片
からなる → ← 白色

5.5㎜

4.5㎜

花

白色、裂片5

11㎜

×2

果実は下を向く
（長さ9㎜）

10㎜

20120409　鹿・新川渓谷

20120514
熊・五木大滝

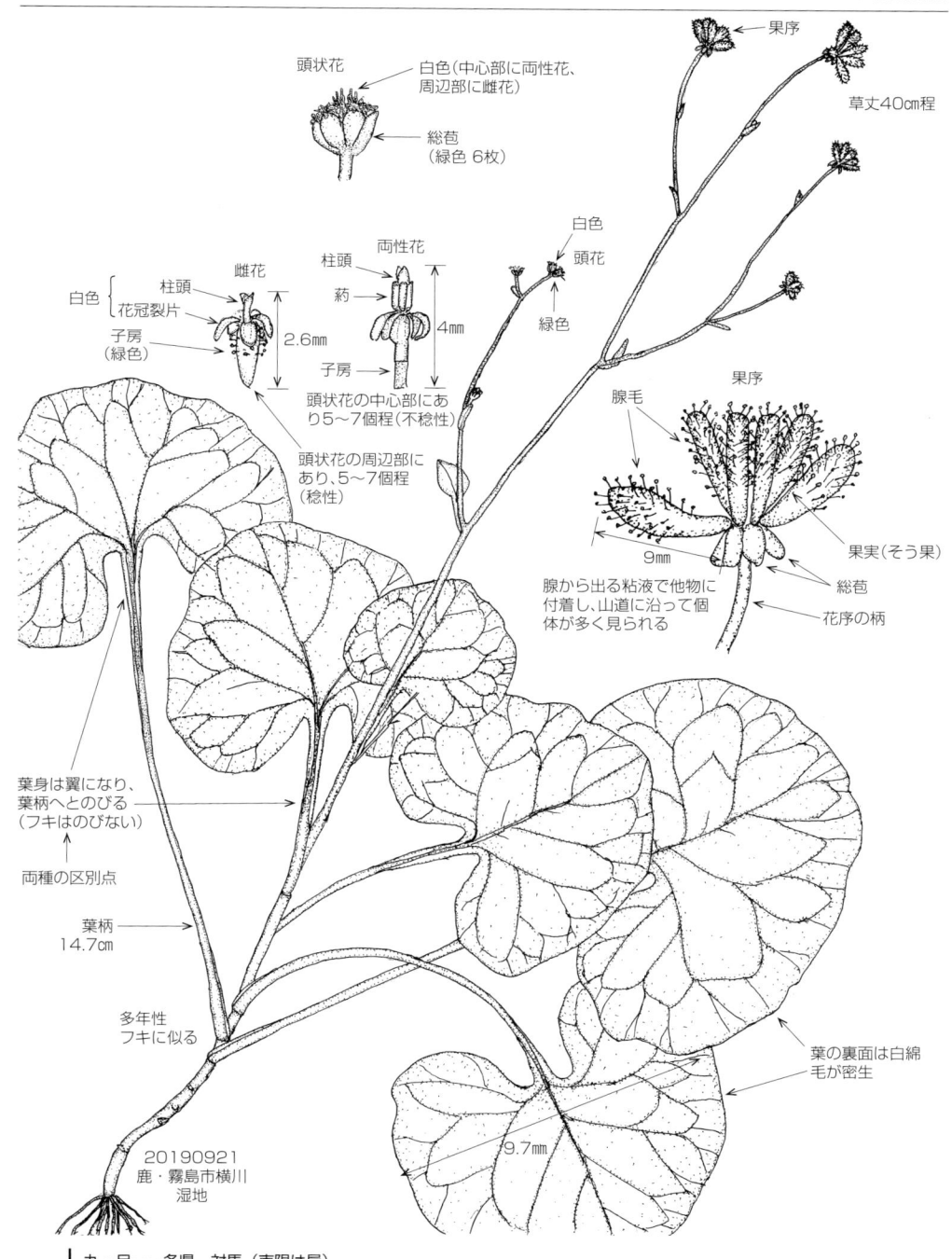

ノブキ　[キク科　ノブキ属]

Adenocaulon himalaicum

頭状花

白色（中心部に両性花、周辺部に雌花）

総苞（緑色 6枚）

草丈40cm程

果序

白色

頭花

緑色

雌花

白色 { 柱頭 / 花冠裂片

子房（緑色）

2.6mm

両性花

柱頭

葯

子房

4mm

頭状花の中心部にあり5〜7個程（不稔性）

頭状花の周辺部にあり、5〜7個程（稔性）

腺毛

果序

9mm

果実（そう果）

総苞

花序の柄

腺から出る粘液で他物に付着し、山道に沿って個体が多く見られる

葉身は翼になり、葉柄へとのびる（フキはのびない）

両種の区別点

葉柄 14.7cm

多年性 フキに似る

20190921 鹿・霧島市横川 湿地

葉の裏面は白綿毛が密生

9.7mm

ワタゲツルハナグルマ　[キキョウ科　ワタゲハナグルマ属]　*Arctotheca prostrata*

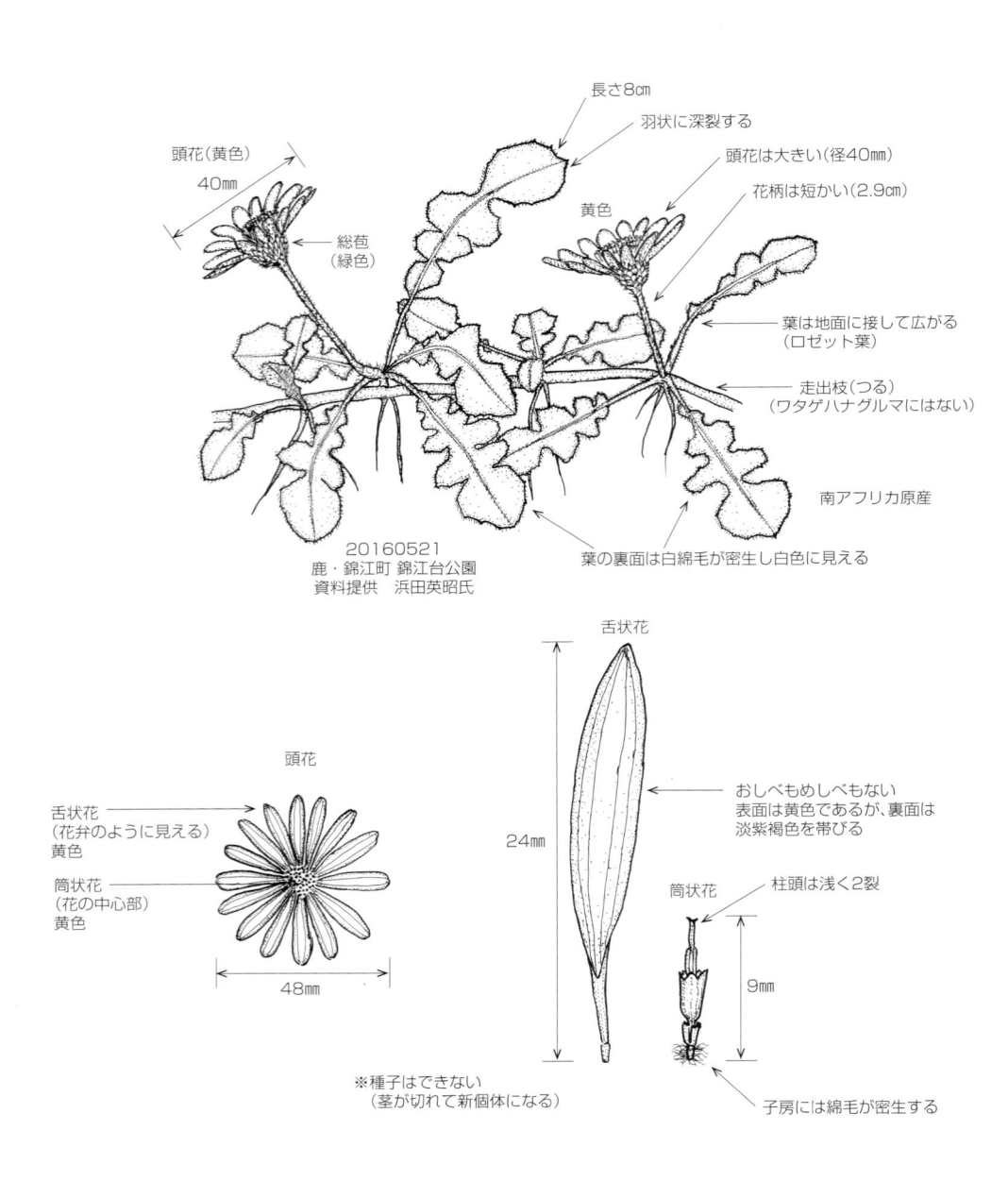

頭花(黄色)
40mm

総苞
(緑色)

長さ8cm

羽状に深裂する

頭花は大きい(径40mm)

花柄は短かい(2.9cm)

黄色

葉は地面に接して広がる
(ロゼット葉)

走出枝(つる)
(ワタゲハナグルマにはない)

南アフリカ原産

葉の裏面は白綿毛が密生し白色に見える

20160521
鹿・錦江町 錦江台公園
資料提供　浜田英昭氏

舌状花

頭花

舌状花
(花弁のように見える)
黄色

筒状花
(花の中心部)
黄色

48mm

24mm

おしべもめしべもない
表面は黄色であるが、裏面は
淡紫褐色を帯びる

筒状花

柱頭は浅く2裂

9mm

子房には綿毛が密生する

※種子はできない
(茎が切れて新個体になる)

分布　｜　九・目……記載がない
　　　｜　鹿・目……記載がない

332

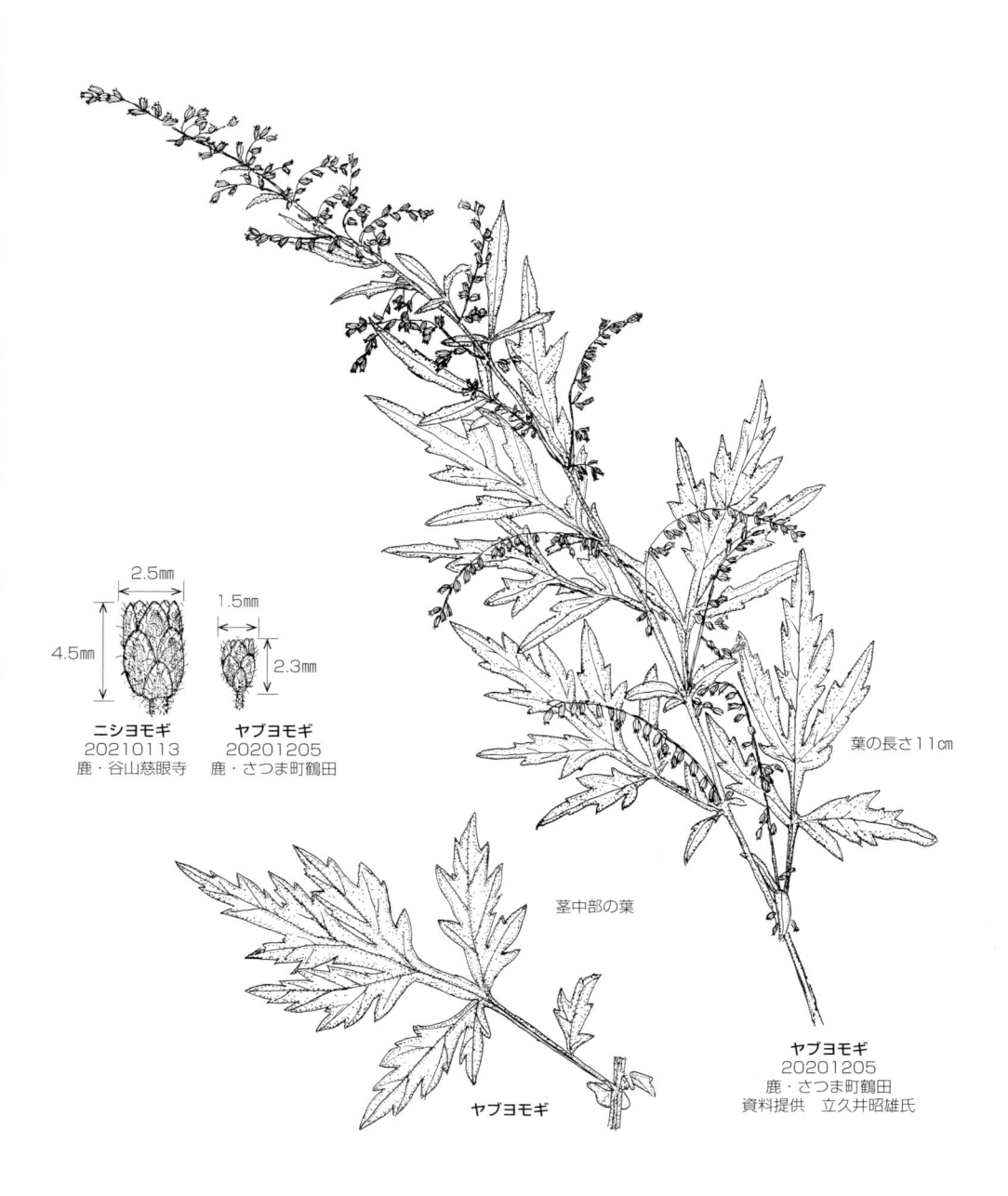

2.5mm

4.5mm

ニシヨモギ
20210113
鹿・谷山慈眼寺

1.5mm

2.3mm

ヤブヨモギ
20201205
鹿・さつま町鶴田

葉の長さ11㎝

茎中部の葉

ヤブヨモギ

ヤブヨモギ
20201205
鹿・さつま町鶴田
資料提供　立久井昭雄氏

分布｜九・目……熊（阿蘇）　大（久住）　佐　宮　鹿（奄）は帰化
　　　鹿・目……記載がない

タニガワコンギク　[キク科　シオン属]

Aster microcephalus var.*ripensis*

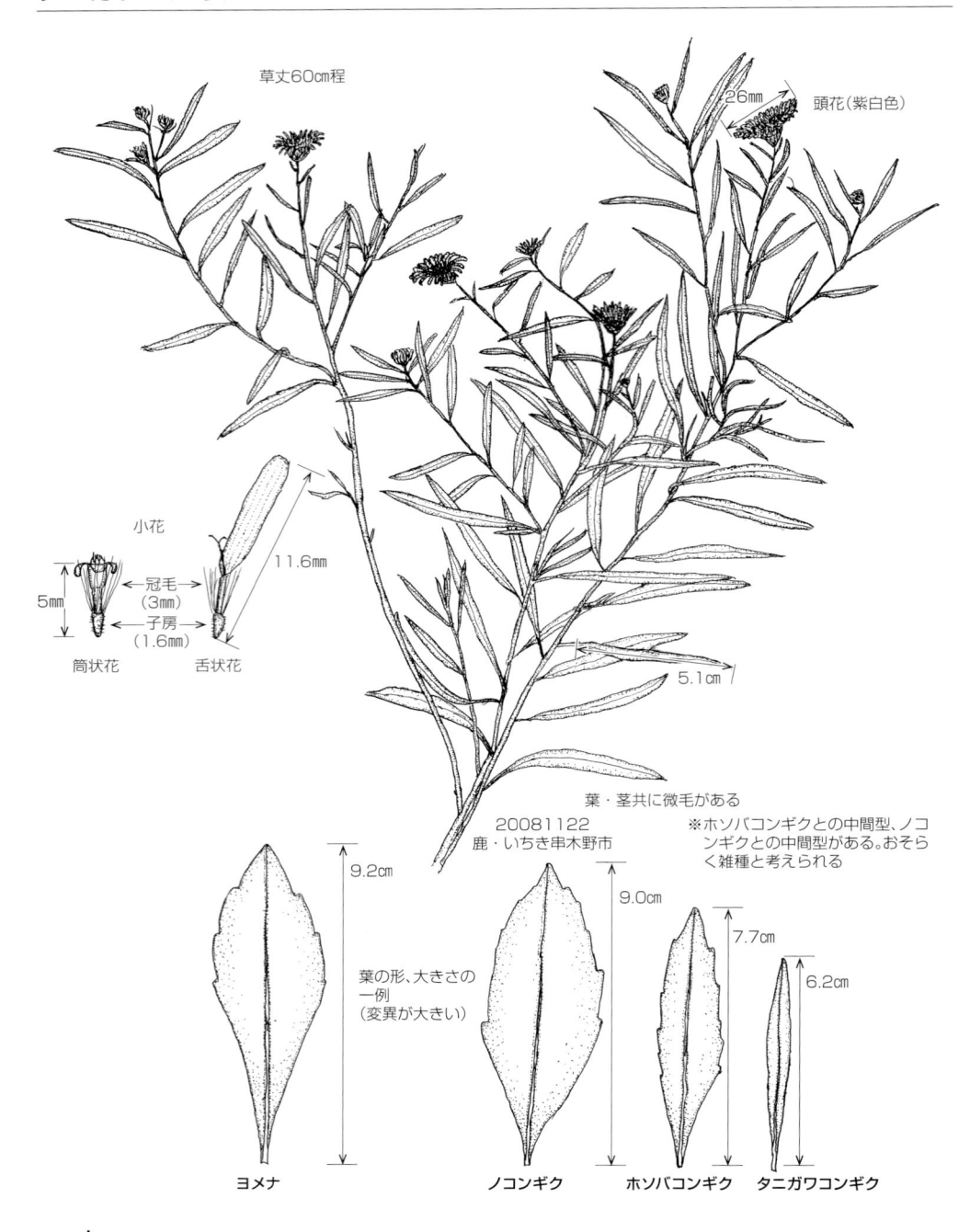

草丈60cm程

頭花（紫白色）

26mm

小花

冠毛
（3mm）

子房
（1.6mm）

5mm

11.6mm

筒状花　　　舌状花

5.1cm

葉・茎共に微毛がある

20081122
鹿・いちき串木野市

※ホソバコンギクとの中間型、ノコンギクとの中間型がある。おそらく雑種と考えられる

9.2cm

9.0cm

7.7cm

6.2cm

葉の形、大きさの一例
（変異が大きい）

ヨメナ　　　　　ノコンギク　　　ホソバコンギク　タニガワコンギク

分布｜九・目……各県（南は南薩─馬渡川、種）
　　｜鹿・目……甑　湯田　万之瀬川　馬渡川　枕崎（金山）　新川渓谷　種（西之表）

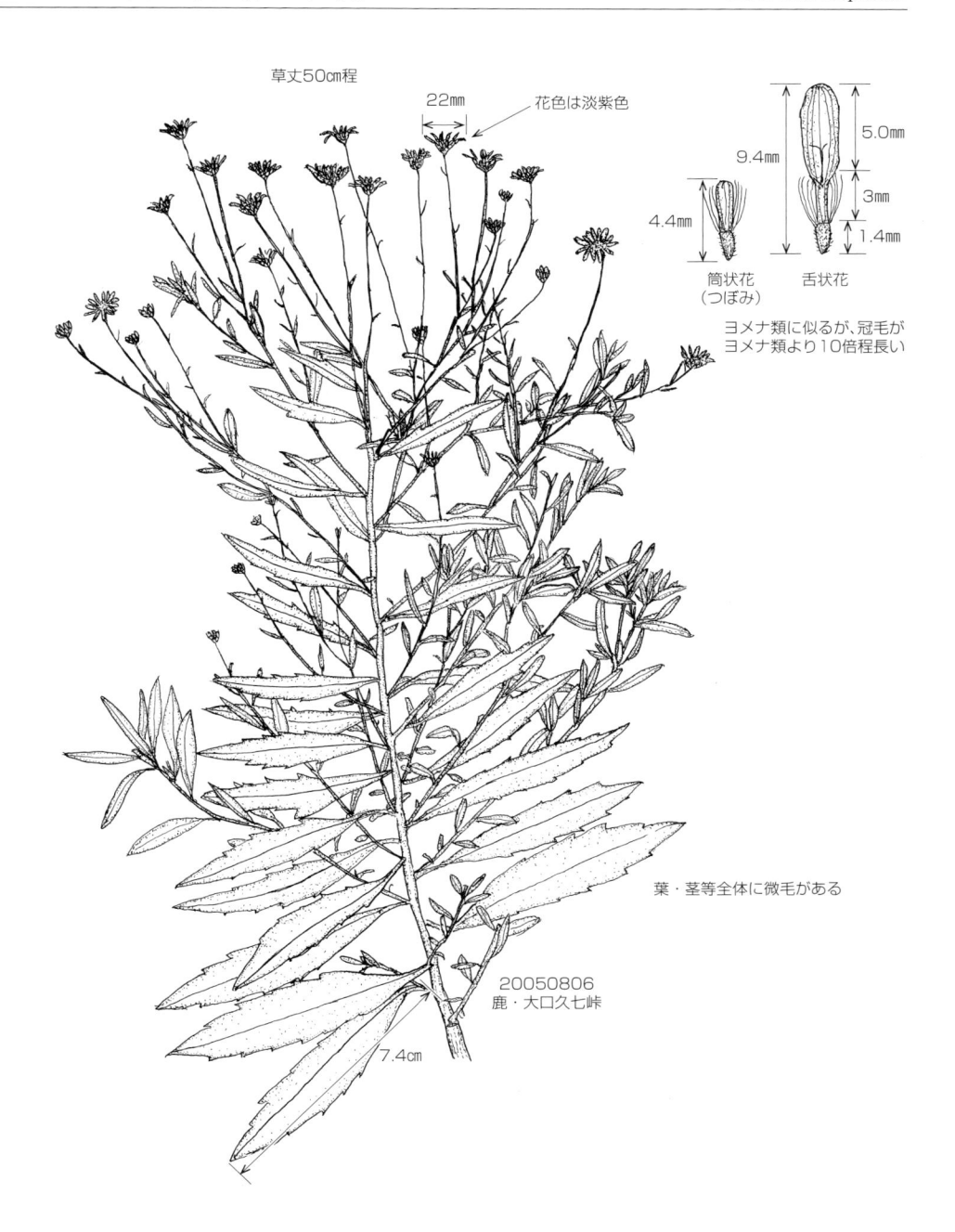

草丈50㎝程

22mm

花色は淡紫色

5.0mm

9.4mm

4.4mm

3mm

1.4mm

筒状花
（つぼみ）

舌状花

ヨメナ類に似るが、冠毛が
ヨメナ類より10倍程長い

葉・茎等全体に微毛がある

20050806
鹿・大口久七峠

7.4㎝

オオユウガギク　[キク科　シオン属]　*Aster robustus*

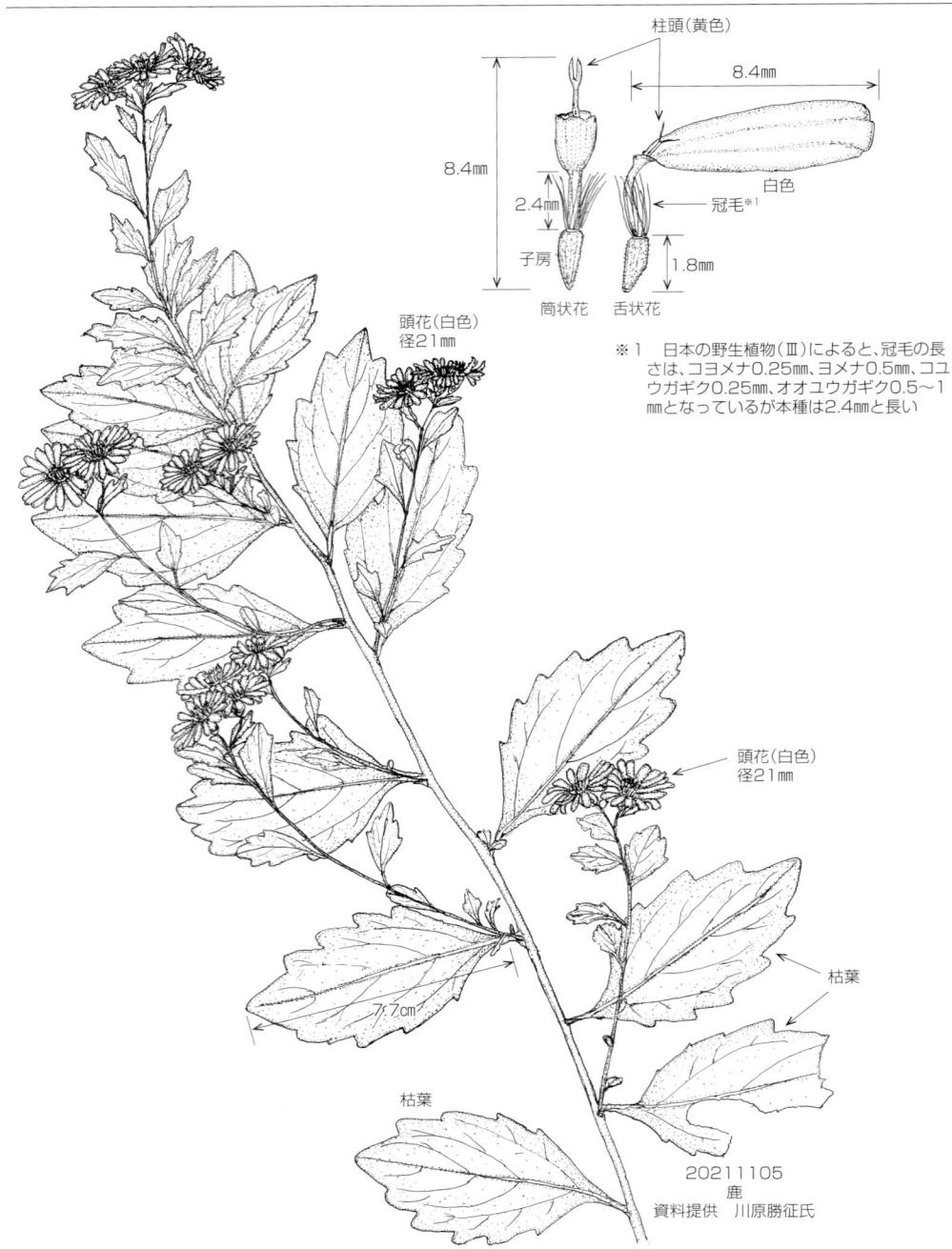

柱頭（黄色）

8.4㎜

8.4㎜

2.4㎜

白色

冠毛※1

1.8㎜

子房

筒状花　舌状花

※1　日本の野生植物（Ⅲ）によると、冠毛の長さは、コヨメナ0.25㎜、ヨメナ0.5㎜、コユウガギク0.25㎜、オオユウガギク0.5～1㎜となっているが本種は2.4㎜と長い

頭花（白色）
径21㎜

頭花（白色）
径21㎜

枯葉

7.7㎝

枯葉

20211105
鹿
資料提供　川原勝征氏

分布　| 九・目……福（北九州　平尾台　遠賀川（河口）　大（稍普通）　佐（普通）　長（対馬　壱　平戸　肥前本土）　熊（五家荘以北　天草）
| 鹿・目……記載がない

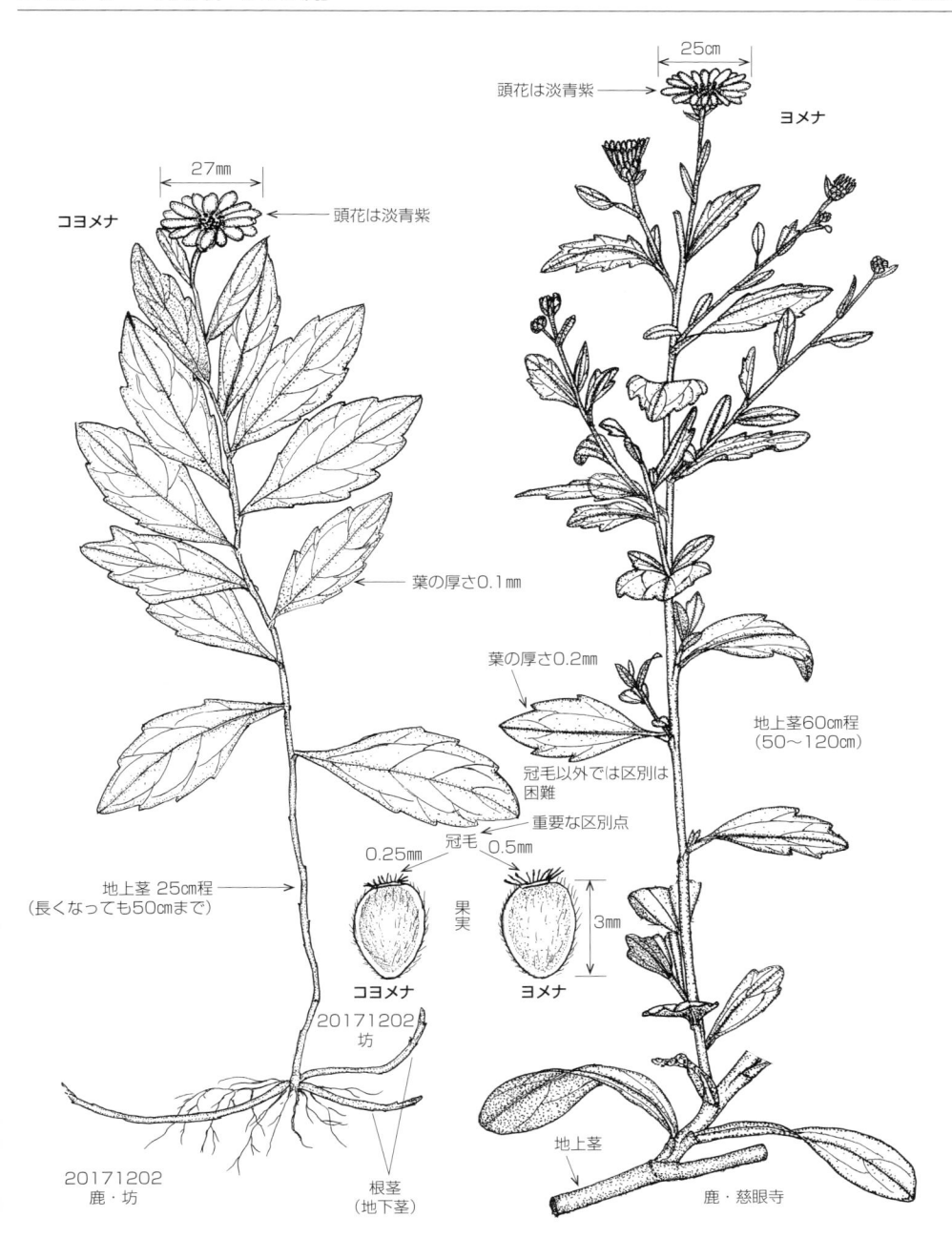

頭花は淡青紫

ヨメナ

25㎝

27㎜

コヨメナ

頭花は淡青紫

葉の厚さ0.1㎜

葉の厚さ0.2㎜

地上茎60㎝程
（50〜120㎝）

冠毛以外では区別は
困難

重要な区別点

冠毛　0.5㎜

0.25㎜

果実

3㎜

コヨメナ

ヨメナ

20171202
坊

地上茎 25㎝程
（長くなっても50㎝まで）

20171202
鹿・坊

根茎
（地下茎）

地上茎

鹿・慈眼寺

分布│九・目……鹿
　　　鹿・目……垂水　根占　岸良　佐多　山川　開聞　屋　種　宝　奄群

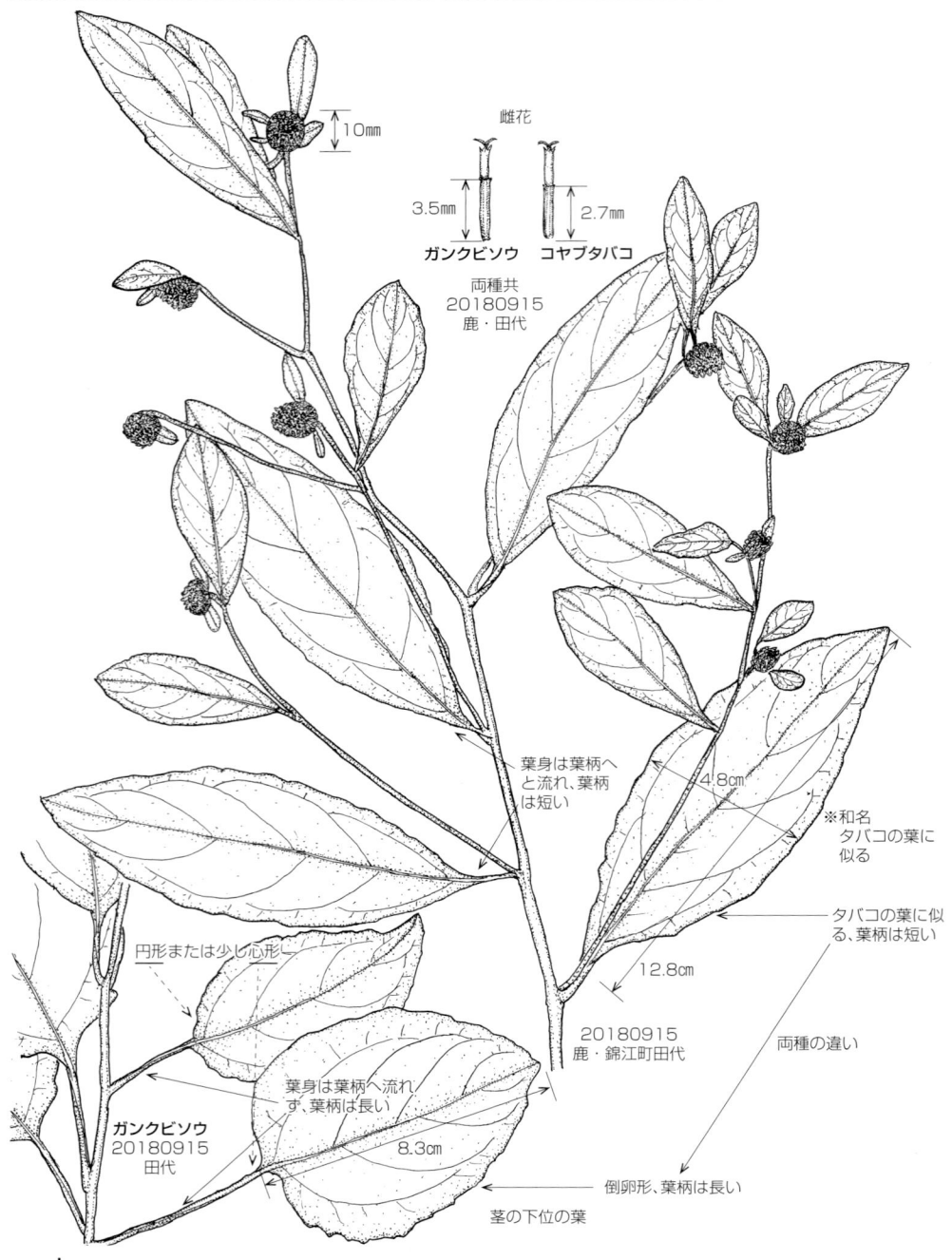

10mm

雌花

3.5mm　2.7mm

ガンクビソウ　**コヤブタバコ**

両種共
20180915
鹿・田代

葉身は葉柄へ
と流れ、葉柄
は短い

4.8㎝

※和名
タバコの葉に
似る

タバコの葉に似
る、葉柄は短い

12.8㎝

両種の違い

20180915
鹿・錦江町田代

円形または少し心形

葉身は葉柄へ流れ
ず、葉柄は長い

8.3㎝

ガンクビソウ
20180915
田代

倒卵形、葉柄は長い

茎の下位の葉

分布｜九・目……各県
　　　鹿・目……県本土　甑　種　屋　口永　奄大　徳　沖永

338

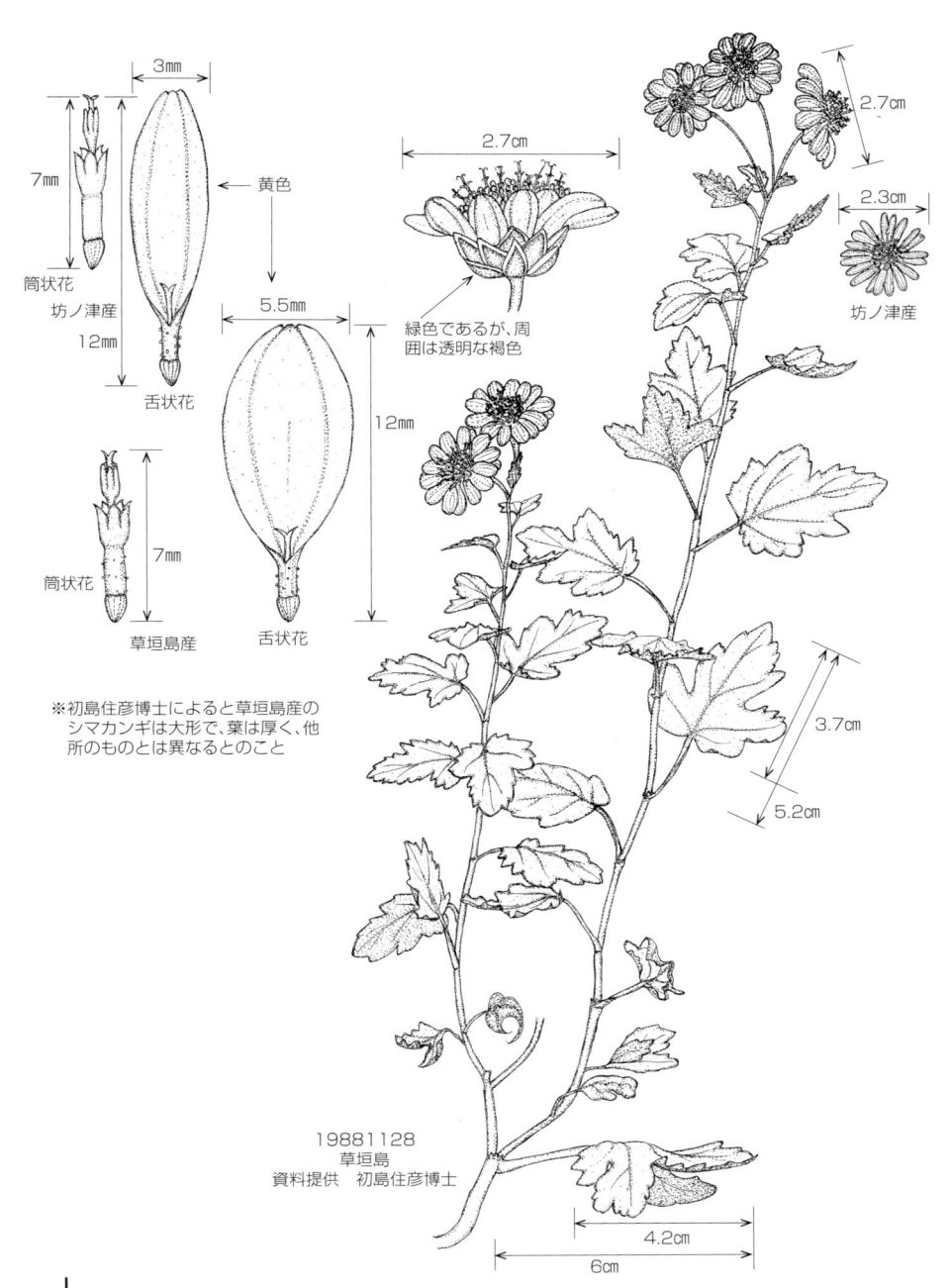

3mm

7mm

黄色

筒状花
坊ノ津産
12mm

舌状花

5.5mm

2.7cm

緑色であるが、周
囲は透明な褐色

12mm

筒状花

7mm

草垣島産

舌状花

2.7cm

2.3cm

坊ノ津産

3.7cm

5.2cm

※初島住彦博士によると草垣島産の
　シマカンギは大形で、葉は厚く、他
　所のものとは異なるとのこと

19881128
草垣島
資料提供　初島住彦博士

4.2cm

6cm

分布 ｜ 草垣島産と同じ型のものは、九・目、鹿・目、ともに記載がない

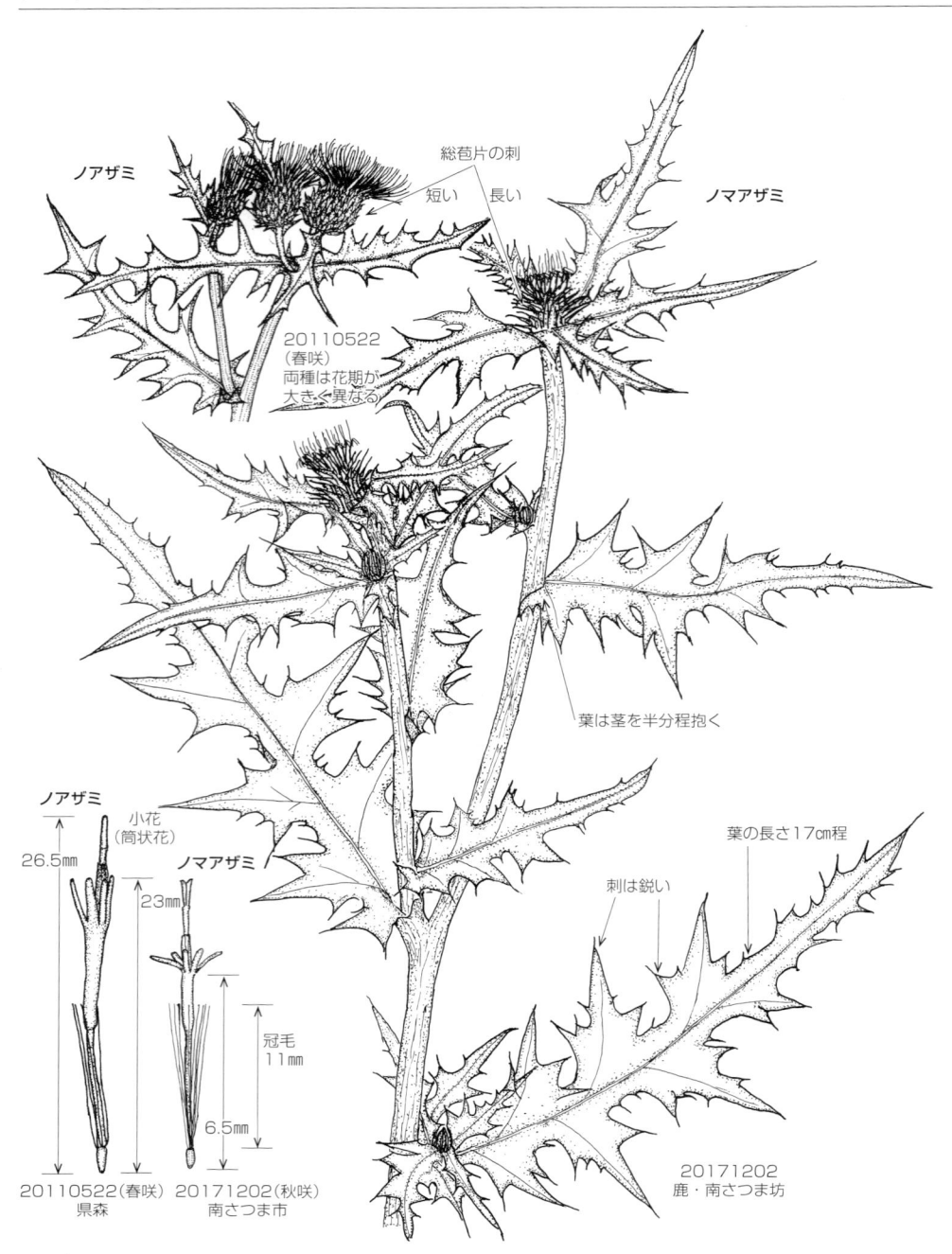

ノアザミ

総苞片の刺

短い　　長い

ノマアザミ

20110522
（春咲）
両種は花期が
大きく異なる

葉は茎を半分程抱く

ノアザミ

小花
（筒状花）

26.5mm

ノマアザミ

23mm

葉の長さ17㎝程

刺は鋭い

冠毛
11mm

6.5mm

20171202
鹿・南さつま坊

20110522（春咲）
県森

20171202（秋咲）
南さつま市

分布｜九・目……鹿（各地　南限は種）
　　　鹿・目……川辺　知覧　磯間岳　野間岳　大野岳　佐田　田代　根占　内之浦　吾平　高隈山

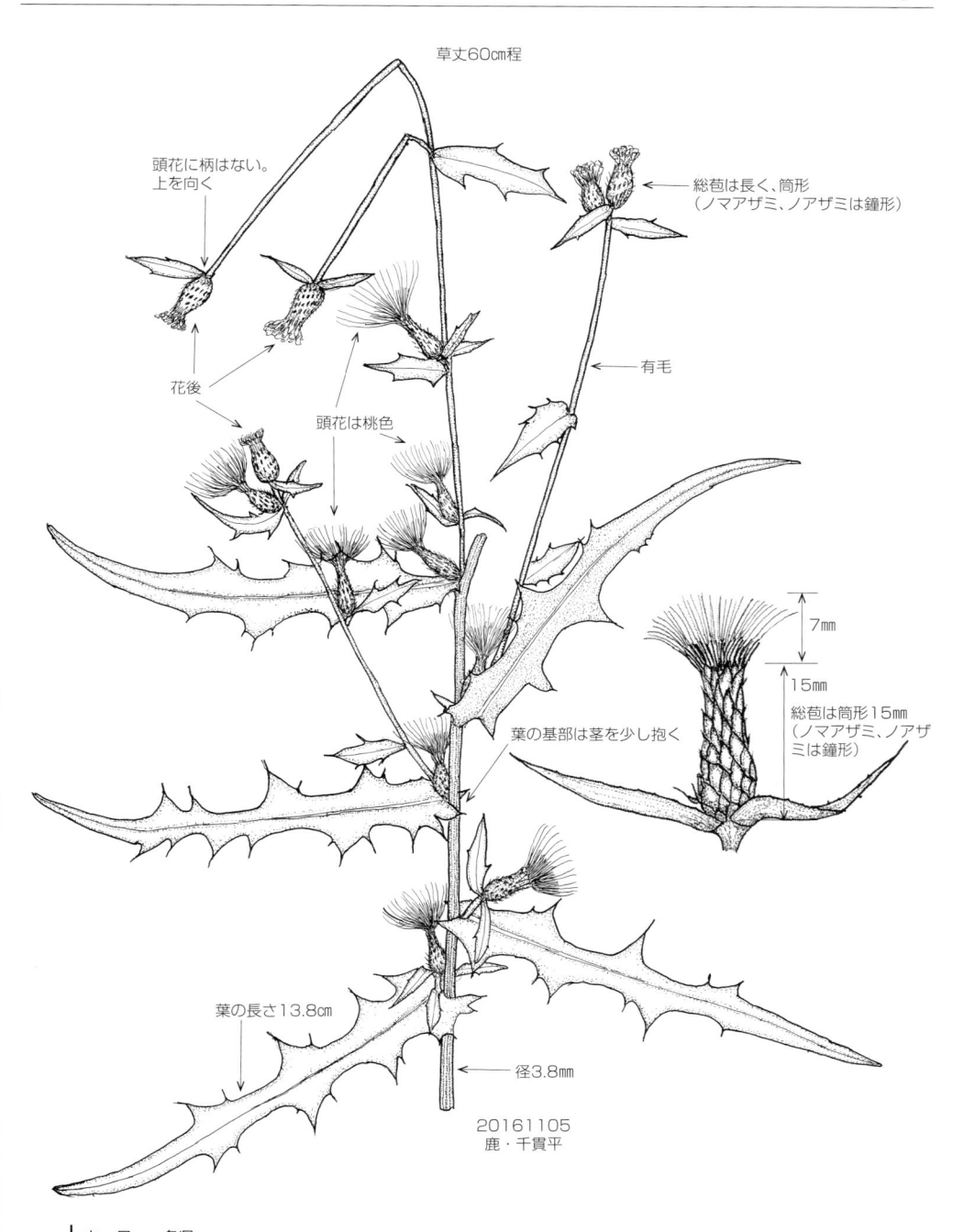

草丈60cm程

頭花に柄はない。
上を向く

総苞は長く、筒形
（ノマアザミ、ノアザミは鐘形）

花後

有毛

頭花は桃色

7mm

15mm

総苞は筒形15mm
（ノマアザミ、ノアザ
ミは鐘形）

葉の基部は茎を少し抱く

葉の長さ13.8cm

径3.8mm

20161105
鹿・千貫平

分布　｜　九・目……各県
　　　｜　鹿・目……甑　県本土各地　南限は佐多

ヤクシホソバワダン　[キク科　アゼトウナ属]　*Crepidiastrum ×muratagenii*

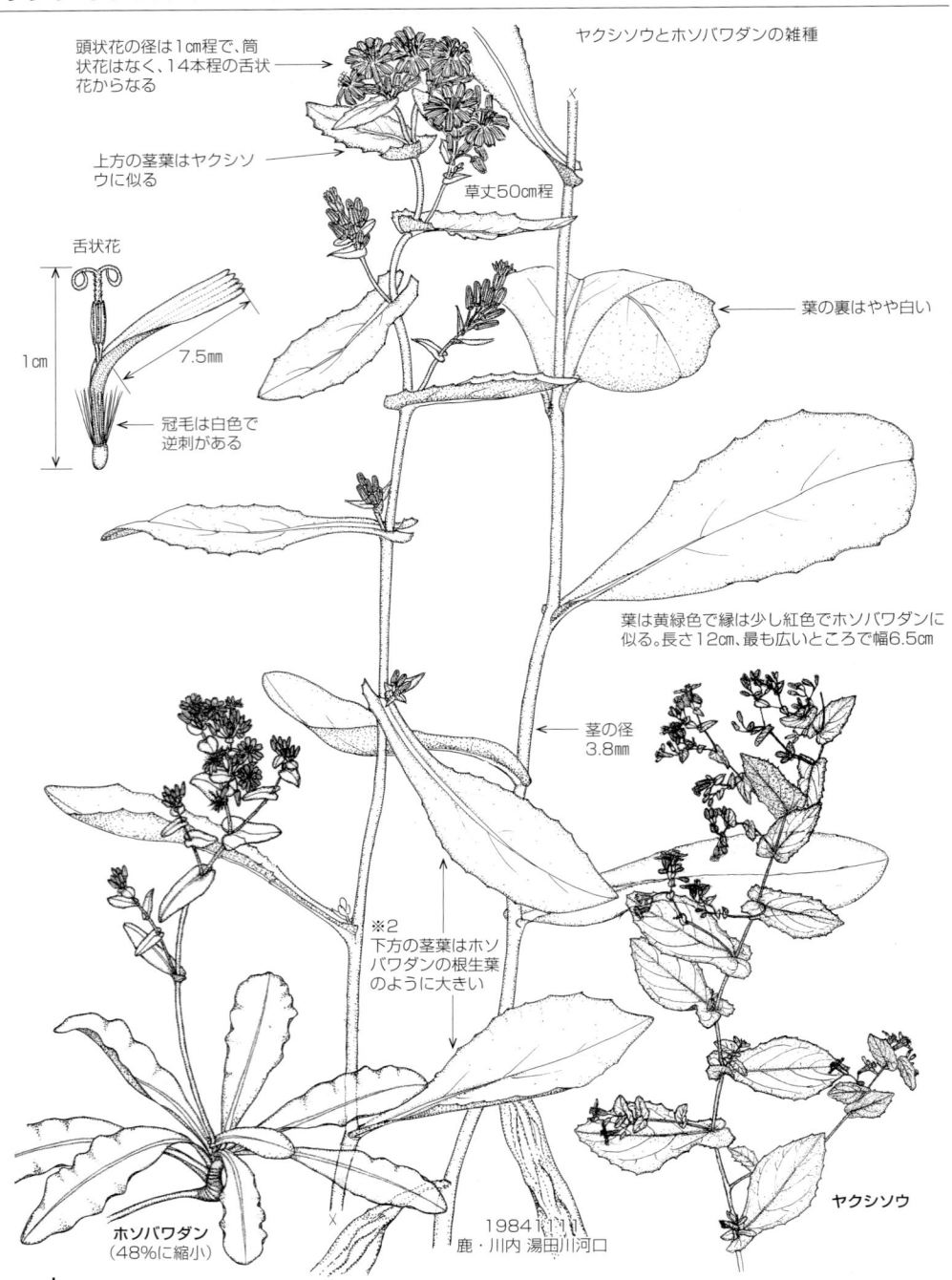

ヤクシソウとホソバワダンの雑種

頭状花の径は1cm程で、筒状花はなく、14本程の舌状花からなる

上方の茎葉はヤクシソウに似る

草丈50cm程

葉の裏はやや白い

舌状花

1cm

7.5mm

冠毛は白色で逆刺がある

葉は黄緑色で縁は少し紅色でホソバワダンに似る。長さ12cm、最も広いところで幅6.5cm

茎の径
3.8mm

※2
下方の茎葉はホソバワダンの根生葉のように大きい

ホソバワダン
（48％に縮小）

1984.11.11
鹿・川内　湯田川河口

ヤクシソウ

分布　九・目……福（相ノ島）　鹿
　　　鹿・目……西方　奄大（ヤクシソウのない奄美に本雑種があるのは疑問）

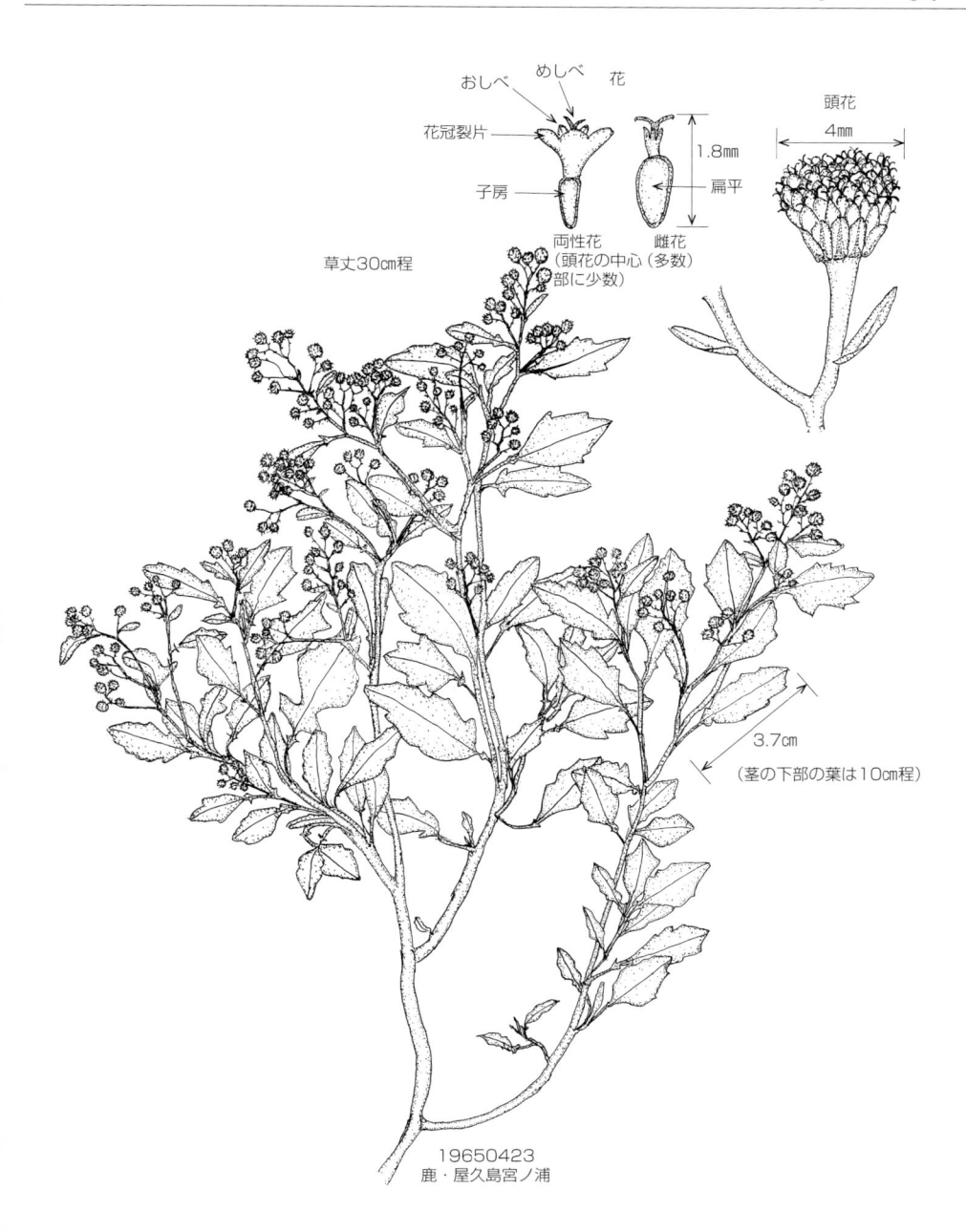

おしべ　めしべ　花

花冠裂片

子房

両性花
（頭花の中心
部に少数）

雌花
（頭花の中心
部に多数）

1.8mm

扁平

頭花
4mm

草丈30㎝程

3.7㎝

（茎の下部の葉は10㎝程）

19650423
鹿・屋久島宮ノ浦

サワヒヨドリバナ　[キク科　ヒヨドリバナ属]　*Eupatorium lindleyanum*

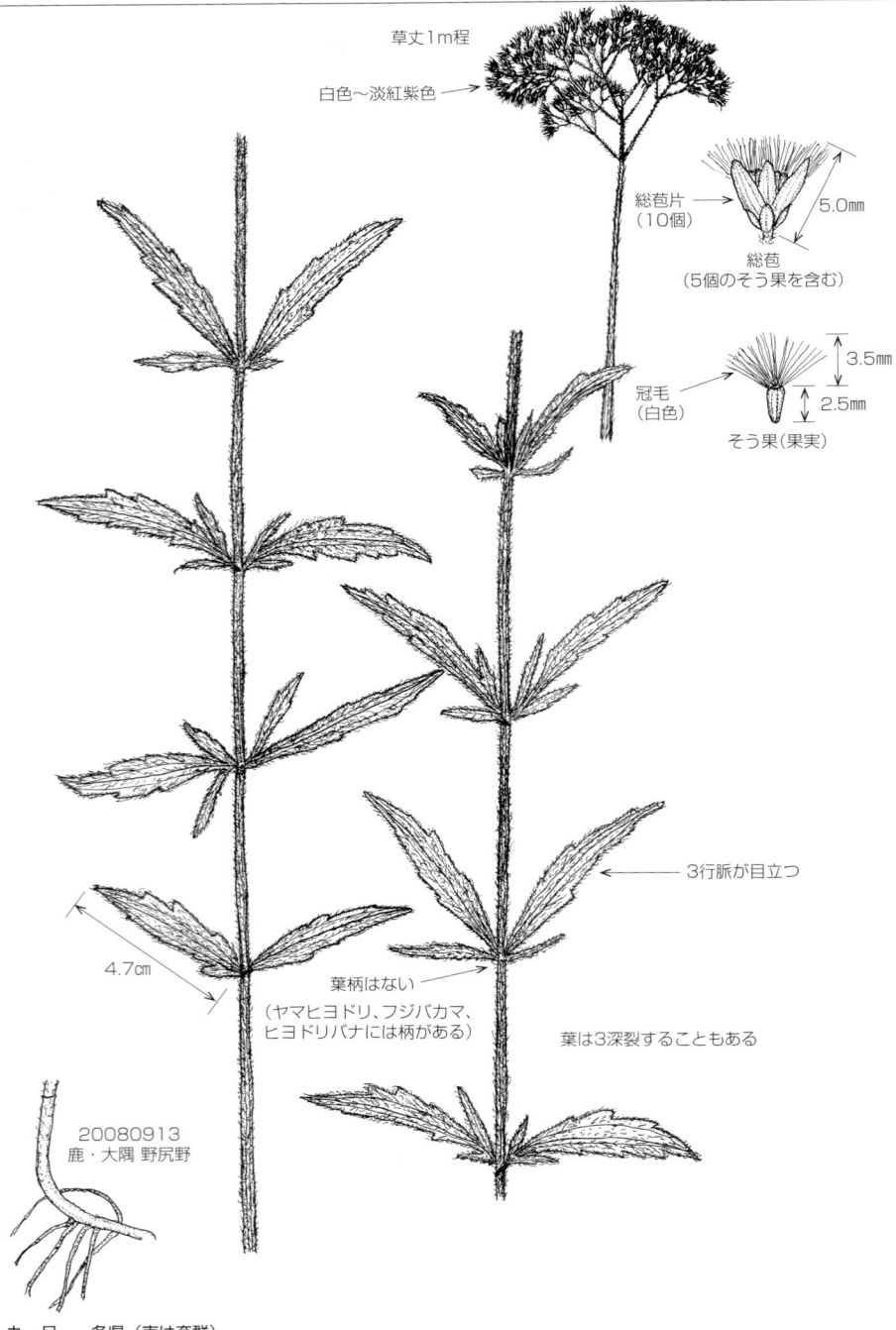

草丈1m程

白色〜淡紅紫色

総苞片（10個）

総苞（5個のそう果を含む）

5.0mm

冠毛（白色）

3.5mm

2.5mm

そう果（果実）

3行脈が目立つ

4.7cm

葉柄はない（ヤマヒヨドリ、フジバカマ、ヒヨドリバナには柄がある）

葉は3深裂することもある

20080913
鹿・大隅 野尻野

分布｜九・目……各県（南は奄群）
　　　鹿・目……甑 県本土 種 屋 奄大 徳 与

テンニンギク　[キク科　テンニンギク属]

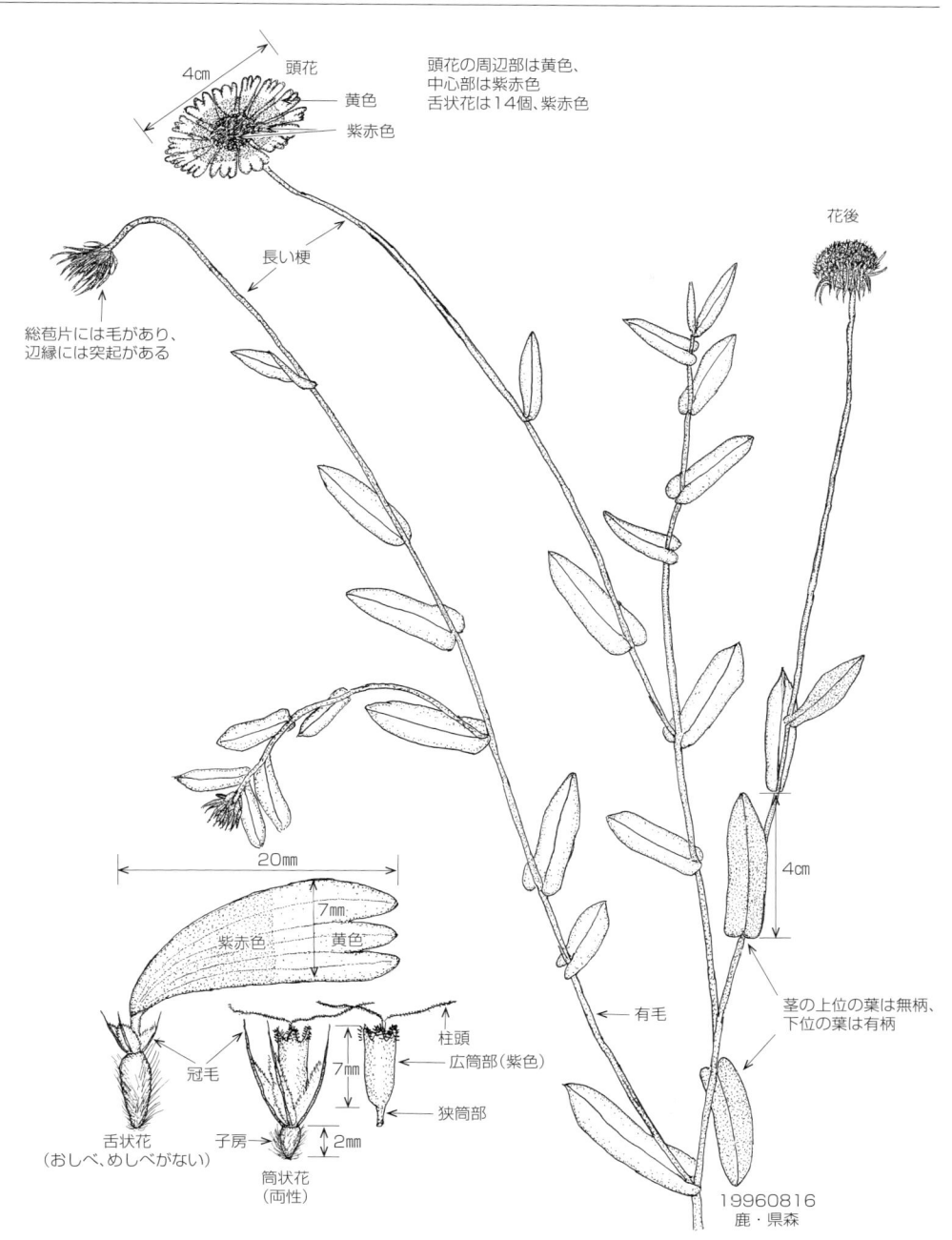

頭花

4㎝

黄色

紫赤色

頭花の周辺部は黄色、
中心部は紫赤色
舌状花は14個、紫赤色

花後

長い梗

総苞片には毛があり、
辺縁には突起がある

20mm

7mm

紫赤色

黄色

7mm

柱頭

広筒部（紫色）

狭筒部

冠毛

子房

2mm

4㎝

茎の上位の葉は無柄、
下位の葉は有柄

有毛

舌状花
（おしべ、めしべがない）

筒状花
（両性）

19960816
鹿・県森

分布 ｜ 九・目……鹿（奄群　屋）栽培または逸出　北米原産
　　　　｜ 鹿・目……奄群

ボロギク（サワギク）　[キク科　サワギク属]　*Senecio vulgaris*

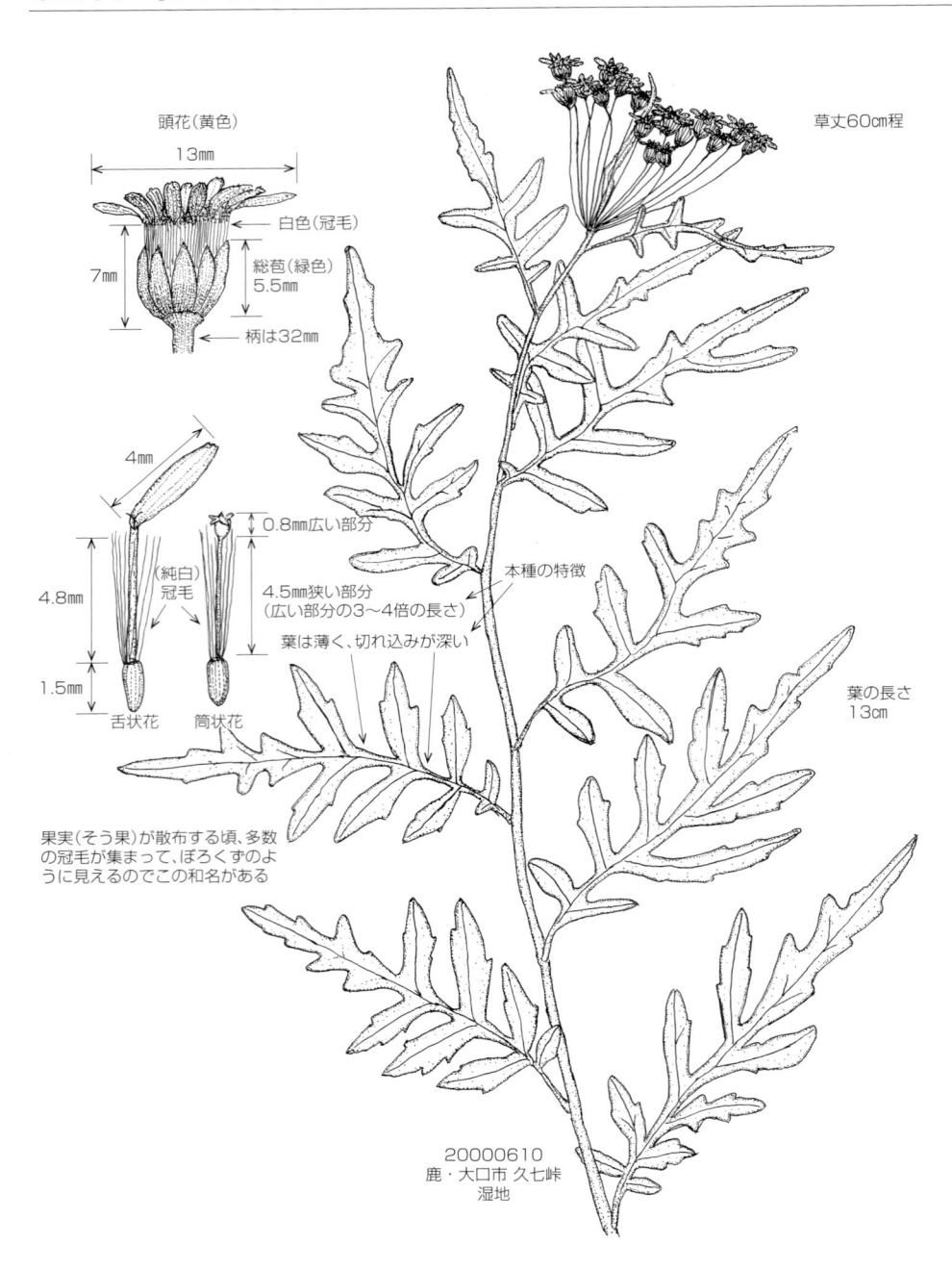

頭花(黄色)

13mm

白色(冠毛)

総苞(緑色)
5.5mm

7mm

柄は32mm

草丈60cm程

4mm

0.8mm広い部分

(純白)
冠毛

4.5mm狭い部分
(広い部分の3〜4倍の長さ)

本種の特徴

葉は薄く、切れ込みが深い

4.8mm

1.5mm

舌状花　　筒状花

葉の長さ
13cm

果実（そう果）が散布する頃、多数
の冠毛が集まって、ぼろくずのよ
うに見えるのでこの和名がある

20000610
鹿・大口市 久七峠
湿地

分布
九・目……各県　対馬（南限は鹿の高隈山　西は甑）
鹿・目……大口（布計　奥十曽）　霧島山　紫尾山　桜島（頂上）　高隈山　甑

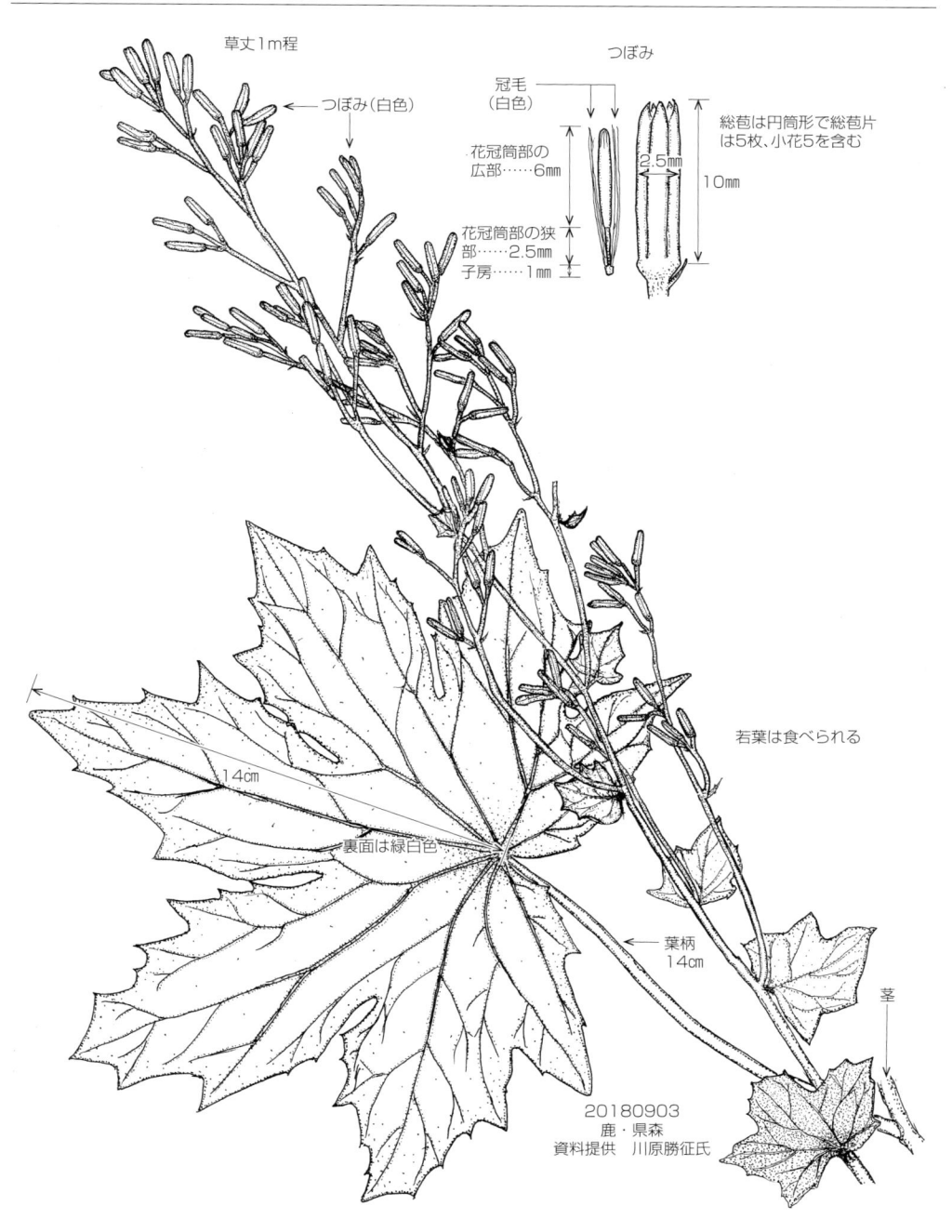

草丈1m程

つぼみ（白色）

つぼみ

冠毛（白色）

花冠筒部の広部……6mm

花冠筒部の狭部……2.5mm

子房……1mm

2.5mm

10mm

総苞は円筒形で総苞片は5枚、小花5を含む

14cm

裏面は緑白色

若葉は食べられる

葉柄 14cm

茎

20180903
鹿・県森
資料提供　川原勝征氏

分布 ｜ 九・目……各県
｜ 鹿・目……霧島山　吉松　大口　紫尾山　高隈山（南限）

シュウブンソウ　[キク科　シュウブンソウ属]　*Rhynchospermum verticillatum*

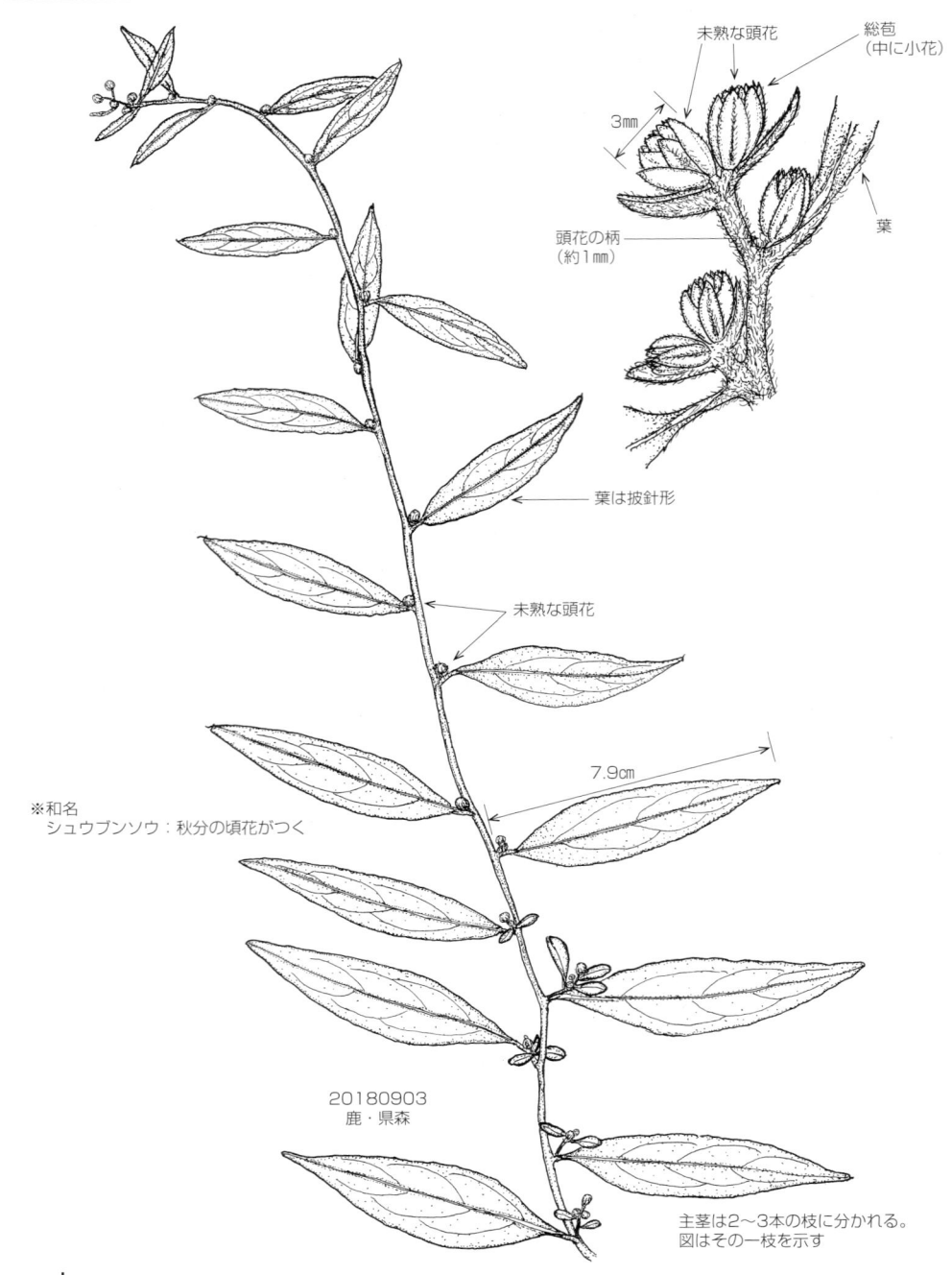

未熟な頭花

総苞
（中に小花）

3mm

頭花の柄
（約1mm）

葉

葉は披針形

未熟な頭花

7.9cm

※和名
　シュウブンソウ：秋分の頃花がつく

20180903
鹿・県森

主茎は2〜3本の枝に分かれる。
図はその一枝を示す

分布　│　九・目……各県
　　　│　鹿・目……甑　県本土　屋　種　奄大　徳

参考図書

１．牧野富太郎　牧野日本植物図鑑　北隆館　1954年

２．北村四郎他　原色日本植物図鑑　保育社　1959年

３．田川基二　原色日本羊歯植物図鑑　保育社　1959年

４．室井ヒロシ　有用竹類図説　五月社　1962年

５．初島住彦　琉球植物誌　沖縄生物研究会　1971年

６．長田武正　原色日本帰化植物図鑑　保育社　1976年

７．初島住彦　日本の樹木　講談社　1977年

８．初島住彦・天野鉄夫　琉球植物目録　でいご社　1977年

９．池原直樹　沖縄植物野外植物野外活動図鑑　新星図書出版　1979年

10．長田武正　日本帰化植物図鑑　北隆館　1979年

11．北村四郎他　原色日本植物図鑑木本編Ⅰ・Ⅱ　保育社1980年

12．大滝末男・石戸忠　日本水生植物図鑑　1980年

13．豊田武司　小笠原植物図鑑　アポック社　1981年

14．佐竹義輔他　日本の野生植物　平凡社　1981年

15．初島住彦　鹿児島県植物目録　鹿児島県植物同好会　1986年（本文中　鹿・目で示す）

16．初島住彦　九州植物目録　鹿児島大学総合研究博物館　2004年（本文中　九・目で示す）

17．平田浩　鹿児島の海辺の植物　1987年

18．中池俊之　新日本植物誌シダ篇　至文堂　1992年

19．塚本洋太郎　園芸植物大辞典　小学館　1994年

20．佐竹義輔他　日本の野生植物木本Ⅰ・Ⅱ　平凡社　1989年

21．倉田悟・中池俊之　日本のシダ植物図鑑　日本シダの会　1997年

22．堀田満　九州南部から南西諸島のヤマラッキョウ群の分類　植物分類・地理49（1）：57−66（1998）

23．益村聖　九州の花図鑑　海鳥社　2000年

24．清水建美　日本の帰化植物　平凡社　2003年

25．いがりまさし　増補改訂日本のスミレ　山と渓谷社　2004年

26. 寺田仁志　日々を彩る　一木一草　南方新社　2004年

27. 岩槻邦男　日本の野生植物　シダ　平凡社　2006年

28. 岩槻邦男　日本の野生植物　草本ⅠⅡⅢ　平凡社　2006年

29. 池端怜伸　写真でわかるシダ図鑑　トンボ出版　2008年

30. 川原勝征　野草を食べる　南方新社　2010

31. 植村修二他　日本帰化植物写真図鑑　全農教　2010年

32. 大場秀章　植物分類表　アポック社　2011年年

33. 星野卓二他　日本カヤツリグサ科植物図譜　平凡社　2011年

34. 濱田英昭　鹿児島県帰化・逸出植物目録ノート　鹿児島の植物№18　2011
　　年

35. 乙益正隆　熊本県シダ植物誌　2012年

36. 堀田満　奄美群島植物目録　鹿児島大学総合研究博物館　2013年

37. 内村悦三　タケ・ササ総図典　創森社　2014年

38. 川原勝征　食べる野草と薬草　南方新社　2015年

39. 志内利明・堀田満　トカラ地域植物目録　鹿児島大学総合研究博物館
　　2015年

40. 川原勝征　九州のシダ植物検索図鑑　南方新社　2022年

図解　九州の植物完結編　和名索引

■著者紹介

平田　浩（ひらた　ひろし）

1932年（昭7年）生まれ。
1952年（昭27年）鹿児島県立鹿屋高校卒業。
1956年（昭31年）鹿児島大学文理学部卒業。
同年、鹿児島県立高校の教員となる。
鹿屋高校、屋久島高校、甲南高校、甲陵高校、垂水高校、松陽高校、鹿児島南高校に勤務。県立高校退職後、私立鹿児島実業高校に勤務する。
所属：鹿児島植物同好会
著書：「鹿児島の海辺の植物」1987年
　　　「十島村誌」植物部門執筆　1995年
　　　「図解　九州の植物」上・下巻　2017年。本書は2018年南日本出版文化賞を受賞。

図解　九州の植物　完結編

発行日──2024年9月10日　第1刷発行

著　者──平田　浩

発行者──向原祥隆

発行所──株式会社 南方新社
　　　　〒892-0873 鹿児島市下田町292-1
　　　　電話 099-248-5455　振替口座 02070-3-27929
　　　　URL http://www.nanpou.com/
　　　　e-mail info@nanpou.com

装　丁──鈴木巳貴

制　作──福田智洋　梅北隆寛

印刷・製本──モリモト印刷株式会社

	**図解・九州の植物 上・下巻** ◎平田 浩 上下巻セット定価（本体18,000円＋税） A5判、上製本、上下巻計1428 p	故・初島住彦博士絶賛。1,502種の細密画。「図鑑の写真は花や実にピントを合わせているので、花や実のない場合は分かりにくい。その点、線画が最も分かりやすい」（初島）。どの九州産植物図鑑よりも網羅性が高い。
	**奄美大島・徳之島の希少植物** ◎山下 弘 定価（本体4,800円＋税） B5判（大型本）、255P、オールカラー	150種を収録した『奄美の絶滅危惧植物』（南方新社）の著者、山下弘の集大成。山下は、アマミアワゴケなど新種、日本初記録種を発見したことでも知られる。本書は、奄美固有種54種を含む全253種を網羅する。序文は遊川知久氏。
	奄美群島植物目録 ◎田畑満大 定価（本体5,000円＋税） B5判（大型本）、248P	奄美群島の植物最新情報、2130種を網羅する。ここ十数年、新種、新記録種の発見が相次ぎ、外来種も多くみられる。本書は、北琉球に位置する奄美群島の植物最新情報2130種を、APG分類で網羅した根本基礎資料である。
	**九州のシダ植物検索図鑑** ◎川原勝征 定価（本体8,000円＋税） B5判（大型本）、261P、オールカラー	九州産699種類を収録。標本の採集と同定は、牧野富太郎、倉田悟氏らによる。レッドリスト掲載の野生絶滅2種類、絶滅危惧ⅠA類56種類、ⅠB類36種類、Ⅱ類46種類、準絶滅危惧21種類を収録し、ムシャシダなど最新知見も盛り込む。
	**日本産カワゴケソウ科全6種 分布・生態の詳細調査報告** ◎大工園 認 定価（本体8,000円＋税） B5判（大型本）、150P、オールカラー	幻の希少植物、カワゴケソウ科。日本では南九州22河川だけに2属6種が分布。発見後100年、本書は、初めての網羅的分布調査と、花期を含め生態の各段階を220枚の高倍率撮影の鮮明画像で報告する。
	**九州の稀少植物探訪ⅠⅡ巻** ◎大工園 認 ⅠⅡ巻セット定価（本体7,600円＋税） 四六判、ⅠⅡ巻計620P、オールカラー	絶滅危惧・準絶滅危惧種350種を含む全637種（Ⅰ・Ⅱ計）を紹介する。Ⅰは草本（早春～晩夏）編、Ⅱは草本（秋冬）・つる・木本編。深山に咲く稀少種・名花の数々。一度は見てみたい花。奥深い九州の自然を探訪する。
	**琉球弧・植物図鑑** ◎片野田逸朗 定価（本体3,800円＋税） A5判、308P、オールカラー	555種を収録した『琉球弧・野山の花』（南方新社）の著者、片野田逸朗が800種を網羅する待望の琉球弧の植物図鑑をまとめた。渓谷、深山の崖地に息づく希少種や固有種から、日ごろから目を楽しませる路傍の草花まで一挙掲載する。
	**九州・野山の花** ◎片野田逸朗 定価（本体3,900円＋税） A5判、373P、オールカラー	木本類検索表・草本類検索表は葉による検索ガイド。全1,295種を収録する。落葉広葉樹林、常緑針葉樹林、草原・湿原、農耕地・人里、下線・池沼、海岸といった生育環境と葉の特徴で見分ける。フィールド観察に最適。

ご注文は、お近くの書店か直接南方新社までメール、電話、FAXを（送料無料）
書店にご注文の際は「地方小出版流通センター扱い」とご指定下さい。

南九州の樹木図鑑

◎川原勝征

定価（本体2,900円＋税）
A5判、213P、オールカラー

九州の森、照葉樹林を構成する木々たち200種を収録した。1枚の葉っぱから樹木の名前がすぐ分かるのが本書の特徴。1種につき、葉の表と裏・枝・幹のアップ、花や実など、複数の写真を掲載し、総写真点数は1,200枚を超える。

南九州・里の植物

◎川原勝征著／初島住彦監修

定価（本体2,900円＋税）
A5判、204P、オールカラー

540種、900枚のカラー写真を収録。南九州で身近に見る植物をほぼ網羅した。これまでなかった手軽なガイドブックとして、野外観察やハイキングに大活躍。植物愛好家だけでなく、学校や家庭にもぜひ欲しい一冊。

九州の蔓植物

◎川原勝征

定価（本体2,300円＋税）
A5判、165P、オールカラー

日本に300種以上あるといわれる蔓植物は、なかなか知られることはない。本書は九州の身近な蔓から深山の蔓まで149種を紹介。1種につき、枝や茎、葉の表と裏、花や果実など、複数の写真を掲載し、総点数は1,000枚を超える。

路傍300

◎大工園 認

定価（本体2,800円＋税）
A6判、337P、オールカラー

庭先や路傍で顔なじみの身近な木々や草花たち。300種覚えれば路傍の植物はほとんど見分けがつくという。日本各地に分布する全364種を掲載。見分けるポイント満載の楽しい入門書が登場！歩くたびに世界が広がる一冊。

増補改訂版 校庭の雑草図鑑

◎上赤博文

定価（本体2,000円＋税）
A5判、215P、オールカラー

学校の先生、学ぶ子らに必須の一冊。人家周辺の空き地や校庭などで、誰もが目にする300余種を紹介。学校の総合学習はもちろん、自然観察や自由研究に。また、野山や海辺のハイキング、ちょっとした散策に。

毒毒植物図鑑

◎川原勝征

定価（本体1,800円＋税）
A5判、128P、オールカラー

野外活動の基本書。植物の汁でひどいかぶれ、とげでケガ、野草を食べるはずが毒草を食べた―などということがないように。野外活動を安全にたのしむために最低これだけは知っておきたい、という基本書が登場。

琉球弧・花めぐり

◎原 千代子

定価（本体1,800円＋税）
A5判、166P、オールカラー

亜熱帯・奄美の野の花152種を収録する。みちくさ気分でちょっと寄り道、回り道。野山を巡り、花と向き合う時間が心を整理する―。奄美の可憐な草花とともに、懐かしい記憶、身の回りにある幸せをつづる地元紙人気の写真エッセー。

鹿児島植物記

◎寺田仁志

定価（本体2,800円＋税）
A5判、206P、オールカラー

鹿児島県は、屋久島・奄美の2つの世界自然遺産の地域をもち、4つの国立公園、3つのジオパーク、国指定の天然記念物は48件に上る。本書は、自然の歴史と人の歴史が織りなす多様な植物社会を理解する格好の手引書である。

ご注文は、お近くの書店か直接南方新社までメール、電話、FAXを（送料無料）
書店にご注文の際は「地方小出版流通センター扱い」とご指定下さい。